从数学观点看物理世界

——统计物理与临界相变理论

马　天　刘瑞宽　杨佳艳　著

U0263559

科学出版社

北京

内 容 简 介

本书主要系统地介绍了统计物理经典的基本概念、理论与方法. 此外，也系统地介绍了作者与汪守宏教授在该学科和相变领域研究的一些成果，包括势下降原理、热理论、热力学势数学表达、动力学涨落、平衡相变动力学、热力学标准模型临界涨落效应、凝聚态形成的量子机理、高温超导、量子相变、流体的边界与内部旋涡形成、太阳电磁爆发、星系螺旋结构，以及引力辐射等新理论与新结果.

本书适合数学、统计物理、凝聚态物理、非线性科学等领域的高年级本科生、研究生以及相关领域的研究人员阅读，既可以作研究生教材，也可以作科研参考书.

图书在版编目(CIP)数据

从数学观点看物理世界：统计物理与临界相变理论/马天，刘瑞宽，杨佳艳著. —北京：科学出版社，2017.12
　ISBN 978-7-03-055859-6

Ⅰ. ①从… Ⅱ. ①马… ②刘… ③杨… Ⅲ. ①统计物理学 Ⅳ. O414.2

　中国版本图书馆 CIP 数据核字(2017) 第 304692 号

责任编辑: 李静科　赵彦超 / 责任校对: 杨　然
责任印制: 赵　博 / 封面设计: 陈　敬

科 学 出 版 社 出版
北京东黄城根北街 16 号
邮政编码：100717
http://www.sciencep.com
保定市中画美凯印刷有限公司印刷
科学出版社发行　各地新华书店经销
*
2017 年 12 月第 一 版　开本：720 × 1000 B5
2025 年 1 月第五次印刷　印张：37 1/4
字数：748 000
定价：198.00 元
(如有印装质量问题，我社负责调换)

前　　言

本书是 "从数学观点看物理世界" 专著系列的第三部. 第一部是《从数学观点看物理世界——几何分析, 引力场与相对论》(科学出版社, 2012), 第二部是《从数学观点看物理世界——基本粒子与统一场理论》(科学出版社, 2014). 这部专著的主要内容是统计物理与临界相变理论.

这部专著包含本书第一作者与汪守宏教授合作的部分成果, 同时也包含第一作者从 2015 年到 2016 年在四川大学数学学院主持的理论物理讨论班上与李大鹏、刘瑞宽、杨佳艳等学生共同研讨的工作总结. 这部著作不仅在基础理论和总体框架上与经典统计物理相比有很大不同, 而且在许多方面都丰富了这门学科的知识和内容.

经典热力学势是以热力学三个基本定律为基础发展起来的. 然而, 我们的分析表明势下降原理 (本书提出的基本原理) 比热力学第一和第二定律要更基本, 它能导出这两个定律, 可参见 (Ma and Wang, 2017a). 这个原理的特点是, 它不仅能给出非平衡态系统的动力学方程, 而且以很自然的方式表明反映热力学系统不可逆过程的物理量是热力学势而不是熵. 熵只是一个状态函数, 但热力学势是状态函数的泛函, 是比熵要更高一个层次的物理量. 不可逆过程是一个整体性的热力学性质, 它只能用反映全局性的势泛函来描述, 而不能用低层次的物理量熵来描述. 熵的本质是光子数.

经典统计物理关于热的理论使人感受最深的是, 该理论中的 "热" 没有物理载体, 即缺乏清晰的物理图像. 在本书中我们不仅从经典的统计分布导出温度公式, 给出温度的物理意义为系统粒子的加权平均能级, 并且对于熵得到新的物理内涵, 即熵是系统内部中某种意义下的光子数. 热的载体就是光子. 所得到的热理论包括温度的能级公式、熵的光子数公式、温度定理以及热能表达式, 并且由它们导出的物理性质全部与自然现象相吻合. 这部分内容见第 3 章的 3.4 节, 也可见 (Ma and Wang, 2017c).

相变理论一直是统计物理中最重要的领域. 传统上将相变分为热力学和统计临界理论两部分, 近些年来又增加了量子相变领域. 在本书中, 将相变按其自身特性分为动力学相变与拓扑相变 (即图像结构相变). 这两种类型的相变可将自然界中几乎所有临界突变现象都包括进去, 其中量子相变典型地属于拓扑相变范畴. (Ma and Wang, 2013, 2017 f, 2017 g) 对于这两种类型的相变给出了系统的数学和物理理论框架以及重要的理论应用.

一直以来, 热力学势的数学表达是比较弱的一个领域. 除了少数几个系统外, 许多系统缺乏明确的势泛函表达式, 并且没有一个系统的势泛函数学表达是完整的, 全部都缺少熵的耦合部分. 这与传统热理论没有具体明确的物理图像有关. 在本书中我们从第一原理出发, 对于主要热力学系统都给出了势泛函的具体表达式, 并且在后面相变理论中导出许多与实验相符合的理论结果.

在相变临界现象领域, 一直认为 Landau 热力学相变理论得到的临界指数与实验数据之间的偏差是理论的缺陷造成的. 在本书中我们从新建立的势泛函表达式及相变理论出发, 以及应用我们建立的涨落理论, 严格地证明了理论临界指数与实验的偏差不是理论缺陷造成的, 而是自发涨落造成的. 当将自发涨落纳入理论框架中后, 得到临界指数与实验完全吻合. 事实上, 实验数据中不可避免地要将自发涨落的影响包含进去, 而纯理论给出的数据是不含涨落因素的, 因此这两者之间存在偏差是理所当然的. 至于统计理论得到的数据与实验相符是因为统计理论所依据的 Ising 模型中包含了涨落效应.

需要强调的是, 本书在许多方面都实质性地应用了 (Ma and Wang, 2015a) 中建立的相互作用统一场理论, 并且在大范围内得到与物理现象及实验观测相一致的理论结果. 这些结果都不是表象地凑出来的, 而是建立在物理基本原理和定律基础上, 采用具有深度的数学理论计算和推导得到的. 事实充分说明了由马天和汪守宏自 1997 年以来二十年合作研究和创立的相互作用统一场理论, 基本粒子的弱子模型, 量子物理的多粒子动力学, 天体物理学理论, 黑洞与宇宙学理论, 相变动力学学科, 拓扑相变理论, 大气海洋环流动力学, 流体动力学理论, 以及本书中的统计物理理论, 它们是高度内在统一与协调的. 特别是:

马天和汪守宏的工作全部是第一原理理论.

这些新创立的学科和理论全面地与自然现象相符合, 充分地证明

马天和汪守宏的理论基础和方向是正确的.

最后, 在马天和汪守宏的合作研究就要结束之时, 我们共同的导师、尊敬的陈文塬先生在 2017 年 7 月 19 日去世. 在此, 以此书作为对陈先生的纪念. 我们的学术成就也是陈文塬先生的成就. 他不仅在学术上培育了我们, 并且在做人方面也堪称我们的导师.

此外, 本书的开启直接源于李大鹏同学提议和发起的理论物理研讨班. 在此对李大鹏表示诚挚的感谢. 同时此书也得到国家自然科学基金 (No. 11771306) 的资助, 对此表示感谢. 对科学出版社的支持也表示感谢.

马 天 刘瑞宽 杨佳艳
2017 年 9 月于四川大学

目　　录

第1章　统计物理的数学原理

1.1　总体性介绍

1.1.1　物理学指导性原理

物理学是关于宇宙的非生命、非意识领域中物质规律的自然科学, 它主要研究物质结构、物质形态与运动以及物体之间的相互作用. 在所有的自然科学中, 物理学本质上是唯一讲数学语言的一门学科, 并且只能用数学来揭示它最深奥的秘密.

下面的指导性原理是我们从事物理学的指南, 也是本书的纲要.

原理 1.1(物理学指导性原理)　物理学的本质能够体现在如下三个要点上:

1) 整个理论物理是建立在若干原理基础之上的, 即所有普适的物理方程 (代表物理定律) 能够从这些原理中导出.

2) 自然定律总是取最简单的、美学的形式.

3) 物理概念和理论必须具有明确的物理图像, 即能知道所描述的物理现象.

此外, 建立数学框架和模型是深入理解物理现象最关键的一个环节. 一个好的模型应该是根据自然定律和原理导出的, 它们通常是以微分方程的形式表达出来. 从基本原理和定律产生的理论, 称作第一原理理论, 并被大量事实证明是具有很强的生命力的, 代表了科学的精髓.

下面的原理是从物理学中总结出来的一个普适性的规律, 它揭示出自然界遵循的数学规则, 为我们理解和掌握物理学与数学之间关系, 以及为我们研究和探索物理世界的自然奥秘提供了明确的方向. 它是建立物理学数学模型最基本的指导性原理.

原理 1.2(物理学指导性原理)　所有的物理系统都要遵守自然定律和物理原理, 它们具有如下三条共同属性:

1) 每个系统都存在一组函数 $u = (u_1, u_2, \cdots, u_N)$ 来描述它的状态, 并且此系统遵守的定律可用数学模型来表达, 即

$$物理定律 = 数学方程. \tag{1.1.1}$$

另一方面, 该系统的状态函数 u 是此方程的解, 它们包含了该系统的物理信息.

2) 上面等式 (1.1.1) 右端的方程存在相应的状态函数 u 的泛函 $F(u)$, 使得 F 可决定这些方程的表达式.

3) 自然定律和原理是普适的, 这种普适性被物理的对称性所体现, 即任何物理系统都必须服从某些对称性原理, 具体的数学体现就是 $F(u)$ 的表达形式在某坐标变化下是不变的, 因而这些对称性原理可实质性地决定上述泛函 $F(u)$ 的具体表达形式.

下面关于这两个物理学指导性原理给出几点评注.

(1) 指导性原理 1.1 的观点是由 A. Einstein 和 P. Dirac 首先大力倡导的. 虽然这个观点现在已作为信仰被物理学家们普遍接受, 但是大量的物理事实证明了这个原理的正确性. 事实上, 是 Einstein 首先将物理理论建立在几个原理基础之上的, 他发展的关于引力的广义相对论是建立在三个原理之上的: ① 广义相对性原理; ②等效原理; ③ Lagrange 动力学原理.

(2) 没有清晰物理图像的概念和理论, 它们的科学价值不会很大 (用于解决问题的技术方法除外). 因为它们不能帮助我们理解自然.

(3) 物理学有许多学科分支, 但按大类分只有五个领域, 它们是: 四种基本相互作用场论、经典力学、量子物理、统计物理、天体物理. 在 (Ma and Wang, 2015a) 中列出了这些领域中的所有支配性的基本原理和定律.

(4) 普适性原理 1.2 展现了物理学的优美, 该原理非常明确地表明物理学是如何与数学不可分割地结合在一起形成一个统一体的. 它为从事物理学工作的人们指明了学习和研究的路线: ① 要明确作为学习和研究对象的物理系统, 搞清物理图像; ② 确定能反映该系统的状态函数; ③ 找到对应这些状态函数的泛函 (在统计物理中称为热力学势, 在其他领域称为 Lagrange 作用量); ④ 考察由泛函决定的物理方程.

(5) 原理 1.2 的结论 2) 中, 泛函 F 决定数学模型 (绝大多数是微分方程) 的表达形式一般为如下四种情况:

1) F 的变分型方程

$$\delta F(u) = 0. \tag{1.1.2}$$

2) F 的梯度型方程

$$\frac{\mathrm{d}u}{\mathrm{d}t} = -\delta F(u). \tag{1.1.3}$$

3) Hamilton 型方程

$$
\begin{aligned}
\frac{\partial u_1}{\partial t} &= \frac{\delta}{\delta u_2} F(u_1, u_2), \\
\frac{\partial u_2}{\partial t} &= -\frac{\delta}{\delta u_1} F(u_1, u_2),
\end{aligned}
\tag{1.1.4}
$$

这里 $u_1 = (u_1^1, \cdots, u_1^N)$ 与 $u_2 = (u_2^1, \cdots, u_2^N)$ 互为共轭函数.

4) 如果多个系统耦合会导致对称破缺, 则 (1.1.2)—(1.1.4) 变为

$$\delta F(u) + B(u) = 0, \tag{1.1.5}$$

$$\frac{\mathrm{d}u}{\mathrm{d}t} = -\delta F(u) + B(u), \tag{1.1.6}$$

$$\begin{cases} \dfrac{\partial u_1}{\partial t} = \dfrac{\delta}{\delta u_2} F(u) + B_1(u), \\[2mm] \dfrac{\partial u_2}{\partial t} = -\dfrac{\delta}{\delta u_1} F(u) + B_2(u). \end{cases} \tag{1.1.7}$$

其中 $B(u)$ 和 $(B_1(u), B_2(u))$ 是对称破缺产生的项.

在本书中, 上述 (1.1.2)—(1.1.6) 几种类型的方程都会出现, 其中 (1.1.2) 类型的方程是作为热力学平衡态方程被引入的, 它被广泛用于获得热力学物态方程、统计分布公式, 以及定态平衡相变的研究中; 方程 (1.1.3) 被应用于研究非平衡态的动力学、动态平衡相变等问题中; 方程 (1.1.4) 被用来研究量子相变; 方程 (1.1.5) 和 (1.1.6) 是研究流体相变动力学的模型.

1.1.2 统计物理的范畴和内容

这一小节我们将对统计物理在如下两个方面作整体性介绍: ① 学科结构及研究领域; ② 主要研究对象和内容.

1. 学科结构及研究领域

传统的观点将热力学和统计力学并列分为两个紧密相关的物理学科, 并将统计力学称为统计物理. 在本书中, 作者将热力学与统计理论一起并为统计物理学, 将统计物理的范畴确定为

$$\text{统计物理} = \text{热力学} + \text{统计热力学} + \text{综合领域}, \tag{1.1.8}$$

其中综合领域的范围如下:

$$\begin{cases} \text{综合领域} = \text{非平衡态动力学} + \text{统计物理系统相变}, \\ \text{统计物理系统} = \text{热力学系统} + \text{热耦合的流体系统}. \end{cases} \tag{1.1.9}$$

我们采用 (1.1.8) 和 (1.1.9) 观点的原因是它们的研究对象是一致的, 只是研究的问题、方法、手段等有所不同. 另一个重要原因是它们都受到下面基本原理的支配, 即

非平衡态势下降原理.

该原理是由作者和汪守宏教授根据大量物理事实总结而成的, 将在本章 1.3 节中作详细介绍. 统计物理学按不同的问题和性质分为如下几个研究方向:

$$\left\{\begin{array}{l}\text{平衡态理论,}\\[4pt]\text{热力学势的数学表达式,}\\[4pt]\text{非平衡态动力学,}\\[4pt]\text{临界行为与相变,}\\[4pt]\text{热耦合流体动力学.}\end{array}\right. \tag{1.1.10}$$

上述基本原理势下降原理 (它包含了平衡态极小势原理) 为统计物理的 (1.1.10) 诸研究方向提供了统一数学模型 (即数学方程).

2. 主要研究对象和内容

统计物理的研究对象被称为统计物理系统, 其构成如 (1.1.9), 是满足如下条件的宏观物质系统:

1) 由大量的微观粒子构成, 即这些粒子是系统的主体;

2) 系统处在微观粒子运动状态, 或微观状态变化中;

对于热力学系统还加上一条,

3) 宏观上没有可视运动或可视状态变化出现.

按照第 3) 条标准, 流体运动不属于热力学系统, 但是符合 1) 和 2) 条标准, 因而属于统计物理系统.

从上述 1)—3) 的定义不难理解统计物理所要研究的内容就是宏观物体内部微观运动集体行为表现出的宏观性质, 如温度、压力、体积变化、粒子密度变化、流体运动等. 也就是说,

统计物理研究的内容是系统内部大量微观粒子

运动的群体行为所表现出的宏观物理性质.

1.1.3　支配统计物理的基本定律与原理

传统的热力学是建立在如下三个基本定律基础之上的.

1. 热力学第一定律

这是能量守恒定律, 该定律表明热力学系统的内能是由热能、机械能、粒子动能及相互作用能等不同形式的能量组成的. 这些能量可以从一种形式转化成另一种形式, 从一个物体传输到另一个物体中, 但在整个转化和传递的过程中总能量是不变的.

2. 热力学第二定律

该定律即热传导不可逆定律 (也称为熵增加原理). 该定律最简单的表述是: 热量自发地从高温部分流向低温部分.

3. 热力学第三定律

该定律也被称为 Nernst 热定理, 是温度有下限的定律. 它陈述为: 任何物体温度不能达到绝对零度. 而传统的统计力学是建立在下面等概率原理基础之上的.

4. 等概率原理

该原理是说: 处在平衡态的孤立热力学系统, 各种物理上可能的微观状态出现的概率是相同的.

热力学与统计力学之间的根本区别在于:

热力学是从宏观角度应用上述三个基本定律求得热力学量的;

统计力学是从微观角度用统计方法求得热力学量的.

所谓热力学量是指系统的内能、熵、热容、压力、温度等物理量.

本书的视角与传统的有所不同, 这里主要依据的是平衡态的极小势原理和非平衡态的势下降原理. 它们陈述如下.

5. 平衡态极小势原理

一个热力学系统的状态由一组函数 $u = (u_1, \cdots, u_n)$ (称为序参量 u) 和一组参数 $\lambda = (\lambda_1, \cdots, \lambda_m)$ (称为控制参数) 所描述, 并且存在一个关于 u 和 λ 的泛函, 称为系统的热力学势, 记为

$$F = F(u, \lambda). \tag{1.1.11}$$

关于这个势泛函 (1.1.11) 有如下结论.

1) 当该系统处在平衡态时, 对固定的控制参数 λ, 它的序参量 u 使得热力学势 (1.1.11) 达到极小. 从而 u 是如下变分方程的解:

$$\delta F(u, \lambda) = 0. \tag{1.1.12}$$

2) 在平衡点处, F 的全微分表达式为

$$\mathrm{d}F = \frac{\partial F(u, \lambda)}{\partial \lambda_1} \mathrm{d}\lambda_1 + \cdots + \frac{\partial F(u, \lambda)}{\partial \lambda_m} \mathrm{d}\lambda_m. \tag{1.1.13}$$

注 1.3 这个原理可以取代经典热力学第一和第二定律在平衡态系统的作用, 使得平衡态热力学基础更为简单清晰.

6. 非平衡态势下降原理

令 (1.1.11) 是一个热力学系统的势泛函. 当系统处在非平衡态时它的序参量 $u = u(t)$ 是时间 t 的函数. 对任何给定的控制参数 λ, 有如下结论.

1) 该系统的势 $F(u, \lambda)$ 是随 $u(t)$ 的时间演化而下降的, 即

$$\frac{\mathrm{d}}{\mathrm{d}t} F(u(t), \lambda) < 0, \quad \forall t > 0. \tag{1.1.14}$$

2) 序参量 $u(t)$ 关于时间 t 的极限存在, 即

$$\lim_{t \to \infty} u(t) = u_0, \tag{1.1.15}$$

并且这个极限 u_0 是 F 的极小值点, 即 u_0 满足方程 (1.1.12).

注 1.4   由非平衡态势下降原理可以推出平衡态极小势原理和热力学第二定律, 具体可见本章 1.3.2 小节的讨论. 此外, 该原理可为热力学非平衡态动力学提供统一的动力学模型, 见本书第 5 章内容.

此外, 本书关于凝聚态动力学和量子相变的理论依赖于 Hamilton 动力学原理, 表述如下.

7. Hamilton 动力学原理

对任何能量守恒的物理系统, 存在两组相互共轭的状态函数 $u = (u_1, \cdots, u_n)$ 和 $v = (v_1, \cdots, v_n)$, 使得该系统的能量密度 $\mathcal{H}$ 是 u 和 v 的函数: $\mathcal{H} = \mathcal{H}(u, v, \cdots, \mathrm{D}^m u, \mathrm{D}^m v)$, 从而总能量为

$$H = \int_\Omega \mathcal{H}(u, v, \cdots, \mathrm{D}^m u, \mathrm{D}^m v) \mathrm{d}x, \quad x \in \Omega \subset \mathbb{R}^3. \tag{1.1.16}$$

其中 $\mathrm{D}^m f (m \geqslant 1)$ 代表 f 关于 $x \in \Omega$ 的 m 阶导数. 那么, 该系统的状态函数 (u, v) 是下面方程的解:

$$\begin{aligned} \frac{\partial u}{\partial t} &= \alpha \frac{\delta}{\delta v} H, \\ \frac{\partial v}{\partial t} &= -\alpha \frac{\delta}{\delta u} H, \end{aligned} \tag{1.1.17}$$

其中 $\alpha \neq 0$ 为常数, $\delta H / \delta u$ 和 $\delta H / \delta v$ 分别为 H 关于 u 和 v 的变分导算子.

1.1.4   主要课题与方法

在 (1.1.10) 中我们给出了统计物理的五个研究领域, 它们构成统计物理的主体内容. 这一小节我们将分别关于这五个领域中的主要课题与方法作一简单的介绍.

1. 平衡态系统

一个物理系统被称为处在平衡态的状态, 从物理上讲就是该物体内部每一处的状态都不随时间而发生变化; 从数学上讲就是描述该系统的状态函数与时间无关, 或等价地说控制该系统的方程是一个定态方程. 这个领域分两个分支: 热力学理论与统计理论.

1) 平衡态热力学理论

该分支主要内容是如下三个方面:

- 物态方程;
- 平衡态方程;
- 热力学量之间的关系.

i) 关于热力学系统的物态方程. 所谓物态方程是指平衡系统中的压力 p、温度 T、体积 V 之间的关系, 或更广义地是系统中广义力 f, 广义位移 X, 温度 T, 压力 p 之间的函数关系为

$$\Phi(f,\ X,\ T,\ p) = 0. \tag{1.1.18}$$

从历史发展看, 热力学系统的物态方程 (1.1.18) 的表达形式都是用表象方法获得的, 也就是说根据大量观测数据通过归纳和推理总结出来的. 由于表象方法的局限性, 许多系统的物态方程精确形式至今仍没有获得.

ii) 平衡态方程. 热力学系统的平衡态方程是建立在极小势原理基础之上的. 若 u 是系统序参量, λ 是控制参数, $F(u,\lambda)$ 为势泛函, 则平衡态方程就是 F 的变分方程

$$\frac{\delta}{\delta u} F(u,\lambda) = 0. \tag{1.1.19}$$

当 $\lambda = (T,p)$ 为控制参数时, 从 (1.1.19) 得到的解

$$u = f(T,p)$$

便是此系统的物态方程. 于是物态方程的问题便成为平衡态方程解的问题. 而平衡态方程 (1.1.19) 被归结到求出系统势泛函 F 表达式问题.

iii) 热力学量之间的关系. 这个不仅是热力学的一个重要课题, 也是统计理论的一个重要方向. 代表性的结果就是 Maxwell 关系.

2) 平衡态统计理论.

这个分支主要包括三个部分:

- 经典的 Maxwell-Boltzmann 统计 (简称 MB 统计);
- 量子统计 (包括 Bose-Einstein 统计和 Fermi-Dirac 统计, 分别简称为 BE 统计和 FD 统计);

- 统计系综理论.

统计理论的目的就是求出各种热力学量之间的关系. 上述三种理论都是从微观角度采用不同的统计方法获得:

i) 粒子在不同能级上占有数的分布公式;

ii) 得到系统配分函数表达式.

然后从配分函数获得各种热力学量之间的关系.

2. 热力学势的数学表达式

由平衡态极小势原理和非平衡态势下降原理可以看到求出各类热力学系统的势泛函数学表达式非常重要. 可以说, 在 (1.1.10) 中所有其他四个领域都不同程度地依赖热力学势的表达. 在本书的第 4 章将专门讨论这一课题.

3. 非平衡态动力学

一个偏离平衡态的系统便是处在非平衡的状态. 这个领域的主要研究课题和问题如下:

- 输运过程;
- 非平衡态动力学方程;
- 涨落理论.

非平衡态动力学是建立在势下降原理基础之上的. 对于一个势泛函为 $F = F(u, \lambda)$ 的热力学系统, 由势下降原理知此系统的动力学方程取如下梯度型方程的形式:

$$
\begin{cases}
\dfrac{\mathrm{d}u}{\mathrm{d}t} = -A\delta F(u, \lambda), \\
u(0) = \varphi,
\end{cases}
\tag{1.1.20}
$$

其中 φ 为初值, A 为系数矩阵. 对于多元流系统, A 就是 Onsager 输运系数矩阵. 此外, 系统的涨落可归结为 (1.1.20) 的初值 φ 的随机变动. 也就是说系统的涨落代表了系统关于平衡态的偏离, 将此偏离的值视为初始 φ 偏离平衡态的值. 此时涨落问题便成为 φ 的随机变化问题.

4. 热力学系统的相变

所谓相变是指一个系统当控制参数 λ 穿过某个临界值时, 该系统从一个平衡状态跃迁到另一个状态的行为. 相变理论是统计物理中最重要的一个领域, 它有两个不同分支:

$$
相变动力学, \quad 拓扑相变 (包括量子相变). \tag{1.1.21}
$$

这里相变动力学包括热力学系统的定态和动态平衡相变.

下面我们分别介绍 (1.1.21) 中的相变问题.

1) 定态平衡相变

所谓定态相变是指不考虑与时间相关的平衡态相变行为. 这个方向的研究课题涉及如下几个方面:

- Ehrenfest 相变分类;
- Ising 模型与临界指数;
- 平衡态方程的定态分歧理论.

2) 动态平衡相变

相变动力学是由 (Ma and Wang, 2013) 发展的一套新的相变理论. 该方向的特点就是从系统的动力学角度去考察临界相变行为. 为此, 他们在数学上建立了动态跃迁理论, 应用该理论发现了自然界中关于耗散系统相变的普适性原理, 称为相变动力学原理, 它们为动态平衡相变奠定了坚实的理论基础.

动态平衡相变 (也称平衡相变动力学) 是建立在势下降原理和相变动力学原理这两个基本原理基础之上的, 此外动态跃迁的数学理论也为此提供了有力的数学工具和方法. 动态理论具有如下新课题:

- 相变动力学分类 (具有三种类型) 的判别给出跃迁相图;
- 临界参数相图;
- 全局的动力学相变结构 (即给出动力学相图);
- 临界涨落动力学理论;
- PVT 系统的 Andrews 临界点机理;
- 高温超导理论.

上述内容在本质上都是属于动力学范围, 它们无法从定态理论中获得.

3) 量子相变

量子相变是近些年来出现的新概念, 它是伴随着凝聚态的发现而被提出的. 量子相变概念至今不明确, 但大意有如下三点:

$$\begin{cases} \text{其一, 相变发生在绝对零度的地方;} \\ \text{其二, 相变是由量子涨落造成的;} \\ \text{其三, 相变通过改变一些非温度的物理参数而发生.} \end{cases} \qquad (1.1.22)$$

本书中关于量子相变提出一种新的观点, 证明它是**拓扑相变即图形结构相变**. 这与平衡相变完全不同, 平衡相变是属于耗散系统的相变, 我们考虑的出发点有如下四个方面.

i) 量子相变的概念应该是**量子态**之间的变迁. 因此首先必须明确量子态的准确定义. 所谓量子态是指微观粒子集体量子行为表现出的宏观状态, 例如, Bose-Einstein 凝聚 (简称 BEC). 这个宏观状态可由一组波函数 $\psi = (\psi_1, \cdots, \psi_k)$ 来描述, ψ 反映的是大量微观粒子集体的量子行为, 它们的表现就如同一个或几个粒子所表现出的量子行为一样. 因此系统的量子态就是由 $\psi \neq 0$ 来定义的.

ii) 量子相变的定义就是随着某些物理控制参数 λ 穿过某个临界值, 系统从 ψ 量子态跃迁到另一个量子态 Ψ 上, 其表现形式是从 ψ 的图像结构变到 Ψ 的图像结构上.

iii) 控制量子相变的是如下的 Schördinger 方程:

$$i\hbar \frac{\partial \psi}{\partial t} = \frac{\delta}{\delta \psi^*} H(\psi, \lambda) \tag{1.1.23}$$

式中 ψ 为系统量子态, ψ^* 为 ψ 的复共轭, H 为系统的 Hamilton 能量. 将 ψ 写成实部与虚部的共轭形式 $\psi = u + iv$, 则方程 (1.1.23) 可等价地写成下面形式:

$$\begin{cases} \hbar \dfrac{\partial u}{\partial t} = \dfrac{\delta}{\delta v} H(u, v, \lambda), \\ \hbar \dfrac{\partial v}{\partial t} = -\dfrac{\delta}{\delta u} H(u, v, \lambda). \end{cases} \tag{1.1.24}$$

由 Hamilton 动力学原理, 上述方程 (1.1.24) 表明量子相变是属于能量守恒系统的相变.

iv) 根据量子力学理论, 一个粒子数守恒系统的波函数一定取如下形式:

$$\psi = e^{-i\lambda t/\hbar} u(x), \tag{1.1.25}$$

其中 λ 为化学势, u 为与时间无关的复值函数. 将 (1.1.25) 代入 (1.1.23) 中便可得到如下定态分歧方程:

$$\frac{\delta}{\delta u^*} H(u, \lambda) = \lambda u. \tag{1.1.26}$$

方程 (1.1.26) 就是支配量子相变的数学模型.

注 1.5　在上述 i) 中给出系统量子态定义, ii) 中给出量子相变定义, iii) 中证明了量子相变是属于能量守恒系统的相变, iv) 中关于量子相变建立了数学模型. 于是一个严格的和完整的量子相变理论基础被建立.

注 1.6　对照 (1.1.22) 中普遍流行的关于量子相变的观点, 可以看到 (1.1.22) 中的三点都没有说到量子相变的本质. 它们的物理图像不清楚, 因而它们不能作为理论基础. 事实上从上述 i)—iv) 的新理论来看, (1.1.22) 中任何一条都不是量子相变普遍遵守的规则.

综合上面关于量子相变的介绍, 可总结如下几个要点.

1) 自然界发生相变的物理系统共有两大类: 耗散系统与守恒系统.

2) 热力学平衡相变, 流体动力学相变, 以及生物、生态、化学等相变都属于耗散系统相变; 量子相变属于守恒系统相变.

3) 两种不同类型的相变所依据原理不同. 耗散系统受到相变动力学原理的支配, 守恒系统受到 Hamilton 动力学原理支配.

此外, 耗散系统对应于不可逆过程, 守恒系统对应于可逆过程. 因此这两类系统在动力学行为方面表现出截然不同的性质, 它们的相变也表现出根本的差异.

为了读者方便, 下面我们引入相变动力学原理, 它首次在 (Ma and Wang, 2013) 中被提出.

原理 1.7(*相变动力学原理*)   所有耗散系统的相变在动态意义下能够被分成三种类型: 连续的、跳跃的和随机性的.

5. 热耦合的流体动力学

流体运动系统与热力学的关联是非常密切的. 我们注意到, 所有大尺度的宏观流体系统, 如大气、海洋、行星、恒星 (由氢气构成)、星系 (可视为动量流体) 等, 都与温度、压力、密度等热力学量耦合在一起. 因此, 若要研究大气、海洋、天体物理的动力学问题, 就必须将统计物理理论与流体动力学结合在一起. 这就是我们所说的热力学耦合流体动力学.

该学科涉及课题很多, 这里只列出一部分:

- 大气与海洋动力学与环流问题;
- 流体的边界层分离与内部分离;
- 太阳 (恒星) 流体动力学模型;
- 太阳光球层和色球层热磁对流;
- 太阳表层的电磁爆发现象;
- 超新星的大爆炸 (有热、电磁、广义相对论引力效应);
- 活动星系核的巨大能量喷射;
- 星系的螺旋结构.

事实上, 这是一个内容非常丰富的学科. 在上述问题中, 大多数都与临界相变有关, 许多问题还没有解决. 这是一个几乎将所有主流物理学科都融汇进去并涉及数学也最深广的领域.

1.2   相关数学基础——变分算子理论

1.2.1   泛函及其变分导算子

泛函是一个数学概念. 虽然它广泛地出现在物理学中, 但物理学家使用不同的表达. 事实上, 在经典力学、相互作用场论和量子物理这几个领域中常见的 Lagrange 作用量以及统计物理中的热力学势就是数学中的泛函. 泛函就是定义在一般 Banach 空间 X 上的函数.

一般地, 在有限维情形, 函数

$$F: \mathbb{R}^n \to \mathbb{R}^1. \tag{1.2.1}$$

是我们最熟悉的一类泛函, 只是它通常被称为 n 维函数 (也称为 n 元函数). 有限维泛函 (1.2.1) 的变分导算子就是 F 的梯度,

$$\delta F(x) = \nabla F(x) = \left(\frac{\partial F(x)}{\partial x_1}, \cdots, \frac{\partial F(x)}{\partial x_n} \right), \quad x \in \mathbb{R}^n. \tag{1.2.2}$$

F 的变分方程是一组代数方程

$$\frac{\partial}{\partial x_1} F(x_1, \cdots, x_n) = 0,$$

$$\vdots \tag{1.2.3}$$

$$\frac{\partial}{\partial x_n} F(x_1, \cdots, x_n) = 0.$$

上面 (1.2.1)—(1.2.3) 构成有限维泛函变分学的主题.

通常情形下, 泛函是指定义在一个无穷维线性空间上的函数

$$F: X \to \mathbb{R}^1. \tag{1.2.4}$$

这里 X 为一般的 Banach 空间. 若 X^* 是 X 的对偶空间, 则 F 的导算子是从 X 到 X^* 上的映射 $\delta F: X \to X^*$, 即对任何 $u \in X$, F 在 u 处的变分导算子

$$\delta F(u) \in X^* \tag{1.2.5}$$

为 X 上的一个线性有界泛函. 下面我们给出 (1.2.4) 泛函 F 的变分导算子 δF 的定义.

若 $u \in X, f \in X^*$ 且 f 作用在 u 上的值通常被记为

$$f(u) = \langle f, u \rangle \quad \text{或} \quad \langle u, f \rangle.$$

然后 F 在 $u \in X$ 处的导算子 $\delta F(u)$ 被定义为

$$\left\langle \delta F(u), v \right\rangle = \left. \frac{\mathrm{d}}{\mathrm{d}t} F(u + tv) \right|_{t=0}, \quad \forall v \in X. \tag{1.2.6}$$

由 (1.2.6) 可以看出 (1.2.5) 的导算子的泛函性质.

对于泛函 F, 它的变分方程被定义为导算子为零的方程, 即

$$\delta F(u) = 0, \quad u \text{ 是未知函数.} \tag{1.2.7}$$

这样, (1.2.4)—(1.2.7) 给出了泛函 F 的变分学主题.

下面我们给出几个例子说明如何算出一个泛函的变分导算子.

1) 考虑下面标量函数的泛函:

$$F(u) = \int_{\Omega} \left[\frac{1}{2} |\nabla u|^2 + \frac{1}{4} u^4 \right] \mathrm{d}x, \quad \Omega \subset \mathbb{R}^3. \tag{1.2.8}$$

$u \in X = H_0^1(\Omega)$. 这里 $H_0^1(\Omega)$ 是所有 Ω 上一次可微 (弱意义的) 并在边界上为零的函数构成的空间, 即

$$H_0^1(\Omega) = \{u : \Omega \to \mathbb{R}^1 \mid u, \ Du \in L^2(\Omega), u|_{\partial\Omega} = 0\}.$$

$H_0^1(\Omega)$ 上的线性泛函 $\delta F(u)$ 作用在 $v \in H_0^1$ 上可表达为

$$\langle \delta F(u), v \rangle = \int_{\Omega} \delta F(u) v \mathrm{d}x. \tag{1.2.9}$$

另一方面, 由导算子的定义 (1.2.6), 对 $\forall\, v \in H_0^1(\Omega)$ 我们有

$$\begin{aligned}
\langle \delta F(u), v \rangle &= \frac{\mathrm{d}F(u+tv)}{\mathrm{d}t}\bigg|_{t=0} \\
&= \frac{\mathrm{d}}{\mathrm{d}t} \int_{\Omega} \left[\frac{1}{2} |\nabla u + t\nabla v|^2 + \frac{1}{4} (u+tv)^4 \right] \mathrm{d}x|_{t=0} \\
&= \int_{\Omega} \left[(\nabla u + t\nabla v)\nabla v + (u+tv)^3 v \right] \mathrm{d}x|_{t=0} \\
&= \int_{\Omega} (-\Delta u + u^3) v \mathrm{d}x \quad (\text{由 Gauss 公式及 } v|_{\partial\Omega=0}).
\end{aligned}$$

对照 (1.2.9), 可以推出

$$\delta F(u) = -\Delta u + u^3.$$

这便是泛函 (1.2.9) 的变分导算子, 它的变分方程为 (注意 $u \in H_0^1(\Omega)$):

$$\begin{cases} -\Delta u + u^3 = 0, \\ u|_{\partial\Omega} = 0. \end{cases}$$

2) 考虑向量场 $A = (A_1, A_2, A_3)$ 的泛函如下:

$$F(A) = \int_{\Omega} \left[\frac{1}{2} |\nabla A|^2 + \frac{\alpha}{2} |A|^2 + \frac{\beta}{4} |A|^4 - \frac{1}{2} a_{ij} A_i A_j - g \cdot A \right] \mathrm{d}x. \tag{1.2.10}$$

其中 g 是给定向量场, $\alpha, \beta > 0$ 为常数, (a_{ij}) 为对称常值矩阵, $\Omega \subset \mathbb{R}^3$,

$$|\nabla A|^2 = |\nabla A_1|^2 + |\nabla A_2|^2 + |\nabla A_3|^2,$$

$$a_{ij} A_i A_j = \sum_{i,j=1}^{3} a_{ij} A_i A_j \quad (\text{相同指标代表求和}).$$

令 X 是如下 Banach 空间:

$$X = H_N^1(\Omega, \mathbb{R}^3) = \left\{ A \in H^1(\Omega, \mathbb{R}^3) \; \middle| \; \left.\frac{\partial A}{\partial n}\right|_{\partial\Omega} = 0 \text{是在分布意义下的} \right\}. \quad (1.2.11)$$

作为 X 上的线性泛函, $\delta F(A)$ 作用在 $B \in X$ 上为

$$\langle \delta F(A), B \rangle = \int_\Omega \delta F(A) B \mathrm{d}x. \quad (1.2.12)$$

由导算子的定义 (1.2.6), 对 $\forall B = (B_1, B_2, B_3) \in X$, 有

$$\begin{aligned}
\langle \delta F(A), B \rangle &= \left.\frac{\mathrm{d}F(A+tB)}{\mathrm{d}t}\right|_{t=0} \\
&= \frac{\mathrm{d}}{\mathrm{d}t} \int_\Omega \left[\frac{1}{2}|\nabla A + t\nabla B|^2 + \frac{\alpha}{2}|A + tB|^2 + \frac{\beta}{4}|A + tB|^4 \right. \\
&\qquad \left. - a_{ij}(A_i + tB_i)(A_j + tB_j) - g(A + tB) \right]_{t=0} \mathrm{d}x \\
&= \int_\Omega [\nabla A \nabla B + \alpha A \cdot B + \beta|A|^2 A \cdot B - a_{ij} A_i B_j - gB] \mathrm{d}x \\
&= \int_\Omega [-\Delta A + \alpha A + \beta|A|^2 A - a \cdot A - g] B \mathrm{d}x.
\end{aligned}$$

式中最后一步用到 Gauss 公式及边界条件 $\left.\frac{\partial A}{\partial n}\right|_{\partial\Omega} = 0$. 对照 (1.2.12), 我们便得到 $\delta F(A)$ 的表达式为

$$\delta F(A) = -\Delta A + \alpha A + \beta|A|^2 A - a \cdot A - g. \quad (1.2.13)$$

于是, (1.2.13) 可等价地用分量表示为

$$\frac{\delta F(A)}{\delta A_j} = -\Delta A_j + \alpha A_j + \beta|A|^2 A_j - a_{ij} \cdot A_i - g_j.$$

这样, 定义在 (1.2.11) 上的泛函 (1.2.10) 的变分方程为

$$\begin{cases} -\Delta A_j + \alpha A_j + \beta|A|^2 A_j - a_{ij} \cdot A_i = g_j, \\ \left.\dfrac{\partial A}{\partial n}\right|_{\partial\Omega} = 0. \end{cases} \quad (1.2.14)$$

泛函 (1.2.10) 是统计物理中的铁磁系统的热力学势, 它是经典铁磁系统的 Ginzburg-Landau 自由能的修正形式, 见 (Ma and Wang, 2008a, 2013). 我们在第 4 章将详细讨论该系统.

3) Ginzburg-Landau 超导体热力学势

令 $\Omega \subset \mathbb{R}^3$ 为超导体的容积区域, $\psi : \Omega \to \mathbb{C}$ 为复值波函数, 它的模平方 $|\psi|^2$ 代表超导体电子密度, $A : \Omega \to \mathbb{R}^3$ 代表磁势. 关于超导体的 Ginzburg-Landau 自由能的表达式为如下形式:

$$G = \int_\Omega \left[\frac{1}{2m_s}|(-\mathrm{i}\hbar\nabla - \frac{e_s}{c}A)\psi|^2 + a|\psi|^2 + \frac{b}{2}|\psi|^4 + \frac{H^2}{8\pi} - \frac{H \cdot H_a}{4\pi} \right] \mathrm{d}x. \qquad (1.2.15)$$

其中 e_s 与 m_s 是 Cooper 电子对电荷与质量, $\hbar$ 为 Planck 常数, c 为光速, H_a 为外加磁场, $a = a(T), b = b(T)$ 是依赖于温度 T 的系数, H 为磁场, 它与磁势 A 的关系为

$$H = \mathrm{curl}A.$$

在物理问题中, 边界条件也有三种. 为了简单, 只取如下边界:

$$\psi = 0, \quad A_n = A \cdot n = 0, \quad \mathrm{curl}A \times n = H_a \times n \quad \text{在 } \partial\Omega \text{ 上}, \qquad (1.2.16)$$

其中 n 为边界上的单位外法向量. 于是, 泛函 (1.2.15) 的空间 X 取为

$$X = H_0^1(\Omega, \mathbb{C}) \times H_n^1(\Omega, \mathbb{R}^3),$$
$$H_0^1(\Omega, C) = \{\psi \in H^1(\Omega, C)|\psi \mid_{\partial\Omega} = 0\},$$
$$H_n^1(\Omega, \mathbb{R}^3) = \{A \in H^1(\Omega, \mathbb{R}^3)|A \text{ 满足 } (1.2.16) \text{ 中的边界条件}\},$$

下面我们计算泛函 (1.2.15) 的导算子

$$\delta G(\psi, A) = \left(\frac{\delta G}{\delta \psi}, \quad \frac{\delta G}{\delta A} \right).$$

由 (1.2.6) 的定义, 我们有

$$\begin{aligned}
\mathrm{Re}\langle \delta_\psi G(\psi, A), \tilde{\psi} \rangle &= \frac{\mathrm{d}}{\mathrm{d}t} G(\psi + t\tilde{\psi}, A) \Big|_{t=0} \\
&= \int_\Omega \frac{\mathrm{d}}{\mathrm{d}t} \left[\frac{1}{2m_s}|(-\mathrm{i}\hbar\nabla - \frac{e_s}{c}A)(\psi + t\tilde{\psi})|^2 \mathrm{d}x \right. \\
&\quad \left. + a|\psi + t\tilde{\psi}|^2 + \frac{b}{2}|\psi + t\tilde{\psi}|^4 + \frac{H^2}{8\pi} - \frac{H \cdot H_a}{4\pi} \right] \Big|_{t=0} \mathrm{d}x \\
&= \mathrm{Re} \int_\Omega \left[\frac{1}{2m_s} D_A \psi \bar{D}_A \tilde{\psi} + a\psi\tilde{\psi} + b|\psi|^2\psi\tilde{\psi} \right] \mathrm{d}x \\
&= \mathrm{Re} \int_\Omega \left[\frac{1}{2m_s}(\mathrm{i}\hbar\nabla + \frac{e_s}{c}A)^2\psi + a\psi + b|\psi|^2\psi \right] \tilde{\psi}\mathrm{d}x.
\end{aligned}$$

其中 $D_A = -\mathrm{i}\hbar\nabla - \dfrac{e_s}{c}A$, $\bar{D}_A$ 是 D_A 的复共轭. 于是有

$$\frac{\delta}{\delta\psi}G(\psi, A) = \frac{1}{2m_s}\left(\mathrm{i}\hbar\nabla + \frac{e_s}{c}A\right)^2\psi + a\psi + b|\psi|^2\psi.$$

接下来我们计算 $\dfrac{\delta G}{\delta A}$:

$$\begin{aligned}
\langle\delta_A G(\psi, A), B\rangle &= \frac{\mathrm{d}}{\mathrm{d}t}G(\psi, A + tB)\bigg|_{t=0} \\
&= \int_\Omega\left[\frac{e_s\hbar\mathrm{i}}{2m_sc}(\psi^*\nabla\psi - \psi\nabla\psi^*)\cdot B + \frac{e_s^2}{m_sc^2}|\psi|^2 A\cdot B\right. \\
&\quad\left. + \frac{1}{4\pi}\mathrm{curl}A\cdot\mathrm{curl}B - \frac{1}{4\pi}H_a\cdot\mathrm{curl}B\right]\mathrm{d}x
\end{aligned} \tag{1.2.17}$$

这里 ψ^* 是 ψ 的复共轭. 注意到

$$\int_\Omega\mathrm{curl}A\cdot\mathrm{curl}B\mathrm{d}x = \int_\Omega\mathrm{curl}^2A\cdot B + \int_{\partial\Omega}(\mathrm{curl}A\times n)\cdot B,$$

$$\int_\Omega H_a\cdot\mathrm{curl}B\mathrm{d}x = \int_\Omega\mathrm{curl}H_a\cdot B + \int_{\partial\Omega}(H_a\times n)\cdot B.$$

结合边界条件 (1.2.16), 从 (1.2.17) 便可推出

$$\frac{\delta G}{\delta A} = \frac{1}{4\pi}\mathrm{curl}^2A + \frac{e_s^2}{m_sc^2}|\psi|^2A + \frac{\mathrm{i}e_s\hbar}{2m_sc}(\psi^*\nabla\psi - \psi\nabla\psi^*) - \frac{1}{4\pi}\mathrm{curl}H_a.$$

这样, 我们求得 Ginzburg-Landau 自由能变分导算子为

$$\delta G(\psi, A) = \begin{cases}
\dfrac{1}{2m_s}\left(\mathrm{i}\hbar\nabla + \dfrac{e_s}{c}A\right)^2\psi + a\psi + b|\psi|^2\psi, \\[3mm]
\dfrac{1}{4\pi}\mathrm{curl}^2A + \mathrm{i}\dfrac{e_s\hbar}{2m_sc}(\psi^*\nabla\psi - \psi\nabla\psi^*) \\[3mm]
\quad + \dfrac{e_s^2}{m_sc^2}|\psi|^2A - \dfrac{1}{4\pi}\mathrm{curl}H_a.
\end{cases} \tag{1.2.18}$$

　　综合上面的讨论可以看到, 如果泛函 F 的自变量 u 是标量场或向量场, 那么导算子 $\delta F(u)/\delta u$ 也是标量场或向量场.

　　事实上, 关于复值函数 ψ 的变分 $\delta_\psi G$ 可等价地只对 ψ 的共轭 ψ^* 求变分, 即

$$\frac{\delta G}{\delta\psi} = \frac{\delta G}{\delta\psi^*}.$$

1.2.2　约束变分的 Lagrange 乘子定理

在统计物理中经常遇到热力学势 (泛函) $F : X \to \mathbb{R}^1$ 在一个约束条件下求极小值的问题. 例如, 一个粒子数密度 u 为序参量 (即状态函数) 的热力学系统, 它的总粒子数 N 是固定的, 即

$$\int_\Omega u \mathrm{d}x = N \quad (N \text{为常数}).\tag{1.2.19}$$

令 $F = F(u, \lambda)$ 是这个系统的势泛函, λ 为控制参数. 由极小势原理, 当系统处在平衡态时, 对给定的 λ, F 关于 u 达到极小值. 注意这里的极小值是在 (1.2.19) 的约束条件下取得的. 于是这个问题就变为求 $u_0 \in X$ 使得它满足下面等式:

$$\begin{cases} F(u_0, \lambda) = \min\limits_{u \in Y} F(u, \lambda), \\ Y = \{u \in X \mid u \text{ 满足 (1.2.19)}\}. \end{cases}\tag{1.2.20}$$

这个问题 (1.2.20) 就是条件极值问题.

对于一般情况, 条件极值问题陈述如下: 令 X 是一个 Banach 空间,

$$\begin{aligned} &F : X \to \mathbb{R}^1, \quad \text{是一个泛函}, \\ &G_i : X \to \mathbb{R}^1 \quad (1 \leqslant i \leqslant m) \text{为约束泛函}. \end{aligned}\tag{1.2.21}$$

则关于 (1.2.21) 的泛函, 条件极值问题定义为: 求 $u_0 \in X$ 使得

$$\begin{cases} F(u_0) = \min\limits_{u \in \Gamma} F(u), \\ \Gamma = \cap_i \Gamma_i, \quad \Gamma_i = \{u \in X \mid G_i(u) = \text{常数}\}. \end{cases}\tag{1.2.22}$$

数学上处理如 (1.2.22) 这样的条件极值问题的理论就是 Lagrange 乘子定理. 下面我们围绕这个问题分别介绍: ① Lagrange 乘子定理; ② 乘子定理的几何意义; ③ 条件极小值点的判据; ④ 泛函二阶导算子 $\delta^2 F$ 的计算.

1. Lagrange 乘子定理

对于 (1.2.21) 的泛函, 我们称导算子 $\delta G_i (1 \leqslant i \leqslant m)$ 在 $u_0 \in X$ 是线性无关的, 如果下面条件成立:

$$\sum_{i=1}^m \alpha_i \delta G_i(u_0) = 0 \ \Leftrightarrow \ \alpha_i = 0 \quad (1 \leqslant i \leqslant m)\tag{1.2.23}$$

这里 $\alpha_i (1 \leqslant i \leqslant m)$ 都是实数.

下面我们给出关于 (1.2.22) 条件极值问题的 Lagrange 乘子定理.

定理 1.8　令 $F, G_i (1 \leqslant i \leqslant m)$ 是如 (1.2.21) 的泛函. 若 $u_0 \in X$ 是 (1.2.22) 的条件极小值点, 并且导算子 $\delta G_i (1 \leqslant i \leqslant m)$ 在 u_0 点线性无关, 即满足条件 (1.2.23), 则存在 m 个实数 $\lambda_1, \cdots, \lambda_m$, 使得 u_0 满足方程

$$\delta F(u_0) = \sum_{i=1}^{m} \lambda_i \delta G_i(u_0). \tag{1.2.24}$$

或等价地, 若取泛函 $G(u, \lambda) = F(u) - \sum_{i=1}^{m} \lambda_i G_i(u)$, 则 (1.2.22) 的条件极小值点 u_0 变为 G 的极值点, 即满足

$$\frac{\delta}{\delta u} G(u, \lambda) = 0, \quad \lambda = (\lambda_1, \cdots, \lambda_m). \tag{1.2.25}$$

这里我们需要说明一下, 定理 1.8 中的结论 (1.2.25) 只是 (1.2.24) 的一个简单的形式变化, 似乎没有什么意义. 其实 (1.2.25) 的形式在后面求热力学势泛函表达式时是方便的, 即如果知道一个热力学系统的势泛函为 $F(u)$, 而 u 具有某种守恒性:

$$G_i(u) = 常数 \quad (1 \leqslant i \leqslant m).$$

那么由结论 (1.2.25), 我们可以将此系统的势泛函取为

$$G(u, \lambda) = F(u) - \sum_{i=1}^{m} \lambda_i G_i(u).$$

2. 乘子定理的几何意义

若要自如地应用一个数学理论, 就必须理解它的实质. 这里介绍 Lagrange 乘子定理的几何意义, 就是要揭示出该定理的本质.

为了简单, 不失一般性我们只讨论有限维情况. 先看 $m = 1$. 考虑泛函 $F, G : \mathbb{R}^N \to \mathbb{R}^1$. 条件 (1.2.23) 代表 $\delta G(x_0) \neq 0 \ (x_0 \in \mathbb{R}^n)$, 它意味着下面的约束方程:

$$G(u) = 常数$$

的解在 $x_0 \in \mathbb{R}^n$ 的一个邻域内给出一个 $n-1$ 维超曲面 Σ, 如图 1.1 所示. 取 $\mathbb{R}^n$ 的坐标系 $x = (x_1, \cdots, x_n)$, 使得 x_0 为原点 (即 $x_0 = 0$), 并且

$$\mathbb{R}^{n-1} = \{(x_1, \cdots, x_n) \in \mathbb{R}^n \mid x_n = 0\}$$

是 Σ 在 $x_0 = 0$ 的切平面, x_n 轴在 Σ 的法方向上, 如图 1.1 所示.

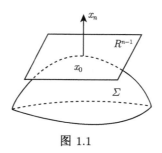

图 1.1

因为 F 在 Σ 上取极小, 并且在 $x_0 \in \Sigma$ 上达到极小值. 这意味着 x_0 是 F 在 $\mathbb{R}^{n-1}$ 上的限制函数

$$F\mid_{\mathbb{R}^{n-1}}: \mathbb{R}^{n-1} \to \mathbb{R}^1$$

的极小值点. 因此有

$$\nabla F\bigg|_{\mathbb{R}^{n-1}} = \left(\frac{\partial F}{\partial x_1}, \cdots, \frac{\partial F}{\partial x_{n-1}}\right)\bigg|_{x=x_0} = 0.$$

这表明

$$\nabla F(x_0) = \left(0, \cdots, 0, \frac{\partial F(x_0)}{\partial x_n}\right),$$

它平行于 Σ 在 x_0 的法方向, 即 $\nabla F(x_0)$ 与 n 平行 (n 为 Σ 在 x_0 的法向量). 此外, 因为 Σ 为 G 在 x_0 的等值面, 因此 $\nabla G(x_0)$ 为 Σ 在 x_0 点的法向量. 因此有 $\nabla F(x_0)$ 与 $\nabla G(x_0)$ 平行. 它意味着存在常数 $\lambda \in \mathbb{R}^1$, 使得

$$\nabla F(x_0) = \lambda \nabla G(x_0).$$

这就是 Lagrange 乘子定理关于 $m = 1$ 的结论.

理解了 $m = 1$ 的情况, 对于一般 $m > 1$ 的情况就不难理解了. 此时, 条件 (1.2.23) 意味着 m 个方程 $G_i = $ 常数 $(1 \leqslant i \leqslant m)$ 代表 m 个超曲面 Σ_i 在 x_0 的邻域内交出一个 $n - m$ 维曲面

$$\Sigma^{n-m} = \bigcap_{i=1}^{m} \Sigma_i.$$

取 $\mathbb{R}^n$ 中坐标系使得 $\mathbb{R}^{n-m} = \{(x_1, \cdots, x_{n-m}, 0, \cdots, 0) \in \mathbb{R}^n\}$ 是 Σ^{n-m} 在点 x_0 的切空间, 如同 $m = 1$ 的情况, 此时有

$$\nabla F(x_0) = \left(0, \cdots, 0, \frac{\partial F(x_0)}{\partial x_{n-m+1}}, \cdots, \frac{\partial F(x_0)}{\partial x_n}\right),$$

即 $\nabla F(x_0)$ 在 Σ^{n-m} 的法空间 $\mathcal{N} = \mathrm{span}\{\nabla G_1(x_0), \cdots, \nabla G_m(x_0)\}$ 中, 于是有

$$\nabla F(x_0) = \sum_{i=1}^{m} \lambda_i \nabla G_i(x_0),$$

这就解释了为什么有 Lagrange 乘子定理的结论.

3. 条件极小值点的判据

定理 1.8 只给出 $u_0 \in X$ 是条件极小值点的必要条件, 它并没有告诉我们方程 (1.2.24) 的解 u_0 一定是条件极小值点. 因此我们需要判定什么条件下 (1.2.24) 的解就是条件极小值点. 为此我们需要给出泛函 F 二阶导算子 $\delta^2 F$ 的概念.

对于一个泛函 $F : X \to \mathbb{R}^1$, 它在 $u_0 \in X$ 点的二阶导算子 $\delta^2 F(u_0)$ 是一个双线性泛函, 即

$$\delta^2 F(u_0) : \ X \times X \to \mathbb{R}^1 \tag{1.2.26}$$

它的定义如下: $\forall u, v \in X$ 有

$$\langle \delta^2 F(u_0) u, v \rangle = \frac{\mathrm{d}}{\mathrm{d}t} \langle \delta F(u_0 + tu), v \rangle \Big|_{t=0}. \tag{1.2.27}$$

当 $F : \mathbb{R}^n \to \mathbb{R}^1$ 为有限维函数时, $\delta^2 F(u_0)$ 就是 F 的 Hessian 矩阵. 在后面我们会给出 $\delta^2 F(u_0)$ 的计算方法. 现在给出条件极小值点的判定条件如下.

定理 1.9(条件极小值点判据)　令 $u_0 \in X$ 是方程 (1.2.24) 的一个解, 若下面二次型是正定的, 即存在 $\alpha > 0$ 使得

$$\langle \delta^2 F(u_0) v, v \rangle > \alpha \parallel v \parallel_X^2, \quad \forall v \perp \delta G_i(u) \quad (1 \leqslant i \leqslant m), \tag{1.2.28}$$

那么 u_0 就是 (1.2.22) 条件的极小值点, 这里 $\perp$ 表示正交, 即

$$v \perp \delta G_i(u_0) \ \Leftrightarrow \ \langle \delta G_i(u_0), v \rangle = 0.$$

证明　由非线性泛函分析理论, F 在 $u_0 \in X$ 处的 Taylor 展开为

$$F(u) = F(u_0) + \langle \delta F(u_0), v \rangle + \frac{1}{2} \langle \delta^2 F(u_0) v, v \rangle + o(\parallel v \parallel^2)$$

式中 $v = u - u_0$. 由条件 (1.2.28) 可知

$$F(u) = F(u_0) + \frac{1}{2} \langle \delta^2 F(u_0) v, v \rangle + o(\parallel v \parallel^2) > F(u_0),$$
$$\forall v = u - u_0 \perp \delta G_i(u_0) \ (1 \leqslant i \leqslant m) \quad \text{及} \quad 0 <\parallel v \parallel< \varepsilon,$$

对某个 $\varepsilon > 0$ 充分小. 它表明 u_0 是 F 限制在下面线性空间上的极小值点

$$E = \{ u \in X \mid \langle \delta G_i(u_0), u \rangle = 0, 1 \leqslant i \leqslant m \}. \tag{1.2.29}$$

由于前面关于 Lagrange 乘子定理的几何解释对于一般 Banach 空间也成立, 因此有

$$F(u_0) = \min_E F(u) \Rightarrow u_0 \quad \text{满足 (1.2.22)}$$

定理证毕.

由 (1.2.24) 可以看到下面空间包含关系:

$$E \subset E_1 = \{u \in X \mid \langle \delta F(u_0), u \rangle = 0\} \subset X,$$

这里 E 如 (1.2.29). 于是下面每个条件

$$\langle \delta^2 F(u_0)v, v \rangle \geqslant \alpha \parallel v \parallel^2, \quad \forall v \perp \delta F(u_0),$$

$$\langle \delta^2 F(u_0)v, v \rangle \geqslant \alpha \parallel v \parallel^2, \quad \forall v \in X, \tag{1.2.30}$$

都可以作为 u_0 是条件极小值点的判据.

4. 泛函二阶导算子 $\delta^2 F$ 的计算

关于泛函 $F: X \to \mathbb{R}^1$ 的二阶变分导算子 $\delta^2 F$ 的计算, 需要用公式 (1.2.27) 来进行. 我们还是用前面 (1.2.8) 和 (1.2.10) 作为例子进行讨论. 关于 (1.2.15) 的 GL 自由能, 由于计算较复杂而方法一样, 这里不再讨论.

1) 考虑 (1.2.8) 的泛函. 它的导算子为

$$\delta F(u) = -\Delta u + u^3.$$

由公式 (1.2.27), 有

$$\begin{aligned}
\langle \delta^2 F(u)v, w \rangle &= \frac{\mathrm{d}}{\mathrm{d}t} \langle \delta F(u + tv), w \rangle \big|_{t=0} \\
&= \frac{\mathrm{d}}{\mathrm{d}t} \int_{\Omega} \big[-\Delta(u + tv) + (u + tv)^3 \big] w \mathrm{d}x \big|_{t=0} \\
&= \int_{\Omega} [-\Delta v + 3u^2 v] w \mathrm{d}x.
\end{aligned}$$

于是推出

$$\langle \delta^2 F(u)v, w \rangle = \int_{\Omega} [\nabla v \cdot \nabla w + 3u^2 vw] \mathrm{d}x.$$

这就是 $\delta^2 F(u)$ 的表达公式.

2) 考虑 (1.2.10) 的泛函. 它的导算子为

$$\delta F(A) = -\Delta A + \alpha A - a \cdot A + \beta |A|^2 A - g.$$

由公式 (1.2.27), 我们有

$$\begin{aligned}
\langle \delta^2 F(A)B_1, B_2 \rangle &= \frac{\mathrm{d}}{\mathrm{d}t} \langle \delta F(A + tB_1), B_2 \rangle \big|_{t=0} \\
&= \frac{\mathrm{d}}{\mathrm{d}t} \int_{\Omega} [-\Delta(A + tB_1) + \alpha(A + tB_1) - a \cdot (A + tB_1) \\
&\quad + \beta |A + tB_1|^2 (A + tB_1) - g] \cdot B_2 \mathrm{d}x \big|_{t=0} \\
&= \int_{\Omega} [-\Delta B_1 + \alpha B_1 - a \cdot B_1 + 3\beta |A|^2 B_1] \cdot B_2 \mathrm{d}x
\end{aligned}$$

于是推出 $\delta^2 F(A)$ 的表达式如下:

$$\langle \delta^2 F(A)B_1, B_2 \rangle = \int_\Omega [\nabla B_1 \nabla B_2 + \alpha B_1 \cdot B_2 - a_{ij}B_i^1 B_j^2$$
$$+ 3\beta |A|^2 B_1 \cdot B_2]\mathrm{d}x.$$

1.2.3 散度与梯度约束变分

在 1.2.2 小节我们介绍了条件约束变分以及 Lagrange 乘子定理. 下面我们将介绍一类新的约束变分理论, 该理论是由 (Ma and Wang, 2014a, b, 2015a) 首次提出的. 它被证明在物理学中具有非常重要的作用. 这是一种关于微分元约束的变分学, 是建立在他们提出的正交分解定理基础之上的.

为了容易理解, 我们先介绍散度与梯度的约束变分, 为此需要介绍张量场的正交分解定理.

1. $\mathbb{R}^3$ 上向量场 Helmholtz 分解

令 $u \in L^2(T\mathbb{R}^3)$ 是一个三维向量场 ($T\mathbb{R}^3$ 为 $\mathbb{R}^3$ 的切空间), 即

$$u(x) = (u_1(x), u_2(x), u_3(x)), \quad x \in \mathbb{R}^3.$$

那么存在一个标量函数 $\varphi \in H^1(\mathbb{R}^3)$ 及一个三维向量场 $A \in H^1(T\mathbb{R}^3)$, 使得 u 能够被正交分解成如下形式:

$$\begin{cases} u = \nabla\varphi + \mathrm{curl}A \quad (\text{注意 } \mathrm{div}\,\mathrm{curl}A = 0), \\ \int_{\mathbb{R}^3} \nabla\varphi \cdot \mathrm{curl}A\mathrm{d}x = 0. \end{cases} \tag{1.2.31}$$

这个等式 (1.2.31) 被称为 Helmholtz 分解. 在电磁学中的磁势 A 就是应用这个分解产生的, 这是因为磁场 H 是零散度的

$$\mathrm{div}H = 0. \tag{1.2.32}$$

而由 (1.2.31) 的分解, 有

$$H = \nabla\varphi + \mathrm{curl}\, A.$$

关于上式两边求散度, 再由 (1.2.32) 知

$$\begin{cases} \Delta\varphi = 0, \quad \forall\, x \in \mathbb{R}^3, \\ \varphi \to 0, \quad |x| \to \infty \quad (\text{由 } \varphi \in H^1(\mathbb{R}^3)). \end{cases}$$

由微分方程理论知, 该问题的解是唯一的, 即解为 $\varphi = 0$. 因此有

$$H = \mathrm{curl}A.$$

2. $\mathbb{R}^n$ 上向量场的 Leray 分解

由于只有三维向量场有旋量的概念, 因此 Helmholtz 分解到一般的 n 维欧氏空间 $\mathbb{R}^n$ 上的推广便是下面 Leray 分解: 令 $\Omega \subset \mathbb{R}^n$ 是一个开集 (包括 $\Omega = \mathbb{R}^n$), $u \in L^2(\Omega, \mathbb{R}^n)$ 为一个向量场, 则 u 可以分解为

$$\begin{cases} u = \nabla\varphi + v, \quad \mathrm{div}v = 0, \quad \varphi \in H^1(\Omega), \\ v \cdot n \mid_{\partial\Omega} = 0, \\ \displaystyle\int_\Omega \nabla\varphi \cdot v\mathrm{d}x = 0. \end{cases} \tag{1.2.33}$$

事实上, (1.2.33) 中第三个正交性的等式是前面两个分解关系式以及 Gauss 公式的直接推论, 即

$$\int_\Omega \nabla\varphi \cdot v\mathrm{d}x = \int_{\partial\Omega} \varphi v \cdot n\mathrm{d}s - \int_\Omega \varphi\mathrm{div}v\mathrm{d}x$$
$$= 0 \quad (\text{由 } \mathrm{div}v = 0 \text{ 及 } v \cdot n|_{\partial\Omega} = 0).$$

Leray 正交分解 (1.2.33) 在流体动力学方程的数学理论中起到非常关键的作用, 可见 (马天, 2011), 它的证明思路也很简单. 关于 (1.2.33) 中的第一个等式两边求散度可得到如下方程:

$$\Delta\varphi = \mathrm{div}u, \tag{1.2.34}$$

再对第一个等式两边在边界上关于法向量求内积得

$$\frac{\partial\varphi}{\partial n}\bigg|_{\partial\Omega} = u \cdot n. \tag{1.2.35}$$

如果上述问题有解 φ, 那么 $v = u - \nabla\varphi$ 便是 (1.2.33). 由偏微分方程理论知, 对于一个 Neumann 问题

$$\begin{cases} \Delta u = f, \\ \dfrac{\partial u}{\partial n}\bigg|_{\partial\Omega} = g, \end{cases} \tag{1.2.36}$$

它存在解的充要条件是 f 与 g 必须满足关系式:

$$\int_\Omega f\mathrm{d}x = \int_{\partial\Omega} g\mathrm{d}S. \tag{1.2.37}$$

显然, 对于 (1.2.34) 和 (1.2.35) 中的 $f = \mathrm{div}u$ 和 $g = u \cdot n$, 由 Gauss 公式知上面 (1.2.37) 关系式成立. 因此问题 (1.2.34) 和 (1.2.35) 存在解 φ. 这样, 对于 $v = u - \nabla\varphi$, v 满足如下关系:

$$\mathrm{div}v = 0, \quad v \cdot n|_{\partial\Omega} = 0.$$

于是 Leray 分解 (1.2.33) 得证.

3. 向量场正交分解定理

上面两个正交分解 (1.2.31) 和 (1.2.33) 可总结成下面 $\mathbb{R}^n$ 上的向量场正交分解定理.

定理 1.10(向量场正交分解)　令 $\Omega \subset \mathbb{R}^n$ (或 $\Omega = \mathbb{R}^n$) 是一个开集, $u \in L^2(\Omega, \mathbb{R}^n)$ 为一个平方可积向量场, 则 u 可正交分解为

$$u = \nabla \varphi + v, \quad \mathrm{div}\, v = 0, \quad v_n \mid_{\partial \Omega} = 0, \tag{1.2.38}$$

其中 $\varphi \in H^1(\Omega)$ 是一个标量场.

这里需要对关于定理 1.10 中的一些概念作一些解释. 在 (1.2.38) 中, 向量场 $v \in L^2(\Omega, \mathbb{R}^n)$ 是一个平方可积函数, 并不一定是可微的, 在那里它的散度为零是在分布意义 (或弱意义) 下的, 即

$$\mathrm{div}\, v = 0 \Leftrightarrow \int_\Omega v \cdot \nabla \varphi \mathrm{d}x = 0, \quad \forall \varphi \in H^1(\Omega),$$

这里 $H^1(\Omega)$ 是如下空间:

$$H^1(\Omega) = \left\{ u \in L^2(\Omega) \,\middle|\, \int_\Omega |\nabla u|^2 + u^2 \mathrm{d}x < \infty \right\}.$$

4. 散度与梯度约束变分

现在我们可以引入散度与梯度约束变分的概念. 首先引入 m 次弱可微的平方可积函数空间如下:

$$H^m(\Omega) = \left\{ u \in L^2(\Omega) \,\middle|\, \int_\Omega [u^2 + \cdots + |\mathrm{D}^m u|^2] \mathrm{d}x < \infty \right\}.$$

向量场空间记为

$$H^m(\Omega, \mathbb{R}^n) = \left\{ u \in L^2(\Omega, \mathbb{R}^n) \,\middle|\, \sum_{k=0}^n \int_\Omega |\mathrm{D}^k u|^2] \mathrm{d}x < \infty \right\}$$

考虑下面泛函:

$$F: H^m(\Omega, \mathbb{R}^n) \to \mathbb{R}^1. \tag{1.2.39}$$

定义 1.11　令 $F(u)$ 是如 (1.2.39) 的一个泛函, 则 F 的散度约束与梯度约束变分导算子分别定义如下.

1) 对于 $u \in H^m(\Omega, \mathbb{R}^n)$ 满足下面等式的线性算子被定义为 F 在 u 处的散度约束变分导算子, 记为 $\delta_{\mathrm{div}} F$,

$$\langle \delta_{\mathrm{div}} F(u), v \rangle = \frac{\mathrm{d}}{\mathrm{d}t} F(u + tv) \big|_{t=0}, \quad \forall\, \mathrm{div}\, v = 0. \tag{1.2.40}$$

2) 满足下面等式的线性算子被定义为梯度约束变分导算子 $\delta_\nabla F$,

$$\langle \delta_\nabla F(u), \varphi \rangle = \frac{\mathrm{d}}{\mathrm{d}t} F(u + t\nabla\varphi)\big|_{t=0}, \quad \forall\, \varphi \in H^m(\Omega). \tag{1.2.41}$$

5. 散度约束变分导算子表达式

根据散度约束变分导算子的定义 (1.2.40), 由正交分解定理 1.10 可以推出 $\delta_{\mathrm{div}}F(u)$ 的表达式, 即 $\forall u \in H^m(\Omega, \mathbb{R}^n)$ 存在一个 $\varphi \in H^1(\Omega)$ 使得 $\delta_{\mathrm{div}}F(u)$ 可写成如下形式:

$$\delta_{\mathrm{div}}F(u) = \delta F(u) + \nabla\varphi. \tag{1.2.42}$$

为了导出表达式 (1.2.42), 我们注意到

$$\delta F(u) \in L^2(\Omega, \mathbb{R}^n) \quad (\text{由 } H^m(\Omega, \mathbb{R}^n) \subset L^2(\Omega, \mathbb{R}^n)).$$

由定义 (1.2.40), 有

$$\langle \delta_{\mathrm{div}}F(u), v \rangle = \langle \delta F(u), v \rangle, \quad \forall \mathrm{div}v = 0,$$

它意味着

$$\langle \delta_{\mathrm{div}}F(u) - \delta F(u), v \rangle = 0, \quad \forall \mathrm{div}v = 0. \tag{1.2.43}$$

再由定理1.10, $L^2(\Omega, \mathbb{R}^n)$ 可正交分解为

$$\begin{aligned}
L^2(\Omega, \mathbb{R}^n) &= L^2_{\mathrm{div}}(\Omega, \mathbb{R}^n) \oplus L^2_\nabla(\Omega, \mathbb{R}^n), \\
L^2_{\mathrm{div}}(\Omega, \mathbb{R}^n) &= \{u \in L^2(\Omega, \mathbb{R}^n) \mid \mathrm{div}u = 0, u_n\mid_{\partial\Omega} = 0\}, \\
L^2_\nabla(\Omega, \mathbb{R}^n) &= \{u \in L^2(\Omega, \mathbb{R}^n) \mid u = \nabla\varphi, \varphi \in H^1(\Omega)\}.
\end{aligned} \tag{1.2.44}$$

因此 (1.2.43) 等价于下面事实:

$$\langle \delta_{\mathrm{div}}F(u) - \delta F(u), v \rangle = 0, \quad \forall\, v \in L^2_{\mathrm{div}}(\Omega, \mathbb{R}^n).$$

这意味着

$$\delta_{\mathrm{div}}F(u) - \delta F(u) \in L^2_\nabla(\Omega, \mathbb{R}^n)$$

这就推出关系式 (1.2.42).

6. 梯度约束变分导算子表达式

对每个 $u \in H^m(\Omega, \mathbb{R}^n)$, $\delta_\nabla F(u)$ 可表达为

$$\delta_\nabla F(u) = -\mathrm{div}\delta F(u). \tag{1.2.45}$$

表达式 (1.2.45) 成立的条件是 $\delta F(u)$ 满足边界条件:

$$\delta F(u) \cdot n \mid_{\partial\Omega} = 0. \tag{1.2.46}$$

当 $\Omega = \mathbb{R}^n$ 时, 条件 (1.2.46) 自动成立. 下面推导 (1.2.45).

梯度约束变分导算子的定义 (1.2.41) 可写成

$$\langle \delta_\nabla F(u), \varphi \rangle = \langle \delta F(u), \nabla\varphi \rangle, \quad \forall \varphi \in H^1(\Omega).$$

该等式用积分表达为

$$\int_\Omega \delta_\nabla F(u)\varphi \mathrm{d}x = \int_\Omega \delta F(u) \cdot \nabla\varphi \mathrm{d}x, \quad \forall \varphi \in H^1(\Omega)$$

由 Gauss 公式及条件 (1.2.46), 有

$$\int_\Omega \delta F(u) \cdot \nabla\varphi \mathrm{d}x = -\int_\Omega \mathrm{div}\delta F(u)\varphi \mathrm{d}x$$

于是推出

$$\int_\Omega (\delta_\nabla F(u) + \mathrm{div}\delta F(u))\varphi \mathrm{d}x = 0, \quad \forall \varphi \in H^1(\Omega)$$

这个等式意味着 (1.2.45) 成立.

7. 散度与梯度的约束变分方程

对于一个泛函 $F: H^m(\Omega, \mathbb{R}^n) \to \mathbb{R}^1$, 当考虑它在散度或梯度约束下的极值问题时, 极值点 u 满足如下方程.

1) 散度约束变分方程

由关系式 (1.2.42), 一个散度约束极值点 u 满足下面方程:

$$\delta F(u) + \nabla\varphi = 0 \quad (\text{即 } \delta_{\mathrm{div}} F(u) = 0). \tag{1.2.47}$$

这种方程出现在流体、电磁和超导系统中.

2) 梯度约束变分方程

由关系式 (1.2.45), 一个梯度约束极值点 u 满足下面方程:

$$\mathrm{div}\delta F(u) = 0 \quad (\text{即 } \delta_\nabla F(u) = 0). \tag{1.2.48}$$

这种方程出现在物理的守恒律系统.

1.2.4 物理中的应用

散度与梯度约束变分在流体、超导、电磁场、守恒律系统中具有广泛的应用. 下面分别介绍它们.

1. 流体动力学

流体动力学的基本方程就是 Navier-Stokes 方程, 它的形式为

$$\rho\left(\frac{\partial u}{\partial t} + (u \cdot \nabla)u\right) = \mu\Delta u - \nabla p + f, \tag{1.2.49}$$

$$\frac{\partial \rho}{\partial t} + \mathrm{div}(\rho u) = 0, \quad x \in \Omega \subset \mathbb{R}^n (n = 2, 3). \tag{1.2.50}$$

其中 $p = \varphi - \lambda\mathrm{div}u$ (φ 为标量函数). 在上述方程中, 方程 (1.2.49) 是 Newton 第二定律, 方程 (1.2.50) 是质量守恒. 关于这两个方程引入下面泛函:

$$F(u, \rho) = \int_\Omega \left[\frac{1}{2}\mu|\nabla u|^2 - fu + \frac{1}{2}\rho^2\mathrm{div}u\right]\mathrm{d}x. \tag{1.2.51}$$

定义域空间取为

$$X = H_n^1(\Omega, \mathbb{R}^n) = \{u \in H^1(\Omega, \mathbb{R}^n) \mid u_n \mid_{\partial\Omega} = 0\},$$

此时 (1.2.51) 中的 F 是定义在 X 上的泛函

$$F: \ X \to \mathbb{R}^1$$

由 (1.2.42), 有

$$\frac{\delta_{\mathrm{div}}}{\delta u}F(u, \rho) = -\mu\Delta u + \nabla p - f,$$

$$\frac{\delta}{\delta\rho}F(u, \rho) = \rho\mathrm{div}u.$$

注意到

$$\frac{\mathrm{d}u}{\mathrm{d}t} = \frac{\partial u}{\partial t} + (u \cdot \nabla)u, \quad \frac{\mathrm{d}\rho}{\mathrm{d}t} = \frac{\partial \rho}{\partial t} + u \cdot \nabla\rho.$$

于是流体动力学方程 (1.2.49) 和 (1.2.50) 可写成如下形式:

$$\rho\frac{\mathrm{d}u}{\mathrm{d}t} = -\delta_{\mathrm{div}}F(u, \rho), \tag{1.2.52}$$

$$\frac{\partial \rho}{\partial t} = -\frac{\delta}{\delta\rho}F(u, \rho). \tag{1.2.53}$$

2. 超导系统

在前面已看到, 超导系统的热力学势 G 由 Ginzburg-Landau 自由能 (1.2.15) 给出, 没有外磁场时为

$$G = \int_\Omega \left[\frac{1}{2m_s}|(\mathrm{i}\hbar\nabla + \frac{e_s}{c}A)\psi|^2 + a|\psi|^2 + \frac{b}{2}|\psi|^4 + \frac{1}{8\pi}|\mathrm{curl}A|^2\right]\mathrm{d}x.$$

由它产生的超导电流方程为

$$\frac{\delta}{\delta A} G(\varphi, A) = 0. \tag{1.2.54}$$

由 (1.2.18) 可知方程 (1.2.54) 可写成

$$\frac{c}{4\pi} \mathrm{curl}^2 A = -\frac{e_s^2}{m_s c} |\psi|^2 A - \mathrm{i} \frac{\hbar e_s}{m_s} (\psi^* \nabla \psi - \psi \nabla \psi^*),$$

在物理中,

$$J = \frac{c}{4\pi} \mathrm{curl}^2 A, \quad 代表总电流,$$

$$J_s = -\frac{e_s^2}{m_s c} |\psi|^2 A - \mathrm{i} \frac{\hbar e_s}{m_s} (\psi^* \nabla \psi - \psi \nabla \psi^*), \quad 代表超导电流.$$

因为超导体为介质电导体, J 应包含两种电流

$$J = J_s - \sigma \nabla \phi \quad (\sigma \text{ 为电导率}, \ \phi \text{ 为电势}). \tag{1.2.55}$$

因此真实的电流方程应写成 (1.2.55) 的形式, 即

$$\frac{c}{4\pi} \mathrm{curl}^2 A = -\sigma \nabla \phi + J_s, \tag{1.2.56}$$

而不是 (1.2.54) 的形式. 方程 (1.2.56) 可表达为

$$\frac{\delta}{\delta A} G(A, \psi) + \sigma \nabla \phi = 0.$$

对照 (1.2.47) 可以发现它就是散度约束变分方程

$$\frac{\delta_{\mathrm{div}}}{\delta A} G(A, \psi) = 0. \tag{1.2.57}$$

也就是说, 真实的超导电流方程应是 (1.2.57), 而不是 (1.2.54).

3. Maxwell **方程**

经典电磁场的 Maxwell 方程表达为

$$\begin{aligned}
\epsilon \frac{\partial E}{\partial t} &= \mathrm{curl}^2 A - J, \\
\mu \frac{\partial A}{\partial t} &= -E + \nabla \varphi,
\end{aligned} \tag{1.2.58}$$

其中 A 为磁势, φ 为电势, ϵ 为介电常数, μ 为磁导率, J 为电流. 关于方程 (1.2.58) 取泛函为

$$H(A, E) = \int_{\mathbb{R}^n} \left[\frac{1}{2} |\mathrm{curl} A|^2 + \frac{1}{2} E^2 - J \cdot A \right] \mathrm{d}x.$$

则导算子为

$$\frac{\delta}{\delta A}H = \mathrm{curl}^2 A - J, \quad \frac{\delta}{\delta E}H = E.$$

对照 (1.2.42), 方程 (1.2.58) 可写成

$$\epsilon\frac{\partial E}{\partial t} = \frac{\delta}{\delta A}H(A, E),$$
$$\mu\frac{\partial A}{\partial t} = -\frac{\delta_{\mathrm{div}}}{\delta E}H(A, E).$$

该方程可改写成如下形式:

$$\frac{\partial}{\partial t}\begin{pmatrix} \epsilon E \\ \mu A \end{pmatrix} = -J\delta H(A, E), \tag{1.2.59}$$

其中 J 为反对称矩阵, δ 为导算子, 表达形式为

$$J = \begin{pmatrix} 0 & -1 \\ 1 & 0 \end{pmatrix}, \quad \delta = \begin{pmatrix} \delta_{\mathrm{div}}/\delta E \\ \delta/\delta A \end{pmatrix}. \tag{1.2.60}$$

4. 守恒律系统

物理守恒律运动一般形式为

$$\frac{\partial u}{\partial t} = \mathrm{div}\delta F(u), \quad x \in \mathbb{R}^n (n = 2, 3), \tag{1.2.61}$$

其中 $F(u)$ 是 u 的某种形式的泛函. 根据梯度约束变分导算子的表达式 (1.2.45), 守恒律方程可写成

$$\frac{\partial u}{\partial t} = -\delta_\nabla F(u). \tag{1.2.62}$$

5. 一些评注

从上面的讨论来看, 似乎散度与梯度约束变分并没有给物理学带来实质性的新内容, 只是给物理定律的方程改变了一些形式. 其实不然, 这种新变分理论给物理学带来两个新的发现, 其一是关于物理运动系统的普适性定律, 称为运动系统动力学定律, 它是由 (Ma and Wang, 2017a) 提出的; 其二是相互作用动力学原理, 由 (Ma and Wang, 2014b) 提出, 它是建立在 Riemann 流形上张量场的正交分解定理以及张量场散度约束变分理论基础之上的.

为了使读者进一步了解, 下面给出它们的陈述. 关于运动系统动力学原理, 在后面的 1.4 节中还会给出详细的讨论.

定律(*物理运动的动力学定律*) 物理运动系统分两种类型: 能量守恒系统和耗散系统. 所有系统都存在可描述它们状态的一组函数 $u = (u_1, \cdots, u_N)$ 以及一个势

泛函 $F(u)$, 使得 $-\delta F(u)$ 为系统的驱动力, δ 是包括各种约束的变分导数, 并且有如下结论.

1) 泛函 $F(u)$ 具有 $SO(n)(n = 2, 3)$ 的不变性 (即对称性).

2) 对孤立系统, u 关于时间变化率与系统驱动力成正比, 即

$$\frac{\mathrm{d}u}{\mathrm{d}t} = -A\delta F(u), \tag{1.2.63}$$

其中 A 为系数矩阵, 它只有正定对称和反对称两种类型, 并且

$$\begin{cases} A \text{ 正定对称} \Leftrightarrow \text{耗散系统}, \\ A \text{ 反对称的} \Leftrightarrow \text{能量守恒系统}. \end{cases} \tag{1.2.64}$$

3) 当一个系统与其他外系统耦合时, 将发生 $SO(n)$ 的对称破缺, 这体现在 (1.2.63) 的变分结构的破坏. 此时方程变为如下形式:

$$\frac{\mathrm{d}u}{\mathrm{d}t} = -A\delta F(u) + B(u), \tag{1.2.65}$$

其中 $B(u)$ 是一个没有变分结构的算子, 代表了对称破缺.

下面介绍相互作用动力学原理, 该原理是建立四种相互作用统一场的基础, 它陈述如下.

令 $F(u)$ 是一个张量场 u 的泛函. 一个张量场 u_0 被称为是 F 在 A 散度 div_A 约束下的极值点, 若 u_0 满足

$$\frac{\mathrm{d}u}{\mathrm{d}t}F(u_0 + tx)\Big|_{t=0} = \int_M \delta F(u_0) \cdot x\sqrt{-g}\mathrm{d}x = 0, \quad \forall\, \mathrm{div}_A x = 0. \tag{1.2.66}$$

相互作用动力学原理 (PID) 关于所有四种相互作用有如下结论.

1) 存在 Lagrange 作用量

$$L(g, A, \psi) = \int_M \mathcal{L}(g_{\mu\nu}, A, \psi)\mathrm{d}x, \tag{1.2.67}$$

这里 $g = \{g_{\mu\nu}\}$ 是 Riemann 度量, 代表引力势, A 是四维向量场, 代表规范势, ψ 是粒子波函数, M 是四维时空流形.

2) 作用量 (1.2.67) 满足广义相对不变性、Lorentz 不变性、规范不变性以及规范表示不变性.

3) 描述相互作用的状态函数 (g, A, ψ) 是泛函 (1.2.67) 如 (1.2.66) 的 div_A 约束变分的极值点.

这里简要地说明一下, PID 的结论 2) 中不变性唯一地决定了 (1.2.67) 的 Lagrange 作用量具体表达形式, 结论 3) 唯一地 (相差一些耦合常数) 确定了四种相互作用统一场的场方程形式.

1.2.5 一般的正交分解与微分元约束变分

为了将向量场正交分解定理 1.10 推广到一般情况, 先来考察它的基本特征, 这就是给定一个 Hilbert 空间 $H = L^2(\Omega, \mathbb{R}^n)$, 以及一个从空间 $H_1 = H^1(\Omega)$ 到 H 的线性映射 $L = \nabla$, 即

$$L : H_1 \to H \quad \text{及共轭算子} \quad L^* = -\operatorname{div} : H \to H_1^*.$$

然后得到结论: $\forall u \in H$, u 能够正交分解为

$$u = L\varphi + v, \quad \varphi \in X, \quad L^*v = 0. \tag{1.2.68}$$

在 (1.2.68) 的正交分解下, 可定义 H 上泛函

$$F : H \to \mathbb{R}^1.$$

在微分元上的 L 和 L^* 的约束变分如下:

$$
\begin{aligned}
\langle \delta_{L^*} F(u), v \rangle &= \frac{\mathrm{d}}{\mathrm{d}t} F(u + tv) \Big|_{t=0}, \quad \forall L^*v = 0, \\
\langle \delta_L F(u), \varphi \rangle &= \frac{\mathrm{d}}{\mathrm{d}t} F(u + tL\varphi) \Big|_{t=0}, \quad \forall \varphi \in H.
\end{aligned}
\tag{1.2.69}
$$

在这一小节我们要将 (1.2.68) 关于 $L = \nabla$ 的正交分解及其对应的微分元上的约束变分 (1.2.69) 推广到一般的 Hilbert 空间 H 和线性算子 L 上. 下面先讨论一般正交分解, 然后再给出约束变分定理.

1. 一般 Hilbert 空间上的 L-正交分解

令 H 是一个 Hilbert 空间, X 是一个线性空间, $L : X \to H$ 是一个线性映射. 令 H_1 是 X/N 在如下范数下的完备化空间:

$$\|\varphi\|_{H_1}^2 = \langle L\varphi, L\varphi \rangle_H, \quad \varphi \in X, \tag{1.2.70}$$

其中 $N = \{\varphi \in X \mid L\varphi = 0\}$. 显然 H_1 是 Hilbert 空间, 并且

$$
\begin{cases}
L : H_1 \to H, & \text{是线性有界.} \\
L^* : H \to H_1, & \text{是 } L \text{ 的共轭算子.}
\end{cases}
\tag{1.2.71}
$$

然后有如下正交分解定理.

定理 1.12(L-正交分解) 对于 (1.2.71) 的线性算子 L 和 L^*, 对任何 $u \in H$ 存在一个 $\varphi \in H_1$ 使得 u 能够正交分解为

$$u = L\varphi + v, \quad L^*v = 0. \tag{1.2.72}$$

这里正交分解是指 $L\varphi$ 与 v 在 H 中正交.

　　证明　对给定的 $u \in H$, 考虑下面方程:

$$L^*L\varphi = L^*u \tag{1.2.73}$$

解出 $\varphi \in H_1$ 的存在性. 由 (1.2.70) 可以看到算子

$$A = L^*L:\ H_1 \to H_1$$

是正定的, 即对任何 $\Phi \in H_1$ 有

$$\langle A\Phi, \Phi \rangle_{H_1} = \langle L\Phi, L\Phi \rangle_H = \|\Phi\|_{H_1}^2.$$

因此由 Lax-Milgram 定理, 方程 (1.2.73) 存在唯一解 $\varphi \in H_1$. 然后取

$$v = u - L\varphi \in H. \tag{1.2.74}$$

显然 $L^*v = 0$, 并且 (1.2.74) 就是 (1.2.72) 的分解. 定理证毕.

　　2. 微分元的 L-约束变分

　　在 L-正交分解的定理 1.12 基础上, 立刻可以得到下面关于泛函的微分元上进行 L-约束的变分定理.

　　令 H 是如定理 1.12 中的 Hilbert 空间, 考虑 H 上的泛函

$$F:\ H \to \mathbb{R}^1. \tag{1.2.75}$$

关于这个泛函有下面 L-约束变分定理.

　　定理 1.13(L-约束变分)　令 F 如 (1.2.75) 的泛函. 假设 (1.2.71) 中的 L^* 零空间 $N = \{v \in H \mid L^*v = 0\} \neq 0$, 即 $\dim N > 0$, 则有如下结论.

　　1) $\forall\, u \in H$, F 在 u 处的 L^*-约束变分导算子 δ_{L^*} 定义为

$$\langle \delta_{L^*}F(u), v \rangle_H = \frac{\mathrm{d}}{\mathrm{d}t}F(u+tv)\Big|_{t=0}, \quad \forall\, L^*v = 0,$$

则存在 $\varphi \in H_1$, 使得 $\delta_{L^*}F(u)$ 可表达成如下形式:

$$\delta_{L^*}F(u) = \delta F(u) + L\varphi. \tag{1.2.76}$$

　　2) F 在 u 处的 L-约束变分导算子 δ_L 定义为

$$\langle \delta_L F(u), v \rangle_{H_1} = \frac{\mathrm{d}}{\mathrm{d}t}F(u+tL\varphi)\Big|_{t=0}, \quad \forall\, \varphi \in H_1,$$

则 $\delta_L F(u) \in H_1$ 可写成如下形式:

$$\delta_L F(u) = L^* \delta F(u). \tag{1.2.77}$$

定理 1.13 的证明方法与 (1.2.42) 和 (1.2.45) 的推导过程一样, 这里不再赘述.

3. 在广义相对论中的应用

关于引力的广义相对论是由下面的两个经典结论组成的.

1) 引力空间是一个四维时空的 Riemann 流形 $(M, g_{\mu\nu})$, 其 Riemann 度量 $\{g_{\mu\nu}\}$ 代表引力势 (这就是等效原理的结论);

2) 关于引力势的 Lagrange 作用量为 Einstein-Hilbert 泛函

$$L_{\mathrm{EH}} = \int_M \left[R + \frac{8\pi G}{c^4} S \right] \sqrt{-g} \mathrm{d}x^\mu, \tag{1.2.78}$$

其中 R 为 M 的标量曲率, S 为能量动量密度, $g = \det(g_{\mu\nu})$ 为度量矩阵的行列式. Einstein 场方程由 L_{EH} 变分方程给出:

$$\delta L_{\mathrm{EH}} = 0. \tag{1.2.79}$$

场方程 (1.2.79) 的具体表达式为

$$R_{\mu\nu} - \frac{1}{2} g_{\mu\nu} R = -\frac{8\pi G}{c^4} T_{\mu\nu}, \tag{1.2.80}$$

称为 Einstein 场方程, 其中 $R_{\mu\nu}$ 为 Ricci 曲率张量, $T_{\mu\nu}$ 为可见物质能量的动量张量, G 为引力常数, c 为光速.

由于近些年来, 天文观测发现了 "暗物质和暗能量" 的现象, 即在某个距离范围内引力显示比 Newton 引力要大, 而在很远距离外引力表现为斥力, 超出的引力被解释为暗物质作用, 远距离的斥力被解释成暗能量的存在. 但是, 无论这种解释是否正确, 这种现象是在 Einstein 广义相对论范围之外的, 这说明引力场方程 (1.2.80) 需要修正. 一个合理的方案就是用散度约束变分取代 (1.2.79) 中的通常变分, 所得结果可以解释 "暗物质和暗能量" 的现象.

首先由 Bianchi 恒等式, 场方程 (1.2.80) 左端是散度为零, 即

$$\mathrm{div} \left(R_{\mu\nu} - \frac{1}{2} g_{\mu\nu} R \right) = 0. \tag{1.2.81}$$

这就意味着能量动量张量 $T_{\mu\nu}$ 满足

$$\mathrm{div}\, T_{\mu\nu} = 0, \quad 代表能量动量守恒. \tag{1.2.82}$$

但是 "暗物质和暗能量" 现象表明, 可见的物质的 $T_{\mu\nu}$ 不可能是守恒, 必须是 $T_{\mu\nu}$ 与 "暗物质和暗能量" 现象的那部分能量合在一起的守恒, 于是有

$$\text{div } T_{\mu\nu} \neq 0.$$

这与 (1.2.80) 和 (1.2.81) 产生矛盾. 由正交分解定理 1.12, 当 $L = \nabla$ 为张量场梯度时, $T_{\mu\nu}$ 可分解为

$$T_{\mu\nu} = Q_{\mu\nu} - \frac{c^4}{8\pi G} \nabla_\mu \Phi_\nu, \quad \text{div } Q_{\mu\nu} = 0,$$

其中 $Q_{\mu\nu}$ 是能量动量守恒的 (因为 $\text{div } Q_{\mu\nu} = 0$). 因此由 (1.2.81), 方程 (1.2.80) 中的 $T_{\mu\nu}$ 应该被 $Q_{\mu\nu}$ 来取代. 于是场方程 (1.2.80) 被修正成如下表达形式:

$$R_{\mu\nu} - \frac{1}{2} g_{\mu\nu} R = -\frac{8\pi G}{c^4} T_{\mu\nu} - \nabla_\mu \Phi_\nu. \tag{1.2.83}$$

再由 L-约束变分定理 1.13, 对 $L^* = \text{div}$, Einstein-Hilbert 泛函 (1.2.78) 的 div-约束变分导算子的表达式为

$$\delta_{\text{div}} L_{\text{EH}} = R_{\mu\nu} - \frac{1}{2} g_{\mu\nu} R + \frac{8\pi G}{c^4} T_{\mu\nu} + \nabla_\mu \Phi_\nu.$$

于是修正的引力场方程 (1.2.83) 可写成

$$\delta_{\text{div}} L_{\text{EH}} = 0.$$

这就是在 1.2.4 节最后介绍的相互作用动力学原理所要求的. 事实上, "暗物质和暗能量" 现象对 PID 是强有力的支持.

应用修正的引力场方程 (1.2.83), 我们能够对 "暗物质和暗能量" 现象给出合理的解释. 由标量势定理 (Ma and Wang, 2014a) 和 (马天, 2014), 在球对称引力场情况下, 方程 (1.2.83) 中的向量场 Φ_ν 是标量场的梯度

$$\Phi_\nu = \nabla_\nu \varphi, \quad \varphi \text{ 为一标量场}.$$

于是 (1.2.83) 可改写为

$$R_{\mu\nu} - \frac{1}{2} g_{\mu\nu} R = -\frac{8\pi G}{c^4} T_{\mu\nu} - \nabla_{\mu\nu} \varphi. \tag{1.2.84}$$

这是修正引力场方程的标准形式.

从修正引力场方程 (1.2.83) 可得到如下结论, 能够很好地解释 "暗物质和暗能量" 现象.

1) 对于一个质量为 M 的中心引力场, 它产生的引力是渐近为零的, 即

$$F(r) \to 0 \quad \text{当距离} r \to \infty \text{ 时.}$$

2) 存在一个充分大的距离 r_1 使得

$$F(r) < 0, \quad \text{为引力当 } r < r_1 \text{ 时,}$$

$$F(r) > 0, \quad \text{为斥力当 } r > r_1 \text{ 时.}$$

3) 从 (1.2.84) 可导出 Newton 引力的近似修正形式为

$$F = mMG \left(-\frac{1}{r^2} - \frac{k_0}{r} + k_1 r \right), \tag{1.2.85}$$
$$k_0 = 4 \times 10^{-18} \text{km}^{-1}, \quad k_1 = 10^{-57}.$$

公式 (1.2.85) 表明近处比 Newton 引力要多出一些, 远处为斥力.

1.3 统计物理的基本原理

1.3.1 基本情况介绍

在前面的 1.1.2—1.1.4 小节中, 我们已经轮廓性地介绍了统计物理的研究对象、内容与方法. 在这一小节中, 我们将介绍如下具体概念:

- 统计物理中主要研究的热力学系统;
- 刻画热力学系统的状态参变量;
- 响应参变量;
- 物态方程;
- 热力学势.

下面将分别介绍上述内容.

1. 主要的一些热力学系统

首先, 低分子物体与高分子化合物 (也称聚合物) 都随温度的不同而普遍地呈现出三种不同的状态:

低分子的物质三态为: 气态, 液态, 固态;

高分子化合物三态为: 黏流态, 高弹态, 玻璃态.

在这些不同的物质状态下产生出丰富的热力学系统, 具体列出如下:

气体系统: 光子、量子、单分子、多分子等构成的气体热力学系统;

液体系统: 液态 He 超流系统、多元混合液体;

固体系统: 铁磁体、超导体、合金晶格体、晶体;

PVT 系统: 气、液、固三态综合系统;

聚合物系统: 胶体、液晶体、弹性橡胶体;

流体系统: 流动的气、液系统, 等离子体.

2. 热力学状态参变量

本书的思想体系是将整个统计物理建立在势下降原理 (原理 1.16) 基础之上的, 该原理包含了平衡态的极小势原理 (原理 1.17). 因此, 这里将热力学势与自变量分开, 将所有的自变量定义为状态变量. 也就是说对于一个热力学系统, $u = (u_1, \cdots, u_N)$ 描述它的状态, 该系统的热力学势 F 是 u 的泛函:

$$F = F(u), \tag{1.3.1}$$

则 $u_1, \cdots, u_N$ 被定义为热力学状态参变量.

热力学参变量就是所有对系统内能具有贡献的那些物理量. 内能由两种不同形式的能量构成:

$$U = \text{热能 } Q + \text{机械能 } W. \tag{1.3.2}$$

热能是由系统内部微观粒子运动提供的能量, 机械能是由系统做功所表现出来的一种内能形式. 在 (1.3.2) 中机械能是我们较熟悉的, 例如, 由压力导致系统体积变化而做的功为

$$\mathrm{d}W = -p\mathrm{d}V \quad (p \text{ 为压力}, \mathrm{d}V \text{ 为体积变化部分}). \tag{1.3.3}$$

式中体积增大 ($\mathrm{d}V > 0$) 表示系统对外做功, 内能损耗, 因而 $\mathrm{d}W > 0$ 取负值; 相反体积缩小 ($\mathrm{d}V < 0$) 表示外部对系统做功内能增加, 因而 $\mathrm{d}W > 0$ 为正值. 机械能有许多形式, 除了上述 (1.3.3) 的压力产生的机械能外, 还有弹力、表面张力、应力、磁场强度、电场强度等, 它们都能对系统产生机械能. 它们全部能表示成如下形式:

$$\text{机械能} \quad W = fX, \tag{1.3.4}$$

其中 f 为广义力, 如上述的那些物理量, 而 X 为广义位移.

热能在我们的经验范围之外. 然而, 它用一个我们所熟悉的可测量来反映它的能量大小, 即度量热能的温度 T. 参考机械能 (1.3.4) 的形式, 即 f 和 X 互为对偶. 因此可以合理地推测 T 有一个配对, 记为 S, 使得热能 Q 可表达为

$$\text{热能} \quad Q = TS. \tag{1.3.5}$$

在热力学中, S 称为熵. 在第 2 章的总结与评注 (2.5.2 节) 中, 作者关于熵作了进一步解释.

这样, 由 (1.3.4) 和 (1.3.5) 可知内能 (1.3.2) 应该是如下泛函:

$$U = U(T, \ S, \ f, \ X). \tag{1.3.6}$$

再根据 (1.3.1) 关于状态参变量的定义, 热力学全部的状态参变量类型都在 (1.3.6) 的泛函自变量中.

我们进一步注意到, 在 (1.3.4), (1.3.5) 中的这些对偶状态参变量中, 每一对都有一个量具有可加性, 即当系统由若干子系统构成时, 这个量是各个子系统的数量之和, 这样的量称为广延量. 而另一个对偶的量不发生变化, 称为强度量. 现在我们可以将 (1.3.6) 中所有的状态参变量列出如下:

$$\text{广延量}: \text{熵 } S, \text{ 广义位移 } X; \tag{1.3.7}$$

$$\text{强度量}: \text{温度 } T, \text{ 广义力 } f. \tag{1.3.8}$$

其中 S 与 T, X 与 f 称为**共轭量**.

这里特别要强调一下, 在 (1.3.6) 的状态参变量中, 熵 S 是不可测量的, 所以它们一般作为中间过程的桥梁出现在各种统计物理的理论中. 除了统计解释外, 它们很少作为最终结果出现, 否则这样的理论无法用实验来检验.

所有系统中有两对共轭变量 (T, S) 和 (p, V) 一般总是出现, 而其他参变量不一定起作用 (即或为常数或不存在). 这就是将它们称为热力学系统 (T 代表热, p 代表力) 的原因. 机械能有许多种, 即

$$W = \sum_i f_i X_i. \tag{1.3.9}$$

为了简单, 我们一般总是用 (1.3.4) 的形式代表 (1.3.9) 的情况.

下面将一些常见的机械能共轭参变量列出来:

(压力 p, 体积 V), (弹性力 $\mathcal{F}$, 形变位移 L), (表面张力 σ, 面积 A),

(应力 γ, 应变位移 χ), (磁场强度 H, 磁化强度 MV),

(电场强度 E, 电极化强度 PV).

其中 M, P 分别为磁化和极化强度的密度.

3. 响应参变量

响应参变量也叫做响应函数. 这些参数起到了将理论与实验联结在一起的纽带作用. 因为许多情况下从理论可导出这些参变量的表达式, 而实验中又可观测这

些量, 从而可以检验理论的正确性. 特别是在定态相变中, 响应参变量起到了非常重要的作用.

响应参变量主要有如下重要参数:

热容 C,   压缩系数 κ,   热膨胀系数 α,   磁化率 χ.

下面我们给出这些参变量的定义, 以及它们之间的关系.

1) 热容 C

热容的定义是

$$C = \frac{\Delta Q}{\Delta T}. \tag{1.3.10}$$

它代表物体温度升高 ΔT 时所吸收的热量 ΔQ. 由于热量 Q 是内能 U(见 (1.3.2)) 的一种能量形式, 而定义 (1.3.10) 只能作为理解物理意义的一种方式, 因此具有计算功能的定义应取如下形式:

$$C = \frac{\partial U}{\partial T}. \tag{1.3.11}$$

从 (1.3.6) 我们可以看到 U 是许多状态参变量的函数, (1.3.11) 表明热容 C 也是这些参变量的函数. 但是通常只有温度 T, 压力 p 和体积 V 会影响热容的数值, 因此热容一般是如下函数:

$$C = C(T, \ p, \ V).$$

所谓等温、等压、等容、等粒子数的热容, 分别指在一个固定的温度 T_0、压力 p_0、体积 V_0、粒子数 N_0 等情况下热容 C 的表达式 (或数值).

2) 压缩系数 κ

压缩系数的定义为

$$\kappa = -\frac{1}{V}\left(\frac{\partial V}{\partial p}\right). \tag{1.3.12}$$

它代表单位体积关于压力的变化率. 由于 κ 的测量值是在平衡态进行的, 此时物态方程表明 V 是 T, p 的函数, 即

$$\kappa = \kappa(T, \ p).$$

因而有等温、等压、等粒子数的压缩系数 (也有绝热压缩系数).

3) 热膨胀系数 α

热膨胀系数定义为

$$\alpha = \frac{1}{V}\frac{\partial V}{\partial T}. \tag{1.3.13}$$

它代表单位体积关于温度的变化率, 并且是 T, p 的函数. 类似于压缩系数, 也有等温、等压的热膨胀系数.

4) 磁化率 χ

对于铁磁系统, 当有外磁场 H 存在并且温度在一定范围内时, 该系统会被磁化, 其状态函数为磁化强度 M. 磁化率定义为

$$\chi = \frac{\partial M}{\partial H}. \tag{1.3.14}$$

它是 T 的函数.

4. 物态方程

在平衡态的情况下, 若热力学系统是均匀的, 则系统状态参变量 $u = (u_1, \cdots, u_N)$ 都是常值. 此时 $u_1, \cdots, u_N$ 之间存在一个关系式, 即它们满足一个代数方程 (组),

$$F_j(u_1, \cdots, u_N) = 0, \quad 1 \leqslant j \leqslant m, m < N. \tag{1.3.15}$$

这个方程 (组) 称为物态方程.

事实上, 由极小势原理 (见 1.3.3 小节), 若 $v = (u_1, \cdots, u_m)$ 为序参量, $\lambda = (u_{m+1}, \cdots, u_N)$ 为控制参数, $f = f(v, \lambda)$ 为热力学势, 则物态方程 (1.3.15) 取如下形式:

$$F_j(u) = \frac{\partial}{\partial v_j} f(v, \lambda) = 0, \quad 1 \leqslant j \leqslant m. \tag{1.3.16}$$

5. 热力学势

热力学势是统计物理的核心概念, 它包含了统计物理系统的全部热力学信息. 因此确定每个系统的热力学势的具体表达式成为统计物理的中心课题之一. 热力学势具有这样几种类型

$$\text{内能, 焓, Helmholtz 自由能, Gibbs 自由能.} \tag{1.3.17}$$

它们是根据各自的自由参变量的类型来定义的. 下面我们将给出详细的介绍.

在 (1.3.7) 和 (1.3.8) 中, 我们看到所有热力学的状态参变量分为两组共轭对 (S, T)、(X, f), 它们分别对应热能、机械能. 在 (1.3.17) 中的每一种热力学势都是这两组共轭量的泛函. 若用 F 代表热力学势, 则 F 可写成

$$F = F(S, T, X, f).$$

应用热力学第一定律可以证明, 在每一个系统的状态参变量中只有一部分是自由变量, 其余的都是这些自由变量的函数. 通常在这四个变量 (S, p, T, V) 中有两个是自由的.

通常情形下, 我们将自由参变量称为**控制参数**(它是时间和空间变量无关的常数), 将非自由的参变量称为**序参量**. 热力学相变就是通过调控这些控制参数而发生的.

在 (1.3.17) 中的各种热力学势按自由参变量的类型定义如下:

$$
\begin{cases}
\lambda = (S,\ X) \text{ 为自由参变量的为内能,} \\
\lambda = (S,\ f) \text{ 为自由参变量的为焓,} \\
\lambda = (T,\ X) \text{ 为自由参变量的为 Helmholtz 自由能,} \\
\lambda = (T,\ f) \text{ 为自由参变量的为 Gibbs 自由能.}
\end{cases}
\tag{1.3.18}
$$

注 1.14 在热力学系统中, 一个绝热且容器被固定的系统的势是内能; 一个绝热且压力被固定的系统的势是焓; 一个热开放但容器被固定或广义位移 X 被固定的系统的势是 Helmholtz 自由能; 一个热开放但广义力 f 被固定的系统的势是 Gibbs 自由能.

统计物理中, 被关心的热力学系统绝大多数势是 Helmholtz 自由能或 Gibbs 自由能, 而内能和焓系统在实验室内可实现. 这是因为热开放的系统, 例如, 物体置放在一个常温环境下在现实中是普遍的.

1.3.2 非平衡态的势下降原理

在 1.1.3 小节中我们曾介绍过非平衡态的势下降原理. 这一小节将详细论述这一原理. 为此, 我们首先介绍该原理的雏形, 即 Le Châterlier 原理; 其次给出势下降原理; 然后讨论势下降原理的物理意义, 即所有非平衡态热力学系统的不可逆性; 最后考察一些典型的物理实例.

1. Le Châterlier 原理

在传统的热力学中, Le Châterlier 原理并没有被认为是非平衡态动力学的一个基本原理. 在 2008 年, 马天和汪守宏首次应用 Le Châterlier 原理建立了普适的非平衡态动力学方程, 见 (Ma and Wang, 2008a, b), 也可见 (Ma and Wang, 2013). 从而确定了该原理在非平衡态动力学中的基本作用. 下面我们陈述这个原理.

原理 1.15(Le Châterlier 原理) 对于一个热力学系统的稳定平衡态 u_0, 该系统在外界的扰动或自发涨落作用下偏离了该系统的平衡态 u_0 后, 将会有一个恢复力迫使此系统回到这个平衡态 u_0 上.

从数学的观点看这个原理, 立刻可导出如下结论:

1) 满足原理 1.15 的平衡点 u_0 一定是该系统热力学势 F 的极小值点;

2) 当系统偏离平衡态 u_0 处在 u_1 态时, 以 u_1 为初值的状态函数 $u(t, u_1)$ 是

一个依赖于时间 t 的函数, 根据原理 1.15 的结论, 有

$$\lim_{t\to\infty} u(t, u_1) = u_0. \tag{1.3.19}$$

3) 再由 u_0 是热力学势的极小值点, 有

$$\frac{\mathrm{d}}{\mathrm{d}t} F(u(t, u_1)) < 0, \quad \forall\, t \geqslant 0. \tag{1.3.20}$$

应用数学理论, 从上述 1)—3) 的结论可以导出这个系统应该是广义梯度流, 一般情况下, 它的动力学方程为

$$\frac{\mathrm{d}u}{\mathrm{d}t} = -k\delta F(u), \tag{1.3.21}$$

其中 $k > 0$ 为常数, δF 为 F 的广义变分导算子.

下面我们将上述 1)—3) 总结成为一般的非平衡态势下降原理.

2. 非平衡态势下降原理

令 $\lambda = (\lambda_1, \cdots, \lambda_N)$ 是一个热力学系统的控制参数, $u = (u_1, \cdots, u_m)$ 是该系统的序参量. 于是系统的势可表达为

$$F = F(u, \lambda). \tag{1.3.22}$$

然后我们有如下统计物理的基本原理.

原理 1.16(非平衡态势下降原理) 每个热力学系统具有一个势泛函. 对于一个势为 (1.3.22) 的非平衡态热力学系统, 它的序参量 u 是时间 t 的函数. 对于任何给定的控制参数 λ, 我们有如下结论.

1) 该系统的势 F 是随 $u(t)$ 的时间演化而下降的, 即

$$\frac{\mathrm{d}}{\mathrm{d}t} F(u(t), \lambda) < 0, \quad \forall\, t > 0.$$

2) 序参量 $u(t)$ 关于时间 t 有极限存在,

$$\lim_{t\to\infty} u(t) = u_0.$$

3) 这个极限 u_0 是 F 的极小值点, 即 u_0 满足如下方程:

$$\delta F(u, \lambda) = 0.$$

3. 势下降原理的物理意义

非平衡态势下降原理是 Le Châterlier 原理 (原理 1.15) 的提升, 它在如下几个方面超越了原理 1.15.

● Le Châterlier 原理必须结合热力学势才能得到结论 (1.3.19)—(1.3.21), 注意到原理 1.15 没有包含势的概念. 然而, 势下降原理断言每一个物理系统都存在势, 因此具有势下降的重要结论.

● 原理 1.16 中势的概念比 (1.3.18) 中的热力学势更为广泛, 下面紧接着的讨论可以看到它包括了热传导、物质扩散、电流传导等系统的势. 原理 1.16 也将热力学第二定律包括进去 (见下面 (1.3.27)).

● 原理 1.16 包括了平衡态极小势原理 (1.3.3 小节讨论此原理).

● 原理 1.16 充分体现了所有热力学系统的不可逆性质.

● 势下降原理可视为统计物理整个学科的基本原理, 它能覆盖平衡态、非平衡态、热力学流的输运过程等领域的动力学问题, 而 Le Châterlier 原理不可能做到这一点.

下面我们应用势下降原理讨论热力学流和不可逆性这两个主题.

1) 热力学流

热力学流包括热流、物质流、电流等. 控制这些流体的物理定律分别为热传导的 Fourier 定律, 扩散的 Fick 定律, 电流的 Ohm 定律, 它们表达为

$$\text{Fourier 定律:} \quad J_Q = -\kappa \nabla T, \tag{1.3.23}$$

$$\text{Fick 定律:} \quad J_n = -k \nabla \rho_n, \tag{1.3.24}$$

$$\text{Ohm 定律:} \quad J_e = -\sigma \nabla \phi, \tag{1.3.25}$$

其中 J_Q, J_n, J_e 分别为热流、粒子流、电流密度; κ, k, σ 为热传导系数、扩散系数、电导率; T, ρ_n, ϕ 为温度、粒子密度、电场势. 上述三个定律在每一点 $x \in \mathbb{R}^3$ 的邻域可局部地统一表达为

$$\rho \frac{\mathrm{d}x}{\mathrm{d}t} = -\nabla F(x), \tag{1.3.26}$$

其中 ρ 为流密度 (代表热量、粒子、电荷等密度), $\mathrm{d}x/\mathrm{d}t$ 为流速, $F(x)$ 为流势 (代表 κT, $k\rho_n$ 或 $\sigma\phi$).

方程 (1.3.26) 是三个定律 (1.3.23)—(1.3.25) 的局部统一表达式. 将 $u = \rho x(t)$ 视为热力学流系统的序参量, $F(x)$ 为系统的势, 则 (1.3.26) 服从势下降原理. 事实上将 $u = \rho x(t)$ 代入 $F(x)$ 并关于 t 求导, 则有

$$\frac{\mathrm{d}}{\mathrm{d}t} F\left(\frac{1}{\rho} u(t)\right) = \nabla F(x) \cdot \frac{\mathrm{d}x}{\mathrm{d}t},$$

再由 (1.3.26) 便推出

$$\frac{\mathrm{d}}{\mathrm{d}t}F\left(\frac{1}{\rho}u(t)\right) = -\frac{1}{\rho}|\nabla F(x)|^2 < 0. \tag{1.3.27}$$

从而热力学流在每一点处都是势下降的.

由 (1.1.1) 可知, 方程是定律的数学表示. 在 1.3.4 小节中将表明 (1.3.26) 是原理 1.16 关于热力学流系统的数学表示. 因此从 (1.3.27) 可以看到势下降原理能推出热力学第二定律: 热自动从高温流向低温.

2) 热力学系统的不可逆性

不可逆性是非平衡热力学的一个重要课题. 我们知道经典热力学理论总是将不可逆性归因于热力学第二定律, 即热下降或等价的熵增加定律. 并且我们知道, 所有的非平衡态热力学系统都具有不可逆性质. 但是熵增加定律只能解释吸热过程的系统, 而对于像物质扩散和所有其他非吸热过程的系统, 它们的不可逆性在传统热力学框架下无法得到解释和理解.

在原理 1.16 中, 可清楚地看到所有热力学系统的非平衡态 $u(t)$ 朝着势 $F(u, \lambda)$ 下降的方向演化 (可以理解为存在一种力使得非平衡态系统向平衡态系统演化), 即

$$F(u(t), \lambda) > F(u(t + \Delta t), \lambda), \quad \forall \Delta t > 0. \tag{1.3.28}$$

上述不等式 (1.3.28) 展现了非平衡态系统的不可逆过程, 而在数学上它又意味着系统平衡态的稳定性. 因此可得到如下结论:

• 不可逆过程是所有非平衡态热力学系统中大量粒子集体行为的共同特性, 它并非是熵增原理所独有的性质.

• 不可逆性保证了平衡态的稳定性. 也就是说热力学系统平衡态的稳定性要求非平衡态必须是不可逆的, 否则不存在稳定的平衡态热力学系统.

4. **典型热力学的例子**

热传导与物质扩散是势下降原理的典型例子. 方程 (1.3.26) 是从点粒子角度考察热力学流的行为. 若从场的角度来考察, 热传导与物质扩散系统的序参量与势都要改变. 下面只讨论热流系统, 物质扩散系统的情况是一样的.

考虑一个 $\Omega \subset \mathbb{R}^3$ 区域中绝热的热传导系统. 热力学势是内能, 控制参数为熵 S 和体积 $|\Omega|$, 序参数为温度场 $T(x, t)$. 在 1.4 节中将表明, 非均匀场的热力学势为

$$\text{内能} \quad F(T, \lambda) = \int_\Omega \frac{1}{2}\kappa(\lambda)|\nabla T|^2 \mathrm{d}x, \tag{1.3.29}$$

其中 $\lambda = (S, |\Omega|)$, $\kappa = \kappa(\lambda)$ 是热传导系数. 因为熵与热传导物体的材料有关, 所以 κ 与熵的关系表现在与材料的关系上.

对于此系统, 势下降原理在数学上可表示为如下方程:

$$\frac{\partial T}{\partial t} = -\delta F(T, \lambda),$$

这里 $F(T, \lambda)$ 如 (1.3.29), 于是此方程可写成

$$\frac{\partial T}{\partial t} = \kappa \Delta T, \quad x \in \Omega \subset \mathbb{R}^3. \tag{1.3.30}$$

绝热条件等价于如下边界条件:

$$\left.\frac{\partial T}{\partial n}\right|_{\partial\Omega} = 0, \tag{1.3.31}$$

数学上称为 Neumann 边界条件. (1.3.30) 就是著名的热传导方程. 非平衡态的初始状态为下面的初始条件:

$$T|_{t=0} = \varphi(x). \tag{1.3.32}$$

数学上很容易证明上述初值问题 (1.3.30)—(1.3.32) 的解存在且唯一, 并且满足势下降原理的结论 1)—3), 即

$$\frac{\mathrm{d}}{\mathrm{d}t} F(T, \lambda) = -\kappa^2 \int_\Omega (\Delta T)^2 \mathrm{d}x < 0, \quad \text{若初值}\varphi \neq \text{常数},$$

$$T(x, t) \to T_0 = \frac{1}{|\Omega|} \int_\Omega \varphi(x)\mathrm{d}x, \quad \text{为 } F \text{ 的极小值点}.$$

1.3.3 平衡态极小势原理

由非平衡态势下降原理 (原理 1.16) 可立刻导出下面平衡态极小势原理, 它可视为统计物理平衡态系统的基本原理.

原理 1.17(平衡态极小势原理)   令 (1.3.22) 是一个平衡态热力学系统的势, 则我们有如下结论.

1) 平衡态序参量 u 是 F 关于 u 的变分方程的解, 即 u 满足

$$\frac{\delta}{\delta u} F(u, \lambda) = 0. \tag{1.3.33}$$

2) 在平衡点处,

$$\mathrm{d}F = \frac{\partial F(u, \lambda)}{\partial \lambda_1}\mathrm{d}\lambda_1 + \cdots + \frac{\partial F(u, \lambda)}{\partial \lambda_N}\mathrm{d}\lambda_N. \tag{1.3.34}$$

注 1.18   原理 1.17 的结论 (1.3.34) 是由 (1.3.33) 推出的. 事实上, 泛函 F 的全微分可表达成

$$\mathrm{d}F = \left\langle \frac{\delta}{\delta u} F(u, \lambda), \delta u \right\rangle + \sum_{i=1}^{N} \frac{\partial F(u, \lambda)}{\partial \lambda_i}\mathrm{d}\lambda_i. \tag{1.3.35}$$

再由平衡方程 (1.3.33) 知

$$\left\langle \frac{\delta}{\delta u} F(u, \lambda), \delta u \right\rangle = 0.$$

于是 (1.3.35) 在平衡态处便写成 (1.3.34) 的形式.

我们再次强调当统计物理平衡态系统的势 F 的表达式被确定后, 所有平衡态的信息都包含在原理 1.17 的两个微分方程 (1.3.33) 和 (1.3.34) 中. 特别地, 平衡态统计物理的几个主要领域, 如物态方程、能级粒子的分布理论、定态平衡相变, 以及非均匀系统理论, 它们全部可由方程 (1.3.33) 统一处理.

此外, 另一个重要的事实就是原理 1.17 适用于所有统计物理平衡态系统的势, 它们要比 (1.3.18) 给出的热力学势更为广泛. 下面给出两个例子来说明这一点.

例 1.19 考虑粒子扩散系统. 容器 $\Omega \subset \mathbb{R}^3$ 为有界区域, $f(x)$ 为粒子供给源, 边界 $\partial\Omega$ 上有吸收装置使得粒子密度 u 为零, 即 $u = 0$ 在 $\partial\Omega$ 上. 此时该系统的势 F 为如下形式:

$$F = \int_{\Omega} \left[\frac{1}{2} k |\nabla u|^2 - f(x) u \right] \mathrm{d}x \tag{1.3.36}$$

显然扩散势 (1.3.36) 不在 (1.3.18) 热力学势的范围内. 它的平衡态方程为

$$\begin{cases} -k\Delta u = f(x), & x \in \Omega, \\ u|_{\partial\Omega} = 0. \end{cases}$$

下面再介绍大板壳的大挠度屈曲问题. 该问题是由 A. Föppl 和 von Kármán 分别在 1907 年和 1910 年独立完成.

例 1.20 大板壳屈曲问题. 考虑一个区域为 Ω 的板壳, 它的厚度与 Ω 的直径相比充分小. 因此 Ω 可看作是一个平板, $\Omega \subset \mathbb{R}^2$. 设 Ω 边界以简支方式固定, Ω 上受到外力密度 $f(x)$ 的作用, 从而使板壳 Ω 发生屈曲. 若 u 表示板发生弯曲距水平面的距离, v 是内部张力, 则板壳的势为 F

$$\begin{aligned} F = \int_{\Omega} \Big[& k_1 |\Delta u|^2 + k_2 |\Delta v|^2 + \frac{\partial^2 v}{\partial x^2} \left(\frac{\partial u}{\partial y} \right)^2 \\ & + \frac{\partial^2 v}{\partial y^2} \left(\frac{\partial u}{\partial x} \right)^2 - 2 \frac{\partial^2 v}{\partial x \partial y} \frac{\partial u}{\partial x} \frac{\partial u}{\partial y} - fu \Big] \mathrm{d}x\mathrm{d}y. \end{aligned} \tag{1.3.37}$$

此泛函的变分方程为

$$\begin{cases} k_1 \Delta^2 u - \dfrac{\partial^2 u}{\partial x^2} \dfrac{\partial^2 v}{\partial y^2} - \dfrac{\partial^2 u}{\partial y^2} \dfrac{\partial^2 v}{\partial x^2} + 2 \dfrac{\partial^2 u}{\partial x \partial y} \dfrac{\partial^2 v}{\partial x \partial y} = f, \\ k_2 \Delta^2 v + \dfrac{\partial^2 u}{\partial x^2} \dfrac{\partial^2 u}{\partial y^2} - \left(\dfrac{\partial^2 u}{\partial x \partial y} \right)^2 = 0, \end{cases} \tag{1.3.38}$$

简支的边界条件为

$$u|_{\partial\Omega} = \Delta u|_{\partial\Omega} = 0, \quad v|_{\partial\Omega} = \Delta v|_{\partial\Omega} = 0.$$

从上面两个泛函 (1.3.36) 和 (1.3.37) 可以看到, 例 1.19 中系统的序参量为 u, 例 1.20 中系统的序参量为 (u, v). 当它们是非常值函数时, 系统的势很难被纳入如 (1.3.18) 热力学势的类型范围之内.

因此, 非平衡态势下降原理和平衡态极小势原理是支配整个统计物理的普适性原理.

1.3.4   统计物理的驱动力定律

根据原理 1.2 的结论 (1.1.1), 物理定律可由数学方程表示, 即

物理定律的数学表示 = 数学方程.

根据这个指导性原理, 我们希望得到势下降原理 (原理 1.16) 的表示方程.

根据这个表示方程, 我们可总结统计物理非平衡态系统的驱动力 (即存在一种作用力使得非平衡态系统向平衡态系统演化) 的规律, 进而发现此规律适合所有物理的运动系统. 因此, 这一小节我们首先讨论势下降原理的微分方程, 然后给出统计物理系统的驱动力规律.

1. 势下降原理的表示方程

令 H_1 和 H 是两个 Hilbert 空间, $H_1 \subset H$ 是稠密包含. 若

$$F : H_1 \to \mathbb{R}^1 \text{是一个泛函}. \tag{1.3.39}$$

考虑一个演化方程

$$\begin{cases} \dfrac{\mathrm{d}u}{\mathrm{d}t} = Gu, \\ u(0) = \varphi, \end{cases} \tag{1.3.40}$$

其中 $G : H_1 \to H$ 是一个映射, $\varphi \in H$ 为初值.

我们称 (1.3.40) 是 (1.3.39) 泛函 F 的梯度型方程, 若对 $G : H_1 \to H$, 存在常数 $\alpha > 0$ 使得对任何 $u \in H_1$ 都满足

$$\begin{aligned} &\langle \delta F(u), G(u) \rangle_H \leqslant -\alpha \|\delta F(u)\|_H^2, \\ &\delta F(u_0) = 0 \Leftrightarrow G(u_0) = 0. \end{aligned} \tag{1.3.41}$$

一般情况下, F 的梯度型方程可表达成如下形式:

$$\frac{\mathrm{d}u}{\mathrm{d}t} = -A\delta F(u) + Bu, \tag{1.3.42}$$

其中 $A: H_1 \to H$ 是线性正定对称算子, $B: H_1 \to H$ 为一映射, 并满足

$$
\begin{cases}
\langle Au, u \rangle_H \geqslant \alpha \|u\|_H^2, \\
\langle Bu, \delta F(u) \rangle_H = 0, \quad \forall\, u \in H_1, \\
A \delta F(u_0) = 0 \Rightarrow B u_0 = 0.
\end{cases}
\tag{1.3.43}
$$

方程 (1.3.42) 和 (1.3.43) 便是势下降原理的表示方程.

事实上, (Ma and Wang, 2013) 中的定理 A 2.2 证明了若 (1.3.40) 是一个 (1.3.39) 泛函 F 的梯度型方程, 则对任何初值 φ, 方程 (1.3.40) 的解 $u(t, \varphi)$ 满足原理 1.16 的结论 1)—3).

2. 在 (1.3.42) 中算子 A 和 B 的物理意义

1) 正定对称算子 A

在热力学系统中, 当 $u = (u_1, \cdots, u_m)$ 为序参量时, A 为一个正定常值矩阵. 例如, 对于一个 n 元的混合液系统, 序参量 u 有 n 个分量代表 n 种不同物质的粒子数密度, 即

$$
u = (u_1, \cdots, u_n).
$$

此混合液系统动力学方程为 (详细的推导可见第 4 章):

$$
\frac{\partial u}{\partial t} = \begin{pmatrix} \mu_1 & & 0 \\ & \ddots & \\ 0 & & \mu_n \end{pmatrix} \begin{pmatrix} \delta_1 F(u) \\ \vdots \\ \delta_n F(u) \end{pmatrix},
\tag{1.3.44}
$$

这里 $\mu_i\ (1 \leqslant i \leqslant n)$ 为第 i 种物质的扩散系数, $\delta_i = \delta/\delta u_i$. 于是混合液系统的算子 A 为

$$
A = \begin{pmatrix} \mu_1 & & 0 \\ & \ddots & \\ 0 & & \mu_n \end{pmatrix}.
\tag{1.3.45}
$$

数学上 A 的正定性是显然的.

2) 算子 B

该算子在超导体动力学方程中出现. 此方程为

$$
\frac{\partial}{\partial t} \begin{pmatrix} \psi \\ A \end{pmatrix} = -\begin{pmatrix} k_1 \delta_\psi F(\psi, A) \\ k_2 \delta_A F(\psi, A) \end{pmatrix} - \begin{pmatrix} \mathrm{i}\dfrac{e_s}{\hbar}\phi\psi \\ c^2 \nabla\phi \end{pmatrix}.
\tag{1.3.46}
$$

其中 $k_1, k_2 > 0$ 为常系数, ϕ 为一个标量场代表电场势. 因此算子 B 为

$$B(\psi, A) = -\begin{pmatrix} \mathrm{i}\dfrac{e_s}{\hbar}\phi\psi \\ c^2\nabla\phi \end{pmatrix}. \tag{1.3.47}$$

在 (Ma and Wang, 2013) 中严格证明了 (1.3.47) 的算子 B 满足 (1.3.43).

根据量子力学原理, 一个处在电磁势为 $A^\mu = (A_0, A)$ 的量子波函数 ψ, 它的时间协变导数为

$$\begin{aligned} \mathrm{D}_t\psi &= \frac{1}{c}\frac{\partial\psi}{\partial t} + \mathrm{i}\frac{e}{\hbar c}\phi\psi, \\ \mathrm{D}\psi &= \nabla\psi + \mathrm{i}\frac{e}{\hbar c}A\psi. \end{aligned} \tag{1.3.48}$$

此外, 算子 (1.3.47) 中的梯度场 $-c^2\nabla\psi$ 可以视为 $F(\psi, A)$ 关于 A 的散度约束变分而产生的梯度项.

于是方程 (1.3.46) 可改写成如下形式:

$$\partial_t\begin{pmatrix} \psi \\ A \end{pmatrix} = -kA\nabla F(\psi, A), \tag{1.3.49}$$

式中算子 ∂_t, kA, ∇ 为

$$\partial_t = \begin{pmatrix} \mathrm{D}_t & 0 \\ 0 & \partial_t \end{pmatrix}, \quad k = \begin{pmatrix} k_1 & 0 \\ 0 & k_2 \end{pmatrix}, \quad A = I, \quad \nabla = \begin{pmatrix} \delta_\psi \\ \delta_{\mathrm{div}} \end{pmatrix}, \tag{1.3.50}$$

其中 D_t 如 (1.3.48), δ_{div} 为 $F(\psi, A)$ 关于 A 的散度变分导算子.

3. 统计物理动力学方程标准形式

总结上述讨论, 可以得出结论: 算子 A 为正定的常数矩阵; 而关于算子 B, 它或是某种约束变分产生的附加项, 或是由物理的时间导数产生的一些项. 如果是耦合外系统, 则 B 是与外系统耦合的项.

于是总结方程 (1.3.44) 和 (1.3.45) 以及 (1.3.49) 和 (1.3.50) 的表达形式, 可以将所有热力学系统 (与外系统不耦合) 的方程 (1.3.43) 改写成如下形式:

$$\frac{\mathrm{d}u}{\mathrm{d}t} = -A\nabla F(u), \tag{1.3.51}$$

这里 $\mathrm{d}/\mathrm{d}t$ 是物理的时间导算子 (包括协变时间导算子与流体速度场的时间全导数), ∇ 是包括各种约束下的变分导算子.

我们再回忆流体力学运动方程 (1.2.52) 和 (1.2.53), 该方程也可等价地写成如 (1.3.51) 的标准形式. 此时有 F 如 (1.2.51), 以及

$$\text{流体方程 (1.3.51)}: A = \begin{pmatrix} \dfrac{1}{\rho} & 0 \\ 0 & 1 \end{pmatrix}, \quad \nabla = \begin{pmatrix} \delta_{\mathrm{div}} & 0 \\ 0 & \dfrac{\delta}{\delta\rho} \end{pmatrix}.$$

这样, 我们关于统计物理动力学可以得出如下结论.

物理结论 1.21(*统计物理系统动力学规律*) 统计物理系统是由大量微观粒子构成的连续运动系统, 它包括热力学系统和流体运动系统. 此外, 每一个统计物理系统都存在可描述它状态的函数 u 以及关于 u 的一个泛函 $F(u)$(称为该系统的势), 使得它的动力学方程可统一地写成 (1.3.51) 的形式, 其中 A 为正定对称矩阵, $\mathrm{d}/\mathrm{d}t$ 是物理的时间导算子, ∇ 为包括各种约束的变分导算子.

方程 (1.3.51) 中的 $-\nabla F$ 起到驱动力的作用, 因而称为统计物理系统的**驱动力**. 对比 Newton 第二定律的陈述: 力学系统动量关于时间的变化率与该系统所受的力成正比. 而在相互作用场中, 系统所有的力为 $-g\nabla\varPhi$, 其中 g 为作用荷 (如质量、电荷等), $\varPhi$ 为相互作用势. 类似于 Newton 第二定律, 方程 (1.3.51) 可总结成如下定律.

定律 1.22(*统计物理驱动力定律*) 统计物理系统的状态量 (或序参量) u 关于时间的变化率与该系统的驱动力 $-\nabla F$ 成正比, 即 u 满足方程 (1.3.51), 其中 F 为该系统的势.

我们必须强调定律1.21虽然与势下降原理 (原理 1.16) 密切相关, 但是两者是相互独立的, 因为它们支配的系统范围不一样. 事实上, 定律1.21 所包括的流体系统就不满足势下降的性质.

此外, 当一个统计物理系统与另外一个热力学系统相耦合时, 动力学方程一般不可再写成 (1.3.51) 的形式. 例如, 当流体与热耦合时, 模型为著名的 Boussinesq 方程:

$$\begin{cases} \rho_0 \dfrac{\mathrm{d}u}{\mathrm{d}t} = \mu\Delta u - \nabla p - g\rho_0 \vec{k}[1-\alpha(T-T_0)], \\[2mm] \dfrac{\mathrm{d}T}{\mathrm{d}t} = \kappa\Delta T, \quad \left(\dfrac{\mathrm{d}T}{\mathrm{d}t} = \dfrac{\partial T}{\partial t} + (u\cdot\nabla)T \right), \\[2mm] \mathrm{div}\, u = 0, \end{cases} \tag{1.3.52}$$

式中 g 为引力常数, ρ_0 代表温度 $T=T_0$ 时的质量密度, α 为膨胀系数, $\vec{k} = (0,0,1)$. 显然 (1.3.52) 的第一个方程关于温度项 $g\rho_0\vec{k}[1-\alpha(T-T_0)]$ 没有变分结构, 它不是任何关于 (u,T) 泛函的变分导算子. 这种现象是由对称破缺造成的, 在 1.4.4 小节将会详细地讨论这个问题.

1.4 物理运动的基本原理

1.4.1 支配运动系统的动力学原理

物理学有许多学科分支, 但是按大类分只有五个领域:

经典物理, 量子物理, 统计物理, 天体物理, 相互作用场论, (1.4.1)

其中相互作用场论构成所有其他学科分支的公共基础. 在本书一开始就讲到, 物理学主要研究的三大课题, 即

$$物质运动, 相互作用, 物质结构与形态.$$

而物质运动是物理学的中心课题, 在 (1.4.1) 中前四个领域都是分别处理不同尺度范围的物理运动系统. 在这一节中, 我们主要介绍整个物理学中运动系统的原理和规律.

首先我们要列出几个支配物理运动的普适性动力学原理, 他们是

$$
\begin{cases}
\text{Newton 第二定律,} \\
\text{Lagrange 动力学原理 (简称 PLD),} \\
\text{Hamilton 动力学原理 (简称 PHD),} \\
\text{相互作用动力学原理 (简称 PID),} \\
\text{热力学势下降原理,} \\
\text{物理运动系统动力学原理,}
\end{cases}
\tag{1.4.2}
$$

其中, Newton 第二定律是我们所熟知的, (1.4.2) 中后四个原理在前面都介绍过. 而这一节的主要目的就是要详细论证 (1.4.2) 中最后那个定律, 即运动系统动力学原理.

为了方便, 下面给出 PLD 和 PHD 的具体陈述.

1. Lagrange 动力学原理

PLD 适用于所有孤立的运动系统, 其内容如下.

原理 1.23(PLD)   对于一个运动的物理系统, 存在一组函数 $u = (u_1, \cdots, u_N)$ 反映该系统的运动状态. 此外, 存在一个关于 u 的泛函, 表达为

$$
L(u) = \int_\Omega \mathcal{L}(u, \mathrm{D}u, \cdots, \mathrm{D}^m u) \mathrm{d}x_\mu,
\tag{1.4.3}
$$

其中 Ω 为 u 的定义域, $x_\mu = (t, x) \in \Omega$ 为时间空间变量, $\mathrm{D}^k u$ 为 u 关于时空变量的 k 阶导数, 则该系统的状态函数 u 是泛函 (1.4.3) 的极值点, 即 u 满足 L 的如下变分方程:

$$
\delta L(u) = 0.
\tag{1.4.4}
$$

通常 (1.4.3) 的泛函 L 称为 Lagrange 作用量, $\mathcal{L}$ 称为 Lagrange 密度.

注意, 原理1.23 只适用于孤立的运动系统, 即与外系统没有耦合的运动系统. PLD 是经典力学的最小作用原理在物理学中的推广. 在相互作用场论和量子物理中, 所有系统的 Lagrange 密度 $\mathcal{L}$ 都是用对称性确定出来的.

2. Hamilton 动力学原理

PHD 适用于所有能量守恒的运动系统, 它陈述如下.

原理 1.24(PHD)   对于一个能量守恒的物理系统, 存在两组相互共轭的状态函数 $u = (u_1, \cdots, u_N)$ 和 $v = (v_1, \cdots, v_N)$ 以及能量泛函

$$H(u) = \int_\Omega \mathcal{H}(u, v, \cdots, D^m u, D^m v) dx, \quad x \in \Omega \subset \mathbb{R}^3,$$

H 称为 Hamilton 能量, 使得状态函数 u, v 满足下面方程:

$$\begin{aligned}
\frac{\partial u}{\partial t} &= \alpha \frac{\delta}{\delta v} H(u, v), \\
\frac{\partial v}{\partial t} &= -\alpha \frac{\delta}{\delta u} H(u, v),
\end{aligned} \tag{1.4.5}$$

其中 $\alpha \neq 0$ 为常数. (1.4.5) 称为 Hamilton 系统.

PHD 是经典力学中的 Hamilton 系统在整个物理学中的推广. 在多数情况下, PLD 和 PHD 是等价的, 它们可以通过一个 Legendre 变换相互转化.

3. 物理领域中的支配性动力学原理

在不同物理领域中, 所受到的支配性动力学原理是不相同的. 下面我们给出 (1.4.1) 中每个领域中的主要原理.

1) 经典物理包括经典力学、天体力学、连续介质物理学、流体力学、电动力学等. 主要动力学原理如下:
- Newton 第二定律;
- PLD 和 PHD.

2) 量子物理, 主要包括量子力学、量子场论、粒子物理、多粒子系统的量子力学、原子与分子物理等. 支配性动力学原理如下:
- PLD, PHD 和 PID.

3) 统计物理主要包括热力学, 统计理论, 相变物理学, 凝聚态物理, 固体、半导体、晶体、液晶、磁体等物理学, 以及热耦合流体动力学. 该领域支配性动力学原理如下:
- 非平衡态势下降原理;
- 统计物理驱动力定律 (即运动系统动力学原理特殊形式);
- PHD (主要适用于量子相变).

4) 天体物理包括宇宙学、星系、恒星、行星等物理学, 黑洞理论, 天体物理流体动力学, 大气海洋流体动力学, 地球物理等. 该领域的所有系统都是多层次的物理耦合系统, 因此此学科受到 (1.4.2) 中所有的原理支配.

5) 相互作用场论, 包括万有引力、电磁、强和弱四种基本相互作用的场理论, 以及耦合四种相互作用的统一场. 支配性动力学原理如下:

● PLD 和 PHD.

这里需要指出, 相互作用场论并不属于物理运动系统, 这里将它列出是为了有一个整体的了解. 所谓相互作用动力学是指相互作用场的动态理论.

最后, 我们强调指出本节重点论述的运动系统动力学定律, 即定律 1.29, 是整个物理运动的公共基础性原理, 它适用于所有运动系统.

1.4.2　动力学方程的统一形式

热力学势下降原理再结合散度约束变分使得我们能够建立起统计物理驱动力定律 (定律1.22), 它告诉我们统计物理的所有孤立系统的动力学方程都可以写成如下形式:

$$\frac{\mathrm{d}u}{\mathrm{d}t} = -A\delta F(u), \tag{1.4.6}$$

其中 A 是正定对称系数矩阵, $-\delta F$ 为驱动力. 方程 (1.4.6) 在形式上与 Newton 第二定律是一样的. 这进一步使我们产生这样的观点, 即所有与外系统没有耦合的孤立运动系统, 它们的动力学方程都是取如 (1.4.6) 这样的 Newton 第二定律形式:

$$状态函数的时间变化率 = 动力因子 \times 驱动力. \tag{1.4.7}$$

为了验证 (1.4.7) 观点的正确性, 需要从运动系统的普适性原理出发, 考察它们的动力学方程形式. 查看 (1.4.2) 中的动力学原理可以发现, 需要检验的是前三个原理: Newton 第二定律, PLD 和 PHD. 因为对于孤立系统, PLD 和 PHD 等价, 因此只须考察 Newton 第二定律, PHD. 下面分别进行介绍.

1. Newton 第二定律

孤立的 Newton 运动系统就是在一个给定力场中的物体质点运动 (即不考虑质点物体之间的相互作用). 此时它的动力学方程为

$$\frac{\mathrm{d}P}{\mathrm{d}t} = f, \quad f 为作用力, P 为质点动量. \tag{1.4.8}$$

在一个作用力场中, 作用力 f 的形式为

$$f = -A\nabla\Phi, \tag{1.4.9}$$

其中 Φ 为力场的作用势, A 为质点自身所携带的作用荷, 即

$$\Phi = \begin{cases} -\dfrac{MG}{r} & \text{(为 Newton 引力势, 在引力场中)}, \\[2mm] -\dfrac{Q}{r} & \text{(为 Coulomb 势, 在电力场中)}, \end{cases}$$

$$A = \begin{cases} \text{质量 } m, & \text{在引力场中}, \\[1mm] \text{电荷 } e, & \text{在电力场中}. \end{cases}$$

将 (1.4.9) 代入 (1.4.8) 便得到质点的运动方程为

$$\frac{\mathrm{d}P}{\mathrm{d}t} = -A\nabla\Phi \quad (\text{在 } \mathbb{R}^n \text{ 中 } \delta = \nabla). \tag{1.4.10}$$

当一个电子在电磁场 E 和 H 中运动时, 动力学方程为

$$m\frac{\mathrm{d}v}{\mathrm{d}t} = eE + \frac{e}{c}v \times H, \tag{1.4.11}$$

其中 $\dfrac{e}{c}v \times H$ 为 Lorentz 力. 根据物理学,

$$\begin{aligned} &\text{电子动量 } P = mv + \frac{e}{c}A \quad (A \text{ 为磁场势}), \\ &\text{电磁作用势 } \Phi = \varphi - \frac{1}{c}A \cdot v \quad (\varphi \text{ 为电场势}). \end{aligned} \tag{1.4.12}$$

在 (朗道和栗弗席兹, 1959) 中证得, 方程 (1.4.11) 可写成

$$\frac{\mathrm{d}P}{\mathrm{d}t} = -e\nabla\Phi, \quad P, \ \Phi \ \text{如}(1.4.12). \tag{1.4.13}$$

它与 (1.4.10) 的形式一致.

2. Hamilton *动力学原理*

在 (马天, 2011, 2012) 和 (Ma and Wang, 2015a) 中表明, 原理 1.24 适用于物理中所有领域的能量守恒系统. 例如, 下面典型的运动系统都遵守 PHD 的支配.

1) 经典物理中的运动系统, 如

- 经典力学中的 Hamilton 系统;
- 天体运动的 N 体系统;
- 电磁波的传播;
- 连续介质和弹性介质中的波动方程.

2) 量子物理中的运动系统, 如

- 一般粒子的 Schrödinger 方程;
- 关于 Bose 子场的 Klein-Gorden 方程;
- 关于 Fermi 子运动的 Dirac 方程;

- 关于中微子的 Weyl 方程.

3) 统计物理中的凝聚态量子系统, 如

- 标量 BEC 的 Gross-Pitaevskii 方程;
- 旋量 BEC 方程.

现在回过来看 Hamilton 系统 (1.4.5). 当我们取

$$A = \begin{pmatrix} 0 & -\alpha I \\ \alpha I & 0 \end{pmatrix}, \quad I \text{ 为 } N \text{ 阶恒等矩阵,} \tag{1.4.14}$$

则方程 (1.4.5) 可改写成如下形式:

$$\frac{\partial}{\partial t} \begin{pmatrix} u \\ v \end{pmatrix} = -A\delta H(u, v), \tag{1.4.15}$$

其中 $\delta = (\delta/\delta u, \delta/\delta v)^{\mathrm{T}}$, A 为 (1.4.15) 的矩阵.

3. 守恒律系统

在物理学中还有一类运动, 称为守恒律系统. 如满足质量守恒的连续介质运动, 服从电荷守恒的电流系统等. 正如在 (1.2.61) 和 (1.2.62) 中所讨论的, 这类运动系统的方程可写成

$$\frac{\mathrm{d}u}{\mathrm{d}t} = -\delta_\nabla F(u), \tag{1.4.16}$$

式中 δ_∇ 为梯度约束变分导算子.

综合上面的讨论, 可以看到各类运动系统动力学方程 (1.4.6), (1.4.10), (1.4.13) 和 (1.4.16), 它们覆盖了所有物理领域的孤立运动系统 (注意天体物理领域都是耦合系统), 并且它们的方程表达形式都是一样的. 于是可将所有物理孤立运动系统的动力学方程统一地写成如下形式:

$$\begin{cases} \dfrac{\mathrm{d}u}{\mathrm{d}t} = -A\delta F(u) \quad (A \text{ 为系数矩阵}), \\ A \text{ 正定对称} \Leftrightarrow \text{耗散或守恒律系统,} \\ A \text{ 反对称的} \Leftrightarrow \text{能量守恒系统.} \end{cases} \tag{1.4.17}$$

但是守恒律系统都如流体情况 (1.2.49) 和 (1.2.50) 一样, 被纳入耗散系统中. 因此守恒律系统不单独作为独立运动系统处理.

1.4.3 物理定律的对称性

物理定律对称性涵义的解释是建立在物理指导性原理 (原理 1.2) 基础之上的. 在 (1.1.1) 中提出的观念, 即

$$\text{物理定律} = \text{微分方程} \tag{1.4.18}$$

是理解这个概念的关键. 所谓物理定律的对称性就是指 (1.4.18) 中等式右端微分方程的不变性, 这就使得它具有了数学的内涵. 为了使人们能更清楚地理解这一概念, 下面用一个简单的例子来说明.

考虑一个质量为 m 的物体受到 $f = -\nabla\varphi$ 的力, 它的运动方程就是 Newton 第二定律, 用文字来表达就是

$$质量乘以加速度 = 物体所受的力. \tag{1.4.19}$$

当取定一个正交坐标系 $x = (x_1, x_2, x_3)$ 后, (1.4.19) 就变成数学方程

$$m\frac{\mathrm{d}^2 x_i}{\mathrm{d}t^2} = -\frac{\partial\varphi}{\partial x_i} \quad (1 \leqslant i \leqslant 3), \tag{1.4.20}$$

其中 $f = -\left(\dfrac{\partial\varphi}{\partial x_1}, \dfrac{\partial\varphi}{\partial x_2}, \dfrac{\partial\varphi}{\partial x_3}\right)$. 物理定律的普适性告诉我们, 由 (1.4.20) 给出的 Newton 第二定律的表达式应该与我们选择的坐标系无关. 也就是说, 当选择另一个坐标系 $\widetilde{x} = (\widetilde{x}_1, \widetilde{x}_2, \widetilde{x}_3)$ 时, 即取如下正交坐标变换后:

$$\widetilde{x} = Bx, \quad B \text{ 为 3 阶正交矩阵,} \tag{1.4.21}$$

方程 (1.4.20) 在 $\widetilde{x}$ 坐标中表达式应该是不变的, 即仍然取

$$m\frac{\mathrm{d}^2 \widetilde{x}_i}{\mathrm{d}t^2} = -\frac{\partial\varphi}{\partial \widetilde{x}_i} \quad (1 \leqslant i \leqslant 3)$$

的形式, 而不是像下面表达式那样, 形式发生某种变化,

$$m\frac{\mathrm{d}^2 \widetilde{x}_i}{\mathrm{d}t^2} + g_i(\widetilde{x}) = -\frac{\partial\varphi}{\partial \widetilde{x}_i}.$$

这种在 (1.4.21) 坐标变换下, 方程 (1.4.20) 形式不变的性质就称为 Newton 定律是 $SO(3)$ 对称的, 或具有 $SO(3)$ 不变性. 这里 $SO(n)$ 是所有 n 阶正交矩阵构成的如下群:

$$SO(n) = \{B = n \text{ 阶正交矩阵} \mid \det B = 1\}. \tag{1.4.22}$$

将方程 (1.4.20) 的不变性延伸到一般系统的动力学方程 (1.4.17) 上, 此时数学上可以证明上述方程形式的不变性等价于 (1.4.17) 中泛函 $F(u)$ 表达式的不变性. 也就是说, 方程 (1.4.17) 在 (1.4.21) 的坐标变换下是不变的, 它等价于在 (1.4.21) 变换下方程中泛函 F 的形式是不变的. 于是物理定律的对称性被归结到所对应的泛函 F 的不变性.

下面我们用一个例子来说明泛函的不变性.

例 1.25 考虑下面的泛函:

$$F(u) = \int_\Omega |\nabla u|^2 \mathrm{d}x, \quad \Omega \subset \mathbb{R}^3, \tag{1.4.23}$$

式中 u 是定义在 Ω 中的一个标量函数. (1.4.23) 中被积函数为

$$|\nabla u|^2 = \left(\frac{\partial u}{\partial x_1}, \frac{\partial u}{\partial x_2}, \frac{\partial u}{\partial x_3} \right) \begin{pmatrix} \dfrac{\partial u}{\partial x_1} \\ \dfrac{\partial u}{\partial x_2} \\ \dfrac{\partial u}{\partial x_3} \end{pmatrix} = \nabla u \cdot (\nabla u)^{\mathrm{T}}.$$

当取 (1.4.21) 的坐标变换后,

$$\widetilde{\nabla} u = \left(\frac{\partial u}{\partial \widetilde{x}_1}, \frac{\partial u}{\partial \widetilde{x}_2}, \frac{\partial u}{\partial \widetilde{x}_3} \right) = \left(\frac{\partial u}{\partial x_1}, \frac{\partial u}{\partial x_2}, \frac{\partial u}{\partial x_3} \right) B^{\mathrm{T}} = \nabla u \cdot B^{\mathrm{T}}.$$

于是有

$$|\widetilde{\nabla} u|^2 = \widetilde{\nabla} u \cdot \widetilde{\nabla} u^{\mathrm{T}} = (\nabla u \cdot B^{\mathrm{T}})(B \cdot \nabla u^{\mathrm{T}}) = |\nabla u|^2 \quad (\text{由 } B^{\mathrm{T}} B = I).$$

它表明在 (1.4.21) 变换下, 泛函 (1.4.23) 仍表达为

$$F(u) = \int_\Omega |\widetilde{\nabla} u|^2 \mathrm{d}\widetilde{x}.$$

这就是泛函 F 的 $SO(3)$ 不变性.

注 1.26 物理定律的对称性具有非常重要的作用. 事实上, 物理学指导性原理 (原理 1.2) 告诉我们, 每个物理系统 (包括相互作用系统) 都对应地存在一个泛函 F, 它基本上就决定了该系统的状态方程形式, 见 (1.1.2)—(1.1.7). 而定律的对称性又可实质性地确定泛函 F 的具体表达式. 这样, 物理学的整个框架就被建立在几个动力学原理以及相应的对称性原理基础之上了. 这就是物理学指导性原理 (原理 1.1) 的宗旨.

下面我们列出物理学普遍遵守的几个对称性原理, 它们分别控制了不同层次和不同尺度的物理世界. 这些原理是:

- $SO(3)$ 不变性;
- Galileo 不变性 (即时空分离性与惯性不变性);
- Lorentz 不变性;
- 广义相对性原理;
- 规范场表示不变性.

在上述对称性中, 只有 $SO(3)$ 不变性是所有领域都遵守的法则, 这是因为它是上面

所有对称性变换群的子群. 但是在所有其他领域中 $SO(3)$ 并不起主导作用, 只在统计物理中是支配性的对称群. 由于物理运动系统横跨除相互作用外的所有领域, 因而 $SO(3)$ 对称性是运动系统的共性. 于是, 有下面的不变性原理.

原理 1.27($SO(3)$ 不变性原理)　每个孤立的物理运动系统都存在一个势泛函 F, 它决定了此系统如 (1.4.17) 形式的动力学方程. 这个泛函 F 是 $SO(3)$ 不变的.

1.4.4　耦合系统的对称破缺原理

在 1.4.3 小节介绍了物理学各领域所遵守的主要对称性. 而这一小节将介绍多个系统相耦合产生的对称破缺现象.

首先, 我们在流体与热耦合的动力学方程 (1.3.52) 中已看到, 这个方程破坏了如 (1.4.17) 的表达形式, 它可写成

$$\begin{cases} \dfrac{\mathrm{d}}{\mathrm{d}t}\begin{pmatrix} u \\ T \end{pmatrix} = -A\delta F(u,T) + B(u,T), \\ \mathrm{div}u = 0, \end{cases} \qquad (1.4.24)$$

其中 divu=0 被放在空间里,

$$A = \begin{pmatrix} \dfrac{1}{\rho_0} & 0 \\ 0 & 1 \end{pmatrix}, \quad B(u,T) = \left(-g\rho_0 \vec{k}(1 - \alpha(T - T_0)), 0 \right)^{\mathrm{T}},$$

$$F = \int_\Omega \left[\frac{\mu}{2}|\nabla u|^2 + \frac{\kappa}{2}|\nabla T|^2 \right] \mathrm{d}x.$$

在 (1.4.24) 中可以看到算子 $B(u,T)$ 是不能纳入 F 的泛函结构中的.

让我们再来考察一个例子. 具有阻尼的波动方程, 它可写成

$$\frac{\partial^2 u}{\partial t^2} + k\frac{\partial u}{\partial t} = \alpha\Delta u - f(x,u). \qquad (1.4.25)$$

令 $u_1 = u$, $u_2 = \partial u_1/\partial t$, 再取 Hamilton 能量泛函

$$H = \int_\Omega \left[\frac{1}{2}u_2^2 + \frac{\alpha}{2}|\nabla u_1|^2 + g(x,u_1) \right] \mathrm{d}x,$$

这里 $g_z'(x,z) = f(x,z)$, 则 (1.4.25) 可写成如下形式:

$$\frac{\partial}{\partial t}\begin{pmatrix} u_1 \\ u_2 \end{pmatrix} = -A\delta H(u_1,u_2) + B(u_1,u_2), \qquad (1.4.26)$$

其中 $A = \begin{pmatrix} 0 & -1 \\ 0 & 1 \end{pmatrix}$, $\delta = (\delta/\delta u_1, \delta/\delta u_2)$, B 算子为

$$B(u_1,u_2) = (0, -ku_2)^{\mathrm{T}}.$$

对于阻尼波方程, 它属于波的传播与外界发生摩擦产生热耗散的耦合系统. 从方程 (1.4.26) 的形式看, 它破坏了 (1.4.17) 的形式.

从上面的两个方程 (1.4.24) 和 (1.4.26) 可清楚地看到, 对于耦合系统 (即非孤立系统), 动力学方程不再取 (1.4.17) 的形式, 而是取如下形式:

$$\frac{\mathrm{d}u}{\mathrm{d}t} = -A\delta F(u) + B(u). \tag{1.4.27}$$

(1.4.27) 等式的右端第二项 $B(u)$ 没有变分结构, 它不是 $SO(3)$ 对称性泛函 F 的变分导算子, 此时称系统发生了**对称破缺原理**.

在 (Ma and Wang, 2014c, 2015a) 中首次提出了对称破缺原理, 他们认为每一个层次 (即不同的空间尺度) 的物理定律都受到各层次的某种对称性的制约. 但是当发生不同层次的物理系统相耦合时, 它们的对称性一定要发生某种破坏.

现在通过进一步的观察发现, 这种对称破缺不仅发生在不同层次物理系统的耦合上, 而且也发生在相同尺度的不同系统之间的耦合上. 因此, 对称破缺是物理不同系统发生耦合时的普遍现象.

为此, 我们将 (Ma and Wang, 2014c) 中的对称破缺原理作进一步的扩充, 将它改写成如下形式.

原理 1.28(对称破缺原理)   自然界中的物理系统按不同的空间尺度和不同物理特性分为各种类型, 它们受到不同对称性的制约:

- 广义相对性原理支配天体大尺度引力定律;
- Galileo 不变性制约着宏观层次的经典物理定律;
- $SO(3)$ 不变性主宰了统计物理系统;
- Lorentz 不变性控制微观量子物理的行为;
- 规范场不变性与表示不变性支配了电磁强、弱相互作用规律.

当一个物理系统与其他不同层次和不同特性的系统发生耦合时, 它们的对称性一定要发生某种程度的破缺.

对称破缺原理非常重要. 它的重要性体现在以下几个方面:

1) 使人们深刻理解到自然定律受到对称性制约;

2) 对称性能将物理系统的层次与类型分开;

3) 明确指出不同系统的耦合会破坏对称性, 这将根本地影响 Einstein 所倡导的相互作用统一场的理论方向, 该方向朝着寻求能将四种完全不同层次的相互作用耦合在一起的大对称性发展, 然而对称破缺原理告诉我们不仅没有可统一支配这四种不同层次相互作用的大对称群, 而且一旦四种相互作用定律相耦合 (即一个四种相互作用都有影响的系统), 它们各自遵守的对称性都将发生不同程度的破缺 (即耦合方程形式发生变化);

4) 该原理为 (Ma and Wang, 2014b, 2015a,b) 提出的 PID 统一场理论奠定了坚实的基础, 此外还为那里新发展的天体物理流体动力学以及多粒子系统量子物理的场理论指明方向, 在这几个领域中都存在着对称性必然要破缺的情况;

5) 在 1.4.5 小节我们能看到, 对称破缺原理使运动系统动力学原理在内容上更完善, 达到了完美的程度.

1.4.5 物理运动的动力学定律

从 1.4.1—1.4.4 小节的讨论, 可以总结出下面关于物理运动的普适性动力学定律. 该定律陈述如下.

定律 1.29(*物理运动的动力学定律*) 物理运动分两种类型: 能量守恒系统和耗散系统. 所有系统都存在可描述它们状态的一组函数 $u = (u_1, \cdots, u_N)$ 以及一个势泛函 $F(u)$, 使得 $-\delta F(u)$ 为系统的驱动力, 并且有如下结论.

1) $F(u)$ 是 $SO(3)$ 不变的.

2) 对孤立系统, 它的动力学方程可表达为如下形式:

$$\begin{cases} \dfrac{\mathrm{d}u}{\mathrm{d}t} = -A\delta F(u) \quad (A \text{ 为系数矩阵}), \\ A \text{ 正定对称} \Leftrightarrow \text{耗散系统}, \\ A \text{ 反对称的} \Leftrightarrow \text{能量守恒系统}. \end{cases} \tag{1.4.28}$$

3) 当一个系统与其他外系统耦合时, 方程 (1.4.28) 变为

$$\frac{\mathrm{d}u}{\mathrm{d}t} = -A\delta F(u) + B(u), \tag{1.4.29}$$

其中 $B(u)$ 代表对称破缺.

注 1.30 方程 (1.4.28) 和 (1.4.29) 中时间导数 $\mathrm{d}/\mathrm{d}t$ 是物理学的时间导数, 如规范场协变导数的时间分量 $\mathrm{d}/\mathrm{d}t = \partial/\partial t + \mathrm{i}gA_0$, 流体运动的时间全导数 $\mathrm{d}/\mathrm{d}t = \partial/\partial t + (u \cdot \nabla)$ 等. δF 是包括各种微分元约束的变分导算子.

1.5 总结与评注

1.5.1 本书特点

本书是此书三个作者与李大鹏在 2015—2016 年的三个学期中开设的理论物理讨论班上关于统计物理专题研讨的总结. 在这两年的物理学术研讨班中都是富有收获的. 特别是在统计物理方面产生了许多新的思想、观点和理论, 这是我们共同努力的结果.

下面我们分若干方面介绍本书与经典热力学和经典统计物理的不同点, 以及我们创立和发展的新理论和新观点.

1. 统计物理学科的构成

根据传统的习惯, 热力学与统计物理被认为是紧密相关的两个不同学科, 并且流体运动、热传导、物质扩散等系统从实质性上讲, 并没有被纳入热力学与统计物理学的范畴.

本书不同于传统观点, 将统计物理视为一个物理学的大学科, 被定义为三个部分的总和, 即

$$统计物理 = 热力学 + 统计热力学 + 综合领域, \tag{1.5.1}$$

其中热力学与传统的一致, 统计热力学即经典的统计物理, 综合领域包括所有统计物理系统的物理学内容. 统计物理系统定义为

$$统计物理系统 = 大量微观系统构成的宏观体系.$$

因此综合领域构成了统计物理的主体, 它的范围为

$$综合领域 = \begin{cases} 非平衡态动力学, \\ 相变学, \\ 流体动力学. \end{cases} \tag{1.5.2}$$

2. 提出几个基本原理

本书将整个统计物理建立在新提出的如下几个基本原理之上:
- 非平衡态势下降原理 (原理 1.16);
- 统计物理驱动力定律 (定律 1.22);
- 物理运动的动力学定律 (定律 1.29).

3. 能量传输机制与熵传输律

根据热力学第一定律, 导出热力学系统能量转化与传递的机制 (物理机制 2.3). 由该机制可得到熵传输律 (定律 2.4).

熵传输律为第 3 章中建立的熵理论奠定了理论基础.

4. 经典热力学基础理论中的问题

在 2.4 节中将讨论经典热力学基础理论中存在的一些问题, 指出根本的问题在于物理理论与数学之间的不相容性.

以热力学第一和第二基本定律为基础的经典热力学有如下几个缺点:

1) 基础不牢固, 有严重的数学错误;

2) 难于理解;

3) 理论覆盖面小;

4) 没有统一的基础, 正是这个缺陷使得人们将热力学与经典热力学理论分成两个学科, 没有认识到它们受到两个公共基本原理 (原理 1.16 和 1.17) 的支配.

事实上, 在经典理论框架下统计分布理论是建立在最大概率假设之上的, 这将产生根本的逻辑问题, 即如果此假设成立, 应该有

$$\max W(\{a_n\}) \Rightarrow \text{统计分布公式}. \tag{1.5.3}$$

但是 (1.5.3) 不成立.

而本书采用原理 1.16, 原理 1.17 和定律 1.22 作为理论基础, 不仅可以克服上述所有缺陷, 而且也使得统计物理具有如 (1.5.1) 和 (1.5.2) 这种整个学科的大统一.

5. 关于热的统计理论

关于热, 在 3.4 节中我们发展了新统计理论. 这个理论包括五个部分: ①温度能级公式; ②熵的加权光子数公式; ③ 温度定理; ④ 热能公式; ⑤ 光子辐射与吸收机制. 其中温度能级公式为

$$kT = \begin{cases} \displaystyle\sum_n \left(1 - \frac{a_n}{N}\right) \frac{a_n \varepsilon_n}{N(1 + \beta_n \ln \varepsilon_n)}, & \text{对经典系统}, \\[3mm] \displaystyle\sum_n \left(1 + \frac{a_n}{g_n}\right) \frac{a_n \varepsilon_n}{N(1 + \beta_n \ln \varepsilon_n)}, & \text{对 Bose 系统}, \\[3mm] \displaystyle\sum_n \left(1 - \frac{a_n}{g_n}\right) \frac{a_n \varepsilon_n}{N(1 + \beta_n \ln \varepsilon_n)}, & \text{对 Fermi 系统}, \end{cases}$$

其中 N 为总粒子数, ε_n 为能级, a_n 为能级 ε_n 的粒子数, g_n 为 ε_n 的简并数, β_n 为参数, 依赖于材料性质. 熵的公式为

$$S = kN_0 \left[1 + \frac{1}{kT} \sum_n \frac{a_n \varepsilon_n}{N_0}\right],$$

其中 N_0 为系统内光子数, $\displaystyle\sum_n a_n \varepsilon_n$ 为光子总能量.

6. 热力学势的表达式

对一些重要的热力学系统建立了严格的势泛函表达式. 这些表达式是从第一原理得到的, 很好地反映了热力学现象.

7. 新的涨落理论

在新建立的热力学势泛函表达式的基础之上, 发展了涨落理论, 导出涨落半径公式

$$\sup_t \|\omega\|_{L^2} \leqslant \frac{1}{\beta_1} \|\widetilde{f}\|_{L^2},$$

其中 β_1 为势泛函双线性算子的第一特征值, ω 为序参量的涨落, $\widetilde{f}$ 为外力涨落.

8. 平衡相变动力学理论

建立热力学相变的三个基本定理 (定理 6.1, 定理 6.3, 定理 6.7). 根据第 4 章中发展的热力学势泛函表达式, 给出与实验相一致的临界参数相图, 并提出磁滞回路亚稳态振荡理论, 合理地解释了这一现象.

9. 凝聚态量子机制

建立了物理图像清晰的凝聚态量子机制. 在此基础上发展了高温超导的微观理论和量子相变理论.

10. 热耦合流体的拓扑相变

第 9 章发展了热力学耦合流体的拓扑相变理论, 主要涉及流体边界旋涡和内部旋涡的形成条件和发生机理, 解决了太阳耀斑和日珥爆发的机理问题, 以及合理解释了星系螺旋结构现象.

11. 引力辐射

在 9.6.3 小节中, 根据星系螺旋结构现象, 在马天和汪守宏的引力场理论框架下, 提出引力辐射和引力辐射波的理论. 该理论与星系螺旋结构现象是互为支持的关系. 引力辐射的方程形式为

$$\left(\frac{1}{c^2}\frac{\partial^2}{\partial t^2} - \Delta\right)\Phi_\nu = -\frac{8\pi G}{c^4}\nabla^\mu T_{\mu\nu},$$

其中 Φ_ν 为 Ma-Wang 引力理论的对偶引力势, 代表引力子, $T_{\mu\nu}$ 为物质场的能量动量张量. 该方程描述了引力子的辐射. 在真空中, 该方程变为引力辐射波方程

$$\left(\frac{1}{c^2}\frac{\partial^2}{\partial t^2} - \Delta\right)\Phi_\nu = 0.$$

1.5.2 综合评述

本书一开始就介绍两个理论物理的指导性原理 (即原理 1.1 和原理 1.2). 虽然这两个原理对解决具体物理问题没有什么帮助, 但是它们对我们学习和研究理论物理能够提供指导性的作用.

原理 1.1 告诉我们, 虽然物理学内容相当丰富, 但是它们的基础却很简单. 人们只要将注意力集中在几个关键的基本原理 (或定律) 上, 并且熟练掌握如何将原理转化成数学模型的能力, 就会发现繁杂的物理理论并没有那么难以理解, 它们的主线很简单. 原理 1.1 的第二个观点在今天显得非常重要, 它是 Einstein, Dirac 等所极力提倡的. 在今天, 物理学已朝着高度复杂、玄奥、奇异的方向发展, 以概念的模糊, 物理图像的不清晰, 逻辑的混乱, 刺激的名词使人们不懂而取胜. 因为现在的人

们普遍认为复杂难懂就是深刻, 华丽的辞藻就是高深. 其实, 自然规律总是取最简单的形式, 其中道理非常简单, 这就是:

简单意味着稳定.

稳定性是一切大自然规律所必须追求的归宿, 没有稳定性就不会有万物的存在. 事实上, 历史告诉人们的复杂、玄奥、奇异的理论, 一般不会是正确的, 也没有科学价值. 这就是原理 1.1 真正的宗旨所在. 正确的理论一定是简单, 物理图像清晰, 明确易懂的, 因为这是大自然所体现的精神.

原理 1.2 比原理 1.1 具有更具体的指导意义. 该原理中 (1.1.1) 的论点看上去平凡无味, 但实际上如果一个人没有这种观念, 他将永远不可能理解现代理论物理的实质. 在 Einstein 的相对论中, 核心思想就是

$$\text{物理定律是由对称性支配的.} \tag{1.5.4}$$

这个论断已经成为当今物理学最重要的精髓之一. 下面我们用简要的方式阐明这一点. (1.1.1) 的观念会指导人们在寻求自然定律 (或规律) 时寻找它的数学方程. 值得注意的是, 所有的微分方程都是由坐标系来表达的. 逻辑上的道理告诉我们, 物理定律的正确性和普适性与表达它的坐标系选取无关, 因此在

$$\text{物理定律} = \text{微分方程} \tag{1.5.5}$$

观念的指导下, 定律与坐标的无关性反映在式 (1.5.5) 右端就是方程表达形式与坐标选取 (即坐标变换) 无关. 在许多情况下, 坐标变换的不变性唯一地确定了物理方程的表达形式, 只是在不同领域坐标变换的类型不同. 这就是 (1.5.4) 这句话的含义, 但它必须通过 (1.5.5) 的理念才能明白. 事实上, 现代物理一些最重要的理论, 如引力的广义相对论 Einstein 场方程, 量子力学的 Dirac 方程和 Klein-Gordon 方程, 关于强和弱相互作用规范场的作用量等, 都是在 (1.5.4) 的精神下发现的.

原理 1.2 的结论 2) 和 3) 更具体地告诉我们, 寻找物理方程的方式归结为找它们的 Lagrange 作用量 (原理 1.23), Hamilton 能量泛函 (原理 1.24), 相互作用场的作用量, 以及统计物理系统的势 (原理 1.16 和 1.17, 或定律 1.22). 再结合对称破缺原理 (原理 1.28), 整个物理的主要脉络就清楚了.

这就是我们所说的物理是简单的、优美的, 它能被若干基本原理所支配这句话的含义.

非平衡态的势下降原理 (原理 1.16) 与平衡态的极小势原理 (原理 1.17) 都是在普适性原理 (原理 1.2) 的指导下再结合热力学的基础理论而发现的.

事实上, 原理 1.16 和原理 1.17 都存在如下基础性的缺陷:

1) 系统势 F 的具体物理意义不明确;

2) 它无法提供如何求出势 F 精确表达式的指导和方法.

而这些基础性的缺陷必须借助热力学和统计力学的基本理论来弥补. 一旦解决了上述两个问题, 就可以根据这两个原理导出所讨论系统的平衡态方程和非平衡态动力学方程. 剩下的事情就是围绕这些数学模型而展开的研究.

1.5.3　本章各节评注

1.1 节　两个物理指导性原理 (原理 1.1 和原理 1.2) 的观点是在 (Ma and Wang, 2015a) 这部专著中提出. 本书第一作者与汪守宏的合作正是在这两个原理的精神指导下, 发现了相互作用动力学原理、规范场表示不变原理、对称破缺原理, 以及物理运动的动力学定律等四个物理学普适性原理. 在此基础上, 他们建立了相互作用统一场理论、基本粒子模型、多粒子系统的量子物理学、天体物理动力学、相变动力学等理论体系.

本书的写作是基于作者开设的统计物理专题研讨班上的集体讨论. 在整个研讨班上主要使用的教材是 (林宗涵, 2007) 和 (朗道, 栗弗席兹, 2011). 作者认为这是两部关于统计物理的优秀著作. 林宗涵的书, 风格是理论和概念陈述都很清楚, 物理图像清晰, 内容丰富比较完整, 书的结构与取材都很好. 朗道和栗弗席兹的书虽然作为初学者的教程是不合适的, 但作为进一步地学习和研究是非常好的. 这部书的特点就是看问题视角与众不同, 富有启发性. 整个内容基本上是在系综理论基础上展开的. 虽然热力学内容很少, 但统计理论部分内容非常丰富. 总之, 本书深受这两部著作的影响.

此外, 我们也参考了 (雷克, 1983) 和 (马本堃, 高尚惠, 孙煜, 1980) 等教材, 它们也是各有所长, 互有补充.

1.2 节　这一节主要是关于泛函的变分理论.

从物理运动的动力学原理可以看到, 关于泛函 F 的变分导算子的数学理论对于统计物理具有基本的重要性. 关于变分算子 $\delta F(u)$ 的定义 (1.2.6) 是作者为了方便计算而给出的一种与传统定义等价的形式. 标准的数学定义一般是如下形式.

定义 1.31(泛函变分导算子数学定义)　令 X 是一个 Banach 空间, $F : X \to \mathbb{R}^1$ 为一个泛函. 我们称 F 在 $u \in X$ 上是 Fréchet 可微的, 若存在 X 上的线性有界泛函 A, 使得对任何 $v \in X$, 有

$$F(u + v) - F(u) = A(v) + W(u, v),$$

其中 $W : X \times X \to \mathbb{R}^1$ 是映射, 满足

$$\lim_{||v|| \to 0} \frac{||W(u, v)||}{||v||} = 0,$$

此时, A 称为 F 在 u 处的 Fréchet 导算子, 记为 $A = \delta F(u)$.

显然定义 1.31 的这种方式对于初学者以及非数学领域的学者来讲, 是很难用来做具体的计算的. 特别地, 从这个定义出发根本不可能使人们发现微分元约束的变分理论. 由此可见, 许多有价值原创思想的出现都产生于想象不到的平凡之处.

Lagrange 乘子定理是经典的约束变分理论. 在本书中采用直指本质的方法揭示出该定理的实质, 让人能理解为什么会有这样的结果. 这种方法最初在 (马天, 2011) 中给出.

正交分解定理是微分元约束变分理论的基础. 关于 $\mathbb{R}^n$ 上向量场的正交分解 (定理 1.10) 是经典的结果. 在 (Ma and Wang, 2014a) 和 (马天, 2012) 中, 这个结果被推广到一般 n 维 Riemann 流形上张量场的正交分解. 进一步地, 它又被推广到更一般的 L-正交分解定理 (定理 1.12).

散度约束变分的理论是马天和汪守宏首次提出的, 它们被用来建立相互作用动力学原理 (PID) 及相互作用统一场理论, 见 (Ma and Wang, 2014b; 2015a,b). 该理论很自然地能够推广到定理 1.13.

1.3 节   这一节建立了统计物理的两个基本原理和一个驱动力定律, 它们构成了整个统计物理的理论基础. 它们取自 (Ma and Wang, 2017a).

平衡态极小势原理和非平衡态势下降原理都是在原理 1.2 的精神指引下再结合经典热力学的理论知识而发现的. 虽然, 原理 1.16 和原理 1.17 都存在如下基础性问题:

1) 热力学势 F 的物理意义将由具体问题来确定;

2) F 的具体表达式需要结合其他理论来获得.

但这两个问题一旦解决, 统计物理系统的方程就被建立. 剩下的事情就是围绕这些数学模型而展开的研究.

驱动力定律是 Newton 第二定律在统计物理中的推广, 该定律将所有由大量子系统构成的物理宏观体系统一地归到了统计物理这个大的物理学领域中. 这个定律为后面提出的物理运动的动力学原理铺平了道路.

1.4 节   这一节的主题就是建立物理运动的动力学定律.

定律 1.29 是几个物理学基本原理的综合产物. 特别地, 是由 Newton 第二定律、Hamilton 动力学原理、统计物理驱动力定律, $SO(3)$ 不变性原理、对称破缺原理等几个基本物理法则总结而成的, 见 (Ma and Wang, 2017a).

PLD 和 PHD 是在 (马天, 2011) 中明确提出, 也可参见 (马天, 2012) 和 (Ma and Wang, 2015a). 实际上, PLD 的基本观点在 (朗道, 栗弗席兹, 1959) 这部著作中已经出现. 在 (马天, 2011) 一书中的 PLD 是受到朗道和栗弗席兹这部书的启发而提出的. PLD 直接导出关于相互作用统一场的 PID 产生.

　　关于电子运动的 Lorentz 方程 (1.4.11) 可表达成 (1.4.13) 形式的推导过程是由 (朗道和栗弗席兹, 1959) 给出的, 也见 (马天, 2012).

　　关于物理对称性和对称破缺的更详细讨论, 可参见 (Ma and Wang, 2015a), 那里详细介绍了所有不变性原理及其在确定 Lagrange 作用量中的具体作用.

第 2 章 热力学基本理论

2.1 热力学基础

2.1.1 热力学第一定律的数学表示

热力学第一定律是能量守恒定律, 该定律在物理学中是一个普遍成立的法则. 然而在热力学中, 将它作为一条基本定律是因为它具有不同于其他物理领域的特殊功能. 这一小节主要阐明第一定律在热力学中的数学表示方程及其物理意义. 首先我们陈述这个定律如下.

定律 2.1(热力学第一定律) 热力学系统的内能是由热能、机械能、相互作用能等形式的能量构成的, 它们之间可以相互转化, 也可以从一个系统传递到另一个系统, 但在这些过程中内能的总量不变.

定律 2.1 不同于能量守恒在其他领域的作用之处在于它能为热力学提供数学表示, 这体现在两个方面: ① 为热力学势函数提供可靠的理论基础; ② 给出表示热力学第一定律的微分方程.

下面我们将围绕这两个方面进行讨论.

1. 内能 U 的数学表达式

热力学系统的热能 Q 和机械能 W 的表达式为

$$\text{热能 } Q = ST, \quad \text{机械能 } W = fX, \tag{2.1.1}$$

其中温度 T, 熵 S, 广义力 f, 广义位移 X 可以看作是自变量, 而内能 U 是它们的函数. 在上述两种形式能量不发生相互转化的情况下, 内能 U 可表达成如下形式:

$$U = TS + fX. \tag{2.1.2}$$

然而, 由定律 2.1, 在上述两种形式的能量之间发生相互转化的情况下, 内能 U 关于参变量 T, S, f, X 的函数表达式不可能是如 (2.1.2) 的形式, 它只能写成一般形式, 即

$$U = U(T, S, f, X). \tag{2.1.3}$$

等式 (2.1.2) 和 (2.1.3) 就是热力学第一定律给出的第一个数学结论. 它们看起来很平凡, 但是它们和定律 2.1 的第二个结论一起与其他理论相结合就会显示作用.

注 2.2   细心的读者一定会问, 物体内除了 (2.1.1) 给出的两种能量形式外, 还有所有粒子的总动能 E 和相互作用势能 V

$$E = \frac{1}{2}\sum_i m_i v_i^2, \quad V = \sum_i V_i.$$

为什么不将它们加入 (2.1.2) 中去? 事实上, 内能中热能 ST 和机械能 fX 包含了 E 和 V. 因此只需讨论两组共轭量 (S,T) 和 (f,X) 对热力学系统的影响, 所以一般写成 (2.1.3) 的形式.

2. 能量传输平衡微分方程

这是热力学第一定律很重要的一个数学功能. 定律 2.1 的结论是能量在转化和传递的过程中, 总量不变. 这句话译成数学就是如下微分方程:

$$\mathrm{d}Q + \mathrm{d}W = 0, \tag{2.1.4}$$

(2.1.4) 表示能量在转化和传递的过程中, 某种形式能量的减少量等于其他形式能量的增加量. 此外, 由 (2.1.1) 有

$$\mathrm{d}Q = T\mathrm{d}S + S\mathrm{d}T,$$
$$\mathrm{d}W = f\mathrm{d}X + X\mathrm{d}f. \tag{2.1.5}$$

这里 $T\mathrm{d}S$ 与 $S\mathrm{d}T$, $f\mathrm{d}X$ 与 $X\mathrm{d}f$ 分别称为热能和机械能的一对共轭能量, 它们的物理意义是

$$\left\{\begin{array}{l} \text{在能量转化和传递的过程中, 每一种形式的能量都} \\ \text{是以共轭能量的形式进行转化和传递的, 如热能以} \\ T\mathrm{d}S \text{ 和 } S\mathrm{d}T \text{ 两种方式进行能量的转化和传递, 并} \\ \text{且共轭能量之间也可以相互转化.} \end{array}\right. \tag{2.1.6}$$

由 (2.1.4) 和 (2.1.5), 我们得到热力学第一定律所表示的系统能量转化和传递的**平衡方程**如下:

$$S\mathrm{d}T + T\mathrm{d}S + X\mathrm{d}f + f\mathrm{d}X = 0. \tag{2.1.7}$$

方程 (2.1.7) 是很有用的. 事实上, 它在热力学系统的能量转换、传输、涨落、平衡等方面起到了重要的作用.

2.1.2 能量传输机制与熵传输定律

方程 (2.1.7) 代表能量之间的转化与传递的平衡关系. 在这一小节中我们将专门考察这种变换的物理机制, 并导出熵传输定律.

从 (2.1.6) 可以看出, 每一种形式的能量都有两种不同的转换与传输方式, 它们都有各自不同的特性和规则. 下面我们将分别关于这三种情况进行讨论.

1. 热能的传输

热能传输的两种方式可写成

$$dQ = SdT + TdS, \tag{2.1.8}$$

其中 SdT 代表温度的传输, TdS 代表熵的传输. 它们在传递、涨落、转化的过程中是一种相互关联的共存关系.

1) 与外系统之间的传递方式

热能的传输方式有如下三种:

$$dQ \text{ 传递方式: 热传导、热辐射、热流体传递.} \tag{2.1.9}$$

此外, 热能和机械能都可以下面方式传递:

$$\text{转化成粒子动能的形式进行传递.} \tag{2.1.10}$$

2) 涨落振荡

当系统与外界没有热交换 (即热封闭或绝热) 时, SdT 与 TdS 之间将发生交替的涨落振荡过程. 此时, 在系统热能 Q 与机械能 W 之间转换可以忽略的情况下 $dQ = 0$, (2.1.8) 变为

$$Q_T + Q_S = 0. \tag{2.1.11}$$

这里 $Q_T = SdT$, $Q_S = TdS$. (2.1.11) 式表明 Q_T 与 Q_S 的涨落现象就如图 2.1 所示, 是振荡波的行为.

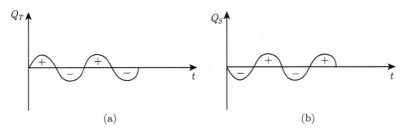

图 2.1 t 为时间

(a) $Q_T = SdT$ 涨落波; (b) $Q_S = TdS$ 涨落波

3) 传输规则

(2.1.11) 及图 2.1 展示了热量的能量偶 Q_T 与 Q_S 之间正负涨落的振荡波行为. 注意到在两个不同的能量形式之间的转换以及两个不同系统之间的能量传递过程, 是正能量填补负能量的过程. 这是热力学能量转换与传递的普遍规则.

以上关于热能的 1)—3) 传输机制对于机械能 W 同样都是有效的, 我们可将此总结成下面讨论的能量传输机制.

2. 热力学能量传输机制

两种形式的能量 Q, W 在涨落和传输过程中, 都是以能量偶的形式出现, 即

$$Q: \quad Q_T = S\mathrm{d}T, \quad Q_S = T\mathrm{d}S,$$
$$W: \quad W_f = X\mathrm{d}f, \quad W_X = f\mathrm{d}X, \tag{2.1.12}$$

这些能量遵守如图 2.2 所示规则.

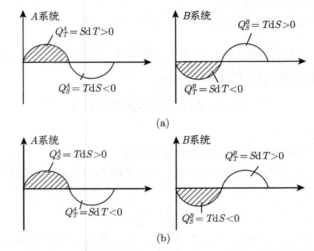

图 2.2　(a) 当 A 系统阴影区域 (代表 Q_T^A) 填补 B 系统阴影区域 (代表 Q_T^B) 时, A 系统熵减少 $\mathrm{d}S < 0$ (由负空白区域表示), 而 B 系统熵增加 $\mathrm{d}S > 0$ (由正空白区域表示); (b) 当 A 系统阴影区域 (代表 Q_S^A) 填补 B 系统阴影区域 (代表 Q_S^B) 时, A 系统温度下降 $\mathrm{d}T < 0$ (由负空白区域表示), 而 B 系统温度上升 $\mathrm{d}T > 0$ (由正空白区域表示), 但 A 和 B 的总熵都没有发生变化

物理机制 2.3(热力学能量传输机制)　对于 (2.1.12) 给出的热力学能量偶 (Q_T, Q_S) 和 (W_f, W_X), 有如下规则:

1) 两种能量偶都是以正负振荡的方式进行涨落的;

2) 在不同能量形式的转换与不同系统之间能量传递的过程中, 总是以涨落振荡中的相同类型的正能量填补另一方的负能量方式进行.

上述热力学能量传输机制在后面的理论发展中是很有用的, 它是建立在热力学第一定律的能量传输平衡方程 (2.1.4)—(2.1.7) 的基础之上的. 从该机制我们可导出热力学系统的熵传输律.

3. 熵传输律

由物理机制 2.3, 当两个系统 A 和 B 发生热交换时, 以正 Q_T 和 Q_S 传递. 由

热涨落的正负振荡机制, 对 A, B 系统有如下涨落:

$$Q_S^A + Q_T^A = 0, \quad Q_S^B + Q_T^B = 0.$$

当 A 传递热量给 B 时, 以正 $Q_T^A = (SdT)_A > 0$ 填补负 $Q_T^B = (SdT)_B < 0$, 这意味着 A 的熵减少, 即 $(TdS)_A < 0$, 而 B 的熵增加, 即 $(TdS)_B > 0$. 而当系统以正的 Q_S^A 填补负的 Q_S^B 时, A 的温度降低即 $(SdT)_A < 0$, B 的温度升高即 $(SdT)_B > 0$, 而 A 和 B 系统的总熵都不变, 如图 2.2 (a) 和 (b) 所示. 于是便得到了熵传输律.

定律 2.4(熵传输律) 在热能和其他形式能量之间的转换可忽略的情况下, 当两个系统发生热交换时, 一个系统的熵增加必然导致另一个系统的熵减少. 此外, 热输入的系统熵增加, 热输出的系统熵减少.

2.1.3 热力学系统与热力学势

势下降原理 (原理 1.16) 只告诉我们每一个热力学系统都存在序参量 $u = (u_1, u_2, \cdots, u_n)$ 和控制参数 $\lambda = (\lambda_1, \cdots, \lambda_m)$, 以及一个势泛函

$$\Phi = \Phi(u, \lambda).$$

但是若要更有效地应用此原理, 我们必须要面对如下几个热力学更基本的问题, 它们属于经验的范畴:

- 热力学系统类型的分类;
- 不同类型系统的序参量 u 及控制参数 λ 的物理意义;
- 每一种类型系统的热力学势 $\Phi(u, \lambda)$ 代表的物理内涵.

这一小节就是要解决上述三个问题, 为此要用到 Legendre 变换这一数学工具. 下面我们从数学角度进行讨论.

1. 热力学系统的类型

热力学系统就是包含在某个区域 (或容器) $\Omega \subset \mathbb{R}^3$ 中的物质体系. 这个物体 Ω 与它的外部环境有几种不同的接触方式. 这些接触方式是由下面的四种参变量来描述的:

$$\text{熵 } S, \text{ 温度 } T, \text{ 位移 } X, \text{ 广义力 } f. \tag{2.1.13}$$

由此便给出了热力学系统的不同类型及其物理意义.

1) 内能系统

令系统的区域 Ω 与外界是热封闭的 (即没有热量交流), 区域 (容器) Ω 是固定的. 这样的系统称为内能系统, 该系统的特征可用 (2.1.13) 中的参变量来刻画:

$$dS = 0 \text{ (绝热)}, \quad dV = 0 \text{ (Ω 固定)}. \tag{2.1.14}$$

其中 V 代表 Ω 的体积, (2.1.14) 表明内能系统 S 和 V 是常值的.

2) 焓系统

当系统是绝热的, 压力 p 开放, 便定义为焓系统. 此系统的热力学参变量的特性为

$$dS = 0, \quad dp = 0 \text{ (或 } df = 0\text{)}. \tag{2.1.15}$$

这里需要解释为什么 $dp = 0$ 与压力开放等价. 所谓压力开放就是区域 Ω 是自由 (非固定) 的, 且 Ω 内的压力与外部压力相通. 而外部环境的压力 p 被认为是常值的, 因此 $dp = 0$, 焓系统 S 和 p 是常值的.

3) Helmholtz 系统

令系统 Ω 是热开放的, 也就是说 Ω 内部的热量与外部环境可以自由交换, 且 Ω 固定. 此系统称为 Helmholtz 系统, 此时有

$$dT = 0, \quad dV = 0. \tag{2.1.16}$$

这里 $dT = 0$ 是因为外部环境温度为常温, 而系统与外部关于热是相通的, 从而系统温度与外部温度一致, 是常值.

4) Gibbs 系统

此系统为热开放, 压力 (或外力 f) 开放. 于是有

$$dT = 0, \quad dp = 0\text{(或 } df = 0\text{)}. \tag{2.1.17}$$

以上四种系统是较常见的, 其他的情况可进行类似的讨论. 实际上, 在上述四种类型中, 最常见的只有 Helmholtz 系统和 Gibbs 系统, 另外两种是很少研究的.

2. 序参量 u 和控制参数 λ

一旦确定了热力学系统的类型, 它的控制参数 λ 就被确定. 从上面的讨论, 我们知道系统的类型可由如 (2.1.14)—(2.1.17) 的参变量性质来确定. 例如, 对于内能系统,

$$dS = 0, \quad dV = 0.$$

则该系统的控制参数 λ 便可定义为 $\lambda = (\lambda_1, \lambda_2)$:

$$\lambda_1 = S, \quad \lambda_2 = V. \tag{2.1.18}$$

其他系统的控制参数可同样被定义.

一个系统的序参量 $u = (u_1, u_2)$ 原则上是由它的控制参数 $\lambda = (\lambda_1, \lambda_2)$ 的共轭参变量构成的. 例如, 对内能系统, u 是 (2.1.18) 的共轭量:

$$u_1 = T, \quad u_2 = p. \tag{2.1.19}$$

然而, 在具体问题中, 序参量可以是 λ 与其共轭参量的组合, 也就是说 u 可以是 β 及 λ 的函数

$$u = u(\beta, \lambda),$$

其中 λ 为控制参数, β 为 λ 的共轭参变量.

例如, PVT 系统 (即气固液系统) 是 Gibbs 系统, β 和 λ 为

$$\lambda = (T, p), \quad \beta = (S, V).$$

但是描述此系统的序参量 u 为 $u_1 = \rho$, $u_2 = s$:

$$\rho = \frac{N}{V}, \quad s = \frac{S}{V},$$

其中 N 为总粒子数, ρ 和 s 分别为粒子和熵密度.

3. 控制参数 λ 的物理涵义

前面的讨论可以看到, 一个系统的控制参数 λ 满足

$$d\lambda = 0, \tag{2.1.20}$$

这表明 λ 在该系统的热力学势 $\Phi = \Phi(u, \lambda)$ 中是常值. u 与 λ 不同, 对于非均匀系统 u 是 $x \in \Omega$ 的函数. 然而在极小势原理 (原理 1.17) 的式 (1.3.35) 中关于热力学势 Φ 有

$$d\Phi(u, \lambda) = \sum_{i=1}^{m} \frac{\partial \Phi}{\partial \lambda_i} d\lambda_i. \tag{2.1.21}$$

而在 (2.1.20) 中我们看到的是 $d\lambda = (d\lambda_1, \cdots, d\lambda_m) = 0$, 这似乎与 (2.1.21) 不相容. 下面我们对 (2.1.20) 与 (2.1.21) 的物理内涵做出解释.

首先在 (2.1.14)—(2.1.17) 中, 我们已看到 (2.1.20) 代表系统的热力学量被固定, 但它不意味着不能调控. 例如, 对于内能系统有

$$\Phi = \Phi(u, \lambda), \quad \lambda = (S, V). \tag{2.1.22}$$

当我们对系统 (2.1.22) 的参数 λ 作调控时, 可以通过改变 Ω 的体积来调控 V 的数值. 由于熵 S 是广延量 (见 (1.3.7) 的定义), 我们可以通过合并两个相同的子系统来调控 S 的值, 即

$$V_1 + V_2 = V \Rightarrow S_1 + S_2 = S,$$

其中 S_1, S_2, S 分别为 V_1, V_2, V 系统的熵. 于是我们可以知道:

式 (2.1.21) 中的 $d\lambda$ 代表 λ 的调控导致的改变量. $\quad\quad$ (2.1.23)

清楚了控制参数 λ 的物理内涵 (2.1.23) 后, 人们才能理解 λ 在热力学系统中的作用: 通过调控 λ 的值 (代表自然界中 λ 的变化), 可以了解系统状态的变迁. 所谓相变就是系统状态随 λ 在临界值处的变化而发生的突变行为.

4. 内能系统的热力学势 U

当我们明确了各种热力学系统的类型以及相应的控制参量 λ 和序参量 u 的物理意义后, 接下来就是要搞清楚每种类型系统热力学势 $\Phi(u, \lambda)$ 的物理涵义.

首先, 对于内能系统 (2.1.14), 绝热代表热能 $Q = ST$ 被完整地保留在热力学势 U 中. 同理, 没有外力和物质交换代表机械能 $W = fX$ 被保留在 U 中. 于是有

$$U = ST + fX. \tag{2.1.24}$$

由内能的定义 (2.1.2) 可知, 上式意味着系统的势 U 就是内能. 这就是将 (2.1.14) 称为内能系统的原因. 注意到 (2.1.24) 并不代表 U 的表达式, 它的表达式如 (2.1.3).

由极小势原理 (原理 1.17), 对于内能系统的势 U, 在平衡态有

$$\frac{\delta}{\delta u} U(u, \lambda) = 0, \quad u = (T, f), \quad \lambda = (S, X).$$

5. Legendre 变换

内能系统的热力学势 U 是根据系统的物理性质判断出它是内能. 但是, 对其他系统的热力学势就不容易通过系统的物理性质来判定它们与内能的关系与表达式. 由平衡态的极小势原理 (原理 1.17), 对于内能系统的势 U, 在平衡态有 $\mathrm{d}U(x, y)/\mathrm{d}x = 0$ (y 为控制参数), 从而可确定 $x = \varphi(y)$. 然而, 对于满足如下关系的其他类型的热力学势 F:

$$\begin{cases} \dfrac{\partial F(y, x)}{\partial y} = 0, \\ y = \psi(x), \end{cases}$$

需要找到该热力学势 F 与内能系统的关系. 下面我们首先介绍一个非常有用的数学工具 Legendre 变换. 然后应用 Legendre 变换确定其他系统的热力学势.

Legendre 变换产生于这样的数学问题: 令 $f(x, y)$ 是 $x, y \in \mathbb{R}^1$ 为一个已知函数, 怎样从 f 中找到一个新的函数 $F(y, x)$ 以及变量关系 $y = \varphi(x)$, 使得 F 在这条曲线上满足

$$\frac{\partial}{\partial y} F(y, x) = 0, \quad y = \varphi(x). \tag{2.1.25}$$

该问题的解答就是关于 f 和自变量 (x, y) 作如下变换:

$$F(y, x) = f(x, y) - xy, \tag{2.1.26}$$

$$x = \frac{\partial f(x, y)}{\partial y}, \tag{2.1.27}$$

则变换后的 $F(x, y)$ 就是问题中需要找的函数. 而从 (2.1.27) 应用隐函数定理解出的函数 $y = \varphi(x)$ 便是所求曲线. 事实上, 很容易验证由 (2.1.26) 和 (2.1.27) 得到的 F 和 $y = \varphi(x)$ 满足 (2.1.25). 由 (2.1.26) 和 (2.1.27) 给出的关系式就是所谓的 Legendre 变换.

6. 其他热力学系统的势 Φ

从已知的内能 $U = U(u, v)$ 如何求出新系统的势 $\Phi(v, u)$ 及函数关系 $v = \varphi(u)$, 使得 u 变为 Φ 的控制参数而 v 变为序参量, 即

$$\frac{\partial}{\partial v} \Phi(v, u) = 0, \quad v = \varphi(u), \tag{2.1.28}$$

这个问题正是前面所介绍的 Legendre 变换问题 (2.1.25). 注意这里的问题 (2.1.28) 是建立在平衡态极小势原理 (原理 1.17) 基础之上的. 于是应用 Legendre 变换 (2.1.26) 和 (2.1.27) 便可获得其他系统的势.

1) 焓系统的势 H

由 (2.1.15), $x = f$, $y = X$, $f(x, y) = U(f, X)$. 由 Legendre 变换 (2.1.26) 和 (2.1.27) 便得到焓系统的势 H 表达如下:

$$\begin{cases} H = U - fX, \\ f = \dfrac{\partial}{\partial X} U. \end{cases} \tag{2.1.29}$$

这个函数 H 就称为焓.

2) Helmholtz 系统的势 F

由 (2.1.16), $x = T$, $y = S$, 于是 (2.1.26) 和 (2.1.27) 变为

$$\begin{cases} F = U - ST, \\ T = \dfrac{\partial}{\partial S} U. \end{cases} \tag{2.1.30}$$

函数 F 称为 Helmholtz 自由能.

3) Gibbs 系统的势 G

由 (2.1.17), $x = (T, f)$, $y = (S, X)$. 这样 (2.1.26) 和 (2.1.27) 变为

$$\begin{cases} G = U - ST - fX, \\ T = \dfrac{\partial}{\partial S} U, \quad f = \dfrac{\partial}{\partial X} U. \end{cases} \tag{2.1.31}$$

函数 G 称为 Gibbs 自由能. 当 (f, X) 为 (p, V) 时 $fX = -pV$. 而采用 $(f, X) = (p, \rho)$,

则 $fX = V^2 p\rho$, 即

$$
\begin{cases}
G = U - ST + pV, \\
G = U - ST - b^2 p\rho,
\end{cases}
\tag{2.1.32}
$$

其中 ρ 为粒子数密度, b 为体积单位常数.

7. 热力学势的序参量 u 及控制参数 λ

由内能 (2.1.3) 和 (2.1.29)—(2.1.32) 给出了所有列出的热力学系统势的物理涵义和表达关系. 再根据 (2.1.18) 和 (2.1.19) 关于控制参数 λ 与序参量 u 的定义规则, 下面可将所有热力学势的 u 和 λ 列出:

$$
内能 \quad U = U(u, \lambda), \quad u = (T, f), \quad \lambda = (S, X), \tag{2.1.33}
$$
$$
焓 \quad H = H(u, \lambda), \quad u = (T, X), \quad \lambda = (S, f), \tag{2.1.34}
$$
$$
\text{Helmholtz} \quad F = F(u, \lambda), \quad u = (S, f), \quad \lambda = (T, X), \tag{2.1.35}
$$
$$
\text{Gibbs} \quad G = G(u, \lambda), \quad u = (S, X), \quad \lambda = (T, f), \tag{2.1.36}
$$

至此, 根据极小势原理再结合物理经验, 完成了热力学最基础性的工作, 即给出热力学系统的类型, 热力学势的表达关系, 以及系统的序参量及控制参数.

2.1.4　关于热力学系统的不可逆过程

非平衡态势下降原理 (原理 1.16) 已经蕴涵了热力学系统的不可逆过程. 在经典热力学中, 热力学系统的不可逆性被认为是系统熵的增长造成的. 事实上, 熵增原理 (它与熵传输定律不矛盾) 适用范围有限, 多数非平衡态统计物理系统的不可逆性与熵无关. 熵传输定律 (定律 2.4) 可清楚地显示, 熵的增长是由外界向系统内输入热能造成的. 在热能的涨落振荡中, 输入的能量包含两种形式

$$
S dT \quad 和 \quad T dS,
$$

其中 SdT(即温度升高部分) 与热膨胀功 (机械能) 可相互直接转化, 但是 TdS 不能, 于是便产生熵增的不可逆现象. 这种不可逆性蕴涵了热能不可能全部被用来做机械功, 这也是早期热力学的研究者关于不可逆过程的狭义 (即特殊含义) 理解.

这一小节, 我们专门讨论热力学系统不可逆过程. 下面将从几个方面进行.

1. 描述不可逆过程的物理量是热力学势

对于一个热力学系统, 它的热力学势为 $F(u, \lambda)$, 状态函数为 u. 所谓不可逆过程是指当该系统处在非平衡态时, 它的状态经历了 $t > 0$ 时间的演化后, 状态函数 $u(t)$ 不能够自发地再回到它的初始状态 $u(0) = u_0$ 上.

显然, 决定整个系统运动是否为可逆或不可逆过程是由支配该系统的物理定律, 也即系统的控制方程来确定的, 而不是方程的解 $u(t)$ 来确定. 由物理运动定律 (定律 1.29), 系统动力学方程为

$$\frac{\mathrm{d}u}{\mathrm{d}t} = -\delta F(u), \tag{2.1.37}$$

即它的势泛函 F 决定方程形式. 由于热力学系统的熵 $u = S$ 为状态函数, 是方程 (2.1.37) 的解, 所以, 在一般情况下熵 S 不是描述系统不可逆过程的物理量. 真正描述不可逆过程的物理量是更高层次的势泛函 F.

2. 势下降原理蕴涵了不可逆性

由势下降原理知, 一个非平衡态系统的状态函数 $u(t)$ 满足势 F 下降性质, 即

$$\frac{\mathrm{d}}{\mathrm{d}t} F(u(t), \lambda) < 0, \quad t > 0. \tag{2.1.38}$$

由 (2.1.38) 的严格不等式可以看到, 状态函数 $u(t)$ 在任何 $t > 0$ 时刻不可能回到 $u(0) = u_0$ 初始态上, 因为 (2.1.38) 意味着

$$F(u(t), \lambda) < F(u(0), \lambda), \quad \forall\, t > 0.$$

因此有 $u(t) \neq u_0,\ \forall\, t > 0$.

这表明势下降原理是描述不可逆过程的物理第一原理, 而不是 "熵增原理". 熵的增加只是在吸热过程中的性质, 并不是普遍原理. 特别地, 当我们知道熵的本质是光子数时, 这一点将更为清楚.

3. 不可逆过程是耗散系统的共性

事实上, 不可逆性是统计物理系统 (即大量粒子构成的集合体) 的共性, 其表现形式就是运动过程中伴随着能量缺失. 一个能量守恒系统的运动一定是可逆的, 而耗散系统的运动是不可逆的. 这一点从耗散系统的运动方程也可以看出, 它们一般取如下形式:

$$\begin{aligned} &\frac{\partial u}{\partial t} = \Delta u + f(x, u), \\ &u|_{\partial \Omega} = 0, \\ &u(0) = \varphi. \end{aligned} \tag{2.1.39}$$

当取时间反演 $t \to -t$ 时, (2.1.39) 变为

$$\begin{aligned} &\frac{\partial u}{\partial t} = -\Delta u - f(x, u), \\ &u|_{\partial \Omega} = 0, \\ &u(0) = \varphi. \end{aligned} \tag{2.1.40}$$

此时偏微分方程理论告诉我们, 对一般的初值 φ, 方程 (2.1.40) 无解. 这就是不可逆性的另一种表现.

2.2   均匀平衡态热力学

2.2.1   Maxwell 关系

当热力学系统处在均匀平衡态时, 即系统的序参量与空间位置无关时, 各热力学量之间存在一些关系式, 它们被称为 Maxwell 关系. 这些关系在热力学中具有重要的作用.

我们将从均匀 Gibbs 系统导出这些关系. 由 (2.1.36) 可知, Gibbs 系统的序参量 u 和控制参数 λ 为

$$u = (S, V, X_i), \quad \lambda = (T, p, f_i), \tag{2.2.1}$$

其中 f_i 为广义力, X_i 为广义位移. 再由 (2.1.31), Gibbs 自由能的表达式为

$$G = U - ST + pV - \sum f_i X_i. \tag{2.2.2}$$

其中 $f \cdot X = -pV + \sum f_i X_i$, 由极小势原理 (原理 1.17) 得

$$\frac{\partial G}{\partial u} = 0, \quad 序参量 \ u \ 如 \ (2.2.1) \ . \tag{2.2.3}$$

从 (2.2.2) 和 (2.2.3) 可推出

$$T = \frac{\partial U}{\partial S}, \quad p = -\frac{\partial U}{\partial V}, \quad f_i = \frac{\partial U}{\partial X_i}. \tag{2.2.4}$$

注意 (2.2.2) 和 (2.2.4) 就是 Legendre 变换.

我们知道如下数学恒等式:

$$\begin{aligned}
&\frac{\partial}{\partial V}\left(\frac{\partial U}{\partial S}\right) = \frac{\partial}{\partial S}\left(\frac{\partial U}{\partial V}\right), \\
&\frac{\partial}{\partial S}\left(\frac{\partial U}{\partial X_i}\right) = \frac{\partial}{\partial X_i}\left(\frac{\partial U}{\partial S}\right), \\
&\frac{\partial}{\partial V}\left(\frac{\partial U}{\partial X_i}\right) = \frac{\partial}{\partial X_i}\left(\frac{\partial U}{\partial V}\right), \\
&\frac{\partial}{\partial X_i}\left(\frac{\partial U}{\partial X_j}\right) = \frac{\partial}{\partial X_j}\left(\frac{\partial U}{\partial X_i}\right), \ \ i \neq j.
\end{aligned} \tag{2.2.5}$$

从 (2.2.4) 可知

$$\frac{\partial T}{\partial V} = \frac{\partial}{\partial V}\left(\frac{\partial U}{\partial S}\right), \quad \frac{\partial p}{\partial S} = -\frac{\partial}{\partial S}\left(\frac{\partial U}{\partial V}\right).$$

再由 (2.2.5) 的第一个等式可看到

$$\left(\frac{\partial T}{\partial V}\right)_S = -\left(\frac{\partial p}{\partial S}\right)_V, \tag{2.2.6}$$

等式左边下标 S 表示保持熵不变条件下关于 V 的导数, 等式右端下标 V 表示体积不变关于熵的导数, (2.2.6) 是热力学中的标准写法.

用同样的方法, 从 (2.2.4) 和 (2.2.5) 可导出其他关系式:

$$\left(\frac{\partial T}{\partial X_i}\right)_S = \left(\frac{\partial f_i}{\partial S}\right)_{X_i}, \tag{2.2.7}$$

$$\left(\frac{\partial p}{\partial X_i}\right)_V = -\left(\frac{\partial f_i}{\partial V}\right)_{X_i}, \tag{2.2.8}$$

$$\left(\frac{\partial f_i}{\partial X_j}\right)_{X_i} = \left(\frac{\partial f_j}{\partial X_i}\right)_{X_j}, \quad i \neq j. \tag{2.2.9}$$

公式 (2.2.6)—(2.2.9) 称为 Maxwell 关系. 从这些关系式还可以导出另外一些关系式. 下面我们进行推导.

为了简单, 我们只考虑如下四元系统, 其他情况可类似进行讨论:

$$G = U - ST + pV,$$
$$u = (S, V), \quad \lambda = (T, p).$$

从方程 (2.2.3) 可得到隐函数的解

$$S = S(T, p), \quad V = V(T, p). \tag{2.2.10}$$

再从 (2.2.10) 可得到反函数

$$T = T(S, V), \quad p = p(S, V). \tag{2.2.11}$$

因为 (2.2.10) 与 (2.2.11) 互为反函数, (S, V) 的 Jacobi 矩阵

$$J(S, V) = \begin{pmatrix} \dfrac{\partial S}{\partial T} & \dfrac{\partial S}{\partial p} \\ \dfrac{\partial V}{\partial T} & \dfrac{\partial V}{\partial p} \end{pmatrix},$$

与 (T, p) 的 Jacobi 矩阵

$$J(T, p) = \begin{pmatrix} \dfrac{\partial T}{\partial S} & \dfrac{\partial T}{\partial V} \\ \dfrac{\partial p}{\partial S} & \dfrac{\partial p}{\partial V} \end{pmatrix},$$

是互逆的, 即

$$J(S,V)J(T,p) = \text{恒等矩阵}.$$

由此等式得到

$$\frac{\partial S}{\partial T}\frac{\partial T}{\partial V} + \frac{\partial S}{\partial p}\frac{\partial p}{\partial V} = 0,$$
$$\frac{\partial V}{\partial T}\frac{\partial T}{\partial S} + \frac{\partial V}{\partial p}\frac{\partial p}{\partial S} = 0. \tag{2.2.12}$$

注意到关系式

$$\frac{\partial S}{\partial T}\frac{\partial T}{\partial V} = \left(\frac{\partial S}{\partial V}\right)_p, \qquad \frac{\partial S}{\partial p}\frac{\partial p}{\partial V} = \left(\frac{\partial S}{\partial V}\right)_T,$$
$$\frac{\partial V}{\partial T}\frac{\partial T}{\partial S} = \left(\frac{\partial V}{\partial S}\right)_p, \qquad \frac{\partial V}{\partial p}\frac{\partial p}{\partial S} = \left(\frac{\partial V}{\partial S}\right)_T. \tag{2.2.13}$$

然后由 (2.2.4) 和 (2.2.6)—(2.2.13) 可导出 (S,V,T,p) 的关系:

$$\left(\frac{\partial T}{\partial p}\right)_S = \left(\frac{\partial V}{\partial S}\right)_p,$$
$$\left(\frac{\partial S}{\partial V}\right)_T = \left(\frac{\partial p}{\partial T}\right)_V,$$
$$\left(\frac{\partial S}{\partial p}\right)_T = -\left(\frac{\partial V}{\partial T}\right)_p,$$
$$\left(\frac{\partial T}{\partial V}\right)_S = -\left(\frac{\partial p}{\partial S}\right)_V. \tag{2.2.14}$$

用同样的方法, 由 (2.2.7)—(2.2.9) 分别导出 (S, X_i, T, f_i) 的关系:

$$\left(\frac{\partial T}{\partial X_i}\right)_S = \left(\frac{\partial f_i}{\partial S}\right)_{X_i},$$
$$\left(\frac{\partial T}{\partial f_i}\right)_S = -\left(\frac{\partial X_i}{\partial S}\right)_{f_i},$$
$$\left(\frac{\partial S}{\partial X_i}\right)_T = -\left(\frac{\partial f_i}{\partial T}\right)_{X_i},$$
$$\left(\frac{\partial S}{\partial f_i}\right)_T = \left(\frac{\partial X_i}{\partial T}\right)_{f_i}. \tag{2.2.15}$$

且关于 (V, X_i, p, f_i) 的关系:

$$
\begin{aligned}
\left(\frac{\partial p}{\partial X_i}\right)_V &= -\left(\frac{\partial f_i}{\partial V}\right)_{X_i}, \\
\left(\frac{\partial V}{\partial X_i}\right)_p &= \left(\frac{\partial f_i}{\partial p}\right)_{X_i}, \\
\left(\frac{\partial V}{\partial f_i}\right)_p &= -\left(\frac{\partial X_i}{\partial p}\right)_{f_i}, \\
\left(\frac{\partial p}{\partial f_i}\right)_V &= \left(\frac{\partial X_i}{\partial V}\right)_{f_i}.
\end{aligned}
\tag{2.2.16}
$$

以及 (X_i, X_j, f_i, f_j) 之间的关系:

$$
\begin{aligned}
\left(\frac{\partial f_i}{\partial X_j}\right)_{X_i} &= \left(\frac{\partial f_j}{\partial X_i}\right)_{X_j}, \\
\left(\frac{\partial X_i}{\partial X_j}\right)_{f_i} &= -\left(\frac{\partial f_j}{\partial f_i}\right)_{X_j}, \\
\left(\frac{\partial f_i}{\partial f_j}\right)_{X_i} &= -\left(\frac{\partial X_j}{\partial X_i}\right)_{f_j}, \\
\left(\frac{\partial X_i}{\partial f_j}\right)_{f_i} &= \left(\frac{\partial X_j}{\partial f_i}\right)_{f_j}.
\end{aligned}
\tag{2.2.17}
$$

这四组公式 (2.2.14)—(2.2.17) 都称为 Maxwell 关系.

注 2.5 Maxwell 关系 (2.2.14)—(2.2.17) 只适用于 Gibbs 系统. 热力学的经典方法推导这些关系 (特别是推导 (2.2.14)) 时, 是从内能, 焓, Helmholtz, Gibbs 四个系统的热力学势获得的, 因此这些关系似乎适用于所有系统. 然而在 2.4 节中我们将会看到热力学经典基础理论与方法普遍存在着误区, 关于 Maxwell 关系的经典推导过程是有误的.

2.2.2 基本物态方程

考虑一个热力学系统, 它的势泛函为

$$
F = F(u, \lambda), \quad u \text{ 为序参量}, \quad \lambda \text{ 为控制参数}.
$$

广义地讲, 称 F 的变分方程

$$
\frac{\delta}{\delta u} F(u, \lambda) = 0,
\tag{2.2.18}
$$

为该系统的物态方程 (也称为状态方程).

但是通常物态方程是指均匀 Gibbs 系统变分方程 (2.2.18) 的解 u 的广义位移 X (如体积 V, 粒子数密度 ρ, 磁化强度 M 等) 与参数 $\lambda = (T, f)$ 之间的关系式, 其

中 f 为广义力, 即

$$X = X(T, f). \tag{2.2.19}$$

实际上, 热力学的发展历史是一个相反的过程, 即对于很多系统, 如 PVT 系统、铁磁、铁电等系统, 人们从大量的实验观察中已经总结出关于 (2.2.19) 的具体形式 (近似表达式), 而这些系统的热力学势 F 准确表达式至今仍不清楚. 在这一小节, 我们将介绍这些经验物态方程. 在后面第 4 章, 我们将详细讨论各类热力学系统的势泛函 F 的具体表达式, 同时这些经验物态方程将起到重要的指导作用.

1. PVT 系统的 van der Waals 方程

PVT 系统通常是指气液转化的物质系统. 这是热力学最早受到关注的系统. 早在 17~18 世纪, 关于理想气体, R. Boyle, J. Charles 和 A. Avogadro 三位科学家分别提出了以他们名字命名的定律:

> Boyle 定律　在等温和等粒子数情况, $pV = k$,
> Charles 定律　在等压和等粒子数情况, $V = kT$,
> Avogadro 定律　在等温等压情况, $V = kn$,

其中 k 为常数, n 为气体摩尔 (mol) 数.

在 1834 年, E. Clabeylon 将这三个定律综合成一个方程, 称为理想气体 (即粒子之间没有相互作用的气体) 物态方程, 表达为

$$pV = nRT, \tag{2.2.20}$$

式中 R 为气体常数. 关于 PVT 系统的基本常数: 摩尔分子数, Avogadro 常数 N_A 及气体常数 R, 它们的数值为

$$
\begin{aligned}
&1\text{mol} = 6.022 \times 10^{23} \text{ 个分子 (或原子)}, \\
&N_A = 6.022 \times 10^{23} \text{mol}^{-1}, \\
&R = 8.314 \text{J(mol} \cdot \text{K)}^{-1},
\end{aligned} \tag{2.2.21}
$$

这里 J 为焦耳, K 为绝对温度.

在 1873 年, 荷兰物理学家 van der Waals 改进了理想气体方程 (2.2.20), 提出了更一般的 PVT 系统物态方程. 它主要适用于气体状态, 但是能够反映一些气液相变的性质. 这是一个很重要的方程, 尽管在高密度的情况下它变得不太精确.

van der Waals 方程是对 (2.2.20) 的修正. 它考虑了粒子之间的相互作用, 即粒子存在一个强排斥核, 同时相距较远处存在弱吸引力. 因此, 关于体积用

$$\tilde{V} = V - nb \quad (n \text{ 为分子摩尔数})$$

取代 (2.2.20) 中的 V, nb 代表粒子的排斥核, 并且压力用

$$\widetilde{p} = p + \frac{an^2}{V^2} \tag{2.2.22}$$

取代 p, 其中 an^2/V^2 代表分子之间的弱引力. 于是 (2.2.20) 的修正方程变为如下物态方程:

$$\left(p + \frac{an^2}{V^2}\right)(V - nb) = nRT, \tag{2.2.23}$$

式中 a, $b > 0$ 为 van der Waals 常数, 可由实验确定.

注 2.6　在物理中, 粒子之间的相互作用力 (或势能) 可表达为

$$f = \pm a\rho^2 \ (\rho \text{ 为粒子密度}), \quad \text{相斥取 + 号,相吸取 - 号.} \tag{2.2.24}$$

因为物体内部的压力 p 与粒子间相互作用力 f 近似地具有关系

$$p = p_0 \pm f, \quad \text{斥力取 + 号, 引力取 - 号.} \tag{2.2.25}$$

注意到 $\rho = n/V$, 因此从 (2.2.24) 和 (2.2.25) 导出 (2.2.22). 事实上, (2.2.24) 是用密度表示粒子相互作用定律的一种形式. 这种形式在后面的讨论中还会用到.

在表 2.1 中, 我们列出一些气体的 van der Waals 常数 a, b 的值, 它们取自 (雷克, 1983).

表 2.1　常数 a, b 值

	$a/(\mathrm{Pa \cdot m^6 \cdot mol^{-2}})$	$b/(\mathrm{m^3 \cdot mol^{-1}})$
H_2	0.02476	0.02261
He	0.03456	0.00238
CO_2	0.3639	0.04267
H_2O	0.5535	0.03049
O_2	0.1378	0.03183
Na	0.1408	0.03913

2. Onnes 气体物态方程

根据气体在压强趋于零时为理想气体的事实, Onnes 提出按压强级数展开方式给出了实际气体的物态方程为

$$pV = nRT[1 + A_1 p + A_2 p^2 + \cdots], \tag{2.2.26}$$

其中 $A_1, A_2, \cdots$, 称为位力系数.

第二种方式是按 $1/V$ 的级数进行展开的,

$$pV = nRT\left[1 + \frac{nB_1}{V} + \frac{n^2 B_2}{V^2} + \cdots\right], \tag{2.2.27}$$

其中 $B_1, B_2, \cdots$ 也称为位力系数, 它们都是温度 T 的函数.

3. 液体和固体

由于液体和固体的热膨胀系数 α 和压缩系数 κ 都很小, 因此液体和固体的体积 V 可近似成 T 和 p 的线性函数, 即

$$V = V_0(1 + \alpha(T - T_0) - \kappa(p - p_0)), \tag{2.2.28}$$

式中 V_0 为 $T = T_0$, $p = p_0$ 时的体积.

4. 铁电体电极化强度

当对介电物体施加一个电场 E 时, 物体内的粒子会产生电极化现象, 因而出现电极化场 P. 电极化强度 P 与外场 E 的关系近似为

$$P = \left(\alpha + \frac{\beta}{T}\right) E, \tag{2.2.29}$$

其中 α, β 为常数, T 为温度.

5. 铁磁体的 Curie 定律

一个铁磁体在外磁场感应下会被磁化, 产生磁化强度 M. 在恒定压力条件下, 顺磁体的物态方程服从 Curie 定律,

$$M = \frac{n\alpha}{T}H, \tag{2.2.30}$$

式中 α 为与物质有关的常数, H 为外磁场, n 为摩尔数.

2.2.3   热辐射的 Stefan-Boltzmann 定律

我们从生活经验中知道, 当一个人接近高温物体时能感觉到从该物体中发射出的热量. 物理上, 这个发射出来的热便被称为热辐射. 事实上, 一个热源的热辐射是发射出来的电磁波, 或者等价地讲是发射出来的光子流. 我们也知道, 辐射体的温度越高, 发射出来的热量越大, 也即辐射的电磁波能量越大. 于是便自然地引出一个重要的物理问题, 即

热辐射发射的电磁波能量与发射体温度有怎样的关系?

解答这个问题就是 Stefan-Boltzmann 定律. 该定律可从内能系统的热力学势导出. 下面我们从几个方面介绍该定律.

1. 热辐射只依赖于温度

从感觉上讲, 热辐射的能量似乎不仅依赖于发射体的温度, 而且还与发射体的几何形状有关. 然而物理实验表明对黑体辐射来讲, 发射的能量密度与发射体的形状无关, 只与温度有关, 即辐射的能量密度 u 是 T 的函数,

$$u = u(T). \tag{2.2.31}$$

所谓 Stefan-Boltzmann 定律就是给出 u 关于 T 的具体表达式. 而上面讲的黑体原本的意思是指一个热封闭的物体, 内部的光子不会跑出来, 并且已达到热辐射的均匀平衡, 即物体内部温度处处相等, 电磁波能量也处处相等. 这样的系统似乎是属于内能系统, 然而考虑热辐射时, 它一定是开放的, 属于 Gibbs 系统, 只是物体内部处在均匀的辐射平衡状态.

  2. 电磁辐射压

  电磁辐射可以产生压强 p. 由电磁场理论可导出 p 与电磁辐射的能量密度 ε 之间有如下关系:

$$p = \frac{1}{3}\varepsilon. \tag{2.2.32}$$

根据 Maxwell 电磁理论, 电磁场 $E = (E_1, E_2, E_3)$ 和 $H = (H_1, H_2, H_3)$ 产生应力张量为

$$\sigma_{ii} = \frac{1}{4\pi}\left(E_i^2 + H_i^2 - \frac{1}{2}E^2 - \frac{1}{2}H^2\right),$$
$$\sigma_{ij} = \frac{1}{4\pi}E_iE_j + \frac{1}{4\pi}H_iH_j. \tag{2.2.33}$$

对于各向同性的辐射场有

$$E_1^2 = E_2^2 = E_3^2 = \frac{1}{3}E^2, \quad E_iE_j = 0,$$
$$H_1^2 = H_2^2 = H_3^2 = \frac{1}{3}H^2, \quad H_iH_j = 0. \tag{2.2.34}$$

于是 (2.2.33) 变为

$$\sigma_{ii} = -\frac{1}{8\pi}(E_i^2 + H_i^2), \quad \sigma_{ij} = 0. \tag{2.2.35}$$

由力学原理知, 压力和应力张量关系是

$$p = -\sigma_{11} = -\sigma_{22} = -\sigma_{33}. \tag{2.2.36}$$

再由 (2.2.34) 和 (2.2.35) 可知

$$\sigma_{ii} = -\frac{1}{3} \times \frac{1}{8\pi}(E^2 + H^2). \tag{2.2.37}$$

此外, 由电磁场理论, 辐射场的能量密度 ε 为

$$\varepsilon = \frac{1}{8\pi}(E^2 + H^2). \tag{2.2.38}$$

于是从 (2.2.36)—(2.2.38) 便推出公式 (2.2.32).

3. Stefan-Boltzmann 定律

热辐射物体是 Gibbs 系统, 序参量 $u = (S, V)$, 控制参数 $\lambda = (T, P)$, Gibbs 自由能为

$$G = U - ST + pV.$$

由极小势原理 (原理 1.17), $\partial G/\partial V = 0$, 因而有

$$\frac{\partial U}{\partial V} = T\frac{\partial S}{\partial V} - p. \tag{2.2.39}$$

由 Maxwell 关系 (2.2.14) 以及公式 (2.2.32) 有

$$\frac{\partial S}{\partial V} = \frac{\partial p}{\partial T} = \frac{1}{3}\frac{\mathrm{d}\varepsilon}{\mathrm{d}T}.$$

因为是均匀系统, U 与 ε 的关系为 $U = V\varepsilon$, 故有

$$\frac{\partial U}{\partial V} = \varepsilon.$$

再由 (2.2.32), 方程 (2.2.39) 变为

$$\varepsilon = \frac{1}{3}T\frac{\mathrm{d}\varepsilon}{\mathrm{d}T} - \frac{1}{3}\varepsilon.$$

此方程可简化为

$$\frac{1}{4}\frac{\mathrm{d}\varepsilon}{\varepsilon} = \frac{\mathrm{d}T}{T}. \tag{2.2.40}$$

方程 (2.2.40) 的解为

$$\varepsilon = aT^4 \quad (a\text{为积分常数}). \tag{2.2.41}$$

这就是 Stefan-Boltzmann 定律.

定律 (2.2.41) 是用能量密度表达的. 它的另一种表达是用辐射通量 J 来表示的, J 代表单位时间内通过单位面积的辐射能量. 因为 J 与 ε 成正比, 因而可写成

$$J = \sigma T^4, \tag{2.2.42}$$

这里 σ 称为 Stefan-Boltzmann 常数, 其值为

$$\sigma = 5.67 \times 10^{-5} \text{ erg} \cdot \text{cm}^{-2} \cdot \text{s}^{-1} \cdot \text{K}^{-4}.$$

4. 热辐射定律的应用

Stefan-Boltzmann 定律 (2.2.42) 的一个重要应用是关于恒星的半径 R, 表面温度 T, 以及光亮度 L 之间的关系. 亮度 L 的定义为

$$L = 恒星每秒发射总电磁能.$$

半径 R 的恒星表面积为 $S = 4\pi R^2$, 因而由 (2.2.42) 有

$$L = SJ = 4\pi\sigma R^2 T^4.$$

此关系式在天文学中很重要, 它可以帮助人们确定一颗恒星的物理参数. 因为亮度 L 是可观测的, 从而有助于了解半径 R 及表面温度 T.

事实上, 天文学常用太阳的半径 $R_\odot$, 表面温度 $T_\odot$ 及亮度 $L_\odot$ 作尺度来对比其他恒星的物理参数:

$$\frac{R}{R_\odot} = \left(\frac{T_\odot}{T}\right)^2 \sqrt{\frac{L}{L_\odot}},$$

其中 R, T, L 是另一个恒星的半径、表面温度及亮度.

2.2.4 铁磁与铁电体的热力学效应

P. Debye 在 1926 年, W. Giaugue 在 1927 年分别独立地提出了铁磁体的磁热效应, 即通过对顺磁体绝热去磁可以达到冷却的效果. 利用该冷却原理, 可以达到 10^{-3}K 的超低温水平. 此外顺磁体还有磁致伸缩及压磁效应. 铁电体也同样具有电致伸缩及压电效应. 下面分别介绍它们.

一个顺磁体当施加一个外磁场 H 时, 会产生磁化强度 M, 该系统的广义力有压力项和磁力项, 即

$$fX = -pV + \mu_0 H \cdot M,$$

其中 μ_0 为磁导率. Gibbs 自由能为

$$\begin{aligned} G &= U - ST - fX \\ &= U - ST + pV - \mu_0 H \cdot M. \end{aligned} \tag{2.2.43}$$

在 2.2.1 小节中, 已经关于 Gibbs 系统的序参量和控制参数导出了四组 Maxwell 关系 (2.2.14)—(2.2.17). 这一小节讨论的铁磁体热力学效应正是由这些 Maxwell 关系所描述的. 铁磁体 Gibbs 系统的序参量 u 和控制参数 λ 为

$$u = (S, V, M), \quad \lambda = (T, p, H).$$

此时对应于 (2.2.1) 中 (f_i, X_i) 为

$$f = H, \quad X = \mu_0 M. \tag{2.2.44}$$

这里与磁效应有关的 Maxwell 关系有两个, 即 (2.2.15) 中第四个公式

$$\left(\frac{\partial S}{\partial f}\right)_T = \left(\frac{\partial X}{\partial T}\right)_f \tag{2.2.45}$$

以及 (2.2.16) 中第三个公式

$$\left(\frac{\partial V}{\partial f}\right)_p = -\left(\frac{\partial X}{\partial p}\right)_f \tag{2.2.46}$$

从 (2.2.45) 和 (2.2.46) 可以得到能解释三个重要磁效应的物理公式, 这三个效应是: 磁致伸缩、压磁效应及磁热效应.

1. 磁致伸缩及压磁效应

将 (2.2.44) 代入 (2.2.46) 便得到磁效应的公式如下:

$$\left(\frac{\partial V}{\partial H}\right)_{T,p} = -\mu_0\left(\frac{\partial M}{\partial p}\right)_{T,H}. \tag{2.2.47}$$

这个关系式左端表示在等温等压条件下, 外磁场的改变会引起物体体积的变化, 这称为磁致伸缩效应. 而关系式 (2.2.47) 的右端表示在磁场和温度不变的条件下, 铁磁体的磁化强度 M 会随着压力而改变, 称为压磁效应. 这两种效应是共存关系, 即 (2.2.47) 等式两端都不为零它们才存在. 这两种现象在实验中都被观察到. 这两个重要性质已被广泛应用于许多技术领域.

2. 磁热效应

将 (2.2.44) 代入 (2.2.45) 便可得到可反映去磁冷却原理的 Maxwell 关系如下:

$$\mu_0\left(\frac{\partial M}{\partial T}\right)_{p,H} = \left(\frac{\partial S}{\partial H}\right)_{p,T}. \tag{2.2.48}$$

从公式 (2.2.48) 还看不出磁热效应, 但是磁热效应是由这个公式导出来的. 下面进行推导.

数学上有如下微分公式:

$$-\frac{\partial S}{\partial H}\bigg/\frac{\partial S}{\partial T} = \left(\frac{\partial T}{\partial H}\right)_{p,S}$$

于是 (2.2.48) 变为

$$\mu_0\left(\frac{\partial M}{\partial T}\right)_{p,H} = -\left(\frac{\partial S}{\partial T}\right)_{p,H}\left(\frac{\partial T}{\partial H}\right)_{p,S}. \tag{2.2.49}$$

由热容的定义 (1.3.11), 在 H, p 不变下的热容为

$$C_{p,H} = \frac{\mathrm{d}Q}{\mathrm{d}T} = T\left(\frac{\partial S}{\partial T}\right)_{p,H}. \tag{2.2.50}$$

而磁化强度 M 满足 Curie 定律 (2.2.30), 即

$$\frac{\partial M}{\partial T} = -\frac{\alpha n H}{T^2}. \tag{2.2.51}$$

将 (2.2.50) 和 (2.2.51) 代入 (2.2.49) 便得到

$$\left(\frac{\partial T}{\partial H}\right)_{p,S} = \frac{\mu_0 \alpha n H}{T C_{p,H}}. \tag{2.2.52}$$

公式 (2.2.52) 便可解释磁热效应: 等式右端是正数, 左端是在等压等熵条件下温度关于外磁场的变化率. 它表明在绝热 (等熵) 及压强恒定的条件下减少外磁场可使磁体温度降低. 这种现象也称为磁致冷效应.

3. 铁电体压电效应与电致伸缩

类似于铁磁体, 顺铁电体也会发生压电效应和电致伸缩现象. 考虑铁电体的 Gibbs 自由能

$$G = U - ST + pV - \varepsilon_0 E \cdot P, \tag{2.2.53}$$

其中 ε_0 为介电常数, E 为外电场, P 为极化强度. 类似于铁磁体的公式 (2.2.47), 从 (2.2.53) 也可得到 Maxwell 关系

$$\left(\frac{\partial V}{\partial E}\right)_{T,p} = -\varepsilon_0 \left(\frac{\partial P}{\partial p}\right)_{T,E}. \tag{2.2.54}$$

这个公式就反映了铁电体的压电效应与电致伸缩效应.

例如, 对一个弹性棒铁电体, Gibbs 自由能为

$$G = U - ST - FL - \varepsilon_0 E \cdot P, \tag{2.2.55}$$

其中 F 为棒的张力, L 为伸缩长度. 从 (2.2.55) 可得

$$\left(\frac{\partial L}{\partial E}\right)_{T,F} = \varepsilon_0 \left(\frac{\partial P}{\partial F}\right)_{T,E}.$$

这就是弹性棒的电致伸缩公式.

2.3 Nernst 热定理与粒子化学势

2.3.1 Nernst 热定理

W. Nernst 在 1905 年提出了热力学一个重要定律, 他本人称之为 "热定理", 现在该定理以他的名字命名. 这个定理在今天也被归结为热力学第三定律. Nernst 热定理陈述如下.

定理 2.7(Nernst 热定理)　　任何热力学系统的熵在等温过程中的变化随绝对温度趋于零, 即

$$\lim_{T \to 0} (\Delta S)_T = 0. \tag{2.3.1}$$

其中 ΔS 代表熵的改变.

Nernst 是一个化学家 (在 1920 年获诺贝尔化学奖). 他将 (2.3.1) 称为定理 (不是定律) 的原因是他从化学反应过程中证得该结论. 然而这个重要的物理结论不是可以被证明的, 因此它也被称为热力学第三定律. 该定律的三种陈述方式如下所示.

1) Nernst 热定理;

2) 绝对温度 $T = 0$ 时熵为零, 即

$$\lim_{T \to 0} S = 0. \tag{2.3.2}$$

3) 不可能通过有限步骤使物体达到绝对零度.

注 2.8　　在第 3 章关于热的本质的讨论中, 基于量子物理和基本粒子理论, 从粒子的统计分布导出

$$kT = \frac{1}{N} \sum_n \left(1 - \frac{a_n}{N}\right) \frac{a_n \varepsilon_n}{1 + \beta_n \ln \varepsilon_n}, \tag{2.3.3}$$

其中 k 为 Boltzmann 常数, β_n 为常数, N 为总粒子数, ε_n 为能级, a_n 代表能级为 ε_n 的粒子数. 也就是说, 温度的本质是粒子能级的某种平均. 此外, 理论分析也表明, 熵的本质是系统中有效的光子数量. 粒子通过吸收和发射光子来提高和降低能级 (即温度), 而光子通过激发质量粒子来表现温度. 基于这种热理论的观点, 热力学第三定律就容易理解了, 即

$$S = 0 \Leftrightarrow \text{有效光子数} = 0;$$

$$T = 0 \Leftrightarrow \text{粒子都处在最低能级上, 即 (2.3.3) 中 } a_1 = N;$$

$$\text{粒子处在最低能级} \Leftrightarrow \text{没有光子激发}.$$

这三者相辅相成, 从而得到

$$T = 0 \Leftrightarrow S = 0.$$

这就是热力学第三定律的另一种观点.

2.3.2　绝对零度的一些热力学性质

在绝对零度时, 热力学系统所有粒子处在最低能级态上, 此时物质表现出许多特殊的性质. 下面介绍一些物质的零度特性.

1. 所有物质热容 C_Y 为零

由热容公式 (1.3.10) 及 $Q = ST$,

$$C_Y = T\left(\frac{\partial S}{\partial T}\right)_Y,\tag{2.3.4}$$

式中 Y 是非温度的其他热力学量, 并且

$$\left(\frac{\partial S}{\partial Y}\right)_T \to 0 \quad (T \to 0).$$

这意味着在 $T \sim 0$ 时,

$$S = T^k S_0(Y) + S_1(T), \quad k > 0\tag{2.3.5}$$

再由 (2.3.2) 可知 $S_1(0) = 0$, 即

$$T\frac{\partial S_1}{\partial T}\bigg|_{T=0} = 0.\tag{2.3.6}$$

由 (2.3.4)—(2.3.6) 立刻推出

$$热容 C_Y = 0, \quad 在 T = 0.\tag{2.3.7}$$

这个结论被实验证实.

在 $T \simeq 0$ 处 (2.3.5) 的表达式依赖于物质类型. 例如, 实验表明

$$
\begin{aligned}
&常规非金属固体 \quad C_V \sim T^3,\\
&常规金属 \quad C_V \sim T,\\
&超导体 \quad C_V \sim \mathrm{e}^{-\Delta/T},\\
&超流\ {}^4\mathrm{He} \quad C_V \sim T^3,\\
&超流\ {}^3\mathrm{He} \quad C_V \sim T^3 \ln T.
\end{aligned}\tag{2.3.8}
$$

这里 (2.3.8) 的数据取自 (林宗涵, 2007).

从 (2.3.4) 和 (2.3.7) 可导出 S 在 $T = 0$ 的表达式

$$S = \alpha T^k, \quad k > 0,\tag{2.3.9}$$

式中 $\alpha > 0$ 为依赖物质的常数.

2. 物体的压强与热膨胀系数

在 $T = 0$ 处, 热力学系统的响应参数: 压强系数 β、热膨胀系数 α 等都可以被确定, 它们都为零.

由 Maxwell 关系 (2.2.14) 中第二个公式

$$\left(\frac{\partial S}{\partial V}\right)_T = \left(\frac{\partial p}{\partial T}\right)_V,$$

以及 (2.3.9), 可以导出

$$\left(\frac{\partial p}{\partial T}\right)_V = 0, \quad 在 T = 0.$$

这意味着压强系数 β 有

$$\beta = \frac{1}{p}\left(\frac{\partial p}{\partial T}\right)_V = 0, \quad 在 T = 0. \tag{2.3.10}$$

同理, 由 Maxwell 公式 (2.2.14) 中第三个公式

$$\left(\frac{\partial S}{\partial p}\right)_T = -\left(\frac{\partial V}{\partial T}\right)_p,$$

由 (2.3.9) 导出

$$\left(\frac{\partial V}{\partial T}\right)_p = 0, \quad 在 T = 0.$$

于是对于热膨胀系数 α 有

$$\alpha = \frac{1}{V}\left(\frac{\partial V}{\partial T}\right)_p, \quad 在 T = 0. \tag{2.3.11}$$

3. 顺磁体磁化率 χ_m

铁磁体的 Gibbs 自由能为

$$G = U - ST - \mu_0 M \cdot H,$$

式中 $f = H$, $X = M$. 由 Maxwell 关系 (2.2.15) 中的第四个公式

$$\left(\frac{\partial S}{\partial H}\right)_T = \mu_0 \left(\frac{\partial M}{\partial T}\right)_H$$

以及磁化率 χ_m 的定义

$$M = \chi_m H,$$

可以推出

$$\mu_0 H \left(\frac{\partial \chi_m}{\partial T} \right)_H = \left(\frac{\partial S}{\partial H} \right)_T. \tag{2.3.12}$$

再由熵在 $T = 0$ 处的公式 (2.3.9), 从 (2.3.12) 可导出

$$\left(\frac{\partial \chi_m}{\partial T} \right)_H = 0, \quad \text{在 } T = 0.$$

即在 $T = 0$ 处, 顺磁体磁化率 χ_m 可表达为

$$\chi_m = \chi_0 T^k + \chi_1(H), \quad k > 1. \tag{2.3.13}$$

此处 χ_0 为一常数, χ_1 是 H 的函数.

由 Curie 定律 (2.2.30), 在 $T \gg 0$ 处的磁化率 χ_m 的表达式为

$$\chi_m = n\alpha T^{-1}.$$

此公式与 (2.3.13) 是不一致的. 这表明 Curie 定律在 $T = 0$ 处不成立.

4. 铁电体极化率 χ_e

铁电体的 Gibbs 自由能为

$$G = U - ST - \varepsilon_0 P \cdot E$$

此处 $f = E, X = P$. 由 Maxwell 关系 (2.2.15) 中的第四个公式可推出

$$\varepsilon_0 \left(\frac{\partial P}{\partial T} \right)_E = \left(\frac{\partial S}{\partial E} \right)_T. \tag{2.3.14}$$

由极化率 χ_e 公式

$$P = \chi_e E,$$

以及 (2.3.9) 和 (2.3.14), 在 $T = 0$ 处有

$$\frac{\partial \chi_e}{\partial T} = 0, \quad T = 0.$$

于是在 $T = 0$ 处有

$$\chi_e = \alpha_0 T^k + \alpha_1(E), \quad k > 1. \tag{2.3.15}$$

此公式是极化率 χ_e 在绝对零度的表达公式.

2.3.3   粒子的化学势

温度 T 与熵 S 互为配对产生热能 $Q = TS$. 作用力 f 与位移 X 互为配对产生机械能 $W = fX$. 关于物质粒子数 N, Gibbs 提出化学势 μ 的概念, 导致一些人认为 N 与 μ 也是一种配对关系, 它们一起产生内能的另一种能量形式, 即粒子能 Z

$$Z = \mu N, \quad N \text{ 为粒子数.} \tag{2.3.16}$$

然而下面的分析表明, (2.3.16) 并不是与热能 $Q = ST$ 和机械能 $W = fX$ 一样, 在热力学势中起到主要作用. 事实上, μ 的物理意义只是粒子数守恒的 Lagrange 乘子.

考虑一个粒子数固定的系统, 注意, 热力学的内能, 焓, Helmholtz, Gibbs 这四种系统都是粒子数守恒的. 令热力学势为

$$F = F(u, \lambda), \tag{2.3.17}$$

其中 u 代表粒子数的摩尔密度. 由粒子数守恒, 有

$$G(u) = \int_\Omega u \mathrm{d}x = \text{常数}. \tag{2.3.18}$$

由化学势 μ 的物理定义, 在平衡态时为

$$\mu = \frac{\delta}{\delta u} F(u, \lambda). \tag{2.3.19}$$

另一方面, 由 Lagrange 乘子定理 (定理 1.8), 泛函 (2.3.17) 在 (2.3.18) 的条件约束下的极小态方程为

$$\frac{\delta}{\delta u} F(u, \lambda) = \beta \delta G(u), \tag{2.3.20}$$

式中 G 为 (2.3.18) 中的约束泛函, β 为 Lagrange 乘子, G 的变分导算子是 1, 即

$$\delta G(u) = 1.$$

于是 (2.3.20) 变为

$$\frac{\delta}{\delta u} F(u, \lambda) = \beta. \tag{2.3.21}$$

将 (2.3.19) 与 (2.3.21) 对照, 可以看到

$$\mu = \text{Lagrange 乘子 } \beta. \tag{2.3.22}$$

注意到, Lagrange 乘子 β 恒为常值, 即使 $u = u(x)$ 是 $x \in \mathbb{R}^3$ 的函数, β 也是如此. 因此从 (2.3.22) 可知, 化学势 μ 也恒为常值. 这表明 μ 并不类似于温度 T 和

广义力 f, 它与粒子数 N 的配对产生的能量形式 (2.3.16) 在热力学势中起到的作用与 $Q = ST$ 和 $W = fX$ 的作用不是平行的.

回顾 Lagrange 乘子定理 (定理 1.8). 如果关于 (2.3.17) 的势泛函 F 作如下修正:

$$H = F(u, \lambda) - \mu G(u) \tag{2.3.23}$$

式中 $G(u)$ 是如 (2.3.18) 的泛函, μ 为化学势, 则由定理 1.8 可知, 此系统的平衡态方程变为

$$\frac{\delta}{\delta u} H(u, \lambda) = 0. \tag{2.3.24}$$

明确了化学势 μ 如 (2.3.23) 的物理意义, 对于在第 4 章建立的热力学势的表达理论具有重要意义.

总结性地, 我们关于粒子化学势给出如下结论.

物理结论 2.9(*化学势的物理性质*)   对于一个粒子数守恒系统, 关于它的化学势 μ 有如下结论:

1) μ 是热力学势 F 的 Lagrange 乘子, 因而是常值的参数;

2) 化学势 μ 既不是序参量, 也不能作控制参数;

3) 粒子数守恒的势泛函应取 (2.3.23) 的形式.

由于经典热力学一直认为 (μ, N) 与 (T, S) 和 (f, X) 在热力学中起到相似的作用, 因而产生很多误区. 其中之一就是关于二元相分离的 Cahn-Hilliard 方程. 下面关于此问题进行讨论.

1. Cahn-Hilliard 方程

考虑一个由 A 和 B 两种粒子构成的二元系统. 令 u_A 和 u_B 代表 A, B 两种粒子的摩尔密度分量, 即

$$u_A + u_B = 1. \tag{2.3.25}$$

注意, 满足 (2.3.25) 关系的系统是总粒子密度 ρ 是常值的系统. 此时序参量只取一个便可. 我们取 $u = u_A$ 作为序参量. 关于此系统的热力学势 F 是由 (Cahn and Hilliard, 1958) 给出的,

$$F = \int_\Omega \left[\frac{\alpha}{2} |\nabla u|^2 + f(u) \right] \mathrm{d}x, \tag{2.3.26}$$

其中 f 是关于 u 的函数, $\alpha > 0$ 为常数.

关于 (2.3.26) 的动力学方程是由 (Novick–Cohen and Segel, 1984) 给出的, 该模型被取名为 Cahn-Hilliard 方程, 其建立的方程如下.

由粒子数守恒, u 满足关系

$$\int_\Omega u(x, t) \mathrm{d}x = 常数.$$

该守恒律要求一个连续性的方程

$$\frac{\partial u}{\partial t} = -\nabla \cdot J(u), \tag{2.3.27}$$

其中 J 为 u 的粒子流. 根据化学势 μ 的经典观点, J 满足

$$J = -\nabla(\mu_A - \mu_B), \tag{2.3.28}$$

式中 μ_A, μ_B 分别为 A 和 B 粒子的化学势. 此外, 化学势满足 (2.3.19), 即在这里有如下关系式:

$$\mu_A - \mu_B = \frac{\delta}{\delta u} F(u). \tag{2.3.29}$$

于是从 (2.3.27)—(2.3.29) 导出 u 的方程为

$$\frac{\partial u}{\partial t} = \Delta(\delta F(u)). \tag{2.3.30}$$

此外, 关于 (2.3.26) 的泛函 F 有

$$\delta F(u) = -\alpha \Delta u + f'(u) \quad \left(f' = \frac{\mathrm{d}f}{\mathrm{d}u} \right).$$

将此式代入到 (2.3.30) 便得到

$$\frac{\partial u}{\partial t} = -\alpha \Delta^2 u + \Delta f'(u). \tag{2.3.31}$$

此动力学模型被称为 Cahn-Hilliard 方程.

在上面方程 (2.3.31) 的推导中, 关系式 (2.3.28) 是有问题的. 由物理结论 2.9 可知, $\mu_A - \mu_B$ 是常值的, 从而它的梯度为零, 即

$$J = -\nabla(\mu_A - \mu_B) = 0.$$

于是 (2.3.27)—(2.3.29) 不能作为二元系统动力学方程的理论依据.

2. 修正的 Cahn-Hilliard 方程

二元相分离的方程应该是建立在势下降原理 (原理 1.16) 或统计物理驱动力定律 (定律 1.22) 的基础之上的. 首先二元系统的势泛函应取 (2.3.23) 的形式, 即

$$F = \int_\Omega \left[\frac{\alpha}{2} |\nabla u|^2 + f(u) - \mu u \right] \mathrm{d}x, \tag{2.3.32}$$

然后根据原理 1.16, 此系统动力学方程为 (2.3.32) 的梯度流方程. 由数学理论知, 梯度流方程形式为

$$\frac{\partial u}{\partial t} = -\delta F(u). \tag{2.3.33}$$

将 (2.3.32) 代入 (2.3.33) 便得到

$$\frac{\partial u}{\partial t} = \alpha \Delta u + f'(u) - \mu, \tag{2.3.34}$$

这个方程 (2.3.34) 就是修正的 Cahn-Hilliard 方程, 它是物理结论 2.9 的产物. 从数学角度看, (2.3.34) 的动力学性质与 (2.3.31) 相比没有本质的差异, 但 (2.3.31) 的数学复杂程度比 (2.3.34) 大为提高.

2.3.4　化学势的一些物理作用

化学势在热力学中是一个重要的物理参数, 特别是在描述多元系统相平衡, 化学反应平衡条件等方面, 化学势起到很关键的作用. 下面几个例子可说明.

1. Gibbs 相律

考虑有 k 个不同粒子 $A_1, \cdots, A_k$ 构成的系统, 因而相应地有 k 个化学势 $\mu_1, \cdots, \mu_k$ 作为该系统的自由参变量. 再加上温度 T 和压力 p, 该系统共有 $k+2$ 个自由参变量. 但是在多相共存点上, 这些自由参变量个数将减少. Gibbs 相律告诉我们若在 m 个不同相的共存点上, 自由参变量的个数 f 为

$$f = k + 2 - m. \tag{2.3.35}$$

则公式 (2.3.35) 被称为 Gibbs 相律.

2. 化学反应平衡条件

一般的化学反应可写为

$$\alpha_1 A_1 + \cdots + \alpha_i A_i \rightleftharpoons \beta_1 B_1 + \cdots + \beta_j B_j. \tag{2.3.36}$$

例如, 氨的合成

$$N_2 + 3H_2 \rightleftharpoons 2NH_3.$$

此反应式按 (2.3.36) 的方式写成

$$A_1 + 3A_2 \rightleftharpoons 2B,$$

其中 $A_1 = N_2$, $A_2 = H_2$, $B = NH_3$, $\alpha_1 = 1$, $\alpha_2 = 3$, $\beta_1 = 2$.

反应式 (2.3.36) 也写成如下形式:

$$\beta_1 B_1 + \cdots + \beta_j B_j - \alpha_1 A_1 - \cdots - \alpha_i A_i = 0.$$

按这种方式, 所有反应式都可写成 (上式中的 B 也可改为 A):

$$\nu_1 A_1 + \cdots + \nu_k A_k = 0, \tag{2.3.37}$$

其中 ν_i $(1 \leqslant i \leqslant k)$ 称为配比系数. 令 A_i 的化学势为 μ_i, 则该化学反应 (2.3.37) 达到平衡的条件为

$$\nu_1\mu_1 + \cdots + \nu_k\mu_k = 0. \tag{2.3.38}$$

关系式 (2.3.38) 是化学反应 (2.3.37) 达到化学平衡的条件. 当这个条件满足时, 虽然微观上化学反应仍在进行, 但宏观上看反应已达到平衡, 反应物与生成物的数量不再发生变化.

3. 质量作用定律

考虑有化学反应的混合理想气体, 反应式为

$$\sum_{i=1}^{k}\nu_i A_i = 0.$$

当反应达到平衡时, 满足 (2.3.38) 的平衡条件. 对于理想气体化学势 μ_i 有如下公式, 见 (林宗涵, 2007):

$$\mu_i = RT(\varphi_i(T) + \ln p_i), \tag{2.3.39}$$

式中 p_i 为 A_i 气体产生的分压力, φ_i 是只依赖于温度 T 的函数. 将 (2.3.39) 代入 (2.3.38) 得

$$RT\sum_i \nu_i[\varphi_i(T) + \ln p_i] = 0.$$

或可写成

$$\sum_i \nu_i \ln p_i = -\sum_i \nu_i \varphi_i(T). \tag{2.3.40}$$

引入新的参变量

$$K_p(T) = e^{-\sum_i \nu_i\varphi_i(T)},$$

这个参数 $K_p(T)$ 称为定压平衡常数, 只依赖于温度, 在不同温度的数值可由实验测出. 于是 (2.3.40) 可表达为

$$\prod_i p_i^{\nu_i} = K_p(T). \tag{2.3.41}$$

此公式称为质量作用定律. 有分压 p_i 与气体摩尔数分量 x_i 的关系

$$p_i = x_i p \quad (p \text{ 为总气压}),$$

代入式 (2.3.41) 可得到质量作用定律的另一种表达方式

$$\prod_i x_i^{\nu_i} = K, \tag{2.3.42}$$

这里 K 称为化学平衡常数, 表达式为

$$K = K_p(T) p^{-\sum_i \nu_i}. \tag{2.3.43}$$

显然, 平衡常数 K 是压力与温度的函数.

质量作用定律 (2.3.42) 和化学平衡常数 K 在实际应用中是非常重要的, 表达了化学反应平衡时, 各个组元浓度之间所满足的关系. 因为生成物的配分系数 ν_i 为正, 反应物的 ν_i 为负, 所以当平衡常数 K 增大时, 反应朝着增加生成物方向进行, 当 K 减小时, 反应朝着增加反应物方向进行. 而 K 的增减可通过调控压力和温度来做到. (2.3.43) 的 K 与温度和压力关系如下, 见 (马本堃等, 1980),

$$\begin{aligned}
\left(\frac{\partial \ln K}{\partial T} \right)_p &= \frac{Q_p}{RT^2}, \\
\left(\frac{\partial \ln K}{\partial p} \right)_T &= -\frac{\Delta V}{RT},
\end{aligned} \tag{2.3.44}$$

其中 Q_p 为化学反应热, ΔV 为体积变化.

2.4 经典热力学基础理论中存在的问题

2.4.1 热力学第一定律经典表述

热力学第一定律就是能量守恒定律, 它在定律 2.1 中已被陈述. 由原理 1.2 已经知道, 物理定律是用方程来表示的. 经典理论中, 热力学第一定律的数学表示为

$$dU = TdS + fdX, \tag{2.4.1}$$

它的物理意义为: 系统内能的改变量 dU 等于从外界吸收的热量 TdS 与外界对系统做的功 fdX 之和.

从物理意义和数学逻辑来看, 似乎 (2.4.1) 表达第一定律的正确性没有任何问题. 然而当将 (2.4.1) 作为普遍成立的微分方程来看待时, 会出现数学逻辑问题. 下面给出具体的分析.

首先, 经典理论关于 (2.4.1) 的成立是建立在以下三个假设上:

A. 系统必须是处在平衡态上;

B. 微分方程中的内能 U 是 T, S, f, X 的函数 (或泛函);

C. 等式左端 dU (或 δU) 代表 U 的全微分 (或 U 的变分).

现在的问题是, 基于上述 B 和 C 两点, 数学上有

$$dU = \frac{\partial U}{\partial T}dT + \frac{\partial U}{\partial S}dS + \frac{\partial U}{\partial f}df + \frac{\partial U}{\partial X}dX. \tag{2.4.2}$$

由于 (2.4.1) 被认为是普适的, 所以从数学上来讲 (2.4.1) 和 (2.4.2) 意味着在平衡处下面四个方程成立:

$$\frac{\partial}{\partial T}U = 0, \quad \frac{\partial}{\partial S}U = T, \quad \frac{\partial}{\partial f}U = 0, \quad \frac{\partial}{\partial X}U = f. \tag{2.4.3}$$

因为 $U = U(S, T, f, X)$ 是四个变量的函数, 因此 (2.4.3) 中的四个方程的解是确定的四个数值,

$$S = S_0, \quad T = T_0, \quad f = f_0, \quad X = X_0. \tag{2.4.4}$$

这显然与 (2.4.1) 是矛盾的, 因为 (2.4.1) 的数学意思是说, 处在平衡态的内能系统有两个自由变量 S 和 X, 而 T 和 f 是它们的函数:

$$T = T(S, X), \quad f = f(S, X).$$

上面的分析清楚地表明热力学经典理论基础中出现如下问题.

问题 2.10(第一定律的数学不相容问题)　在平衡态处热力学第一定律的数学表示 (2.4.1) 与上述 B 和 C 两个条件是数学不相容的.

接着的一个问题是, 既然关于第一定律出现如问题 2.10 的缺陷, 那么为什么用 (2.4.1) 证明的所有热力学物理结论都经得起实验检验. 关于这个问题, 作者仔细检查了那些用第一定律证明的物理结果, 发现它们都有如下现象:

$$物理结论正确, 证明过程不正确. \tag{2.4.5}$$

也就是说, 那些所谓用第一定律微分方程 (2.4.1) 去证明的其他物理结论都不是严格意义下的证明. 更准确地讲只是一种说明或解释. 在热力学经典理论中, 用 (2.4.1) 去论证的物理结果, 已知道的就是书中 2.2 节的内容以及极小势原理 (原理 1.17) 的结论. 而在本书中我们全部是避开方程 (2.4.1) 用新发展的基础体系去证得的. 在后面的小节中我们还会讨论 (2.4.1) 出现的问题.

最后一个疑问是, 第一定律的表示方程 (2.4.1) 是否全错了. 该问题的回答是: 方程 (2.4.1) 不是错, 而是它的适用范围是有条件的. 它不能用在将内能 U 作为热力学势的地方. 如果 U 是作为内能系统的势泛函, 那么取代 (2.4.1) 的应该是下面方程:

$$\begin{cases} \dfrac{\partial U}{\partial T} = 0, \quad \dfrac{\partial U}{\partial f} = 0, \\ \mathrm{d}U = \dfrac{\partial U}{\partial S}\mathrm{d}S + \dfrac{\partial U}{\partial X}\mathrm{d}X. \end{cases} \tag{2.4.6}$$

该方程的物理意义是, 当内能系统处在平衡态时, 对固定的 S, X, 内能 U 达到极小, 并且内能的改变 $\mathrm{d}U$ 是由 S 和 X 的变化造成的.

事实上, 热力学经典基础理论存在许多问题, 其根源除了在 (2.4.5) 中讲的情况外, 还有一个最重要的原因, 就是

$$将物理规律译成数学时忽略了数学的相容性. \tag{2.4.7}$$

本书的题目为 "从数学观点看物理世界" 正是希望从数学和物理两方面的角度协调一致地去发展物理学.

2.4.2 Legendre 变换与热力学势经典描述

我们继续讨论热力学第一定律数学表示 (2.4.1) 带来的问题. 在热力学基础理论中, 一个重要的部分就是从 (2.4.1) 出发应用 Legendre 变换去建立其他系统的热力学势. 在这个过程中仍然存在几个最基本的问题. 下面按经典热力学的思路, 假设 (2.4.1) 是普适的, 然后看出现的问题.

1. 自由变量个数的假设

这是经典理论隐而不说的一个问题, 也就是说在建立所有系统的热力学势时, 都暗含了一个基本假设, 即关于自由变量个数的假设.

假设 2.11 一个热力学系统有 $2k$ 个变量:

$$S, \ T, \ p, \ V, \ f_i, \ X_i. \tag{2.4.8}$$

当该系统处在平衡态时, (2.4.8) 中的 $2k$ 个变量中只有 k 个是自由的, 而其他变量只是这 k 个自由变量的函数.

关于这个假设没有作任何出处的说明和物理解释, 也没有将它明确地陈述出来, 但却处处在使用这个假设.

实际上, 如果采用本书的方法, 将极小势原理 (原理 1.17) 来作为整个平衡态热力学基础, 则假设 2.11 是自然的. 因为平衡态处的 k 个状态方程

$$\frac{\delta}{\delta u_i} F(u, \lambda) = 0, \quad i \leqslant i \leqslant k, \tag{2.4.9}$$

就确定了 k 个控制参数 $\lambda = (\lambda_1, \cdots, \lambda_k)$ 是自由变量, 而 k 个序参量 $u = (u_1, \cdots, u_k)$ 是 λ 的函数.

然而在经典热力学中是将 (2.4.9) 作为热力学第一和第二定律加上假设 2.11 所推出的结论, 因而产生出众多问题.

2. 热力学势的数学不相容性

经典理论作如下 Legendre 变换:

$$
\begin{cases}
H = U - fX & \text{(焓系统)}, \\
F = U - ST & \text{(Helmholtz 系统)}, \\
G = U - ST - fX & \text{(Gibbs 系统)},
\end{cases}
\tag{2.4.10}
$$

再由第一定律 (2.4.1) 可导出下面方程:

$$
\begin{cases}
\mathrm{d}H = T\mathrm{d}S - X\mathrm{d}f & \text{(焓系统)}, \\
\mathrm{d}F = -S\mathrm{d}T + f\mathrm{d}X & \text{(Helmholtz 系统)}, \\
\mathrm{d}G = -S\mathrm{d}T - X\mathrm{d}f & \text{(Gibbs 系统)}.
\end{cases}
\tag{2.4.11}
$$

对于微分方程 (2.4.11) 同样出现问题 2.10 那样的数学不相容问题, 即它们不是普遍成立的.

3. Legendre 变换的问题

数学上 Legendre 变换包含两个部分:

$$\text{函数变换, 如 } H = U - fX \quad \text{(将 } U \text{ 变为 } H\text{)}, \tag{2.4.12}$$

$$\text{变量变换, 如 } f = \varphi(f, X), \quad \varphi \text{ 为某个函数}. \tag{2.4.13}$$

这两个变换 (2.4.12) 和 (2.4.13) 合在一起才是 Legendre 变换. 如果只是 (2.4.12) 一个变换, 它不能确定变量 f 与 X 之间的转换. 而在经典理论中将 (2.4.10) 称为 Legendre 变换, 却少了另一个如 (2.4.13) 的自变量变换, 这在数学上是一个严重的漏洞.

但是这个误点没有影响势泛函 (2.4.10) 的物理正确性. 这个原因是, 对变换后的任何热力学势 f 都满足

$$\frac{\partial f}{\partial u} = 0, \quad u \text{ 为序参量} \tag{2.4.14}$$

由 (2.4.12) 可看到, (2.4.14) 意味着

$$f = \frac{\partial U}{\partial X}. \tag{2.4.15}$$

它正是 (2.4.13) 中的 $\varphi = \partial U/\partial X$ 的 f 与 X 之间变量变换. 但在经典热力学中 (2.4.14) (或 (2.4.15)) 并非是与 $H = U - fX$ 合在一起作为 Legendre 变换, 而是作为不完整变换的推论. 这从数学上看是不正确的. 这就是典型的 (2.4.5) 中讲的现象, 即关于各热力学势的表达式 (2.4.10) 正确的, 但是证明过程有误.

这里需要强调一下, 本书在 (2.1.25)—(2.1.31) 中关于 Legendre 变换获得各系统热力学势表达式 (2.1.10) 的论证就不存在上述问题.

4. 各系统独立性问题

四个热力学系统,

内能, 焓, Helmholtz, Gibbs 等系统.

是各自独立的, 它们代表热力学系统处在不同的物理条件和环境中. 这意味着虽然四个系统热力学势

$$
\begin{aligned}
&\text{内能} \quad U, \\
&\text{焓} \quad H = U - fX, \\
&\text{Helmholtz 自由能} \quad F = U - ST, \\
&\text{Gibbs 自由能} \quad G = U - ST - fX,
\end{aligned}
\tag{2.4.16}
$$

它们都包含了内能 U 的部分, 但是各自的 U 是独立的, 互不关联的, 并且也没有普适的共同性质.

然而经典理论从第一定律 (2.4.1) 由 Legendre 变换导出势泛函 (2.4.16) 满足性质 (2.4.11) 的过程中却使用了内能 U 的如下性质:

$$
\frac{\partial U}{\partial T} = 0, \quad \frac{\partial U}{\partial f} = 0.
\tag{2.4.17}
$$

而这个性质 (2.4.17) 是内能系统的属性, 并非其他系统中内能的性质. 因此这个推导过程是不正确的. 由 (2.4.16) 和 (2.4.17) 直接导致如下公式:

$$
\begin{aligned}
\frac{\partial F}{\partial T} &= \frac{\partial U}{\partial T} - S \;\Rightarrow\; \frac{\partial F}{\partial T} = -S, \\
\frac{\partial G}{\partial T} &= \frac{\partial U}{\partial T} - S \;\Rightarrow\; \frac{\partial G}{\partial T} = -S, \\
\frac{\partial H}{\partial f} &= \frac{\partial U}{\partial f} - X \;\Rightarrow\; \frac{\partial H}{\partial f} = -X, \\
\frac{\partial G}{\partial f} &= \frac{\partial U}{\partial f} - X \;\Rightarrow\; \frac{\partial G}{\partial f} = -X.
\end{aligned}
\tag{2.4.18}
$$

这些公式显然不是普遍成立的.

例如, 对于焓 H, 其经典推导过程如下:

$$
dH = dU - f dX - X df.
\tag{2.4.19}
$$

将 (2.4.1) 代入 (2.4.19) 便得

$$
dH = T dS - X df.
\tag{2.4.20}
$$

注意 (2.4.1) 是内能系统 U 的方程, 将它代入焓系统的 (2.4.19) 中便已作了假设, 即两系统的内能具有公共的性质 (2.4.17), 但这个假设是不正确的. 因此推导过程是错的.

　　注 2.12　　在经典的理论中, Maxwell 关系就应用了 (2.4.18) 的公式, 这就使得人们更加深信 (2.4.1), (2.4.11) 及 (2.4.18) 的普遍正确性. 然而在 2.2.1 小节的讨论中可以看到正确的推导过程, 并不需要 (2.4.1), (2.4.11) 及 (2.4.18). Maxwell 关系经典推导过程再一次表现出 (2.4.5) 所述的现象.

2.4.3　第一定律应用中产生的问题

　　热力学第一定律的数学表示 (2.4.1) 有两个重要的应用, 即热辐射 Stefan-Boltzmann 定律和 Maxwell 关系的论证. 下面我们介绍该定律是如何应用的.

　　1. 热辐射定律

　　对于热辐射, 第一定律 (2.4.1) 的形式取为

$$\mathrm{d}U = T\mathrm{d}S - p\mathrm{d}V, \tag{2.4.21}$$

对 (2.4.21) 等式两边关于体积 V 求导得

$$\frac{\partial U}{\partial V} = T\frac{\partial S}{\partial V} - p. \tag{2.4.22}$$

下面的推导与 2.2.3 小节中是一样的.

　　方程 (2.4.22) 是导出 Stefan-Boltzmann 定律 (2.2.41) 的关键方程. 经典理论认为 (2.4.22) 是从第一定律 (2.4.21) 得到的. 但实际上, (2.4.22) 就是下面的 Gibbs 自由能:

$$G = U - ST + pV, \tag{2.4.23}$$

和平衡态的方程

$$\frac{\partial G}{\partial V} = 0 \quad (\text{因为 } V \text{ 和 } S \text{ 是 Gibbs 系统序参量}), \tag{2.4.24}$$

即 (2.4.23) 和 (2.4.24) 就是 (2.4.22), 它是由原理 1.17 保证的.

　　然而从 (2.4.21) 导出 (2.4.22) 后所得到的解

$$u = aT^4,$$

再逆着代到内能

$$U = Vu = aVT^4,$$

然后关于 T 的微分得

$$\frac{\partial U}{\partial t} = 4aVT^3 \neq 0$$

它与 (2.4.21) 的全微分表达式是不相容的.

2. Maxwell 关系

Maxwell 关系的经典理论是建立在下面的四个微分方程之上的:

$$\mathrm{d}U = T\mathrm{d}S - p\mathrm{d}V, \tag{2.4.25}$$

$$\mathrm{d}H = T\mathrm{d}S + V\mathrm{d}p, \tag{2.4.26}$$

$$\mathrm{d}F = -S\mathrm{d}T - p\mathrm{d}V, \tag{2.4.27}$$

$$\mathrm{d}G = -S\mathrm{d}T + V\mathrm{d}p. \tag{2.4.28}$$

根据经典理论, 对内能系统有

$$\frac{\partial U}{\partial T} = 0, \quad \frac{\partial U}{\partial p} = 0. \tag{2.4.29}$$

从而有

$$\mathrm{d}U = \frac{\partial U}{\partial S}\mathrm{d}S + \frac{\partial U}{\partial V}\mathrm{d}V. \tag{2.4.30}$$

将 (2.4.29) 与 (2.4.25) 对照发现

$$\frac{\partial U}{\partial S} = T, \quad \frac{\partial U}{\partial V} = -p. \tag{2.4.31}$$

然后由微分恒等式

$$\frac{\partial}{\partial V}\left(\frac{\partial U}{\partial S}\right) = \frac{\partial}{\partial S}\left(\frac{\partial U}{\partial V}\right).$$

从 (2.4.30) 便得到 Maxwell 关系

$$\left(\frac{\partial T}{\partial V}\right)_S = -\left(\frac{\partial p}{\partial S}\right)_V. \tag{2.4.32}$$

用同样的方法从 (2.4.26)—(2.4.28) 可得其他三个 Maxwell 关系

$$\left(\frac{\partial T}{\partial p}\right)_S = \left(\frac{\partial V}{\partial S}\right)_p, \tag{2.4.33}$$

$$\left(\frac{\partial S}{\partial V}\right)_T = \left(\frac{\partial p}{\partial T}\right)_V, \tag{2.4.34}$$

$$\left(\frac{\partial S}{\partial p}\right)_T = -\left(\frac{\partial V}{\partial T}\right)_p. \tag{2.4.35}$$

这四个关系式 (2.4.32)—(2.4.35) 就是在 2.2 节中导出的 (2.2.14).

虽然这里导出的 Maxwell 关系与本章 2.2 节中导出的关系是一致的, 但是 2.2.1 小节的推导是建立在坚实的数学基础和第一原理之上的. 而 (2.4.32) 的推导却要用到 (2.4.29) 和 (2.4.31) 中的四个方程. 四个方程具有四个变量就是前面已经讲到的从 (2.4.3) 导致四个常值 (2.4.4) 的悖论. 其他三个关系式 (2.4.33)—(2.4.35) 的推导也遇到了完全一样的问题.

2.4.4　热力学第二定律的经典表述

热力学第一定律与第二定律, 第三定律 (即 Nernst 定律) 一起被认为是经典热力学的基础, 所有热力学理论都是从他们导出的. 然而正如热力学第一定律, 第二定律在经典理论的使用过程中, 它的数学表示存在不严谨的问题. 这里将给出详细分析.

首先我们介绍热力学第二定律.

定律 2.13(热力学第二定律)　该定律有三种不同表述方式, 下面分别将它们陈述出来.

Kelvin 表述: 在循环过程中, 系统从热源吸收热不可能全部转化为功, 而必将一部分热传给冷源.

Clausius 表述: 在没有其他外界干扰下, 热不可能自发地从低温物体传导给高温物体.

熵的数学表示: 在吸热的不可逆过程中有

$$dS > \frac{dQ}{T}, \tag{2.4.36}$$

式中 dS 表示熵的改变量, dQ 代表吸收的热量.

热力学第二定律是正确的. 问题在于定律 2.13 中的数学表述 (2.4.36) 被代到内能 U 中变为

$$dU < TdS + fdX \quad (不可逆过程). \tag{2.4.37}$$

微分不等式 (2.4.37) 在经典理论中作为第二定律的普适的数学表示被广泛应用, 正是这里在物理和数学两方面都出现了问题.

首先我们来看一下关系式 (2.4.37) 是如何被应用的. 这个不等式与第一定律的数学表示相结合变为

$$dU \leqslant TdS + fdX \quad (可逆过程取等号, 不可逆取不等号). \tag{2.4.38}$$

按经典理论的方式, 应用关系式 (2.4.38) 可推出下面结论.

1. 内能系统

内能系统是以内能 U 作为势泛函. 当固定 S 和 X 时, 由 (2.4.38) 可以看到

$$dU \leqslant 0 \quad (可逆过程为 =, 不可逆为 <). \tag{2.4.39}$$

因为可逆过程是平衡态状态, 所以当处在平衡态并保持 S 和 X 不变时, U 是处在极小状态, 因而有

$$\frac{\partial U}{\partial T} = 0, \quad \frac{\partial U}{\partial f} = 0 \quad (在平衡态). \tag{2.4.40}$$

2. 焓系统

关于内能 U 作 Legendre 变换便得到焓 H,

$$H = U - fX. \tag{2.4.41}$$

以 H 为热力学势的系统称为焓系统. 从 (2.4.41) 得到

$$\mathrm{d}H = \mathrm{d}U - f\mathrm{d}X - X\mathrm{d}f. \tag{2.4.42}$$

将 (2.4.38) 代入 (2.4.42) 有

$$\mathrm{d}H \leqslant T\mathrm{d}S - X\mathrm{d}f \quad (\text{可逆为 }=, \text{ 不可逆为 }<). \tag{2.4.43}$$

当保持 S 和 f 不变时, (2.4.43) 变为

$$\mathrm{d}H \leqslant 0 \quad (\text{可逆为 }=, \text{ 不可逆为 }<). \tag{2.4.44}$$

它意味着当保持 S 和 f 不变时, 焓 H 在平衡态达到极小, 故有

$$\frac{\partial H}{\partial T} = 0, \quad \frac{\partial H}{\partial X} = 0. \tag{2.4.45}$$

3. Helmholtz 系统

关于内能 U 作 Legendre 变换便得到 Helmholtz 自由能,

$$F = U - ST. \tag{2.4.46}$$

同样, 从 (2.4.38) 和 (2.4.46) 可得到

$$\mathrm{d}F \leqslant -S\mathrm{d}T - f\mathrm{d}X \quad (\text{可逆为 }=, \text{ 不可逆为 }<). \tag{2.4.47}$$

保持 T 和 X 不变时, 有

$$\mathrm{d}F \leqslant 0 \quad (\text{可逆为 }=, \text{ 不可逆为 }<). \tag{2.4.48}$$

因而平衡态时 F 达到极小, 有

$$\frac{\partial F}{\partial S} = 0, \quad \frac{\partial F}{\partial f} = 0. \tag{2.4.49}$$

4. Gibbs 系统

关于内能 U 作 Legendre 变换便得到 Gibbs 自由能,

$$G = U - ST - fX. \tag{2.4.50}$$

从 (2.4.38) 和 (2.4.50) 得

$$dG \leqslant -SdT - Xdf \quad (可逆为 =, 不可逆为 <). \tag{2.4.51}$$

从而在 T 和 f 不变的情况下有

$$dG \leqslant 0 \quad (可逆为 =, 不可逆为 <). \tag{2.4.52}$$

因而平衡态时 G 达到极小, 有

$$\frac{\partial G}{\partial S} = 0, \quad \frac{\partial G}{\partial X} = 0. \tag{2.4.53}$$

这样, 从热力学第一定律和第二定律的数学表示 (2.4.38) 导出热力学最重要的两组结论。

第一组结论 各个热力学系统势泛函满足如下关系:

$$\begin{aligned} dU &\leqslant TdS + fdX, \\ dH &\leqslant TdS - Xdf, \\ dF &\leqslant -SdT - fdX, \\ dU &\leqslant -SdT - Xdf. \end{aligned} \tag{2.4.54}$$

其中在平衡态时取等号, 在非平衡态 (不可逆过程) 时取不等号.

第二组结论 各热力学系统当控制参数不变时在平衡态处势泛函达极小, 即四个系统有

$$\begin{aligned} &\text{内能系统满足 (2.4.39) 和 (2.4.40),} \\ &\text{焓系统满足 (2.4.44) 和 (2.4.45),} \\ &\text{Helmholtz 系统满足 (2.4.48) 和 (2.4.49),} \\ &\text{Gibbs 系统满足 (2.4.52) 和 (2.4.53).} \end{aligned} \tag{2.4.55}$$

由前面分析知, 第一组结论 (2.4.54) 不是普遍正确的. 但第二组结论 (2.4.55) 是普遍成立的. 鉴于第一组结论 (2.4.54) 的推导基础有根本性的错误, 所以本书将第二组结论作为统计物理基本原理 (原理 1.17) 提出, 这是因为

热力学结论 (2.4.55) 不能被任何定律或原理所证明.

2.4.5 第二定律经典表述的物理与数学问题

热力学第二定律经典表述分两种形式. 第一种形式为 (2.4.36), 即

$$dS > \frac{\text{d}Q}{T} \quad (\text{不可逆过程}), \tag{2.4.56}$$

$\text{d}Q$ 代表不是 Q 的全微分. 将 (2.4.56) 代入

$$dU = \text{d}Q + f\text{d}X \tag{2.4.57}$$

便得到经典表述的第二种形式

$$dU < TdS + f\text{d}X. \tag{2.4.58}$$

第二定律数学表示的第一种形式 (2.4.56) 无论从物理方面还是数学方面都没有问题, 是正确的. 但是将 (2.4.56) 代入 (2.4.57) 得到 (2.4.58) 将在物理和数学两方面都出现问题. 下面我们分别进行讨论.

1. 物理方面的问题

在物理上, (2.4.56) 只对吸热过程成立, 而对放热过程不成立. 事实上由定律 2.4, 对于放热过程 (也是不可逆过程) 有

$$dS < 0, \quad 即 \; TdS \not> \text{d}Q.$$

而在热力学理论中, (2.4.57) 很多情况下是被用在放热过程. 因此将 (2.4.56) 代入 (2.4.57) 所得到的关系式 (2.4.58), 从物理上讲只适用于吸热过程, 并不适用于放热过程. 但是在经典的理论中, (2.4.58) 无条件地被应用. 实际上, 热力学系统由外界干扰或自发涨落造成的非平衡态, 许多情况下趋于平衡态时都是放热过程. 这个事实表明, 第二定律的表述形式 (2.4.58) 在物理上不是普适的.

2. 数学方面的问题

从物理上讲, 在 (2.4.57) 中的 dU 的涵义不是一个函数 (或泛函) 的全微分 (或变分), 它只代表内能的改变量, 是依赖于过程的量. 也就是说, (2.4.57) 中的 dU, dQ, dX 都是微分不是全微分. 于是 (2.4.58) 的数学意思是

$$U \; 的微分 \; dU < TdS + f\text{d}X. \tag{2.4.59}$$

但是在随后的应用中, 即在推导结论 (2.4.54) 和 (2.4.55) 时, (2.4.58) 中的 dU 全部是作为函数全微分在使用. 这便出现了数学不相容情况, 即因为非平衡态 T, S, F, X 都是自由的, 所有造成

$$满足 \; (2.4.58) \; 的函数 \; U \; 不存在. \tag{2.4.60}$$

从数学上证明结论 (2.4.60) 并不困难. 下面我们进行这个论证. 为了简单, 只对二元函数 $U = U(x_1, x_2)$ 证明满足下面不等式的函数 U 不存在:

$$dU(x_1, x_2) < x_1 dx_2, \quad \forall\, x = (x_1, x_2) \in \mathbb{R}^2. \tag{2.4.61}$$

证明　U 在 $x \in \mathbb{R}^2$ 的全微分为

$$dU = \frac{\partial U}{\partial x_1} dx_1 + \frac{\partial U}{\partial x_2} dx_2.$$

即 dU 是 $\nabla U(x)$ 与向量 $dx = (dx_1, dx_2)$ 的标量积,

$$dU = \nabla U(x) \cdot dx.$$

因为 (2.4.61) 对任何 $x \in \mathbb{R}^2$ 及 $dx \in \mathbb{R}^2$ 都成立, 故取向量 $dx = (dx_1, 0)$, 不等式 (2.4.61) 变为

$$\frac{\partial U}{\partial x_1} dx_1 < 0, \quad \forall\, x_1 \ \text{及}\ dx_1. \tag{2.4.62}$$

显然不存在函数 U 满足 (2.4.62), 因为 $dx_1 \in \mathbb{R}^1$ 是任意的, 可正可负.

这个事实说明, 热力学第一和第二定律的数学表述为

$$\begin{aligned} dU &= T dS + f dX \quad \text{(平衡态)}, \\ dU &< T dS + f dX \quad \text{(非平衡态)}. \end{aligned} \tag{2.4.63}$$

无论 U 是作为 T, S, f, X 的函数还是作为 (2.4.59) 的角色, 表达式 (2.4.63) 作为推导结论 (2.4.54) 和 (2.4.55) 的数学基础都是错误的, 即经典热力学数学基础存在严重缺陷.

这么多年来, 出现第一和第二定律表达错误而没有被发现的原因是人们忽略了函数 (泛函) 全微分的实质意义, 没有意识到

$$dU = \nabla U \cdot dx \tag{2.4.64}$$

中的 $dx = (dx_1, \cdots, dx_m)$ 是一个不定向量, 即它是一个方向不定的向量. 这就决定了 dU 是一个不定的值, 从而不能表达成如热力学第二定律的那种不等式形式.

2.5　总结与评注

2.5.1　热力学的基础问题

这一章涉及的是热力学基础. 对照所有的有关热力学教科书或著作, 读者都会发现本书关于热力学基础的论述与传统方式有着根本的差别, 其基本原因是热力学

经典理论基础存在根本缺陷. 主要问题在于热力学第一和第二定律的数学表述, 以及关于熵的理解. 这一小节我们总结性地讨论第一和第二定律问题的实质.

第一定律和第二定律被认为是热力学最基本的定律, 它们与热力学第三定律一起构成热力学基础. 如果它们中间某些出了问题, 那将会对热力学整个学科产生巨大冲击. 然而尽管如本章 2.4 节中所论述的关于第一和第二定律存在误区, 但是这两个定律本身不存在任何问题, 是正确的. 错误的地方在于如何理解和使用.

这里我们再简单阐述一下这两个定律在应用过程中的误区. 首先, 在热力学中

$$\text{熵 } S, \text{温度 } T, \text{广义力 } f, \text{广义位移 } X. \tag{2.5.1}$$

这些量是热力学系统的状态量, 而内能 U(或热力学势 F) 是这些状态量的函数, 或更广义地讲是 (2.5.1) 中状态量的泛函, 即

$$U = U(T, S, f, X). \tag{2.5.2}$$

它们在热力学中的作用和关系是, (2.5.1) 的状态量是用来描述热力学系统状态的, 而内能 U(或热力学势) 是用来表达数学方程 (即物理定律) 的, 以便 S, T, f, X 可以从 U 所表达的方程中解出来. 由于 U 的表达式代表了定律, 且定律具有普遍性, 所以 U 的表达式在表示定律时不能被具体化. 然而第一和第二定律的经典数学表述正是在这一点上出错的, 因为它们的表达式为

$$\text{第一定律}: \mathrm{d}U = T\mathrm{d}S + f\mathrm{d}X \quad \text{(平衡态)}, \tag{2.5.3}$$
$$\text{第二定律}: \mathrm{d}U < T\mathrm{d}S + f\mathrm{d}X \quad \text{(非平衡态)}. \tag{2.5.4}$$

表达式 (2.5.3) 和 (2.5.4) 右端的函数形式被具体给出, 这就意味着它们必受到很大限制. 它所带来的局限性已在 2.4 节中做了充分讨论.

自然地存在一个问题就是, 第一和第二定律的数学表示 (2.5.3) 和 (2.5.4) 是否完全错了. 答案是并没有全错. 实际上, 细心的读者会发现, 2.4 节中的论证都是建立在 (2.5.2) 的数学假设之上的, 即假设 U 是 S, T, f, X 的函数 (泛函), 此时

$$\mathrm{d}U = \frac{\partial U}{\partial S}\mathrm{d}S + \frac{\partial U}{\partial T}\mathrm{d}T + \frac{\partial U}{\partial f}\mathrm{d}f + \frac{\partial U}{\partial X}\mathrm{d}X, \tag{2.5.5}$$

是全微分. 如果没有 (2.5.2) 的假设, 而是取下面条件:

$$U, \ S, \ T, \ f, \ X \text{ 都是平等的状态量}, \tag{2.5.6}$$

此时 $\mathrm{d}U$ 只是 U 的微分, 而不是如 (2.5.5) 的全微分, 那么 (2.5.3) 和 (2.5.4) 作为第一和第二定律的数学表示就没有错误. 因此 (2.5.6) 是表达式 (2.5.3) 和 (2.5.4) 成立

的基本条件. 对均匀热力学系统, 条件 (2.5.6) 是成立的. 这就是由第一和第二定律导出的经典结果都是正确的原因.

但事实上, 在绝大多数情况下, 特别是在证明热力学重要结果 (2.5.3), (2.5.4) 以及 Maxwell 关系时, 应用的第一和第二定律的表达式 (2.5.3) 和 (2.5.4) 就是建立在 (2.5.2)(或 (2.5.5)) 的假设基础之上的.

然而大量的物理实验和事实表明, 热力学的结论 (2.4.55) 是正确的, 虽然试图用第一和第二定律去获得它们的证明是错的. 正是基于这样的事实, 我们认为 (2.4.55) 的这些结论不是可以被其他定律所能证明的, 它们本身就是统计物理最基本的原理. 事实上, 势下降原理是一个比热力学第一和第二定律更基本的物理原理.

当我们将 (2.4.55) 作为统计物理的基本原理 (原理 1.17) 后, 在这一章关于热力学整个基本理论的论述都建立在坚实的基础之上. 同时, 我们认为这种方式介绍热力学也使初学者更容易掌握和弄懂.

现在人们自然会问这样的问题, 那就是为什么热力学中这么多结果的证明过程不正确, 但是结论是对的. 对这个问题我们认为, 在科学发展的早期, 那些优秀的物理学家都有很好的物理直觉. 但现在看来他们中的大多数没有注意到物理中数学的严谨性. 因此, 造成这样的问题, 即在他们的直觉中已感知到了那些物理结果, 并且这些结果都是正确的. 但是当他们要想发展成一系列让人们信服的理论时, 面临着如何用数学去论证的问题. 在这种情况下往往就容易出现上面的问题. 实际上, 理论物理最难的地方是

$$物理现象与数学概念之间的准确转换. \tag{2.5.7}$$

如果不能做到 (2.5.7), 那么就会出现类似于热力学第一与第二定律的数学表示上所发生的错误.

其次一个问题就是, 为什么热力学经典基础中这么大的缺陷会如此长时间地存在于所有的教科书中而没有被发现, 并且错误很初等? 这个问题很值得深思. 当然如 (2.5.7) 的困难是重要的原因之一, 还有如惯性思维、相信权威等诸多原因, 当然还有更深的社会原因.

2.5.2 关于熵的问题

热力学中另一个重要的误区是对熵的理解. 经典的理论是以第二定律的不等式 (2.4.35) 为基础的, 即不可逆过程的熵改变量满足

$$dS > \frac{dQ}{T} \quad (dQ \ 为吸收热量). \tag{2.5.8}$$

令 $dQ=0$, 便从 (2.5.8) 推出

$$dS > 0.$$

这就是热力学著名的熵增原理所依据的基础, 它陈述如下.

熵增原理 2.14　在绝热 (即封闭) 的条件下, 不可逆过程是朝着熵增加方向进行的.

这个原理似是而非, 熵的误区有如下两方面.

1) 不等式 (2.5.8) 只在吸热条件下成立, 并且不可逆过程包含吸热与放热两种形式, 放热过程是熵减的. 在 2.1.2 小节中, 根据热力学第一定律导出了熵传输定律, 它陈述如下.

熵传输定律 2.15　当两个系统发生热交换时, 一个系统的熵增必然导致另一个系统的熵减, 并且热输出的系统熵是减少的, 而热输入的系统熵是增加的.

从这两个熵的结论 (原理 2.14 和定律 2.15) 对比看, 原理 2.14 的陈述存在问题, 即它的不可逆过程概念是模糊的, 似乎只包括吸热过程. 所以熵增原理只是片面地阐述了吸热系统一方的规律. 而定律 2.15 是整体地论述熵传输的规律: 有吸热的一方就存在放热的一方, 吸热是熵增的, 放热是熵减的, 总量是平衡的.

经典熵增原理还有一种陈述方式: 封闭 (或孤立) 系统熵不会减少. 这种陈述没有错, 但它没有给出另一半结论, 即封闭系统熵也不会增加. 特别强调一点, 封闭系统并不意味着是一个均匀系统, 我们的宇宙是一个处在平衡态的系统, 但是

宇宙是一个不均匀的平衡态系统.

因此宇宙总是处在局部熵增与熵减的相互转化过程, 但总熵不变. 这表明建立在熵增原理基础之上的**热寂说**是完全错误的.

2) 经典统计物理将熵理解成系统的状态个数, 它产生于 Boltzmann 公式

$$S = k \ln W, \quad W \text{ 为系统状态数.} \tag{2.5.9}$$

然而第 3 章从量子物理和基本粒子最新理论导出熵的新理论, 认为公式 (2.5.9) 只是一个关系式, 并非熵的本质. 本书热力学理论从统计分布理论导出温度公式

$$T = \frac{1}{N} \sum_n \left(1 - \frac{a_n}{N}\right) \frac{a_n \varepsilon_n}{1 + \beta_n \ln \varepsilon_n}. \tag{2.5.10}$$

它揭示温度本质是系统中粒子的一种平均能级. 这是一个不可长距离传输的强度量, 即能级是不可长距离传输的. 因此如果熵 S 的物理意义由 (2.5.9) 给出, 则 S 也是不可传输的. 于是出现一个问题, 两个不可传输的物理量都导出一个可以长距离 (真空) 传输的热量 (能量):

$$Q = TS.$$

这个矛盾说明熵的经典理解存在盲区. 事实上, 熵的另一个表达式为

$$S = kN_0 \left(1 + \frac{1}{kT} \frac{E}{N_0}\right), \quad \text{代表平均能级的光子数,} \tag{2.5.11}$$

其中 E 为系统内所有光子总能量, N_0 为总光子数.

由 (2.5.11) 给出的熵能解释很多现象, 详细可参见第 3 章关于热理论的讨论. 从这个公式也很容易理解定律 2.15. 这是因为光子具有传递热能的功能, 并且热量的输出系统光子数 (熵) 减少, 输入系统光子数增加, 这正是定律 2.15 的结论.

统计物理除了前面讲到的误区外, 还存在 Boltzmann 方程的问题, 这个问题将在第 5 章中给予详细的论述.

实际上, 不仅统计物理中存在许多问题, 整个物理学领域都存在着许多问题, 在天体物理学中, 包括大爆炸宇宙学、黑洞理论、Hawking 黑洞辐射、Hubble 定律等诸多理论中也出现各种矛盾的事实. 在基本相互作用领域, 所有经典理论包括 $U(1) \times SU(2) \times SU(3)$ 标准模型、大统一理论、超弦理论等都违背规范场表示不变原理. 这个原理是说规范场的物理定律与表达它的坐标系无关, 这是逻辑上的基本要求. 还有一些其他问题这里不再赘述, 有兴趣的读者可参加 (Ma and Wang, 2015 a).

总之, 物理学领域目前有朝着如下几个方向发展的趋势:

1) 以猎奇的方式建立理论;

2) 用复杂的数学去描述本质上是简单的物理结构;

3) 使用模糊不清的概念, 华丽的辞藻来建立理论, 物理图像不清楚, 以使人不懂来取胜.

这是今天科学功利化的必然结果. 然而, 物理学的实质是简单的! 正如本书开篇的物理指导性原理 (原理 1.1) 所陈述的那样.

2.5.3   本章各节评注

2.1 节   这一节的内容主要是以势下降原理 (原理 1.16) 和热力学第一定律为基础来建立热力学基本理论的.

首先我们避开经典的方式, 不是以方程 (2.5.3) 作为热力学第一定律的数学表示, 而是以 (2.1.7), 即

$$SdT + TdS + Xdf + fdX = 0, \tag{2.5.12}$$

作为第一定律的数学表示, 它代表热力学系统内部不同形式的能量之间的涨落、转换与传递的守恒关系. 在系统内热能与机械能之间相互不转化的情况下, 方程 (2.5.12) 可分解为两个方程

$$SdT + TdS = 0,$$
$$Xdf + fdX = 0. \tag{2.5.13}$$

这些方程与其他定律的方程一起联立才能起作用. 特别地, 由它们导出的热力学能量传输机制 (物理机制 2.3) 与熵传输律是很重要的热力学基础. 本书中发展的热理论就是以这两个法则为理论基础的.

四种热力学系统: 内能系统 (2.1.14), 焓系统 (2.1.15), Helmholtz 系统 (2.1.16), Gibbs 系统 (2.1.17), 以及相应的序参数 u 及控制参数 λ: (2.1.33)—(2.1.36), 这些概念是依据势下降原理, 在经典热力学的基础之上总结而成的.

在本书中, 获得热力学势的方式是, 首先由势下降原理知道每一种热力学系统相应地存在势泛函. 其次知道每一种势泛函都含有内能 U 作为它的一部分, 最后根据 Legendre 变换从 U 得到各自势的表达式. 这个过程用数学描述如下.

1) 已知系统序参量为 u 和控制参数为 v, 以及存在势泛函 $F = F(u, v)$ 在平衡态满足方程

$$\frac{\partial}{\partial u} F(u, v) = 0. \tag{2.5.14}$$

2) 已知内能 U 是 F 的一部分, 且 U 的序参量为 v, 控制参数为 u, 与 F 系统正好相反.

3) 热力学问题是如何从上述 1) 和 2) 条件下找到 F 与 U 的关系的. 这个问题转化成数学的解答就是, 如果关于 F 和 U 之间作如下 Legendre 变换, 那么这个热力学问题便被解决了. F 与 U 的 Legendre 变换为

$$F = U(v, u) - uv, \tag{2.5.15}$$

$$v = \frac{\partial}{\partial u} U(v, u). \tag{2.5.16}$$

很容易从 (2.5.16) 验证由 (2.5.15) 给出的 F 满足条件 (2.5.14). 因此, (2.5.15) 便是要找的 F 的表达式. 而从 (2.5.16) 用隐函数定理求出 u 与 v 的函数关系, 即序参量与控制参数角色转换:

$$u = \varphi(v). \tag{2.5.17}$$

这便是 F 系统在平衡态时序参量 u 与控制参数 v 的关系式.

在这里要特别注意, Legendre 变换包含两个部分: (2.5.15) 为函数之间的变换, (2.5.16) 为自变量之间的变换, 两者缺一不可. 数学上, 由 (2.5.16) 给出的变换存在如 (2.5.17) 的隐函数条件为

$$\frac{\partial^2}{\partial u^2} U(0, 0) \neq 0. \tag{2.5.18}$$

这个条件意味着 Legendre 变换 (2.5.15) 和 (2.5.16) 在数学上有效的基本条件是 U 必须含有 u 的平方项 u^2. 条件 (2.5.18) 在热力学势表达式理论中是非常有用的.

本章最后一小节关于不可逆过程的热力学效应是应用物理机制 2.3 与定律 2.4 获得的结果. 这些结果在相变理论中很重要.

2.2 节 这一节主要是介绍热力学基本理论: Maxwell 关系, 基本物态方程, 热辐射 Stefan-Boltzmann 定律, 以及 Maxwell 关系的应用.

这里有必要从数学角度解释为什么会存在 Maxwell 关系, 它们的数学意义是什么? 这个问题看上去不知何意, 但读完下面解释就明白了.

对于一个均匀的 Gibbs 系统, 势泛函为

$$F = U(u_1, u_2, \lambda_1, \lambda_2) - u_1\lambda_1 - u_2\lambda_2, \tag{2.5.19}$$

式中 $u = (u_1, u_2)$ 为序参量, $\lambda = (\lambda_1, \lambda_2)$ 为控制参数. 平衡态方程

$$\frac{\partial}{\partial u_1} F(u, \lambda) = 0, \quad \frac{\partial}{\partial u_2} F(u, \lambda) = 0, \tag{2.5.20}$$

可解出两个函数关系

$$u_1 = \psi_1(\lambda_1, \lambda_2), \quad u_2 = \psi_2(\lambda_1, \lambda_2). \tag{2.5.21}$$

因为是均匀系统, u_1 和 u_2 是 $\lambda \in \mathbb{R}^2$ 的二元函数. 它们的反函数为

$$\lambda_1 = \varphi_1(u_1, u_2), \quad \lambda_2 = \varphi_2(u_1, u_2). \tag{2.5.22}$$

从数学角度来讲, 一般情况下这两组函数 (2.5.21) 和 (2.5.22) 之间并不存在像 Maxwell 关系那样的联系. 这才产生为什么这里会存在 Maxwell 关系的问题. 该问题的解答在于 Gibbs 势 (2.5.19) 的特殊结构, 即从 (2.5.20) 可得方程

$$\lambda_1 = \frac{\partial}{\partial u_1} U(u, \lambda), \quad \lambda_2 = \frac{\partial}{\partial u_2} U(u, \lambda). \tag{2.5.23}$$

于是由微分恒等式

$$\frac{\partial}{\partial u_2} \left(\frac{\partial U}{\partial u_1} \right) = \frac{\partial}{\partial u_1} \left(\frac{\partial U}{\partial u_2} \right)$$

从 (2.5.23) 得到 (2.5.22) 中两个函数 φ_1 和 φ_2 的关系

$$\frac{\partial}{\partial u_2} \varphi_1(u_1, u_2) = \frac{\partial}{\partial u_1} \varphi_2(u_1, u_2). \tag{2.5.24}$$

这个函数关系 (2.5.24) 就是热力学中所谓的 Maxwell 关系. 从 (2.2.20) 与 (2.2.21) 互为反函数的关系可导出 (2.5.21) 中 ψ_1 和 ψ_2 的关系

$$\frac{\partial}{\partial \lambda_2} \psi_1(\lambda_1, \lambda_2) = \frac{\partial}{\partial \lambda_1} \psi_2(\lambda_1, \lambda_2). \tag{2.5.25}$$

有些读者会进一步问, 每一组 Maxwell 关系有四个公式, 而从上面的讲解看, 从两组函数 (2.5.21) 和 (2.5.22) 只能得到两个公式 (2.5.24) 和 (2.5.25), 那么另外两

个是从哪来的? 实际上, 将 (2.5.21) 和 (2.5.22) 中的函数相互代入可得许多函数的表达式, 但只有两组可产生另外两个 Maxwell 关系, 这两组函数为

$$u_1 = \psi_1(\lambda_1, \varphi_2(u_1, u_2)), \quad \lambda_2 = \varphi_2(u_1, \psi_2(\lambda_1, \lambda_2)), \tag{2.5.26}$$

$$u_2 = \psi_2(\varphi_1(u_1, u_2), \lambda_2), \quad \lambda_1 = \varphi_1(\psi_1(\lambda_1, \lambda_2), u_2). \tag{2.5.27}$$

从 (2.5.26) 和 (2.5.27) 分别得到另外两个 Maxwell 关系:

$$\frac{\partial u_1}{\partial u_2} = -\frac{\partial \lambda_2}{\partial \lambda_1}, \quad \frac{\partial u_2}{\partial u_1} = -\frac{\partial \lambda_1}{\partial \lambda_2}. \tag{2.5.28}$$

这四个公式 (2.5.24), (2.5.25) 和 (2.5.28), 从数学上看是函数之间的关系, 这就是 Maxwell 关系的数学意义.

这里需要强调指出, Maxwell 关系在物理应用中是作为热力学量的各种变化率之间关系来看待的, 这很容易使人忘记 Maxwell 关系的数学意义. 一个物理理论的完整理解必须包括物理和数学两方面都准确理解才行. 在物理中出现的许多问题都是在数学方面的理解不够造成的.

在 2.2.2 小节中, 介绍了几个简单的并且重要的物态方程. 这些方程是用表象方法获得的. 正如前面曾说过, 物态方程都是热力学势泛函 F 的变分方程

$$\frac{\delta}{\delta u} F(u, \lambda) = 0$$

的解 $u = u(\lambda)$. 由于一般情况下热力学势 F 精确的数学表达式不容易得到, 所以这些简单的物态方程可作为寻求 F 精确表达的指南.

在 2.2.3 小节中介绍的 Stefan-Boltzmann 定律是建立在极小势原理 (原理 1.17) 基础之上的, 然后用 Gibbs 自由能建立的微分方程获得的, 这与经典方式不同. 传统上是采用热力学第一定律微分方程

$$\mathrm{d}U = T\mathrm{d}S - p\mathrm{d}V \tag{2.5.29}$$

证得 Stefan-Boltzmann 定律. 在前面已经论述过, 如果将 (2.5.29) 建立在条件 (2.5.6) 之上, 则用它描述此定律是正确的.

在本书的论述方式中, 有一点需要说明. 在用 Gibbs 自由能获得微分方程 (2.2.39) 的过程, 即对 $G = U - ST - pV$ 求导

$$\frac{\partial G}{\partial V} = 0 \Rightarrow \frac{\partial U}{\partial V} - T\frac{\partial S}{\partial V} - p = 0, \tag{2.5.30}$$

这个过程中出现关于熵 S 求导 $\partial S/\partial V$ 的步骤. 因为 S 与 V 都是序参量, 是平行关系, 因此, 从一般原则上讲, (2.5.30) 中不能有 $\partial S/\partial V$ 这一项. 但是对均匀系统, S 也是 V 的函数, 此时便可有这一项.

2.2.4 小节中介绍的方法和内容都是经典的, 因此不再评注.

2.3 节　　这一节主要介绍热力学第三定律与粒子化学势.

2.3.1 和 2.3.2 小节的内容都是经典的.

在 2.3.3 小节中讨论了粒子化学势的物理意义. 化学势的概念是由 J. W. Gibbs 提出的. 这是一个很重要的热力学量. 然而在经典热力学中将粒子数 N 与化学势 μ 作为内能的能量偶对待, 就如 S 与 T, f 与 X 一样, 即

$$U = TS + fX + \mu N.$$

因而按这种观点, μ 在 Gibbs 自由能中是序参量的角色. 但是我们从相变的角度去考察 U, 发现热力学势中很难给出 μ 的表达式. 作者尝试着给出各种可能的 μ 的表达式, 结果很难达到物理和数学两方面都相容的地步. 因此我们才怀疑经典热力学的观点. 后来, 从粒子数守恒的 Lagrange 约束变分与化学势 μ 的物理定义具有完全相同表达式这一点, 提出关于化学势物理性质的结论 (物理结论 2.9). 这个结论没有发现与物理事实不相符合的现象.

关于化学势 μ 的 Lagrange 乘子观点带来的第一个影响就是将经典的 Cahn-Hilliard 方程由 (2.3.31) 的形式修正为 (2.3.34) 的形式. 其次, 物理结论 2.9 将会对后面第 4 章关于热力学势表达理论起到非常重要的作用.

2.3.4 小节的内容是经典的.

本章的内容在许多地方参考了 (林宗涵, 2007) 和 (马本堃, 高尚惠, 孙煜, 1980) 和 (雷克, 1983).

2.4 节　　这一节的内容已在 2.5.1 小节中做了综合评述, 这里不再进一步评注.

第 3 章　平衡态统计理论

3.1　量子物理基础

3.1.1　量子力学法则与原理

热力学统计理论是用概率统计的方法从微观粒子集体行为中得到宏观可测的物理量, 因而这个理论在许多方面很强地依赖于量子物理的一些知识. 本章的 3.1 节就是介绍与统计物理相关的量子力学、粒子物理、相互作用、粒子能级等方面的基本知识.

这一小节主要介绍量子力学基本法则与理论.

1. 微观粒子的波粒二重性

量子力学一个基本观点就是认为微观能量态既有粒子性又有波动性. 这个观点如果仅仅是文字描述, 那么它是一句没有意义的空话. 但是它能成为量子力学基石的重要原因就是它可数学化. 从而使得这种观点所涉及的概念清晰准确, 结论可通过实验进行检验, 并且在此基础上量子力学可获得进一步发展.

所谓粒子性, 是指在微观尺度下观察能量, 可以发现它是由数量巨大的能量包构成的, 每个能量包就像一个粒子. 将这种现象数学化, 就是刻画每个粒子是它的能量和动量:

$$用能量\ \varepsilon\ 和动量\ P\ 代表一个粒子身份. \tag{3.1.1}$$

所谓波动性, 是指在宏观尺度下观察这些粒子的集合像一个连续体, 行为像波一样. 这个观点的数学化, 就是这个连续波的频率和波矢 (或波长) 是由每个粒子的频率与波矢叠加而成的, 因而可用波的特征刻画粒子:

$$用频率\ \nu\ 和波矢\ k\ 代表粒子的波动性身份. \tag{3.1.2}$$

现在, 两个数学特征 (3.1.1) 和 (3.1.2) 使得波粒二重性这句话在概念上清楚了, 即一个粒子同时具有 ε, P 的身份和 ν, k 的波动身份. 但是它们仍不能形成有用的理论. 最关键的一步是找到 (3.1.1) 和 (3.1.2) 之间的关系, 这一步分别由 Einstein 和 de Broglie 两人完成. 这个式子被称为 de Broglie 关系, 表达为

$$\varepsilon = h\nu, \quad P = hk \quad (或\ P = h/2\pi\lambda), \tag{3.1.3}$$

其中 h 为 Planck 常数. 通常也有习惯表达为

$$\varepsilon = \hbar\omega, \quad P = \hbar\overline{k} \quad (\hbar = h/2\pi,\ \omega = 2\pi\nu,\ \overline{k} = 2\pi k).$$

这样, de Broglie 关系 (3.1.3) 使得波粒二重性观点变成一个非常有用并且很重要的物理理论. Einstein 在 1905 年根据 Planck 光量子化假设提出光子理论, 给出光子的关系 (3.1.3). 而 de Broglie 在 1924 年关于电子 (参照了 Einstein 光子理论和 Bohr 原子模型) 提出了波动性理论, 给出质量粒子的波粒二重性关系 (3.1.3).

对于一个质量为 m, 速度为 v 的粒子, 能量和动量为

$$\varepsilon = \frac{mc^2}{\sqrt{1 - v^2/c^2}}, \quad P = \frac{mv}{\sqrt{1 - v^2/c^2}}. \tag{3.1.4}$$

此时, de Broglie 关系 (3.1.3) 变为

$$\frac{mc^2}{\sqrt{1 - v^2/c^2}} = \hbar\omega, \quad \frac{mv}{\sqrt{1 - v^2/c^2}} = \hbar\overline{k}. \tag{3.1.5}$$

2. Schrödinger 方程

de Broglie 关系 (3.1.3) 促使 E. Schrödinger 在 1926 年提出量子力学最重要的理论之一 —— Schrödinger 方程. 他的基本思路是认为一个自由粒子波动性应该与光子一样, 是一个平面波. 因而波函数为

$$\psi(x, t) = A\mathrm{e}^{-\mathrm{i}(\omega t - \overline{k} \cdot x)} = A\mathrm{e}^{-\frac{1}{\hbar}(\varepsilon t - P \cdot x)}. \tag{3.1.6}$$

注意 (3.1.6) 中第二个等式用到 de Broglie 关系 (3.1.3). 在 P. Debye 的启示下, Schrödinger 意识到 (3.1.6) 应该是一个方程的解, 用它可反推出方程的表达形式. 其反推导过程如下:

关于 (3.1.6) 求导得

$$\mathrm{i}\hbar\frac{\partial\psi}{\partial t} = \varepsilon\psi, \quad -\mathrm{i}\hbar\nabla\psi = P\psi. \tag{3.1.7}$$

而经典力学中, 能量 ε 与动量 P 的关系为

$$\varepsilon = \frac{1}{2m}P^2 + V, \quad V \text{ 为势能.} \tag{3.1.8}$$

将 (3.1.7) 的关系代入 (3.1.8) 中, 便得到 ψ 所应满足的方程

$$-\mathrm{i}\hbar\frac{\partial\psi}{\partial t} = \frac{\hbar^2}{2m}\nabla^2\psi - V\psi. \tag{3.1.9}$$

这个便是量子力学的 Schrödinger 方程. (3.1.6) 的波函数是没有外力势即 ($V = 0$) 方程 (3.1.9) 的解.

3. 量子力学基本法则

Schrödinger 方程在量子力学中的重要性体现在两个方面, 其一是为微观粒子的运动提供一个普适的动力学方程; 其二是关于量子力学其他方程的建立给出一个普遍性的法则. 下面量子力学法则是建立在 M. Born 的波函数统计解释与 Schrödinger 方程建立的模型基础之上的, 它们陈述如下.

量子法则 3.1   波函数 ψ 模的平方 $|\psi(x,t)|^2$ 代表粒子在 t 时刻出现在 x 点的概率密度. 从而 ψ 满足归一化条件:

$$\int_{\mathbb{R}^3} |\psi|^2 \mathrm{d}x = 1.$$

量子法则 3.2   每个可观测的物理量 L 都对应一个 Hermite 算子 $\widehat{L}$ (即复线性对称算子), 使得物理量 L 的值是由 $\widehat{L}$ 的特征值 λ 给出, 即

$$\widehat{L}\psi_\lambda = \lambda\psi_\lambda,$$

其中特征向量 ψ_λ 代表物理量 L 取 λ 值的状态函数. 特别地, 建立在 (3.1.7) 基础之上, 对应位置 x, 动量 P, 能量 E, 势能 V 等物理量的 Hermite 算子 $\widehat{x}$, $\widehat{P}$, $\widehat{E}$, $\widehat{V}$ 分别由下面给出:

$$
\begin{aligned}
\text{位置算子} \quad & \widehat{x}\psi = x\psi, \\
\text{动量算子} \quad & \widehat{P}\psi = -\mathrm{i}\hbar\nabla\psi, \\
\text{能量算子} \quad & \widehat{E}\psi = \mathrm{i}\hbar\frac{\partial\psi}{\partial t}, \\
\text{势能算子} \quad & \widehat{V}\psi = V\psi.
\end{aligned}
\tag{3.1.10}
$$

由于动能 K 与动量 P 的关系为 $K = \dfrac{1}{2m}P^2$, 因此动能算子为

$$\text{动能算子} \quad \widehat{K}\psi = -\frac{\hbar^2}{2m}\nabla^2\psi. \tag{3.1.11}$$

量子法则 3.3   当量子系统置于一个电磁场 $A_\mu = (A_0, A)$ 中时, (3.1.10) 和 (3.1.11) 中的 $\widehat{P}$, $\widehat{E}$, $\widehat{K}$ 算子被下面算子取代:

$$
\begin{aligned}
\text{动量算子} \quad & \widehat{P} = -\mathrm{i}\hbar\nabla + \frac{g}{c}A, \quad g \text{ 为电荷} \\
\text{能量算子} \quad & \widehat{E} = \mathrm{i}\hbar\frac{\partial}{\partial t} - gA_0, \\
\text{动能算子} \quad & \widehat{K} = \frac{1}{2m}\left(-\mathrm{i}\hbar\nabla + \frac{g}{c}A\right)^2.
\end{aligned}
\tag{3.1.12}
$$

同样地, 若量子系统置于弱相互作用场或强相互作用场中, 则 (3.1.12) 仍然有效, 此时 $A_\mu = (A_0, A)$ 为弱作用势或强作用势.

量子法则 3.4   对于一个量子系统 ψ 和一个 Hermite 算子 $\widehat{L}$, ψ 能够被表达成如下形式:

$$\psi = \sum \alpha_k \psi_k + \int \alpha_\lambda \psi_\lambda \mathrm{d}\lambda,$$

式中 ψ_k 和 ψ_λ 是对应于 $\widehat{L}$ 离散与连续特征值的特征向量, 系数 α_k 和 α_λ 的模平方 $|\alpha_k|^2$, $|\alpha_\lambda|^2$ 代表系统 ψ 处在 ψ_k 和 ψ_λ 的概率. 特别地, 下面积分:

$$\langle \widehat{L}\psi, \psi \rangle = \int \psi^\dagger (\widehat{L}\psi) \mathrm{d}x$$

代表系统 ψ 的物理量 L 的平均值.

量子法则 3.5   令一个量子系统 ψ 具有 $L_1, \cdots, L_N$ 可观测物理量, 如果这些物理量满足某个关系

$$R(L_1, \cdots, L_N) = 0.$$

若 $R(\widehat{L}_1, \cdots, \widehat{L}_N) = 0$ 是一个 Hermite 算子 $\widehat{L}$, 则 ψ 满足下面方程:

$$R(\widehat{L}_1, \cdots, \widehat{L}_N)\psi = 0,$$

其中 $\widehat{L}_k$ $(1 \leqslant k \leqslant N)$ 是对应于 L_k 的 Hermite 算子.

这里需要指出, 量子法则 3.2 和量子法则 3.5 就是从 Schrödinger 建立方程的模型 (3.1.7)—(3.1.9) 中总结出来的. 此外, 除了 (3.1.10) 和 (3.1.11) 给出的量子力学基本 Hermite 算子外, 另外经常使用的量子力学算子为

$$\begin{aligned}
&\text{标量动量算子} \quad \widehat{P}_0 = -\mathrm{i}\hbar(\vec{\sigma} \cdot \nabla) \quad (\text{无质量 Fermi 子})\\
&\text{标量动量算子} \quad \widehat{P}_1 = -\mathrm{i}\hbar(\vec{\alpha} \cdot \nabla) \quad (\text{质量 Fermi 子})\\
&\text{Hamilton 能量算子} \quad \widehat{H} = \widehat{K} + \widehat{V} + \widehat{M},\\
&\text{角动量算子} \quad \widehat{L} = \widehat{x} \times \widehat{P} = -\mathrm{i}\hbar r \times \nabla,\\
&\text{自旋算子} \quad \widehat{S} = J\hbar\vec{\sigma},
\end{aligned} \tag{3.1.13}$$

其中 J 为自旋, $\widehat{K}$, $\widehat{V}$, $\widehat{M}$ 为动能, 势能, 质量算子, $\vec{\sigma} = (\sigma_1, \sigma_2, \sigma_3)$ 为 Pauli 矩阵, $\vec{\alpha} = (\alpha_1, \alpha_2, \alpha_3)$ 为 Dirac 矩阵, 由下面给出:

$$\sigma_1 = \begin{pmatrix} 0 & 1 \\ 1 & 0 \end{pmatrix}, \quad \sigma_2 = \begin{pmatrix} 0 & -\mathrm{i} \\ \mathrm{i} & 0 \end{pmatrix}, \quad \sigma_3 = \begin{pmatrix} 1 & 0 \\ 0 & -1 \end{pmatrix}. \tag{3.1.14}$$

$$\alpha_1 = \begin{pmatrix} 0 & \sigma_1 \\ \sigma_1 & 0 \end{pmatrix}, \quad \alpha_2 = \begin{pmatrix} 0 & \sigma_2 \\ \sigma_2 & 0 \end{pmatrix}, \quad \alpha_3 = \begin{pmatrix} 0 & \sigma_3 \\ \sigma_3 & 0 \end{pmatrix}. \tag{3.1.15}$$

4. 量子物理基本原理

量子物理有两个基本原理: Pauli 不相容原理, Heisenberg 测不准关系. 分别介绍如下.

粒子按自旋分为两类, 一类自旋为 $\frac{1}{2}$ 奇数倍的粒子称为 Fermi 子, 另一类自旋为整数的粒子称为 Bose 子, 即

$$
\begin{aligned}
&\text{Fermi 子为自旋 } J = \frac{n}{2} \ (n = 1, 3, 5, \cdots) \text{ 的粒子,} \\
&\text{Bose 子为自旋 } J = n \ (n = 0, 1, 2, \cdots) \text{ 的粒子.}
\end{aligned}
\tag{3.1.16}
$$

Fermi 子服从下面原理.

原理 3.6(Pauli 不相容原理) 在一个由 Fermi 子构成的粒子系统中, 不可能有两个或两个以上的 Fermi 子处在完全相同的量子态上.

注 3.7 在粒子物理中, 每一个粒子有若干个量子数, 如质量、能量、动量、角动量、自旋、电荷、轨道量子数、磁量子数等来区分它们的身份. 在 Pauli 不相容原理中, 所谓完全相同量子态的粒子是指所有量子数都相等的粒子.

原理 3.8 (Heisenberg 测不准关系) 在量子系统中, 粒子的位置 x 与动量 P, 时间 t 与能量 E, 它们不可能同时有确定的值. 其不确定的值 Δx 与 ΔP, Δt 与 ΔE 满足如下关系:

$$
\Delta x \Delta P \geqslant \frac{1}{2} \hbar, \quad \Delta t \Delta E \geqslant \frac{1}{2} \hbar.
\tag{3.1.17}
$$

Heisenberg 测不准关系 (3.1.17) 反映了微观尺度的量子规则, 它是造成统计物理中能量动量自发涨落的主要原因.

3.1.2 粒子物理基本知识

我们的宏观世界是由各种类型的粒子组成的, 不同层次的物质结构是由不同类型的粒子构成的, 每一种粒子在这个世界中扮演着不同的角色. 这些知识的了解对于理解和探索统计物理学是至关重要的. 这一小节主要介绍粒子类型、结构、层次、运动形式以及控制方程等, 也包括在 (Ma and Wang, 2015c) 中提出的基本粒子理论: 弱子模型.

1. 粒子自旋

在 (3.1.16) 中已经介绍了 Bose 子与 Fermi 子的概念. 自旋是微观粒子的一个重要量子数. 它是粒子的内禀性质, 并不代表粒子真实的转动, 而是某种内在磁性的属性. 由上面介绍的 Pauli 不相容原理可以看到 Bose 子与 Fermi 子之间有很大差异. 此外, 它们的区别还表现在下面三个方面.

1) 构成物质的角色不同. 在物质构成上, Fermi 子是质量物质的构建者, 所有的实物粒子如原子和分子都是由电子、质子、中子等 Fermi 子构成的. 而 Bose 子如光子、胶子、ν 子等媒介子以及中间的 Bose 子, 它们在实物粒子中起到媒介作用, 扮演传递相互作用的角色. 特别是光子, 它是产生和传递温度的使者. 而 ν 子 (弱子模型的一种媒介子) 是凝聚态的网织者 (一种仍需要探讨的观点), 它由弱相互作用将质量粒子凝聚在一起, 就如电子将原子网织成分子的机制是一样的.

2) 粒子的统计规律. 由 Bose 子构成的粒子系统与 Fermi 子构成的粒子系统表现出不同的统计行为. 在本章的 3.3 节中将会详细讨论, 前者服从 Bose-Einstein 统计 (简记 BE 统计), 后者服从 Fermi-Dirac 统计 (简记 FD 统计). 这两种粒子系统在两个方面表现不同. 首先是关于系统波函数 ψ 的性质方面, Bose 子系统关于任何两个粒子交换 ψ 是对称的, 而 Fermi 子系统 ψ 则是反对称的, 即

$$
\begin{aligned}
&\text{Bose 子系统} \Leftrightarrow \psi(x_i, x_j) = \psi(x_j, x_i), \\
&\text{Fermi 子系统} \Leftrightarrow \psi(x_i, x_j) = -\psi(x_j, x_i).
\end{aligned} \tag{3.1.18}
$$

可能有人会问 (3.1.18) 的性质是从理论推出的, 还是从实验中发现的. 事实上, (3.1.18) 本质上是从实验中发现的. 第二个不同之处是关于粒子统计分布方面. 从波函数的两种不同性质 (3.1.18) 直接产生两种不同统计方法, 即 BE 统计与 FD 统计, 导致不同的分布:

$$
\begin{aligned}
&\text{BE 分布:} \quad n(\varepsilon_j) = \frac{1}{e^{(\varepsilon_j - \mu)/kT} - 1}, \\
&\text{FD 分布:} \quad n(\varepsilon_j) = \frac{1}{e^{(\varepsilon_j - \mu)/kT} + 1},
\end{aligned} \tag{3.1.19}
$$

其中 $n(\varepsilon_j)$ 代表能量为 ε_j 的量子态 j 上的平均粒子数, μ 为化学势.

3) 控制方程不同. 支配 Bose 子的是 Klein-Gordon 方程, 控制质量 Fermi 子的是 Dirac 方程, 控制无质量 Fermi 子的是 Weyl 方程.

2. 基本粒子

弱子模型是由 (Ma and Wang, 2015 a, c) 提出的基本粒子理论. 该理论认为物质最基本的粒子是由 6 个粒子和反粒子共 12 个粒子构成, 它们被称为弱子, 记为

$$
\begin{aligned}
&\text{弱子:} \quad \omega^*, \quad \omega_1, \quad \omega_2, \quad \nu_e, \quad \nu_\mu, \quad \nu_\tau, \\
&\text{反弱子:} \quad \overline{\omega}^*, \quad \overline{\omega}_1, \quad \overline{\omega}_2, \quad \overline{\nu}_e, \quad \overline{\nu}_\mu, \quad \overline{\nu}_\tau,
\end{aligned} \tag{3.1.20}
$$

其中 ν_e, ν_μ, ν_τ 为电子中微子, μ 子中微子, τ 子中微子, ω^*, ω_1, ω_2 是 3 个新基本粒子. 这 12 个粒子全部带一个弱作用荷, 因而都参与弱相互作用. 只有 ω^* 与它的

反粒子 $\overline{\omega}^*$ 带一个强作用荷. (3.1.20) 中全部粒子自旋都是 $J = \dfrac{1}{2}$.

$$(\nu_e, \overline{\nu}_e), \quad (\nu_\mu, \overline{\nu}_\mu), \quad (\nu_\tau, \overline{\nu}_\tau) \text{ 的电荷} = 0,$$

$$\omega^* \text{ 电荷} = \frac{2}{3}, \quad \overline{\omega}^* \text{ 电荷} = -\frac{2}{3},$$

$$\omega_1 \text{ 电荷} = -\frac{1}{3}, \quad \overline{\omega}_1 \text{ 电荷} = \frac{1}{3},$$

$$\omega_2 \text{ 电荷} = -\frac{2}{3}, \quad \overline{\omega}_2 \text{ 电荷} = \frac{2}{3},$$

3. 带电轻子

带电轻子有三个, 它们是电子, μ 子, τ 子. 再加上反粒子共 6 个. 自旋都是 $J = \dfrac{1}{2}$. 带电轻子的弱子构成为

$$e^- = \nu_e \omega_1 \omega_2, \quad \mu^- = \nu_\mu \omega_1 \omega_2, \quad \tau^- = \nu_\tau \omega_1 \omega_2,$$

$$e^+ = \overline{\nu}_e \overline{\omega}_1 \overline{\omega}_2, \quad \mu^+ = \overline{\nu}_\mu \overline{\omega}_1 \overline{\omega}_2, \quad \tau^+ = \overline{\nu}_\tau \overline{\omega}_1 \overline{\omega}_2.$$

在上面 6 个弱子中, 只有电子是长寿的, 其余寿命都很短.

4. 夸克

夸克是构成强子的组元. 共有 6 个夸克: 上夸克 u, 下夸克 d, 粲夸克 c, 顶夸克 t, 底夸克 b, 奇异夸克 s. 再加上它们的反夸克 $\overline{u}, \overline{d}, \overline{c}, \overline{t}, \overline{b}, \overline{s}$ 共 12 个夸克. 夸克的弱子构成为

$$u = \omega^* \omega_1 \overline{\omega}_1, \quad c = \omega^* \omega_2 \overline{\omega}_2, \quad t = \omega^* \omega_2 \overline{\omega}_2,$$

$$d = \omega^* \omega_1 \omega_2, \quad s = \omega^* \omega_1 \omega_2, \quad b = \omega^* \omega_1 \omega_2,$$

其中 c, t 和 d, s, b 是由不同自旋排列来区分的, 夸克自旋为 $J = \dfrac{1}{2}$.

5. 媒介子

无质量的媒介子为光子、胶子、ν 子. 其中光子和胶子分矢量和标量两类. 矢量光子和矢量胶子自旋 $J = 1$, 标量光子和标量胶子自旋为 $J = 0$. 光子 γ 和胶子 g 的弱子组元为

$$\text{矢量光子 } \gamma = \cos\theta_\omega \omega_1 \overline{\omega}_1 - \sin\theta_\omega \omega_2 \overline{\omega}_2 \ (\uparrow\uparrow, \downarrow\downarrow),$$

$$\text{矢量胶子 } g^k = \omega^* \overline{\omega}^* \ (\uparrow\uparrow, \downarrow\downarrow), \quad k = \text{色指标, 共有 8 个},$$

$$\text{标量光子 } \gamma_0 = \cos\theta_\omega \omega_1 \overline{\omega}_1 - \sin\theta_\omega \omega_2 \overline{\omega}_2 \ (\uparrow\downarrow, \downarrow\uparrow),$$

$$\text{标量胶子 } g_0^k = \omega^* \overline{\omega}^* \ (\uparrow\downarrow, \downarrow\uparrow).$$

ν 子的自旋 $J = 0$, 它的弱子构成为

$$\nu = \alpha_1 \nu_e \overline{\nu}_e + \alpha_2 \nu_\mu \overline{\nu}_\mu + \alpha_3 \nu_\tau \overline{\nu}_\tau \ (\downarrow\uparrow),$$

其中系数 $\alpha_l (1 \leqslant l \leqslant 3)$ 模为 1, 即 $\sum_l \alpha_l^2 = 1$.

胶子带两个强荷和两个弱荷, 因而参与强相互作用和弱相互作用. 光子和 ν 子只带两个弱荷, 因此只参与弱相互作用, 不参与强相互作用. 这三种媒介子都是电中性的.

6. 质子和中子

在强子中长寿粒子只有质子 p 和中子 n. 它们与电子一起是组成所有具有质量物质的三个基石性的粒子. p 和 n 的自旋 $J = 1/2$. p 带一个正电荷, n 是电中性的. 它们由三个夸克构成, 组元为

$$p = uud, \quad n = udd.$$

质子和中子也统称为核子, 所有原子核由它们组成.

上述所有粒子包括原子核都称为**亚原子粒子**. 原子和分子这里就不再介绍, 这些都已成为科普知识.

7. 粒子的质量生成机制

所有弱子都是没有质量的. 但是由它们组成了有质量的电子和夸克, 同时又构成无质量的媒介子. 下面我们需要解释这种现象.

首先介绍粒子的质量生成机制. 根据 Einstein 相对论, 一个以速度 v 进行运动的粒子, 它的质量 m 与能量 E 的关系为

$$E = \frac{mc^2}{\sqrt{1 - v^2/c^2}}. \tag{3.1.21}$$

通常人们将质量 m 视为固定, 将 E 看作是 v 的函数. 现我们反过来, 将 E 视为粒子固有能量不变, 质量 m 为 v 的函数, 即

$$m = \frac{E}{c^2} \sqrt{1 - v^2/c^2}. \tag{3.1.22}$$

于是公式 (3.1.22) 意味着一个固有能量的粒子若以光速运动, 则它的质量 $m = 0$, 若速度 $v < c$, 则它的质量 $m > 0$.

此外, 所有粒子包括光子, 它们的速度都只能充分接近光速, 即以光速为极限而不能完全达到光速 c. 因此由下面相对论力学公式:

$$\frac{\mathrm{d}p}{\mathrm{d}t} = \sqrt{1 - v^2/c^2} F,$$

可知当一个接近光速运动的粒子受到阻力 F 的作用时, 动量 p 会减小. 再由动量与速度的关系

$$p = \frac{mv}{\sqrt{1 - v^2/c^2}}, \tag{3.1.23}$$

可知动量的减小将导致速度 v 变小, 即 $v < c$. 于是, 由 (3.1.22), 无质量粒子便产生出质量 $m > 0$. 这便是粒子的质量生成机制.

在上述质量生成机制下, 三个无质量的弱子在弱相互作用下被束缚在一个小球体内. 电磁及弱相互作用的阻力 F, 使得它们的运动速度 $v < c$, 从而产生质量.

媒介子情况不同, 它们是由两个正反弱子构成, 只受到两质点连接线的向心力束缚. 在它们的圆周运动方向上没有阻力, 从而以光速运动. 因此媒介子没有质量.

注 3.9 Einstein 质能公式 (3.1.21) 本质上是一个物体的总能量 E, 质量 m, 动量 (体现在速度 v 上) 三者之间相互转化的关系. 将 (3.1.21) 的两边进行平方, 可以发现

$$E^2 = m^2 c^4 + c^2 p^2, \tag{3.1.24}$$

这里动量 p 的表达式如 (3.1.23). 从 (3.1.24) 考察能量、动量 (速度)、质量三者之间的转化关系要更清楚. 事实上, 当 E 固定 (守恒) 时, 动量 (或速度) 的减小会导致质量增大. 此外, 另一个非常重要的事实是, 当粒子通过吸收光子或被加速使 E 增大时, 增加的能量将表现在质量 m 和动量 p(或速度) 都有所提高上. 这一点对理解热的本质和粒子能级是非常重要的.

3.1.3 粒子的辐射与散射

与宏观物体运动不同的是, 微观运动的主要形式是粒子的辐射、散射与衰变. 这些运动形式将对热力学系统的内能产生影响. 因此有必要对这些微观运动形式作一些了解.

1. 粒子辐射

所谓粒子辐射通常是指粒子吸收和发射光子的过程. 但更广义地讲, 粒子也吸收和发射其他媒介子.

现在比较清楚的辐射有两种形式. 其一是电子的韧致辐射, 即当自由电子变速时会吸收或发射光子 γ, 其反应式为

$$e^- + \gamma \longrightarrow e^- \quad \text{或} \quad e^- \longrightarrow e^- + \gamma. \tag{3.1.25}$$

正如关于 (3.1.24) 的讨论, 吸收光子会增加电子能级, 发射光子会减小电子能级. 因而韧致辐射会改变电子质量与动量.

第二种辐射形式是原子 (或分子) 吸收或发射光子. 其实质是原子 (或分子) 中轨道电子在不同能级轨道之间跃迁时吸收或发射光子. 由 Bohr 原子理论知, 原子是由原子核以及围绕核运动的电子构成的, 其电子轨道能级是分立的

$$E_0 < E_1 < \cdots < E_n < \cdots . \tag{3.1.26}$$

每个在 E_k 能级轨道上运动的电子能量始终保持 E_k 值不变, 并且电子只能在 (3.1.26) 中所列出的能级轨道上运动. 但是电子可以从一个能级 E_n 轨道上跃迁到另一能级 E_m 的轨道上. 这种跃迁会伴有光子的吸收与放射过程, 其规则是

$$\begin{aligned} &\text{若 } E_n < E_m, \text{ e 从 } E_n \text{ 跃迁到 } E_m \text{ 将吸收光子,} \\ &\text{若 } E_n > E_m, \text{ e 从 } E_n \text{ 跃迁到 } E_m \text{ 将发射光子.} \end{aligned} \tag{3.1.27}$$

原子发射或吸收一个能量为 $\hbar\omega$ 的光子, 其辐射频率 ω 必须满足

$$\omega = |E_n - E_m|/\hbar .$$

实际上还有第三种辐射形式, 即核子吸收和发射光子的过程:

$$\begin{aligned} &p + \gamma \longrightarrow p, \quad p \longrightarrow p + \gamma, \\ &n + \gamma \longrightarrow n, \quad n \longrightarrow n + \gamma. \end{aligned} \tag{3.1.28}$$

注 3.10　粒子的三种辐射 (3.1.25), (3.1.27) 和 (3.1.28) 决定了热的本质, 即热是由构成物质的微观粒子的这三种辐射产生的. 当热平衡时, 物体内光子密度不变, 粒子吸收与放射光子达到平衡. 此时温度就体现在粒子的平均能级上, 熵就是物体内光子数. 在 3.4 节中将详细讨论这种理论.

2. 碰撞与散射

当粒子之间发生碰撞或受到能量激发时, 粒子会发生散射. 所谓散射就是 A_1 和 A_2 的碰撞可产生 $B_1, \cdots, B_N$ 个粒子, 如图 3.1 所示.

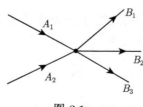

图 3.1

例如, (3.1.25) 和 (3.1.28) 给出的辐射就是属于一种散射形式. 更一般的散射反应式写成如下形式:

$$A_1 + \cdots + A_m \longrightarrow B_1 + \cdots + B_N,$$

其中 $A_1, \cdots, A_m$ 称为初态粒子, $B_1, \cdots, B_N$ 为终态粒子. 因此, 许多辐射实质是由粒子之间碰撞造成的.

在粒子物理中, 一些常见的散射过程列出如下:

Compton 散射 (光子电子弹性散射) : $\gamma + e^- \longrightarrow \gamma + e^-$,

电子对湮灭 : $e^+ + e^- \longrightarrow \gamma + \gamma$,

电子对创生 : $\gamma + \gamma \longrightarrow e^+ + e^-$,

轫致辐射 : $e^- + p \longrightarrow e^- + p + \gamma$.

3. 粒子衰变

粒子衰变通常是指一个粒子自发地分解成另外几个粒子的过程. 例如, β 衰变就是一个中子自发分解成一个质子, 一个电子及反电中微子, 其反应式为

$$n \longrightarrow p + e^- + \bar{\nu}_e.$$

粒子衰变非常多, 所有非长寿粒子都要衰变, 如轻子衰变

$$\mu^- \longrightarrow e^- + \bar{\nu}_e + \nu_\mu,$$

$$\tau^- \longrightarrow e^- + \bar{\nu}_e + \nu_\tau.$$

对统计物理来讲, 最有影响的微观运动就是粒子的辐射与散射.

3.1.4 四种基本相互作用势

自然界共有四种基本相互作用:

万有引力, 电磁作用, 强相互作用, 弱相互作用.

下面我们分别介绍这四种相互作用的基本性质.

1. 作用力源

上述四种相互作用力产生的力源来自各自的作用荷, 即

引力 : 引力荷 (即质量) m,

电磁力 : 电荷 e,

强作用力 : 强荷 g_s,

弱作用力 : 弱荷 g_w.

(3.1.29)

在 (3.1.29) 中的作用荷, 除引力荷 (质量) 连续外, 其他三种作用荷都是分立值. 电荷有正、负值, 其余都是正值. e, g_s, g_w 的数值单位可由 $\hbar c$ 来度量, 分别为

$$e^2 = \frac{1}{137}\hbar c,$$

$$g_s^2 = \frac{1}{50}\left(\frac{\rho_n}{\rho_w}\right)^6 \hbar c, \qquad (3.1.30)$$

$$g_w^2 = \frac{1}{200}\left(\frac{\rho_n}{\rho_w}\right)^6 \hbar c.$$

其中 ρ_n 为粒子 (质子和中子) 半径, ρ_w 为弱子半径.

2. 作用力尺度

四种相互作用力程大致是如下范围:

$$\begin{aligned}
&\text{引力力程} \quad r = \infty,\\
&\text{电磁力程} \quad r = ?,\\
&\text{强作用力程} \quad r \leqslant 10^{-6}\text{cm},\\
&\text{弱作用力程} \quad r \leqslant 10^{-6}\text{cm}.
\end{aligned} \qquad (3.1.31)$$

电磁作用力程虽然被认为是 $r = \infty$, 但值得再探讨. 强作用力程被认为是 $r = 10^{-13}$cm, 但是这是核子尺度. 弱作用力程被认为是 $r = 10^{-16}$cm, 这是电子弱作用力尺度. 因为强和弱作用是分层的, 即不同粒子作用尺度不同, 所以它们的作用力程都可达到分子尺度. 实际上 van der Waals 分子力就是弱和强的综合.

3. 作用力决定的粒子尺度

每一种相互作用决定着粒子的一个层次. 它们的层次为

$$\begin{aligned}
&\text{万有引力} \Rightarrow \text{星球/星系/宇宙},\\
&\text{电磁作用} \Rightarrow \text{原子/分子},\\
&\text{强作用力} \Rightarrow \text{核子/原子核},\\
&\text{弱作用力} \Rightarrow \text{夸克/电子/媒介子}.
\end{aligned} \qquad (3.1.32)$$

也就是说, 天体物理系统是由引力将它们束缚在一起的; 原子和分子是由电磁力将它们结合成粒子的; 质子、中子和原子核是由强相互作用束缚在一起的; 夸克、电子、媒介子中的弱子都是由弱作用力将它们束缚在一起形成粒子.

4. 作用势与作用力关系

每一种相互作用都有自己的作用势和作用力, 势与力的关系如下.

1) 引力势 Φ 产生的引力 F 为

$$F = -m\nabla\Phi, \quad m \text{ 为质量.}$$

2) 电磁势 $A_\mu = (A_0, A)$ 产生的作用力为

$$\text{电力：} \quad F_e = -e\nabla\Phi_e, \quad \Phi_e = A_0, \quad e \text{ 为电荷,}$$

$$\text{电磁力：} \quad F_{em} = \frac{e}{c}v \times \text{curl}A.$$

3) 强作用势 $S_\mu = (S_0, S)$ 的作用力为

$$\text{强作用力：} \quad F_s = -g_s\nabla\Phi_s, \quad \Phi_s = S_0, \quad g_s \text{ 为强荷,}$$

$$\text{强磁力：} \quad F_{sm} = \frac{g_s}{c}v \times \text{curl}S.$$

4) 弱作用势 $w_\mu = (w_0, w)$ 的作用力为

$$\text{弱作用力：} \quad F_w = -g_w\nabla\Phi_w, \quad \Phi_w = w_0, \quad g_w \text{ 为弱荷,}$$

$$\text{弱磁力：} \quad F_{wm} = \frac{g_w}{c}v \times \text{curl}w.$$

在这些表达式中, v 是粒子运动速度.

5. Newton 引力势 Φ

经典的 Newton 引力势 Φ 的表达式为

$$\Phi = -\frac{MG}{r}, \quad G \text{ 为引力常数,} \quad M \text{ 为质量.}$$

6. 电场 Coulomb 势 Φ_e

$$\Phi_e = \frac{Q}{r}, \quad Q \text{ 为电荷.}$$

7. 强相互作用势 Φ_s

强相互作用势 Φ_s 的表达式是一个分层公式, 对不同层次的粒子, 表达式有所不同. 但它们可统一地写成如下形式.

一个半径为 ρ, 带有 N 个强荷 g_s 所产生的强相互作用势 Φ_s 为

$$\Phi_s = g_s(\rho)\left[\frac{1}{r} - \frac{A}{\rho}(1 + kr)e^{-kr}\right],$$

$$g_s(\rho) = N\left(\frac{\rho_w}{\rho}\right)^3 g_s, \tag{3.1.33}$$

其中 ρ_w 是 w* 弱子 [见 (3.1.20)] 的半径, A 是一个无量纲常数, 依赖于粒子类型, $1/k$ 是粒子强吸引力半径, 取值为

$$\frac{1}{k} = \begin{cases} 10^{-18}\text{cm}, & \text{对 w* 弱子,} \\ 10^{-16}\text{cm}, & \text{对夸克,} \\ 10^{-13}\text{cm}, & \text{对核子,} \\ 10^{-8}\text{cm}, & \text{对原子,} \\ 10^{-6}\text{cm}, & \text{对分子.} \end{cases} \tag{3.1.34}$$

8. 弱相互作用势 Φ_w

弱相互作用势 Φ_w 的表达式也是一个分层公式. 对一个带有 N 个弱荷 g_w, 半径为 ρ 的粒子, 产生的弱相互作用势 Φ_w 为

$$\Phi_w = g_w(\rho)e^{-kr}\left[\frac{1}{r} - \frac{B}{\rho}(1 + 2kr)e^{-kr}\right],$$
$$g_w(\rho) = N\left(\frac{\rho_w}{\rho}\right)^3 g_w, \tag{3.1.35}$$

这里 B 是一个无量纲的常数, 依赖于粒子. $1/k$ 是粒子弱吸引力半径, 它的量级同样也依赖于粒子.

　　注 3.11　公式 (3.1.33) 和 (3.1.35) 都是针对同类型粒子的, 关于两个不同类型的粒子之间强和弱相互作用势, 其中参数 k, A/ρ 和 B/ρ 将有所不同, 例如, 对半径分别为 ρ_1, ρ_2, 强荷为 N_1, N_2 的两个粒子, 它们之间强相互作用势 V 为

$$V = g_s(\rho_1)g_s(\rho_2)\left[\frac{1}{r} - \frac{A}{\rho_0}(1 + k_0r)e^{-k_0r}\right],$$
$$g_s(\rho_1) = N_1\left(\frac{\rho_w}{\rho_1}\right)^3 g_s, \quad g_s(\rho_2) = N_2\left(\frac{\rho_w}{\rho_2}\right)^3 g_s, \tag{3.1.36}$$

其中 k_0, A, ρ_0 三个参数依赖于这两个粒子类型. 对弱相互作用势也是如此.

3.1.5　粒子能级

　　粒子能级在热力学统计理论中是一个非常重要的概念. 我们只有清楚地理解这个概念的物理涵义, 才能准确地掌握后面将要介绍的统计理论.

　　这个世界粒子种类非常多, 但是长寿粒子种类并不多. 自由的亚原子长寿粒子 (即不是束缚在复合粒子内的粒子) 只有如下几种:

$$\text{光子,} \quad \nu \text{子,} \quad \text{中微子,} \quad \text{电子,} \quad \text{质子,} \quad \text{原子核.} \tag{3.1.37}$$

中子只有在某些特定条件, 如束缚在原子核内, 才是稳定的. 一个自由中子的平均寿命是 $\tau = 886s$. 而实际上相对于统计物理而言有意义的亚原子粒子只有光子和电子 (ν 子可能对凝聚态有意义). 因此统计学只关心下面的粒子:

$$光子, 电子, 原子. \tag{3.1.38}$$

虽然分子也是统计物理的主要对象之一, 但它是原子的复合体. 因此, 原子情况搞清楚了, 分子也就清楚了. 在这一小节, 我们只简单地介绍 (3.1.38) 中粒子的能级.

1. 粒子的能级和内在的固有能级

每个粒子都具有能量, 从不同角度来看有四种表达方式, 即由 (3.1.21)—(3.1.24) 给出. 但定义粒子能级是用 (3.1.24), 即

$$E^2 = m^2c^4 + c^2p^2. \tag{3.1.39}$$

这里 E 就代表粒子能级, 它由两个可测量的质量 m 和动量 (即速度) 来表述. 粒子能级是可以变化的, 有两种方式, 一种是交换内部粒子, 另一种是吸收和发射光子.

除了弱子外, 所有粒子都是复合粒子. 一个复合粒子由它内部粒子决定的能级称为该粒子的内在固有能级. 固有能级的变化只能是通过与其他粒子交换内部粒子实现. 当 (3.1.39) 中能级 E 不变时, 既没有粒子交换, 也没有辐射光子时, 在外力场的作用下粒子的质量和动量将相互转化.

每种粒子的固有能级数都是非常多的. 下面我们分别介绍 (3.1.38) 中每种粒子的内在固有能级.

2. 光子的能级

光子的能级就是它的固有能级. 光子固有能级数目非常大, 由它的谱方程决定. 因此我们需要介绍光子谱方程. 为此, 需要从光子内部结构开始讨论. 光子是由正、反两个弱子构成的 (见 3.1.2 小节),

$$\gamma = \omega_i\overline{\omega}_i \quad (i = 1, 2). \tag{3.1.40}$$

将它们束缚在一起的是弱作用力. 因为 (3.1.40) 中两个弱子是对称的, 因此只需考虑一个弱子的束缚态即可.

因为 (3.1.40) 中的弱子是无质量的, 所以描述光子的波函数是 Weyl 二分量的旋量, 其表达式为

$$\psi = (\psi_1, \psi_2). \tag{3.1.41}$$

关于这个波函数的控制方程为

$$(\vec{\sigma} \cdot \vec{D}) \frac{\partial \psi}{\partial t} = c(\vec{\sigma} \cdot \vec{D})^2 \psi - \frac{\mathrm{i} g_{\mathrm{w}}}{2\hbar} \{(\vec{\sigma} \cdot \vec{D}), w_0\} \psi, \tag{3.1.42}$$

其中 $\{\cdot, \cdot\}$ 为反交换子, 即对 A 和 B, $\{A, B\} = AB + BA$, $\vec{\sigma}$ 是如 (3.1.14) 的 Pauli 矩阵, g_{w} 为弱荷, $\vec{D}$ 算子为

$$\vec{D} = \nabla + \mathrm{i} \frac{g_{\mathrm{w}}}{\hbar c} w, \tag{3.1.43}$$

这里 $w_\mu = (w_0, w)$ 为弱子的弱作用势. 关于 (3.1.42) 的推导可参见 (马天, 2014) 及 (Ma and Wang, 2015a).

从 (3.1.42) 便可导出光子谱方程. 因为光子束缚态能量守恒, 方程 (3.1.42) 的解 ψ 如 (3.1.41) 可写成

$$\psi = \mathrm{e}^{-\mathrm{i}\lambda t/\hbar} \varphi, \quad \varphi = \begin{pmatrix} \varphi_1 \\ \varphi_2 \end{pmatrix}$$

其中 λ 代表束缚能. 将 ψ 代入 (3.1.42) 便得

$$-\hbar c(\vec{\sigma} \cdot \vec{D})^2 \begin{pmatrix} \varphi_1 \\ \varphi_2 \end{pmatrix} + \frac{\mathrm{i} g_{\mathrm{w}}}{2} \{(\vec{\sigma} \cdot \vec{D}), \Phi_\omega\} \begin{pmatrix} \varphi_1 \\ \varphi_2 \end{pmatrix} = \mathrm{i}\lambda(\vec{\sigma} \cdot \vec{D}) \begin{pmatrix} \varphi_1 \\ \varphi_2 \end{pmatrix}, \tag{3.1.44}$$

式中 $\Phi_\omega = W_0$ 是如 (3.1.35) 关于弱子的弱作用势.

因为弱子是被束缚在光子内, 在光子外部 $\psi = 0$. 从而 (3.1.44) 是定义在光子半径 ρ_γ 的球体内, 并且有边界条件

$$\varphi = 0, \quad |x| = \rho_\gamma. \tag{3.1.45}$$

特征值问题 (3.1.44) 和 (3.1.45) 就是光子能级的谱方程. 从它可推出关于光子能级的如下结论.

1) 问题 (3.1.44) 和 (3.1.45) 的负特征值是有限的, 即

$$-\infty < \lambda_1 \leqslant \lambda_2 \leqslant \cdots \leqslant \lambda_N < 0, \tag{3.1.46}$$

它们代表了弱子的束缚能.

2) 光子能级是有限的.

对应于 (3.1.46) 中的每一个特征值 λ_k, 有一个能级

$$E_k = E_0 + \lambda_k \quad (1 \leqslant k \leqslant N), \tag{3.1.47}$$

其中 E_0 是光子内部两个弱子的固有能. 从而推出光子能级是有限的, 即

$$0 < E_1 \leqslant E_2 \leqslant \cdots \leqslant E_N. \tag{3.1.48}$$

3) 光子频率是分立的.

从 (3.1.47) 和 (3.1.48) 可推出光子频率是分立的,

$$\omega_k = \frac{1}{\hbar} E_k.$$

并且相邻频率差为

$$\Delta \omega_k = \omega_{k+1} - \omega_k = \frac{1}{\hbar}(\lambda_{k+1} - \lambda_k).$$

4) 光子能级数 N 有如下公式及估计数量级:

$$N = \left(\frac{B_{\mathrm{w}} \rho_\gamma g_\omega^2}{\beta_1 \rho_{\mathrm{w}} \hbar c} \right)^3 \sim 10^{90}. \tag{3.1.49}$$

由它可推出光子能级差为

$$\Delta E \simeq \frac{E_{\max} - E_{\min}}{N} = \frac{\lambda_N - \lambda_1}{N} \sim 10^{-45} \mathrm{eV}. \tag{3.1.50}$$

这是一个非常小的值, 实验不可能测出来.

关于上面 (3.1.49) 和 (3.1.50) 的计算可参见 (Ma and Wang, 2015a). 这里我们需要指出, 在计算能级数 N 时是将特征重数 (即简并数) 计算进去. 实际上多重特征值在数学上是由于算子特征值对角化而具有某种对称性. 这种对称性非常不稳定, 在算子的摄动下会消失. 在 (3.1.42) 的谱方程中, 出现弱磁矩算子:

$$g_{\mathrm{w}} \vec{\sigma} \cdot \mathrm{curl} w,$$

它可消除 Laplace 算子 ∇^2 对角化中的对称性, 从而使得 (3.1.42) 特征值的简并数减少.

5) 光子质量生成.

由 (3.1.47) 给出的能级都是内在固有的. 光子能级不会发生变化, 除非是光子之间发生内部弱子交换. 因此, 在没有弱子交换的条件下, 对光子来讲, 公式 (3.1.24) 左端不变, 从而导致光子在弱阻力作用下, 动量减小会产生出非零质量. 这就是电子和其他粒子在吸收光子后质量会有所增加的原因.

3. 电子能级

与光子不同, 电子能级是固有的和非固有的两种能级之和. 其原因是电子附有一个光子层, 这个光子层也是电子的一部分.

电子的固有能级是由电子的谱方程决定的. 电子的弱子构成为

$$\mathrm{e} = \nu_{\mathrm{e}} \omega_1 \omega_2 \quad (\text{见 } 3.1.2 \text{ 小节}).$$

它是由三个弱子构成的. 这三个弱子在电子内部受到弱力和电磁力的阻力产生出质量, 因而受到 Dirac 方程控制. 它们的波函数是 Dirac 旋量:

$$\psi^j = (\psi_1^j, \psi_2^j, \psi_3^j, \psi_4^j), \quad j = 1, 2, 3.$$

从 Dirac 方程可导出电子能级方程如下:

$$-\frac{\hbar^2}{2m_j}\left(\nabla + \mathrm{i}\frac{2g_{\mathrm{w}}}{\hbar c}w\right)^2 \varphi^j + 2(g_{\mathrm{w}}w_0 + \vec{\mu}_j \cdot \mathrm{curl}w)\varphi^j$$
$$= \lambda\varphi^j, \quad \text{在 } |x| < \rho_{\mathrm{e}},\ 1 \leqslant j \leqslant 3, \tag{3.1.51}$$

式中 ρ_{e} 为电子半径, $w_\mu = (w_0, w)$ 为弱作用势, $\varphi^j = (\varphi_1^j, \varphi_2^j)$ 代表第 j 个弱子的特征态,

$$\vec{\mu}_j = \frac{\hbar g_{\mathrm{w}}}{2m_j}\vec{\sigma}, \quad \text{代表第 } j \text{ 个弱子的弱磁矩}.$$

边界条件为

$$\varphi = (\varphi_1, \varphi_2, \varphi_3) = 0, \quad \text{在 } |x| = \rho_{\mathrm{e}}. \tag{3.1.52}$$

由电子谱方程 (3.1.51) 和 (3.1.52) 可导出如下结论:

1) 电子固有能级是有限的, 因而是分立的.

2) 固有能级数 N 有如下公式和估计数量级:

$$N = \left[\frac{4}{\lambda_1}\frac{B_{\mathrm{w}}\rho_{\mathrm{e}}^2}{\rho_{\mathrm{w}}}\frac{m_{\mathrm{w}}c}{\hbar}\frac{g_{\mathrm{w}}^2}{\hbar c}\right]^{\frac{3}{2}} \sim 10^{45},$$

其中 $\rho_{\mathrm{e}}, \rho_{\mathrm{w}}$ 分别为电子和弱子半径, B_{w} 如 (3.1.35) 中的关于弱子的弱相互作用参数, m_{w} 为电子内部弱子固有质量, λ_1 为 $-\Delta$ 的第一特征值.

3) 自由电子的光子云结构

$$\text{电子} = \text{裸电子} + \text{光子吸附层},$$

自由电子总能级数 N 为

$$N = \text{固有能级数} \times \text{光子能级数} \sim 10^{135}.$$

4. 原子能级

经典的原子能级理论是关于轨道电子的能级, 它是建立在 Bohr 原子模型和 Schrödinger 方程基础之上的.

根据原子理论, 原子是由原子核以及它的轨道电子构成的. 将电子束缚在原子核周围的是电磁相互作用. 原子核是由质子和中子构成的, 束缚核子的是强相互作

用. 这样, 原子构成为

$$原子 = 原子核 + 轨道电子, \tag{3.1.53}$$

$$原子核 = 质子 p + 中子 n. \tag{3.1.54}$$

此外, 质子和中子在强相互作用下由三个夸克构成

$$p = uud, \quad n = udd, \tag{3.1.55}$$

夸克在弱相互作用下由三个弱子构成

$$u = \omega^* \omega_1 \overline{\omega}_1, \quad d = \omega^* \omega_1 \omega_2. \tag{3.1.56}$$

于是从 (3.1.53) 和 (3.1.54) 可知,

$$原子能级 = 原子核能级 + 轨道电子能级, \tag{3.1.57}$$

$$原子核能级 = E_k^1 + \lambda_j^1, \tag{3.1.58}$$

其中 E_k^1 是核子的能级, λ_j^1 是原子核谱方程负特征值, 代表核子强相互作用束缚势能. 由 (3.1.55) 知

$$E_k^1 = E_l^2 + \lambda_j^2 + 核子的吸附媒介子能级, \tag{3.1.59}$$

式子 E_l^2 是夸克能级, λ_j^2 是核子谱方程负特征值, 代表内部夸克强相互作用束缚势能. 由 (3.1.56) 知

$$E_2^1 = E_0^3 + \lambda_j^3 + 夸克的吸附媒介子能级, \tag{3.1.60}$$

式中 E_0^3 是夸克内部弱子的固有能量, λ_j^3 是夸克谱方程的负特征值, 代表内部弱子弱相互作用束缚势能.

根据 (Ma and Wang, 2015a) 关于亚原子粒子的能级理论, 由 (3.1.57)—(3.1.60) 给出的各粒子层次能级数都是有限的, 因而是分立的. 但能级总数 N 非常大, 估计值约为

$$N \geqslant 10^{300} > 宇宙总粒子数 \sim 10^{80},$$

5. 粒子能级的物理结论

根据上面的讨论, 关于粒子能级可总结出下面结论, 它们可以说是统计物理的基础.

1) 微观粒子的能量一定是在它们的能级上, 且所有的能级数都是有限的, 因而是分立的.

2) 粒子是通过吸收和发射光子以及粒子之间交换它们的组分粒子这两种方式改变它们的能级的.

3) 粒子的能级由公式 (3.1.39) 将它们的质量和动量 (速度) 联系在一起. 当粒子能级改变时, 它们的质量和动量都将发生变化. 当能级不变时, 在外场作用下, 粒子质量与动量可相互转化.

4) 粒子数 N 非常大, 相邻能级间隙非常小, 其理论估值为

$$光子 \ N \sim 10^{90}, \quad 电子 \ N \sim 10^{135}, \quad 原子 \geqslant 10^{300}. \tag{3.1.61}$$

光子能级间隙理论估值为

$$\Delta E_k = E_{k+1} - E_k \sim 10^{-45} \mathrm{eV}. \tag{3.1.62}$$

3.2   经 典 统 计

3.2.1   粒子分布问题及其热力学势

热力学统计理论主要是用统计方法研究热力学**平衡系统**中粒子不同能级占有数的概率分布理论. 它主要依据的是概率假设和极小势原理 (请注意不要误解为 "极大概率原理"). 统计理论根据不同系统分为两个分支: 以经典的 Maxwell-Boltzmann (MB) 分布, Bose-Einstein (BE) 分布, Fermi-Dirac (FD) 分布为内容的 MB 统计学以及建立在等概率原理基础上的系综统计学.

MB 分布是建立在经典力学框架下的, 由 C. Maxwell 和 L. Boltzmann 在 19 世纪 60 年代建立. 该理论主要研究经典意义的孤立粒子系统, 即不同粒子可按它们所处的不同位置来分辨. 这一节主要介绍 MB 分布.

1. 概率假设

对于 MB 统计学, 下面的概率假设是基本的.

假设 3.12 (概率假设)   对于一个平衡的粒子系统, 各种可能的微观状态出现的概率与时间无关.

在概率假设基础上可以考虑下面粒子按能级的分布问题. 假设一个热力学孤立的粒子系统, 它的总粒子数 N 和粒子总能量 E 是固定的. 由 3.1.5 小节关于粒子能级的理论, 系统中每一个粒子都处在某个能级 ε 的状态下, 并且总能级数是有限的. 于是有这样的问题, 即在每一个能级态 ε_n 上共占有多少粒子. 因为系统是处在动态平衡中, 即有的粒子从 ε_n 能级跃迁到 ε_m 上, 而其他能级粒子又跃迁到 ε_n 上, 但总体上每个能级上粒子数都保持不变, 因此 ε_n 上占有的粒子数 a_n 是在概率意义下的, 即

$$能级 \varepsilon_n 上粒子数 a_n = 粒子处在能级 \varepsilon_n 的概率 \times N. \qquad (3.2.1)$$

正是这个等式 (3.2.1) 使得概率假设成为必要. 因为如果假设 3.12 不成立, 那么在不同时刻粒子处在 ε_n 的概率就不同, 从而粒子数 a_n 随时间而变, 这样粒子的分布理论就变得没有意义了.

一个接着的问题就是, 由 3.1.5 小节关于粒子能级数的理论估计 (3.1.61), 任一个热力学系统, 它的总粒子数 N 远小于能级数 N_E,

$$N \ll N_E. \qquad (3.2.2)$$

这意味着大量的能级上没有粒子. 因此对于每个能级上粒子占有数的问题似乎没有什么意义. 其实不然, 关系式 (3.2.2) 并不意味着没有粒子的能级永远不会有粒子. 只是说每个单一能级上占有粒子的概率几乎是零, 数量级平均为 N/N_E. 而 a_n 的含义如 (3.2.1). 分布理论关心的是粒子数 a_n 与对应能级 ε_n 的函数关系.

现在, 建立在等概率原理及量子物理粒子能级理论基础之上, 可以严格地陈述热力学孤立的均匀平衡系统如下能级分布问题.

2. 能级分布问题

孤立系统粒子能级以及对应粒子数排列如下:

$$\begin{aligned} &\varepsilon_1 < \varepsilon_2 < \cdots < \varepsilon_{N_E}, \\ &g_1, \ g_2, \ \cdots, \ g_{N_E}, \\ &a_1, \ a_2, \ \cdots, \ a_{N_E}, \end{aligned} \qquad (3.2.3)$$

其中 g_n 代表能级 ε_n 的简并数, 即 ε_n 上的允许的量子态数, a_n 为 ε_n 上的粒子数. 此外, 系统的孤立性意味着总粒子数 N 和粒子总能量 E(不是系统总能量) 是固定的,

$$\begin{aligned} N &= \sum_n a_n \quad 为常数, \\ E &= \sum_n a_n \varepsilon_n \quad 为常数. \end{aligned} \qquad (3.2.4)$$

所谓能级分布问题就是在 (3.2.4) 的约束下求出 (3.2.3) 中粒子分布数 a_n 与对应 ε_n 之间的函数关系, 即求出表达式

$$a_n = f(\varepsilon_n, T), \quad 1 \leqslant n \leqslant N_E. \qquad (3.2.5)$$

3. 粒子分布的状态数

为了得到表达式 (3.2.5), 我们首先需要知道对应于 (3.2.3) 的分布, 该系统有多少微观状态数 W. 所谓微观状态就是在给定的 (3.2.3) 分布下, 粒子的占据方式. 例

如 A, B 两个粒子占据 $g_1 = 2$, $g_2 = 1$ 的两个能级 ε_1, ε_2. 在给定分布 a_1, $a_2 = 1$ 条件下, 有 $W = 4$ 种占据方式:

$$\begin{array}{cccc}
\varepsilon_1 \quad \varepsilon_2 & \varepsilon_1 \quad \varepsilon_2 & \varepsilon_1 \quad \varepsilon_2 & \varepsilon_1 \quad \varepsilon_2 \\
\underline{A} \quad \underline{} \quad B & \underline{} A \quad B & B \underline{} \quad A & \underline{} B \quad A
\end{array}$$

显然对应于 (3.2.3) 的不同分布, 微观状态数 W 不同. 因而 W 是分布 $(a_1, \cdots, a_{N_E})$ 的函数, 记为

$$W = W(a_1, \cdots, a_{N_E}) \tag{3.2.6}$$

这是一个关于 $(a_1, \cdots, a_{N_E})$ 的多元函数.

一个自然的想法就是认为 (3.2.3) 的分布会朝着使状态数 (3.2.6) 取最大值的方式进行, 也就是说分布是朝着极大概率的方向进行的. 如果这个 "极大概率原理" 成立, 那么 (3.2.5) 的函数满足下面关于 (3.2.4) 约束的变分方程 (见定理 1.8):

$$\delta W = \alpha \delta N + \beta \delta E, \tag{3.2.7}$$

其中 α, β 为 Lagrange 乘子.

但是 (3.2.7) 是错误的方程, 大自然没有取 "极大概率原理" 作为它的物理基本定律. 事实上, (3.2.5) 的 a_n 服从的是极小势原理 (原理 1.17), 虽然它表现出似乎是服从 "极大概率原理".

4. $\ln W$ 代表了热力学势

为了使分布理论建立在坚实的物理定律基础之上, 我们需要搞清楚状态数 (3.2.6) 的物理意义. 首先注意到状态数满足乘积律, 即若一个系统 A 由 A_1 和 A_2 两个子系统构成

$$A = A_1 + A_2.$$

则 A 系统的状态数为

$$\omega(A) = \omega(A_1)\omega(A_2), \tag{3.2.8}$$

在物理中不存在一个物理量满足 (3.2.8) 的乘积律. 然而关于 (3.2.8) 取对数, 则可得到

$$\ln \omega(A) = \ln \omega(A_1) + \ln \omega(A_2). \tag{3.2.9}$$

另一方面, 满足加法律的物理量有能量、动量、角动量等, 而动量和角动量都是矢量. 因而从 (3.2.9) 很自然地推出

$$\eta \ln W = 能量, \tag{3.2.10}$$

其中 η 为能量的量纲因子 (因为 $\ln W$ 是无量纲的). 根据热力学量纲,

$$\eta = \lambda T \quad (T \text{ 为温度}, \lambda \text{ 为常数}). \tag{3.2.11}$$

因为此系统 T 为控制参数, 故热力学势为

$$F = E - ST \quad (S \text{ 为熵}), \tag{3.2.12}$$

这里的 E 就是 (3.2.4) 中的粒子总能量. 于是将 (3.2.10) 和 (3.2.11) 视为热能 $ST = \lambda T \ln W$, 则 (3.2.12) 的热力学势为

$$F = E - \lambda T \ln W. \tag{3.2.13}$$

于是便导出 $\ln W$ 与热力学势的关系. 热力学总与 (3.2.11) 的 λ 在量纲上与 Boltzmann 常数相同, 因而可取为

$$\lambda = \theta k, \quad \theta \text{ 为一无量纲常数},$$

这里 k 为 Boltzmann 常数, 其值为

$$k = 1.381 \times 10^{-23} \text{J} \cdot \text{K}^{-1}. \tag{3.2.14}$$

注 3.13 传统的统计物理中将熵 S 表述为

$$S = k \ln W, \tag{3.2.15}$$

这就是著名的 Boltzmann 公式. 实际上具有真正物理意义的熵应该是

$$S_\gamma = k N_0 \left[1 + \frac{1}{kT} \sum_n \frac{a_n \varepsilon_n}{N_0} \right]. \tag{3.2.16}$$

公式 (3.2.15) 中应称为 Boltzmann 熵, 它与 (3.2.16) 中熵是呈比例关系的. 也就是 (3.2.16) 中的熵 S_γ 与 $\ln W$ 有如下关系:

$$S_\gamma = \theta k \ln W, \tag{3.2.17}$$

其中 θ 是依赖于系统中粒子类型以及物质结构的.

3.2.2 MB 分布

我们得到关于分布 $\{a_n\}$ 的热力学势 (3.2.13) 后, 由极小势原理, Lagrange 乘子定理 (定理 1.8) 及物理结论 2.9, 决定 a_n 表达式 (3.2.5) 的变分方程可写成如下形式:

$$\frac{\delta}{\delta a_n} \left(-kT \ln W + \alpha_0 \sum_n a_n + \beta_0 \sum_n a_n \varepsilon_n \right) = 0, \tag{3.2.18}$$

其中 $\alpha_0 = -\mu/\theta$ (μ 为化学势), $\beta_0 = (1-\gamma)/\theta$ 为无量纲常数, γ 为粒子总能量 E 的 Lagrange 乘子, α_0, β_0 为待定常数.

1. 粒子分布状态数 W 的表达式

关于 (3.2.3) 的分布, 状态数 W 为

$$W = \frac{N!}{\prod\limits_n a_n!} \prod_n g_n^{a_n}, \tag{3.2.19}$$

此公式实际上就是各能级上粒子的排列组合数.

式中第二个因子 $\prod\limits_n g_n^{a_n}$ 中每一项 $g_n^{a_n}$ 代表 a_n 个粒子在 ε_n 能级上的 g_n 个不同量子态的所有占据方式 (详细介绍可参见 (林宗涵, 2007)). 因为是经典粒子系统, 两个不同能级上粒子相互交换代表不同的状态. 因而必须再考虑不同能级上粒子相互交换的数目, 它等于 (3.2.19) 中第一个因子 $N!/\prod\limits_n a_n!$, 它与 $\prod\limits_n g_n^{a_n}$ 的乘积便得到分布 (3.2.3) 的总状态数 W 的表达式 (3.2.19).

2. MB 分布

由 Stirling 公式,

$$k! = k^k e^{-k} \sqrt{2\pi k},$$

取对数得

$$\ln k! = k \ln k - k + \frac{1}{2} \ln(2\pi k).$$

因为 $\ln(2\pi k) \ll k$, 所以上式可近似写成

$$\ln k! = k \ln k - k. \tag{3.2.20}$$

从 (3.2.19) 和 (3.2.20) 可得

$$\ln W = N \ln N - N - \sum_n a_n \ln a_n + \sum_n a_n + \sum_n a_n \ln g_n.$$

再由 $\sum\limits_n a_n = N$, 上式写成

$$\ln W = N \ln N - \sum_n a_n \ln \frac{a_n}{g_n}. \tag{3.2.21}$$

将此式代入 (3.2.18) 便得到

$$\ln \frac{a_n}{g_n} + \alpha + \beta \varepsilon_n = 0, \quad 1 \leqslant n \leqslant N_E,$$

式中 $\alpha = 1 + \alpha_0/kT$, $\beta = \beta_0/kT$. 此方程的解为

$$a_n = g_n e^{-\alpha - \beta \varepsilon_n}, \quad \beta = \beta_0/kT. \tag{3.2.22}$$

参数 α 可由 a_n 的归一化求得, 即由 $\sum\limits_n a_n = N$ 可推出

$$\mathrm{e}^{-\alpha} = N/Z, \quad Z = \sum_n g_n \mathrm{e}^{-\beta \varepsilon_n}, \tag{3.2.23}$$

这里 Z 称为配分函数. 由热力学理论可定出 $\beta = 1/kT$.

于是 (3.2.22) 的 a_n 可写成如下形式:

$$a_n = \frac{N}{Z} g_n \mathrm{e}^{-\varepsilon_n/kT}, \tag{3.2.24}$$

这个公式便是 **MB 分布**.

3. MB 分布是热力学势能 (3.2.13) 的极小值点

(3.2.24) 给出的分布是热力学势 (3.2.13) 的约束极小值点, 我们只需关于泛函 F 求二次变分,

$$\delta^2 F = -\lambda T \delta \left(-\sum_n \ln \frac{a_n}{g_n} \delta a_n \right)$$
$$= \lambda T \sum_n \frac{1}{a_n} (\delta a_n)^2 > 0 \quad (\lambda = \theta k > 0).$$

这表明 (3.2.24) 的分布使 (3.2.13) 的势泛函达到极小.

4. MB 分布使用范围

因为热力学势 (3.2.13) 中的 $E = \sum\limits_n a_n \varepsilon_n$ 是系统中特别指定的粒子所具有的总能量, 并非是系统总能量, 所以 MB 分布公式适用于所有关于粒子自旋不敏感的系统.

此外, 如果考虑一个系统特定的一类粒子分布, 那么许多情况下粒子相邻能级差 $\Delta \varepsilon_n = \varepsilon_n - \varepsilon_{n-1}$ 并不是非常小. 这是因为在这些特定情况下, 物理条件的约束使得这类粒子只占据一些特定的能级. 总之, MB 分布适用范围非常广. 它不管系统是属于气、液、固的哪一种物态形式. 一般来讲, 若物体是由较大分子或重原子构成的, 那么该系统的粒子就是半经典的, 量子效应的影响很小, 但在低温情况下却不同.

5. 经典系统配分函数

在 (3.2.23) 中我们已经看到配分函数 Z, 它的表达式为

$$Z = \sum_n g_n \mathrm{e}^{-\beta \varepsilon_n}. \tag{3.2.25}$$

这是经典系统的配分函数.

在统计理论中, 除了像 (3.2.24) 那样的分布公式外, 系统的配分函数是另一个重要的热力学量. 它不仅与分布公式有着紧密联系, 而且又具有独立意义. 经常在统计物理理论中被单独拿出来使用, 其重要原因是如果知道一个系统的配分函数的具体表达式, 那么便可导出所有其他热力学量. 下面介绍 Z 与其他热力学量的关系:

$$内能 \quad U = -N\frac{\partial}{\partial \beta}\ln Z, \tag{3.2.26}$$

$$熵 \quad S = Nk\left(\ln Z - \beta\frac{\partial}{\partial \beta}\ln Z\right), \tag{3.2.27}$$

$$广义力 \quad f = -\frac{N}{\beta}\frac{\partial}{\partial X}\ln Z, \tag{3.2.28}$$

$$自由能 \quad F = -NkT\ln Z. \tag{3.2.29}$$

在上述关系中, 只是借用了关系 (3.2.4) 和 (3.2.24). 再次强调公式 (3.2.26)—(3.2.29) 是独立于分布系统 (3.2.4) 和分布公式 (3.2.24) 的. 事实上, 在求 MB 分布 (3.2.24) 时, 粒子总能量

$$E = \sum_n a_n \varepsilon_n \tag{3.2.30}$$

并不一定代表内能, 因为任何一个非光子的粒子系统都是浸在一个光子海中, 也就是说系统中粒子的空隙中充满了光子. 正是这些光子使系统具有温度, 粒子的能级可以变化. 但 (3.2.30) 的能量并没有包含系统内的光子能量, 因此它也不能代表内能. 但是在许多情况下用它来充当内能仍然有效. 在 (3.2.26) 的推导过程中, 就是用 (3.2.30) 充当内能的.

公式 (3.2.26) 推导过程如下:

$$
\begin{aligned}
U &= \sum_n a_n \varepsilon_n = \frac{N}{Z}\sum_n \varepsilon_n g_n \mathrm{e}^{-\beta\varepsilon_n} \\
&= \frac{N}{Z}\left(-\frac{\partial}{\partial \beta}\sum_n g_n \mathrm{e}^{-\beta\varepsilon_n}\right) = -N\frac{\partial}{\partial \beta}\ln Z.
\end{aligned}
$$

公式 (3.2.28) 的推导过程如下:

$$
\begin{aligned}
f &= \frac{\partial E}{\partial X} = \sum_n a_n \frac{\partial \varepsilon_n}{\partial X} = \frac{N}{Z}\sum_n \frac{\partial \varepsilon_n}{\partial X} g_n \mathrm{e}^{-\beta\varepsilon_n} \\
&= \frac{N}{Z}\left(-\frac{1}{\beta}\frac{\partial}{\partial X}\sum_n g_n \mathrm{e}^{-\beta\varepsilon_n}\right) = -\frac{N}{\beta}\frac{\partial}{\partial X}\ln Z.
\end{aligned}
$$

公式 (3.2.27) 的推导过程如下:

$$T\mathrm{d}S = \mathrm{d}U - f\mathrm{d}X, \quad 热力学第一定律, \tag{3.2.31}$$

由 (3.2.26) 和 (3.2.28) 有

$$\beta(\mathrm{d}U - f\mathrm{d}X) = -N\beta\mathrm{d}\left(\frac{\partial}{\partial\beta}\ln Z\right) + N\frac{\partial}{\partial X}\ln Z\mathrm{d}X$$
$$= N\mathrm{d}\left(\ln Z - \beta\frac{\partial}{\partial\beta}\ln Z\right).$$

由 $\beta = 1/kT$, 对照 (3.2.31) 便得到熵的表达式 (3.2.27).

关系式 (3.2.29) 可从 (3.2.26) 和 (3.2.27) 及 $F = U - ST$ 立刻导出.

6. Botlzmann 熵公式

(3.2.15) 给出了 Botlzmann 关于熵的公式. 下面我们将从表达式 (3.2.27) 推出这个公式. 由 (3.2.21), 有

$$\ln W = N\ln N - \sum_n a_n \ln\frac{a_n}{g_n}.$$

将 MB 分布 (3.2.24) 代入此式得

$$\ln W = N\ln N + \sum_n a_n(\alpha + \beta\varepsilon_n)$$
$$= N\ln N + \alpha N + \beta E. \tag{3.2.32}$$

由 (3.2.23) 和 (3.2.26), 即

$$\alpha = \ln\frac{Z}{N}, \quad E = -N\frac{\partial}{\partial\beta}\ln Z.$$

将此 α 和 E 代入 (3.2.32) 便得到

$$\ln W = N\left(\ln Z - \beta\frac{\partial}{\partial\beta}\ln Z\right)$$

与熵的表达式 (3.2.27) 对照立刻推出 Boltzmann 公式

$$S = k\ln W. \tag{3.2.33}$$

3.2.3 Maxwell 速度分布律与能量均分定理

MB 分布是对一般物质系统的粒子按能级分布的理论. 对于气体而言粒子的速度代表动能, 因此很自然地存在按速度的粒子分布问题. Maxwell 在 1860 年对此问题给出了答案, 他提出的气体速度分布律是统计物理的先驱性工作. 其后 Boltzmann 在 1871 年提出能量均分定理.

1. Maxwell 速度分布律

考虑一个由质量为 m 的粒子构成的理想气体. 一个分子速度的概率分布可用概率密度 $f(v_1, v_2, v_3)$ 来描述, 它表示分子在速度 $v = (v_1, v_2, v_3)$ 处的速度体积元 $\mathrm{d}v_1\mathrm{d}v_2\mathrm{d}v_3$ 中出现的概率, 可表示为

$$f(v)\mathrm{d}v_1\mathrm{d}v_2\mathrm{d}v_3. \tag{3.2.34}$$

由 (3.2.21) 和 MB 分布 (3.2.24), 有

$$Nf(v) = \frac{N}{Z}g_\nu \mathrm{e}^{-\frac{\varepsilon}{kT}}, \quad \varepsilon = \frac{1}{2}mv^2.$$

从而得到

$$f(v) = A\mathrm{e}^{-\frac{mv^2}{2kT}}.$$

式中 $A = g_\nu/Z$ 为待定常数, 可由归一化确定. 此时 (3.2.34) 变为

$$f(v)\mathrm{d}v_1\mathrm{d}v_2\mathrm{d}v_3 = A\mathrm{e}^{-\frac{mv^2}{2kT}}\mathrm{d}v_1\mathrm{d}v_2\mathrm{d}v_3. \tag{3.2.35}$$

取速度空间球面坐标 (v, θ, φ), 则体积元为

$$\mathrm{d}v_1\mathrm{d}v_2\mathrm{d}v_3 = v^2\mathrm{d}v\sin\theta\mathrm{d}\theta\mathrm{d}\varphi.$$

将上式代入 (3.2.35) 再关于 (θ, φ) 进行球面积分, 即对 θ 从 0 到 π, φ 从 0 到 2π 积分得到速度处在 v 和 $v + \mathrm{d}v$ 的概率为

$$f(v)\mathrm{d}v = 4\pi Av^2\mathrm{e}^{-\frac{mv^2}{2kT}}\mathrm{d}v. \tag{3.2.36}$$

再由归一化条件

$$\int_0^\infty f(v)\mathrm{d}v = 4\pi A\int_0^\infty v^2\mathrm{e}^{-\frac{mv^2}{2kT}}\mathrm{d}v = 1.$$

可定出 $A = (m/2\pi kT)^{\frac{3}{2}}$. 将 A 代入 (3.2.36) 便得到 Maxwell 气体分子速度分布律的如下表达式:

$$f(v) = 4\pi\left(\frac{m}{2\pi kT}\right)^{\frac{3}{2}}v^2\mathrm{e}^{-\frac{mv^2}{2kT}}. \tag{3.2.37}$$

2. 能量均分定理

能量均分定理是经典统计的一个重要结果, 它陈述如下.

定理 3.14 (能量均分定理)　一个处在温度为 T 的经典平衡态系统, 能量表达式中每一平方项的平均值为 $\frac{1}{2}kT$.

我们需要解释一下能量平方项是什么意思. 一个粒子的平均动能、转动动能、振子振动能等, 它的能量平方项分别为

$$\text{平均动能} \quad \varepsilon = \frac{1}{2}m(v_1^2 + v_2^2 + v_3^2), \quad \text{能量平方项} = 3,$$

$$\text{转动动能} \quad \varepsilon = \frac{1}{2I}\left(p_\theta^2 + \frac{1}{\sin^2\theta}p_\varphi^2\right), \quad \text{能量平方项} = 2,$$

$$\text{振子振动能} \quad \varepsilon = \frac{1}{2}m\omega^2\sum_{k=1}^{n} x_i^2 \ (1 \leqslant n \leqslant 3), \quad \text{能量平方项} = n,$$

其中 I 为转动惯量, p_θ, p_φ 为角动量, ω 为振动频率.

定理 3.14 是说如果一个带有自转的运动粒子 $r = 5$, 则该系统粒子平均能量值为 $\bar{\varepsilon} = \dfrac{5}{2}kT$.

能量均分定理证明如下:

令系统中粒子总动能为

$$\varepsilon = \frac{1}{2}\sum_{i=1}^{r}\alpha_i p_i^2, \tag{3.2.38}$$

则此系统配分函数

$$Z = \int e^{-\beta\varepsilon}\,\mathrm{d}p_1\cdots\mathrm{d}p_r.$$

将 (3.2.38) 代入 Z 中可算出

$$Z = \int_{-\infty}^{\infty} e^{-\frac{1}{2}\beta\alpha_1 p_1^2}\mathrm{d}p_1 \cdots \int_{-\infty}^{\infty} e^{-\frac{1}{2}\beta\alpha_r p_r^2}\mathrm{d}p_r$$

$$= \prod_{i=1}^{r}\left(\frac{2\pi}{\alpha_i}\right)^{\frac{1}{2}}\beta^{-\frac{r}{2}}. \tag{3.2.39}$$

由 (3.2.26), 平均能量为

$$\bar{\varepsilon} = \frac{U}{N} = -\frac{\partial}{\partial\beta}\ln Z = -\frac{1}{Z}\frac{\partial Z}{\partial\beta}.$$

将 (3.2.39) 代入 $\bar{\varepsilon}$ 中可求出

$$\bar{\varepsilon} = \frac{r}{2}\beta^{-1} = \frac{r}{2}kT \quad \left(\beta = \frac{1}{kT}\right).$$

这就是均分定理的结论.

3.2.4   固体热容理论

固体的热容理论经历了三个发展过程. 首先是由 P. L. Dulong 和 A. T. Petit 在 1819 年提出的经典理论, 称为 Dulong-Petit 定律, 该定律在高温下与实验能够很好地吻合. 然而在通常温度和低温情形下经典比热理论与实际严重不相符合. 针对这种情况, A. Einstein 在 1906 年关于固体比热采用振子量子化假设, 应用 MB 分布提出固体比热的量子理论, 称为 Einstein 热容理论. 该理论不仅在高温区与经典理论相符合, 而且在较低温区也与实际相吻合. 但在低温区与实验值偏差较大. 在 1912 年, P. Debye 对固体比热提出了与实验完全相符合的模型, 称为 Debye 理论. 下面我们将分别介绍这三种结论.

1. 经典 Dulong-Petit 定律

首先将固体内部结构假设成理想模型, 即固体中的原子在空间中排成规则的点阵. 每个原子在它的位置上作微小的三维谐振运动. 令总粒子数为 N, 则系统总能量为

$$E = \sum_{i=1}^{N} (\varepsilon_{i1} + \varepsilon_{i2} + \varepsilon_{i3}), \tag{3.2.40}$$

其中 $\varepsilon_{ij}(1 \leqslant j \leqslant 3)$ 为第 i 个振子在 j 方向的振动能, 表达式为

$$\varepsilon_{ij} = \frac{p_j^2}{2m} + \frac{1}{2} m\omega^2 x_j^2, \quad 1 \leqslant j \leqslant 3, \tag{3.2.41}$$

式中 p_j 为振子动量, ω 为频率, x_j 为位移. 从 (3.2.40) 和 (3.2.41) 可以看到每个粒子有 $r = 6$ 个能量平方项. 根据能量均分定理, 每个粒子的平均能量等于 $\bar{\varepsilon} = 3kT$. 于是总平均能量为

$$\overline{E} = 3NkT.$$

根据热容公式 (1.3.11) 可推出

$$C_V = \left(\frac{\partial \overline{E}}{\partial T} \right)_V = 3Nk. \tag{3.2.42}$$

这个公式 (3.2.42) 便是 Dulong-Petit 定律.

2. Einstein 理论

基于 Dulong-Petit 定律在较低温情况下不成立的事实, Einstein 借鉴热辐射的量子化假设, 对于理想固体假设所有振子以单一频率 ω 振动, 振子的能量取分立值

$$\varepsilon_n = \left(n + \frac{1}{2} \right) \hbar\omega \quad (n = 0, 1, 2, \cdots). \tag{3.2.43}$$

由 MB 分布理论, 配分函数取为

$$Z = \sum_n \mathrm{e}^{-\beta\varepsilon_n} = \sum_n \mathrm{e}^{-\beta(n+1/2)\hbar\omega} = \frac{\mathrm{e}^{-\beta\hbar\omega/2}}{1 - \mathrm{e}^{-\beta\hbar\omega}}. \tag{3.2.44}$$

每一振子的平均能量为

$$\begin{aligned} \overline{\varepsilon} &= \frac{E}{N} = -\frac{\partial}{\partial\beta}\ln Z \quad (\text{由 } (3.2.26)) \\ &= \frac{1}{2}\hbar\omega + \frac{\hbar\omega}{\mathrm{e}^{\hbar\omega/kT} - 1}. \end{aligned} \tag{3.2.45}$$

三维空间系统自由度为 3, 每个粒子可视为三个振子, 故总能量为

$$\overline{E} = 3N\overline{\varepsilon} = 3N\frac{\hbar\omega}{\mathrm{e}^{\hbar\omega/kT} - 1} + \frac{3}{2}N\hbar\omega.$$

于是得到固体比热为

$$C_V = \left(\frac{\partial\overline{E}}{\partial T}\right)_V = 3Nk\left(\frac{\hbar\omega}{kT}\right)^2 \frac{\mathrm{e}^{\hbar\omega/kT}}{(\mathrm{e}^{\hbar\omega/kT} - 1)^2}, \tag{3.2.46}$$

这是 Einstein 的热容公式.

从 (3.2.46) 可以看到, 在高温下

$$\hbar\omega \ll kT \quad \left(\text{即 } \frac{\hbar\omega}{kT} \sim 0\right).$$

此时公式 (3.2.46) 近似为

$$C_V = 3Nk,$$

即与 Dulong-Petit 定律一致. 而在低温情况

$$\frac{\hbar\omega}{kT} \gg 1.$$

此时 (3.2.46) 为

$$C_V = 3Nk\left(\frac{\hbar\omega}{kT}\right)^2 \mathrm{e}^{-\hbar\omega/kT}. \tag{3.2.47}$$

此公式显示在绝对零度 $T = 0$ 时, 热容 $C_V = 0$.

注 3.15 对照经典理论与 Einstein 理论建立过程, 可以发现差别就在于经典理论假设能量均分定理在整个温度范围 $0 < T < \infty$ 都成立. 而 Einstein 的振子能量量子化假设是以 (3.2.43) 取代经典的 (3.2.41). 这就意味着能量均分定理在低温情况下不成立. 注意到定理 3.14 有效的条件是经典粒子系统, 在低温情况下粒子的量子效应明显起作用了, 此时物体已不再是经典意义下的系统了.

然而 Einstein 理论在超低温情况下与实际情况不吻合. 注意到式 (3.2.47), 它在 $T \to 0$ 时是指数下降速度, 即

$$C_V \sim \frac{1}{T^2} \mathrm{e}^{-\frac{1}{T}}.$$

而实验值 (2.3.8) 中

$$\text{常规非金属固体} \quad C_V \sim T^3,$$
$$\text{常规金属固体} \quad C_V \sim T.$$

这就需要介绍下面的 Debye 固体热容理论.

3. Debye 理论

鉴于 Einstein 理论在低温区误差较大的缺陷, P. Debye 在 1912 年关于固体热容提出了与实验更为吻合的理论.

Debye 理论与前面两者的一个重要区别是将固体模型改变了, 前两个理论都是将固体视为刚性的, 质点粒子只在各自位置上进行简谐振动. 而 Debye 将固体看作是连续介质, 可以传播弹性波. 这种变动带来了实质性的区别. 简而言之, Debye 理论是建立在下面四个基本要点上.

1) 固体是连续的弹性介质, 因而可以传播横波和纵波这两种弹性波. 每种弹性波都分解成许多分立的简谐波, 每一个简谐波都是可允许的振动方式.

2) 在频率区间 $(\omega, \omega + \mathrm{d}\omega)$ 内, 简谐波的数目为

$$K(\omega)\mathrm{d}\omega = \frac{V}{2\pi^2}\left(\frac{2}{v_1^3} + \frac{1}{v_2^3}\right)\omega^2 \mathrm{d}\omega, \tag{3.2.48}$$

其中 v_1 是横波速度, v_2 为纵波速度. 此式 (3.2.48) 可由波方程计算出来, 可参见 3.2.3 小节的讨论, V 为体积.

3) 固体弹性波频率有一个上限 ω_{D}, 因为每个粒子在三维空间有三个自由度, 波数为 3. 因此 N 个粒子简谐波数为 $3N$. 由波数与频率的关系式 (3.2.48), ω_{D} 满足下面关系:

$$3N = \int_0^{\omega_{\mathrm{D}}} K(\omega)\mathrm{d}\omega. \tag{3.2.49}$$

4) 以 ω 为频率的振子, 其能量是量子化的, 取 (3.2.43) 分立值.

基于以上四点, 下面将进行固体热容的讨论. 由于仍采用 Einstein 量子假设 (3.2.43), 配分函数如 (3.2.44), 即

$$Z = \frac{\mathrm{e}^{-\beta\hbar\omega/2}}{1 - \mathrm{e}^{-\beta\hbar\omega}},$$

其每个振子的平均能量为 (见 (3.2.45)),

$$\bar{\varepsilon} = \frac{1}{2}\hbar\omega + \frac{\hbar\omega}{e^{\hbar\omega/kT} - 1}.$$

此时, 由 (3.2.48), 总能量为

$$\begin{aligned}
\overline{E} &= \int_0^{\omega_D} K(\omega)\bar{\varepsilon}\mathrm{d}\omega \\
&= \frac{V\hbar}{2\pi^2}\left(\frac{2}{v_1^3} + \frac{1}{v_2^3}\right)\int_0^{\omega_D}\frac{\omega^3\mathrm{d}\omega}{e^{\hbar\omega/kT} - 1} + E_0,
\end{aligned} \tag{3.2.50}$$

式中 E_0 与温度无关. 由 (3.2.48) 和 (3.2.49) 可求出 ω_D 为

$$\omega_D = \left(\frac{2}{v_1^3} + \frac{1}{v_2^3}\right)^{-\frac{1}{3}}\left(\frac{18\pi^2 N}{V}\right)^{\frac{1}{3}}. \tag{3.2.51}$$

作变量变换

$$y = \frac{\omega\hbar}{kT}, \quad x = \frac{\theta_D}{T}, \quad \theta_D = \frac{\omega_D\hbar}{k} \quad (\omega_D \text{ 如 } (3.2.51)).$$

则 (3.2.50) 的 $\overline{E}$ 变为

$$\begin{cases}
\overline{E} = 3NkTD(x) + E_0, \\
D(x) = \dfrac{3}{x^3}\displaystyle\int_0^x \frac{y^3\mathrm{d}y}{e^y - 1}.
\end{cases} \tag{3.2.52}$$

从 (3.2.52) 可得到 Deybe 的固体热容公式

$$C_V = \left(\frac{\partial\overline{E}}{\partial T}\right) = 3Nk\left[4D(x) - \frac{3x}{e^x - 1}\right]. \tag{3.2.53}$$

注意, 这里 $x = \dfrac{\theta_D}{T}$, 其中 $\theta_D = \dfrac{\omega_D\hbar}{k}$ 称为 **Debye 温度**. 表 3.1 给出若干单原子晶体的 Debye 温度 (取自 (雷克, 1983)).

表 3.1 一些典型单原子晶体 Debye 温度

晶体	θ_D/K	晶体	θ_D/K	晶体	θ_D/K
Na	150	Zn	250	Pb	88
Ag	215	Fe	420	Al	390
Cu	315	Co	385	Pt	225
Be	1000	Ni	375	Cd	172

图 3.2 给出了关于铜的实验结果与 Einstein 理论 (虚线) 和 Debye 理论 (实曲线) 以及经典 Dulong-Petit 定律 (水平实线) 之间的比较. 图中显示, Debye 理论与实验符合很好 (图 3.2 取自 (林宗涵, 2007)).

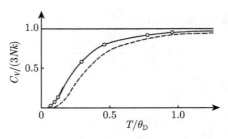

图 3.2　铜的实验结果 (○), Einstein 理论 (虚线), Debye 理论 (实曲线), 经典 Dulong-Petit
定律 (实水平线)

从 Debye 公式 (3.2.53) 可以看到, 在低温区域,

$$x = \frac{\theta_{\mathrm{D}}}{T} \gg 1, \quad D(x) \simeq \frac{3}{x^3} \int_0^\infty \frac{y^3}{\mathrm{e}^y - 1} \mathrm{d}y = \frac{\pi^4}{5x^3}.$$

热容 C_V 取值为

$$C_V \simeq \frac{12\pi^4}{5} Nk \frac{T^3}{\theta_{\mathrm{D}}^3} \sim T^3.$$

它与低温下非金属固体热容实验值 (2.3.8) 符合很好, 对大多数金属固体在 $T \geqslant 2\mathrm{K}$
时也与实验相符.

3.2.5　气体热容理论

从 3.2.4 小节关于固体热容理论的讨论可以总结出计算比热的一般方法和程序
如下:

1) 对于给定的系统, 确定系统粒子能级 ε 的表达形式;

2) 采用能量均分定理和算出配分函数 Z 这两种不同的方法求出每个粒子的平
均能量 $\bar{\varepsilon}$;

3) 用 $\bar{\varepsilon}$ 求出总能量 $\overline{E}$;

4) 由 $\overline{E}$ 求出比热 C_V 的表达式

$$C_V = \left(\frac{\partial \overline{E}}{\partial T} \right)_V.$$

应用这个标准程序, 我们考虑双原子分子的理想气体热容理论.

1. 粒子能级 ε 表达式

理想气体分子运动具有三种不同形式: 平动、振动、转动. 因此能级 ε 具有三
项,

$$\varepsilon = 平动能\, \varepsilon_{平动} + 振动能\, \varepsilon_{振动} + 转动能\, \varepsilon_{转动}.$$

其中

$$\varepsilon_{平动} = \frac{1}{2m}(p_1^2 + p_2^2 + p_3^2), \quad m \text{ 为分子质量},$$

$$\varepsilon_{振动} = \left(n + \frac{1}{2}\right)\hbar\omega, \quad \text{见 (3.2.43)} \tag{3.2.54}$$

$$\varepsilon_{转动} = \frac{\hbar^2}{2I}l(l+1), \quad (l = 0, 1, 2, \cdots),$$

式中 $I = mr^2$ 为分子转动惯量, m 为分子质量, r 为分子半径. 在 (3.2.54) 中关于 $\varepsilon_{转动}$ 的公式是由量子力学的转子理论获得的, 在后面 3.5 节中将给予推证.

2. 平动和振动单粒子平均能

在 (3.2.54) 中的三种能量, 平动的单粒子的平均能量 $\bar{\varepsilon}$ 可由能量均分得到, 这里 $r = 3$, 因此有

$$\bar{\varepsilon} = \frac{3}{2}kT. \tag{3.2.55}$$

关于振动能如 Einstein 理论 (3.2.43)—(3.2.45), 平均能为

$$\bar{\varepsilon}_{振动} = \frac{1}{2}\hbar\omega + \frac{\hbar\omega}{e^{\hbar\omega/kT} - 1}. \tag{3.2.56}$$

3. 关于转动单粒子平均能

由平均能公式

$$\bar{\varepsilon} = -\frac{\partial}{\partial\beta}Z, \tag{3.2.57}$$

我们必须先求出转动能的配分函数 Z.

关于双原子分子有两种情况: 其一是构成分子的两个原子是不相同的, 如一氧化碳 (CO), 一氧化氮 (NO) 等, 其二是原子相同的分子, 如氧气 (O_2), 氢气 (H_2) 等. 对于第一种情况, 配分函数为

$$\text{相异原子} \quad Z_{转动} = \sum_l g_l e^{-\beta\varepsilon_{转动}^l}.$$

同样由量子力学理论, 关于转动能级的简并数 $g_l = 2l + 1$. 于是由 (3.2.54) 中关于 $\varepsilon_{转动}$ 的表达式, 上述配分函数为

$$\text{相异原子} \quad Z_{转动} = \sum_l (2l + 1)e^{-l(l+1)\theta_r/T}, \tag{3.2.58}$$

式中 $\theta_r = \dfrac{\hbar^2}{2Ik}$ 称为转动特征温度. 它起的作用与 Debye 温度是一样的. 而对于相

同原子, 则由量子力学原理可知

$$Z_{转动} = g_1 Z_{转动}^1 + g_2 Z_{转动}^2,$$

$$Z_{转动}^1 = \sum_{l=1,3,5,\cdots} (2l+1)\mathrm{e}^{-l(l+1)\theta_r/T},$$

$$Z_{转动}^2 = \sum_{l=0,2,4,\cdots} (2l+1)\mathrm{e}^{-l(l+1)\theta_r/T}, \tag{3.2.59}$$

其中 g_1 和 g_2 为核简并度, 其值为

$$g_1 = \frac{s+1}{2s+1}, \quad g_2 = \frac{s}{2s+1} \quad (核自旋\ s = 分数),$$

$$g_1 = \frac{s}{2s+1}, \quad g_2 = \frac{s+1}{2s+1} \quad (核自旋\ s = 整数). \tag{3.2.60}$$

于是由 (3.2.58) 和 (3.2.59), 每个分子平均能 (3.2.57) 变为

$$\bar{\varepsilon}_{转动} = \sum_{l=0}^{\infty} G_l N_l k\theta_r \mathrm{e}^{-l(l+1)\theta_r/T}, \tag{3.2.61}$$

其中 $N_l = l(l+1)(2l+1)$, G_l 为

$$G_l = \begin{cases} 1, & 对相异原子, \\ \delta_{1l}g_1 + \delta_{2l}g_2, & 对相同原子, \end{cases} \tag{3.2.62}$$

这里 g_1, g_2 如 (3.2.60), 且

$$\delta_{il} = \begin{cases} 1, & l = 2m+i, \\ 0, & l \neq 2m+i, \end{cases} \quad 对某个整数\ m \geqslant 0.$$

4. 总平均能量

双原子分子气体总能量 $\overline{E}$ 为

$$\overline{E} = N(\bar{\varepsilon}_{平动} + \bar{\varepsilon}_{振动} + \bar{\varepsilon}_{转动}).$$

再由 (3.2.55), (3.2.56) 和 (3.2.61) 得到

$$\overline{E} = N\left(\frac{3}{2}kT + \frac{1}{2}\hbar\omega + \frac{\hbar\omega}{\mathrm{e}^{\hbar\omega/kT}-1} + \sum_{l=0}^{\infty} G_l N_l k\theta_r \mathrm{e}^{-l(l+1)\theta_r/T}\right). \tag{3.2.63}$$

5. 双原子理想气体热容

从 (3.2.63) 我们可得到气体热容为

$$
\begin{cases}
C_V = \left(\dfrac{\partial \overline{E}}{\partial T}\right)_V = C_{平动} + C_{振动} + C_{转动}, \\[2mm]
C_{平动} = \dfrac{3}{2}Nk, \\[2mm]
C_{振动} = \dfrac{x^2 \mathrm{e}^x}{(\mathrm{e}^x - 1)^2}Nk, \quad x = \dfrac{\theta_V}{T}, \\[2mm]
C_{转动} = Nk\sum_{l=0}^{\infty} G_l \widetilde{N}_l y^2 \mathrm{e}^{-l(l+1)y}, \quad y = \dfrac{\theta_r}{T},
\end{cases}
\tag{3.2.64}
$$

其中 $\widetilde{N}_l = l^2(l+1)^2(2l+1)$, G_l 如 (3.2.62),

$$
\begin{aligned}
\theta_V &= \frac{\hbar\omega}{k} \quad \text{为振动特征温度,} \\
\theta_r &= \frac{\hbar^2}{2Ik} \quad \text{为转动特征温度.}
\end{aligned}
\tag{3.2.65}
$$

这样, 我们获得了双原子理想气体热容公式 (3.2.64) 和 (3.2.65).

在 (3.2.65) 中的两个特征温度数值分别可以从双原子分子的振动光谱和转动光谱数据中算出. 表 3.2 给出一些双原子分子振动与转动特征温度的数值 (取自 (林宗涵, 2007)).

表 3.2　双原子分子振动与转动特征温度数据

分子	H_2	N_2	O_2	CO	NO	HCl	HBr	HI
θ_V/K	6210	3340	2230	3070	2690	4140	3700	3200
θ_r/K	85.4	2.86	2.07	2.77	2.42	15.2	12.1	9.0

注 3.16　当考虑低温情况时, 转动特征温度 $\theta_r \gg T$, 因而在 (3.2.64) 中 $C_{转动}$ 只取 $l = 0, 1$ 两项, 其值为

$$
C_{转动} = 12G_1 \left(\frac{\theta_r}{T}\right)^2 \mathrm{e}^{-2\theta_r/T} Nk,
$$

它表明转动热容随 T 按指数衰减趋于零.

3.3　量 子 统 计

3.3.1　BE 分布与 FD 分布

3.2 节我们介绍的 MB 统计理论处理的是经典粒子系统. 而对于量子效应显著的粒子系统, MB 统计失去有效性. 取而代之的是量子统计. 量子统计主要是由

Bose-Einstein (BE) 统计和 Fermi-Dirac (FD) 统计构成. BE 统计主要处理的是由 Bose 子组成的粒子系统, FD 统计处理的是由 Fermi 子组成的粒子系统. 这两种粒子系统表现出完全不同的量子行为.

与经典统计一样, 量子统计的中心任务就是求出量子粒子系统关于 (3.2.3) 能级的 a_n 分布函数 (3.2.5) 的表达公式, 以及配分函数的形式. 同样, 量子系统的分布函数 a_n 也是变分方程 (3.2.18) 的解, 因此为了得到 a_n, 我们需要求出分布状态数 W 的表达式. 下面将分别讨论 Bose 子系统与 Fermi 子系统的统计理论.

BE 统计

1. Bose 子系统分布状态数 W

量子系统的粒子与经典粒子在统计方面存在一个根本差别. 经典的粒子是由它们处在不同位置而区分的, 但量子粒子遵从全同性原理, 即它们不能由位置来区分, 而是由量子态 (也称为量子数) 来分辨. 这意味着在量子统计中两个粒子进行交换并不计入状态的数目, 因此量子系统的状态数没有像经典系统的 (3.2.19) 中 $N!/\prod_n a_n!$ 这样的因子. 考虑量子系统的能级分布

$$
\begin{array}{cccc}
\varepsilon_1, & \varepsilon_2, & \cdots, & \varepsilon_{N_E}, \\
g_1, & g_2, & \cdots, & g_{N_E}, \\
a_1, & a_2, & \cdots, & a_{N_E}.
\end{array}
\tag{3.3.1}
$$

对于 Bose 子系统, 关于 (3.3.1) 的分布其状态数为

$$
W_{\mathrm{BE}} = \prod_n \frac{(g_n + a_n - 1)!}{a_n!(g_n - 1)!}.
\tag{3.3.2}
$$

关于公式 (3.3.2) 的推导在 (林宗涵, 2007) 中有非常清楚的论证. 这里我们给予引述. 计算 a_n 个全同 Bose 子在 g_n 个量子态中有多少种不同的占据方式, 它等于这样的问题, 即将 a_n 个相同的球放到 g_n 个不同盒子, 且每个盒子球数不限 (因为 Bose 子不服从 Pauli 不相容原理), 问有多少种不同的放法? 为此, 我们将盒子与球排成一行, 如图 3.3 所示, 盒子用方块表示, 加标号 i 表示 g_n 中的第 i 个量子态. 球用圆圈表示, 不加标号表示不可分辨. 我们约定: 凡是挨着盒子右边的球就视为放在左边那个盒子的. 盒子右边没有球表示盒子中无球.

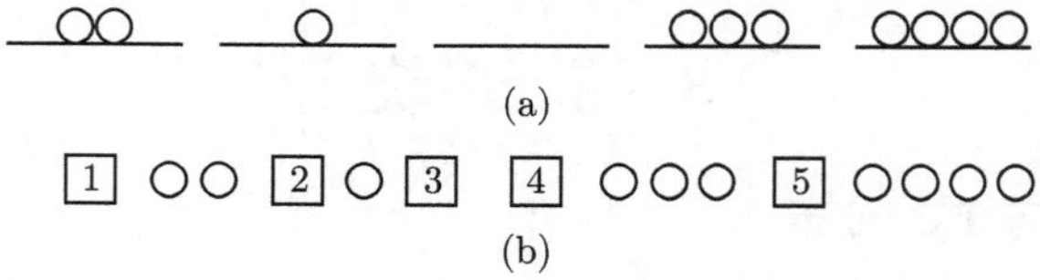

(a)

(b)

图 3.3　a_n 个 Bose 子在 g_n 个量子态上占据数等价于上面盒子和球的排列数

于是问题变为如图 3.3 所示的盒子与球的排列数, 注意到左边必须是一个盒子. 因此应计入的是 $(g_n - 1)$ 个盒子与 a_n 个球的全排列数, 即

$$(g_n + a_n - 1)!.$$

此外 a_n 个球的相互交换数 $a_n!$ 应除去, 因为球是相同的. $(g_n - 1)$ 个盒子交换数 $(g_n - 1)!$ 也应除去, 因为盒子不需要参与排列. 这样就得到在能级 ε_n 上不同占据方式的数目为

$$\frac{(g_n + a_n - 1)!}{a_n!(g_n - 1)!}.$$

再将所有能级的因子相乘便得公式 (3.3.2).

2. BE 分布公式

因为 Bose 子系统满足如下守恒约束:

$$\begin{aligned} \sum_n a_n &= N, \\ \sum_n a_n \varepsilon_n &= E. \end{aligned} \tag{3.3.3}$$

因此分布函数 $a_n = a_n(\varepsilon_n, g_n, T)$ 满足热力学势的变分方程 (3.2.18). 将 (3.3.2) 代入 (3.2.18), 再由 Stirling 公式 (3.2.20) 以及 $a_n \gg 1$, $g_n \gg 1$, 方程 (3.2.18) 可近似地写成

$$\sum_n \left[\ln \frac{g_n + a_n}{a_n} - \alpha - \beta \varepsilon_n \right] \delta a_n = 0,$$

式中 $\alpha = \alpha_0/kT$, $\beta = \beta_0/kT$. 它意味着

$$\ln \frac{g_n + a_n}{a_n} - \alpha - \beta \varepsilon_n = 0.$$

于是便得到分布 a_n 的表达式

$$a_n = \frac{g_n}{e^{\alpha + \beta \varepsilon_n} - 1}, \tag{3.3.4}$$

其中 α 和 β 根据热力学理论可确定为

$$\alpha = -\frac{\mu}{kT} \ (\mu \text{ 为化学势}), \quad \beta = \frac{1}{kT}. \tag{3.3.5}$$

3. Bose 子系统配分函数

Bose 子系统配分函数定义为

$$Z = \prod_n \left(1 - e^{-\alpha - \beta \varepsilon_n} \right)^{-g_n}. \tag{3.3.6}$$

显然有

$$\ln Z = -\sum_n g_n \ln\left(1 - \mathrm{e}^{-\alpha - \beta \varepsilon_n}\right). \tag{3.3.7}$$

从 (3.3.6) 和 (3.3.7) 可推出下面公式:

$$N = -\frac{\partial}{\partial \alpha} \ln Z \quad (N \text{ 为总粒子数}),$$

$$E = -\frac{\partial}{\partial \beta} \ln Z \quad (E \text{ 为总能量}),$$

$$f = -\frac{1}{\beta} \frac{\partial}{\partial X} \ln Z \quad (f, X \text{ 为广义力和位移}),$$

$$p = \frac{1}{\beta} \frac{\partial}{\partial V} \ln Z \quad (p \text{ 为压力}, V \text{ 为体积}), \tag{3.3.8}$$

$$S = k\left(\ln Z - \alpha \frac{\partial}{\partial \alpha} \ln Z - \beta \frac{\partial}{\partial \beta} \ln Z\right),$$

$$F = E - ST = -kT\left(\ln Z - \alpha \frac{\partial}{\partial \alpha} \ln Z\right),$$

$$G = -NkT\alpha = kT\alpha \frac{\partial}{\partial \alpha} \ln Z,$$

其中 G 为 Gibbs 自由能.

FD 统计

1. Fermi 子系统状态数 W

对于 Fermi 子系统的分布 (3.3.1), 状态数 W 为

$$W_{\mathrm{FD}} = \prod_n \frac{g_n!}{a_n!(g_n - a_n)!}. \tag{3.3.9}$$

由于 Fermi 子服从 Pauli 不相容原理, g_n 的每一个量子态上最多只允许占据一个粒子. 因此粒子数不能大于量子态数, 即 $a_n \leqslant g_n$. 因此将 a_n 个粒子放到 g_n 个量子态上的不同方式, 等价于在 g_n 个量子态中取出 a_n 个态来让粒子占据的不同选取方式. 这个组合数为

$$C_{g_n}^{a_n} = \frac{g_n!}{a_n!(g_n - a_n)!}.$$

再将所有能级的因子相乘便得公式 (3.3.9).

2. FD 分布公式

同样, Fermi 子系统满足约束条件 (3.3.3). 于是分布函数 a_n 满足变分方程 (3.2.18). 将 (3.3.9) 代入 (3.2.18) 便得到

$$\ln \frac{g_n - a_n}{a_n} - \alpha - \beta \varepsilon_n = 0.$$

由此可得

$$a_n = \frac{g_n}{\mathrm{e}^{\alpha+\beta\varepsilon_n}+1}, \tag{3.3.10}$$

式中 α, β 如 (3.3.5). 公式 (3.3.10) 称为 FD 分布.

3. Fermi 子系统配分函数

Fermin 子系统配分函数 Z 定义为

$$Z_\mathrm{F} = \prod_n \left(1 + \mathrm{e}^{-\alpha-\beta\varepsilon_n}\right)^{g_n},$$
$$\ln Z_\mathrm{F} = \sum_n g_n \ln \left(1 + \mathrm{e}^{-\alpha-\beta\varepsilon_n}\right). \tag{3.3.11}$$

Fermi 系统的配分函数 Z 同样满足在 (3.3.8) 中给出的关系式. 此外, 对于量子系统 Boltzmann 公式仍然成立:

$$S = \begin{cases} k\ln W_\mathrm{BE} & (\text{对 Bose 子系统}), \\ k\ln W_\mathrm{FD} & (\text{对 Fermi 子系统}), \end{cases} \tag{3.3.12}$$

3.3.2 经典极限条件

经典的 MB 分布与量子统计的 BE 分布和 FD 分布可统一表达如下:

$$a_n = \frac{g_n}{\mathrm{e}^{\alpha+\beta\varepsilon_n}+\eta}, \quad \eta = \begin{cases} 1, & \text{FD 分布}, \\ 0, & \text{MB 分布}, \\ -1, & \text{BE 分布}. \end{cases} \tag{3.3.13}$$

在 (3.3.13) 中的三种分布可视为 $(\varepsilon_n-\mu)/kT$ 的函数, 即

$$a_n = \frac{g}{\mathrm{e}^x+\eta}, \quad x = (\varepsilon_n-\mu)/kT. \tag{3.3.14}$$

对于 $\eta = 1,\ 0,\ -1$ 三种情况的函数 (3.3.14), 图 3.4 表明了它们的差别.

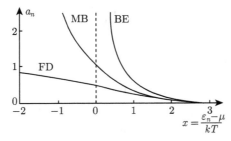

图 3.4 三种分布的函数图像, 它们在 $(\varepsilon_n-\mu)/kT \gg 1$ 时差别消失

图 3.4 显示当 $(\varepsilon_n - \mu)/kT \gg 1$ 时三种分布没有什么差别, 这就是所谓的经典极限条件, 即在该条件下 BE 分布与 FD 分布都归到 MB 分布.

现在我们更严格地讨论经典极限条件. BE 分布和 FD 分布可写成

$$a_n = \mathrm{e}^{-\alpha} \frac{g_n}{\mathrm{e}^{\beta \varepsilon_n} \pm \mathrm{e}^{-\alpha}}, \tag{3.3.15}$$

从此式可看出, 若

$$\mathrm{e}^{\alpha} \gg 1 \quad (\text{即 } \mathrm{e}^{-\alpha} \ll 1), \tag{3.3.16}$$

则 (3.3.15) 可退化成 MB 分布如下:

$$a_n = g_n \mathrm{e}^{-\alpha - \beta \varepsilon_n}.$$

条件 (3.3.16) 称为经典极限条件, 在该条件下三种分布差别消失了.

文献 (林宗涵, 2007) 关于经典极限条件 (3.3.16) 给出一个非常好的统计解释. 下面给予介绍:

当 $\mathrm{e}^{\alpha} \gg 1$ 时, 有

$$\frac{a_n}{g_n} \ll 1, \tag{3.3.17}$$

它表示每一个量子态上平均粒子占有数非常小. 由于 FD 分布与 BE 的分布差别在于系统是否受 Pauli 不相容原理支配. 当 (3.3.17) 成立时, 两个粒子同时占据一个量子态的概率几乎为零, 从而 Pauli 不相容原理可以忽略, 从而导致 FD 分布与 BE 分布的差别消失. 在 (3.3.17) 条件下三种分布合而为一的原因如下:

先考虑 Bose 子系统, 其状态数为

$$\begin{aligned}
W_{\mathrm{BE}} &= \prod_n \frac{(g_n + a_n - 1)!}{a_n!(g_n - 1)!} \\
&= \prod_n \frac{(g_n + a_n - 1)(g_n + a_n - 2) \cdots g_n(g_n - 1)!}{a_n!(g_n - 1)!} \\
&= \prod_n \frac{g_n^{a_n}}{a_n!} \left[\left(1 + \frac{a_n - 1}{g_n}\right) \left(1 + \frac{a_n - 2}{g_n}\right) \cdots \left(1 + \frac{1}{g_n}\right) \right].
\end{aligned}$$

由 (3.3.17), 上式右端方括号内的值约为 1, 因此有

$$W_{\mathrm{BE}} \simeq \prod_n \frac{g_n^{a_n}}{a_n!}. \tag{3.3.18}$$

类似地, 对于 Fermi 子系统有

$$\begin{aligned}
W_{\mathrm{FD}} &= \prod_n \frac{g_n!}{a_n!(g_n - a_n)!} \\
&= \prod_n \frac{g_n(g_n - 1) \cdots (g_n - a_n + 1)(g_n - a_n)!}{a_n!(g_n - a_n)!} \\
&= \prod_n \frac{g_n^{a_n}}{a_n!} \left[\left(1 - \frac{1}{g_n}\right) \cdots \left(1 - \frac{a_n - 1}{g_n}\right) \right].
\end{aligned}$$

同样地, 由 (3.3.17), 上式右端的方括号内的值约为 1, 因此有

$$W_{\text{FD}} \simeq \prod_n \frac{g_n^{a_n}}{a_n!}. \tag{3.3.19}$$

由 (3.3.18) 和 (3.3.19) 可见, 当 $e^\alpha \gg 1$ 时,

$$W_{\text{BE}} = W_{\text{FD}} = \prod_n \frac{g_n^{a_n}}{a_n!} = \frac{1}{N!} W_{\text{MB}} \quad (W_{\text{BE}} \text{ 见 } (3.2.19)).$$

这表明在经典的极限条件下, 量子系统状态数与经典系统状态数只差一个常数因子 $1/N!$, 它并不影响统计分布. 这就从统计的角度解释了为什么在 $e^\alpha \gg 1$ 条件下三种分布相同.

经典极限条件 (3.3.16) 的物理意义在许多情况下不是很清楚. 一个很实用的关于经典极限的物理判据为

$$\frac{\Delta \varepsilon_n}{kT} \ll 1, \tag{3.3.20}$$

其中 $\Delta \varepsilon_n = \varepsilon_{n+1} - \varepsilon_n$ 是相邻能级的差. 从物理上看, 条件 (3.3.20) 就是 (3.3.17) 的另一种表述. 因为能级数远大于粒子数时, 有

$$\frac{a_n}{g_n} \Big/ \frac{a_{n+1}}{g_{n+1}} \simeq 1. \tag{3.3.21}$$

此外经典的 MB 分布

$$a_n = g_n e^{-\alpha - \varepsilon_n / kT}$$

可等价地写成

$$\frac{\varepsilon_{n+1} - \varepsilon_n}{kT} = \ln \left(\frac{g_{n+1}}{a_{n+1}} \frac{a_n}{g_n} \right). \tag{3.3.22}$$

再由 (3.3.21), 等式 (3.3.22) 就变为 (3.3.20).

3.3.3 热辐射的 Planck 公式

热辐射也就是光子辐射, 它可以看作是由光子构成的气体. 光子是 Bose 子, 因而服从 BE 分布. 由于光子气体总数不固定, 所以化学势 $\mu = 0$. 此时 BE 分布 (3.3.4) 和 (3.3.5) 变为

$$a_n = \frac{g_n}{e^{\varepsilon_n / kT} - 1}. \tag{3.3.23}$$

由光子能级分立理论 (3.1.48) 以及 Einstein 光量子理论, 光子能级可写成如下形式:

$$\varepsilon_n = \omega_n \hbar \quad (n = 1, 2, \cdots, N_\gamma).$$

于是 (3.3.23) 可表述为

$$a_n = a(\omega_n, T) = \frac{g_n}{\mathrm{e}^{\omega_n \hbar / kT} - 1}. \tag{3.3.24}$$

因此光子气体中频率为 ω_n 的光子能量为

$$E(\omega_n) = a_n \omega_n \hbar = \frac{g_n \omega_n \hbar}{\mathrm{e}^{\omega_n \hbar / kT} - 1}. \tag{3.3.25}$$

随后将证明频率为 ω_n 的简并度 g_n 为

$$g_n = \frac{\omega_n^2}{c^3 \pi^2} V \mathrm{d}\omega_n \quad (\mathrm{d}\omega_n = \omega_{n+1} - \omega_n), \tag{3.3.26}$$

式中 V 为光子体积. 于是由 (3.3.25) 和 (3.3.26) 得到单位体积中频率为 ω 的能量密度 $u(\omega, T)\mathrm{d}\omega$ 为

$$u(\omega, T)\mathrm{d}\omega = \frac{E(\omega)}{V} = \frac{1}{c^3 \pi^2} \frac{\omega^3 \hbar}{\mathrm{e}^{\omega \hbar / kT} - 1} \mathrm{d}\omega. \tag{3.3.27}$$

关系式 (3.3.27) 就是热辐射的 Planck 公式.

关于 Planck 公式 (3.3.27), 我们需要做如下说明.

1. 简并度 (3.3.26) 的推证

由 Maxwell 电磁理论, 电磁波方程为

$$\frac{1}{c^2} \frac{\partial^2 A}{\partial t^2} - \Delta A = 0, \tag{3.3.28}$$

式中 c 为光速, A 为三维电磁势, 它代表了光子的波函数. 考虑边长为 L 的正方体 V, 频率为 ω 的光子波函数可写为

$$A = \varphi(t, \omega) \mathrm{e}^{\mathrm{i} K \cdot r}, \tag{3.3.29}$$

将 A 代入 (3.3.28) 得

$$\varphi''(t, \omega) + \omega^2 \varphi(t, \omega) = 0, \tag{3.3.30}$$

其中 $\omega = cK$ 为角频率, $K = |K|$, K 为波矢:

$$K = \frac{2\pi}{L}(n_1, n_2, n_3) \quad (n_i = 0, \pm 1, \pm 2, \cdots). \tag{3.3.31}$$

方程 (3.3.30) 的解为

$$\varphi = \varphi_0 \mathrm{e}^{-\mathrm{i}\omega t}.$$

于是方程 (3.3.28) 的解 (3.3.29) 写为

$$A = A_0^j \mathrm{e}^{\mathrm{i}(K \cdot r - \omega t)}, \quad \omega^2 = c^2 |K|^2. \tag{3.3.32}$$

其中 $j = 1, 2$ 代表相互垂直的偏振波, A_0^j 为常系数.

现在可以看到, 对于一个给定的频率 ω (代表能级), 可以有 g_ω 个不同的 K 如 (3.3.31) 满足 (3.3.32), 即对于给定 ω 方程 (3.3.28) 有 g_ω 个不同解 (每个解代表一个光子的量子态). 因此这个 g_ω 就是对应于 ω 的简并度.

接下来我们计算频率为 ω 的简并度 g_ω. 由 (3.3.31) 知

$$|K|^2 = \frac{4\pi^2}{L^2}(n_1^2 + n_2^2 + n_3^2).$$

再由 (3.3.32), $\omega^2 = c^2 |K|^2$, 于是具有 ω 频率的 (n_1, n_2, n_3) 满足

$$n_1^2 + n_2^2 + n_3^2 = \frac{L^2}{4\pi^2 c^2}\omega^2. \tag{3.3.33}$$

也就是说, 简并度 g_ω 的数目等于满足关系式 (3.3.33) 的三元整数 $(\pm n_1, \pm n_2, \pm n_3)$ 的个数. 为了计算这个数目, 考虑以 n_1, n_2, n_3 为正交坐标系的空间中半径 $R = L\omega/2\pi c$ 的球体内先算出 $(0, \omega)$ 中所有简并数 $G(\omega)$, 然后来求微分

$$\mathrm{d}G(\omega) = G(\omega + \mathrm{d}\omega) - G(\omega)$$

便得到 ω 的简并度 $g_\omega = \mathrm{d}G(\omega)$.

在半径 $R = L\omega/2\pi c$ 的球体内, 每一组 (n_1, n_2, n_3) 对应于球内一个点, 这些点都在以单位长度构成的小立方体的顶点上. 每个小方体有 8 个顶点, 每个顶点分属 8 个小方向. 因此每个小方体对应一个点. 这表明 $G(\omega)$ 等于球体内小方体的个数乘以 2 (由于偏振度为 2). 小方体的体积为 1. 因此 G 等于球体积乘以 2,

$$G(\omega) = 2 \times \frac{4\pi}{3}\left(\frac{L\omega}{2\pi c}\right)^3 = \frac{1}{3}\frac{L^3 \omega^3}{\pi^2 c^3}.$$

注意 $V = L^3$, 于是 ω 的简并度为

$$g_\omega = \mathrm{d}G = \frac{V\omega^2}{\pi^2 c^3}\mathrm{d}\omega.$$

它就是 (3.3.26) 给出的简并度.

2. Stefan-Boltzmann 定律

应用 Planck 公式 (3.3.27), 可以得到热辐射的 Stefan-Boltzmann 定律. 将 (3.3.27) 公式两端关于频率进行积分得

$$u = \int_0^\infty u(\omega, T)\mathrm{d}\omega = \frac{\hbar}{c^3 \pi^2}\int_0^\infty \frac{\omega^3 \mathrm{d}\omega}{\mathrm{e}^{\omega\hbar/kT} - 1},$$

令 $x = \hbar\omega/kT$, 则有

$$u = \frac{1}{c^3\pi^2}\frac{k^4T^4}{\hbar^3}\int_0^\infty \frac{x^3}{\mathrm{e}^x - 1}\mathrm{d}x,$$

这就是 Stefan-Boltzmann 定律:

$$u = aT^4, \quad a = \frac{\pi^2k^4}{15c^3\hbar^3}. \tag{3.3.34}$$

3. Rayleigh-Jeans 公式

当 $\hbar\omega/kT \ll 1$ 时, 指数因子可作一阶展开

$$\mathrm{e}^{\hbar\omega/kT} \simeq 1 + \frac{\hbar\omega}{kT}.$$

将此代入 (3.3.27) 便得到 Rayleigh-Jeans 公式

$$u(\omega, T)\mathrm{d}\omega = \frac{\omega^2}{\pi^2c^3}kT\mathrm{d}\omega. \tag{3.3.35}$$

4. Wien 辐射公式

当 $\hbar\omega/kT \gg 1$ 时, Planck 公式 (3.3.27) 可近似为

$$u(\omega, T)\mathrm{d}\omega = \frac{\omega^3\hbar}{c^3\pi^2}\mathrm{e}^{-\omega\hbar/kT}\mathrm{d}\omega, \tag{3.3.36}$$

这个关系被称为 Wien 热辐射公式.

5. Wien 位移定律

从 Planck 公式 (3.3.27) 可以看到, 在某个频率 ω 处热辐射密度应该有极大值. 极大值 $u_{\max}$ 是温度的函数

$$u_{\max} = f(T),$$

它被称为 Wien 位移定律.

Wien 位移定律通常是用波长 λ 来表达的. 为此我们需要将 $u(\omega, T)$ 换成 $v(\lambda, T)$. 因为 $u(\omega, T)$ 和 $v(\lambda, T)$ 分别是频率密度与波长密度, 因而它们之间具有如下关系:

$$\lambda v \times V = \text{能量} = \omega u \times V, \quad V \text{ 为体积.}$$

再由 $\omega = 2\pi c/\lambda$, 有

$$v(\lambda, T) = \frac{\omega}{\lambda}u(\omega, T) = \frac{16\pi^2 c\hbar}{\lambda^5\left(\mathrm{e}^{\frac{2\pi c\hbar}{kT\lambda}} - 1\right)}.$$

为了得到 $v_{\max}$, 令 $\partial v(\lambda, T)/\partial\lambda = 0$, 有

$$\frac{2\pi c\hbar}{kT\lambda}\mathrm{e}^{\frac{2\pi c\hbar}{kT\lambda}} = 5\left(\mathrm{e}^{\frac{2\pi c\hbar}{kT\lambda}} - 1\right).$$

令 $x = 2\pi c\hbar/kT\lambda$, 得到方程

$$x = 5(1 - \mathrm{e}^{-x}).$$

该方程的解为 $x = 4.965$. 于是 $\lambda_{\max}$ 与 T 的关系为

$$\lambda_{\max}T = b, \quad b = \frac{2\pi c\hbar}{4.965k} = 0.29\ \mathrm{cm}\cdot\mathrm{K}. \tag{3.3.37}$$

关系式 (3.3.37) 被称为 Wien 位移定律, 其中 b 为 Wien 常数.

所谓弱量子效应就是 $\mathrm{e}^{-\alpha} < 1$ 但不是 $\mathrm{e}^{-\alpha} \ll 1$. 此时量子系统是半经典. 这一小节应用 BE 统计理论讨论弱 Bose 气体. 为此只需求出配分函数

$$\ln Z_{\mathrm{B}} = -\sum_n g_n \ln\left(1 - \mathrm{e}^{-\alpha-\beta\varepsilon_n}\right) \tag{3.3.38}$$

的初等 (简单) 函数形式, 便可获得系统的各种热力学量.

1. 配分函数的初等表达

对于理想 Bose 气体, 能级形式为

$$\varepsilon = \frac{1}{2m}(p_1^2 + p_2^2 + p_3^2) = \frac{1}{2m}p^2. \tag{3.3.39}$$

并且能级间隔 $\Delta\varepsilon \ll kT$. 因此 (3.3.38) 右端的求和形式可用能量积分的形式来取代, 即 (假设自旋为零)

$$\ln Z_B = -\int_0^\infty \ln\left(1 - \mathrm{e}^{-\alpha-\beta\varepsilon}\right)D(\varepsilon)\mathrm{d}\varepsilon, \tag{3.3.40}$$

式中 $g_\varepsilon = D(\varepsilon)\mathrm{d}\varepsilon$ 为简并度, 代表粒子处在能量间隔 $(\varepsilon, \varepsilon+\mathrm{d}\varepsilon)$ 内的量子态数目. 对于 (3.3.39) 形式的能级, $D(\varepsilon)\mathrm{d}\varepsilon$ 由下式确定:

$$D(\varepsilon)\mathrm{d}\varepsilon = \frac{V}{8\pi^3\hbar^3}\int_{\mathrm{d}\varepsilon}\mathrm{d}p_1\mathrm{d}p_2\mathrm{d}p_3 \quad (V\ \text{为体积}). \tag{3.3.41}$$

在动量空间中取球面坐标 (p, θ, φ), 则

$$\mathrm{d}p_1\mathrm{d}p_2\mathrm{d}p_3 = p^2\sin\theta\mathrm{d}p\mathrm{d}\theta\mathrm{d}\varphi.$$

于是 (3.3.41) 变为

$$\begin{aligned}
D(\varepsilon)\mathrm{d}\varepsilon &= \frac{V}{8\pi^3\hbar^3}4\pi^2 p^2\mathrm{d}p \\
&= \frac{V}{4\pi^2\hbar^3}(2m)^{\frac{3}{2}}\varepsilon^{\frac{1}{2}}\mathrm{d}\varepsilon \quad (\text{由 (3.3.39)}).
\end{aligned}$$

于是 (3.3.40) 可写成

$$\ln Z_{\mathrm{B}} = -\frac{(2m)^{\frac{3}{2}}V}{4\pi^2\hbar^3}\int_0^\infty \ln\left(1 - \mathrm{e}^{-\alpha-\beta\varepsilon}\right)\varepsilon^{\frac{1}{2}}\mathrm{d}\varepsilon. \tag{3.3.42}$$

令 $x = \beta\varepsilon$, 对弱 Bose 气体有 $\mathrm{e}^{-\alpha} < 1$, 因此可作 Taylor 展开

$$\ln\left(1 - \mathrm{e}^{-\alpha-x}\right) = -\sum_{n=1}^\infty \frac{1}{n}\mathrm{e}^{-n\alpha}\mathrm{e}^{-nx},$$

代入 (3.3.42) 中每项求积分

$$\int_0^\infty \mathrm{e}^{-nx}x^{\frac{1}{2}}\mathrm{d}x = \frac{\sqrt{\pi}}{2n^{\frac{3}{2}}},$$

得到

$$\ln Z_{\mathrm{B}} = \frac{V}{8\pi^3\hbar^3}\left(\frac{2\pi m}{\beta}\right)^{\frac{3}{2}}\sum_{n=1}^\infty \frac{\mathrm{e}^{-n\alpha}}{n^{\frac{5}{2}}}. \tag{3.3.43}$$

令 $Z = \mathrm{e}^{-\alpha}$, 并且记

$$G_m(Z) = \sum_{n=1}^\infty \frac{Z^n}{n^m}, \quad \lambda_T = \frac{2\pi\hbar}{(2\pi mkT)^{\frac{1}{2}}}. \tag{3.3.44}$$

则 (3.3.43) 变为

$$\ln Z_{\mathrm{B}} = \frac{V}{\lambda_T^3}G_{\frac{5}{2}}(Z), \tag{3.3.45}$$

式中 λ_T 为热波长. 公式 (3.3.45) 就是配分函数的简单形式.

2. 弱 Bose 气体状态方程和内能表达式

由 (3.3.8) 和 (3.3.45), 注意 $\lambda_T = 2\pi\hbar/(2\pi m/\beta)^{\frac{1}{2}}$, 我们有

$$p = \frac{1}{\beta}\frac{\partial}{\partial V}\ln Z_{\mathrm{B}} = \frac{kT}{\lambda_T^3}G_{\frac{5}{2}}(Z), \tag{3.3.46}$$

$$\overline{E} = -\frac{\partial}{\partial\beta}\ln Z_{\mathrm{B}} = \frac{3}{2}kT\frac{V}{\lambda_T^3}G_{\frac{5}{2}}(Z). \tag{3.3.47}$$

在 (3.3.46) 和 (3.3.47) 中有一个待定参数 Z(或 α), 它由总粒子数 N 来确定. 由 N 的表达式 (注意 $Z = \mathrm{e}^{-\alpha}$)

$$N = -\frac{\partial}{\partial\alpha}\ln Z_B = Z\frac{\partial}{\partial Z}\ln Z_B = \frac{V}{\lambda_T^3}G_{\frac{3}{2}}(Z), \tag{3.3.48}$$

这里利用了公式

$$Z\frac{\mathrm{d}}{\mathrm{d}Z}G_m(Z) = G_{m-1}(Z) \quad (m > 1).$$

于是 (3.3.48) 变为

$$\frac{N}{V}\lambda_T^3 = G_{\frac{3}{2}}(Z).$$

令 $y = \bar{n}\lambda_T^3 (\bar{n} = N/V)$. 由此可求出反函数为 (在 3.5 节中给出计算过程)

$$Z = y - \left(\frac{1}{2}\right)^{\frac{3}{2}} y^2 + \left(\frac{1}{4} - \frac{1}{3^{3/2}}\right) y^3 - \cdots \tag{3.3.49}$$

再从 (3.3.46)—(3.3.48) 可得到 Bose 气体状态方程

$$\frac{pV}{NkT} = \frac{G_{\frac{5}{2}}(Z)}{G_{\frac{3}{2}}(Z)}, \tag{3.3.50}$$

以及内能表达式

$$\frac{\overline{E}}{NkT} = \frac{3}{2}\frac{G_{\frac{5}{2}}(Z)}{G_{\frac{3}{2}}(Z)}. \tag{3.3.51}$$

将 (3.3.49) 代入 (3.3.50) 和 (3.3.51) 得到

$$\frac{pV}{NkT} = 1 - \left(\frac{1}{2}\right)^{\frac{5}{2}} y + O(y^2),$$

$$\frac{\overline{E}}{NkT} = \frac{3}{2}\left[1 - \left(\frac{1}{2}\right)^{\frac{5}{2}} y + O(y^2)\right], \tag{3.3.52}$$

其中 $y = N\lambda_T^3/V$. 从 (3.3.52) 可以看到, 理想弱 Bose 气体的物态方程与内能都偏离了经典理想气体的形式.

3.3.4 理想 Fermi 气体

这一小节将应用 FD 统计理论讨论理想 Fermi 气体. 分两种情况讨论, 一种是弱量子效应的 Fermi 气体, 另一种是强量子效应 Fermi 气体.

弱 Fermi 气体

对于弱量子效应的量子气体, 经典极限条件 (3.3.16) 不成立, 但是弱经典条件成立, 即

$$e^{-\alpha} < 1 \quad (\text{不是 } e^{-\alpha} \ll 1). \tag{3.3.53}$$

此时我们应用 Fermi 子系统的配分函数 (3.3.11) 讨论弱 Fermi 气体的热力学性质. 配分函数为

$$\ln Z_F = \sum_n g_n \ln\left(1 + e^{-\alpha - \beta\varepsilon_n}\right). \tag{3.3.54}$$

与理想弱 Bose 气体的配分函数形式 (3.3.40) 情况类似, 对于弱 Fermi 气体也是用下面积分取代 (3.3.54). 假设粒子自旋为 1/2. 此时自旋简并度为 2, 因此有

$$\ln Z_F = 2\int g_\varepsilon \ln\left(1 + e^{-\alpha - \beta\varepsilon}\right) d\varepsilon, \quad (\text{因子 2 为自旋简并度}).$$

这里简并度 g_ε 与 (3.3.42) 中的相同, 即

$$g_\varepsilon = D(\varepsilon)\mathrm{d}\varepsilon = \frac{V}{4\pi^2\hbar^3}(2m)^{\frac{3}{2}}\varepsilon^{\frac{1}{2}}\mathrm{d}\varepsilon. \tag{3.3.55}$$

于是弱 Fermi 气体配分函数为

$$\ln Z_F = \frac{(2m)^{\frac{3}{2}}V}{2\pi^2\hbar^3}\int_0^\infty \ln\left(1 + \mathrm{e}^{-\alpha-\beta\varepsilon}\right)\varepsilon^{\frac{1}{2}}\mathrm{d}\varepsilon. \tag{3.3.56}$$

类似于弱 Bose 气体配分函数 (3.3.45) 的推导, 从 (3.3.56) 也可导出弱 Fermi 气体配分函数为如下形式:

$$\ln Z_F = \frac{2V}{\lambda_T^3}F_{\frac{5}{2}}(Z), \tag{3.3.57}$$

式中 $Z = \mathrm{e}^{-\alpha}$, λ_T 如 (3.3.44),

$$F_m(Z) = \sum_{n=1}^\infty \frac{1}{n^m}(-1)^{n-1}Z^n. \tag{3.3.58}$$

然后从 (3.3.57) 和 (3.3.58) 得到弱 Fermi 气体热力学性质如下:

$$\begin{aligned}
\frac{pV}{kT} &= \frac{2V}{\lambda_T^3}F_{\frac{5}{2}}(Z), \\
\frac{\overline{E}}{kT} &= \frac{3V}{\lambda_T^3}F_{\frac{5}{2}}(Z), \\
N &= \frac{2V}{\lambda_T^3}F_{\frac{3}{2}}(Z).
\end{aligned} \tag{3.3.59}$$

令 $y = \frac{1}{2}\overline{n}\lambda_T^3(\overline{n} = V/N)$, 由 (3.3.59) 第三个方程可求出反函数

$$Z = y + \frac{1}{2^{3/2}}y^2 + O(y^3). \tag{3.3.60}$$

由 (3.3.59) 和 (3.3.60) 可以得到

$$\frac{pV}{NkT} = \frac{F_{\frac{5}{2}}(Z)}{F_{\frac{3}{2}}(Z)} = 1 + \frac{1}{2^{\frac{5}{2}}}y + O(y^2), \tag{3.3.61}$$

$$\frac{\overline{E}}{NkT} = \frac{3}{2}\left[1 + \frac{1}{2^{\frac{5}{2}}}y + O(y^2)\right]. \tag{3.3.62}$$

强 Fermi 气体

强量子效应的 Fermi 气体特征为 $\mathrm{e}^\alpha \ll 1$, 即

$$\mathrm{e}^{-\alpha} = \mathrm{e}^{\mu/kT} \gg 1 \quad (\mu \text{ 为化学势}). \tag{3.3.63}$$

理想强 Fermi 气体可作为低温流体或低温固体中自由电子的合理模型. 它的理论研究对低温物理具有重要意义.

考虑自旋 $J = 1/2$ 的系统, 且不存在外磁场. 此时上下两种自旋态是平等的. 由 FD 分布 (3.3.10), 在每个量子态上的粒子数为

$$f(\varepsilon_n) = \frac{a_n}{g_n} = \frac{1}{e^{(\varepsilon_n - \mu)/kT} + 1}. \tag{3.3.64}$$

当粒子能级间隔 $\Delta\varepsilon_n$ 很小时, 可将能量作连续变量. 此时, 上式改写成如下形式, 称为 Fermi 分布函数:

$$f(\varepsilon) = \frac{1}{e^{(\varepsilon - \mu)/kT} + 1}. \tag{3.3.65}$$

下面我们将依据 Fermi 分布函数 (3.3.64) 分别讨论绝对零度 $T = 0$ 和低温 $T \neq 0$ 两种情况的强 Fermi 气体热力学性质.

1. $T = 0$ 的情况

令 μ_0 为理想 Fermi 气体在绝对零度时的化学势. 由 (3.3.65) 可以看到在 $T = 0$ 时, Fermi 分布 $f(\varepsilon)$ 是阶梯函数如下:

$$f(\varepsilon) = \begin{cases} 1, & \varepsilon < \mu_0, \\ 0, & \varepsilon > \mu_0, \end{cases} \tag{3.3.66}$$

该函数的图像如图 3.5 所示.

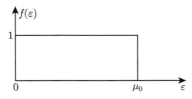

图 3.5 $T = 0$ 的 Fermi 分布

分布 (3.3.66) 的物理意义为: 在 $\varepsilon < \mu_0$ 的每个能级量子态上都被一个粒子占据, 直到所有低能级量子态都被占满为止. 这是 Pauli 不相容原理产生的量子效应.

物理上将被占据的最高能级称为 **Fermi 能**, 记为 ε_F. 从 (3.3.66) 中很容易看出, ε_F 等于零温的化学势, 即

$$\varepsilon_F = \mu_0.$$

对应于 ε_F 的动量 P_F 称为 **Fermi 动量**. ε_F 和 P_F 能够被算出来, 为

$$\varepsilon_F = \frac{\hbar^2}{2m}(3\pi^2 \bar{n})^{\frac{2}{3}}, \tag{3.3.67}$$

$$P_{\mathrm{F}} = (3\pi^2)^{\frac{1}{3}} \hbar \overline{n}^{\frac{1}{3}}, \tag{3.3.68}$$

其中 $\overline{n} = N/V$ 为粒子密度. 此外还可求出总能量 E_0, 粒子平均能量 $\overline{\varepsilon}_0$, 平均速度 $\overline{v}_0$, 以及零温下的气体压力 P_0 (简称**简并压**), 分别表达如下:

$$E_0 = \frac{3}{5} N \varepsilon_{\mathrm{F}}, \quad \overline{\varepsilon}_0 = \frac{E_0}{N} = \frac{3}{5} \varepsilon_{\mathrm{F}},$$

$$\overline{v}_0 = \sqrt{\frac{2\overline{\varepsilon}_0}{m}}, \quad p_0 = \frac{2}{5} \overline{n} \varepsilon_{\mathrm{F}}, \tag{3.3.69}$$

其中 $\overline{n} = N/V$, m 为粒子质量.

下面推导公式 (3.3.67)—(3.3.69).

由 (3.3.64), 总粒子数 N 可写成如下表达式:

$$N = 2 \int_0^\infty g_\varepsilon f(\varepsilon) \quad (\text{由 } (3.3.55) \text{ 和 } (3.3.66))$$

$$= 2 \int_0^{\varepsilon_{\mathrm{F}}} D(\varepsilon) f(\varepsilon) \mathrm{d}\varepsilon = \frac{(2m)^{\frac{3}{2}}}{3\pi^2 \hbar^3} V \varepsilon_{\mathrm{F}}^{\frac{3}{2}}. \tag{3.3.70}$$

于是从上式得到 (3.3.67). 再由关系

$$\varepsilon_{\mathrm{F}} = \frac{1}{2m} P_{\mathrm{F}}^2,$$

便可导出 (3.3.68).

关于 (3.3.69) 的推证, 可由下面总能量获得:

$$E_0 = \int_0^{\varepsilon_{\mathrm{F}}} \varepsilon D(\varepsilon) f(\varepsilon) \mathrm{d}\varepsilon = \frac{(2m)^{\frac{3}{2}}}{2\pi^2 \hbar^3} V \int_0^{\varepsilon_{\mathrm{F}}} \varepsilon^{\frac{3}{2}} \mathrm{d}\varepsilon$$

$$= \frac{(2m)^{\frac{3}{2}}}{5\pi^2 \hbar^3} V \varepsilon_{\mathrm{F}}^{\frac{5}{2}} = \frac{3}{5} N \varepsilon_{\mathrm{F}} \quad (\text{由 } (3.3.67)).$$

这就得到 (3.3.69) 的前两个公式. 再由

$$\overline{\varepsilon}_0 = \frac{1}{2} m \overline{v}_0^2 \quad \text{及} \quad p_0 = -\left(\frac{\partial E_0}{\partial V}\right),$$

可得到 (3.3.69) 后两个公式. 这里关于 p_0 的推导用到公式

$$E_0 = \frac{3}{5} N \varepsilon_{\mathrm{F}} = \frac{3}{5} \times \frac{\hbar^2}{2m} (3\pi^2)^{\frac{2}{3}} N \left(\frac{N}{V}\right)^{\frac{2}{3}}.$$

2. 温度 $T \neq 0$ 情况

对于这种情况, 由于 $T \sim 0$, 系统化学势 μ 近似等于绝对零度的值 μ_0, 即

$$\mu \simeq \mu_0. \tag{3.3.71}$$

在这个条件下, 由下面公式:

$$N = 2 \int_0^{\varepsilon_F} f(\varepsilon) D(\varepsilon) \mathrm{d}\varepsilon,$$

$$E = 2 \int_0^{\varepsilon_F} \varepsilon f(\varepsilon) D(\varepsilon) \mathrm{d}\varepsilon, \quad D(\varepsilon) \text{ 如 } (3.3.55),$$

可以算出 (这里略去具体计算过程),

$$N = \frac{(2m)^{3/2}}{3\pi^2 \hbar^3} V \mu_0^{3/2} \left[1 + \frac{\pi^2}{8} \left(\frac{kT}{\mu_0} \right)^2 \right], \tag{3.3.72}$$

$$E = \frac{3}{5} N \mu_0 \left[1 + \frac{5\pi^2}{12} \left(\frac{kT}{\mu_0} \right)^2 \right]. \tag{3.3.73}$$

关于 (3.3.71)—(3.3.73) 的详细论证可见 (朗道和栗弗席兹, 2011) 和 (林宗涵, 2007). 由 (3.3.73) 可求出强 Fermi 气体在低温情况下的热容表达式如下:

$$C_V = \left(\frac{\partial E}{\partial T} \right)_V = \frac{\pi^2}{2} N k \left(\frac{kT}{\mu_0} \right). \tag{3.3.74}$$

3. 电子气体为强 Fermi 气体的条件

金属中自由电子可视为电子气体. 当它们之间相互作用可以忽略时便成为理想 Fermi 气体. 显然当电子平均动能远大于它们之间的相互作用能时, 电子气体便成为强 Fermi 气体. 该条件可写成

$$\varepsilon_F \gg \varepsilon_e, \tag{3.3.75}$$

其中 ε_F 为 Fermi 能, ε_e 为电磁作用能. 我们知道, $\varepsilon_e \sim e^2/\bar{r}$, $\bar{r}$ 为电子平均距离, $\bar{r} \sim \bar{n}^{-\frac{1}{3}}$ ($\bar{n}$ 为电子密度). 于是有

$$\varepsilon_e \sim e^2 \bar{n}^{\frac{1}{3}}.$$

再由 (3.3.67), 条件 (3.3.75) 变为

$$\frac{\hbar^2}{2m} (3\pi^2 \bar{n})^{2/3} \gg e^2 \bar{n}^{\frac{1}{3}},$$

也即电子气体为理想气体的条件为

$$\bar{n} \gg \frac{1}{9\pi^4} \left(\frac{2me^2}{\hbar^2} \right)^3. \tag{3.3.76}$$

条件 (3.3.76) 表明, 自由电子密度越大就越接近理想气体, 而密度越小电子之间相互作用影响就越大.

3.4　热的统计理论

3.4.1　电子的光子云模型

这一节将关于热提出一个理论, 它是建立在前面介绍的热力学统计理论和量子物理新理论基础之上的. 为此在这一节中先介绍亚原子粒子的光子云模型, 这种粒子的微观结构能够揭示温度和熵的本质.

在物质构成中, 电子、质子、中子具有特殊的重要性. 事实上, 由于质子和中子通常是被束缚在原子核中, 于是电子是唯一可以大量存在于物质中的带电粒子. 此外, 生活经验也告诉我们热辐射是产生热的根源, 而热辐射的本质就是光子的发射与吸收, 最近粒子物理的新进展揭示出电子的光子云结构. 这样, 电子与光子在物理微观世界中形成两个紧密相关的一对发射与吸收的共轭物理实体. 由于热在物理中被归结到温度与熵的共轭关系, 于是很自然地若要发展热的理论, 必须将这两对共轭体联系起来, 即有对应:

$$\text{电子与光子的共轭} \Leftrightarrow \text{温度与熵的共轭.} \tag{3.4.1}$$

为了更清楚 (3.4.1) 关系式左端的物理意义, 下面介绍电子的光子云模型.

1. 电子和光子的弱子结构

在 3.1.2 小节中介绍了电子的弱子构成为

$$\mathrm{e} = \nu_{\mathrm{e}}\omega_1\omega_2, \tag{3.4.2}$$

其中 ν_{e} 为电中微子, ω_1 和 ω_2 为 ω 弱子. 每个弱子带一个弱荷 g_ω, 因此每个电子携带三个弱荷, 它们是产生弱相互作用的根源, 且

$$\text{电子弱荷 } Q_\omega = 3g_\omega. \tag{3.4.3}$$

此外, 一个光子 γ 的构成为

$$\gamma = \cos\theta_\omega\omega_1\overline{\omega}_1 - \sin\theta_\omega\omega_2\overline{\omega}_2 \tag{3.4.4}$$

表示光子有两种弱子构成方式: $\omega_1\overline{\omega}_1$ 和 $\omega_2\overline{\omega}_2$, (3.4.4) 中的组合系数的平方 $\cos^2\theta_\omega$ 和 $\sin^2\theta_\omega$ 分别代表 $\omega_1\overline{\omega}_1$ 和 $\omega_2\overline{\omega}_2$ 在光子中的份额. 每个正、反弱子都带一个弱荷, 因此一个光子带两个弱荷,

$$\text{光子弱荷 } Q_\omega = 2g_\omega. \tag{3.4.5}$$

2. 电子的光子云层

根据弱相互作用公式 (3.1.35)(或见注 3.11), 对于电子和光子, 它们之间的弱相互作用力为

$$F = -g_\omega(\rho_e) g_\omega(\rho_\gamma) \frac{\mathrm{d}}{\mathrm{d}r}\left[\frac{1}{r}\mathrm{e}^{-kr} - \frac{B}{\rho}(1 + 2kr)\mathrm{e}^{-2kr}\right], \tag{3.4.6}$$

结合 (3.4.3) 和 (3.4.4) 得,

$$g_\omega(\rho_e) = 3\left(\frac{\rho_\omega}{\rho_e}\right)^3 g_\omega, \quad g_\omega(\rho_\gamma) = 2\left(\frac{\rho_\omega}{\rho_\gamma}\right)^3 g_\omega,$$

其中 ρ_e, ρ_γ 分别为电子和光子半径, ρ 为光子与电子的吸收半径, B 为常数, $k^{-1} \sim 10^{-16}$cm 为弱作用半径. 由 (3.4.6) 可算出

$$F = g_\omega(\rho_e) g_\omega(\rho_\gamma) \mathrm{e}^{-kr}\left[\frac{1}{r^2} + \frac{k}{r} - \frac{4k^2 Br}{\rho}\mathrm{e}^{-kr}\right], \tag{3.4.7}$$

在 (3.4.7) 中有两个参数 B 和 ρ, 它们的值允许 F 具有一个环形球壳的弱作用力吸附层 ($F < 0$ 为吸引力), 即

$$F(r) < 0, \quad 在 r_1 < r < r_2 中, \tag{3.4.8}$$

这里 $r = (r_1 + r_2)/2 \simeq 10^{-16}$cm. 在这个环形球壳 (3.4.8) 中吸附了许多光子, 形成一个电子的光子云. 由于吸附层中光子之间存在弱作用的斥力, 这些光子将以低于光速的速度进行高速转动. 由质量生成机制 (3.1.22), 略低于光速运转的光子产生很小的质量依附在裸电子 $e = \nu_e \omega_1 \omega_2$ 的周围, 如图 3.6 所示.

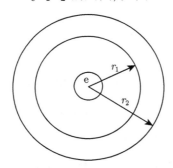

图 3.6 电子的光子云结构, 在环形域 $r_1 < r < r_2$ 中有一个光子吸附层

3. 电子吸收与辐射光子的机制

电子具有如图 3.6 所示的一个光子吸附层, 从而使得电子具有吸收和发射光子的功能. 宏观物体是处在一个光子海中的, 当一个光子进入电子吸附层中, 便被这

个电子所吸收. 而当电子受到外力激发产生变速时将发射光子, 物理上称为 **轫致辐射**. 此外, 原子中的轨道电子从高能级跃迁到低能级时, 也将辐射出光子. 因此物体中的电子处在不断地吸收和放射光子的动态平衡之中, 粒子吸收光子使能级提高, 发射光子使能级降低. 但在吸收和发射的平衡中, 粒子的平均能级保持不变. 在后面的小节中将证明粒子的平均能级代表了温度, 而光子海的光子数 (光子密度) 代表了熵 (熵密度). 这就是 (3.4.1) 中所讲的共轭偶的对应关系.

上面曾提到电子的轫致辐射, 即当电子进行变速运动时会发射出光子的行为. 而发生轫致辐射的原因在经典理论中得不到解释. 建立在上述电子的光子云模型基础之上, 下面关于轫致辐射给出一个合理的解释, 它能够揭示出该现象的实质.

当一个运动电子处在一个电磁场中时, 裸电子具有电荷, 因此该电磁场对这个裸电子施加了一个电磁力, 但是对于它的吸附层中的光子没有作用力. 于是裸电子被改变速度, 从而拉动依附的光子云跟随运动. 但是这两者的运动存在一个时间差, 使得裸电子与它的光子层在空间位置上产生偏差, 造成吸附层中光子在离心力作用下飞离这个吸引环区域. 当光子飞出弱引力环域, 作用在它之上的弱力是斥力, 从而使它加速至光速. 上述电子辐射机制如图 3.7 所示.

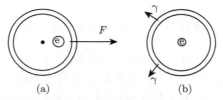

图 3.7   (a) 裸电子被改变速度偏离吸引环; (b) 光子在离心力作用下飞离吸附层

4. 量子角动量规则

电子的光子云结构可产生这样一个问题, 即根据传统理论光子自旋为 $J = 1$, 于是电子的总自旋由于光子云的存在, 一般情况下应该是 $J_e \neq \frac{1}{2}$. 然而所有观测数据表明电子自旋 $J_e = \frac{1}{2}$. 能够解释这一现象的就是弱子模型中标量光子的存在以及下面的量子角动量规则, 也见 (Ma and Wang, 2015a, 2016).

角动量规则 3.17   只有自旋 $J = \frac{1}{2}$ 的 Fermi 子和自旋 $J = 0$ 的 Bose 子能够在零力矩下围绕一个中心作旋转运动. 对于那些 $J \neq 0, \frac{1}{2}$ 的粒子除非有力矩存在, 否则只能作直线运动.

这个角动量规则和标量光子(即 $J = 0$ 的光子) 的存在性, 解释了为什么带有光子云的电子都是自旋 $J = \frac{1}{2}$, 与裸电子自旋一致, 这是因为电子的吸附层内只能

是 $J = 0$ 的标量光子.

5. 光子自旋的转换

电子光子云模型表明电子吸附层内都是标量光子, 这就出现一个问题, 自然界的矢量光子 ($J = 1$ 的光子) 是否很少? 其实不然, 根据粒子衰变与散射机制, 光子与光子之间在发生散射过程中, 即

$$\gamma + \gamma \longrightarrow \gamma + \gamma,$$

会有一定概率发生弱子交换, 从而使光子自旋会发生转换. 例如, 在下面散射过程中, 矢量光子与标量光子通过交换弱子可以相互转化,

$$\omega_1 \overline{\omega}_1 (\uparrow\uparrow) + \omega_1 \overline{\omega}_1 (\downarrow\downarrow) \Longleftrightarrow \omega_1 \overline{\omega}_1 (\uparrow\downarrow) + \omega_1 \overline{\omega}_1 (\uparrow\downarrow).$$

注 3.18 因为原子核是由质子和中子构成的, 而在发生核反应过程中会有大量的光子产生, 这说明质子、中子和原子核内也有被束缚的光子.

3.4.2 温度能级公式

根据 (3.4.1) 的对应关系, 温度与电子能级有关. 这是因为温度是强度量, 电子能级也是强度量. 注意到原子、分子中含有许多轨道电子, 因此电子的能级也代表了物质粒子的能级. 这一小节将从 MB 分布导出温度 T 的能级公式.

1. 温度的微分方程

考虑一个平衡的热力学系统, 粒子的能级可排列如下:

$$\varepsilon_1, \quad \varepsilon_2, \quad \cdots, \quad \varepsilon_{N_E}. \tag{3.4.9}$$

由 MB 分布 (3.2.24). 系统总能量为

$$E = \sum_n a_n \varepsilon_n = \frac{N}{Z} \sum_n g_n \varepsilon_n e^{-\frac{\varepsilon_n}{kT}}, \tag{3.4.10}$$

其中 N 为粒子数, Z 为配分函数,

$$Z = \sum_n g_n e^{-\varepsilon_n/kT}. \tag{3.4.11}$$

现在当固定能量 E 时, 将 (3.4.10) 作为方程看, 它便以隐函数的方式确定了温度 T 与 (3.4.9) 中能级 $\{\varepsilon_n\}$ 的函数关系,

$$T = T(\varepsilon_1, \cdots, \varepsilon_{N_E}).$$

它的物理意义是, 在总能量 E 不变的情况下, 分布 $\{a_n\}$ 关于能级 $\{\varepsilon_n\}$ 的变动所带来温度 T 的变化. 假设 T 的函数可表达为

$$T = \sum_n \alpha_n T(\varepsilon_n), \tag{3.4.12}$$

式中 α_n 为待定系数.

物理上很自然地假设:

$$\begin{array}{l} 系统在一个特殊能级 \ \varepsilon_n \ 上的涨落只能导 \\ 致总能量 \ E = \sum_i a_i \varepsilon_i \ 中的 \ a_n \varepsilon_n \ 能量涨落. \end{array} \tag{3.4.13}$$

数学中, 在 (3.4.13) 的假设下, 隐函数关系可由下面方程获得:

$$\delta E = N \sum_n g_n \frac{\partial}{\partial \varepsilon_n}\left[\frac{\varepsilon_n}{Z}\mathrm{e}^{-\varepsilon_n/kT}\right]\delta\varepsilon_n = 0, \tag{3.4.14}$$

由于 $\delta\varepsilon_n$ 相互独立, 再结合 (3.4.13), (3.4.14) 等价于如下方程:

$$\begin{aligned} & \frac{\partial}{\partial \varepsilon_n}\left[\frac{\varepsilon_n}{Z}\mathrm{e}^{-\varepsilon_n/kT}\right] = 0, \\ & \frac{\partial Z}{\partial \varepsilon_n} = \left(-\frac{g_n}{kT} + \frac{g_n\varepsilon_n}{kT^2}\frac{\partial T}{\partial \varepsilon_n}\right)\mathrm{e}^{-\varepsilon_n/kT}. \end{aligned} \tag{3.4.15}$$

方程 (3.4.15) 可写成

$$\frac{\mathrm{d}}{\mathrm{d}\varepsilon_n}T = \frac{T}{\varepsilon_n} - k\left(1 - \frac{g_n}{Z}\mathrm{e}^{-\varepsilon_n/kT}\right)^{-1}\frac{T^2}{\varepsilon_n^2}. \tag{3.4.16}$$

注意到

$$a_n = \frac{N}{Z}g_n\mathrm{e}^{-\varepsilon_n/kT},$$

再令 $x = \varepsilon_n$, 于是 (3.4.16) 可写成如下形式:

$$T' = \frac{T}{x} - k\left(1 - \frac{a_n}{N}\right)^{-1}\frac{T^2}{x^2}. \tag{3.4.17}$$

这就是关于温度的微分方程.

    2. **方程 (3.4.17) 的解**

    作如下变换:

$$y = \frac{T}{x}, \quad 则 \ T' = xy' + y.$$

于是方程 (3.4.17) 变为

$$xy' = -k\left(1 - \frac{a_n}{N}\right)^{-1} y^2.$$

此方程可等价地写成

$$-\left(1 - \frac{a_n}{N}\right) \int \frac{\mathrm{d}y}{ky^2} = \int \frac{\mathrm{d}x}{x}. \tag{3.4.18}$$

注意到 (3.4.18) 的右端 $x = \varepsilon_n$ 具有能量的量纲. 为了无量纲化, 取 $x = \frac{\varepsilon_n}{\varepsilon_0}$, ε_0 为能量单位. 于是积分 (3.4.18) 两端得到

$$\frac{1 - a_n/N}{ky} = \ln \frac{\varepsilon_n}{\varepsilon_0} + C_n,$$

式中 C_n 为积分常数. 将 $y = T/\varepsilon_n$ 代入上式便得到 (3.4.17) 的解

$$kT(\varepsilon_n) = \left(1 - \frac{a_n}{N}\right) \frac{\varepsilon_n}{C_n + \ln \varepsilon_n/\varepsilon_0}.$$

将上面的 $T(\varepsilon_n)$ 代入到 (3.4.12) 中, 便得到温度的能级公式

$$kT = \sum_n \left(1 - \frac{a_n}{N}\right) \frac{\alpha_n \varepsilon_n}{C_n + \ln \varepsilon_n/\varepsilon_0}.$$

记 $\beta_n = 1/C_n$, $\theta_n = \frac{\alpha_n}{C_n}$, 上式改写为

$$kT = \sum_n \left(1 - \frac{a_n}{N}\right) \frac{\theta_n \varepsilon_n}{1 + \beta_n \ln \varepsilon_n/\varepsilon_0}. \tag{3.4.19}$$

下面我们需要定出系数 θ_n.

3. 系数 θ_n 的确定

由于 (3.4.19) 中的系数 θ_n 与 (3.4.14) 的变分方式无关, 因此我们取平移变分, 即在 (3.4.14) 中令 $\delta\varepsilon_n = \delta\varepsilon$ 与 n 无关, 再由物理假设 (3.4.13), 于是有

$$\sum_n \frac{g_n}{Z} \mathrm{e}^{-\varepsilon_n/kT} \left[1 - \frac{\varepsilon_n}{kT} + \frac{\varepsilon_n^2}{kT^2} T' + \frac{g_n}{Z} \mathrm{e}^{-\varepsilon_n/kT} \left(\frac{\varepsilon_n}{kT} - \frac{\varepsilon_n^2}{kT^2} T'\right)\right]$$

$$= \sum_n \frac{a_n}{N} \left[1 - \left(1 - \frac{a_n}{N}\right) \frac{\varepsilon_n}{kT} + \left(1 - \frac{a_n}{N}\right) \frac{\varepsilon_n^2}{kT^2} T'\right]$$

$$= 0 \quad (\text{由 } (3.4.14)).$$

注意 $\sum_n a_n/N = 1$, 由上式可得

$$kT = \sum_n \frac{a_n}{N} \left(1 - \frac{a_n}{N}\right) \varepsilon_n - \sum_n \frac{a_n}{N} \left(1 - \frac{a_n}{N}\right) \frac{T'}{T} \varepsilon_n^2, \tag{3.4.20}$$

其中 T' 是关于 $\{\varepsilon_n\}$ 的平移导数.

另一方面, (3.4.19) 可写成

$$kT = \sum_n \theta_n \left(1 - \frac{a_n}{N}\right) \varepsilon_n \times \frac{1}{1 + \beta_n \ln(\varepsilon_n/\varepsilon_0)}$$

$$= \sum_n \theta_n \left(1 - \frac{a_n}{N}\right) \varepsilon_n - \sum_n \theta_n \left(1 - \frac{a_n}{N}\right) \beta_n \varepsilon_n \ln(\varepsilon_n/\varepsilon_0). \qquad (3.4.21)$$

对照 (3.4.20) 与 (3.3.21) 可以定出

$$\theta_n = a_n/N, \quad \beta_n = T'\varepsilon_n/T \ln(\varepsilon_n/\varepsilon_0), \qquad (3.4.22)$$

其中 T' 是关于 (3.4.21) 的平移导数, 即

$$T' = \lim_{\Delta\varepsilon \to 0} \frac{1}{\varepsilon} \left[T(\varepsilon_1 + \Delta\varepsilon, \varepsilon_2 + \Delta\varepsilon, \cdots) - T(\varepsilon_1, \varepsilon_2, \cdots) \right]$$

$$= \sum_n \theta_n \left(1 - \frac{a_n}{N}\right) \left(1 - \beta_n - \beta_n \ln(\varepsilon_n/\varepsilon_0)\right).$$

4. 温度的能级公式

将 (3.4.22) 中的 θ_n 代入 (3.4.19) 便得到 (为了简单省去 ε_0)

$$kT = \sum_n \left(1 - \frac{a_n}{N}\right) \frac{a_n \varepsilon_n}{N(1 + \beta_n \ln \varepsilon_n)}, \qquad (3.4.23)$$

这就是温度关于能级的公式.

注意到系统的平均能级可表达为

$$\bar{\varepsilon} = \frac{1}{N} \sum_n a_n \varepsilon_n.$$

而在一般情况下, $a_n/N \ll 1$, 此时 (3.4.23) 可近似为

$$kT = \frac{1}{N} \sum_n \frac{a_n \varepsilon_n}{1 + \beta_n \ln \varepsilon_n}, \qquad (3.4.24)$$

关系式 (3.4.24) 可以视为关于能级的加权平均. 因此我们将温度视为系统的某种意义下的平均能级.

5. 量子系统的温度公式

公式 (3.4.23) 是由经典粒子系统导出的温度关系式. 现在考虑 Bose 子和 Fermi 子系统的温度能级公式. 此时由 BE 分布公式 (3.3.4) 和 FD 分布公式 (3.3.10),

$$a_n = \frac{g_n}{\mathrm{e}^{(\varepsilon_n - \mu)/kT} \pm 1}, \quad \left(\begin{array}{l} +\text{号为 FD 分布} \\ -\text{号为 BE 分布} \end{array} \right). \qquad (3.4.25)$$

于是系统能量为

$$E = \sum_n \frac{g_n \varepsilon_n}{\mathrm{e}^{(\varepsilon_n - \mu)/kT} \pm 1}. \tag{3.4.26}$$

类似于 (3.4.14), 从 (3.4.26) 可导出温度方程

$$\frac{a_n}{g_n} \frac{\varepsilon_n(\varepsilon_n - \mu)}{kT^2} \mathrm{e}^{\frac{\varepsilon_n - \mu}{kT}} T' = \frac{a_n}{g_n} \frac{\varepsilon_n}{kT} \mathrm{e}^{\frac{\varepsilon_n - \mu}{kT}} - 1. \tag{3.4.27}$$

由 (3.4.25) 可知

$$\mathrm{e}^{\frac{\varepsilon_n - \mu}{kT}} = \frac{g_n \pm a_n}{a_n}, \quad \left(\begin{array}{c} +\text{号为 BE 分布} \\ -\text{号为 FD 分布} \end{array} \right). \tag{3.4.28}$$

将 (3.4.28) 代入 (3.4.27) 得

$$T' = \frac{T}{\varepsilon_n - \mu} - \frac{g_n}{g_n \pm a_n} \frac{kT^2}{\varepsilon_n(\varepsilon_n - \mu)}. \tag{3.4.29}$$

方程 (3.4.29) 的解为

$$kT(\varepsilon_n) = \left(1 \pm \frac{a_n}{g_n}\right) \frac{\varepsilon_n}{C_n + \ln \varepsilon_n}, \quad \left(\begin{array}{c} +\text{号为 BE 分布} \\ -\text{号为 FD 分布} \end{array} \right). \tag{3.4.30}$$

将 (3.4.30) 代入 (3.4.12), 采用与 (3.4.23) 相同的方法可得到 Bose 系统和 Fermi 系统的温度能级公式为

$$kT = \sum_n \left(1 \pm \frac{a_n}{g_n}\right) \frac{a_n \varepsilon_n}{N(1 + \beta_n \ln \varepsilon_n)}, \quad \left(\begin{array}{c} +\text{号为 Bose 系统} \\ -\text{号为 Fermi 系统} \end{array} \right). \tag{3.4.31}$$

3.4.3 温度公式的物理意义

由 (3.4.23) 和 (3.4.31) 给出的三种不同系统温度能级公式能够使我们加深对热本质的理解. 这些公式不仅反映了温度平均能级的物理实质, 而且也提供了温度与分布 $\{a_n\}$ 的函数关系. 此外在公式中的参数 $\{\beta_n\}$ 反映了物体材料关于温度的敏感性. 下面我们简要地给出温度公式的物理意义:

$$\left\{ \begin{array}{l} T \text{ 的实质} = \text{平均能级}, \\ T = \text{分布 } \{a_n\} \text{ 和能级 } \{\varepsilon_n\} \text{ 的函数}, \\ T \text{ 中参数 } \{\beta_n\} = \text{材料的温度属性}. \end{array} \right. \tag{3.4.32}$$

下面我们将更深入地讨论温度公式在物理中的应用.

1. 绝对零度的物理特征

在 2.3 节中曾介绍了绝对零度的概念, 并且物理上也知道绝对零度时粒子都处在最低能级上. 但是在严格意义上以非常明确的方式给出绝对零度这种物理特征的理论还没有见到, 虽然从 FD 分布和 BE 分布能够说明一些问题, 但中间要对化学势 μ 作一些人工的假设, 而且 μ 的作用和意义在这不明确. 现在, 使用公式 (3.4.23) 和 (3.4.31) 可以非常明确地表明绝对零度的物理特征.

1) Fermi 系统绝对零度特征. 对于 (3.4.31) 的 Fermi 系统,

$$T = 0 \Leftrightarrow a_n = g_n \quad 或 \quad a_n = 0. \tag{3.4.33}$$

由量子力学理论, 当低能级位置没有被占满时, 高能级态是不稳定的, 会自发跃迁到低能级态上, 除非不断地有光子激发存在. 因此 (3.4.33) 可进一步写成

$$T = 0 \Leftrightarrow a_n = g_n \quad (n = 1, \cdots, m), \quad a_n = 0, \quad \forall\, n > m. \tag{3.4.34}$$

这个结论 (3.4.34) 是温度公式的严格解.

固态物体在 $T = 0$ 时大多数是 Fermi 系统, 因为此时固体中的原子和分子都被固定在格点上, 它们的能级由轨道电子来决定. 于是系统可视为轨道电子与自由电子构成的 Fermi 系统.

2) Bose 系统的绝对零度. 对于 (3.4.31) 的 Bose 系统

$$T = 0 \Leftrightarrow \varepsilon_1 = 0, \quad a_1 = N \quad 及 \quad a_n = 0, \quad \forall\, n > 1. \tag{3.4.35}$$

这个结论 (3.4.35) 正是 Bose-Einstein 凝聚.

在绝对零度时的 Bose 系统物态形式只有两种, 一种是气体态, 另一种是某种物体内部一个子系统的凝聚态.

3) 经典粒子系统. 在绝对零度时, 自然界中这种系统比较少, 因为在经典极限条件 (3.3.17) 和 (3.3.20) 下, 即

$$\frac{a_n}{g_n} \ll 1, \quad \frac{\Delta \varepsilon_n}{kT} \ll 1, \tag{3.4.36}$$

粒子系统才可归结为经典意义的. 在 $T = 0$ 情况下, (3.4.36) 条件很难达到. 但尽管如此这样的系统还是存在. 这种系统的物理特征可由 (3.4.23) 看到. 对于经典系统有

$$T = 0 \Leftrightarrow a_1 = N, \quad a_n = 0, \quad \forall\, n > 1. \tag{3.4.37}$$

此时不必要求 $\varepsilon_1 = 0$. 这个状态反映了超导和超流的凝聚态.

2. 最高温度的存在

由 3.1.5 小节介绍的新发展的粒子能级理论, 所有粒子的能级数都是有限的. 因此从温度公式 (3.4.23) 和 (3.4.31) 可推出最高温度的上限值为

$$kT_{\max} < \varepsilon_m, \quad \varepsilon_m = \max_n \frac{\varepsilon_n}{1 + \beta_n \ln \varepsilon_n}. \tag{3.4.38}$$

这个不等式是由 (3.4.23) 给出的, 因为在高温下, 经典极限 (3.4.36) 成立. 因此高温系统的温度公式服从 (3.4.23).

3.4.4 熵理论

建立了温度的能级理论后, 便可以发展熵的理论. 我们关于熵的观点是建立在 (3.4.1) 的对应关系基础之上的. 现在已经知道

$$\text{电子 (代表粒子) 平均能级 = 温度 } T.$$

那么, 在 (3.4.1) 的对应下, 由于熵是广延量, 因此自然地有

$$\text{某种意义下的光子数 = 熵.} \tag{3.4.39}$$

这个结论 (3.4.39) 就是新的熵理论基础. 下面分几步来建立熵理论.

1. 关于 (3.4.39) 的物理支持

注意到 (3.4.39) 中的结论对于发展熵的统计理论是关键的, 它需要有充分的物理证据. 下面的事实是支持 (3.4.39) 的.

1) 根据热力学第一定律的热涨落平衡公式 (2.1.7),

$$SdT + TdS = 0. \tag{3.4.40}$$

它表明在孤立系统中, 热涨落的规则是, 温度的上升或下降伴随着熵的减少或增加. 而由粒子物理知识可以看到

$$\text{粒子吸收光子 = 粒子能级上升 + 光子数下降,}$$
$$\text{粒子发射光子 = 粒子能级下降 + 光子数增加.} \tag{3.4.41}$$

显然, 上述 (3.4.40) 和 (3.4.41) 这两个事实是相互一致的, 它们是 (3.4.39) 的强有力支持. 也就是说热力学第一定律支持 (3.4.39) 的熵理论.

2) 热能具有长距离真空传输的功能同样是 (3.4.39) 的支持. 我们知道热能 $Q = TS$. 因为温度 T 是粒子的平均能级, 它本身没有长距离真空传输的功能, 只能依靠粒子动能的传递来传输. 因此热能的长距真空传输只能靠熵 S 来进行. 另一方面, 我们知道光子辐射唯一具有这种功能, 故而 (3.4.39) 应该成立.

　　或者一种观点认为辐射能是另一种能量形式, 热能是靠转化成辐射能传输的, 然后再转化成热能. 这种观点无疑等价于将辐射能视为热能的一种表现形式, 这更支持 (3.4.39) 的理论.

　　3) 熵的传输律 (定律 2.4) 也支持 (3.4.39). 该定律说, 热输出的系统熵减少, 热输入的系统熵增加. 在没有粒子交换条件下, 热的传输方式只有两种, 即热辐射与粒子动能传递. 显然在热辐射情况下, 输出系统, 光子数减少, 输入系统光子数增加. 在动能传递情况下, 输出系统粒子能级下降, 在光子数与能级平衡情况下粒子能级下降会导致光子的吸收增加, 从而使光子数减少; 而输入系统粒子动能增加, 增大的能级会使光子发射增加以回到原有的系统光子与能级之间的平衡. 这都说明熵的传输律与 (3.4.39) 的理论是一致的.

　　2. 熵的光子数统计公式

　　根据 (3.4.39) 的论点, 可以认为熵是系统粒子空隙中的光子数. 或者换句话说是系统中光子气体的密度. 为此由 (3.3.23), 处在能级 ε_n 的光子数 a_n 为

$$a_n = \frac{g_n}{\mathrm{e}^{\varepsilon_n/kT} - 1}. \tag{3.4.42}$$

于是, 系统中光子气体的总能量为

$$E = \sum_n a_n \varepsilon_n. \tag{3.4.43}$$

另一方面, 光子气体的配分函数为 (3.3.6) 或 (3.3.7), 即

$$\ln Z_B = \sum_n g_n \ln(1 - \mathrm{e}^{-\beta\varepsilon_n})^{-1}, \tag{3.4.44}$$

这里 $\alpha = -\dfrac{\mu}{kT} = 0$, $\beta = \dfrac{1}{kT}$. 由 (3.3.8) 中熵的公式

$$S = k\left(\ln Z_B - \beta\frac{\partial}{\partial\beta} \ln Z_B \right),$$

从 (3.4.44) 可以算出

$$S = k \sum_n \left[g_n \ln \frac{\mathrm{e}^{\varepsilon_n/kT}}{\mathrm{e}^{\varepsilon_n/kT} - 1} + \frac{g_n}{\mathrm{e}^{\varepsilon_n/kT} - 1}\left(\frac{\varepsilon_n}{kT} \right) \right]. \tag{3.4.45}$$

由 (3.4.42) 可导出

$$\frac{\mathrm{e}^{\varepsilon_n/kT}}{\mathrm{e}^{\varepsilon_n/kT} - 1} = \frac{a_n}{g_n}\frac{g_n + a_n}{a_n} = 1 + \frac{a_n}{g_n}.$$

于是 (3.4.45) 可写成

$$S = k \sum_n \left[g_n \ln \left(1 + \frac{a_n}{g_n} \right) + \left(\frac{\varepsilon_n}{kT} \right) a_n \right]. \tag{3.4.46}$$

因为对任何光子气体都有 $a_n \ll g_n$, 即

$$\ln \left(1 + \frac{a_n}{g_n} \right) \simeq \frac{a_n}{g_n}.$$

于是, 由 (3.4.46) 可得到熵的**光子数公式**如下:

$$S = k \left[N_0 + \sum_n \frac{\varepsilon_n}{kT} a_n \right], \tag{3.4.47}$$

其中 $N_0 = \sum_n a_n$ 为光子数, 而

$$\sum_n \frac{\varepsilon_n}{kT} a_n \qquad \text{代表平均能级意义下的光子数.}$$

从 (3.4.47) 和温度公式 (3.4.23) 及 (3.4.31) 立刻推出如下温度定律.

定理 3.19 (温度定律)   关于温度有如下结论:

1) 温度有最低温度和最高温度, 最低温度为绝对零度, 最高温度的上限由 (3.4.38) 给出.

2) 系统内自由光子数为零时温度为绝对零度. 换句话说, 系统内没有光子是造成绝对零度的物理原因.

3) 绝对零度时系统的熵为零, 这就是 Nernst 热定理的结论.

4) 绝对零度时系统中粒子全部占据低能级的位置, 即粒子按 $\varepsilon_1 < \varepsilon_2 < \cdots$ 的能级排列顺序由低向高占满那些位置.

注 3.20   熵的如下公式:

$$S = \begin{cases} k \left(\ln Z - \alpha \dfrac{\partial}{\partial \alpha} \ln Z - \beta \dfrac{\partial}{\partial \beta} \ln Z \right), & \text{量子系统,} \\[3mm] kN \left(\ln Z - \beta \dfrac{\partial}{\partial \beta} \ln Z \right), & \text{MB 系统,} \end{cases} \tag{3.4.48}$$

与下面的 Boltzmann 公式

$$S = k \ln W$$

是等价的. 因此 (3.4.45) 导出的熵公式 (3.4.47) 与 Boltzmann 公式等价.

上面建立的关于温度与熵的理论将为我们揭示出热的本质, 它们的物理意义都非常明确, 并且实质性地改变了人们对热的认识.

3.4.5 热的本质

前面建立的关于温度和熵的理论为热理论奠定了基础, 这一小节就是在这个基础上关于热展开进一步的讨论. 共分四个专题进行: ① 关于热能的理论; ② 温度与熵之间的转化与平衡; ③ 关于热平衡定律 (第零定律) 的讨论; ④ 热素理论 (caloric theory).

1. 热能理论

关于热能的热力学定义为

$$\Delta Q = \Delta U - \Delta W, \tag{3.4.49}$$

其中 ΔQ 表示系统吸收的热量 (即热能), ΔU 为内能改变量, ΔW 为系统做的功, 即 (3.4.49) 等式左端的热能量是由右端内能的变化量及其做的功来定义的. 根据经典热力学理论, 在平衡态时, (3.4.49) 可表达为

$$dU = TdS - pdV. \tag{3.4.50}$$

它的物理意义是, 系统吸收 (或放出) 的热量 dQ 为

$$\begin{aligned} dQ &= dU \quad (系统内能的变化量), \\ dQ &= TdS (系统熵的变化量) + SdT (温度的变化量). \end{aligned} \tag{3.4.51}$$

而系统体积可变 (如热机系统) 时,

$$SdT \text{ 温度转化} = 做功 (-pdV). \tag{3.4.52}$$

于是由 (3.4.51) 和 (3.4.52) 便得到 (3.4.50).

现在我们应用本书建立的热理论解释 (3.4.50)—(3.4.52) 的热力学过程. 由 (3.4.47), 热能可表达成如下形式:

$$Q_0 = ST = E_0 + kN_0T, \tag{3.4.53}$$

其中 E_0 如 (3.4.43) 为系统内光子总能量, N_0 为光子数. 于是由 (3.4.53),

$$吸收热量 \, dQ = dQ_0 = dE_0 + kTdN_0 + kN_0dT.$$

将上式代入 (3.4.51) 中得

$$dU = dE_0 + kTdN_0 + kN_0dT. \tag{3.4.54}$$

再由 (3.4.52) 的机理,

$$kN_0\mathrm{d}T = 做功(-p\mathrm{d}V).$$

将上式代入 (3.4.54) 得到

$$\mathrm{d}U = \mathrm{d}E_0 + kT\mathrm{d}N_0 - p\mathrm{d}V. \tag{3.4.55}$$

等式 (3.4.55) 是热能理论 (3.4.53) 的微分恒等式, 它是经典方程 (3.4.50) 的等价形式. 其物理意义为, 吸收 $\mathrm{d}Q$ 的热量 (即光子能量) 后, 增加的内能分为两部分, 一部分被粒子吸收增温, 然后降温做功 $(-p\mathrm{d}V)$ 释放光子, 这些释放的光子与另一部分增加的内能使系统内光子能量 E_0 和光子数 N_0 发生改变. 由 (3.4.47), E_0 和 N_0 的改变就是等温的熵变, 即

$$\mathrm{d}E_0 + kT\mathrm{d}N_0 = T\mathrm{d}S.$$

它表明这里建立的热理论与经典理论一致. 但是物理内涵发生变化.

2. 温度与熵的平衡关系

热理论已经告诉我们, 热量是由 (3.4.53) 给出的熵与温度的乘积, 它代表了光子的能量, 熵代表光子数, 温度代表系统物质粒子的平均能级. 此外, 熵与温度之间是可以相互转化的. 这种转化是通过物质粒子吸收和辐射光子来实现的. 当粒子吸收光子时, 系统的温度升高而熵减少; 当粒子辐射光子时, 系统温度下降而熵增大. 但是粒子的吸收与辐射是有条件的, 这就是我们需要了解的. 电磁学与量子理论为此给出了基本知识, 这为我们了解温度与熵的平衡关系提供了理论基础.

1) 吸收条件

3.4.1 小节介绍了电子的光子云模型. 根据此模型, 电子具有一个光子吸附层. 这个吸附层中允许的光子数是有限的. 因此, 当电子的光子层处于饱和状态时, 这个电子就不再吸收光子了.

根据 Bohr 原子理论, 一个原子的轨道能级为

$$E_1 < E_2 < \cdots < E_k < E_{\max}, \tag{3.4.56}$$

其中 E_k 为最高能级, $E_{\max}$ 为逃逸能量. 当一个电子处在 E_i 能级轨道时, 它只能吸收 $E = E_{i+j} - E_i$ 和 $E > E_{\max} - E_i$ 能级的光子.

2) 辐射条件

当一个粒子处在匀速运动状态时, 它不辐射光子. 一个处在 E_i 能级的轨道电子, 若 (3.4.56) 中所有低于 E_i 能级的轨道都被占满, 则此电子也不辐射光子. 粒子发生辐射有如下几种类型:

$$原子辐射, \quad 韧致辐射, \quad 切伦科夫辐射, \quad 电极与磁极辐射.$$

原子辐射就是高能级轨道电子跃迁到低能级轨道上时发射光子的行为; 轫致辐射是变速的带电粒子发生辐射的现象; 切伦科夫辐射是在介质中匀速运动速度超过介质中的光速 c/n (n 为折射率) 的带电粒子发生辐射的行为; 变速的电极子和磁极子发生的辐射称为电极与磁极辐射. 根据电磁学, 轫致辐射在单位时间内发射的能量为

$$W = \frac{1}{6\pi^2 \varepsilon_0} \frac{e^2 a^2}{c^3}, \tag{3.4.57}$$

其中 ε_0 为介电常数, e 为电荷, a 为加速度, c 为光速.

3) 光子吸收与辐射振荡机制

根据上述理论可知, 粒子吸收与发射光子只有在振动运动中才能发生. 由 (3.4.57) 可以看到, 振动频率越高吸收与辐射能量也越大. 此外, 只有振荡动能才能计入粒子的能级, 集体平动动能对能级影响不大. 这就解释了为什么高速风力不能提高空气温度, 而摩擦能够升温. 在系统中, 粒子的振动产生于粒子之间的碰撞, 粒子与光子的碰撞. 吸收和发射光子也会使粒子振荡.

4) 温度与熵的转化与平衡

当粒子在高速振荡和碰撞中, 光子的吸收与发射率提高, 这会增加光子的能量与数量密度, 从而增加熵的密度. 反过来, 如果系统注入更多的光子会使温度上升. 因此, 温度与熵之间有一种相互转化和相互关联的平衡关系.

3. 热力学第零定律

热力学第零定律也称为热平衡定律, 它陈述如下。

定律 3.21　　与第三个系统处于热力学平衡的两个系统相互之间也是处于热力学平衡的.

这个定律是经验的总结, 它被认为是温度的依据. 普遍认为该定律可导致如下结论:

$$\text{所有相互均匀热平衡的物体温度相等,} \tag{3.4.58}$$

然而从生活经验和温度的本质这两个方面来看, 都不能认为从定律 3.21 中可以得到结论 (3.4.58). 定律 3.21 是正确的, 但是结论 (3.4.58) 是否正确是值得探讨的一件事.

首先我们从生活的经验上来看, 当一个人用手同时触摸在同一环境下的不同质地的物体 (如冰块和木块) 时, 温度的感觉肯定是不一样的. 有人认为这种感觉是一种幻觉, 不代表真实温度, 因为用温度计来量, 它们的温度应该是一样的. 现在我们知道温度是物体对光子的热感应强度, 它依赖于材料的属性. 因此, 温度计测到的不能代表统一的温度, 因为材料不同. 同时应该注意, 人们关于温度的感觉是真实的, 不是虚幻的.

现在从温度公式 (3.4.23) 来讨论这个问题. 为了方便, 写出此公式

$$kT = \sum_n \left(1 - \frac{a_n}{N}\right) \frac{a_n \varepsilon_n}{N(1 + \beta_n \ln \varepsilon_n)}. \tag{3.4.59}$$

这个公式表明 T 依赖于三个要素:

$$分布 \{a_n\}, \quad 能级 \{\varepsilon_n\}, \quad 参数 \{\beta_n\}. \tag{3.4.60}$$

注意到, 在 (3.4.60) 中的三组量中, 能级 $\{\varepsilon_n\}$ 和参数 $\{\beta_n\}$ 是与物质材料有关的, 不同的物质系统 $\{\varepsilon_n\}$ 和 $\{\beta_n\}$ 是不同的. 而 $\{a_n\}$ 还依赖于系统中的光子总能量 E_0 与总光子数 N_0. 因此, 在相同的光子能量与光子密度条件下, 不同的物质产生的温度值 (3.4.59) 是不同的. 这说明 (3.4.58) 的结论对于不同的物体是没有意义的.

但这并不意味着温度计没有意义, 因为定律 3.21 意味着下面的结论:

$$温度计可以提供一个光子密度的参照值 \tag{3.4.61}$$

因此当我们认为温度计的刻度代表了光子密度时, 并用它来统一衡量各物体吸收的光子密度, 那么温度计在实质上仍然是一个统一的温度标准.

4. 热素说

历史上关于热的本质有一种理论称为热素说. 该理论认为物质中存在一种热素, 它没有质量, 渗透在一切物质中并且是守恒的. 一个物体的温度是由它所含的热素量来决定的, 热素含量多则温度就高, 含量少温度就低. 热素会从高温流向低温. 在 1822 年, J. B. J. Fourier 就是根据热素说建立热传导定律的.

到了近代, 由于摩擦生热现象是热素说不能解释的, 加上热可以转化成为机械能, 这一切使人们放弃了热素说. 然而, 热素说最根本的地方就是, 它是关于热的一种物质形态的物理理论. 人们否定这种理论却没有提出新的取代理论. 认为热是一种能量形式, 这种理论并不是热素说的修正或取代物, 它关于热是什么物质形态这样的问题没有给出任何回答. 热力学第一定律不是关于热的理论, 而是关于热的物理属性的理论.

本书中建立的关于热的理论, 在本质上就是热素说的深化和修补. 此理论是建立在粒子的光子云模型、热力学第一定律、热力学统计理论、光子辐射机制、粒子能级等诸多物理理论基础之上的, 用严格的数学形式将温度、熵、热量的物理实质揭示出来. 热的统计理论清楚地表明, 光子就是热素. 它符合热素的所有特征: 没有质量、可渗透物质、某种意义下守恒、物体温度与光子含量有直接关系等. 至于摩擦生热现象, 用新建立的热理论很容易解释. 通过摩擦将动能传递给物体的粒子, 提高了粒子的振荡动能. 根据光子的辐射和吸收振荡机制, 粒子的高速振荡提高了

粒子的能级以及在其周围的光子吸收与辐射频率, 从而可聚集起高密度和高能量光子. 这不仅提高了温度, 而且可使易燃物质燃烧.

一个科学理论, 如果它能合理解释一些现象, 但又存在一些矛盾和问题, 那么在没有取代物的情况下是不能完全否定它的. 正确的方式就是修正它不成熟的地方, 取其合理部分. 科学就是这样发展的.

3.5   总结与评注

3.5.1   系综理论的注记

热力学统计理论有两个不同的平行体系. 一个就是本书介绍的由 J. C. Maxwell 和 L. Boltzmann 创立的统计学. 另一个是由 L. Boltzmann 和 J. W. Gibbs 创立的统计学. 这两个体系出发点和视角有所不同, 但是可处理和解决的问题基本上是一样的, 它们各有自己的方便之处. 由于篇幅限制, 这里只是概要性地介绍系综理论.

1. 系综的概念与目的

系综就是将一个热力学系统的每个微观状态作为子系统, 然后将所有子系统构成的集合视为一个大系统, 就是由大量小系统构成的体系.

令一个热力学系统由 N 个粒子构成, 每个粒子标上号 A_i. 第 i 个粒子 A_i 的状态由它的位置 q_i 和动量 p_i 来表示, 即

$$A_i \text{ 状态} = \text{位置 } (q_{i1}, q_{i2}, q_{i3}) \text{ 和动量 } (p_{i1}, p_{i2}, p_{i3}).$$

那么这个系统所有粒子的状态集合就定义为一个微观状态, 即

$$\text{一个微观状态} = \text{所有粒子状态集合 } \{(q_1, \cdots, q_N, p_1, \cdots, p_N)\}.$$

然后, 将每个微观状态视为 $6N$ 维空间 $\mathbb{R}^{6N}$ 中的一个点

$$\mathbb{R}^{6N} = \{(q_1, \cdots, q_N, p_1, \cdots, p_N) \mid q_i, p_i \in \mathbb{R}^1, \ 1 \leqslant i \leqslant N\}.$$

那么系统的一个微观状态 (q, p) 就对应于 $\mathbb{R}^{6N}$ 中一个点. 这个空间 $\mathbb{R}^{6N}$ 就称为相空间, 它的区域与体积分别称为相区域和相体积.

从物理上看, 热力学系统的微观状态处在动态中. 对应到相空间中就是这些微观状态作为 $\mathbb{R}^{6N}$ 中的点 (q, p) 作随机变动. 系综统计学的方法和目的就是:

1) 首先将系统的微观随机运动定义为 $\mathbb{R}^{6N}$ 上的一个函数

$$\rho: \mathbb{R}^{6N} \to \mathbb{R} \quad \text{满足} \quad \int \rho(p, q) \mathrm{d}p \mathrm{d}q = 1, \tag{3.5.1}$$

这里 $\rho = \rho(q,p)$ 代表系统处在 (q,p) 状态的概率密度.

2) 根据物理原理确定 ρ 的数学表达式.

3) 由 ρ 的表达式求出这个系统的所有热力学量.

其中 1) 和 2) 是方法, 3) 是目的.

注 3.22 在系综统计学中, 求出 ρ 的表达式后, 一个系统的物理量 $Q = Q(p,q)$ 的宏观测量值就是它的平均值 $\overline{Q}$,

$$\overline{Q} = \int Q(q,p)\rho \mathrm{d}p\mathrm{d}q. \tag{3.5.2}$$

但实际上系综理论的走向并不是朝着求积分 (3.5.2) 的方向, 而是参照了 Maxwell-Bolzmann 统计学的理论, 将 (3.5.1) 的概率密度 ρ 的自变量 (q,p) 改为系统状态的能量 E, 即

$$\rho = \rho(E) \quad (\text{此系统称为正则系综}), \tag{3.5.3}$$

它代表处在 E 能量状态的概率密度. 对照 MB 统计 (3.2.1) 的基本观点, 系综理论的 (3.5.3) 的方向就与 MB 统计学没有实质性的区别了. 系综理论进一步地发展是以能量 E 和粒子数 N 为自变量的

$$\rho = \rho(E,N) \quad (\text{此系统称为巨正则系综}), \tag{3.5.4}$$

它代表系统处在 E 和 N 状态的概率密度. 但这同样不能带来系综理论与 MB 统计实质性的差别. 注意, (3.5.2) 方向的困难在于几乎很难求出 $\rho(q,p)$ 和 $Q(q,p)$ 的具体表达式.

2. 微正则系综的概率分布 ρ

由于没有关于 $\rho(q,p)$ 的物理定律 (即微分方程), ρ 的形式只能用等概率原理来确定, 这就实质性地限制了系综理论与 MB 理论, 只适用于均匀的平衡系统, 并且决定了系综理论只能走 (3.5.3) 和 (3.5.4) 的道路.

等概率原理的内容陈述如下.

等概率原理 3.23 一个均匀的平衡态热力学系统, 各种系统允许的微观状态出现的概率相等.

这里需要注意两点, 其一是系统必须是均匀平衡的, 对于非均匀平衡系统, 该原理不成立; 其次是系统允许的微观状态也就是现实允许的状态才可以. 在 3.5.2 小节将从数学角度去说明, 该原理不可能用数学去证明. 它就是一个自然原理, 不是数学定理.

从等概率原理立刻可以推出下面系统的概率分布 ρ.

微正则系综分布　对于一个能量 E, 粒子数 N 和体积 V 都确定的系统, 称为微正则系综, 它的概率分布为

$$\rho(E) = \begin{cases} \text{常数}, & \text{对 } E = E_0, \\ 0, & \text{对 } E \neq E_0, \end{cases} \tag{3.5.5}$$

其中 E_0 为系统总能量.

从 (3.5.5) 中看到, 概率分布 ρ 与相容相空间变量 (q, p) 无关.

3. 正则系综的 Gibbs 分布

正则系综处理的系统与 MB 统计学的系统在本质上是一样的, 物体的温度 T 和总粒子数 N 都是固定的. 方法上的差异是, MB 统计学将物体中能量按不同能级分解, 求每个能级 ε_i 上的粒子数 a_i, 即

$$\text{MB 统计学} \begin{cases} \text{能级分解}, \quad \varepsilon_1, \cdots, \varepsilon_{N_E}, \\ \text{求每个 } \varepsilon_i \text{ 上的粒子数 } a_i. \end{cases} \tag{3.5.6}$$

而正则系统则是将 (3.5.6) 中具有 ε_i 的状态全体作为一个量子系统, 其余都属于总系统, 然后求出这个子系统 ε_i 的概率分布, 即

$$\text{正则系综统计} \begin{cases} \varepsilon_i \text{ 状态的集合为子系统}, \\ \text{求总系统中 } \varepsilon_i \text{ 子系统的分布 } \rho(\varepsilon_i). \end{cases} \tag{3.5.7}$$

注意本小节开始的系综定义, 在 (3.5.7) 中被体现出来. 最重要的是, (3.5.6) 中的 a_i 与 (3.5.7) 中的 $\rho(\varepsilon_i)$ 之间关系从实质上讲是

$$a_i = g_i N \rho(\varepsilon_i). \tag{3.5.8}$$

因此, 正则系综与 MB 统计学的差异只是视角与概念上的技术性区别.

正则系统的概率密度 $\rho(\varepsilon_i)$ 称为 Gibbs 分布. 由于正则系综中每个子系统都是一个微正则系综, 因此由 (3.5.5) 可以推知

$$\rho(\varepsilon_i) = \frac{\Omega_1(E - \varepsilon_i)}{\Omega(E)}, \tag{3.5.9}$$

其中 $\Omega(E)$ 代表总系统中所有状态数, 因此 $1/\Omega(E)$ 代表每个状态出现的概率 (等概率), 而 $\Omega_1(E - \varepsilon_i)$ 代表子系统处在 ε_i 的总状态数.

将 (3.5.9) 写成如下形式:

$$\rho(\varepsilon_i) = \frac{1}{\Omega(E)} e^{\ln \Omega_1(E - \varepsilon_i)}. \tag{3.5.10}$$

从物理事实出发可以证明 (见 (林宗涵, 2007)),

$$\Omega_1(E - \varepsilon_i) \sim (E - \varepsilon)^M, \quad M = O(N), \tag{3.5.11}$$

N 为总系统粒子数. (3.5.11) 保障了如下 Taylor 展开的一阶近似:

$$\ln \Omega_1(E - \varepsilon_i) \simeq \ln \Omega_1(E) - \frac{\partial \ln \Omega_1(E)}{\partial E} \varepsilon_i. \tag{3.5.12}$$

将 (3.5.12) 代入 (3.5.10) 便得到正则系综的 **Gibbs 分布**

$$\rho(\varepsilon_i) = \frac{1}{Z} e^{-\beta \varepsilon_i}, \tag{3.5.13}$$

式中 Z, β 是与 ε_i 无关的常数. Z 由归一化条件确定为

$$Z = \sum_n e^{-\beta \varepsilon_n}, \tag{3.5.14}$$

而 β 由具体系统的数值与实验对照确定为

$$\beta = \frac{1}{kT}, \quad k \text{ 为 Boltzmann 常数.}$$

在 (3.5.14) 中的 Z 就是正则系综的配分函数.

注 3.24 回忆 MB 经典统计的配分函数为

$$Z_{\mathrm{MB}} = \sum_n g_n e^{-\beta \varepsilon_n}, \quad g_n \text{ 为简并数.} \tag{3.5.15}$$

熟悉量子力学的人都知道, 简并数就是单粒子的状态数. 因此若按系综的概念, (3.5.15) 可写成

$$Z = \sum_n \sum_i^{g_n} e^{-\beta \varepsilon_{n_i}} = \sum_j e^{-\beta \varepsilon_j}, \tag{3.5.16}$$

其中 j 是 n_i 的重新排列指标. 显然 (3.5.16) 与正则系综的配分函数是一致的. 因此, MB 经典统计与正则系综统计是等价的.

4. 巨正则系综的分布

如果说正则系综处理的是置放在一个大系统中的子系统, 这个子系统与大系统之间有能量交换, 那么巨正则系统处理的子系统与大系统之间不仅有能量交换, 而且也有粒子交换. 此时子系统是用两个状态变量能量 ε_i 和粒子数 N_i 作为身份的标志. 对于 (N_i, ε_i) 子系统, 概率分布 $\rho(N_i, \varepsilon_i)$ 为

$$\rho(N_i, \varepsilon_i) = \frac{\Omega_1(N - N_i, E - \varepsilon_i)}{\Omega(N, E)}, \tag{3.5.17}$$

类似于正则系统的讨论, $\rho(N_i, \varepsilon_i)$ 表达成

$$\rho(N_i, \varepsilon_i) = \frac{1}{\Omega(N, E)} e^{\ln \Omega_1(N - N_i, E - \varepsilon_i)},$$

然后关于对数取 Taylor 展开的一阶近似

$$\ln \Omega_1 \simeq \ln \Omega_1(N, E) - \frac{\partial \ln \Omega_1(N, E)}{\partial N} N_i - \frac{\partial \ln \Omega_1(N, E)}{\partial E} \varepsilon_i.$$

于是 (3.5.17) 可表达为

$$\begin{cases} \rho(N_i, \varepsilon_i) = \dfrac{1}{Z_1} e^{-\alpha N_i - \beta \varepsilon_i}, \\ \alpha = -\dfrac{\mu}{kT}, \quad \beta = \dfrac{1}{kT}, \quad \mu \text{ 为化学势}. \end{cases} \tag{3.5.18}$$

其中 Z_1 称为巨配分函数, 由归一性确定为

$$Z_1 = \sum_i \sum_n e^{-\alpha N_i - \beta \varepsilon_n}. \tag{3.5.19}$$

5. 配分函数与热力学量的关系

前面已讲过, 系综理论的目的最终是求得系统的热力学量. 与 MB 统计学一样, 系综理论也是通过配分函数 (3.5.14) 和巨配分函数 (3.5.19) 获得各自系统的热力学量的.

正则系综配分函数 Z 和热力学量之间关系与 MB 经典统计是一样的, 满足 (3.2.26)—(3.2.29) 的关系.

巨正则系综的配分函数 Z_1 和热力学量之间关系与 MB 统计学的量子统计是一样的, 满足 (3.3.8) 中的关系.

3.5.2 遍历理论与等概率原理

在 3.5.1 节中我们看到, 系综统计理论是建立在等概率原理基础之上的. 历史上, Boltzmann 试图将统计理论完全建立在力学基础上, 提出了遍历假设, 即遍历假设 3.25.

遍历假设 3.25 对于一个孤立的 (即能量守恒) 力学系统, 在充分长的时间内, 该系统从任一初始状态出发都将遍历等能量面上的所有点.

1. 遍历假设的数学意义

前面已提到, 一个热力学系统的微观状态可用下面的相空间:

$$\mathbb{R}^{6N} = \{(q, p) \mid q \in \mathbb{R}^{3N}, \ p \in \mathbb{R}^{3N}\} \tag{3.5.20}$$

上的一点 (q,p) 来表达, 其中 $q \in \mathbb{R}^{3N}$ 代表 N 个粒子的每一个在物理空间 $\mathbb{R}^3$ 中的位置, p 代表 N 个粒子的动量. 在遍历假设 3.25 中, 一个孤立的力学系统就是指热力学系统, 它由 N 个粒子构成. 孤立系统 N 个粒子的微观状态 (q,p) 是时间的函数

$$q = (q_1(t), \cdots, q_N(t)), \quad p = (p_1(t), \cdots, p_N(t)), \tag{3.5.21}$$

它们是能量守恒的, 满足 Hamilton 动力学原理 (原理 1.24), 即满足方程

$$\begin{aligned} \frac{\mathrm{d}q_i}{\mathrm{d}t} &= \frac{\partial H}{\partial p_i}, \\ \frac{\mathrm{d}p_i}{\mathrm{d}t} &= -\frac{\partial H}{\partial q_i} \quad (1 \leqslant i \leqslant N), \end{aligned} \tag{3.5.22}$$

其中 $H = H(q,p)$ 是关于 p 和 q 的能量函数. 遍历假设中的初始状态对应于方程 (3.5.22) 的初值

$$q_i|_{t=0} = q_i^0, \quad p_i|_{t=0} = p_i^0 \quad (1 \leqslant i \leqslant N). \tag{3.5.23}$$

等能量面是指相空间 $\mathbb{R}^{6N}$ 中由能量函数 H 给出的等值超曲面:

$$\Gamma = \{(q,p) \in \mathbb{R}^{6N} \mid H(q,p) = E_0 > 0 \text{ 为常数}\}, \tag{3.5.24}$$

其中 (3.5.23) 的初值是在 Γ 上, 即 $(q^0, p^0) \in \Gamma$.

现在可以解释遍历假设 3.25 中结论的数学意思是什么. 它的结论是

$$\text{系统从任一初值出发将遍历 } \Gamma \text{ 上所有的点}, \tag{3.5.25}$$

所谓遍历在数学上并非是指对 Γ 上任一点 $(\tilde{q}, \tilde{p})$ 存在一个时间 $t_0 > 0$ 使得方程 (3.5.22) 关于初值 (3.5.23) 的解 $(q(t), p(t))$ 在 t_0 处等于 $(\tilde{q}, \tilde{p})$. (3.5.25) 的意思是对 $\forall (\tilde{q}, \tilde{p}) \in \Gamma$, 存在时间序列 $t_n (n = 1, 2, \cdots)$ 使得 (3.5.22) 和 (3.5.23) 的解可无限逼近 $(\tilde{q}, \tilde{p})$, 即

$$\lim_{n \to \infty} q(t_n) = \tilde{q}, \quad \lim_{n \to \infty} p(t_n) = \tilde{p}. \tag{3.5.26}$$

用更标准的数学语言讲就是, (3.5.24) 的等值面 Γ 是 (3.5.22) 和 (3.5.23) 解的轨道上所有点构成集合的闭包, 即

$$\Gamma = \overline{\bigcup_{0 \leqslant t} \{q(t), p(t)\}}. \tag{3.5.27}$$

(3.5.26) 和 (3.5.27) 这两句话在数学上是等价的.

2. 遍历假设意味着等概率原理

现在我们需要说明下面的结论:

$$遍历假设成立 \Rightarrow 等概率原理成立. \tag{3.5.28}$$

等概率原理是说, 系统每一个允许的微观状态出现的概率相等. 从上面介绍已经知道, 每一个微观状态 $(\widetilde{q}, \widetilde{p}) \in \Gamma$ 为

$$(q(t_0), p(t_0)) \in \Omega(\widetilde{q}, \widetilde{p}), \quad 对某个 \ t_0 > 0,$$

其中 $(q(t), p(t))$ 是 (3.5.22) 和 (3.5.23) 的解, $\Omega(\widetilde{q}, \widetilde{p})$ 是包含 $(\widetilde{q}, \widetilde{p})$ 的小区域. 因此, 从数学角度讲系统出现在 $(\widetilde{q}, \widetilde{p})$ 的概率密度 ρ 应该是

$$\rho(\widetilde{q}, \widetilde{p}) = \frac{1}{|\Omega(\widetilde{q}, \widetilde{p})|} \frac{方程解 \ (q(t), p(t)) \ 访问 \ \Omega(\widetilde{q}, \widetilde{p}) \ 的次数}{访问 \ \Gamma \ 中全部小区域 \ \Omega(q, p) \ 的总次数}, \tag{3.5.29}$$

这里将 Γ 划分出充分多的小区域, $\Omega(q, p)$ 是包含 (q, p) 点的小区域, $|\Omega|$ 代表小区域 Ω 的相体积.

由定义 (3.5.29) 可知, 如果遍历假设成立, 则有

$$\rho(\widetilde{q}, \widetilde{p}) \neq 0. \tag{3.5.30}$$

若再有如下结论:

$$\rho(\widetilde{q}, \widetilde{p}) = 常数, \tag{3.5.31}$$

即 (3.5.22) 和 (3.5.23) 的解 $(q(t), p(t))$ 访问每个小区域 $\Omega(p, q) \subset \Gamma$ 的次数在平均意义下是相同的, 则可看出遍历假设 3.25 意味着等概率原理成立. 于是要证明 (3.5.28) 只需验证 (3.5.31) 成立, 而此结论 (3.5.31) 可由 Birkhoff 遍历定理 (ergodic theorem) 所保证. 该定理说, 对一个区域 Ω 的特征函数

$$\chi_\Omega = \begin{cases} 1, & (p, q) \in \Omega, \\ 0, & (p, q) \notin \Omega, \end{cases}$$

χ_Ω 关于 $(q(t), p(t))$ 的时间离散化 $t = \{0, 1, 2, \cdots\}$ 的平均存在, 即

$$\overline{\chi}_\Omega = \lim_{n \to \infty} \frac{1}{n} \sum_{k=0}^{n} \chi_\Omega(q(n), p(n)), \tag{3.5.32}$$

并且 $\overline{\chi}$ 在 (p, q) 的平移下不变

$$\overline{\chi}_\Omega = \overline{\chi}_{\Omega(p_0, q_0)}, \tag{3.5.33}$$

其中 $\Omega(p_0, q_0)$ 是 Ω 在 (p_0, q_0) 下的平移区域. 在这个定理中, (3.5.32) 的 $\overline{\chi}_\Omega$ 等于 (3.5.29) 中的 $\rho(q, p)$, (3.5.33) 表明 $\rho(q, p)$ 与 (q, p) 点无关. 于是结论 (3.5.31) 成立. 这便证明了 (3.5.28).

3. 遍历假设的数学不正确性

Botlzmann 希望能从数学上证明遍历假设 3.25, 从而使得统计理论的根基建立在 Hamilton 动力学原理之上. 然而从数学角度看, 这个假设对于一般 Hamilton 系统 (3.5.22) 是不成立的, 其原因是如下两点.

1) 从数学动力系统理论可知, (3.5.27) **可以成立的条件是** H 的能量等值面 Γ 必须是 $6N-1$ 维的轮胎面, 即

$$\Gamma = T^{6N-1} = \underbrace{S^1 \times \cdots \times S^1}_{6N-1}, \quad S^1 \text{ 为一维圆圈}. \tag{3.5.34}$$

2) 物理中的能量函数 $H(q,p)$ 关于 q 和 p 一定是正定函数, 即它的 (3.5.24) 等值面 Γ 一定同胚于一个 $6N-1$ 维球面:

$$\Gamma = S^{6N-1}, \quad \text{(同胚意义下的相等)}. \tag{3.5.35}$$

因此, 从上面 (3.5.34) 和 (3.5.35) 的不相同性立刻可以得知, 对物理方程 (3.5.22) 是根本不可能有 (3.5.27) 的遍历性结论的. 从而可知, Boltzmann 的遍历假设在数学上是不正确的. 但是大量事实证明等概率原理在物理上是正确的.

3.5.3 本章各节评注

3.1 节   这一节关于量子法则与原理的内容是经典的结果, 推荐参考书为 (特雷纳和怀斯, 1987) 和 (马天, 2014).

3.1.2 小节和 3.1.3 小节的经典内容取自 (章乃森, 1994). 关于基本粒子的弱子模型是由 (Ma and Wang, 2015a,c) 提出的.

3.1.4 小节和 3.1.5 小节的理论是在 (Ma and Wang, 2014a,b, 2015a) 中发展的, 也可参考 (马天, 2014).

3.2 节   在 3.2.1 小节中的概率假设 3.12 是本书引入的, 它在 MB 统计中被隐含地使用. 这里将它明确地写出来是为了表明 MB 统计学的基础是概率假设和极小势原理. 这与系综统计学不同, 系综统计学的基础是等概率原理. 由于 MB 统计学与系综统计学从实质上讲是等价的, 因此它们的基础也应该等价. 这意味着等概率的作用就是使系统处在某种最小能量 (势) 状态. 实际上, 任何不均匀的分布都需要更多能量去维持. 因此等概率原理本质上与极小势原理是等价的.

3.2.2 小节中的 MB 分布 (3.2.24) 是由极小势原理导出的. 传统的观点认为是由极大概率原理导出的, 即

$$\text{分布 } \{a_n\} \text{ 满足状态数 } W \text{ 取 (约束) 极大}. \tag{3.5.36}$$

如果 (3.5.36) 成立, 那么由下面两个方程:

$$\delta \ln W = \alpha \delta N + \beta \delta E, \tag{3.5.37}$$

$$\delta W = \alpha \delta N + \beta \delta E, \tag{3.5.38}$$

应该能导出相同的分布 $\{a_n\}$. 但是情况并非如此. 这说明 (3.5.36) 不能作为 MB 统计学的物理基础. 这里将极小势原理纳入 MB 统计学基础的关键点就是由 (3.2.10) 给出的观点, 这个观点来源于 (朗道和栗弗席兹, 2011).

统计理论最重要的结果有两个: 分布公式和配分函数. 它们两个各自都具有独立的作用.

能级简并数的概念来自于量子物理. 简并数 g_n 对应于数学中的线性算子特征值重数. 在量子力学中每个粒子的能量 λ 都是某个方程的特征值, 一般形式为

$$\begin{cases} -D^2\psi + A\psi = \lambda\psi, & x \in \Omega \subset \mathbb{R}^3, \\ \psi|_{\partial\Omega} = 0, \end{cases} \tag{3.5.39}$$

其中 $\psi = (\psi_1, \cdots, \psi_m)^{\mathrm{T}} : \Omega \to \mathbb{C}^m$ 为复值函数, $D^2 = D^{\mathrm{T}} D$,

$$D = \nabla + \mathrm{i}B, \quad B = (B_1, \cdots, B_n),$$

A 和 B_k $(1 \leqslant k \leqslant n)$ 都是 m 阶 Hermite 矩阵. 数学谱理论关于 (3.5.39) 的特征值都是实数, 并且是分立的

$$\lambda_1 < \lambda_2 < \cdots < \lambda_n < \cdots,$$

每个特征值 λ_n 的重数 k 是有限的. 所谓重数 k 就是指对应于 λ_n 有 k 个线性独立的特征向量 $\{\psi_1^n, \cdots, \psi_k^n\}$. 物理上, λ_n 称为粒子的能级, ψ_j^n $(1 \leqslant j \leqslant k)$ 代表 k 个量子态具有相同的能量 λ_n, k 称为简并数.

注 3.26   关于能级 λ_n 容易产生一些误解, 认为它代表粒子的内在能量, 不包括粒子之间相互作用能. 其实不然, 在 (3.5.39) 中, 波函数 ψ 的 m 个分量代表 m 个粒子, 算子 A, B 代表了 m 个粒子之间的相互作用以及粒子与外场之间的相互作用, 见 (Ma and Wang, 2015a) 关于多粒子系统场理论的内容. 因此, 能级 λ_n 包含了相互作用能.

3.2.3—3.2.5 小节的内容都是经典的, 参照了 (林宗涵, 2007), (马本堃等, 1980) 和 (朗道和栗弗席兹, 2011).

关于 (3.2.54) 中的粒子转动能 $\varepsilon_{转动}$ 的表达式, 是由量子力学推得的, 其基本过程如下: 首先在经典力学中已知一个半径为 r 的转动球体的动能可表达为

$$\varepsilon_{转动} = \frac{mr^2\dot{\varphi}^2}{2}, \tag{3.5.40}$$

其中 $\dot{\varphi}$ 为转动角速度. 此外, 经典力学的广义能量为

$$p_\varphi = mr^2\dot{\varphi}. \tag{3.5.41}$$

现在回到量子力学. 由 Bohr 理论, 转动动量为

$$p_\varphi = \beta\hbar, \quad \beta \text{ 为转动量子数}. \tag{3.5.42}$$

从 (3.5.41) 和 (3.5.42) 可知

$$mr^2\dot{\varphi} = \beta\hbar.$$

由此可知 (3.5.40) 对应的量子化能量为

$$\varepsilon_{转动} = \frac{\beta^2\hbar^2}{2I}, \quad I = mr^2 \text{ 为转动惯量}. \tag{3.5.43}$$

在 (3.5.43) 中的量子数 β 是关于转子的 Schrödinger 方程特征值

$$\left[\frac{1}{\sin\theta}\frac{\partial}{\partial}\left(\sin\theta\frac{\partial}{\partial\theta}\right) + \frac{1}{\sin^2\theta}\frac{\partial^2}{\partial\varphi^2}\right]Y_l = \beta_l Y_l. \tag{3.5.44}$$

数学上, (3.5.44) 的特征值为 $\beta_l = \sqrt{l(l+1)}$. 于是 (3.5.43) 变为

$$\varepsilon_{转动} = \frac{\hbar^2}{2I}l(l+1), \quad l = 0, 1, \cdots$$

这就是 (3.2.54) 的转动动能公式.

3.3 节 MB 统计学是由三个主要部分构成: MB 统计, BE 统计, FD 统计, 其中后两个属于量子统计, 它们分别处理不同系统. 这一节的内容除了考虑量子效应外, 其余都与 MB 分布理论是一样的.

下面我们给出反函数公式 (3.3.49) 的计算方法, 反函数方程为

$$G_{\frac{3}{2}}(Z) = y, \quad G_{\frac{3}{2}}(Z) = \sum_{n=1}^{\infty} \frac{Z^n}{n^{\frac{3}{2}}}. \tag{3.5.45}$$

为了求出 (3.5.45) 中的反函数

$$Z = f(y), \tag{3.5.46}$$

数学上采用迭代方法, 即先将 (3.5.45) 表达成

$$Z = y - g(Z), \quad g(Z) = \frac{Z^2}{2^{\frac{3}{2}}} + \frac{Z^3}{3^{\frac{3}{2}}} + \cdots.$$

然后令

$$Z_1 = y, \quad Z_2 = y - g(Z_1), \quad \cdots, \quad Z_k = y - g(Z_{k-1}).$$

如此下去便可求得 (3.5.45) 的反函数 (3.5.46) 的无穷级数表达式 (3.3.49). 数学理论上可以证明在这个级数某个半径内 $|y| < r_0 (r_0 \geqslant 1)$ 是收敛的.

3.4 节　　这一节的内容是由本书提出的关于热的统计理论, 详细可参见 (Ma and Wang, 2017c). 这个理论是建立在 3.4.1 小节中的粒子光子云模型基础之上的. 这里提到的光子云模型是由 (Ma and Wang, 2015a, c) 建立的.

热统计理论起源于 (3.4.1) 的对应关系, 也就是说这个理论是从 (3.4.1) 的关系中看出来的. 只有先看出理论中的温度与熵的本质, 才能够从已有的理论中找到推导它们公式的思路. 这是科研道路的基本有效方法.

热理论由温度公式 (3.4.23) 及 (3.4.31), 熵的公式 (3.4.47), 温度定律 3.19, 热能表达式 (3.4.53) 这四个部分构成. 它们能够综合合理地解释许多热现象, 包括绝对零度时的物理特征, 热力学第一定律的数学方程 (3.4.50), 摩擦生热, 不同物体产生的不同温度感觉等一系列事实.

第 4 章　热力学势的数学表达

4.1　$SO(n)$ 对称性

4.1.1　Descartes 张量

在 1.4.3 小节中已经看到, 统计物理系统的势泛函满足 $SO(3)$ 对称性, 这种对称性对热力学势的数学表达式具有很重要的作用, 在某种程度上可以帮助我们确定这些势泛函的具体形式. 在数学中, 能够体现不变性的数学量称为张量, 而对应于 $SO(3)$ 不变性的张量称为 Descartes 张量. 这一小节将介绍这个概念.

1. Descartes 张量的定义

令 $x = (x_1, \cdots, x_n)$ 是 $\mathbb{R}^n$ 的一个正交坐标系. 考虑下面正交变换:

$$\widetilde{x} = Ax \quad (\text{或写成 } \widetilde{x}_i = a_{ij}x_j). \tag{4.1.1}$$

这里采用了相同指标的求和约定, 即 $a_{ij}x_j = \sum\limits_{j=1}^{n} a_{ij}x_j$ 表示关于 j 求和, 下面一律采用这个约定. 在 (4.1.1) 中, A 为 n 阶正交矩阵, 即

$$A \in SO(n) \quad (SO(n) \text{ 定义如 } (1.4.22)).$$

下面给出 Descartes 张量的定义.

定义 4.1　设 T 是对应于 $\mathbb{R}^n$ 坐标系 $x = (x_1, \cdots, x_n)$ 的具有 n^k 个实数分量的一个数学量, 记为

$$T = \{T_{i_1 \cdots i_k}\}, \quad 1 \leqslant i_1, \cdots, i_k \leqslant n. \tag{4.1.2}$$

我们称这个量是一个 n 维 k 阶的 Descartes 张量, 若在 (4.1.1) 的正交坐标变换下 (4.1.2) 的分量按如下规则进行变换:

$$\widetilde{T}_{j_1 \cdots j_k} = a_{j_1 i_1} \cdots a_{j_k i_k} T_{i_1 \cdots i_k}. \tag{4.1.3}$$

其中 $\widetilde{T}_{j_1 \cdots j_k}$ 是 T 在 $\widetilde{x}$ 坐标下的分量.

注意到 (4.1.3) 的等式右端 $i_1, \cdots, i_k$ 具有相同指标, 因而是求和关系. 考虑到 (4.1.2) 和 (4.1.3) 太抽象, 下面给出 $k = 0, 1, 2$ 阶张量的具体形式.

2. 标量、向量与二阶张量

当 $k = 0$ 时, (4.1.2) 的量 T 只有一个实数分量, 在所有坐标系中它的数值不变, 即 $\widetilde{T} = T$. 这种零阶张量就是我们通常所熟悉的普通数值, 也称为标量.

当 $k = 1$ 时, (4.1.2) 的 T 有 n 个分量

$$T = (T_1, \cdots, T_n) \quad (\text{或 } T = T_i),$$

它就是我们熟知的向量, 称为一阶张量. 它的分量变换形式为

$$\widetilde{T} = a_{ij} T_j \quad (\text{即 } \widetilde{T} = AT).$$

或者写成熟悉的形式

$$\begin{pmatrix} \widetilde{T}_1 \\ \vdots \\ \widetilde{T}_n \end{pmatrix} = \begin{pmatrix} a_{11} & \cdots & a_{1n} \\ \vdots & & \vdots \\ a_{n1} & \cdots & a_{nn} \end{pmatrix} \begin{pmatrix} T_1 \\ \vdots \\ T_n \end{pmatrix}. \tag{4.1.4}$$

对 $k = 2$ 的情形, (4.1.2) 有 n^2 个分量, 此时 T 可写成矩阵形式

$$T = \begin{pmatrix} T_{11} & \cdots & T_{1n} \\ \vdots & & \vdots \\ T_{n1} & \cdots & T_{nn} \end{pmatrix}.$$

对于二阶张量, (4.1.3) 的变换可以写成下面的矩阵乘积形式:

$$\widetilde{T} = A T A^{\mathrm{T}} \quad (A^{\mathrm{T}} \text{ 为 } A \text{ 的转置}). \tag{4.1.5}$$

3. 张量的基本运算

张量的运算包括加减、乘积 (张量积)、内积、缩并等运算.

1) 张量的加减运算

令 S 和 T 是两个 n 维 k 阶张量, 即

$$S = \{S_{i_1 \cdots i_k}\}, \quad T = \{T_{i_1 \cdots i_k}\}.$$

则 S 和 T 进行加减运算时对应分量之间的和与差为

$$S \pm T = \{S_{i_1 \cdots i_k} \pm T_{i_1 \cdots i_k}\}.$$

注意张量的加减运算只能在相同维数和相同阶数的张量之间进行, 并且是在同一坐标系内运作.

2) 张量积

令 $S = \{S_{i_1 \cdots i_k}\}$ 和 $T = \{T_{j_1 \cdots j_m}\}$ 分别是 n 维 k 阶与 m 阶张量, 则将它们分量之间进行乘积后作为新的分量, 即

$$S \otimes T = \{S_{i_1 \cdots i_k} T_{j_1 \cdots j_m}\},$$

得到一个 n^{k+m} 个分量的 $k+m$ 阶张量, 称为 S 与 T 的张量积, 记为 $S \otimes T$. 例如, 对于两个一阶张量 $A = \{A_i\}$ 和 $B = \{B_i\}$, 张量积为

$$A \otimes B = \begin{pmatrix} A_1 B_1 & \cdots & A_1 B_n \\ \vdots & & \vdots \\ A_n B_1 & \cdots & A_n B_n \end{pmatrix},$$

它是一个二阶张量.

3) 张量的内积

设 $S = \{S_{i_1 \cdots i_k}\}$ 和 $T = \{T_{j_1 \cdots j_m}\}$ 分别为 k 阶和 m 阶张量. S 与 T 的内积是分别在 $S_{i_1 \cdots i_k}$ 和 $T_{j_1 \cdots j_m}$ 中取一个下标进行乘积求和, 例如

$$S \cdot T = \{S_{l i_2 \cdots i_k} T_{l j_2 \cdots j_m}\},$$

为 S 与 T 关于第一个下标进行求和. 同样, 可以关于 S 第 a 个下标与 T 第 b 个下标进行求和, 称单重内积. 如果对 S 和 T 的 r 个指标求和, 则为 r 重内积, 例如

$$S \cdot T = \{S_{l_1 \cdots l_r i_{r+1} \cdots i_k} T_{l_1 \cdots l_r j_{r+1} \cdots j_m}\}.$$

显然两个 k 阶和 m 阶的 r 重张量内积是一个 $k+m-2r$ 阶的张量. 两个一阶张量 $A = \{A_i\}$ 和 $B = \{B_j\}$ 的内积

$$A \cdot B = A_l B_l,$$

就是通常向量的内积, 它是一个标量.

4) 张量的缩并

一个 k 阶张量 $T = T_{i_1 \cdots i_k}$, 若对它的任何两个下标, 例如, 对 i_1 和 i_2 进行求和

$$\{S_{i_3 \cdots i_k}\} = \{T_{l l i_3 \cdots i_k}\},$$

则称为关于 T 的缩并, 它是一个 $k-2$ 阶张量. 例如, 对于一个二阶张量 $T = \{T_{ij}\}$, 它的缩并

$$T_{ll} = T_{11} + \cdots + T_{nn}$$

就是矩阵 (T_{ij}) 的迹, 它是一个零阶张量 (即标量).

4.1.2　张量场与微分算子

物理量都是张量. 例如, 温度 T 和压力 p 属于标量 (零阶张量), 速度和力是向量 (一阶张量), 应力 $\{\sigma_{ij}\}$ 和转动惯量 $\{I_{ij}\}$ 属于二阶张量. 我们注意到, 多数物理量都与空间位置 $x \in \mathbb{R}^n$ 有关. 这种与 $x \in \mathbb{R}^n$ 有关的张量就称为张量场. 它的严格数学定义如下.

定义 4.2　令 $\Omega \subset \mathbb{R}^n$ 是一个开集, 若对每一点 $x \in \Omega$ 都唯一地对应于一个 n 维 k 阶张量, 记为

$$T(x) = \{T_{i_1 \cdots i_k}(x)\},$$

则 $T(x)$ 称为 Ω 上的一个 k 阶张量场.

实质上, 张量场就是 $\Omega \subset \mathbb{R}^n$ 上的张量值函数, 用映射表达为

$$T : \Omega \to \mathbb{R}^{n^k} \quad (\mathbb{R}^{n^k} \text{ 为张量值空间}).$$

关于张量场有各种微分算子, 它们也具有张量的作用, 下面介绍它们.

1. 梯度算子 ∇

梯度算子与散度算子是物理学中最常见的微分算子. 从张量的角度看, 梯度算子就是一个一阶张量, 它的表达式为

$$\nabla = \left(\frac{\partial}{\partial x_1}, \cdots, \frac{\partial}{\partial x_n} \right). \tag{4.1.6}$$

注意到, x 坐标出现在 (4.1.6) 中的分母上, 因此在坐标变换下它也将按一阶张量的规划进行变换. 记 $\partial_k = \partial / \partial x_k$, 则在 (4.1.1) 的坐标变换下有

$$\widetilde{\partial}_i = \frac{\partial}{\partial \widetilde{x}_i} = \frac{\partial x_j}{\partial \widetilde{x}_i} \frac{\partial}{\partial x_j} = a_{ij} \partial_j \quad (\text{由 } x_j = a_{ij} \widetilde{x}_i).$$

这表明梯度算子 $\nabla = \{\partial_i\}$ 是按 $k = 1$ 的 (4.1.3) 规则进行变换的.

于是, 对于一般 k 阶张量场 $T = \{T_{j_1 \cdots j_k}(x)\}$, 它的梯度

$$\nabla T(x) = \left\{ \frac{\partial}{\partial x_j} T_{j_1 \cdots j_k}(x) \right\} \text{ 是 } k+1 \text{ 阶张量场}.$$

最重要的是标量场 $\varphi(x)$ 的梯度

$$\nabla \varphi(x) = \left(\frac{\partial \varphi}{\partial x_1}, \cdots, \frac{\partial \varphi}{\partial x_n} \right), \tag{4.1.7}$$

它具有特殊的意义, 其次是向量场的梯度

$$\nabla A(x) = \begin{pmatrix} \dfrac{\partial A_1}{\partial x_1} & \cdots & \dfrac{\partial A_1}{\partial x_n} \\ \vdots & & \vdots \\ \dfrac{\partial A_n}{\partial x_1} & \cdots & \dfrac{\partial A_n}{\partial x_n} \end{pmatrix},$$

它是向量场 $A(x)$ 的 Jacobi 矩阵.

对于 (4.1.7) 的梯度场 $\nabla\varphi$, 它具有如下两条重要的数学性质:

1) 标量场 $\varphi(x)$ 在其梯度 $\vec{k} = \nabla\varphi(x)$ 方向变化率最大, 即

$$\vec{k} \text{ 方向导数 } \frac{\mathrm{d}}{\mathrm{d}\vec{k}}\varphi(x) \geqslant \frac{\mathrm{d}}{\mathrm{d}\vec{r}}\varphi(x), \quad \forall \, \vec{r} \text{ 方向.} \tag{4.1.8}$$

2) $\nabla\varphi(x_0)$ 是超曲面 $\Sigma = \{x \in \mathbb{R}^n \mid \varphi(x) = \alpha\}$ 在 x_0 点的法向量:

$$\nabla\varphi(x_0) \perp T\Sigma_{x_0} \quad (T\Sigma_{x_0} \text{ 为 } x_0 \text{ 点的切空间}). \tag{4.1.9}$$

在数学和物理中, 许多地方都用到 (4.1.8) 和 (4.1.9) 这两条特性. 例如, Fick 扩散定律和 Fourier 热传导定律实质上就是 (4.1.8) 的性质, Lagrange 约束变分的乘子定理本质就是 (4.1.9).

2. 散度算子 div

散度算子只适应于 $k \geqslant 1$ 的张量场. 令 $T = \{T_{j_1 \cdots j_k}(x)\}$ 是一个 k 阶张量场, 则 T 的散度定义为

$$\mathrm{div}T = \left\{ \frac{\partial}{\partial x_{j_l}} T_{j_1 \cdots j_l \cdots j_k} \right\}. \tag{4.1.10}$$

当 $T = (T_1, \cdots, T_n)$ 为向量场时, 散度为

$$\mathrm{div}T = \frac{\partial T_1}{\partial x_1} + \cdots + \frac{\partial T_n}{\partial x_n}.$$

散度实质上是梯度 ∇ 与张量场 T 的内积, 即

$$\mathrm{div}T = \nabla \cdot T.$$

因此, 对于 k 阶张量 T, 它的散度 $\mathrm{div}T$ 是一个 $k-1$ 阶张量场.

3. m 阶导算子 D^m

梯度算子 ∇ 是 $m = 1$ 阶的导算子, 对任意 $m \geqslant 1$ 的导算子定义为

$$D^m = \nabla \otimes \cdots \otimes \nabla = \left\{ \frac{\partial^m}{\partial x_{i_1} \cdots \partial x_{i_m}} \right\},$$

即 D^m 可视为 m 个梯度算子 ∇ 的张量积.

令 $T = \{T_{j_1 \cdots j_k}(x)\}$ 是一个 k 阶张量场, 则 D^m 与 T 的张量积为

$$D^m T = D^m \otimes T = \left\{ \frac{\partial^m}{\partial x_{i_1} \cdots \partial x_{i_m}} T_{j_1 \cdots j_k} \right\},$$

$$T \otimes D^m = \left\{ T_{j_1 \cdots j_k} \frac{\partial^m}{\partial x_{i_1} \cdots \partial x_{i_m}} \right\}. \tag{4.1.11}$$

从 (4.1.11) 可以看到

$$\begin{cases} D^m T = D^m \otimes T \text{ 是一个 } m+k \text{ 阶张量场}, \\ T \otimes D^m \text{是一个 } m+k \text{ 阶的张量算子}. \end{cases}$$

D^m 与 T 的内积为

$$D^m \cdot T = \left\{ \frac{\partial^m}{\partial x_l \partial x_{i_2} \cdots \partial x_{i_m}} T_{l j_2 \cdots j_k} \right\},$$

$$T \cdot D^m = \left\{ T_{l j_2 \cdots j_k} \frac{\partial^m}{\partial x_l \partial x_{i_2} \cdots \partial x_{i_m}} \right\}. \tag{4.1.12}$$

从 (4.1.12) 可知

$$\begin{cases} D^m \cdot T \text{为} m+k-2 \text{ 阶张量场}, \\ T \cdot D^m \text{为} m+k-2 \text{ 阶张量算子}. \end{cases}$$

例如, 在流体动力学方程中的算子

$$(u \cdot \nabla) = u_1 \frac{\partial}{\partial x_1} + \cdots + u_n \frac{\partial}{\partial x_n} \quad (n = 2, 3)$$

就是一个标量算子.

4. Gauss 公式

梯度算子 ∇ 与散度算子 $(-\mathrm{div})$ 是一对共轭算子. 这个性质是由 Gauss 公式给出的. 在 1.2.3 小节中介绍的张量场正交分解定理正是利用了 ∇ 与 $(-\mathrm{div})$ 的共轭性. 下面介绍 Gauss 公式.

Gauss 公式有如下四种表述形式.

1) ∇ 与 $(-\mathrm{div})$ 的共轭性:

$$\int_\Omega \nabla \varphi \cdot u dx = -\int_\Omega \varphi \mathrm{div} u dx, \tag{4.1.13}$$

$\forall\, \varphi \in H^1(\Omega)$ 及 $u \in H^1(\Omega, \mathbb{R}^n),\ u \cdot n|_{\partial\Omega} = 0.$

2) 分部积分公式:

$$\int_\Omega \frac{\partial \varphi}{\partial x_i}\psi \mathrm{d}x = -\int_\Omega \varphi \frac{\partial \psi}{\partial x_i}\mathrm{d}x + \int_{\partial\Omega} \varphi\psi n_i \mathrm{d}s, \tag{4.1.14}$$

$\forall\, 1 \leqslant i \leqslant n$, 其中 $\varphi,\ \psi$ 为标量函数, n_i 为 $\partial\Omega$ 单位外法向量第 i 个分量.

3) 散度公式:

$$\int_\Omega \mathrm{div}u\mathrm{d}x = \int_{\partial\Omega} u \cdot n\mathrm{d}s, \tag{4.1.15}$$

4) 散度的流量性质:

$$\mathrm{div}u(x) = \text{流出 } \Omega(x) \text{ 的量} - \text{流入 } \Omega(x) \text{ 的量}, \tag{4.1.16}$$

式中所谓流入与流出是指将向量场 u 视为一个流的速度场在单位时间和单位体积内的流量, $\Omega(x)$ 为 x 点的小区域.

上述四种表述 (4.1.13)—(4.1.16) 都非常重要. 特别是 (4.1.16), 它是所有守恒律方程 (1.2.62) 的数学基础. 在第 5 章我们将从数学角度严格证明这个公式.

5. 向量场的旋度与 Stokes 公式

向量场的旋度只对 $n = 2, 3$ 维空间有效, 也就是说只有 $n = 2, 3$ 维的向量场才有旋度的概念. 旋度定义如下.

令 $u = (u_1, u_2, u_3)$ 是一个 3 维向量场, 则 u 的旋度为

$$\mathrm{curl}u = \left\{ \left(\frac{\partial u_3}{\partial x_2} - \frac{\partial u_2}{\partial x_3}\right), \left(\frac{\partial u_1}{\partial x_3} - \frac{\partial u_3}{\partial x_1}\right), \left(\frac{\partial u_2}{\partial x_1} - \frac{\partial u_1}{\partial x_2}\right) \right\}. \tag{4.1.17}$$

u 的旋度有时也记为 $\mathrm{rot}u$ 或 $\nabla \times u$.

一个向量场的旋度仍然是一个向量场. 也就是说在 (4.1.1) 的坐标变换下, $\mathrm{curl}u$ 也将按 $k = 1$ 的 (4.1.3) 规则进行变换. 旋度有如下两个重要的性质.

1) Stokes 公式

$$\int_M \mathrm{curl}u \cdot n\mathrm{d}s = \int_{\partial M} u \cdot \mathrm{d}l. \tag{4.1.18}$$

其中 $M \subset \mathbb{R}^3$ 为一个二维曲面, ∂M 为右手定向.

2) Helmholtz 定理:

$$\mathrm{div}H = 0 \ \Rightarrow\ H = \mathrm{curl}A. \tag{4.1.19}$$

这里 H 和 A 都是 $\mathbb{R}^3$ 中的向量场.

注意, (4.1.19) 的结论就是 (1.2.31) 的 Helmholtz 正交分解的推论. Maxwell 的电磁场微分方程

$$\frac{1}{c}\frac{\partial H}{\partial t} = -\mathrm{curl}E, \quad \mathrm{div}H = 0,$$
$$\frac{1}{c}\frac{\partial E}{\partial t} = \mathrm{curl}H - \frac{4\pi}{c}J, \quad \mathrm{div}E = 4\pi\rho, \tag{4.1.20}$$

的推导就应用了 Stokes 公式 (4.1.18).

4.1.3 $SO(n)$ 不变量与热力学势基本形式

4.1.1 和 4.1.2 小节的内容是介绍张量、张量场及张量算子, 其目的是建立 $SO(n)$ 不变量. 这种不变性是确定热力学势的具体表达式的有力工具, 因为势泛函都是由 $SO(n)$ 不变量构成的.

我们知道, 一个热力学系统有一组序参数 u 及控制参数 λ, 即

$$序参数 \ u = (u_1, \cdots, u_N), \quad 控制参数 \ \lambda = (\lambda_1, \cdots, \lambda_k).$$

并且有一个关于 u 和 λ 的势泛函 $F(u, \lambda)$. 当 $u = u(x)$ 与空间位置 $x \in \Omega$ 有关时, 势泛函 F 可写成如下一般形式:

$$F(u, \lambda) = \int_{\Omega} f(u, \cdots, D^k u, \lambda) \mathrm{d}x \quad (k \geqslant 1), \tag{4.1.21}$$

式中 $\Omega \subset \mathbb{R}^n (n = 2, 3)$ 是系统的区域, $D^k u$ 是如 (4.1.11) 的关于 u 的 k 阶导数. 由原理 1.27, 上述势泛函 (4.1.21) 是 $SO(n)$ 不变的. 也就是说, 在 (4.1.1) 的坐标变换下, (4.1.21) 中被积函数 $f(u, \cdots, D^k u, \lambda)$ 的形式不变, 称为 $SO(n)$ 的不变量. 这说明 f 的表达式受到不变性的约束. 下面我们介绍这方面的内容.

1. 不变量的例子

考虑下面关于标量函数 u 的梯度模平方:

$$f(u) = |\nabla u|^2 = \sum_{i=1}^{n} \left(\frac{\partial u}{\partial x_i} \right)^2. \tag{4.1.22}$$

在 (4.1.1) 的变换下, 由

$$\widetilde{\nabla} u^{\mathrm{T}} = A \nabla u^{\mathrm{T}} \quad (或 \ \nabla u^{\mathrm{T}} = A^{\mathrm{T}} \widetilde{\nabla} u^{\mathrm{T}}),$$

其中 A 是如 (4.1.1) 的正交矩阵, 我们有

$$f = \nabla u \cdot \nabla u^{\mathrm{T}} = \widetilde{\nabla} u A \cdot A^{\mathrm{T}} \widetilde{\nabla} u^{\mathrm{T}} = \widetilde{\nabla} u \cdot \widetilde{\nabla} u^{\mathrm{T}}, \tag{4.1.23}$$

式中 $A^{\mathrm{T}} = A^{-1}$. 于是 (4.1.23) 可写成

$$f = |\widetilde{\nabla} u|^2 = \sum_{i=1}^{n} \left(\frac{\partial u}{\partial \widetilde{x}_i} \right)^2, \tag{4.1.24}$$

即在 $\widetilde{x}$ 坐标系中 f 的表达式 (4.1.24) 与 x 坐标系中表达式 (4.1.22) 在形式上是一样的. 这就是所谓不变量的含义.

2. 不变量的基本形式

令 u 是一个标量场, 则关于 u 的一阶导数基本不变量为

$$
\begin{aligned}
|\nabla u|^2 &= \left(\frac{\partial u}{\partial x_1}\right)^2 + \cdots + \left(\frac{\partial u}{\partial x_n}\right)^2, \\
\vec{a} \cdot \nabla u &= a_1 \frac{\partial u}{\partial x_1} + \cdots + a_n \frac{\partial u}{\partial x_n}
\end{aligned}
\tag{4.1.25}
$$

其中 $\vec{a}$ 为一给定向量场.

令 $\vec{u} = (u_1, \cdots, u_n)$ 为向量场, 则 $\vec{u}$ 的直到一阶导数基本不变量为

$$
\begin{aligned}
|\vec{u}|^2 &= u_1^2 + \cdots + u_n^2, \\
\vec{a} \cdot \vec{u} &= a_1 u_1 + \cdots + a_n u_n, \\
\mathrm{div}\vec{u} &= \frac{\partial u_1}{\partial x_1} + \cdots + \frac{\partial u_n}{\partial x_n}, \\
|\nabla \vec{u}|^2 &= |\nabla u_1|^2 + \cdots + |\nabla u_n|^2.
\end{aligned}
\tag{4.1.26}
$$

3. 热力学势的基本形式

大量物理事实表明, 热力学系统的势含有序参量 u 的导数最高阶数 k 不超过 1, 即 $k \leqslant 1$. 因此关于热力学势可作如下假设.

假设 4.3 对于非均匀的热力学系统势泛函 (4.1.21), 它含有序参量 u 的导数相, 但是导数项的最高阶数 $k = 1$.

注 4.4 在 (1.3.37) 中, 我们注意到关于大板壳的 Föppl-von kármán 势含有序参量的二阶导数项. 事实上, 这个系统是一个弹性连续介质的力学系统, 它属于统计物理范畴, 但是不属于热力学系统. 顺便指出, 大板壳的势泛函 (1.3.37) 满足 $SO(2)$ 不变性.

由假设 4.3 和一阶导数的不变量基本形式 (4.1.25) 和 (4.1.26), 热力学势泛函 (4.1.21) 表达式一般取如下形式:

$$
F = \int_\Omega \left[\frac{\alpha}{2} |\nabla u|^2 + \frac{\beta}{2} \vec{a} \cdot \nabla \vec{u} + g(u, \lambda) \right] dx \quad \text{(标量场)}, \tag{4.1.27}
$$

$$
F = \int_\Omega \left[\frac{\alpha}{2} |\nabla \vec{u}|^2 + \frac{\beta}{2} (\mathrm{div}\vec{u})^2 + g(\vec{u}, \lambda) \right] dx \quad \text{(向量场)}. \tag{4.1.28}
$$

其中 $\alpha > 0$ 和 β 为系数, $g(\vec{u}, \lambda)$ 是关于 $\vec{u}$ 的不变量.

从 (4.1.27) 和 (4.1.28) 可以看到, $SO(n)$ 不变性在很大程度上确定了热力学势的表达形式. 剩下的事就是确定 $g(u, \lambda)$ 和 $g(\vec{u}, \lambda)$ 的表达式.

4.1.4 $SO(3)$ 的旋量

以上讨论的都是实张量场的不变性. 当涉及量子场时, 序参量为波函数 ψ, 它是一组复值函数. 此时描述不变性的不再是张量而是旋量. 下面介绍旋量概念, 它是凝聚态理论的数学基础.

通常描述凝聚态现象的是一组复值函数 $\psi = (\psi_1, \cdots . \psi_N)$, 称为波函数, 即

$$\psi : \mathbb{R}^3 \to \mathbb{C}^N \quad (\mathbb{C}^N \text{为 } N \text{ 维复空间}). \tag{4.1.29}$$

此时, 在 $\mathbb{R}^3$ 的正交坐标变换下,

$$\widetilde{x} = Ax, \quad A \in SO(3), \tag{4.1.30}$$

(4.1.29) 中的 ψ 不可能按 (4.1.3) 的方式进行变换, 而是在复空间 $\mathbb{C}^N$ 中进行变换. 即对应于 (4.1.30) 的正交矩阵 A, 存在一个复正交矩阵 $U(A)$, 使得

$$\widetilde{\psi} = U(A)\psi, \quad U(A) \in SU(N), \tag{4.1.31}$$

这里 $SU(N)$ 是所有复正交矩阵构成的群,

$$SU(N) = \{U = N \text{ 阶复矩阵} \mid U^{\mathrm{T}} = U^{-1}, \det U = 1\}, \tag{4.1.32}$$

其中 $U^{\mathrm{T}} = (U^{\mathrm{T}})^*$ 为 U 的转置复共轭.

按 (4.1.31) 方式进行变换的波函数称为旋量, 更严格的定义如下.

定义 4.5 对于 (4.1.29) 中给定的一组波函数 ψ, 若在 (4.1.30) 的正交变换下, 存在一个群同态

$$U : SO(3) \to SU(N), \tag{4.1.33}$$

使得对 (4.1.30) 中的 A, ψ 按 (4.1.31) 方式变换, 则 ψ 称为 $SO(3)$ 旋量. 由 (4.1.33) 给出的群同态称为 ψ 的一个 $SO(3)$ 旋量表示.

在 (4.1.33) 中的同态值域是 $SU(N)$ 群的原因为量子力学中的波函数 ψ 必须是保范的, 即

$$|\widetilde{\psi}|^2 = |\psi|^2.$$

注 4.6 在具体物理问题中, 如果描述状态的是 N 个分量波函数 ψ, 那么它是一个旋量. 对于一个旋量来讲, 最关键的事情是找出它的如 (4.1.33) 的旋量表示的具体表达式.

4.1.5 $SO(3)$ 旋量表示

为了能够有效地应用旋量解决量子物理场方程协变性 (即 Hamilton 能量泛函的不变性), 我们首先需要确定 (4.1.33) 旋量表示中 $U(A)$ 关于 $A \in SO(3)$ 的具体表达式. 为此目的, 先介绍 $SO(3)$ 群的 Euler 表示, 然后给出 $N = 2, 3$ 的旋量表示.

1. $SO(3)$ 的 Euler 表示

令 $A \in SO(3)$ 是一个正交矩阵, 所谓 Euler 表示就是将 A 矩阵用三个 Euler 角 (ϕ, θ, ψ) 来表达. 这种表示对于确定 $SO(3)$ 的旋量表示 $U(A)$ 的形式非常关键. 考虑对应于 A 的正交变换

$$\begin{pmatrix} \widetilde{x} \\ \widetilde{y} \\ \widetilde{z} \end{pmatrix} = A \begin{pmatrix} x \\ y \\ z \end{pmatrix}. \tag{4.1.34}$$

这个变换等价于三个依次转动的复合变换, 即首先关于 (x, y, z) 坐标绕 z 轴逆时针转动 ϕ 角度得到一个转动变换

$$\begin{pmatrix} x_1 \\ y_1 \\ z_1 \end{pmatrix} = \begin{pmatrix} \cos\phi & \sin\phi & 0 \\ -\sin\phi & \cos\phi & 0 \\ 0 & 0 & 1 \end{pmatrix} \begin{pmatrix} x \\ y \\ z \end{pmatrix} = A_1(\phi) \begin{pmatrix} x \\ y \\ z \end{pmatrix}; \tag{4.1.35}$$

其次再关于 (x_1, y_1, z_1) 坐标绕 x_1 轴逆时针转动 θ 角得到

$$\begin{pmatrix} x_2 \\ y_2 \\ z_2 \end{pmatrix} = \begin{pmatrix} 1 & 0 & 0 \\ 0 & \cos\theta & \sin\theta \\ 0 & -\sin\theta & \cos\theta \end{pmatrix} \begin{pmatrix} x_1 \\ y_1 \\ z_1 \end{pmatrix} = A_2(\theta) \begin{pmatrix} x_1 \\ y_1 \\ z_1 \end{pmatrix}; \tag{4.1.36}$$

最后绕 (x_2, y_2, z_2) 的 z_2 轴逆时针再转动 ψ 角便得到 (4.1.34) 变换:

$$\begin{pmatrix} \widetilde{x} \\ \widetilde{y} \\ \widetilde{z} \end{pmatrix} = \begin{pmatrix} \cos\psi & \sin\psi & 0 \\ -\sin\psi & \cos\psi & 0 \\ 0 & 0 & 1 \end{pmatrix} \begin{pmatrix} x_2 \\ y_2 \\ z_2 \end{pmatrix} = A_1(\psi) \begin{pmatrix} x_2 \\ y_2 \\ z_2 \end{pmatrix}. \tag{4.1.37}$$

联合 (4.1.35)—(4.1.37) 的转动便得到 (4.1.34) 的等价表示

$$\begin{pmatrix} \widetilde{x} \\ \widetilde{y} \\ \widetilde{z} \end{pmatrix} = A_1(\psi) A_2(\theta) A_1(\phi) \begin{pmatrix} x \\ y \\ z \end{pmatrix},$$

其中 $A = A_1(\psi) A_2(\theta) A_1(\phi)$ 是用 (ϕ, θ, ψ) 表示的矩阵:

$$A = \begin{pmatrix} \cos\psi & \sin\psi & 0 \\ -\sin\psi & \cos\psi & 0 \\ 0 & 0 & 1 \end{pmatrix} \begin{pmatrix} 1 & 0 & 0 \\ 0 & \cos\theta & \sin\theta \\ 0 & -\sin\theta & \cos\theta \end{pmatrix} \begin{pmatrix} \cos\phi & \sin\phi & 0 \\ -\sin\phi & \cos\phi & 0 \\ 0 & 0 & 1 \end{pmatrix}$$

$$= \begin{pmatrix} f_{11}(\phi, \theta, \psi) & f_{12}(\phi, \theta, \psi) & \sin\psi\sin\theta \\ f_{21}(\phi, \theta, \psi) & f_{22}(\phi, \theta, \psi) & \cos\psi\sin\theta \\ \sin\theta\sin\phi & -\sin\theta\cos\phi & \cos\theta \end{pmatrix}, \tag{4.1.38}$$

其中

$$f_{11} = \cos\phi\cos\psi - \cos\theta\sin\phi\sin\psi,$$
$$f_{12} = \sin\phi\cos\psi + \cos\theta\cos\phi\sin\psi,$$
$$f_{21} = -\cos\phi\sin\psi - \cos\theta\sin\phi\cos\psi,$$
$$f_{22} = -\sin\phi\sin\psi + \cos\theta\cos\phi\cos\psi.$$

上述角参数 (ϕ,θ,ψ) 是三个独立变量, 它完全确定了 $SO(3)$ 中每一个矩阵. 三个 Euler 角的定义域分别为

$$0 \leqslant \phi \leqslant 2\pi, \quad 0 \leqslant \theta \leqslant \pi, \quad 0 \leqslant \psi \leqslant 2\pi.$$

于是, (4.1.38) 就是我们所得到的 $SO(3)$ 矩阵的 Euler 角表示.

2. $N = 2$ 的 $SO(3)$ 旋量表示

下面给出 $N = 2$ 的旋量表示

$$U : SO(3) \to SU(2). \tag{4.1.39}$$

这是一个双值表示, 即对每一个 $A \in SO(3)$, $U(A)$ 有两个元素 U_1, U_2. 由于 $A \in SO(3)$ 可用 Euler 角 (ϕ,θ,ψ) 代表, 因此 (4.1.39) 的 U 可用 (ϕ,θ,ψ) 表达. U 的两种表达分别为

$$U_1 = \begin{pmatrix} \mathrm{e}^{\mathrm{i}(\psi+\phi)/2}\cos\dfrac{\theta}{2} & \mathrm{i}\mathrm{e}^{\mathrm{i}(\psi-\phi)/2}\sin\dfrac{\theta}{2} \\ \mathrm{i}\mathrm{e}^{-\mathrm{i}(\psi-\phi)/2}\sin\dfrac{\theta}{2} & \mathrm{e}^{-\mathrm{i}(\psi+\phi)/2}\cos\dfrac{\theta}{2} \end{pmatrix}, \tag{4.1.40}$$

$$U_2 = \begin{pmatrix} \mathrm{e}^{-\mathrm{i}(\psi+\phi)/2}\cos\dfrac{\theta}{2} & -\mathrm{i}\mathrm{e}^{\mathrm{i}(\psi-\phi)/2}\sin\dfrac{\theta}{2} \\ -\mathrm{i}\mathrm{e}^{-\mathrm{i}(\psi-\phi)/2}\sin\dfrac{\theta}{2} & \mathrm{e}^{\mathrm{i}(\psi+\phi)/2}\cos\dfrac{\theta}{2} \end{pmatrix}. \tag{4.1.41}$$

对于 (4.1.39) 的双值旋量表示 (4.1.40) 和 (4.1.41), 两分量的波函数 $\psi = (\psi_1,\psi_2)$ 有两类旋量, 即在 (4.1.30) 变换下,

$$\text{第一类旋量:} \quad \widetilde{\psi} = U_1\psi \quad (U_1 \text{ 如 } (4.1.40)),$$
$$\text{第二类旋量:} \quad \widetilde{\psi} = U_2\psi \quad (U_2 \text{ 如 } (4.1.41)).$$

3. $N = 3$ 的 $SO(3)$ 旋量表示

$N = 3$ 的旋量表示处理的是自旋 $J = 1$ 的 Bose-Einstein 凝聚问题, 因此它在凝聚态物理中具有重要作用. 事实上, 对于 $J = 1$ 的 Bose 系统, 有三种量子态:

$m = 1,\ 0,\ -1$, 这里 m 为磁量子数. 从而此系统的状态由三个分量的波函数描述

$$\psi = (\psi_1, \psi_0, \psi_{-1}),$$

下标分别代表磁量子数 $m = 1,\ 0,\ -1$. 对应于 $N = 3$ 分量复值波函数的 $SO(3)$ 旋量表示

$$U : SO(3) \to SU(3) \tag{4.1.42}$$

定义为

$$U(A) = M^{\dagger} A M, \quad \forall\, A \in SO(3), \tag{4.1.43}$$

其中 M 是如下矩阵:

$$M = \frac{1}{\sqrt{2}} \begin{pmatrix} -1 & 0 & 1 \\ -\mathrm{i} & 0 & -\mathrm{i} \\ 0 & \sqrt{2} & 0 \end{pmatrix}. \tag{4.1.44}$$

当 $A \in SO(3)$ 采用 (4.1.38) 的 Euler 表示时, 即

$$A = A_1(\psi) A_2(\theta) A_1(\phi),$$

对应于 (4.1.43) 的 $U(A)$ 可写成

$$U(A) = U_1(\psi) U_2(\theta) U_1(\phi), \tag{4.1.45}$$

其中

$$U_1(\phi) = M^{\dagger} A_1(\phi) M = \begin{pmatrix} \mathrm{e}^{\mathrm{i}\phi} & 0 & 0 \\ 0 & 1 & 0 \\ 0 & 0 & \mathrm{e}^{-\mathrm{i}\phi} \end{pmatrix}, \tag{4.1.46}$$

$$U_2(\theta) = M^{\dagger} A_2(\phi) M = \frac{1}{2} \begin{pmatrix} 1 + \cos\theta & \mathrm{i}\sqrt{2}\sin\theta & -1 + \cos\theta \\ \mathrm{i}\sqrt{2}\sin\theta & 2\cos\theta & \mathrm{i}\sqrt{2}\sin\theta \\ -1 + \cos\theta & \mathrm{i}\sqrt{2}\sin\theta & 1 + \cos\theta \end{pmatrix}. \tag{4.1.47}$$

于是 (4.1.45) 可表示为

$$\begin{aligned} U(A) &= U(\phi, \theta, \psi) \\ &= \begin{pmatrix} \mathrm{e}^{\mathrm{i}(\phi+\psi)}(1+\cos\theta) & \mathrm{i}\sqrt{2}\mathrm{e}^{\mathrm{i}\psi}\sin\theta & -\mathrm{e}^{\mathrm{i}(\psi-\phi)}(1-\cos\theta) \\ \mathrm{i}\sqrt{2}\sin\theta\,\mathrm{e}^{\mathrm{i}\phi} & 2\cos\theta & \mathrm{i}\sqrt{2}\mathrm{e}^{-\mathrm{i}\phi}\sin\theta \\ -\mathrm{e}^{\mathrm{i}(\phi-\psi)}(1-\cos\theta) & \mathrm{i}\sqrt{2}\mathrm{e}^{-\mathrm{i}\psi}\sin\theta & \mathrm{e}^{-\mathrm{i}(\phi+\psi)}(1+\cos\theta) \end{pmatrix}. \end{aligned} \tag{4.1.48}$$

表达式 (4.1.48) 就是 $N = 3$ 的 $SO(3)$ 旋量表示.

4.2   常规热力学系统

4.2.1   基本情况介绍

热力学系统主要有五大类型: PVT 系统, N 元粒子混合体, 磁体与介电体, 凝聚态系统, 固相系统. 这五种类型基本上覆盖了热力学所有体系. 实际上, 统计物理主要关心宏观物体内大量粒子各自行为所表现出来的集体状态. 这些状态表现在如下几方面:

- 粒子之间平均距离的状态, 由粒子数密度来刻画, 它决定了物体的气态、液态、固态这三种物态的相;
- 多种不同原子和分子的混合系统中粒子的分布状态;
- 在磁感应下, 物体内带电和带磁性粒子的排列结构;
- 微观粒子在量子效应下产生的某种聚集性质;
- 固体中粒子的排列结构.

上述状态分别属于以上所说的热力学五大系统的主要研究课题. 下面简要介绍这五种系统.

1. PVT 系统

所谓 PVT 系统就是指通常物质的气、液、固三态以及它们在不同压力和温度条件下相互转化的体系. 但从狭义角度来讲, PVT 系统是指单分子 (或原子) 物质的气液转化系统. 人们称它为 PVT 系统有两个方面的原因, 其一是该系统的状态直接由压力 p, 体积 V 和温度 T 来刻画, 其二是由它的英文 physical vapour transport(物理、气液、转化) 三个单词第一字母缩写而成. PVT 系统是历史上最早受到关注并且现在仍受到重视的领域, 在热力学中占有重要地位.

PVT 系统关心的是物体粒子之间的距离状态, 这种状态反映在宏观上就是体积 (或粒子数密度) 的变化. 虽然这是热力学最古老的一个领域, 但是至今没有此系统热力学势的明确表达式. 最成功的理论就是 2.2.2 小节中介绍的 van der Waals 方程, 但此方程是由经验总结而成的, 属表象理论. 在 4.2.2 小节我们将建立 PVT 系统的热力学势.

2. N 元粒子混合体

多元粒子混合系统是一个很大的体系. 它包括: 多元物质的混合溶液、液态 He^3-He^4 混合系统、二元合金体、聚合物溶液、胶体、液晶等多种系统. 该体系简称为 N 元系统.

N 元系统主要涉及液体、固体、聚合物、胶体、晶体. 它研究的现象是不同粒子在物体中的分布、排列以及它们在不同温度和压力下的变化. 相分离是 N 元系统最显著的一个物理特性, 该现象表现为在一定的温度和压力条件下, N 种物质的粒子均匀地分布在整个容器中. 但当温度、压力和容器尺度发生变化穿越某个临界值时, N 种粒子均匀分布的状态将会发生突变, 变为不均匀状态. 这种行为称为相分离.

N 元体系根据不同的物体类型及不同的物态, 它们的序参量、控制参数, 以及热力学势的表达式等都会有一些差别. 但在总体方面热力学势都是一致的. 关于 N 元系统热力学势的表达式, 经典理论已比较成熟, 在后面 4.2.3 小节中我们会详细介绍.

3. 磁体与介电体

磁体与介电体系统在热力学中也是一个涉及面比较广的领域. 磁体是物质磁化现象, 介电是电极化现象. 虽然这两者在物理性质方面是不同的, 一个是磁性质而另一个是电性质, 但它们在热力学性质方面, 即在势的表达式以及临界相变方面表现出许多相似的特点. 因此在热力学中它们属于同一领域.

磁体系统的物理现象为, 一个铁磁性的物体当温度小于某个临界值 T_c (称为 Curie 点) 时, 将自发产生磁化现象, 或者在外磁场的感应下产生磁化现象, 即物体具有磁性, 而当温度高于 T_c 时, 磁性会消失. 这类物体称为铁磁体或顺磁体. 铁磁体有许多类型, 它们包括: 顺铁磁体, 反铁磁体, 各向同性磁体, 各向异性磁体, 亚铁磁体等. 顺铁磁体是具有磁矩的原子在 Curie 温度点以下按某种顺序同向排列的. 反铁磁体内存在两种磁子晶格, 称为磁畴. 在磁畴内部, 具有磁矩原子同向平行排列, 而不同磁畴平行排列但磁矩相反.

介电体是一种电介质的物体. 当温度小于某一临界值 T_c (也称为 Curie 点) 时, 该物体内自发产生电极化现象, 或者在外电场感应下产生电极化. 而当温度超过 T_c 时, 电极化现象消失. 这类物体称为铁电体. 与铁磁体类似, 铁电体也有很多类型, 包括顺铁电体、反铁电体、各向同性铁电体、各向异性铁电体等.

铁磁和铁电体的热力学势是研究磁化和电极化物理现象的关键数学工具. 本书将在 4.2.4 小节专门讨论这个课题.

4. 凝聚态系统

凝聚态是一种新的物态形式, 它是热力学系统微观量子效应产生的宏观现象. 这个现象是 Einstein 在 1924 年根据 BE 统计分布理论预言的一种物质形态. 虽然预言是针对气体物质, 但后来发现超导和超流都属于凝聚态现象.

凝聚态按物质形态方面可分三种情况:
- 固态凝聚态: 它是固体内的电子对凝聚状态, 即超导现象;
- 液态凝聚态: 液体内的凝聚态, 即液态 ^{3}He 和 ^{4}He 的超流现象;

- 气态凝聚态: 气体的凝聚态, 在 1995 年被实验证实.

然而从统计物理方面, 它分为两个系统:

- 凝聚态热力学系统;
- 凝聚态量子系统.

凝聚态热力学系统是指在临界温度附近, 物体从正常状态变到凝聚状态这个阶段的物理系统. 此时的相变受到热力学定律的支配, 因而控制这种状态转换的势泛函是 Gibbs 自由能或 Helmholtz 自由能.

凝聚态量子系统是指凝聚态已经形成后的系统. 此时波函数为系统的状态函数, 受到量子物理定律的支配, 属于能量守恒系统. 它的控制方程为非线性 Schrödinger 方程, 势泛函为 Hamilton 能量. 因此凝聚态量子系统与凝聚态热力学系统是完全不同的体系.

5. 固相系统

固相体系主要是由固态物体构成. 它所涉及的物理现象就是固体物质中的中性粒子排列结构. 这个领域在实验和应用技术理论方面远超于基础理论. 与上述四个系统相比, 此系统的理论非常薄弱. 一个重要原因就是对于固相系统很难找到能反映中性粒子排列结构的序参量, 从而无法建立热力学势. 此外, 从统计热力学角度看, 此体系的配分函数也难找到. 因此对于固相系统来说, 统计物理的两条道路基本都不畅通, 从而缺少普适的统一理论.

4.2.2　PVT 系统

这一小节的目的就是试图建立 PVT 系统的热力学势. van der Waals 方程对于气体 PVT 系统的 Gibbs 自由能具有重要作用, 该方程为

$$(bp + RT)\rho - a\rho^2 + ab\rho^3 - p = 0, \tag{4.2.1}$$

其中 a, b 为 van der Waals 常数, $\rho = n/V$ 为摩尔密度 (即粒子数密度), R 为气体常数, T, p 为温度和压力, n 为摩尔数.

热力学势 F 与物态方程的关系为

$$\delta F = 0 \Rightarrow \text{物态方程}, \tag{4.2.2}$$

正是 (4.2.2) 的这种关系使得方程 (4.2.1) 是建立气体 PVT 系统热力学势的重要参照系. 下面我们将分步进行.

1. 热力学势 F 的基本形式

首先需要确定序参量和控制参数. 由于 PVT 系统是热开放和压力开放的, 它

是一个 Gibbs 系统, 因此该系统的序参量和控制参数为

$$序参量 = (\rho, S), \quad 控制参数\lambda = (T, p), \tag{4.2.3}$$

其中 ρ 和 S 分别为粒子数和熵的密度. 由 (4.1.27) 及 Gibbs 自由能的形式 (2.1.32), PVT 系统势泛函的基本表达式为如下形式:

$$F = \int_{\Omega} \left[\frac{\alpha}{2} |\nabla \rho|^2 + f(\rho, S, \lambda) - \mu\rho - ST - \frac{1}{\rho_0} p\rho \right] dx, \tag{4.2.4}$$

式中 $\alpha > 0$ 为常数, ρ_0 为 ρ 的量纲, μ 为如 (2.3.23) 的化学势, 这是因为粒子数守恒, λ 如 (4.2.3).

根据 3.4 节的热统计理论, 熵代表系统中的光子数. 再由热辐射的振荡 (碰撞) 机制, 熵的密度与粒子数密度 ρ 有关. 由于 $|\nabla\rho|^2$ 代表了维持粒子不均匀分布所需要的能量, 而熵的不均匀分布完全是由粒子不均匀分布造成的, 因此在所有系统的热力学势中不含 $|\nabla S|^2$ 这一项, $|\nabla\rho|^2$ 这一项已经包含了光子不均匀分布的能量.

2. ρ^k 的物理意义

为了确定 (4.2.4) 中 $f(\rho, S, \lambda)$ 的表达式, 必须明确 ρ^k 的物理意义. 在统计物理中, $\rho^k(k \geqslant 2)$ 的意义为

$$\rho^k(x) \text{ 代表 } k \text{ 个粒子在 } x \text{ 点同时相撞的概率密度.} \tag{4.2.5}$$

此外 ρ^2 还有另一种物理意义, 即

$$\begin{cases} A\rho^2(x) \text{ 代表粒子在 } x \text{ 点的相互作用势能密度,} \\ A > 0 \text{ 为相互排斥作用,} \\ A < 0 \text{ 为相互吸引作用.} \end{cases} \tag{4.2.6}$$

由于 $k \geqslant 3$ 个粒子同时相撞的概率几乎为零, 因此 $f(\rho, S, \lambda)$ 不含 $\rho^k(k \geqslant 3)$ 的项 (ρ 的 Taylor 展开不在此列).

对于自由能 (4.2.4) 中的 f 项, 它包含两个部分: 粒子数密度 ρ 的能量部分 $f_1(\rho, \lambda)$ 和熵密度 S 的部分 $f_2(S, \rho, \lambda)$, 即

$$\begin{cases} f = f_1(\rho, \lambda) + f_2(S, \rho, \lambda), \\ f_2(0, \rho, \lambda) = 0. \end{cases} \tag{4.2.7}$$

下面我们分别确定 f_1 和 f_2 的表达式.

3. $f_1(\rho, \lambda)$ 的表达式

首先由 (4.2.6), f_1 含有 ρ^2 项, 于是有

$$f_1 = \frac{1}{2} A_1(\lambda)\rho^2 + g_1(\rho, \lambda). \tag{4.2.8}$$

此外, 在 3.2 节中已经知道 PVT 系统 (即粒子系统) 内能含有如下项:

$$\beta \ln W \quad (W \text{ 为粒子状态数}).$$

因此可以断定 g_1 与 $\ln W$ 成正比, 即

$$g_1 = a(\lambda) \ln W. \tag{4.2.9}$$

由热力学统计理论知, W 与 ρ 的关系为

$$W = (\rho_0 + \rho)! \simeq (\rho_0 + \rho)^{(\rho_0 + \rho)}. \tag{4.2.10}$$

这里 ρ_0 参照粒子数密度. 略去 ρ 的一次项 (可并入到 (4.2.4) 中的 $\mu\rho$ 这一项中), 从 (4.2.9) 和 (4.2.10) 可得到

$$g_1 = A(\lambda)(1 + \rho/\rho_0) \ln(1 + \rho/\rho_0). \tag{4.2.11}$$

由 (4.2.8) 和 (4.2.11) 便得到 f_1 的表达式为

$$f_1 = \frac{1}{2} A_1 \rho^2 + A(1 + \rho/\rho_0) \ln(1 + \rho/\rho_0), \tag{4.2.12}$$

其中 A, A_1 是依赖于 $\lambda = (T, p)$ 和系统类型的参数.

实际上, 在 4.5.1 小节中将看到对 van der Waals 气体, (4.2.12) 的参数 A 和 A_1 分别为

$$A = 2a/b^2, \quad A_1 = b^2 p + A_0 RTb, \tag{4.2.13}$$

这里 $\rho_0 = 1/b$, a, b 为 van der Waals 常数, A_0 为无量纲常数. 这个关系 (4.2.13) 就是由 van der Waals 方程 (4.2.1) 通过 (4.2.2) 的方式获得的.

4. $f_2(S, \rho, \lambda)$ 的表达式

由 Legendre 变换成立的条件 (2.5.18) 可知

$$\frac{\partial^2}{\partial S^2} f_2(0, \rho, \lambda) \neq 0. \tag{4.2.14}$$

这个条件意味着 f_2 中一定有 S^2 项. 再由 3.4 节中的热统计理论, $T = 0$ 时熵的能量积分消失. 从而 f_2 可写成

$$f_2 = T\left(\frac{\beta}{2} S^2 + S g_2(\rho, \lambda)\right), \tag{4.2.15}$$

其中 β 是一个量纲为 $1/k\rho_0$ 的参数, g_2 是一个无量纲待定函数.

由熵的公式 (3.4.47) 可知, S 代表光子数密度. 从而服从 (4.2.6) 的物理意义. 由 3.1 节中的光子理论和弱相互作用公式 (3.1.35), 每个光子带有两个弱荷, 从而光子之间具有弱相互作用, 并且存在一个半径 $r_0 > 0$, 使得

$$
光子相互作用力 = \begin{cases} 吸引的, & 当 \ r < r_0, \\ 排斥的, & 当 \ r > r_0. \end{cases} \tag{4.2.16}
$$

再由 (4.2.6), 光子之间弱作用的上述性质决定了 f_2 中关于 S^2 项为

$$
-\frac{1}{2}BTS(S - 2S_0) \quad (即 \ f_2 \ 中 \ \beta = -B), \tag{4.2.17}
$$

其中 $B = B(\lambda) > 0$ 是一个与 λ 有关的参数, $2S_0$ 是一个熵的参照密度. 表达式 (4.2.17) 的物理意义为

$$
\begin{cases} S > 2S_0 \ 时光子之间是相互吸引的, \\ S < 2S_0 \ 时光子之间是排斥的, \end{cases}
$$

这是由 (4.2.16) 得到的结论.

此外由 (4.2.5) 知, ρ^2 代表两个粒子的碰撞概率密度. 而由光子的吸收与发射机制, 光子密度 S 与 ρ^2 成正比. 这意味着系统的内能中关于 S 和 ρ 的耦合部分只有 S 和 ρ^2 的乘积项, 即 (4.2.15) 中只有如下的耦合项:

$$
B_1 TS\rho^2 \quad 代表粒子碰撞产生的热能.
$$

于是再由 (4.2.17), f_2 的表达式 (4.2.15) 可写成

$$
f_2 = BT\left(-\frac{1}{2}S^2 + S_0S\right) + B_1 TS\rho^2, \tag{4.2.18}
$$

其中 B, B_1 是与 $\lambda = (T, p)$ 和系统类型有关的参数.

5. PVT 系统 Gibbs 自由能

现在由 (4.2.12) 和 (4.2.18) 可得到 (4.2.7) 的 f 表达式如下:

$$
f = \frac{1}{2}A_1(T, p)\rho^2 + A(T, p)(1 + \rho/\rho_0)\ln(1 + \rho/\rho_0)
$$
$$
+ BT\left(-\frac{1}{2}S^2 + S_0S\right) + B_1 TS\rho^2. \tag{4.2.19}
$$

最后, 根据 (4.2.4) 和 (4.2.19), 可以得到 PVT 系统热力学势的一般形式如下:

$$F = \int_\Omega \left[\frac{\alpha}{2} |\nabla \rho|^2 + A(1 + \rho/\rho_0) \ln(1 + \rho/\rho_0) \right.$$
$$+ \frac{1}{2} A_1 \rho^2 - \mu\rho - p\rho/\rho_0$$
$$\left. + BT\left(-\frac{1}{2} S^2 + S_0 S \right) + B_1 T S \rho^2 - ST \right] \mathrm{d}x, \tag{4.2.20}$$

其中 A, A_1, B, B_1 是依赖于 T, p 和系统类型的参数.

注 4.7 (4.2.20) 是 PVT 系统普适性的热力学势表达式, 它适用于气、液、固三态的各类系统. 对于不同的状态条件和不同的物质体系, 参数 A, A_1, B, B_1, μ 也是不同的.

6. 气体 PVT 系统 Gibbs 自由能

对于一般气体, (4.2.20) 可写成如下形式:

$$F = \int_\Omega \left[\frac{\alpha}{2} |\nabla \rho|^2 + \frac{ART}{b}(1 + b\rho) \ln(1 + b\rho) \right.$$
$$+ \frac{1}{2}(b^2 p + A_0 b RT)\rho^2 - \mu\rho - bp\rho$$
$$\left. + BT\left(-\frac{1}{2} S^2 + S_0 S \right) + B_1 T S \rho^2 - ST \right] \mathrm{d}x, \tag{4.2.21}$$

其中 A, A_0 为无量纲参数, b 为 van der Waals 常数.

7. 熵密度 S 与 (ρ, T, p) 的关系

从 (4.2.20) 我们可得熵密度公式如下:

$$S = B_0 \rho^2 + S_0 - \frac{1}{B} \quad (B_0 = B_1/B).$$

这个关系式表明熵密度 S(即光子数密度) 与系统的粒子碰撞概率密度 ρ^2 呈线性增长关系, 这与物理事实相符.

4.2.3 N 元系统

N 元系统是由 $N(\geqslant 2)$ 种不同分子 (或原子) 构成的物质体系. 这一小节将考虑这种系统的热力学势的一般表达式.

对于 N 元体来讲, 压力可以忽略的系统是 Helmholtz 自由能, 压力不可忽略的为 Gibbs 自由能. 不失一般性, 这里只讨论 Gibbs 情况. N 元系统最重要的性质就是在某个临界温度以下会发生相分离现象, 此时各种不同粒子在空间分布呈现不均匀的状态. 有两种情况, 一种是发生相分离时, 总粒子数密度在空间中也是不均匀的, 另一种情况是总粒子数密度保持均匀不变. 下面将分别讨论这两种情况.

1. 非均匀相分离系统

此系统当发生相分离时, 总粒子数密度在空间中的分布也不均匀. 因此每种粒子的密度函数相互之间是独立的.

令一个 N 元体由 $A_1, \cdots, A_N (N \geqslant 2)$ 种不同粒子构成, 记 u_i 代表 A_i 粒子的数量密度. 于是此 N 元体序参量和控制参量分别为

$$
\begin{cases}
序参量 = 熵密度\ S\ 和\ u = (u_1, \cdots, u_N), \\
控制参数\ \lambda = T,\ p,\ 容器尺度\ L,\ A_i\ 分数比\ x_i.
\end{cases}
\tag{4.2.22}
$$

这里 A_i 粒子的分数比 x_i 定义为

$$
x_i = \frac{1}{N_0} \int_\Omega u_i \mathrm{d}x \quad (N_0\ 为总粒子数).
\tag{4.2.23}
$$

根据粒子扩散的 Fick 定律以及 Onsager 输运关系 (见 5.1.3 小节), 对于 N 个粒子的流 $J = (J_1, \cdots, J_N)$, 它与 $(\nabla u_1, \cdots, \nabla u_N)$ 的关系为

$$
J_i = -L_{ij} \nabla u_j \quad (相同下标为求和),
\tag{4.2.24}
$$

其中 (L_{ij}) 为正定对称矩阵, 称为 Onsager 输运系数. 粒子流 J 产生的势能为 $-\frac{1}{2} J \cdot \nabla u$, 由 (4.2.24) 可表达为

$$
J\ 的势能 = -\frac{1}{2} J \cdot \nabla u = \frac{1}{2} L_{ij} \nabla u_i \nabla u_j.
\tag{4.2.25}
$$

于是 N 元不均匀相分离系统的热力学势一般形式为

$$
F = \int_\Omega \left[\frac{1}{2} L_{ij} \nabla u_i \nabla u_j + f(u, S, \lambda) - \mu_i u_i - ST - bp \sum_{i=1}^{N} u_i \right] \mathrm{d}x,
\tag{4.2.26}
$$

其中 b 为 van der Waals 常数, μ_i 为粒子 A_i 的化学势, 由于粒子数守恒:

$$
\int_\Omega u_i \mathrm{d}x = 常数, \quad 1 \leqslant i \leqslant N.
\tag{4.2.27}
$$

下面考虑 (4.2.26) 中 $f(S, u, \lambda)$ 的表达式. 类似于 PVT 系统, f 包含 u 和 S 两部分, 即

$$
\begin{cases}
f = f_1(u, \lambda) + f_2(S, u, \lambda), \\
f_2(S, u, \lambda)|_{S=0} = 0.
\end{cases}
\tag{4.2.28}
$$

根据 Flory-Huggins 理论, 在 (雷克, 1983) 中也称为 Hildbrand 理论, (4.2.28) 中的 f_1 可写成如下形式:

$$
f_1 = AkT u_j \ln u_j + A_{ij} u_i u_j,
\tag{4.2.29}
$$

其中 (A_{ij}) 为对称矩阵, 与 (T, p) 和粒子类型有关, A_{ij} 代表了 A_i 与 A_j 粒子之间的相互作用强度, $A_{ij} > 0$ 为斥力, $A_{ij} < 0$ 为引力, $A > 0$ 为无量纲参数, k 为 Boltzmann 常数.

与 PVT 系统相同, f_2 可表达为

$$f_2 = -\frac{B_0 bT}{2k} S^2 + b^2 TS B_{ij} u_i u_j + \frac{B_0 bT}{k} S_0 S, \tag{4.2.30}$$

其中 B_{ij}, B_0 为无量纲参数, 依赖于 (p, T), (B_{ij}) 是正定对称的, S_0 为熵单位

$$b^2 TS B_{ij} u_i u_j, \quad 代表粒子碰撞的热能.$$

于是, 由 (4.2.28)—(4.2.30), 热力学势 (4.2.26) 可具体写成如下形式:

$$\begin{aligned}
F = \int_\Omega \Big[&\frac{1}{2} L_{ij} \nabla u_i \nabla u_j + AkT u_i \ln u_i + A_{ij} u_i u_j \\
&- \mu_i u_i - bp\rho - \frac{B_0 bT}{2k}(S - 2S_0)S \\
&+ b^2 TS B_{ij} u_i u_j - ST \Big] \mathrm{d}x,
\end{aligned} \tag{4.2.31}$$

其中 $\rho = \sum_j u_j$ 为总粒子密度.

2. 均匀相分离系统

当此系统发生相分离时, 不同粒子在空间中分布不均匀, 但是总粒子数密度是均匀的. 此时 N 个粒子的数量密度函数不是相互独立的.

令一个 N 元系统由 $A_1, \cdots, A_N$ 种不同粒子构成, u_i 代表 A_i 的粒子数密度. 由于此系统是均匀相分离的, 因此

$$u_1 + \cdots + u_N = u_0 \ \text{是总粒子数密度, 为一常数.}$$

这意味着 $(u_1, \cdots, u_N)$ 中只有 $N - 1$ 个函数是独立的. 取

$$\begin{aligned}
&序参量 = \{S, \ u\}, \quad u = (u_1, \cdots, u_{N-1}) \\
&控制参数 \ \lambda = \{T, \ p, \ L, \ x_i\},
\end{aligned} \tag{4.2.32}$$

其中 x_i 为各分量的摩尔比数, u_N 为

$$u_N = u_0 - \sum_{i=1}^{N-1} u_i. \tag{4.2.33}$$

令 (4.2.31) 中的 u_N 取 (4.2.33), 便可得到均匀相分离系统的 N 元体热力学势表达式:

$$
\begin{aligned}
F = \int_{\Omega} &\left[l_{ij}\nabla u_i\nabla u_j + AkTu_i\ln u_i + a_{ij}u_iu_j \right. \\
&+ AkT\left(1 - \sum_{i=1}^{N-1}u_i\right)\ln\left(1 - \sum_{i=1}^{N-1}u_i\right) - \mu_iu_i \\
&\left. - \frac{B_0bT}{2k}(S - S_0)S + b^2TSb_{ij}u_iu_j - bp\sum_{i=1}^{N-1}u_j - ST \right]\mathrm{d}x,
\end{aligned}
\tag{4.2.34}
$$

这里系数做了重新整理, 约去了常数项, 并将 u_i 的一次项并到 μ_iu_i 中, (l_{ij}) 和 (b_{ij}) 为正定对称的 N_1 阶矩阵.

注 4.8 在 (4.2.34) 中的参数 l_{ij}, a_{ij}, b_{ij} 都是直接地由实验测定的, 或者是由物理定律决定的. (l_{ij}) 也称为 Onsager 输运系数. 非均匀相分离系统的 Onsager 输运系数矩阵 L_{ij} 与均匀相分离系统的输运系数矩阵 (l_{ij}), 它们的正定性结论是从数学的适定性理论与动力学稳定性理论获得的.

4.2.4 磁体与介电体

磁体与介电体系统是属于同一个热力学体系的两个不同分支. 这一小节我们分别讨论它们的热力学势.

1. 磁体系统

磁体系统分为顺磁体、铁磁体与反铁磁体. 顺磁体是在有外磁场条件下可磁化的物体, 铁磁体是没有外磁场条件下在 Curie 温度之下可自发磁化的物体, 反铁磁体在 Neel 温度之上表现为顺磁性, 而在 Neel 温度之下表现为抗磁性. 它们的物态方程 (称为 Curie-Weiss 定律) 可表达为

$$
\chi = \frac{\partial M}{\partial H} = \frac{c}{T + T_0}, \quad T_0 \begin{cases} < 0 & \text{为铁磁体,} \\ = 0 & \text{为顺磁体,} \\ > 0 & \text{为反铁磁体,} \end{cases}
\tag{4.2.35}
$$

这里 H 为外加磁场, M 为磁化强度, χ 为磁化率, T_0 为一个固定温度.

2. 序参量

首先我们给出磁化强度 M 的物理定义.

在铁磁体内, 当晶格中电子自旋规则排列, 或当原子和分子按某个轴方向作平面圆周运动时, 便产生一个磁矩元 $m = evs$, 其中 e 为电荷, v 为速度, s 为电子轨道所围面积向量, 如图 4.1 所示.

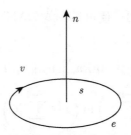

图 4.1 绕轴 n 方向以速度 v 转动的电子产生磁矩元 $m = evs$

磁性物体内的磁矩元 m 或由电子自旋产生, 或由如图 4.1 所示的电子运动所造成. 当磁矩元按序平行排列便产生磁化强度 M, 定义为

$$M = \frac{1}{V} \sum m_i,$$

式中 $\sum m_i$ 代表一个磁畴 D 内所有磁矩元 m_i 之和, V 为 D 的体积, 即 M 为单位体积内的磁矩.

铁磁系统的序参量本应包括粒子数密度 ρ, 但是由于磁化强度 M 和 u 的耦合非常弱, 可以忽略不计. 因而序参量 u 和控制参数 λ 为

$$u = (M, S), \quad \lambda = (T, H, L),$$

这里 H 为外加磁场, L 为磁体的体积尺度.

3. 磁体系统热力学势

该系统的 Gibbs 自由能一般形式为

$$F = F_0 + \int_\Omega \left[\frac{\mu}{2} |\nabla M|^2 + f(M, S, \lambda) - ST - M \cdot H \right] \mathrm{d}x, \tag{4.2.36}$$

$\mu > 0$ 为一系数. (4.2.36) 中的 f 可分为两部分

$$f = f_1(M, \lambda) + f_2(S, M), \tag{4.2.37}$$

由于磁场的能量密度是 M 的二次型, 即 f_1 应取如下形式:

$$f_1 = \frac{1}{2} a_{ij} M_i M_j, \tag{4.2.38}$$

其中 (a_{ij}) 是一个二阶对称张量, 称为磁性矩阵:

$$A = (a_{ij}) \text{ 为 } 3 \times 3 \text{ 阶对称矩阵}. \tag{4.2.39}$$

该矩阵反映了磁体的属性. (4.2.39) 有三个特征值 λ_k $(1 \leqslant k \leqslant 3)$. 根据铁磁系统物态方程 (4.2.35), 可定出 λ_k 与磁体属性的关系如下:

$$
\begin{cases}
\lambda_k < 0 \ (1 \leqslant k \leqslant 3) & \text{代表铁磁体}, \\
\lambda_k = 0 \ (1 \leqslant k \leqslant 3) & \text{代表顺磁体}, \\
\lambda_k > 0 \ (1 \leqslant k \leqslant 3) & \text{代表反铁磁体},
\end{cases}
\tag{4.2.40}
$$

此外, $\lambda_k(1 \leqslant k \leqslant 3)$ 也代表了磁体各向异性程度:

$$
\begin{cases}
\lambda_1 = \lambda_2 = \lambda_3 \Leftrightarrow \text{各向同性}, \\
\lambda_1 \neq \text{某个}\lambda_j \Leftrightarrow \text{各向异性}.
\end{cases}
\tag{4.2.41}
$$

现在考虑 (4.2.37) 中的 f_2. 由于铁磁系统中与 M 耦合的熵并不是系统的总熵, 因此这里的熵密度 S 可以取负值. 与 PVT 系统的道理相同, 再鉴于 (4.2.35) 的表达式, f_2 应取如下形式:

$$
f_2 = -\frac{T}{2\alpha}S^2 - \beta T S |M|^2,
\tag{4.2.42}
$$

其中 α, $\beta > 0$ 为参数, 等式右端第二项代表磁化带来热能的减小量, 它表明热能对磁化起到阻碍作用.

由 (4.2.38) 和 (4.2.42), 铁磁系统的 Gibbs 自由能 (4.2.36) 可表达为

$$
F = F_0 + \int_\Omega \left[\frac{\mu}{2}|\nabla M|^2 + \frac{1}{2}a_{ij}M_i M_j - M \cdot H - \frac{T}{2\alpha}S^2 - \beta T S |M|^2 - ST \right] dx.
\tag{4.2.43}
$$

虽然在 (4.2.43) 中看上去 $a_{ij} = a_{ji}$ 有 6 个需要确定的参数, 但实际上只有三个, 即 $A = (a_{ij})$ 的三个特征值 $\lambda_k(1 \leqslant k \leqslant 3)$. 当取 A 的三个特征向量 (e_1, e_2, e_3) 作为正交坐标基底时, A 变为对角形式

$$
A = \begin{pmatrix} \lambda_1 & & 0 \\ & \lambda_2 & \\ 0 & & \lambda_3 \end{pmatrix}.
$$

此时 (4.2.43) 可简化写成如下形式:

$$
F = F_0 + \int_\Omega \left[\frac{\mu}{2}|\nabla M|^2 + \frac{1}{2}\lambda_k M_k^2 - M_k H_k - \frac{T}{2\alpha}S^2 - \beta T S |M|^2 - ST \right] dx.
\tag{4.2.44}
$$

注 4.9 在后面 4.5 节中将表明, 从 (4.2.44) 可导出 Curie-Weiss 定律, 并且 (4.2.40) 中 $\lambda = \lambda_k$ $(1 \leqslant k \leqslant 3)$ 与 (4.2.35) 中 T_0 的关系为 $\lambda = 2\alpha\beta T_0$.

4. 介电体系统

与磁体系统相似, 介电体系统也分为顺介电体、铁电体与反铁电体三种类型. 顺介电体是在外电场存在条件下发生极化的物体, 铁电体是没有外电场情况下在一定温度内可自发电极化的物体, 反铁电体是在某个温度之下内部自发产生强度相等但方向相反的电极化晶格.

在介电体内, 当带电荷的原子、分子构成晶体的晶格时, 正负电荷分布不均时出现电偶极子, 便发生电极化现象. 单个电偶极子的电极化偶极矩 $p = qr$, 其中 q 为偶极子电荷, r 为负电荷到正电荷的距离矢量. 当温度低于 Curie 点, 或外加一个电场 E 时, 介电体内电偶极子在每个局部小区域内平行同向排列形成极化现象. 这种小区域称为电畴. 电极化强度的定义为

$$P = \frac{1}{V} \sum p_i,$$

它代表单位体积内的电偶极矩. 介电系统的序参量 u 和控制参数 λ 为

$$u = (P, S), \quad \lambda = (T, E, L),$$

其中 E 为外加电场.

类似于 (4.2.35), 介电体的物态方程为

$$\chi = \frac{\partial P}{\partial E} = a + \frac{b}{T + T_0}, \tag{4.2.45}$$

其中 $a, b > 0$ 为常数

$$T_0 \begin{cases} < 0 & \text{为铁电体,} \\ = 0 & \text{为顺介电体,} \\ > 0 & \text{为反铁电体.} \end{cases} \tag{4.2.46}$$

类似于磁体系统热力学势 (4.2.44), 根据 (4.2.45) 和 (4.2.46), 介电体的热力学势表达式可写成如下形式:

$$F = F_0 + \int_\Omega \left[\frac{\mu}{2} |\nabla P|^2 + \frac{1}{2} \lambda_k p_k^2 - (1 + \eta T) P \cdot E - \frac{T}{2\alpha} S^2 - \beta T S |P|^2 - ST \right] dx. \tag{4.2.47}$$

其中 $\mu, \eta, \alpha, \beta > 0$ 为系数.

$$\begin{cases} \lambda_k < 0 \ (1 \leqslant k \leqslant 3) & \text{为铁电体,} \\ \lambda_k = 0 \ (1 \leqslant k \leqslant 3) & \text{为顺介电体,} \\ \lambda_k > 0 \ (1 \leqslant k \leqslant 3) & \text{为反铁电体,} \end{cases} \tag{4.2.48}$$

$$\begin{cases} \lambda_1 = \lambda_2 = \lambda_3 \Leftrightarrow \text{各向同性,} \\ \lambda_1 \neq \text{某个} \lambda_j \Leftrightarrow \text{各向异性.} \end{cases} \tag{4.2.49}$$

4.3　凝聚态热力学系统

4.3.1　凝聚态的量子法则

当热力学系统处在凝聚态时, 序参量是一组复值波函数 ψ. 此时 $\psi: \Omega \to \mathbb{C}^N$ 的物理意义为

$$|\psi|^2 \text{ 代表凝聚态的粒子数密度.} \tag{4.3.1}$$

波函数 ψ 受量子物理定律的支配, 即 ψ 服从 3.1.1 小节中介绍的量子法则和原理. 此外, 由于凝聚态的波函数 ψ 描述的是群体粒子的集体行为, 这些粒子之间存在相互作用, 因此对于凝聚态物理来讲它还有自己独特的量子法则如下.

量子法则 4.10 (凝聚态量子法则)　对凝聚态量子物理, 由于粒子之间在远距离存在相互吸引作用, 近距离存在相斥作用, 因此关于凝聚态波函数 ψ 有如下规则:

1) 粒子之间相互吸引的束缚能为

$$\text{束缚能密度} = -g_0|\psi|^2, \tag{4.3.2}$$

这里 $g_0 > 0$ 代表相互作用势;

2) 粒子之间相互排斥作用能为

$$\text{相斥能密度} = \frac{1}{2}g_1|\psi|^4, \tag{4.3.3}$$

这里 $g_1 > 0$ 为相互作用常数.

注 4.11　凝聚态物理的量子法则 4.10 既是经验总结也是电磁、强、弱这三种相互作用相斥相吸性质的推论. 正是由于 (4.3.2) 的吸引势能才能够使得大量粒子聚在一起形成一个整体, 同时 (4.3.3) 的近距离相斥作用又使得凝聚态的粒子密度保持有限. 在 (4.3.2) 和 (4.3.3) 中相互作用常数 g_0 和 g_1 是宏观统计平均值. 吸引相互作用势 g_0 与外加电磁场有关.

虽然在 3.1.1 小节中已介绍了量子物理的基本法则 (法则 3.1—3.5) 和两个基本原理 (Pauli 不相容原理 3.6 和 Heisenberg 测不准关系 3.8), 这里我们仍需要关于这些法则和原理在凝聚态物理中是如何作用的做些解释和论述.

1. 基本微分算子

在凝聚态物理中, ψ 代表的是群体粒子波函数, 此时梯度算子 $-i\hbar\nabla$ 的物理意义变为梯度势, $-\dfrac{\hbar^2}{2m}\nabla^2$ 代表梯度势能. 基本算子列出如下.

1) 没有电磁场存在时的 Hermite 算子为

$$能量\ E\ 算子：\quad \widehat{E} = \mathrm{i}\hbar\frac{\partial}{\partial t},$$

$$梯度势算子：\quad \widehat{P} = -\mathrm{i}\hbar\nabla,$$

$$相互作用势算子：\quad \widehat{V}\psi = V\psi, \tag{4.3.4}$$

$$梯度能算子：\quad \widehat{K} = -\frac{\hbar^2}{2m}\nabla^2.$$

由量子法则 3.4 可知 (4.3.4) 中的 Hermite 算子产生的能量为

$$势能\ V = \int_\Omega V|\psi|^2 \mathrm{d}x, \tag{4.3.5}$$

$$梯度能\ K = \int_\Omega \widehat{K}\psi \cdot \psi^\dagger \mathrm{d}x = \int_\Omega \frac{\hbar^2}{2m}|\nabla\psi|^2 \mathrm{d}x. \tag{4.3.6}$$

注意, 量子法则 4.10 的结论 (4.3.2) 就是由 (4.3.5) 再结合三种基本相互作用势理论 (见 3.1.4 小节内容).

2) 有电磁场存在时, 带电粒子的 Hermite 算子为

$$能量算子：\quad \widehat{E} = \mathrm{i}\hbar\frac{\partial}{\partial t} + eA_0,$$

$$梯度势算子：\quad \widehat{P} = -\left(\mathrm{i}\hbar\nabla + \frac{e}{c}A\right), \tag{4.3.7}$$

$$梯度能算子：\quad \widehat{K} = -\frac{\hbar^2}{2m}\left(\nabla - \mathrm{i}\frac{e}{\hbar c}A\right)^2.$$

由梯度能算子 $\widehat{K}$ 产生的能量为

$$K = \int_\Omega \frac{1}{2m}\left|\left(-\mathrm{i}\hbar\nabla - \frac{e}{c}A\right)\psi\right|^2 \mathrm{d}x, \tag{4.3.8}$$

其中 (A_0, A) 为四维电磁势, K 代表不均匀分布产生的能量.

2. 基本原理的作用

Pauli 不相容原理告诉我们, 在一个系统中每一种量子态上最多只能允许一个 Fermi 子. 而凝聚态中的粒子都具有相同的量子态, 这意味着可发生凝聚现象的粒子必须是 Bose 子, 即自旋为整数的粒子.

Heisenberg 测不准关系指出, 量子系统中粒子的位置 x 和动量 P, 时间 t 与能量 E 不能同时具有确定的值. 它们的误差 Δx 与 ΔP, Δt 与 ΔE 满足下面关系:

$$\Delta x\Delta P \geqslant \frac{1}{2}\hbar, \quad \Delta t\Delta E \geqslant \frac{1}{2}\hbar. \tag{4.3.9}$$

上述不确定关系 (4.3.9) 意味着在凝聚态系统中存在量子涨落行为, 即粒子的位置、动量、能量都可自发地偏离平衡态, 它不是由热效应造成而是由测不准的量子效应造成的.

4.3.2 超导体的 Ginzburg-Landau 自由能

在 (1.2.15) 中我们已介绍了 Ginzburg-Landau(GL) 自由能, 那是经典的形式. 经典的 GL 自由能是表象理论, 也即从物理现象中总结归纳出来的. 这里, 我们将根据凝聚态的量子法则 4.10, 量子动能公式 (4.3.8), 电磁相互作用理论及新建立的熵热力学势理论, 在 GL 基础上进一步发展的超导体热力学势理论.

超导体的序参量 u 和控制参数 λ 为

$$u = (\psi, A, S), \quad \lambda = (T, H_a, L),$$

这里 $\psi : \Omega \to \mathbb{C}$ 为超导电子的波函数, A 为磁场势, H_a 为外磁场,

$$|\psi|^2 \text{ 代表超导电子密度}. \tag{4.3.10}$$

我们知道, 超导体的 Gibbs 自由能下的构成为

$$F = \text{梯度能} + \text{束缚能} + \text{排斥作用能} + \text{磁场能}$$
$$+ \text{熵的能量} + \int_\Omega \left(-ST - \frac{1}{4\pi} \mathrm{curl} A \cdot H_a \right) \mathrm{d}x. \tag{4.3.11}$$

由 (4.3.8), 磁场中的 ψ 梯度能为

$$\text{梯度能} = \int_\Omega \frac{1}{2m_s} \left| \left(-i\hbar\nabla - \frac{e_s}{c} A \right) \psi \right|^2 \mathrm{d}x. \tag{4.3.12}$$

由 (4.3.2), 超导电子的束缚能为

$$\text{束缚能} = \int_\Omega -g_0 |\psi|^2 \mathrm{d}x. \tag{4.3.13}$$

由 (4.3.3), 超导电子相斥作用能为

$$\text{相斥作用能} = \int_\Omega \frac{g_1}{2} |\psi|^4 \mathrm{d}x. \tag{4.3.14}$$

根据电磁相互作用理论, 磁场能为

$$\text{磁场能} = \int_\Omega \frac{1}{8\pi} |\mathrm{curl} A|^2 \mathrm{d}x. \tag{4.3.15}$$

最后, 参照磁体和介电体系统熵的能量表达式 (4.2.42), 对于凝聚态的熵能量也是如下形式:

$$\text{熵能量} = \int_{\Omega} \left[-\frac{T}{2\alpha k} S^2 - \beta S T |\psi|^2 \right] \mathrm{d}x, \tag{4.3.16}$$

其中 α, $\beta > 0$ 为参数. 在 (4.3.16) 的积分中第二项:

$$-\beta S T |\psi|^2 \text{ 代表凝聚态导致热能 } S T \text{ 的减少.}$$

由 (4.3.12)—(4.3.16), 超导体的 Gibbs 自由能 (4.3.11) 可表达为

$$F = \int_{\Omega} \left[\frac{1}{2m_s} \left| \left(-i\hbar\nabla - \frac{e_s}{c}A \right)\psi \right|^2 - g_0|\psi|^2 + \frac{g_1}{2}|\psi|^4 \right.$$
$$\left. + \frac{1}{8\pi}|\mathrm{curl}A|^2 - \frac{T}{2k\alpha}S^2 - \beta T S|\psi|^2 - ST - \frac{1}{4\pi}\mathrm{curl}A \cdot H_a \right] \mathrm{d}x, \tag{4.3.17}$$

注 4.12   在 (4.3.17) 的超导体热力学势中, 它的每一项都是建立在物理原理与定律基础之上的, 这是与经典 GL 自由能不同的地方. 此外, 在 (4.3.17) 中的参数 g_0, g_1 与经典 GL 自由能 (1.2.15) 中的参数 a, b 已完全不相同. 在 (1.2.15) 中的 a 和 b 是作为 Taylor 展开的系数出现的, 而这里 g_0, g_1 的物理意义是很明确的. 它们与温度无关. 此外, 在后面的相变理论中, 我们将看到 (4.3.16) 的熵能量将温度带入凝聚态产生相变. 这是本书中所建立的关于熵的热力学势理论 (即表达式 (4.2.18), (4.2.30), (4.2.42) 及 (4.3.16)) 最突出的特点, 在后面关于液态 He 的超流体的热力学势理论也将看到这一点.

4.3.3 液态 ^{4}He 的热力学势

^{4}He 是由两个质子、两个电子及两个中子构成的, 有 6 个 Fermi 子, 总自旋为整数是一个 Bose 子. 凝聚态发生的基本条件就是粒子系统必须是由 Bose 子构成, 因此 ^{4}He 系统具备发生凝聚态的条件.

在 1938 年, P. L. Kapitza 发现了液态 ^{4}He 在温度 $T_c = 2.17\mathrm{K}$ 以下将会从正常态转变为超流态, 此时流体的黏性消失. 这是一个在液态中发生凝聚行为的情况. 处在凝聚态的液态 ^{4}He 是一个二元流体系统, 它的密度 ρ 可表示为

$$\rho = \rho_n + \rho_s, \tag{4.3.18}$$

其中 ρ_n 是正常流体密度, ρ_s 为超流体密度. 超流体是凝聚态, 它的状态函数是一个复值波函数 $\psi : \Omega \to \mathbb{C}$, 并且

$$\rho_s = |\psi|^2.$$

该系统的序参量 u 和控制参数 λ 为

$$u = (\psi, \rho_n, S), \quad \lambda = (T, p).$$

^{4}He 超流体是一个 PVT 系统与凝聚态系统相组合的体系, 因此它的热力学势是这两者之间的耦合. 首先 (4.3.18) 中的 ρ 满足如下守恒律 (总粒子数守恒):

$$\int_\Omega \left[\rho_n + |\psi|^2\right]\mathrm{d}x = 常数. \tag{4.3.19}$$

然后超流体的 Gibbs 自由能的组成部分为

$$F = \rho_n\ 部分 + \psi\ 部分 + \rho_n\ 与\ \psi\ 的耦合$$
$$+ 熵\ S\ 的部分 - \int_\Omega (\mu\rho + bp\rho_n + ST)\mathrm{d}x, \tag{4.3.20}$$

其中积分项中 $\mu\rho$ 为对应于守恒律 (4.3.19) 的 Lagrange 乘子项, b 为 van der Waals 常数, ρ 为 (4.3.18).

在 (4.3.20) 中, ρ_n 部分服从 PVT 系统. 因此有

$$\rho_n\ 项 = \int_\Omega \left[\frac{\alpha}{2}|\nabla\rho_n|^2 + \frac{1}{2}(b^2p + A_1T)\rho_n^2\right]\mathrm{d}x, \tag{4.3.21}$$

由量子法则 4.10 以及 (4.3.6), ψ 的部分可表达为

$$\psi\ 项 = \int_\Omega \left[\frac{\hbar^2}{2m}|\nabla\psi|^2 - g_0|\psi|^2 + \frac{g_1}{2}|\psi|^4\right]\mathrm{d}x. \tag{4.3.22}$$

由 (4.3.18) 及 PVT 系统关于 ρ 的 log 项, ρ_n 与 ψ 的耦合部分为

$$\rho_n 与\ \psi\ 耦合项 = \int_\Omega \left[A_2T(1 + b\rho_n + b|\psi|^2)\ln(1 + b\rho_n + b|\psi|^2)\right.$$
$$\left. + g_2 b\rho_n|\psi|^2\right]\mathrm{d}x, \tag{4.3.23}$$

其中积分项第二项代表正常粒子与超流粒子之间的相互作用能, 并且

$$g_2 = \begin{cases} > 0 & 代表相斥, \\ < 0 & 代表相吸引. \end{cases}$$

最后, 关于熵的部分综合 PVT 系统与凝聚态的情况, 有

$$熵部分 = \int_\Omega \left[-\frac{T}{2\beta_0 k}S^2 + \beta_1 ST\rho_n^2 - \beta_2 ST|\psi|^2\right]\mathrm{d}x. \tag{4.3.24}$$

根据 (4.3.21)—(4.3.24), 液态 ^{4}He 超流体的 Gibbs 自由能可写成

$$F = \int_\Omega \left[\frac{\alpha}{2}|\nabla\rho_n|^2 + \frac{1}{2}(b^2p + A_1T)\rho_n^2 - bp\rho_n - \mu\rho \right.$$
$$+ \frac{\hbar^2}{2m}|\nabla\psi|^2 - g_0|\psi|^2 + \frac{g_1}{2}|\psi|^4 + g_2 b\rho_n|\psi|^2$$
$$+ A_2T(1 + b\rho_n + b|\psi|^2)\ln(1 + b\rho_n + b|\psi|^2)$$
$$\left. - \frac{T}{2\beta_0 k}S^2 + \beta_1 TS\rho_n^2 - \beta_2 TS|\psi|^2 - ST\right]\mathrm{d}x, \tag{4.3.25}$$

其中 m 为 ^{4}He 原子的质量, A_1, A_2, β_0, β_1, β_2 为参数, μ 为化学势, b 为 van der Waals 常数, $\rho = \rho_n + |\psi|^2$.

4.3.4 液态 ^{3}He 超流体

^{3}He 是 ^{4}He 的同位素, 它由两个质子、一个中子、两个电子构成, 总自旋是一个分数的 Fermi 子. 从理论上讲, 一个由 Fermi 子构成的系统不会发生凝聚现象, 因此很长一段时间内人们普遍认为液态 ^{3}He 不会发生超流相变. 然而在 1971 年, 由 D. M. Lee, D. D. Osheroff 和 R. C. Richardson 等领导的实验小组发现了液态 ^{3}He 在 $T_c = 10^{-3}$K 以下发生的超流现象. 由此人们发现, 正如超导体内的 Cooper 电子对一样, ^{3}He 原子之间也存在微弱的吸引力, 使得在超低温情况下它们能够配成对, 称为 Cooper 对, 形成一个 Bose 子, 从而能够发生凝聚行为.

注意到一个 ^{3}He 原子的 Cooper 对有四种可能的自旋态:

$$\uparrow\uparrow, \quad \downarrow\downarrow, \quad \uparrow\downarrow, \quad \downarrow\uparrow, \tag{4.3.26}$$

这个 $\uparrow$ 代表 $J = \frac{1}{2}$ 自旋, $\downarrow$ 代表 $J = -\frac{1}{2}$ 自旋. 因而在 (4.3.26) 中所有 Cooper 对都有整数自旋 $J = 1$, $-1, 0$. 物理上用下面记号代表自旋态:

$$J = 1: |\uparrow\uparrow\rangle, \quad J = -1: |\downarrow\downarrow\rangle, \quad J = 0: |\uparrow\downarrow\rangle + |\downarrow\uparrow\rangle. \tag{4.3.27}$$

在 ^{3}He 超流系统中, (4.3.27) 中的三种自旋态被三个波函数所描述:

$$\psi_+ = |\uparrow\uparrow\rangle \text{ 态}, \quad \psi_0 = \frac{1}{\sqrt{2}}(|\uparrow\downarrow\rangle + |\downarrow\uparrow\rangle) \text{ 态}, \quad \psi_- = |\downarrow\downarrow\rangle \text{ 态}. \tag{4.3.28}$$

即 ψ_+ 代表自旋 $J = 1$, ψ_0 代表自旋 $J = 0$, ψ_- 代表自旋 $J = -1$.

物理实验表明, 在没有外加磁场情况下, 液态 ^{3}He 的超流相有两种状态, 称为 A 超流相和 B 超流相. 它们的成分为

$$A \text{ 超流相}: \quad |\uparrow\uparrow\rangle \text{ 态} + |\downarrow\downarrow\rangle \text{ 态},$$
$$B \text{ 超流相}: \quad |\uparrow\uparrow\rangle \text{ 态} + |\downarrow\downarrow\rangle \text{ 态} + (|\uparrow\downarrow\rangle + |\downarrow\uparrow\rangle) \text{ 态}.$$

在有外加磁场的条件下, ^{3}He 超流相有三种状态, A_1, A, B 超流相, 其中 A, B 超流相粒子成分分别如上所述, A_1 相成分为

$$A_1 \text{ 超流相}: \quad |\uparrow\uparrow\rangle \text{ 态}.$$

即 A_1 超流相只含有 $J = 1$ 自旋的 Cooper 原子对, A 相含有 $J = 1$, -1 两种自旋的原子对, B 含有所有 $J = 1$, -1, 0 的粒子对. A_1, A, B 超流相可用波函数来描

述如下：

$$A_1 \text{ 超流相}: \quad \psi_+ \neq 0, \quad \psi_- = 0, \quad \psi_0 = 0,$$
$$A \text{ 超流相}: \quad \psi_+ \neq 0, \quad \psi_- \neq 0, \quad \psi_0 = 0, \qquad (4.3.29)$$
$$B \text{ 超流相}: \quad \psi_+ \neq 0, \quad \psi_- \neq 0, \quad \psi_0 \neq 0.$$

图 4.2 和图 4.3 分别给出液态 ^3He 在没有外磁场和有外磁场情况下的实验相图, 它们对于 ^3He 超流体的热力学势具有重要的指导意义.

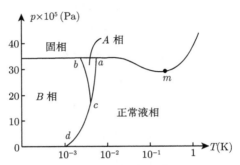

图 4.2　没有外磁场时 ^3He 超流实验相图

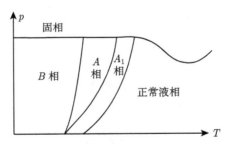

图 4.3　有外磁场时 ^3He 超流实验相图

下面分别讨论液态 ^3He 在没有外磁场和有外磁场两种情况下的 Gibbs 自由能表达式.

1. 没有外磁场的情况 $(H_a = 0)$.

此时液态 ^3He 超流体的序参量 u 和控制参数 λ 为

$$u = (\psi_+, \psi_0, \psi_-, \rho_n, S), \quad \lambda = (T, p),$$

其中 $\Psi = (\psi_+, \psi_0, \psi_-)$ 如 (4.3.28), ρ_n 为正常流体密度. 类似于 (4.3.19), ^3He 超流系统也有下面粒子数守恒:

$$\int_\Omega \left[\rho_n + |\Psi|^2 \right] \mathrm{d}x = 常数.$$

于是 Gibbs 自由能的一般形式可写成

$$F = \int_\Omega \left[\frac{\hbar^2}{2m} |\nabla \Psi|^2 + \frac{\alpha}{2} |\nabla \rho_n|^2 + f(\Psi, \rho_n, S) - \mu \rho - b p \rho_n - ST \right] \mathrm{d}x, \qquad (4.3.30)$$

其中 μ 是化学势, $\rho = \rho_n + |\Psi|^2$ 为流体密度, f 包含如下几项:

$$f = f_1 + f_2 + f_3 + f_4 + f_5,$$

$$f_1 = \rho_n \text{ 的相互作用能},$$

$$f_2 = \Psi \text{ 粒子的相互作用项},$$

$$f_3 = \rho_n \text{ 与 } \Psi \text{ 之间的耦合},$$

$$f_4 = \text{熵的部分},$$

$$f_5 = \text{自旋的相互作用}.$$

类似于 (4.3.21)—(4.3.24), 对于 $^3\mathrm{He}$ 超流系统有

$$f_1 = \frac{1}{2}(b^2 p + A_1 T) \rho_n^2, \qquad (4.3.31)$$

$$f_2 = -g_0 |\psi_0|^2 - g_\pm (|\psi_+|^2 + |\psi_-|^2) + \frac{g_1}{2} |\Psi|^4, \qquad (4.3.32)$$

$$f_3 = A_2 T (1 + b\rho) \ln(1 + b\rho) + g_2 b \rho_n |\Psi|^2, \qquad (4.3.33)$$

$$f_4 = -\frac{T}{2\beta_0 k} S^2 + \beta_1 S T \rho_n^2 - \beta_2 S T |\psi|^2, \qquad (4.3.34)$$

在 (4.3.33) 中 $\rho = \rho_n + |\Psi|^2$. 关于自旋的作用能 f_5, 由旋量的凝聚态理论 (具体可见 4.3.5 节介绍), 它可表达为

$$f_5 = \frac{g_s}{2} |\Psi^\dagger \widehat{F} \Psi|^2, \qquad (4.3.35)$$

这里 g_s 为自旋耦合常数, $\widehat{F}$ 为自旋算子

$$\widehat{F} = (F_1, F_2, F_3), \qquad (4.3.36)$$

其中 F_i $(1 \leqslant i \leqslant 3)$ 为三阶 Hermite 矩阵如下:

$$F_1 = \frac{1}{\sqrt{2}} \begin{pmatrix} 0 & 1 & 0 \\ 1 & 0 & 1 \\ 0 & 1 & 0 \end{pmatrix}, \quad F_2 = \frac{1}{\sqrt{2}} \begin{pmatrix} 0 & -\mathrm{i} & 0 \\ \mathrm{i} & 0 & -\mathrm{i} \\ 0 & \mathrm{i} & 0 \end{pmatrix}, \quad F_3 = \begin{pmatrix} 1 & 0 & 0 \\ 0 & 0 & 0 \\ 0 & 0 & -1 \end{pmatrix}.$$

由此, (4.3.35) 中的 $|\Psi^\dagger \widehat{F} \Psi|^2$ 可具体写成

$$|\Psi^\dagger \widehat{F} \Psi|^2 = |\Psi^\dagger F_1 \Psi|^2 + |\Psi^\dagger F_2 \Psi|^2 + |\Psi^\dagger F_3 \Psi|^2,$$

$$|\Psi^\dagger F_k \Psi|^2 = \left[(\psi_+^*, \psi_0^*, \psi_-^*) F_k \begin{pmatrix} \psi_+ \\ \psi_0 \\ \psi_- \end{pmatrix} \right]^2, \quad 1 \leqslant k \leqslant 3.$$

于是由 (4.3.31)—(4.3.35), ^{3}He 超流系统 Gibbs 自由能 (4.3.30) 可写成

$$\begin{aligned}
F = \int_\Omega \Bigg[& \frac{\hbar^2}{2m} |\nabla \Psi|^2 - g_0 |\psi_0|^2 - g_\pm(|\psi_+|^2 + |\psi_-|^2) + \frac{g_1}{2}|\Psi|^4 \\
& + \frac{g_s}{2}|\Psi^\dagger \widehat{F} \Psi|^2 + g_2 b \rho_n |\Psi|^2 - \mu(\rho_n + |\Psi|^2) \\
& + \frac{\alpha}{2}|\nabla \rho_n|^2 + \frac{1}{2}(b^2 p + A_1 T)\rho_n^2 - bp\rho_n \\
& + A_2 T(1 + b\rho_n + b|\Psi|^2)\ln(1 + b\rho_n + b|\Psi|^2) \\
& - \frac{T}{2\beta_0 k}S^2 + \beta_1 ST\rho_n^2 - \beta_2 ST|\Psi|^2 - ST \Bigg] dx.
\end{aligned} \tag{4.3.37}$$

注 4.13   在 (4.3.32) 中系数 g_0, $g_\pm$ 分别代表自旋 $J = 0$ 和 $J = 1$ 的超流粒子束缚能. 由于 $J = 1$ 的粒子之间存在磁相互作用势, 因此有

$$g_\pm \neq g_0. \tag{4.3.38}$$

正是由于 (4.3.38) 的关系才造成如图 4.2 和图 4.3 所示的相图.

2. 有外磁场存在的情况 $(H_a \neq 0)$.

当存在外加磁场 $H_a \neq 0$ 时, 从图 4.3 可以看到 H_a 将对 ^{3}He 超流系统的热力学势产生影响. 由于 ^{3}He 超流 Cooper 原子对总电荷为零, Ψ 的动量算子仍为 $-i\hbar\nabla$. 但是在磁场 H_a 中多出来一项 Cooper 原子对的自旋磁矩附加能密度

$$\text{磁矩能} = -\mu_0 H(|\psi_+|^2 - |\psi_-|^2), \tag{4.3.39}$$

其中外磁场方向与 ψ_+ 自旋方向一致, μ_0 为 Cooper 原子对磁矩, H 为感应磁场. 此外, Gibbs 自由能还多出一个磁场部分:

$$\int_\Omega \left[\frac{1}{8\pi}H^2 - \frac{1}{4\pi}H \cdot H_a \right] dx, \tag{4.3.40}$$

这里积分的第一项为感应磁场能, 第二项为 Legendre 变换产生的因子. 于是在 $H_a \neq 0$ 情况下 ^{3}He 超流系统的 Gibbs 自由能 F_1 是 (4.3.37) 与 (4.3.39) 及 (4.3.40) 的和, 即

$$F_1 = F + \int_\Omega \left[\frac{1}{8\pi}H^2 - \mu_0 H(|\psi_+|^2 - |\psi_-|^2) - \frac{1}{4\pi}HH_a \right] dx, \tag{4.3.41}$$

其中 F 如 (4.3.37).

4.3.5   气体凝聚态的 Gibbs 自由能

气体的凝聚态也称为 Bose-Einstein 凝聚 (简称 BEC). 这种凝聚态是由 Einstein 在 1924 年根据 BE 分布公式 (3.3.4) 和 (3.3.5) 提出的一种物态形式的预言. BE 分布为

$$a_n = \frac{g_n}{\mathrm{e}^{(\varepsilon_n - \mu)/kT} - 1}.$$

Einstein 假设在 $T = 0$ 时 $\mu = 0$. 此时在 $\varepsilon_1 = 0$ 的能级上

$$a_1 = \infty \quad \text{代表所有粒子都处在能级 } \varepsilon_1 = 0 \text{ 的基态上,}$$
$$a_n = 0 \quad \text{在 } \varepsilon_n > 0 (n > 1) \text{ 的态上.}$$

于是可以推出在绝对零度时, Bose 气体的粒子都处在动量为零的量子态上. 这就是所谓的 BEC.

采用 Bose 气体的温度公式 (3.4.31), 即

$$kT = \sum_n \left(1 + \frac{a_n}{g_n} \right) \frac{a_n \varepsilon_n}{N(1 + \beta_n \ln \varepsilon_n)}, \tag{4.3.42}$$

可以更清楚地说明 BEC 现象. 此时由 (4.3.42) 有

$$T = 0\mathrm{K} \Leftrightarrow \varepsilon_1 = 0, \quad a_1 = N \text{以及} a_n = 0, \ \forall \ n > 1.$$

这便是 BEC 的结论.

BEC 的预言被提出后很长一段时间没有被实验证实. 直到 1995 年由 E. A. Cornell 和 C. E. Wieman 领导的实验小组从碱金属铷 (Rb) 的稀薄气体中在 $T = 1.7 \times 10^{-7}\mathrm{K}$ 条件下实现了 BEC. 与此同时, 由 K. B. Davis 和 W. Ketterle 领导的实验小组从碱金属钠 (Na) 的稀薄气体中也发现了 BEC 现象. 自此, 人们陆续发现 9 种元素的稀薄气体可发生 BEC 行为, 它们是 Rb, Na, Li, ^{1}H, ^{4}He, ^{41}K, ^{52}Cr, ^{133}Cs 和 ^{174}Yb.

以上介绍的都属于标量 BEC 系统, 即自旋 $J = 0$ 的情况. 在 1997 年, W. Ketterle 领导的小组应用光势阱技术获得了自旋 $J = 1$ 的旋量 BEC 行为, 由此打开了旋量 BEC 的研究大门.

BEC 行为特指气体的凝聚态, 它的特性与固体凝聚态 (超导) 和液体凝聚态 (超流) 有很大的不同. 气体的凝聚是发生在动量为零的点上, 即它是动量的凝聚. BEC 总是发生在稀薄气体中的原因是在超低温情况下, 粒子密度稍大一些的系统就会变成固态或液态. 因此在绝对零度时仍保持为气态的系统粒子密度必须非常小.

气体 BEC 分标量 (自旋 $J = 0$) 和旋量 ($J \neq 0$) 两种情况. 下面分别介绍标量和 $J = 1$ 旋量 BEC 系统的 Gibbs 自由能表达式.

1. 标量 BEC 系统热力学势

标量 BEC 系统的序参量 u 和控制参数 λ 为

$$u = (\psi, \rho_n, S, H), \quad \lambda = (p, T, H_a).$$

标量 BEC 系统的 Gibbs 自由能与液态 ⁴He 超流系统的 (4.3.25) 相类似. 但区别是 BEC 系统的 ψ 项与 (4.3.22) 不同, 它取为

$$\psi \text{ 项} = \int_\Omega \left[\frac{\hbar^2}{2m} |\nabla\psi|^2 + \frac{g_1}{2} |\psi|^4 \right] dx. \tag{4.3.43}$$

原因是, 稀薄气体粒子之间距离较大, 基本上已不存在相互吸引的作用力了, 因此如 (4.3.2) 的吸引相互作用势 g_0, 但仍存在强相互作用的斥力, 故 $g_1 \neq 0$.

对于 BEC 系统, 将气体原子约束在一个区域内的束缚能是由外部施加的电磁场提供的, 称为磁势阱. 因此类似于 (4.3.41), 标量 BEC 系统 Gibbs 自由能还含有磁势阱的附加能为

$$\text{磁势阱能} = \int_\Omega \left[\frac{1}{8\pi} H^2 - \mu_0 H |\psi|^2 - \frac{1}{4\pi} H \cdot H_a \right] dx, \tag{4.3.44}$$

这里 μ_0 为原子磁化矩, 它是粒子的集体量子效应.

除了上面 (4.3.43) 和 (4.3.44) 这两项外, 其他的部分都与液态 ⁴He 的 (4.3.21), (4.3.23) 和 (4.3.24) 相同. 于是标量 BEC 系统的 Gibbs 自由能可写成如下形式:

$$\begin{aligned}
F = \int_\Omega \Bigg[& \frac{\alpha}{2} |\nabla\rho_n|^2 + \frac{1}{2}(b^2 p + A_1 T)\rho_n^2 - bp\rho_n - \mu(\rho_n + |\psi|^2) \\
& + \frac{\hbar^2}{2m} |\nabla\psi|^2 + \frac{g_1}{2} |\psi|^4 + g_2 b\rho_n |\psi|^2 \\
& + A_2 T(1 + b\rho_n + b|\psi|^2) \ln(1 + b\rho_n + b|\psi|^2) \\
& - \frac{1}{2\beta_0 k} TS^2 + \beta_1 TS\rho_n^2 - \beta_2 TS|\psi|^2 - ST \\
& + \frac{1}{8\pi} H^2 - \mu_0 H |\psi|^2 - \frac{1}{4\pi} H \cdot H_a \Bigg] dx.
\end{aligned} \tag{4.3.45}$$

2. $J = 1$ 旋量 BEC 系统热力学势

旋量 BEC 系统的束缚能是由外加电场产生的, 此系统的序参量 u 和控制参数 λ 为

$$u = (\psi_+, \psi_0, \psi_-, \rho_n, S, E), \quad \lambda = (p, T, E_a),$$

其中 E_a 为外加电场, E 为感应电场.

此系统的 Gibbs 自由能与带磁场的 ^{3}He 超流系统的 (4.3.41) 类似. 区别同样是不含粒子之间相互吸引的作用能, 此外这里电磁场束缚能不是如 (4.3.44) 的磁势阱能, 而是如下的光势阱能:

$$\text{光势阱能} = \int_{\Omega} \left[\frac{1}{8\pi} E^2 - \varepsilon_0 E |\Psi|^2 - \frac{1}{4\pi} E \cdot E_a \right] \mathrm{d}x, \tag{4.3.46}$$

其中 ε_0 为原子的电极化强度, 也是群体粒子的量子效应, $\Psi = (\psi_+, \psi_0, \psi_-)$. 于是旋量 BEC 系统 Gibbs 自由能可表达为

$$
\begin{aligned}
F = \int_{\Omega} & \left[\frac{\alpha}{2} |\nabla \rho_n|^2 + \frac{1}{2} (b^2 p + A_1 T) \rho_n^2 - b p \rho_n - \mu(\rho_n + |\Psi|^2) \right. \\
& + \frac{\hbar^2}{2m} |\nabla \Psi|^2 + \frac{g_1}{2} |\Psi|^4 + \frac{g_s}{2} \Psi^\dagger \widehat{F} \Psi + g_2 b \rho_n |\Psi|^2 \\
& + A_2 T (1 + b \rho_n + b |\Psi|^2) \ln(1 + b \rho_n + b |\Psi|^2) \\
& - \frac{T}{2\beta_0 k} S^2 + \beta_1 T S \rho_n^2 - \beta_2 T S |\Psi|^2 - S T \\
& \left. + \frac{1}{8\pi} E^2 - \varepsilon_0 E |\Psi|^2 - \frac{1}{4\pi} E \cdot E_a \right] \mathrm{d}x.
\end{aligned} \tag{4.3.47}
$$

光势阱的旋量 BEC 系统本质上是靠电场力来束缚原子的. 此时原子的自旋是自由的, 它的 $N = 2J + 1 (J \neq 0)$ 个自旋态都是独立的, 从而使得 Ψ 具有旋量的性质. 这一点可从 (4.3.47) 的表达式看出, 它是旋量 $SO(3)$ 对称的.

3. 电磁势阱的 BEC 系统

当外磁场 H_a 和外电场 E_a 同时存在时被当作束缚能, 并且原子自旋 $J \geqslant 1$. 此时序参量 u 和控制参数 λ 为

$$u = (\Psi, \rho_n, H, E), \quad \lambda = (p, T, H_a, S, E_a),$$

$\Psi = (\psi_J, \cdots, \psi_0, \cdots, \psi_{-J})$ 有 $2J + 1$ 个分量. 此时电磁能为

$$
\begin{aligned}
\text{电磁能} = \int_{\Omega} & \left[\frac{1}{8\pi} H^2 - \Psi^\dagger (H \cdot \widehat{\mu}) \Psi - \frac{1}{4\pi} H \cdot H_a \right. \\
& \left. + \frac{1}{8\pi} E^2 - \varepsilon_0 \cdot E |\Psi|^2 - \frac{1}{4\pi} E \cdot E_a \right] \mathrm{d}x,
\end{aligned} \tag{4.3.48}
$$

其中 ε_0 为原子的电极化强度, 是一个矢量, $\widehat{\mu}$ 为原子磁矩算子, 表达为

$$\widehat{\mu} = \mu_0 + \mu_s \widehat{S}, \tag{4.3.49}$$

其中 μ_0 为原子的轨道磁矩, μ_s 为原子的自旋磁矩, $\widehat{S}$ 为旋量的自旋算子 (在 4.4.1 小节中将介绍自旋算子).

对于一般 J 旋量的电磁势阱 BEC 系统, Gibbs 自由能除电磁场部分外, 其余部分都与 (4.3.47) 相同, 表达为

$$
\begin{aligned}
F = \int_{\Omega} \Bigg[& \frac{\alpha}{2} |\nabla \rho_n|^2 + \frac{1}{2} (b^2 p + A_1 T) \rho_n^2 - b p \rho_n - \mu (\rho_n + |\Psi|^2) \\
& + \frac{\hbar^2}{2m} |\nabla \Psi|^2 + \frac{g_1}{2} |\Psi|^4 + \frac{g_s}{2} |\Psi^{\dagger} \widehat{S} \Psi|^2 + g_2 b \rho_n |\Psi|^2 \\
& + A_2 T (1 + b \rho_n + b |\Psi|^2) \ln(1 + b \rho_n + b |\Psi|^2) \\
& + \frac{1}{8\pi} H^2 - \Psi^{\dagger} (H \cdot \widehat{\mu}) \Psi - \frac{1}{4\pi} H \cdot H_a \\
& + \frac{1}{8\pi} E^2 - \varepsilon_0 \cdot E |\Psi|^2 - \frac{1}{4\pi} E \cdot E_a \\
& - \frac{1}{2\beta_0 k} T S^2 + \beta_1 T S \rho_n^2 - \beta_2 T S |\Psi|^2 - S T \Bigg] \mathrm{d}x.
\end{aligned}
\tag{4.3.50}
$$

注 4.14 在 (4.3.50) 中磁场的耦合项 $\Psi^{\dagger}(H \cdot \widehat{\mu})\Psi$ 使得系统的旋量对称性受到破坏. 当 $H_a = 0$ 时, 此系统旋量对称得到恢复就是自旋的磁禁闭现象. 这种现象在相变理论中能得到更清楚的理解.

4.4 凝聚态的量子系统

4.4.1 旋量的自旋算子

在 4.2.1 小节中已经介绍过凝聚态分为两个领域: 热力学范畴和量子范畴. 热力学系统是处在正常态与凝聚态交界的范围, 而量子系统是处在凝聚态已形成的范围. 例如, 在 ^{3}He 超流相图 (图 4.2 和图 4.3) 中, 当 (T, p) 处在正常液相和 A, A_1 相区域时, 超流体属于热力学系统, 当处在 B 相区域时属于量子系统. 在 B 相区域的量子系统是旋量凝聚态.

量子系统是能量守恒系统, 它的势泛函是 Hamilton 能量, 主要状态函数是复值波函数. 描述量子系统的波函数 Ψ 作为旋量, 它的分量个数 N 取决于粒子的自旋数 J, 它们的关系为

$$
\Psi = (\psi_1, \cdots, \psi_N), \quad N = 2J + 1,
\tag{4.4.1}
$$

其中 J 是粒子的自旋数, 它共有 $2J + 1$ 个量子态, 称为磁量子数 m, 在 (4.4.1) 的波函数中每个分量 ψ_i 代表第 i 个磁量子态粒子的波函数. 例如, 下面给出一些自旋的磁量子数 m:

$$J = 0 \quad m = 0,$$
$$J = \frac{1}{2} \quad m = \frac{1}{2}, \ -\frac{1}{2},$$
$$J = 1 \quad m = 1, \ 0, \ -1, \qquad\qquad\qquad (4.4.2)$$
$$J = \frac{3}{2} \quad m = \frac{3}{2}, \ \frac{1}{2}, \ -\frac{1}{2}, -\frac{3}{2},$$
$$J = 2 \quad m = 2, \ 1, \ 0, \ -1, -2.$$

当 $J = 0$ 时, 称为零阶旋量, 通常称为标量, 而 $J \neq 0$ 称为 J 旋量. 当系统是 J 旋量时, 它的 Hamilton 能量就含有自旋相互作用能. 因此要给出旋量的 Hamilton 能量, 就必须明确自旋相互作用能的具体表达式. 在量子力学中, 自旋能是由自旋算子给出的. 这便是这一小节需要介绍的内容.

下面我们需要介绍自旋算子, 自旋相互作用能, 以及 $J = \dfrac{1}{2}$, 1 的自旋算子具体表达形式.

1. 自旋算子

对于如 (4.4.1) 的 $J \neq 0$ 旋量, 它的自旋算子 $\widehat{J}$ 是一个向量算子, 即

$$\widehat{J} = (J_1, J_2, J_3),$$

其中每个分量 J_i 都是一个 $N = 2J + 1$ 阶的 Hermite 矩阵, 并且

$$\vec{J} = \int_\Omega \Psi^\dagger \widehat{J} \Psi \mathrm{d}x \quad \text{代表总自旋向量.} \qquad\qquad (4.4.3)$$

自旋算子 $\widehat{J}$ 满足下面的两个基本性质:

1) 若坐标系 x_3 轴取为磁场方向, 则 $\widehat{J}$ 的第三个分量为

$$J_3 = \begin{pmatrix} J & & 0 \\ & \ddots & \\ 0 & & -J \end{pmatrix} \quad (\mathrm{tr} J_3 = 0), \qquad\qquad (4.4.4)$$

即 J_3 对角线上的元素是如 (4.4.2) 的磁量子数, 这是因为 (4.4.3) 的总自旋向量 $\vec{J}$ 与磁场 H 平行: $\vec{J} \| H$.

2) $\widehat{J}$ 满足 $SO(3)$ 旋量不变性, 即在如下正交坐标变换下:

$$\widetilde{x} = Ax, \quad A \in SO(3), \qquad\qquad (4.4.5)$$

旋量 Ψ 按如下规则进行变换 (见定义 4.5):

$$\widetilde{\Psi} = U_A \Psi, \quad U_A \in SU(N) \text{ 为 } N(= 2J + 1) \text{ 阶旋量表示,}$$

则 $\widehat{J}$ 满足如下不变性质:

$$U_A^\dagger (a_{jk} J_j) U_A = J_k, \tag{4.4.6}$$

其中 $(a_{jk}) = A$ 是 (4.4.5) 的变换矩阵.

2. 自旋相互作用能

粒子的自旋可产生磁矩性质. 实际上, 对 (4.4.1) 的旋量

$$g_J \hbar \Psi^\dagger \widehat{J} \Psi \ \text{代表自旋磁矩}, \tag{4.4.7}$$

其中 g_J 是磁矩系数, 依赖于粒子类型. g_J 对应于量子力学中的 Bohr 磁子. 根据电磁学理论, 磁矩的模平方代表它的能量密度. 因此

$$\text{自旋能} = g_J^2 \hbar^2 \int_\Omega |\Psi^\dagger \widehat{J} \Psi|^2 \mathrm{d}x. \tag{4.4.8}$$

通常记 $g_s = 4 g_J^2 \hbar^2$, 称为自旋耦合常数, 就如 (4.3.35) 那样. 从 (4.4.8) 可以看到, 当 J 旋量的自旋算子 $\widehat{J}$ 表达式给出后, 该旋量的自旋相互作用能也就被确定了.

3. $J = \dfrac{1}{2}$ 旋量的自旋算子

$J = \dfrac{1}{2}$ 旋量的自旋算子就是量子力学中著名的 Pauli 矩阵, 它是一个二阶 Hermite 矩阵的向量算子, 习惯上记为

$$\widehat{\sigma} = (\sigma_1, \sigma_2, \sigma_3), \tag{4.4.9}$$

其中 σ_i 表达为

$$\sigma_1 = \frac{1}{2}\begin{pmatrix} 0 & 1 \\ 1 & 0 \end{pmatrix}, \quad \sigma_2 = \frac{1}{2}\begin{pmatrix} 0 & -\mathrm{i} \\ \mathrm{i} & 0 \end{pmatrix}, \quad \sigma_3 = \frac{1}{2}\begin{pmatrix} 1 & 0 \\ 0 & -1 \end{pmatrix}.$$

Pauli 矩阵 (4.4.9) 满足 (4.1.40) 和 (4.1.41) 旋量表示的 $SO(3)$ 不变性.

4. $J = 1$ 旋量的自旋算子

$J = 1$ 旋量的自旋算子 $\widehat{J}$ 是由 (4.3.36) 给出的, 习惯上记为

$$\widehat{F} = (F_1, F_2, F_3), \tag{4.4.10}$$

其中每个分量 F_k $(1 \leqslant k \leqslant 3)$ 表达为

$$F_1 = \frac{1}{\sqrt{2}}\begin{pmatrix} 0 & 1 & 0 \\ 1 & 0 & 1 \\ 0 & 1 & 0 \end{pmatrix}, \quad F_2 = \frac{1}{\sqrt{2}}\begin{pmatrix} 0 & -\mathrm{i} & 0 \\ \mathrm{i} & 0 & -\mathrm{i} \\ 0 & \mathrm{i} & 0 \end{pmatrix}, \quad F_3 = \begin{pmatrix} 1 & 0 & 0 \\ 0 & 0 & 0 \\ 0 & 0 & -1 \end{pmatrix}.$$

$J = 1$ 旋量的自旋算子 (4.4.10) 满足 (4.1.48) 旋量表示的 $SO(3)$ 不变性, 在 4.4.2 节将证明这一点.

注 4.15   关于旋量自旋算子 $\widehat{J}$ 的表达式, 目前只知道 (4.4.4) 和 $SO(3)$ 不变性 (4.4.6) 这两个物理规则. 由于关于 $J \geqslant \dfrac{3}{2}$ 的旋量表示 U_A 不清楚, 因此 $J \geqslant \dfrac{3}{2}$ 的自旋算子 $\widehat{J}$ 中的第一和第二个分量 J_1, J_2 的表达式也不明确. 旋量自旋算子 $\widehat{J}$ 的 $SO(3)$ 不变性可将 $\widehat{J}$ 的表达式明确地确定出来. 因此 $SO(3)$ 不变性具有重要的意义.

4.4.2 $J = 1$ 旋量自旋算子的 $SO(3)$ 不变性

本小节, 我们将证明 $J = 1$ 旋量自旋算子 (4.4.10) 满足 $SO(3)$ 不变性, 即证明在 (4.4.5) 正交坐标变换下, (4.4.10) 的自旋算子 $\widehat{F} = (F_1, F_2, F_3)$ 满足如下等式:

$$U_A^\dagger (a_{1k} F_1 + a_{2k} F_2 + a_{3k} F_3) U_A = F_k, \tag{4.4.11}$$

这里 U_A 是对应于 (4.4.5) 中变换矩阵 $A = (a_{ij})$ 的旋量表示. 若用 Euler 角 (ϕ, θ, ψ) 表达矩阵 A 如 (4.1.38), 则 U_A 可写成 (4.1.48) 的形式. 为了方便, 这里再将它写出如下:

$$U(A) = U_1(\psi) U_2(\theta) U_1(\phi), \tag{4.4.12}$$

$$U_1(\phi) = \begin{pmatrix} \mathrm{e}^{\mathrm{i}\phi} & 0 & 0 \\ 0 & 1 & 0 \\ 0 & 0 & \mathrm{e}^{-\mathrm{i}\phi} \end{pmatrix},$$

$$U_2(\theta) = \frac{1}{2} \begin{pmatrix} 1 + \cos\theta & \mathrm{i}\sqrt{2}\sin\theta & -1 + \cos\theta \\ \mathrm{i}\sqrt{2}\sin\theta & 2\cos\theta & \mathrm{i}\sqrt{2}\sin\theta \\ -1 + \cos\theta & \mathrm{i}\sqrt{2}\sin\theta & 1 + \cos\theta \end{pmatrix}.$$

不难看出, 若 $\widehat{F}$ 满足 (4.4.11), 则自旋相互作用能 (4.4.8) 也是 $SO(3)$ 不变的, 即在 (4.4.5) 正交变换的新坐标系 $\widetilde{x}$ 中, 自旋能形式仍为

$$\int_\Omega |\widetilde{\Psi}^\dagger \widehat{F} \widetilde{\Psi}|^2 \mathrm{d}\widetilde{x},$$

这里 $\widetilde{\Psi} = U_A \Psi$. 此时注意, $\widehat{F}$ 按向量规则进行变换.

为了证明 (4.4.11) 的不变性, 根据 (4.4.12), 只需分下面三步进行即可.

1. 关于 $A = A_1(\varphi)$ 变换的不变性

由 (4.1.35), 坐标系的 $A_1(\varphi)$ 变换为

$$\widetilde{x} = \begin{pmatrix} \cos\varphi & \sin\varphi & 0 \\ -\sin\varphi & \cos\varphi & 0 \\ 0 & 0 & 1 \end{pmatrix} x. \tag{4.4.13}$$

对应于 (4.4.13), 旋量表示 (4.4.12) 可写成

$$U_A(\varphi) = \begin{pmatrix} e^{i\varphi} & 0 & 0 \\ 0 & 1 & 0 \\ 0 & 0 & e^{-i\varphi} \end{pmatrix}. \tag{4.4.14}$$

此时 (4.4.11) 的等式左端关于 $k = 1$ 为如下形式:

$$U_A^\dagger(\varphi)(a_{11}F_1 + a_{21}F_2 + a_{31}F_3)U_A(\varphi)$$

$$= U_A^\dagger(\varphi)(\cos\varphi F_1 - \sin\varphi F_2)U_A(\varphi)$$

$$= \frac{1}{\sqrt{2}} \begin{pmatrix} e^{-i\varphi} & 0 & 0 \\ 0 & 1 & 0 \\ 0 & 0 & e^{i\varphi} \end{pmatrix} \begin{pmatrix} 0 & e^{i\varphi} & 0 \\ e^{-i\varphi} & 0 & e^{i\varphi} \\ 0 & e^{-i\varphi} & 0 \end{pmatrix} \begin{pmatrix} e^{i\varphi} & 0 & 0 \\ 0 & 1 & 0 \\ 0 & 0 & e^{-i\varphi} \end{pmatrix}$$

$$= \frac{1}{\sqrt{2}} \begin{pmatrix} 0 & 1 & 0 \\ 1 & 0 & 1 \\ 0 & 1 & 0 \end{pmatrix} = F_1.$$

对于 $k = 2$ 为

$$U_A^\dagger(\varphi)(a_{12}F_1 + a_{22}F_2 + a_{32}F_3)U_A(\varphi)$$

$$= U_A^\dagger(\varphi)(\sin\varphi F_1 + \cos\varphi F_2)U_A(\varphi)$$

$$= \frac{1}{\sqrt{2}} \begin{pmatrix} e^{-i\varphi} & 0 & 0 \\ 0 & 1 & 0 \\ 0 & 0 & e^{i\varphi} \end{pmatrix} \begin{pmatrix} 0 & -ie^{i\varphi} & 0 \\ ie^{-i\varphi} & 0 & -ie^{i\varphi} \\ 0 & ie^{-i\varphi} & 0 \end{pmatrix} \begin{pmatrix} e^{i\varphi} & 0 & 0 \\ 0 & 1 & 0 \\ 0 & 0 & e^{-i\varphi} \end{pmatrix}$$

$$= \frac{1}{\sqrt{2}} \begin{pmatrix} 0 & -i & 0 \\ i & 0 & -i \\ 0 & i & 0 \end{pmatrix} = F_2.$$

对于 $k = 3$ 为

$$U_A^\dagger(\varphi)(a_{13}F_1 + a_{23}F_2 + a_{33}F_3)U_A(\varphi) = U_A^\dagger(\varphi)F_3 U_A(\varphi)$$

$$= \begin{pmatrix} e^{-i\varphi} & 0 & 0 \\ 0 & 1 & 0 \\ 0 & 0 & e^{i\varphi} \end{pmatrix} \begin{pmatrix} 1 & 0 & 0 \\ 0 & 0 & 0 \\ 0 & 0 & -1 \end{pmatrix} \begin{pmatrix} e^{i\varphi} & 0 & 0 \\ 0 & 1 & 0 \\ 0 & 0 & e^{-i\varphi} \end{pmatrix}$$

$$= \begin{pmatrix} 1 & 0 & 0 \\ 0 & 0 & 0 \\ 0 & 0 & -1 \end{pmatrix} = F_3.$$

上面等式表明 (4.4.11) 关于 (4.4.13) 的变换是成立的.

2. 关于 $A = A_2(\theta)$ 变换的不变性

由 (4.1.36), 坐标系的 $A_2(\theta)$ 变换为如下形式:

$$\widetilde{x} = \begin{pmatrix} 1 & 0 & 0 \\ 0 & \cos\theta & \sin\theta \\ 0 & -\sin\theta & \cos\theta \end{pmatrix} x. \tag{4.4.15}$$

由 (4.4.12), 对应于 $(\phi, \theta, \psi) = (0, \theta, 0)$ 的变换 (4.4.15), 旋量表示 $U_A = U_2(\theta)$ 可写成如下形式:

$$U_A(\theta) = \frac{1}{2} \begin{pmatrix} 1+\cos\theta & i\sqrt{2}\sin\theta & -1+\cos\theta \\ i\sqrt{2}\sin\theta & 2\cos\theta & i\sqrt{2}\sin\theta \\ -1+\cos\theta & i\sqrt{2}\sin\theta & 1+\cos\theta \end{pmatrix}. \tag{4.4.16}$$

此时 (4.4.11) 的等式左端关于 $k = 1$ 有如下形式:

$$U_A^\dagger(\theta)(a_{11}F_1 + a_{21}F_2 + a_{31}F_3)U_A(\theta)$$

$$= U_A^\dagger(\theta)F_1 U_A(\theta)$$

$$= \frac{1}{4\sqrt{2}} \begin{pmatrix} 1+\cos\theta & -i\sqrt{2}\sin\theta & -1+\cos\theta \\ -i\sqrt{2}\sin\theta & 2\cos\theta & -i\sqrt{2}\sin\theta \\ -1+\cos\theta & -i\sqrt{2}\sin\theta & 1+\cos\theta \end{pmatrix} \begin{pmatrix} 0 & 1 & 0 \\ 1 & 0 & 1 \\ 0 & 1 & 0 \end{pmatrix}$$

$$\begin{pmatrix} 1+\cos\theta & i\sqrt{2}\sin\theta & -1+\cos\theta \\ i\sqrt{2}\sin\theta & 2\cos\theta & i\sqrt{2}\sin\theta \\ -1+\cos\theta & i\sqrt{2}\sin\theta & 1+\cos\theta \end{pmatrix} = \frac{1}{\sqrt{2}} \begin{pmatrix} 0 & 1 & 0 \\ 1 & 0 & 1 \\ 0 & 1 & 0 \end{pmatrix} = F_1.$$

对于 $k = 2$ 为

$$U_A^\dagger(\theta)(a_{12}F_1 + a_{22}F_2 + a_{32}F_3)U_A(\theta)$$
$$= U_A^\dagger(\theta)(\cos\theta F_2 - \sin\theta F_3)U_A(\theta)$$
$$= \frac{1}{4\sqrt{2}}\begin{pmatrix} 1+\cos\theta & -i\sqrt{2}\sin\theta & -1+\cos\theta \\ -i\sqrt{2}\sin\theta & 2\cos\theta & -i\sqrt{2}\sin\theta \\ -1+\cos\theta & -i\sqrt{2}\sin\theta & 1+\cos\theta \end{pmatrix}\begin{pmatrix} -\sqrt{2}\sin\theta & -i\cos\theta & 0 \\ i\cos\theta & 0 & -i\cos\theta \\ 0 & i\cos\theta & \sqrt{2}\sin\theta \end{pmatrix}$$

$$\begin{pmatrix} 1+\cos\theta & i\sqrt{2}\sin\theta & -1+\cos\theta \\ i\sqrt{2}\sin\theta & 2\cos\theta & i\sqrt{2}\sin\theta \\ -1+\cos\theta & i\sqrt{2}\sin\theta & 1+\cos\theta \end{pmatrix} = \frac{1}{\sqrt{2}}\begin{pmatrix} 0 & -i & 0 \\ i & 0 & -i \\ 0 & i & 0 \end{pmatrix} = F_2.$$

对于 $k = 3$ 为

$$U_A^\dagger(\theta)(a_{13}F_1 + a_{23}F_2 + a_{33}F_3)U_A(\theta)$$
$$= U_A^\dagger(\theta)(\sin\theta F_2 + \cos\theta F_3)U_A(\theta)$$
$$= \frac{1}{4\sqrt{2}}\begin{pmatrix} 1+\cos\theta & -i\sqrt{2}\sin\theta & -1+\cos\theta \\ -i\sqrt{2}\sin\theta & 2\cos\theta & -i\sqrt{2}\sin\theta \\ -1+\cos\theta & -i\sqrt{2}\sin\theta & 1+\cos\theta \end{pmatrix}\begin{pmatrix} \sqrt{2}\cos\theta & -i\sin\theta & 0 \\ i\sin\theta & 0 & -i\sin\theta \\ 0 & i\sin\theta & -\sqrt{2}\cos\theta \end{pmatrix}$$

$$\begin{pmatrix} 1+\cos\theta & i\sqrt{2}\sin\theta & -1+\cos\theta \\ i\sqrt{2}\sin\theta & 2\cos\theta & i\sqrt{2}\sin\theta \\ -1+\cos\theta & i\sqrt{2}\sin\theta & 1+\cos\theta \end{pmatrix} = \begin{pmatrix} 1 & 0 & 0 \\ 0 & 0 & 0 \\ 0 & 0 & -1 \end{pmatrix} = F_3.$$

上面等式表明 (4.4.11) 关于 (4.4.15) 的变换是成立的.

3. 对于一般 $A \in SO(3)$ 变换的不变性

由 (4.1.38), $A \in SO(3)$ 可写成 Euler 角的表达形式如下:

$$A = A_1(\psi)A_2(\theta)A_1(\phi). \tag{4.4.17}$$

对应的旋量表示 U_A 为

$$U_A = U_1(\psi)U_2(\theta)U_1(\phi),$$

其中 $U_1(\varphi)(\varphi = \phi, \psi)$ 如 (4.4.14), $U_2(\theta)$ 如 (4.4.16). 此时 (4.4.11) 的等式左端可写成如下形式:

$$U_A^\dagger[a_{jk}F_j]U_A$$
$$= U_1^\dagger(\phi)U_2^\dagger(\theta)U_1^\dagger(\psi)[a_{ji}^1(\psi)a_{il}^2(\theta)a_{lk}^1(\phi)F_j]U_1(\psi)U_2(\theta)U_1(\phi), \tag{4.4.18}$$

其中 a_{ij}^1 和 a_{ij}^2 分别是 (4.4.17) 中 A_1 和 A_2 的矩阵元. 注意到对任何三元数组 (b_1, b_2, b_3), 关于矩阵 Ω_1 和 Ω_2 有

$$\Omega_1(b_j F_j)\Omega_2 = b_j(\Omega_1 F_j \Omega_2).$$

因此对 (4.4.18) 有

$$
\begin{aligned}
&U_A^\dagger[a_{jk}F_j]U_A \\
&= U_1^\dagger(\phi)U_2^\dagger(\theta)[a_{lk}^1(\phi)a_{il}^2(\theta)U_1^\dagger(\psi)(a_{ji}^1(\psi)F_j)U_1(\psi)]U_2(\theta)U_1(\phi) \\
&= (\text{由 } A_1(\varphi) \text{ 变换不变性 } U_1^\dagger(\varphi)(a_{ji}^1(\psi)F_j)U_1(\varphi) = F_i) \\
&= U_1^\dagger(\phi)[a_{lk}^1(\phi)U_2^\dagger(\theta)(a_{il}^2(\theta)F_i)U_2(\theta)]U_1(\phi) \\
&= (\text{由 } A_2(\theta) \text{ 变换不变性 } U_2^\dagger(\theta)(a_{il}^2(\theta)F_i)U_2(\theta) = F_l) \\
&= U_1^\dagger(\phi)(a_{lk}^1(\phi)F_l)U_1(\phi) = F_k
\end{aligned}
$$

这便是我们要证的结果.

4.4.3　超导体的 Hamilton 能量

对于超导体和超流体来讲, 当 $T \simeq 0$ 时, 系统处在凝聚态的状态, 变为量子系统. 此时描述系统状态的序参量是波函数. 温度 T, 压力 p 和熵 S 不再是影响系统状态的主要参数, 控制参数主要是由外加电磁场和系统的几何尺度等来承担的. 势泛函是系统的 Hamilton 能量. 因此, 确定能量泛函表达形式成为凝聚态物理的一个重要课题. 这一小节讨论超导体的 Hamilton 能量表达式.

1. 标量超导体

当处在凝聚态时, 标量超导体系统的序参量为标量波函数 $\psi : \Omega \to \mathbb{C}$ 以及电磁场 E 和 A, 即

$$序参量 = (\psi, E, A),$$

控制参数为外加电磁场 E_a 和 H_a, 即

$$\lambda = (E_a, H_a).$$

此系统的 Hamilton 能 $\mathcal{H}$ 包含超导电子能和电磁场能两部分:

$$\mathcal{H} = \mathcal{H}_\psi + \mathcal{H}_{\text{电磁}}. \tag{4.4.19}$$

根据 (4.3.12)—(4.4.14), 超导体电子能为

$$\mathcal{H}_\psi = \int_\Omega \left[\frac{1}{2m_s} \left| \left(-\mathrm{i}\hbar\nabla - \frac{e_s}{c}A \right)\psi \right|^2 - g_0|\psi|^2 + \frac{g_1}{2}|\psi|^4 \right]\mathrm{d}x. \tag{4.4.20}$$

由电磁场理论, 电磁场的能量为

$$\mathcal{H}_{电磁} = \int_\Omega \left[\frac{1}{8\pi}(E^2 + H^2) - \frac{1}{4\pi}E \cdot E_a - \vec{\varepsilon} \cdot E|\psi|^2 - \frac{1}{4\pi}H \cdot H_a - \vec{\mu} \cdot H|\psi|^2 \right] \mathrm{d}x, \quad (4.4.21)$$

其中 E 和 H 为超导体内的电场和磁场强度, $\vec{\varepsilon}$ 为电极化强度, $\vec{\mu}$ 为系统的总磁矩. 由量子力学理论可知, $\vec{\mu}$ 可表达为

$$\vec{\mu} = \frac{e_s \hbar}{m_s c} \mu_0 \vec{k}, \quad (4.4.22)$$

这里 $\vec{k}$ 是与 H_a 同方向的单位向量, μ_0 是如下参数

$$\mu_0 = \frac{N^+ - N^-}{N}, \quad (4.4.23)$$

其中 N^+, N^- 分别为自旋 $J = 1$ 和 $J = -1$ 的 Cooper 电子对数目, N 为总超导电子数.

由 (4.4.20)—(4.4.22), Hamilton 能 (4.4.19) 可写成如下形式:

$$\begin{aligned}
\mathcal{H} = \int_\Omega &\left[\frac{1}{2m_s} \left| \left(-\mathrm{i}\hbar\nabla - \frac{e_s}{c}A \right)\psi \right|^2 - g_0|\psi|^2 \right. \\
&+ \frac{g_1}{2}|\psi|^4 + \frac{1}{8\pi}E^2 - \frac{1}{4\pi}E \cdot E_a - \vec{\varepsilon} \cdot E|\psi|^2 \\
&\left. + \frac{1}{8\pi}|H|^2 - \frac{1}{4\pi}H \cdot H_a - \vec{\mu} \cdot H|\psi|^2 \right] \mathrm{d}x.
\end{aligned} \quad (4.4.24)$$

注 4.16 在 (4.4.24) 中可以看到, 当超导电子对总自旋与 H_a 反向时, 即 $\mu_0 < 0$, 此时超导电子对的磁矩可以抵消外磁场, 即

$$\vec{\mu}|\psi|^2 \text{ 抵消 } \frac{1}{4\pi}H_a.$$

这个特性就是超导体的 Meissner 效应. 特别地, 若

$$\vec{\mu}|\psi|^2 = -\frac{1}{4\pi}H_a.$$

则超导体具有完全的抗磁性质.

2. 旋量超导体

虽然超导 Cooper 电子对是自旋为零的, 但在外电磁场作用下有可能发生自旋不为零的 Cooper 对, 此时便是旋量超导体. 旋量电子对排列如下:

$$J = 1: \ |\uparrow\uparrow\rangle, \quad J = -1: \ |\downarrow\downarrow\rangle, \quad J = 0: \ |\uparrow\downarrow\rangle + |\downarrow\uparrow\rangle.$$

这三种自旋态可由三个波函数所描述:

$$\psi_+ = |\!\uparrow\uparrow\rangle, \quad \psi_0 = \frac{1}{\sqrt{2}}(|\!\uparrow\downarrow\rangle + |\!\downarrow\uparrow\rangle), \quad \psi_- = |\!\downarrow\downarrow\rangle.$$

这三个波函数构成旋量的三个分量

$$\Psi = (\psi_+, \psi_0, \psi_-). \tag{4.4.25}$$

旋量 Hamilton 能量 $\mathcal{H}$ 含有三个部分

$$\mathcal{H} = \mathcal{H}_\Psi + \mathcal{H}_{\text{自旋}} + \mathcal{H}_{\text{电磁}}.$$

其中 $\mathcal{H}_\Psi$ 的表达式为

$$\mathcal{H}_\Psi = \int_\Omega \left[\frac{1}{2m_s} \left| \left(-i\hbar\nabla - \frac{e_s}{c}A \right)\Psi \right|^2 - g_0|\psi_0|^2 \right.$$
$$\left. - g_\pm (|\psi_+|^2 + |\psi_-|^2) + \frac{g_1}{2}|\Psi|^4 \right]\mathrm{d}x, \tag{4.4.26}$$

自旋相互作用能为

$$\mathcal{H}_{\text{自旋}} = \int_\Omega \frac{g_s}{2} |\Psi^\dagger \widehat{F}\Psi|^2 \mathrm{d}x, \tag{4.4.27}$$

式中 $\widehat{F}$ 是如 (4.4.10) 的自旋算子, Ψ 如 (4.4.25).

$$\mathcal{H}_{\text{电磁}} = \int_\Omega \left[\frac{1}{8\pi}(E^2 + H^2) - \frac{1}{4\pi}E \cdot E_a - \vec{\varepsilon} \cdot E|\psi|^2 \right.$$
$$\left. - \frac{1}{4\pi}H \cdot H_a - \frac{e_s\hbar}{m_s c}\Psi^\dagger H \cdot \widehat{F}\Psi \right]\mathrm{d}x. \tag{4.4.28}$$

由 (4.4.26)—(4.4.28) 可得旋量超导体 Hamilton 能量为

$$\mathcal{H} = \int_\Omega \left[\frac{1}{2m_s} \left| \left(-i\hbar\nabla - \frac{e_s}{c}A \right)\Psi \right|^2 - g_0|\psi_0|^2 - g_\pm(|\psi_+|^2 + |\psi_-|^2) \right.$$
$$+ \frac{g_1}{2}|\Psi|^4 + \frac{g_s}{2}|\Psi^\dagger \widehat{F}\Psi|^2 + \frac{1}{8\pi}(E^2 + H^2) - \frac{1}{4\pi}E \cdot E_a$$
$$\left. - \varepsilon \cdot E|\psi|^2 - \frac{1}{4\pi}H \cdot H_a - \frac{e_s\hbar}{m_s c}\Psi^\dagger H \cdot \widehat{F}\Psi \right]\mathrm{d}x. \tag{4.4.29}$$

显然 (4.4.29) 被称作是旋量超导系统的 Hamilton 能量, 但这个泛函并不满足旋量的 $SO(3)$ 对称性. 它的旋量对称破缺是由两项造成的: ① Ψ 与磁场的耦合项; ② 两个吸引势 g_0 和 $g_\pm$ 不相等, 但是第二个原因也是磁场产生的. 如果没有外磁场 H_a 存在, 则 $g_0 = g_\pm$. 因此, 在没有磁场的情况下, (4.4.29) 是旋量对称的.

注 4.17 在 (4.4.24)—(4.4.29) 的能量泛函中, 电磁场 E, H 与热力学势中的 E, H 不同. 热力学势中状态函数为 E 和 $H(H = \mathrm{curl}A)$, 而在能量泛函 $\mathcal{H}$ 中, E 和 H 是下面方程的解

$$\frac{\delta}{\delta E}\mathcal{H} = 0, \quad \frac{\delta}{\delta H}\mathcal{H} = 0. \tag{4.4.30}$$

在热力学势中, 无法体现 Meissner 效应, 因为它描述的是超导相变临界的状态. 而 Meissner 效应是相变后出现的现象, 因此属于量子系统范畴. 在 (4.4.24) 和 (4.4.29) 中都体现了抗磁效应.

4.4.4 超流系统的能量泛函

超流系统包括液态 $^4\mathrm{He}$ 和液态 $^3\mathrm{He}$ 两种不同情况. $^4\mathrm{He}$ 本身就是 Bose 子, 它不需要配成 Cooper 原子对就可发生凝聚现象. 此外, $^4\mathrm{He}$ 原子电极化感应很小, 两个基态电子总自旋为零, 核子的总自旋在总体上也呈现出是零. 因此外电磁场对液态 $^4\mathrm{He}$ 的超流行为影响很小, 这基本上是一个标量系统. $^3\mathrm{He}$ 情况就不同了, 它是一个 Fermi 子, 凝聚态时 $^3\mathrm{He}$ 原子必须配成 Cooper 对. 此时, 自旋配对就出现如 (4.4.26) 所述的情况, 这可产生较强的磁感应. 但总地来讲, 超流体对电场的感应很小, 这是因为 He 原子的两个电子都是基态轨道电子, 几乎没有电极化, 这与碱金属气体原子的情况有很大的不同. 这些是影响超流系统 Hamilton 能量的表达形式很重要的因素.

下面我们将分别讨论液态 $^4\mathrm{He}$, 没有磁场存在的液态 $^3\mathrm{He}$ 和有磁场存在的液态 $^3\mathrm{He}$ 等系统的 Hamilton 能量.

1. $^4\mathrm{He}$ 超流体

这是一个标量系统, 即波函数是一个单分量的复值函数 $\psi : \Omega \to \mathbb{C}$, 并且与电磁场没有耦合的系统. 它的 Hamilton 能量就如 (4.4.20), 取如下形式:

$$\mathcal{H} = \int_\Omega \left[\frac{\hbar^2}{2m}|\nabla\psi|^2 - g_0|\psi|^2 + \frac{g_1}{2}|\psi|^4 \right]\mathrm{d}x. \tag{4.4.31}$$

这种形式的 Hamilton 能量称为 Gross-Pitaevskii 能量泛函.

2. 没有磁场存在的 $^3\mathrm{He}$ 超流体

这是一个旋量超流系统, 波函数为三分量复值函数

$$\Psi = (\psi_+, \psi_0, \psi_-). \tag{4.4.32}$$

它的 Hamilton 能量就是 ^{3}He 超流体 Gibbs 自由能 (4.3.37) 中纯 Ψ 的部分, 即表达式为如下形式:

$$\mathcal{H} = \int_\Omega \left[\frac{\hbar^2}{2m} |\nabla \Psi|^2 - g_0 |\psi_0|^2 - g_\pm (|\psi_+|^2 + |\psi_-|^2) \right.$$
$$\left. + \frac{g_1}{2} |\Psi|^4 + \frac{g_s}{2} |\Psi^\dagger \widehat{F} \Psi|^2 \right] \mathrm{d}x, \tag{4.4.33}$$

其中 $\widehat{F}$ 是如 (4.4.10) 的自旋算子. 关于吸引相互作用势 g_0 和 $g_\pm$ 有

$$\begin{cases} g_0 \neq g_\pm, & \text{当系统在图 4.2 的 } A \text{ 相区域}, \\ g_0 = g_\pm, & \text{当系统在图 4.2 的 } B \text{ 相区域}. \end{cases}$$

3. 与磁场耦合的 ^{3}He 超流体

由于 ^{3}He 原子是电中性的, 因此与磁场耦合时梯度算子取通常的 ∇, 这与超导系统不同. 波函数为 (4.4.32), Hamilton 能量包含 Ψ 能和磁场能两部分:

$$\mathcal{H} = \mathcal{H}_\Psi + \mathcal{H}_{\text{磁}}, \tag{4.4.34}$$

其中 $\mathcal{H}_\Psi$ 与 (4.4.33) 相同, $\mathcal{H}_{\text{磁}}$ 就是超导体电磁场能 (4.4.28) 中关于磁场的部分, 它的表达为如下形式:

$$\mathcal{H}_{\text{磁}} = \int_\Omega \left[\frac{1}{8\pi} H^2 + \frac{1}{4\pi} H \cdot H_a - \mu_0 \Psi^\dagger H \cdot \widehat{F} \Psi \right] \mathrm{d}x. \tag{4.4.35}$$

于是 (4.4.34) 的 Hamilton 能量表达为

$$\mathcal{H} = \int_\Omega \left[\frac{\hbar^2}{2m} |\nabla \Psi|^2 - g_0 |\psi_0|^2 - g_\pm (|\psi_+|^2 + |\psi_-|^2) \right.$$
$$+ \frac{g_1}{2} |\Psi|^4 + \frac{g_s}{2} |\Psi^\dagger \widehat{F} \Psi|^2 + \frac{1}{8\pi} H^2$$
$$\left. + \frac{1}{4\pi} H \cdot H_a - \mu_0 \Psi^\dagger H \cdot \widehat{F} \Psi \right] \mathrm{d}x, \tag{4.4.36}$$

其中 μ_0 是 ^{3}He 的 Cooper 原子对磁矩. 这里吸引相互作用势 g_0 和 $g_\pm$ 满足

$$\begin{cases} g_0 \neq g_\pm, & \text{在图 4.3 的 } A \text{ 和 } A_1 \text{ 区域}, \\ g_0 = g_\pm, & \text{在图 4.3 中的 } B \text{ 区域}. \end{cases}$$

4.4.5 气体 BEC 系统能量表达式

Bose-Einstein 凝聚是发生在碱金属单原子气体中的一种凝聚态, 它是与超导和超流体不同的一种类型, 即 BEC 是粒子凝聚在动量为零的状态上, 而超导和超

流是如 (3.4.37) 那样粒子都凝聚在动量不为零的最低能级上. 但 BEC 量子系统的 Hamilton 能量与液态 He 有许多相似的地方.

BEC 系统主要有三种类型: 标量系统, 光势阱的旋量系统, 电和磁双作用势阱下的 $J \geqslant 1$ 旋量系统. 下面分别介绍它们的 Hamilton 能量泛函.

1. 标量系统的 Gross-Pitaevskii 能量

此系统是由磁势阱将稀薄气体原子束缚在一起, 然后形成凝聚态. 标量 BEC 的 Hamilton 能量是由 Gross-Pitaevskii 能量泛函给出的, 它的形式如下:

$$\mathcal{H} = \int_\Omega \left[\frac{\hbar^2}{2m} |\nabla \psi|^2 - V(x)|\psi|^2 + \frac{g_1}{2} |\psi|^4 \right] dx, \qquad (4.4.37)$$

这个形式与 ^{4}He 超流体的 (4.4.31) 相同, 但是束缚势不同. 在超流体中 g_0 是粒子之间产生的相互吸引作用势, 而在 (4.4.37) 中的 $V(x)$ 是由外磁场作用下产生的束缚势. 这里 g_1 可表达为

$$g_1 = \frac{4\pi\hbar^2 a}{m}, \qquad (4.4.38)$$

其中 a 为 s 波散射长度.

2. 光势阱旋量的 Ho-Ohmi-Machida 能量

光势阱系统本质上是由电场势将稀薄气体原子束缚在一起的, 此时自旋自由度被打开形成旋量系统. 对于 $J = 1$ 旋量 BEC 的 Hamilton 能量分别由 T.L. Ho 及 T. Ohmi 和 K. Machida 给出, 它的基本形式为

$$\mathcal{H} = \int_\Omega \left[\frac{\hbar^2}{2m} |\nabla \Psi|^2 - V|\Psi|^2 + \frac{g_1}{2} |\Psi|^4 + \frac{g_s}{2} |\Psi^\dagger \widehat{F} \Psi|^2 \right] dx, \qquad (4.4.39)$$

其中 $\Psi = (\psi_+, \psi_0, \psi_-)$, $\widehat{F}$ 如 (4.4.10),

$$\begin{cases} g_1 = \dfrac{4\pi\hbar^2}{m} \dfrac{a_0 + 2a_1}{3}, \\ g_s = \dfrac{4\pi\hbar^2}{m} \dfrac{a_1 - a_0}{3}, \end{cases} \qquad (4.4.40)$$

这里 a_0, a_1 分别为自旋 $J = 0$ 和 $J = 2$ 轨道 s 波散射长度, 并且

$$\begin{cases} g_s < 0, & \text{代表铁磁性}, \\ g_s > 0, & \text{代表反铁磁性}. \end{cases} \qquad (4.4.41)$$

由 (4.4.39) 给出的 Hamilton 能量是 $SO(3)$ 旋量对称的.

3. 电磁作用势的 $J \geqslant 1$ 旋量系统

此系统是在电场和磁场共同作用下产生的束缚势. 波函数为 $J \geqslant 1$ 的旋量 $\Psi = (\psi_J, \cdots, \psi_0, \cdots, \psi_{-J})$ 共 $2J + 1$ 个分量. 它的能量泛函取如下形式:

$$
\mathcal{H} = \int_{\Omega} \left[\frac{\hbar^2}{2m} |\nabla\Psi|^2 - V|\Psi|^2 + \frac{g_1}{2}|\Psi|^4 + \frac{g_s}{2}|\Psi^\dagger \widehat{J}\Psi|^2 \right.
$$
$$
\left. - \mu_0 \Psi^\dagger (H_a \cdot \widehat{J})\Psi \right] \mathrm{d}x, \tag{4.4.42}
$$

其中 μ_0 为自旋磁矩, $\widehat{J} = (J_1, J_2, J_3)$ 是旋量的自旋算子, J_3 满足 (4.4.4), V 是电和磁作用势, 可表达为

$$
V = -(\varepsilon \cdot E_a + \mu \cdot H_a), \tag{4.4.43}
$$

其中, E_a, H_a 为外加电磁场, ε 为电极化强度, μ 为轨道磁矩.

注意, 由于磁场的束缚, 在 (4.4.42) 的磁作用势能

$$
-\mu_0 \int_{\Omega} \Psi^\dagger (H_a \cdot \widehat{J})\Psi \mathrm{d}x, \tag{4.4.44}
$$

破坏了系统的 J 旋量 $SO(3)$ 对称性. 当 $H_a = 0$ 时, 系统便恢复了旋量不变性. 此外, (4.4.44) 在量子相变中起到重要作用.

4.5 总结与评注

4.5.1 PVT 系统的物态方程

在 2.2.2 小节中, 我们介绍了 PVT 系统几种形式的物态方程. 实质上, 物态方程的统一形式是热力学势的变分方程:

$$
\frac{\delta}{\delta \rho} F(\rho, S, \lambda) = 0, \quad \frac{\delta}{\delta S} F(\rho, S, \lambda) = 0. \tag{4.5.1}
$$

PVT 系统的各种形式物态方程都是方程 (4.5.1) 在不同条件下的近似.

1. PVT 系统物态方程的一般形式

在 4.2.2 小节中我们已经建立了 PVT 系统热力学势的一般解析表达式 (4.2.20), 它的均匀态表达式可写成如下形式:

$$
F = A(1 + \rho/\rho_0) \ln(1 + \rho/\rho_0) + \frac{1}{2}A_1\rho^2 - \mu\rho
$$
$$
- p\rho/\rho_0 + BT\left(-\frac{1}{2}S^2 + S_0 S\right) + B_1 TS\rho^2 - ST. \tag{4.5.2}
$$

从 (4.5.2) 可得到 (4.5.1) 的物态方程表达式如下:

$$A\ln(1 + \rho/\rho_0) + A_1\rho\rho_0 + 2B_1T\rho_0 S\rho - \mu\rho_0 + A - p = 0 \tag{4.5.3}$$

$$S = \frac{B_1}{B}\rho^2 + S_0 - \frac{1}{B}. \tag{4.5.4}$$

将 (4.5.4) 代入 (4.5.3), 便得到一般形式的 PVT 系统物态方程:

$$A\ln(1 + \rho/\rho_0) + A_1\rho\rho_0 + 2B_1\rho_0(S_0 - B^{-1})T\rho$$
$$+2B_1^2B^{-1}T\rho_0\rho^3 + A - \mu\rho_0 - p = 0. \tag{4.5.5}$$

下面讨论各种不同条件下的物态方程.

2. van der Waals 方程

对于 van der Waals 气体, (4.5.5) 中参数取为

$$\begin{cases} \rho_0 = 1/b, \quad A = 2a/b^2, \quad A_1 = b^2p + bRT - \dfrac{b^2S_0}{3}T, \\ B_1 = b^2/6, \quad B = b^2T/6a, \quad \mu = 2a/b. \end{cases} \tag{4.5.6}$$

将 (4.5.6) 代入 (4.5.5) 便得到

$$\frac{2a}{b^2}\ln(1 + b\rho) + (bp + RT)\rho - \frac{2a}{b}\rho + \frac{ab}{3}\rho^3 - p = 0. \tag{4.5.7}$$

取 $\ln(1 + b\rho)$ 的 Taylor 展开三阶近似

$$\ln(1 + b\rho) \simeq b\rho - \frac{1}{2}b^2\rho^2 + \frac{1}{3}b^3\rho^3,$$

代入 (4.5.7) 就得到 van der Waals 方程

$$(bp + RT)\rho - a\rho^2 + ab\rho^3 - p = 0. \tag{4.5.8}$$

van der Waals 方程描述了 Andrews 临界点附近的气体状态, 该临界点处 (ρ, p, T) 的临界值为

$$(\rho_c, p_c, T_c) = \left(\frac{1}{3b}, \frac{a}{17b^2}, \frac{8a}{27bR}\right).$$

因此在 (4.5.6) 中的参数是在 (ρ_c, p_c, T_c) 附近的值, 它们不能看作是气体普适性的参数. 普适性的气体热力学势应取 (4.2.21) 的形式, 它的系数参数 A 和 A_1 的形式是根据气体的 Onnes 方程和 van der Waals 方程的综合考虑得到的.

3. 气体物态方程和 Onnes 方程

在 2.2.2 小节中我们介绍了关于气体的 Onnes 方程. 它有 (2.2.26) 和 (2.2.27) 两种级数展开形式. 其中 (2.2.26) 可等价地写成

$$p = RT\rho[1 + pg_1(p, T)] \tag{4.5.9}$$

而 (2.2.27) 可等价地写成

$$p = RT\rho[1 + \rho g_2(\rho, T)], \tag{4.5.10}$$

这里 $g_1(p, T)$ 和 $g_2(\rho, T)$ 分别关于 p 和 ρ 是解析函数, 因而可以展开成无穷级数的形式.

实际上由数学隐函数定理, 两个方程 (4.5.9) 和 (4.5.10) 是可以相互转换的等价形式. 例如, 从 (4.5.10) 中可以知道 ρ 和 p 之间存在一个函数关系

$$\rho = \varphi(p, T) \quad 满足 \quad \varphi(0, T) = 0. \tag{4.5.11}$$

由于 (4.5.10) 等式右端关于 ρ 是解析的, 所以隐函数定理告诉我们 (4.5.11) 的函数 $\varphi(p, T)$ 关于 p 也是解析的. 由 $\varphi(0, T) = 0$ 可知

$$\varphi = p\varphi_1(p, T). \tag{4.5.12}$$

将 (4.5.11) 的 ρ 代入 (4.5.10) 的 $\rho g_2(\rho, T)$ 中, 由 (4.5.12) 可得

$$p = RT\rho[1 + p\varphi_1(p, T)g_2(\varphi(p, T), T)].$$

令 $g_1 = \varphi_1(p, T)g_2(\varphi(p, T), T)$, 上式便是 (4.5.9) 的形式. 由同样方式, 也可以从 (4.5.9) 由隐函数 $p = \psi(\rho, T)$ 变成 (4.5.10) 的形式.

下面我们能够从气体一般性的势泛函 (4.2.21) 导出 Onnes 方程 (4.5.10) 的形式, (4.2.21) 的均匀态形式可等价地表达为

$$F = \frac{ART}{b^2}(1 + b\rho)\ln(1 + b\rho) + \frac{1}{2}(bp + A_0RT)\rho^2$$
$$+ \frac{B_0RT}{k^2}\left(-\frac{1}{2}S^2 + S_0S\right) + \frac{B_1RT}{k}bS\rho^2 - \frac{1}{b}\mu\rho - \frac{1}{b}ST - p\rho, \tag{4.5.13}$$

其中 A, A_0, B_0, B_1 都是无量纲参数.

对于 (4.5.13), 物态方程 (4.5.1) 取如下形式:

$$\frac{ART}{b}\ln(1 + b\rho) + (bp + A_0RT)\rho + \frac{2B_1RT}{k}bS\rho$$
$$+ \frac{1}{b}(ART - \mu) - p = 0, \tag{4.5.14}$$

$$S = S_0 + \frac{kB_1}{B}b\rho^2 - \frac{k}{B_0N_Ab}. \tag{4.5.15}$$

将 (4.5.15) 代入 (4.5.14) 便得到气体物态方程为

$$(1 - b\rho)p = RT\left[\frac{A}{b}\ln(1 + b\rho) + \alpha_1\rho + \alpha b^2\rho^3\right], \tag{4.5.16}$$

其中 μ, α_1, α 为如下参数:

$$\mu = ART, \quad \alpha_1 = A_0 + 2B_1 bS_0/k - 2B_1/N_A B_0, \quad \alpha = 2B_1^2/B_0.$$

在 (4.5.16) 中减少到只有三个, A, α_1 和 α. 此方程可以视为 van der Waals 方程和 Onnes 方程的统一形式. 实际上在这种情况下, 由 (4.5.8) 和 (4.5.10) 可以定出 $\alpha_1 + A = 1$. 此时 (4.5.16) 可写成如下气体物态方程的标准形式:

$$(1 - b\rho)p = RT\left[\frac{A}{b}\ln(1 + b\rho) + (1 - A)\rho + \alpha b^2\rho^3\right]. \tag{4.5.17}$$

现在 (4.5.17) 可以写成 Onnes 方程 (4.5.10) 的形式如下:

$$p = RT\rho[1 + \rho g(\rho, T)],$$

其中 $g = f_1 + f_2 + \rho f_1 f_2$, 这里

$$f_1 = \alpha b^2\rho + \frac{A}{b\rho^2}(\ln(1 + b\rho) - b\rho), \quad f_2 = \frac{b}{1 - b\rho}.$$

此外, 若 (4.5.17) 中的参数 A 和 α 取如下值:

$$A = \frac{2a}{bRT}, \quad \alpha = \frac{a}{3bRT},$$

则 (4.5.17) 变为

$$p = (bp + RT)\rho - a\rho^2 + ab\rho^3 + o(\rho^3). \tag{4.5.18}$$

显然 van der Waals 方程 (4.5.8) 就是 (4.5.18) 的三阶近似.

4. 液体和固体的物态方程

液体和固体的物态方程可近似地写成如下形式:

$$V = V_0[1 + \alpha(T - T_0) - \kappa(p - p_0)], \tag{4.5.19}$$

其中 V 为体积, V_0 为 $(T, p) = (T_0, p_0)$ 时的体积, α, κ 为常数. 方程 (4.5.19) 可等价地写成下面形式:

$$\rho = \frac{\rho_0}{1 + \alpha(T - T_0) - \kappa(p - p_0)}. \tag{4.5.20}$$

下面我们将从 (4.5.5) 推出 (4.5.21). 对于液体和固体, 粒子碰撞产生的热能很小, 即 (4.5.2) 中的参数

$$B_1 \simeq 0.$$

这意味着 (4.5.5) 可略去 ρ^3 项. 此外, 我们知道

$$A \ln(1 + \rho/\rho_0) = 0, \quad \text{当 } T = 0 \text{ 时}.$$

因此 $A = \beta T$. 此外取参照密度 ρ_0 为 (T_0, p_0) 的值, 且 $\rho_0 > \rho$, 则

$$A \ln(1 + \rho/\rho_0) \simeq \beta T \rho/\rho_0 \quad (\beta > 0). \tag{4.5.21}$$

注意到对固体和液体, (4.5.2) 中 ρ^2 项代表相互吸引作用势, 并且吸引势 A_1 (为负值) 与压强 p 的关系为

$$A_1 = \beta_0 - \beta_1 p \quad (\beta_0, \ \beta_1 > 0). \tag{4.5.22}$$

于是, 对于固态和液态系统, 物态方程 (4.5.5) 近似地取如下形式:

$$[\beta_2 T - \beta_1 \rho_0^2 p + \beta_0 \rho_0^2]\rho = \beta_3 \rho_0, \tag{4.5.23}$$

其中 β_0, β_1 如 (4.5.22), $\beta_2 = \beta + 2(S_0 - B^{-1})B_1 \rho_0^2$, β 如 (4.5.21), $\beta_3 = p + \mu \rho_0 - A(A = \beta T)$. 由于 ρ_0 为 ρ 在 $(T, p) = (T_0, p_0)$ 时的值, 所以方程 (4.5.23) 意味着如下等式成立:

$$\beta_3 = \beta_2 T_0 - \beta_1 \rho_0^2 p_0 + \beta_0 \rho_0^2. \tag{4.5.24}$$

令 $\alpha = \beta_2 \beta_3^{-1}$, $\kappa = \beta_1 \rho_0^2 \beta_3^{-1}$, $\eta = \beta_0 \rho_0^2 \beta_3^{-1}$, 则 (4.5.23) 变为

$$\rho = \frac{\rho_0}{\alpha T - \kappa p + \eta}. \tag{4.5.25}$$

而关系式 (4.5.24) 意味着

$$\alpha T_0 - \kappa p_0 + \eta = 1. \tag{4.5.26}$$

由 (4.5.26) 可导出 (4.5.25) 取 (4.5.21) 的形式.

5. 总结性结论

以上讨论清楚地表明, PVT 系统的各种状态的物态方程全部可以由它的热力学势 (4.2.20) 导出. 这个事实也是对 (4.2.20) 和 (4.2.21) 的势泛函表达理论的一种支持.

4.5.2   磁体与介电体的物态方程

2.2.2 小节介绍了磁体与介电体的物态方程, 称为 Curie 定律. 这一小节我们将应用在 4.2.4 小节中建立的磁体和介电体的热力学势来获得物态方程.

1. 磁体的 Curie 定律

对于一个顺磁体, 在外加磁场 H 的作用下会产生磁化强度 M, M 与 H 的关系遵守 Curie 定律如下:

$$M = \frac{C}{T}H, \tag{4.5.27}$$

这里 C 是一个常数.

磁体的 Gibbs 自由能由 (4.2.44) 给出. 对于各向同性的均匀系统, (4.2.44) 可写成如下形式:

$$F = \frac{1}{2}\lambda|M|^2 - M \cdot H - \frac{T}{2\alpha}S^2 - \beta ST|M|^2 - ST, \tag{4.5.28}$$

(4.5.28) 的变分方程为

$$\lambda M - 2\beta TSM - H = 0, \tag{4.5.29}$$

$$S = -\alpha\beta|M|^2 - \alpha. \tag{4.5.30}$$

将 (4.5.30) 代入 (4.5.29) 便得到各向同性磁体的物态方程

$$(\lambda + 2\alpha\beta T)M + 2\alpha\beta^2 T|M|^2 M = H. \tag{4.5.31}$$

对于磁体来讲, 磁化热系数 β 很小, 因而 (4.5.31) 可近似写成

$$M = \frac{H}{\lambda + 2\alpha\beta T} = \frac{C}{T + T_0}H, \tag{4.5.32}$$

其中 $C = 1/2\alpha\beta$, T_0 为

$$T_0 = \lambda/2\alpha\beta. \tag{4.5.33}$$

显然 (4.5.32) 就是 Curie-Weiss 定律 (4.2.35). 注意到 (4.2.40), 这里由 (4.5.33) 给出的 T_0 满足 (4.2.35) 中的性质. 对于顺磁体 $\lambda = 0$ (即 $T_0 = 0$), 此时 (4.5.32) 变为 (4.5.27) 的 Curie 定律形式.

2. 介电体物态方程

对于介电体, 物态方程取如下形式:

$$P = \left(a + \frac{b}{T + T_0}\right)E, \tag{4.5.34}$$

其中 a, b 为常数, T_0 具有 (4.2.46) 的性质.

介电体的 Gibbs 自由能由 (4.2.47) 给出, 对于各向同性的介电体, 它的均匀态自由能取如下形式:

$$F = \frac{1}{2}\lambda|P|^2 - (1 + \eta T)P \cdot E - \frac{T}{2\alpha}S^2 - \beta TS|P|^2 - ST. \tag{4.5.35}$$

它的变分方程为

$$\begin{cases} \lambda P - 2\beta TSP - (1+\eta T)E = 0, \\ S = -\alpha\beta|P|^2 - \alpha. \end{cases} \tag{4.5.36}$$

从 (4.5.36) 可得到介电体的物态方程:

$$(\lambda + 2\alpha\beta T)P + 2\alpha\beta^2 T|P|^2 P = (1+\eta T)E. \tag{4.5.37}$$

类似于磁体系, 略去 P 的高阶项, (4.5.37) 可近似地写成

$$P = \frac{1+\eta T}{\lambda + 2\alpha\beta T}E = \left(a + \frac{b}{T+T_0}\right)E, \tag{4.5.38}$$

其中 T_0 如 (4.5.33), a 和 b 为

$$a = \frac{\eta}{2\alpha\beta}, \quad b = \frac{1}{2\alpha\beta} - \frac{\eta\lambda}{(2\alpha\beta)^2}.$$

方程 (4.5.38) 便是如 (4.5.34) 的形式.

4.5.3　本章各节评注

4.1 节　关于 $SO(n)$ 的对称性 (也称为转动不变性) 更详细的介绍可参见 (马天, 2012) 和 (特雷纳和怀斯, 1987).

物理中不同领域对应着不同对称性, 而每一种对称性由相应类型的空间和张量来描述. 在 (Ma and Wang, 2015a) 中的 2.1.5 小节中列出了物理中所有的对称性及其对应的空间和张量类型. $SO(n)$ 的对称性对应的是欧氏空间 $\mathbb{R}^n$ 和 Descartes 张量.

注意到 4.1.3 小节中给出的不变量基本形式 (4.1.25) 和 (4.1.26) 在本章的热力学势和 Hamilton 能量泛函表达理论中已够用了. 但是对弹性介质力学中的大板壳 Föppl-von Kármán 势泛函的 $SO(2)$ 不变性, 我们还需要了解二阶张量不变量的基本形式. 这里我们作一简要介绍.

首先介绍二阶张量的基本不变量. 一个二阶张量 $T = (T_{ij})$ 在正交坐标变换 $\widetilde{x} = Ax$ 下, (T_{ij}) 按 (4.1.5) 方式进行变换, 即

$$\widetilde{T} = A(T_{ij})A^{-1}.$$

我们知道 $\widetilde{T}$ 与 T 的特征值是完全一样的. 由此可以从 (T_{ij}) 的特征值构造出 T 的不变量. 特征值 $\{\lambda_k\}$ 满足下面代数方程:

$$\det(\lambda I - T) = 0. \tag{4.5.39}$$

方程 (4.5.39) 的展开形式为

$$\lambda^n - I_1\lambda^{n-1} + \cdots + (-1)^k I_k \lambda^{n-k} + \cdots + (-1)^n I_n = 0.$$

因为 I_k 与 $\lambda_1, \cdots, \lambda_n$ 有如下关系:

$$I_k = \sum \lambda_{i_1} \cdots \lambda_{i_k},$$

其中 $i_1, \cdots, i_k$ 互不相等, 因此 I_k 是二阶张量不变量. 将 (4.5.39) 的行列式展开后可以得到 I_k 关于 T_{ij} 的如下表达式:

$$I_1 = T_{11} + \cdots + T_{nn},$$
$$I_2 = \sum_{j>k} \det \begin{pmatrix} T_{kk} & T_{kk+1} \\ T_{jj-1} & T_{jj} \end{pmatrix},$$
$$\vdots$$
$$I_n = \det(T_{ij}),$$

即 $T = (T_{ij})$ 的第 k 个基本不变量 I_k 是由 T 的所有 k 阶主子行列式之和构成的. 特别地, 对于 $n = 2$ 的二阶张量

$$T = \begin{pmatrix} T_{11} & T_{12} \\ T_{21} & T_{22} \end{pmatrix},$$

它的 I_2 不变量就是 T 的行列式

$$I_2 = \det T = T_{11}T_{22} - T_{12}T_{21}. \tag{4.5.40}$$

现在再来考虑大板壳的 Föppl-von Kármán 势泛函

$$F = \int_\Omega \left[k_1|\Delta u|^2 + k_2|\Delta v|^2 + \frac{\partial^2 v}{\partial x_1^2}\left(\frac{\partial u}{\partial x_2}\right)^2 \right.$$
$$\left. + \frac{\partial^2 v}{\partial x_2^2}\left(\frac{\partial u}{\partial x_1}\right)^2 - 2\frac{\partial^2 v}{\partial x_1 \partial x_2}\frac{\partial u}{\partial x_1}\frac{\partial u}{\partial x_2} - fu \right] \mathrm{d}x_1 \mathrm{d}x_2, \tag{4.5.41}$$

其中 u 和 v 是两个标量函数. 由 u 和 v 的直到二阶导数构成的二阶张量场有许多个, 如 $(D_{ij}u)$, $(D_{ij}v)$ 等. 下面我们只列出与 (4.5.41) 相关的两个二阶张量场

$$T_1 = \begin{pmatrix} \dfrac{\partial u}{\partial x_1}\dfrac{\partial u}{\partial x_1} & \dfrac{\partial u}{\partial x_1}\dfrac{\partial u}{\partial x_2} \\ \dfrac{\partial^2 v}{\partial x_1 \partial x_2} & \dfrac{\partial^2 v}{\partial x_2^2} \end{pmatrix}, \quad T_2 = \begin{pmatrix} \dfrac{\partial^2 v}{\partial x_1^2} & \dfrac{\partial^2 v}{\partial x_1 \partial x_2} \\ \dfrac{\partial u}{\partial x_1}\dfrac{\partial u}{\partial x_2} & \dfrac{\partial u}{\partial x_2}\dfrac{\partial u}{\partial x_2} \end{pmatrix}$$

根据二阶张量的行列式 (4.5.40) 是一个不变量, 可以知道上面 T_1 和 T_2 的行列式都是 $SO(2)$ 不变量:

$$\det T_1 = \left(\frac{\partial u}{\partial x_1}\right)^2 \frac{\partial^2 v}{\partial x_2^2} - \frac{\partial u}{\partial x_1}\frac{\partial u}{\partial x_2}\frac{\partial^2 v}{\partial x_1 \partial x_2},$$

$$\det T_2 = \frac{\partial^2 v}{\partial x_1^2}\left(\frac{\partial u}{\partial x_2}\right)^2 - \frac{\partial^2 v}{\partial x_1 \partial x_2}\frac{\partial u}{\partial x_1}\frac{\partial u}{\partial x_2}.$$

显然 (4.5.41) 的泛函 E 可写成

$$E = \int_\Omega [k_1|\Delta u|^2 + k_2|\Delta v|^2 + \det T_1 + \det T_2]\mathrm{d}x.$$

因此可知 Föppl-von Kármán 势 (4.5.41) 是 $SO(2)$ 不变的.

在 4.1.5 小节中, 我们只给出了 $N = 2,\ 3$ 的 $SO(3)$ 旋量表示 (4.1.40), (4.1.41) 和 (4.1.48). 实际上, 这是目前作者所知道的全部 $SO(3)$ 旋量表示. 据我们所知, 对 $N \geqslant 4$ 的 $SO(3)$ 旋量表示的具体表达式现在还是一个未知数.

4.2 节　这一节给出的三个常规热力学系统势泛函: PVT 系统的 Gibbs 自由能 (4.2.20) 和 (4.2.21), N 元混合系统的自由能 (4.2.31) 和 (4.2.34), 磁体和介电体的自由能 (4.2.43) 和 (4.2.47) 都是由作者与汪守宏教授合作建立的, 详细可参见 (Liu, Ma, Wang and Yang, 2017). 这里发展的热力学势表达理论是建立在 $SO(3)$ 对称性原理, 粒子相互作用理论以及在 3.4 节中建立的熵理论基础之上的, 同时也借鉴了许多前人的重要工作.

在这一章中, 我们建立的热力学势表达理论最具特点的部分就是关于熵的能量表达, 它用自然的方式将温度代入系统. 这一点将在后面第 6 章关于相变的讨论中能更清楚地看到.

4.3 节　量子法则 4.10 是根据前人工作总结出来的. 特别是 Ginzburg-Landau 关于超导的理论对该法则的提出产生了重要影响. 此外, 这个法则也是电磁、强和弱相互作用的物理性质对凝聚态的影响以及作者关于相变的数学理论知识这两个方面共同作用的结果. 根据相变动力学数学理论, 见 (Ma and Wang, 2013), 在凝聚态热力学势中 ψ 的平方项

$$-g_0|\psi|^2 \quad (g_0 > 0), \tag{4.5.42}$$

是产生凝聚态相变的关键因素, 没有这一项任何系统都不可能发生凝聚态的相变. 在 BEC 中 (4.5.42) 是由电磁势阱产生的. 在热力学势中 ψ 的四次方项

$$\frac{1}{2}g_1|\psi|^4 \quad (g_1 > 0), \tag{4.5.43}$$

产生作用使得在数学上保证了相变产生的凝聚态是稳定的. 没有这一项, 系统凝聚态稳定性将会出现问题.

这里需要强调一下, 在所有热力学势中, 熵密度 S 的耦合项:

$$BTS\rho^2 \ (PVT), \quad TSB_{ij}u_iu_j \ (N\ \text{元体}), \quad -\beta TS|M|^2 \ (\text{磁体}),$$

$$-\beta TS|P|^2 \ (\text{介电体}), \quad -\beta TS|\Psi|^2 \ (\text{超导、超流、BEC}),$$

都起到产生相变和相变稳定性的双重作用, 这个结论完全是从相变的数学理论得到的. 这充分说明深入的物理问题必须从物理和数学两个不同的视角入手.

这一节的内容是建立在量子法则 4.10, 熵的理论, PVT 热力学势, 自旋相互作用等理论基础之上的.

(4.3.39), (4.3.44) 和 (4.3.48) 中的磁矩能是量子力学中出现的自旋量子效应, 可见 (索科洛夫等, 1983).

4.4 节　这一节的内容对于后面第 8 章介绍的量子相变具有基本的重要性, 因为量子相变的微分方程是由凝聚态系统的 Hamilton 能量泛函决定的.

自旋相互作用能是凝聚态量子系统 Hamilton 能量中的一个重要部分, 这个能量由自旋算子来确定. 在 4.4.1 小节中只给出与凝聚态有关的 $J = 1$ 旋量自旋算子. 对于 $J \geqslant 2$ 旋量的自旋算子 $\vec{J} = (J_1, J_2, J_3)$ 只知道第三个分量 J_3 的表达式 (4.4.4). 但在凝聚态的平衡相变和量子相变中, J 的第三个分量起到关键作用.

这一节中的 Hamilton 能量表达式本质上是参照 Gross-Pitaevskii 方程以及 Ho-Ohmi-Machida 方程, 见 (Gross, 1961), (Pitaevskii, 1961), (Ho, 1998) 和 (Ohmi and Machida, 1998).

第 5 章　非平衡态动力学

5.1　基础理论框架

5.1.1　动力学理论概况

平衡态是指与时间变化无关的状态, 因此非平衡态就是随时间演化而变化的状态. 非平衡态物理系统的状态是被一组自变量含有时间 t 的函数 u 所描述的, 即

$$u = (u_1(t), \cdots, u_N(t)). \tag{5.1.1}$$

物理指导性原理 (原理 1.2) 告诉我们, 状态函数 (5.1.1) 服从支配该系统的物理定律, 即满足一组微分方程, 通常写成

$$\frac{\mathrm{d}u}{\mathrm{d}t} = L_\lambda u + G(u, \lambda) \quad (\lambda \text{ 为控制参数}), \tag{5.1.2}$$

其中 L_λ 是线性算子, G 为非线性算子, 依赖于参数 λ. 这种关于时间一阶导数的微分方程便称为物理系统的动力学方程, 数学上也称为演化方程或发展方程. 动力学方程必须配有初值条件:

$$u|_{t=0} = u_0. \tag{5.1.3}$$

它的物理意义是, 当我们知道现在时刻 (即 $t = 0$ 时刻) 系统所处的状态 u_0 (通过观察可以测得), 那么通过求方程 (5.1.2) 和 (5.1.3) 的解 (5.1.1), 便可知道该系统在将来任何 ($t > 0$) 时刻的状态. 这种从现状预知未来状态的理论被称为**非平衡态动力学**.

非平衡态动力学基本理论包含如下几个方面:
- 动力学分类: 耗散系统 (梯度型和非梯度型系统) 与守恒系统;
- 动力学模型的建立以及方程的适定性, 即解的存在性与唯一性;
- 梯度型系统的平衡态及其稳定性;
- 非梯度型系统的平衡态, 时间周期与振荡态及其稳定性;
- 耗散系统的临界与相变理论;
- 守恒系统的守恒律;
- 守恒系统的平衡态性质;
- 凝聚态量子守恒系统的量子相变.

本书从这一章开始, 后面各章全部内容都是围绕以上课题展开的.

下面我们详细介绍系统的动力学分类.

1. 耗散系统

耗散系统是由它的动力学方程 (5.1.2) 中线性算子 L_λ 的性质来刻画的. 考虑 L_λ 的特征值问题:

$$L_\lambda e = \beta e, \tag{5.1.4}$$

其中 e 为特征向量, $\beta = \beta(\lambda)$ 为特征值. 若存在 λ_0 使得当 $\lambda < \lambda_0$ (或者 $\lambda > \lambda_0$) 时, (5.1.4) 的所有特征值实部都是负值, 即

$$\mathrm{Re}\beta(\lambda) < 0, \quad \lambda < \lambda_0 \text{ (或 } \lambda > \lambda_0), \tag{5.1.5}$$

则该系统就是耗散系统.

上述性质是一个最简单的判定准则, 它给出耗散系统的本质. 下面我们给出耗散系统的严格和完整的数学定义.

首先, 我们称一个函数 u_λ 是方程 (5.1.2) 的稳态解 (即平衡态解), 如果 u_λ 满足 (5.1.2) 的稳态方程

$$L_\lambda u + G(u, \lambda) = 0. \tag{5.1.6}$$

方程 (5.1.6) 也称为 (5.1.2) 的平衡态方程.

定义 5.1 (耗散系统的定义) 令 (5.1.2) 是某个系统的动力学方程. 若存在 λ_0 使得当 $\lambda < \lambda_0$ (或 $\lambda > \lambda_0$) 时, (5.1.2) 存在一个稳态解 u_λ, 并且线性算子 $\mathcal{L}_\lambda = L_\lambda + DG(u_\lambda, \lambda)$ 的所有特征值 $\beta(\lambda)$ 实部为负值:

$$\mathrm{Re}\beta(\lambda) < 0, \tag{5.1.7}$$

则此系统称为耗散系统, 这里 $DG(u_\lambda, \lambda)$ 为 G 在 u_λ 处的导算子.

2. 梯度流与非梯度流系统

耗散系统又分为两种类型: 梯度型与非梯度型. 所谓梯度型系统 (也称为梯度流系统) 是指存在一个势泛函 $F(u, \lambda)$ 使得该系统的动力学方程可写成如下形式:

$$\begin{cases} \dfrac{\mathrm{d}u}{\mathrm{d}t} = -A\delta F(u, \lambda) + B(u, \lambda), \\ \langle \delta F(u, \lambda), B(u, \lambda) \rangle = 0, \end{cases} \tag{5.1.8}$$

其中 A 为正定对称系数矩阵, 否则便称为非梯度型系统.

3. 守恒系统

受 Hamilton 动力学原理 (原理 1.24) 支配的物理系统就称为守恒系统. 这种系

统的动力学方程可表达成

$$
\begin{cases}
\dfrac{\mathrm{d}u}{\mathrm{d}t} = \alpha \dfrac{\delta}{\delta v} H(u,v), \\
\dfrac{\mathrm{d}v}{\mathrm{d}t} = -\alpha \dfrac{\delta}{\delta u} H(u,v),
\end{cases}
\tag{5.1.9}
$$

这里 $\alpha \neq 0$ 为一常数, (u,v) 为共轭函数.

4. 可逆过程与不可逆过程

非平衡态系统分为可逆过程和不可逆过程. 实质上, 守恒系统 (5.1.9) 是属于可逆过程, 而耗散系统 (除有限维非梯度型系统外) 是属于不可逆过程. 对于无穷维情况 (偏微分方程), 守恒系统与耗散系统在数学性质上有如下差别:

$$
\begin{cases}
\text{守恒系统方程 (5.1.9) 在时间反演 } -t \text{ 变换下解仍然存在,} \\
\text{耗散系统方程 (5.1.2) 在时间反演下, 一般情况解不存在,}
\end{cases}
\tag{5.1.10}
$$

事实上, 无穷维耗散系统的动力学方程 (5.1.2) 在时间反演变换 $(t \to -t)$ 下, 方程变为如下形式:

$$
\frac{\mathrm{d}u}{\mathrm{d}t} = -L_\lambda u - G(u,\lambda).
\tag{5.1.11}
$$

偏微分方程的数学理论告诉我们, 无穷维耗散系统的时间反演方程 (5.1.11) 对于一般初值条件 (5.1.3) 没有解存在.

因此, 数学性质 (5.1.10) 将守恒系统的可逆性与耗散系统的不可逆性非常精确地表达出来. 它清楚地表明不可逆过程与熵无关, 它是耗散结构的产物. 实际上, 势下降原理 (原理 1.16) 体现在数学上正好就是方程具有如 (5.1.7) 的耗散结构.

5.1.2　散度的流量公式与守恒律方程

根据物理运动的动力学原理 (定律 1.29), 运动方程具有耗散系统, 能量守恒系统与连续流的守恒律系统三种类型. 在 5.11 节已经介绍了耗散系统与能量守恒系统方程的基本形式. 这里将讨论连续流的守恒律系统. 为此, 我们分两步进行. 首先介绍散度的流量公式, 其次给出连续流守恒律方程的表达形式.

1. 散度的流量公式

令 $A = (A_1, \cdots, A_n)$ 是一个 n 维向量场. 在 4.1.2 小节中, 我们曾介绍了一个向量场可代表一个物质流 (如粒子流、电荷流等), 并给出了向量场流量的散度公式 (4.1.16). 对于向量场 A, 我们重新将它的流量公式表述如下:

$$
\operatorname{div}A(x) = Q_{\text{out}}(x) - Q_{\text{in}}(x),
\tag{5.1.12}
$$

其中 $Q_{\mathrm{in}}(x)$ 和 $Q_{\mathrm{out}}(x)$ 代表流入和流出 $x \in \mathbb{R}^n$ 点的流量, 即

$$Q_{\mathrm{in}}(x) = 单位时间流入 \ x \ 点流量密度,$$
$$Q_{\mathrm{out}}(x) = 单位时间流出 \ x \ 点流量密度. \tag{5.1.13}$$

散度流量公式 (5.1.12) 和 (5.1.13) 是 Gauss 公式的推论, 它是连续流守恒定律的数学表示, 由它可得到守恒律方程. 下面我们证明这个公式.

由 Gauss 公式, 对于向量场 A 有

$$\int_{\Omega} \mathrm{div} A \mathrm{d}x = \int_{\partial\Omega} A \cdot n \mathrm{d}s, \tag{5.1.14}$$

其中 $\Omega \subset \mathbb{R}^n$ 为区域, n 为边界 $\partial\Omega$ 上单位外法向量. 当将 A 视为某种物质流向量时, 则

$$A \cdot n \mathrm{d}s \ 代表单位时间穿过曲面 \ \mathrm{d}s \ 的流量. \tag{5.1.15}$$

关于 (5.1.15) 的物理意义, 如图 5.1 所示.

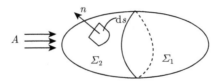

图 5.1 物质流 A 单位时间穿过曲面 $\mathrm{d}s$ 流量为 $A \cdot n \mathrm{d}s$

对于区域 $\Omega \subset \mathbb{R}^n$, $\partial\Omega$ 可分为两部分, $\partial\Omega = \Sigma_1 + \Sigma_2$,

$$\Sigma_1 = \left\{ x \in \partial\Omega \mid A \cdot n \geqslant 0, 即 \ A \ 与 \ n \ 夹角 \ \theta \leqslant \frac{\pi}{2} \right\},$$
$$\Sigma_2 = \left\{ x \in \partial\Omega \mid A \cdot n \leqslant 0, 即 \ A \ 与 \ n \ 夹角 \ \theta \geqslant \frac{\pi}{2} \right\}.$$

从图 5.1 可以看出, $A \cdot n < 0 \left(即 \ A \ 与 \ n \ 夹角 \ \theta > \frac{\pi}{2}\right)$ 为流入, $A \cdot n > 0 \left(即 \ \theta < \frac{\pi}{2}\right)$ 为流出. 于是由 (5.1.15) 可知在单位时间内,

$$流出 \ \Omega \ 的量 = \int_{\Sigma_1} A \cdot n \mathrm{d}s,$$
$$流入 \ \Omega \ 的量 = -\int_{\Sigma_2} A \cdot n \mathrm{d}s.$$

因此公式 (5.1.14) 可写成

$$\int_{\Omega} \mathrm{div} A \mathrm{d}x = \int_{\Sigma_1} + \int_{\Sigma_2} A \cdot n \mathrm{d}s$$
$$= 流出 \ \Omega \ 的量 - 流入 \ \Omega \ 的量. \tag{5.1.16}$$

现在, 对任一点 $x \in \mathbb{R}^n$. 令 $\Omega = \Omega(x)$ 为包含 x 点的无穷小区域, 则 (5.1.16) 变成如下形式 (注意 $|\Omega|$ 为 Ω 体积):

$$\mathrm{div}A(x) = \frac{1}{|\Omega(x)|}\{\text{流出 } \Omega(x) \text{ 的量} - \text{流入 } \Omega(x) \text{ 的量}\}$$

$$= \text{流出 } x \text{ 点的流量密度} - \text{流入 } x \text{ 点的流量密度}.$$

这就是 (5.1.12) 和 (5.1.13) 给出的散度流量公式.

2. 连续流守恒律方程

现在我们可以根据散度流量公式 (5.1.12) 和 (5.1.13) 给出连续流的守恒律方程. 令 A 代表某个物质流的向量场, ρ 代表该物质的密度. 该系统服从物质的守恒律 (即质量、粒子数、电荷等守恒律). 守恒律可表达成在单位时间内,

$$\rho \text{ 在 } x \text{ 点的变化量} = \text{流入量} - \text{流出量}. \tag{5.1.17}$$

而 (5.1.17) 等式的左边为

$$\rho \text{ 在 } x \text{ 点单位时间变化量} = \frac{\partial \rho}{\partial t}.$$

再由 (5.1.12) 和 (5.1.13) 知, (5.1.17) 可表达成如下形式:

$$\frac{\partial \rho}{\partial t} + \mathrm{div}A = 0. \tag{5.1.18}$$

这个方程 (5.1.18) 就是物理中常见的连续流守恒律方程, 也称为连续性方程.

5.1.3　Onsager 倒易关系与输运耗散定理

在 5.1.2 小节介绍了物质流的守恒律方程, 这一小节将介绍粒子流所满足的 Onsager 输运关系, 在第 4 章关于 N 元系统热力学势的建立过程中, 我们就用到了这个输运法则. 此外还证明了输运的耗散结构.

令 J 是一个粒子流密度. 由 Fick 定律,

$$J = -\mu \nabla \Phi, \tag{5.1.19}$$

这里 Φ 代表粒子密度, μ 为扩散系数. 根据统计物理系统驱动力定律 (定律 1.22), $-\nabla \Phi$ 可视为流 J 的驱动力. 现在考虑 N 种不同粒子的混合体, 因而有 N 种不同的粒子流

$$J_1, \cdots, J_N. \tag{5.1.20}$$

每一种流 J_k 都对应有驱动力 $-\nabla \Phi_k$, 即 (5.1.19) 对应于

$$-\nabla \Phi_1, \cdots, -\nabla \Phi_k. \tag{5.1.21}$$

物理实验观测发现, 此时流的 (5.1.20) 与驱动力 (5.1.21) 相互之间的关系并非是独立地如 (5.1.19) 那样各自取如下形式:

$$J_k = -\mu_k \nabla \Phi_k,$$

而是相互之间被一个系数矩阵所关联, 即取如下形式:

$$\begin{pmatrix} J_1 \\ \vdots \\ J_N \end{pmatrix} = -\begin{pmatrix} L_{11} & \cdots & L_{1N} \\ \vdots & & \vdots \\ L_{N1} & \cdots & L_{NN} \end{pmatrix} \begin{pmatrix} \nabla \Phi_1 \\ \vdots \\ \nabla \Phi_N \end{pmatrix}, \tag{5.1.22}$$

这里 (L_{ij}) 称为输运矩阵, Onsager 导出它是对称的, 即 $L_{ij} = L_{ji}$. 这种对称的关系 $L_{ij} = L_{ji}$ 称为 Onsager 倒易关系.

然而更重要的是, 粒子流的 (5.1.22) 对称输运关系在各种类型的连续流之间都混合交叉成立. 为了介绍更一般的输运关系, 首先列出这些相互影响的流如下:

$$\text{粒子流, 电流, 热流, 熵流 (即光子流).} \tag{5.1.23}$$

令一个系统内含有 N 种不同的流 $J_1, \cdots, J_N$, 它们代表 (5.1.23) 中各种不同类型的流. 相应于每一种流 J_k 对应于一个驱动力 X_k, 即

$$(J_1, \cdots, J_N) \text{ 对应于驱动力 } (X_1, \cdots, X_N). \tag{5.1.24}$$

那么这个对应满足下面的输运关系:

$$\begin{pmatrix} J_1 \\ \vdots \\ J_N \end{pmatrix} = \begin{pmatrix} L_{11} & \cdots & L_{1N} \\ \vdots & & \vdots \\ L_{N1} & \cdots & L_{NN} \end{pmatrix} \begin{pmatrix} X_1 \\ \vdots \\ X_N \end{pmatrix}, \tag{5.1.25}$$

并且输运矩阵 (L_{ij}) 是对称的, 即

$$L_{ij} = L_{ji}. \tag{5.1.26}$$

这个对称性 (5.1.26) 被称作 Onsager 倒易关系.

在 (5.1.23) 中各种流对应的驱动力根据物理定理可列出如下:

$$\text{粒子驱动力} \quad X = -\nabla \rho, \, \rho \text{ 为粒子密度 (Fick 定律)}, \tag{5.1.27}$$

$$\text{电荷驱动力} \quad X = -\nabla \Phi, \, \Phi \text{ 为电势 (Ohm 定律)}, \tag{5.1.28}$$

$$\text{热驱动力} \quad X = -\nabla T, \, T \text{ 为温度 (Fourier 定律)}, \tag{5.1.29}$$

根据 3.4 节中的热理论, 熵流是光子流, 因此它也服从 Fick 扩散定律. 于是熵流密度的驱动力为

$$\text{熵驱动力}: X = -\nabla S, \, S \text{ 为熵密度 (Fick 定律)} \tag{5.1.30}$$

从 (5.1.27) 和 (5.1.28) 的驱动力定律, 可以清楚地看到满足 Onsager 输运关系 (5.1.25) 和 (5.1.26) 的连续流 (5.1.23) 都是梯度流, 这意味着这些流应该是耗散过程. 从数学角度看, 即由耗散结构的定义 (定义 5.1), 可以推测 (5.1.25) 中的输运系数矩阵 (L_{ij}) 应该是正定的, 即它的特征值都是正的.

下面我们可以从数学角度严格证明 (5.1.23) 中流的输运过程是一个耗散过程, 即输运矩阵 (L_{ij}) 是正定的.

定理 5.2 (输运耗散定理)   对于 (5.1.23) 中的连续流, 它们的输运过程是一个相互交叉影响的耗散过程, 相互之间的输运关系由 (5.1.25) 给出, 系数矩阵 (L_{ij}) 是一个非对角的正定对称矩阵.

证明   首先, (5.1.23) 中每一种流都对应于一个密度函数如下:

$$
\begin{aligned}
&粒子流 \quad 粒子数密度\ \rho; \\
&电流 \quad 电荷密度\ q; \\
&热流 \quad 温度\ T; \\
&熵流 \quad 熵密度\ S;
\end{aligned}
\tag{5.1.31}
$$

我们统一地用 u 来代表 (5.1.31) 中所有密度函数. 于是 (5.1.24) 中的流 $J = (J_1, \cdots, J_N)$ 对应的密度 $u = (u_1, \cdots, u_N)$. 根据 (5.1.18) 的连续流守恒律方程, u 和 J 具有如下关系:

$$
\frac{\partial u}{\partial t} = -\mathrm{div} J.
\tag{5.1.32}
$$

考虑电势 $\varPhi$ 与电荷密度 q 成正比, 故 (5.1.28) 中电荷驱动力取 $X = -\nabla q$. 然后再对照 (5.1.31) 和 (5.1.27)—(5.1.30) 可知,

$$
J\ 的驱动力\ X = -\nabla u.
\tag{5.1.33}
$$

由 (5.1.25) 和 (5.1.33), 方程 (5.1.32) 再加上外力源 f 变为

$$
\frac{\partial u}{\partial t} = \mathrm{div}(L \cdot \nabla u) + f,
\tag{5.1.34}
$$

其中 $L = (L_{ij})$ 为输运矩阵, 由 Onsager 倒易关系知它是对称的.

下面我们证明, 若 L 是非正定的, 则对于 (5.1.34) 的一般初边值问题是无解的. 由对称矩阵对角化定理, 可知存在矩阵 P 使得

$$
PLP^{-1} = \begin{pmatrix} \lambda_1 & & 0 \\ & \ddots & \\ 0 & & \lambda_N \end{pmatrix}.
$$

作变换 $v = Pu$, 则 (5.1.34) 变为

$$\frac{\partial v_k}{\partial t} = \operatorname{div}(\lambda_k \nabla v_k) + f_k, \quad 1 \leqslant k \leqslant N. \tag{5.1.35}$$

若 L 是非正定的, 则可令 $\lambda_N = -\beta \leqslant 0$. 于是 (5.1.35) 第 N 个分量为

$$\frac{\partial v_N}{\partial t} = -\operatorname{div}(\beta \nabla v_N) + f_N. \tag{5.1.36}$$

数学上我们知道, 对于 (5.1.36) 的反向抛物方程, 一般初边值问题是无解的, 这意味着 (5.1.34) 也无解. 因此 L 必须是正定的.

当 L 是正定对称矩阵时, 方程 (5.1.34) 等式右端

$$\mathcal{L}u = \operatorname{div}(L \cdot \nabla u)$$

是一个线性椭圆算子. 我们知道在 Dirichlet 边界条件下, $\mathcal{L}u$ 的特征值全部是负的. 因此按定义 5.1 标准, (5.1.34) 是耗散过程. 于是该定理证明完毕.

注意上面定理 5.2 的证明关于 L 的对称性是作为已知条件来用的, Onsager 的倒易关系必须采用统计方法进行证明.

注 5.3 (5.1.28) 中的电荷驱动力完整的形式为 $X = E - \nabla \Phi$, E 为外电场. 由电磁场的 $U(1)$ 规范不变性, 电势 Φ 的取值不是唯一的. 因此 (5.1.26) 的 Onsager 倒易关系依赖于对电势 Φ 的选取. 这里有一个约束条件, 称为 Casimir 条件, 它可确定 Φ 的取法. 这里不讨论这个问题, 有兴趣的读者可参考 (林宗涵, 2007).

5.1.4 热力学系统的统一模型

在 1.3 节中, 我们建立了非平衡态的势下降原理 (原理 1.16). 非平衡态的热力学系统受到该原理的支配. 这一小节我们就是从原理 1.16 导出热力学统一的动力学方程.

首先, 我们简要陈述原理 1.16 的基本要点, 即对热力学势泛函 $F(u, \lambda)$, 关于序参量 $u(t)$ 有

$$\frac{\mathrm{d}}{\mathrm{d}t} F(u(t), \lambda) < 0, \quad \forall \, t > 0, \tag{5.1.37}$$

$$\lim_{t \to \infty} u(t) = u_0, \tag{5.1.38}$$

$$\delta F(u_0, \lambda) = 0. \tag{5.1.39}$$

再结合物理的指导性原理 (原理 1.1), 从上述三个基本条件 (5.1.37)—(5.1.39), 可以唯一地决定热力学系统的动力学方程的表达形式, 除了一些常系数外.

考察在第 4 章中给出的所有热力学势, 它们的序参量可分为两类 u 和 v, 使得势泛函写成如下形式:

$$F = \int_\Omega \left[\frac{\alpha}{2} |\nabla u|^2 + f(u, v, \lambda) \right] \mathrm{d}x, \tag{5.1.40}$$

其中 F 不含 v 的导数项. 实际上 v 是由熵密度 S, 感应磁场 H 和感应电场 E 构成的. 对于 (5.1.40) 的热力学势 $F(u,v)$, 满足势下降原理 (5.1.37)—(5.1.39) 的动力学方程的最简单形式为

$$\frac{\partial u_k}{\partial t} = -a_k \frac{\delta}{\delta u_k} F(u,v) + \varPhi_k(u,v), \quad 1 \leqslant k \leqslant N, \tag{5.1.41}$$

$$\frac{\delta}{\delta v} F(u,v,\lambda) = 0, \tag{5.1.42}$$

$$\int_\Omega \frac{\delta}{\delta u_k} F(u,v,\lambda) \cdot \varPhi_k(u,v,\lambda) \mathrm{d}x = 0, \tag{5.1.43}$$

其中 $a_k > 0$ 为常系数.

下面验证方程 (5.1.41)—(5.1.43) 的解满足条件 (5.1.37)—(5.1.39). 令 $u = u(t)$ 和 $v = v(t)$ 是 (5.1.41)—(5.1.43) 的解, 则有

$$\frac{\mathrm{d}}{\mathrm{d}t} F(u(t),v(t)) = \int_\Omega \frac{\delta}{\delta u_k} F(u,v) \frac{\mathrm{d}u_k}{\mathrm{d}t} \mathrm{d}x$$

$$= -\int_\Omega \sum_{k=1}^N a_k \left| \frac{\delta}{\delta u_k} F(u,v) \right|^2 \mathrm{d}x$$

$$< 0, \quad \forall\, t > 0. \tag{5.1.44}$$

因此 (u,v) 满足 (5.1.37). 因为 (5.1.41)—(5.1.43) 是梯度型方程, 它的解 (u,v) 关于时间 t 有极限存在, 即

$$\lim_{t\to\infty} (u(t),v(t)) = (u_0,v_0), \tag{5.1.45}$$

这个结论是关于梯度型方程的一个数学定理, 条件是 (5.1.41)—(5.1.43) 具有全局吸引子. 在后面我们将证明对所有的热力学系统的势泛函, 它的动力学方程 (5.1.41)—(5.1.43) 具有全局吸引子, 从而它们的解满足 (5.1.45), 也即满足 (5.1.38). 最后, 由 (5.1.45) 知

$$\lim_{t\to\infty} \frac{\mathrm{d}}{\mathrm{d}t} F(u(t),v(t)) = \frac{\mathrm{d}}{\mathrm{d}t} F(u_0,v_0) = 0.$$

再由 (5.1.44) 和 (5.1.42) 可知, (u_0,v_0) 满足

$$\frac{\delta}{\delta u_k} F(u_0,v_0) = 0, \quad \frac{\delta}{\delta v} F(u_0,v_0) = 0.$$

即 (5.1.39) 被满足. 于是完成了我们的验证.

对于 (5.1.40), 热力学系统动力学统一方程 (5.1.41)—(5.1.43) 可以写成下面更具体的表达形式:

$$\frac{\partial u}{\partial t} = a[\alpha \Delta u - f_u'(u,v,\lambda)] + \varPhi(u,v),$$

$$f_v'(u,v,\lambda) = 0, \tag{5.1.46}$$

其中 $u = \{\rho, M, P, \Psi\}$, $v = \{S, H, E\}$, Φ 满足

$$\int_\Omega (\alpha \Delta u - f'_u(u, v, \lambda)) \Phi(u, v) \mathrm{d}x = 0. \tag{5.1.47}$$

根据物理事实, (5.1.46) 中的 Φ 项产生于系统具有电磁势 A_μ 的耦合, 本质上是 $U(1)$ 规范不变性的产物. 若没有 A_μ, 则 $\Phi = 0$.

5.1.5 耗散系统的稳定性

稳定性是只在耗散型动力学中才有意义的问题, 在能量守恒系统中不存在这样的问题. 耗散系统的稳定性是一个比较广泛的概念, 在 5.14 小节讲到的 (5.1.38) 的性质就是其中一种类型, 称为平衡态的稳定性. 前面提到的全局吸引子也是属于这个概念的范畴. 这一小节专门介绍各种类型的稳定性, 这是耗散系统动力学的一个重要领域.

令 X, X_1 是两个 Banach 空间, $X_1 \subset X$. 考虑下面初值问题:

$$\begin{cases} \dfrac{\mathrm{d}u}{\mathrm{d}t} = Lu + G(u), \\ u(0) = \varphi, \end{cases} \tag{5.1.48}$$

其中 $\varphi \in X$ 为初始状态, $L : X_1 \to X$ 是一个线性算子, $G : X_1 \to X$ 为一个非线性算子. 统计物理中所有耗散系统都可化成 (5.1.48) 的形式.

1. 平衡态的稳定性

令 $u_0 \in X_1$ 是 (5.1.48) 的稳态解, 即 u_0 满足 (5.1.48) 的稳态方程

$$Lu + G(u) = 0. \tag{5.1.49}$$

在统计物理中, (5.1.49) 的解 u_0 就是常说的热力学平衡态. 我们称 u_0 是一个稳定的平衡态, 若存在 u_0 在 X 中的一个邻域 (即包含 u_0 的一个开集) $U \subset X$, 使得对任何初值 $\varphi \in U$, (5.1.48) 的解 $u(t, \varphi)$ 满足下面性质:

$$\lim_{t \to \infty} u(t, \varphi) = u_0. \tag{5.1.50}$$

在数学文献中, 也有将 (5.1.50) 称为 u_0 的渐近稳定性.

2. 周期轨道的稳定性

当 (5.1.48) 是一个非梯度型耗散动力学方程时, 它就有可能具有一个时间周期解 $\widetilde{u}(t)$ 满足

$$\widetilde{u}(t) = \widetilde{u}(t + T_0), \quad \forall\, t \in \mathbb{R}^1, \tag{5.1.51}$$

其中 $T_0 > 0$ 是它的周期. 此时 $\widetilde{u}$ 在 X 中形成一个周期轨道, 即

$$\Sigma = \{\widetilde{u}(t) \in X \mid \forall\, t \in \mathbb{R}^1,\ \widetilde{u} \text{ 如 } (5.1.51)\},$$

是 X 中一个圆周的子集. 我们称方程 (5.1.48) 的周期解 $\widetilde{u}$ 是稳定的, 若存在 Σ 在 X 中的一个邻域 $U \subset X$, 使得对任何初值 $\varphi \in U$, (5.1.48) 的解 $u = u(t, \varphi)$ 具有下面性质:

$$\lim_{t \to \infty} \rho(u(t, \varphi), \Sigma) = 0,$$

这里 $\rho(u, \Sigma)$ 代表 u 到 Σ 的距离.

3. 不变集的稳定性

一个集合 $\Gamma \subset X$ 称为方程 (5.1.48) 的不变集, 若

$$u(t, \Gamma) = \Gamma, \quad \forall\, t \geqslant 0.$$

这里 $u(t, \Gamma) = \{u(t, \varphi) \mid \forall\, \varphi \in \Gamma\}$, $u(t, \varphi)$ 是 (5.1.48) 的解.

我们称 (5.1.48) 的一个不变集 $\Gamma \subset X$ 是稳定的, 若存在 Γ 在 X 中的一个邻域 $U \subset X$, 使得对任何 $\varphi \in U$, 有

$$\lim_{t \to \infty} \rho(u(t, \varphi), \Gamma) = 0.$$

不难看出, (5.1.48) 的稳态解 u_0 和周期轨道 Σ 都是一种特殊的不变集. 不变集是包含混沌轨道在内的更广泛的物理状态.

4. 全局吸引子

方程 (5.1.48) 的一个不变集 $\mathcal{A} \subset X$ 称为全局吸引子, 若 $\mathcal{A}$ 是紧子集 (即近似的有限维有界集), 并且对任何 $\varphi \in X$ 有

$$\lim_{t \to \infty} \rho(u(t, \varphi), \mathcal{A}) = 0.$$

这个等式的意思是方程 (5.1.48) 的所有解都随时间收敛到集合 $\mathcal{A}$ 上. 因此 $\mathcal{A}$ 称为全局吸引子. $\mathcal{A}$ 中包含了所有可能的物理状态.

物理结论 5.4   动力学数学理论的物理意义为:

1) 一个物理的动力学模型必须满足具有适定性和全局吸引子;

2) 全局吸引子的存在性保证了相变是在稳定的状态之间进行跃迁的. 正如对称性限制了物理模型的形式一样, 上述条件 1) 也是如此.

5.2   热力学耗散系统

5.2.1   常规系统的标准模型

常规的热力学系统是指非凝聚态系统, 包括 PVT 系统, N 元混合体, 磁体与介电体等. 在 5.1.4 小节中已给出热力学系统动力学方程的统一形式 (5.1.46) 和

(5.1.47). 一个完整的动力学模型除了方程外还要配上物理合理的边界条件和初始状态. 下面根据 4.2 节中建立的常规系统热力学势, 由 (5.1.46) 和 (5.1.47) 分别给出这些系统的动力学方程具体形式及初边值问题.

1. PVT 系统

此系统关于气体的 Gibbs 自由能由 (4.2.21) 给出. 为了方便这里将它再写出来如下:

$$
\begin{aligned}
F = \int_\Omega \Big[& \frac{\alpha}{2}|\nabla\rho|^2 + \frac{ART}{b}(1+b\rho)\ln(1+b\rho) \\
& + \frac{1}{2}(b^2p + A_0bRT)\rho^2 - \mu\rho - bp\rho \\
& + BT\Big(-\frac{1}{2}S^2 + S_0S\Big) + B_1TS\rho^2 - ST \Big]\mathrm{d}x,
\end{aligned}
\tag{5.2.1}
$$

对应于统一模型 (5.1.46) 和 (5.1.47), 这里 $u = \rho$, $v = S$,

$$
\begin{aligned}
f = & \frac{ART}{b}(1+b\rho)\ln(1+b\rho) + \frac{1}{2}(b^2p + A_0bRT)\rho^2 - \mu\rho - bp\rho \\
& + BT\Big(-\frac{1}{2}S^2 + S_0S\Big) + B_1TS\rho^2 - ST.
\end{aligned}
$$

此外, 由于该系统没有电磁势 A_μ 的耦合, 因此 $\Phi = 0$. 于是由 (5.1.46), PVT 系统的气体动力学方程可具体表达为

$$
\begin{aligned}
\alpha_0\frac{\partial\rho}{\partial t} = & \alpha\Delta\rho - ART\ln(1+b\rho) - (b^2p + A_0bRT)\rho \\
& - 2B_1TS\rho + bp,
\end{aligned}
\tag{5.2.2}
$$

$$
S = B_1B^{-1}\rho^2 + (S_0 - B^{-1}),
\tag{5.2.3}
$$

这里 $\alpha_0 = 1/\alpha$ 是一个量纲因子, $\mu = ART$. 此外, (5.2.2) 需要配上初值条件:

$$
\rho|_{t=0} = \rho_0.
\tag{5.2.4}
$$

当 $\Omega \subset \mathbb{R}^3$ 是有界区域时, (5.2.2) 关于 ρ 还要配上边界条件. 对于气体系统物理合理的边界条件是 Neumann 边界条件:

$$
\frac{\partial\rho}{\partial n}\Big|_{\partial\Omega} = 0.
\tag{5.2.5}
$$

它的物理意义是系统与外界没有物质交换.

将 (5.2.3) 代入 (5.2.2), 再结合 (5.2.4) 和 (5.2.5) 的初边值条件, 便得到 PVT

气体系统的标准动力学方程如下:

$$\begin{cases} \dfrac{\partial \rho}{\partial t} = \alpha \Delta \rho - ART \ln(1 + b\rho) - \alpha_1 \rho - \alpha_2 \rho^3 + bp, \\[2mm] \left. \dfrac{\partial \rho}{\partial n} \right|_{\partial \Omega} = 0, \\[2mm] \rho|_{t=0} = \rho_0, \end{cases} \tag{5.2.6}$$

这里量纲因子取为 $\alpha_0 = 1$, $\alpha_1 = b^2 p + A_0 bRT + 2B_1 S_0 T - 2TB_1 B^{-1}$, $\alpha_2 = 2B_1^2 B^{-1} T$ 且 $\mu = ART$.

2. N 元系统

考虑非均匀 N 元体, 它的势泛函由 (4.2.31) 给出. 写出如下:

$$\begin{aligned} F = \int_\Omega \Big[&\frac{1}{2} L_{ij} \nabla u_i \nabla u_j + A_0 kT u_i \ln u_i + A_{ij} u_i u_j - \mu_i u_i \\ &- B_0 T \Big(\frac{1}{2} S^2 - S_0 S \Big) + TSB_{ij} u_i u_j - bp\rho - ST \Big] \mathrm{d}x, \end{aligned} \tag{5.2.7}$$

其中 $\rho = \sum_j u_j$, L_{ij} 是与 u 无关的输运系数. 类似于 PVT 系统, 从 (5.2.7) 可得到 N 元系统标准动力学方程如下:

$$\begin{cases} \dfrac{\partial u}{\partial t} = L \cdot \Delta u - A_0 kT \ln u - au + (\mu - AkT) \\[2mm] \qquad\quad - 2TB_0^{-1} \langle Bu, u \rangle Bu - bp, \\[2mm] \left. \dfrac{\partial u}{\partial n} \right|_{\partial \Omega} = 0, \\[2mm] u|_{t=0} = u_0, \end{cases} \tag{5.2.8}$$

其中 $u = (u_1, \cdots, u_N)^{\mathrm{T}}$, $\mu = (\mu_1, \cdots, \mu_N)^{\mathrm{T}}$, $L = (L_{ij})$ 为输运系数矩阵, $a = (S_0 B_0^{-1})TB/B_0 + (A_{ij})$, 这里 $B = (B_{ij})$ 为 N 阶矩阵, $\langle Bu, u \rangle = B_{ij} u_i u_j$, $A_0, B_0 > 0$ 为常数, k 为 Boltzmann 常数.

注 5.5　在这里, 矩阵 (B_{ij}) 代表热碰撞系数. 从物理的角度看这个矩阵是正定对称的, 即

$$(5.2.7) \text{ 和 } (5.2.8) \text{ 中的矩阵 } B = (B_{ij}) \text{ 是正定对称的.} \tag{5.2.9}$$

3. 磁体与介电体系统

这里只需讨论磁体系统, 因为介电体情况是一样的. 磁体系统的 Gibbs 自由能由 (4.2.44) 给出, 其形式为

$$F = \int_\Omega \Big[\frac{\mu}{2} |\nabla M|^2 + \frac{1}{2} \lambda_k M_k^2 - M \cdot H - \frac{T}{2\alpha} S^2 - \beta TS |M|^2 - ST \Big] \mathrm{d}x. \tag{5.2.10}$$

根据统一模型 (5.1.46), 由 (5.2.10) 可得到磁体动力学方程如下:

$$
\begin{cases}
\dfrac{\partial M}{\partial t} = \mu \Delta M - (\lambda + 2\alpha\beta T)M - 2\alpha\beta^2 T|M|^2 M + H, \\[2mm]
\dfrac{\partial M}{\partial n}\Big|_{\partial\Omega} = 0 \quad (\text{或 } M|_{\partial\Omega} = 0), \\[2mm]
M|_{t=0} = M_0,
\end{cases}
\tag{5.2.11}
$$

其中 $\lambda = (\lambda_1, \lambda_2, \lambda_3)$.

5.2.2 超导体的 Ginzburg-Laudau-Gorkov 方程

超导体的势泛函由 Ginzburg-Laudau 自由能 (4.3.17) 给出, 它写成如下形式:

$$
\begin{aligned}
F = \int_\Omega \Bigg[&\frac{1}{2m_s}\left| \left(-\mathrm{i}\hbar\nabla - \frac{e_s}{c}A \right)\psi \right|^2 - g_0|\psi|^2 + \frac{g_1}{2}|\psi|^4 \\
&+ \frac{1}{8\pi}|\mathrm{curl}A|^2 - \frac{T}{2k\beta_0}S^2 - \beta_1 TS|\psi|^2 - ST \\
&- \frac{1}{4\pi}\mathrm{curl}A \cdot H_a \Bigg]\mathrm{d}x,
\end{aligned}
\tag{5.2.12}
$$

其中 k 为 Boltzmann 常数, β_0, $\beta_1 > 0$ 为常数.

根据热力学势的统一模型 (5.1.46) 和 (5.1.47), 超导体动力学方程可写成如下形式 (这里 $B \neq 0$, 因为有磁势 A 的耦合):

$$
\frac{\partial \psi}{\partial t} = -\mu_1 \frac{\delta}{\delta\psi}F(\psi, A, S) - \Phi_1(\psi, A),
\tag{5.2.13}
$$

$$
\frac{\partial A}{\partial t} = -\mu_2 \frac{\delta}{\delta A}F(\psi, A, S) - \Phi_2(\psi, A),
\tag{5.2.14}
$$

$$
\frac{\delta}{\delta S}F(\psi, A, S) = 0,
\tag{5.2.15}
$$

其中 μ_1, $\mu_2 > 0$ 为物理量纲系数, Φ_1, Φ_2 满足

$$
\int_\Omega \left[\frac{\delta}{\delta\psi}F \cdot \Phi_1 + \frac{\delta}{\delta A}F \cdot \Phi_2 \right]\mathrm{d}x = 0.
\tag{5.2.16}
$$

由 (5.2.12) 可以算出 (也见 (1.2.18))

$$
\begin{aligned}
\frac{\delta}{\delta\psi^*}F &= \frac{1}{2m_s}\left(\mathrm{i}\hbar\nabla + \frac{e_s}{c}A \right)^2 \psi - g_0\psi + g_1|\psi|^2\psi - \beta_1 TS\psi, \\
\frac{\delta}{\delta A}F &= -\frac{1}{4\pi}\mathrm{curl}^2 A - \frac{1}{4\pi}\mathrm{curl}H_a + \frac{e_s^2}{m_s c^2}|\psi|^2 A \\
&\quad + \frac{e_s\hbar}{2m_s c}\mathrm{i}(\psi^*\nabla\psi - \psi\nabla\psi^*), \\
\frac{\delta}{\delta S}F &= -\frac{T}{k\beta_0}S - \beta_1 T|\psi|^2 - T.
\end{aligned}
$$

将 (5.2.15) 代入 (5.2.13), 方程 (5.2.13) 和 (5.2.14) 可等价地表达为

$$k_1\frac{\partial \psi}{\partial t} + \Phi_1 = \frac{1}{2m_s}\left(\mathrm{i}\hbar\nabla + \frac{e_s}{c}A\right)^2\psi + b_0\psi + b_1|\psi|^2\psi, \tag{5.2.17}$$

$$k_2\frac{\partial A}{\partial t} + \Phi_2 = -\frac{1}{4\pi}\mathrm{curl}^2A - \frac{e_s^2}{m_sc^2}|\psi|^2A + \frac{1}{4\pi}\mathrm{curl}H_a$$
$$- \frac{e_s\hbar}{2m_sc}\mathrm{i}(\psi^*\nabla\psi - \psi\nabla\psi^*), \tag{5.2.18}$$

其中 b_0 和 b_1 分别为 (这两个参数与相变有关):

$$b_0 = k\beta_0\beta_1 T - g_0, \quad b_1 = g_1 + k\beta_0\beta_1^2 T. \tag{5.2.19}$$

下面我们将根据物理定律来定出 (5.2.17) 和 (5.2.18) 中的量纲系数 k_1, k_2 和待定函数 $\Phi_1(\psi, A)$, $\Phi_2(\psi, A)$.

首先, Maxwell 方程给出

$$\frac{\sigma}{c^2}\frac{\partial A}{\partial t} = -\frac{1}{4\pi}\mathrm{curl}(\mathrm{curl}A - H_a) - \sigma\nabla\phi + J_s, \tag{5.2.20}$$

其中 σ 为电导率, ϕ 为电势, J_s 为超导电流. 另一方面由量子力学, 超导的电流密度 J_s 由下式给出:

$$J_s = -\frac{e_s^2}{m_sc^2}|\psi|^2A - \frac{e_s\hbar}{2m_sc}\mathrm{i}(\psi^*\nabla\psi - \psi\nabla\psi^*). \tag{5.2.21}$$

将 (5.2.21) 代入 (5.2.20), 超导的 Maxwell 方程变为

$$\frac{\sigma}{c^2}\frac{\partial A}{\partial t} = -\frac{1}{4\pi}\mathrm{curl}^2A + \frac{1}{4\pi}\mathrm{curl}H_a - \frac{e_s^2}{m_sc^2}|\psi|^2A - \sigma\nabla\phi$$
$$- \frac{e_s\hbar}{2m_sc}\mathrm{i}(\psi^*\nabla\psi - \psi\nabla\psi^*). \tag{5.2.22}$$

将 (5.2.18) 与 Maxwell 方程 (5.2.22) 对比, 便可得到 k_2 和 Φ_2 为

$$k_2 = \sigma/c^2, \quad \Phi_2 = \sigma\nabla\phi. \tag{5.2.23}$$

现在将 $\Phi_2 = \sigma\nabla\phi$ 代入 (5.2.16) 中可以求出 Φ_1 为

$$\Phi_1 = \mathrm{i}\alpha\phi\psi, \quad \alpha \text{ 为量纲参数}. \tag{5.2.24}$$

最后, 由量纲平衡, 可定出 k_1 和 α 为

$$k_1 = \hbar^2/2m_sD, \quad \alpha = \hbar e_s/2m_sD, \quad D \text{ 为扩散系数}. \tag{5.2.25}$$

注意这里在求 Φ_1 的过程中使用了 Coulomb 规范 $\mathrm{div}A = 0$ 和可进行分部积分的有物理意义的边界条件.

由 (5.2.23)—(5.2.25), 方程 (5.2.17) 和 (5.2.18) 可明确地表达成

$$\frac{\hbar^2}{2m_s D}\left(\frac{\partial}{\partial t} + \frac{\mathrm{i}e_s}{\hbar}\phi\right)\psi = -\frac{1}{2m_s}\left(\mathrm{i}\hbar\nabla + \frac{e_s}{c}A\right)^2\psi - b_0\psi - b_1|\psi|^2\psi,$$

$$\frac{\sigma}{c^2}\frac{\partial A}{\partial t} + \sigma\nabla\phi = -\frac{1}{4\pi}\mathrm{curl}^2 A + \frac{1}{4\pi}\mathrm{curl}H_a - \frac{e_s^2}{m_s c^2}|\psi|^2 A$$
$$-\frac{e_s\hbar}{2m_s c}\mathrm{i}(\psi^*\nabla\psi - \psi\nabla\psi^*), \tag{5.2.26}$$

该方程是由 P. L. Gorkov 在 (Gorkov, 1968) 中推导出来的, 因此称为 Ginzburg-Landau-Gorkov 超导动力学方程, 简称 GLG 方程.

实际上, GLG 方程 (5.2.26) 也可以由电磁势 $A_\mu = (\phi, A)$ 的 $U(1)$ 规范不变性从 (5.2.17) 和 (5.2.18) 导出, 即规范场理论告诉我们方程 (5.2.17) 和 (5.2.18) 满足如下 $U(1)$ 规范变换的不变性:

$$(\psi, A, \phi) \rightarrow \left(\psi\mathrm{e}^{\mathrm{i}\theta}, A + \frac{\hbar c}{e_s}\nabla\theta, \phi - \frac{\hbar}{e_s}\theta_t\right). \tag{5.2.27}$$

从这个规范不变性也可定出 Φ_1, Φ_2, k_1, k_2 如 (5.2.23)—(5.2.25). 规范不变性与量子法则 3.3(也即 (4.3.7)) 是同一个物理性质的不同表现形式.

GLG 方程 (5.2.26) 需要配上边界条件. 对于超导体, 具有物理意义的边界条件有三种不同形式, 给出如下.

1) Neumann 边界条件:

$$\left.\frac{\partial\psi}{\partial n}\right|_{\partial\Omega} = 0, \quad A \cdot n|_{\partial\Omega} = 0, \quad \mathrm{curl}A \times n|_{\partial\Omega} = H_a \times n. \tag{5.2.28}$$

该边界条件适用于超导体样品 Ω 被绝缘体所包围的情况.

2) Dirichlet 边界条件:

$$\psi|_{\partial\Omega} = 0, \quad A \cdot n|_{\partial\Omega} = 0, \quad \mathrm{curl}A \times n|_{\partial\Omega} = H_a \times n. \tag{5.2.29}$$

这个条件适用于 Ω 被磁性材料所包围的情况.

3) Robin 边界条件:

$$\left.\frac{\partial\psi}{\partial n} + \alpha\psi\right|_{\partial\Omega} = 0, \quad A \cdot n|_{\partial\Omega} = 0, \quad \mathrm{curl}A \times n|_{\partial\Omega} = H_a \times n, \tag{5.2.30}$$

其中 $\alpha > 0$ 为常数. 该条件适用于 Ω 被正常金属所包围的情况.

5.2.3　超流系统的势梯度方程

超流系统包括液态 $^4\mathrm{He}$ 和 $^3\mathrm{He}$ 超流体. 在这一小节中, 我们根据热力学系统的统一模型 (5.1.46) 和 (5.1.47), 对 4.3 节中建立的液态 He 的 Gibbs 自由能给出动力学方程. 这里只讨论 $^4\mathrm{He}$ 和带磁场的 $^3\mathrm{He}$ 两种情况.

1. $^4\mathrm{He}$ 超流体

液态 $^4\mathrm{He}$ 超流体 Gibbs 自由能由 (4.3.25) 给出, 它写成

$$
\begin{aligned}
F = \int_\Omega \Bigg[& \frac{\alpha}{2}|\nabla \rho_n|^2 + \frac{1}{2}(b^2 p + A_1 T)\rho_n^2 - \mu(\rho_n + |\psi|^2) - bp\rho_n \\
& + A_2 T (1 + b\rho_n + b|\psi|^2)\ln(1 + b\rho_n + b|\psi|^2) \\
& + \frac{\hbar^2}{2m}|\nabla \psi|^2 - g_0|\psi|^2 + \frac{g_1}{2}|\psi|^4 + g_2\rho_n|\psi|^2 \\
& - bp\rho_n - \frac{T}{2\beta_0 k}S^2 + \beta_1 T S \rho_n^2 - \beta_2 T S|\psi|^2 - ST \Bigg]\mathrm{d}x,
\end{aligned} \tag{5.2.31}
$$

对于超流系统, 在 (5.1.46) 中的 Φ 项为零: $\Phi(\rho_n, \psi) = 0$. 因此对于 (5.2.31), 方程 (5.1.46) 可写成如下形式:

$$
\begin{aligned}
k_1 \frac{\partial \rho_n}{\partial t} =& \alpha \Delta \rho_n - A_2 b T \ln(1 + b\rho_n + b|\psi|^2) - a_1 \rho_n \\
& - g_2|\psi|^2 - a_2 \rho_n^3 + a_3 \rho_n|\psi|^2 + bp, \\
k_2 \frac{\partial \psi}{\partial t} =& \frac{\hbar^2}{2m}\Delta \psi - b_0\psi - g_2\rho_n\psi - b_1|\psi|^2\psi + a_3\rho_n^2\psi \\
& - 2A_2 T b\psi \ln(1 + b\rho_n + b|\psi|^2),
\end{aligned} \tag{5.2.32}
$$

其中 $\mu = A_2 bT$, $a_1 = b^2 p + A_1 T + 2k\beta_0\beta_1 T$, $a_2 = 2k\beta_0\beta_1^2 T$, $a_3 = 2k\beta_0\beta_1\beta_2 T$, 以及

$$
\begin{cases}
b_0 = k\beta_0\beta_2 T - g_0, \\
b_1 = g_1 + k\beta_0\beta_2^2 T.
\end{cases} \tag{5.2.33}
$$

上述参数 (5.2.33) 与相变有关. 超流体边界条件为

$$
\frac{\partial \rho_n}{\partial n}\bigg|_{\partial\Omega} = 0, \quad \frac{\partial \psi}{\partial n}\bigg|_{\partial\Omega} = 0.
$$

2. 带磁场的 $^3\mathrm{He}$ 超流体

有外磁场 H_a 存在的液态 $^3\mathrm{He}$ 超流体 Gibbs 自由能由 (4.3.41) 给出, 它写成如

下形式:

$$F = \int_\Omega \left[\frac{\hbar^2}{2m}|\nabla\Psi|^2 - g_0|\psi_0|^2 - g_m(|\psi_+|^2 + |\psi_-|^2) + \frac{g_1}{2}|\Psi|^4 \right.$$
$$+ \frac{g_s}{2}|\Psi^\dagger \hat{F}\Psi|^2 + g_2\rho_n|\Psi|^2 - \mu(\rho_n + |\Psi|^2)$$
$$+ \frac{\alpha}{2}|\nabla\rho_n|^2 + \frac{1}{2}(b^2 p + A_1 T)\rho_n^2 - bp\rho_n$$
$$+ A_2 T(1 + b\rho_n + b|\Psi|^2)\ln(1 + b\rho_n + b|\Psi|^2)$$
$$- \frac{T}{2\beta_0 k}S^2 + \beta_1 TS\rho_n^2 - \beta_2 TS|\Psi|^2 - ST$$
$$\left. + \frac{1}{8\pi}H^2 - \mu_0 \cdot H(|\psi_+|^2 - |\psi_-|^2) - \frac{1}{4\pi}H \cdot H_a \right] dx, \tag{5.2.34}$$

这里 $\Psi = (\psi_+, \psi_0, \psi_-)$, $\hat{F}$ 如 (4.3.36). 关于 (5.2.34) 的势泛函, 方程 (5.1.46) 可写成如下形式:

$$k_1 \frac{\partial \rho_n}{\partial t} = -\frac{\delta}{\delta \rho_n} F(\rho_n, \Psi, S, H, \lambda),$$
$$k_2 \frac{\partial \Psi}{\partial t} = -\frac{\delta}{\delta \Psi} F(\rho_n, \Psi, S, H, \lambda), \tag{5.2.35}$$

以及关于 S 和 H 的方程:

$$S = k\beta_0\beta_1\rho_n^2 - k\beta_0\beta_2|\Psi|^2 - k\beta_0,$$
$$H = 4\pi\mu_0(|\psi_+|^2 - |\psi_-|^2) + H_a. \tag{5.2.36}$$

将 (5.2.36) 代入 (5.2.35) 便得到 ^{3}He 超流体动力学方程如下:

$$k_1 \frac{\partial \rho_n}{\partial t} = \alpha\Delta\rho_n - A_2 bT\ln(1 + b\rho_n + b|\Psi|^2) - a_1\rho_n$$
$$- g_2|\Psi|^2 - a_2\rho_n^3 + a_3\rho_n|\Psi|^2 + bp, \tag{5.2.37}$$
$$k_2 \frac{\partial \psi_+}{\partial t} = \frac{\hbar^2}{2m}\Delta\psi_+ - b_+\psi_+ - g_2\rho_n\psi_+ - b_1|\Psi|^2\psi_+$$
$$+ a_3\rho_n^2\psi_+ - 2A_2 bT\psi_+\ln(1 + b\rho_n + b|\Psi|^2)$$
$$- g_s\psi_-^*\psi_0^2 - g_s|\psi_0|^2\psi_+ - b_2(|\psi_+|^2 - |\psi_-|^2)\psi_+, \tag{5.2.38}$$
$$k_3 \frac{\partial \psi_0}{\partial t} = \frac{\hbar^2}{2m}\Delta\psi_0 - b_0\psi_0 - g_2\rho_n\psi_0 - b_1|\Psi|^2\psi_0$$
$$+ a_3\rho_n^2\psi_0 - 2A_2 bT\psi_0\ln(1 + b\rho_n + b|\Psi|^2)$$
$$- 2g_s\psi_+\psi_-\psi_0^* - g_s(|\psi_+|^2 + |\psi_-|^2)\psi_0, \tag{5.2.39}$$

$$
\begin{aligned}
k_4 \frac{\partial \psi_-}{\partial t} =& \frac{\hbar^2}{2m} \Delta \psi_- - b_- \psi_- - g_2 \rho_n \psi_- - b_1 |\Psi|^2 \psi_- \\
& + a_3 \rho_n^2 \psi_- - 2A_2 bT \psi_- \ln(1 + b\rho_n + b|\Psi|^2) \\
& - g_s \psi_+^* \psi_0^2 - g_s |\psi_0|^2 \psi_- + b_2(|\psi_+|^2 - |\psi_-|^2)\psi_-,
\end{aligned} \tag{5.2.40}
$$

其中 $\mu = A_2 bT$, a_1, a_2, a_3 如 (5.2.32), 方程 (5.2.37)—(5.2.40) 中参数与相变有关, 表达为

$$
\begin{cases}
b_\pm = k\beta_0 \beta_2 T - g_m \mp \mu_0 \cdot H_a, \\
b_0 = k\beta_0 \beta_2 T - g_0, \\
b_1 = g_1 + k\beta_0 \beta_2^2 T, \\
b_2 = g_s - 8\pi\mu_0^2.
\end{cases} \tag{5.2.41}
$$

方程 (5.2.37)—(5.2.40) 配给的边界条件为

$$
\left. \frac{\partial \rho_n}{\partial n} \right|_{\partial\Omega} = 0, \quad \left. \frac{\partial \Psi}{\partial n} \right|_{\partial\Omega} = 0.
$$

5.2.4　气体 BEC 系统相变动力学方程

气体 Bose-Einstein 凝聚动力学方程在 BEC 临界相变问题研究中可起到重要作用. 这一小节将讨论标量 BEC 和带电磁场的 $J = 1$ 旋量 BEC 两种系统的模型.

1. 标量 BEC 系统

标量 BEC 系统的势泛函由 (4.3.45) 给出, 它的形式如下:

$$
\begin{aligned}
F = \int_\Omega \Bigg[& \frac{\alpha}{2} |\nabla \rho_n|^2 + \frac{1}{2}(b^2 p + A_1 RT)\rho_n^2 - \mu(\rho_n + |\psi|^2) \\
& + \frac{\hbar^2}{2m} |\nabla \psi|^2 + \frac{g_1}{2} |\psi|^4 + g_2 \rho_n |\psi|^2 - bp\rho_n \\
& + \frac{A_2 RT}{b}(1 + b\rho_n + b|\psi|^2) \ln(1 + b\rho_n + b|\psi|^2) \\
& - \frac{T}{2k\beta_0} S^2 + \beta_1 TS\rho_n^2 - \beta_2 TS|\psi|^2 - ST \\
& + \frac{1}{8\pi} H^2 - \mu_0 \cdot H|\psi|^2 - \frac{1}{4\pi} H \cdot H_a \Bigg] \mathrm{d}x.
\end{aligned} \tag{5.2.42}
$$

关于这个势泛函的动力学方程 (5.1.46) 可表达如下:

$$
\begin{aligned}
k_1 \frac{\partial \rho_n}{\partial t} =& \alpha \Delta \rho_n - A_2 RT \ln(1 + b\rho_n + b|\psi|^2) - a_1 \rho_n \\
& - a_2 \rho_n^3 + a_3 \rho_n |\psi|^2 - g_2 |\psi|^2 + bp,
\end{aligned}
$$

$$k_2 \frac{\partial \psi}{\partial t} = \frac{\hbar^2}{2m} \Delta\psi - b_0\psi - g_2\rho_n\psi - b_1|\psi|^2\psi + a_3\rho_n^2\psi$$
$$- A_2 RT\psi \ln(1 + b\rho_n + b|\psi|^2),$$

其中 $\mu = A_2 RT$, $a_1 = b^2 p + A_1 RT + 2k\beta_0\beta_1 T$, $a_2 = 2k\beta_0\beta_1^2 T$, $a_3 = 2k\beta_0\beta_1\beta_3 T$, 与 BEC 相变有关的参数 b_0 和 b_1 为

$$\begin{cases} b_0 = k\beta_0\beta_2 T - \mu_0 \cdot H_a, \\ b_1 = g_1 - 8\pi\mu_0^2 + k\beta_0\beta_2^2 T. \end{cases} \tag{5.2.43}$$

边界条件与超流相同, 为 Neumann 边界条件.

2. 带电磁场的 $J=1$ 旋量 BEC 系统

此系统的 Gibbs 自由能由 (4.3.50) 给出, 表达为

$$\begin{aligned} F = \int_\Omega &\left[\frac{\alpha}{2}|\nabla\rho_n|^2 + \frac{1}{2}(b^2 p + A_1 RT)\rho_n^2 - \mu(\rho_n + |\Psi|^2) \right. \\ &+ \frac{A_2 RT}{b}(1 + b\rho_n + b|\Psi|^2)\ln(1 + b\rho_n + b|\Psi|^2) - bp\rho_n \\ &+ \frac{\hbar^2}{2m}|\nabla\Psi|^2 + \frac{g_1}{2}|\Psi|^4 + \frac{g_s}{2}|\Psi^\dagger \widehat{F}\Psi| + g_2\rho_n|\Psi|^2 \\ &+ \frac{1}{8\pi}H^2 - \Psi^\dagger(H\cdot\widehat{\mu})\Psi - \frac{1}{4\pi}H\cdot H_a \\ &+ \frac{1}{8\pi}E^2 - \varepsilon_0 \cdot E|\Psi|^2 - \frac{1}{4\pi}E\cdot E_a \\ &\left. - \frac{1}{2\beta_0 k}TS^2 + \beta_1 TS\rho_n^2 - \beta_2 TS|\Psi|^2 - ST \right] dx. \end{aligned} \tag{5.2.44}$$

其中 $\Psi = (\psi_+, \psi_0, \psi_-)$, $\widehat{\mu}$ 为磁矩算子为

$$\widehat{\mu} = \mu_l + \mu_0\widehat{F} \quad (\widehat{F} \text{ 如 } (4.3.36)). \tag{5.2.45}$$

关于 (5.2.44) 的 Gibbs 自由能, 动力学方程为

$$k_1\frac{\partial\rho_n}{\partial t} = \alpha\Delta\rho_n - A_2 RT\ln(1 + b\rho_n + b|\Psi|^2) - a_1\rho_n$$
$$- a_2\rho_n^3 + a_3\rho_n|\Psi|^2 - g_2|\Psi|^2 + bp, \tag{5.2.46}$$

$$k_2\frac{\partial\Psi}{\partial t} = \frac{\hbar^2}{2m}\Delta\Psi - b_0\Psi - g_2\rho_n\Psi - b_1|\Psi|^2\Psi$$
$$+ 4\pi(\Psi^\dagger\widehat{\mu}\Psi)\widehat{\mu}\Psi - g_s(\Psi^\dagger\widehat{F}\Psi)\cdot\widehat{F}\Psi$$
$$- A_2 RT\Psi\ln(1 + b\rho_n + b|\Psi|^2), \tag{5.2.47}$$

其中 $\hat{\mu}$ 如 (5.2.45) 是一个三阶矢量矩阵, a_1, a_2, a_3 与标量情形一致, b_0 是一个三阶 Hermite 矩阵, b_1 是一个参数, 它们的表达形式为

$$\begin{cases} b_0 = k\beta_0\beta_1 T - \varepsilon_0 \cdot E_a - H_a \cdot \hat{\mu}, \\ b_1 = g_1 + 4\pi\varepsilon_0^2 + k\beta_0\beta_2^2 T. \end{cases} \tag{5.2.48}$$

方程 (5.2.46) 和 (5.2.47) 配以 Neumann 边界条件.

5.2.5　动力学理论基础

热力学系统的动力学方程是属于梯度型耗散系统, 这一类演化方程在数学方面有如下动力学性质.

- 若系统的全局吸引子存在, 则方程的解 $u(t)$ 一定有极限

$$\lim_{t \to \infty} u(t) = u_0,$$

并且 u_0 是方程的稳态解 (即为系统的平衡态).

- 没有时间周期解和时间振荡解, 也没有混沌现象.
- 全局吸引子存在条件下, 相变总是在稳定平衡态之间进行的. 这就是热力学系统相变总是被称为平衡相变 (即平衡态相变) 的原因.

这一节的前面部分是对各种热力学系统建立它们的动力学方程. 在这一小节中我们将关于这些演化方程建立适定性理论和全局吸引子存在性定理, 这将为热力学的非平衡态动力学奠定坚实的理论基础.

下面介绍的数学理论对于所有热力学系统的动力学方程都是适用的. 我们回忆所有热力学势可表示成如下形式:

$$F = \int_\Omega [f(u, \nabla u) + vf_1(u) + f_2(v)]\mathrm{d}x, \tag{5.2.49}$$

其中 $v = (S, H, E)$ 代表辅助性的序参量, $u = (\rho, M, P, A, \Psi)$ 代表主序参量. 令方程 (5.1.42) 的解为

$$\frac{\delta}{\delta v}F(u, v) = 0 \Rightarrow 解 \ v = \varphi(u). \tag{5.2.50}$$

记 $\mathcal{F}(u)$ 是 u 的如下泛函:

$$\mathcal{F}(u) = \int_\Omega [f(u, \nabla u) + \varphi(u)f_1(u)]\mathrm{d}x, \tag{5.2.51}$$

$\varphi(u)$ 如 (5.2.50). 令 $\mathcal{F}$ 是如下函数空间上的连续泛函:

$$\begin{cases} X = \{u \in L^2 \ 空间 \mid ||u||_X < \infty, \ \dfrac{\partial u}{\partial n} = 0 \ 或 \ u = 0 \ 在 \ \partial\Omega \ 上 \} \\ ||u||_X = \left[\displaystyle\int_\Omega |\nabla u|^2 \mathrm{d}x \right]^{\frac{1}{2}} + \left[\displaystyle\int_\Omega |u|^p \mathrm{d}x \right]^{\frac{1}{p}}, \end{cases} \tag{5.2.52}$$

这里 $\Omega \subset \mathbb{R}^n$ 是有界开集, $p \geqslant 2$ 为某个实数.

关于势泛函 (5.2.49) 的梯度型方程有如下解的存在性、唯一性与稳定性定理.

定理 5.6 (梯度型方程适定性与稳定性定理) 对于 (5.2.49) 的泛函 F, 若 (5.2.51) 的泛函 $\mathcal{F}$ 满足如下正定性条件:

$$\|u\|_X \to \infty \Leftrightarrow \mathcal{F}(u) \to \infty, \tag{5.2.53}$$

那么关于 F 的梯度型方程 (5.1.41)—(5.1.43), 有如下结论.

1) 对任何初值 $\varphi \in L^2$ 空间, 该方程在 X 中存在唯一全局强解 u, 即

$$u \in W^1((0, \infty), H^2(\Omega) \cap X), \quad X \text{ 如 } (5.2.52).$$

2) 该方程在 L^2 空间中存在全局吸引子.

这里 H^2 代表关于 $x \in \Omega$ 的二次导数是平方可积函数的空间.

注 5.7 定理 5.6 是由 (马天, 2011) 这部专著中建立的定理 4.22 和定理 6.12 的推论. 对于物理学的读者, 定理 5.6 的条件 (5.2.53) 和结论的表述方式数学化有些强, 比较难懂. 下面我们将该定理用很容易操作的方式表述出来, 但普适性要差一些.

将 (5.2.49) 的泛函 F 改写成如下形式:

$$F = \int_\Omega [f(\nabla u) + f_0(u) + v f_1(u) + f_2(v)] \mathrm{d}x, \tag{5.2.54}$$

令 $g(u)$ 是 $f_0(u) + \varphi(u) f_1(u)$ 的最高阶指数项, 即 $g(u)$ 满足

$$\lim_{|u| \to \infty} \frac{g(u)}{f_0(u) + \varphi(u) f_1(u)} = 1, \tag{5.2.55}$$

这里 $\varphi(u)$ 如 (5.2.50). 然后定理 5.6 可改写成下面形式.

对于 (5.2.55) 的函数 $g(u)$, 若具有如下性质:

$$g(u) > 0, \quad \forall\, u \neq 0, \tag{5.2.56}$$

则定理 5.6 的结论 1) 和 2) 成立, 条件是 $f(\nabla u)$ 是正定的.

为了表明如何使用定理条件 (5.2.56) 以及定理 5.6 的条件 (5.2.53), 下面用 N 元系统和超导系统做例子进行说明.

1. N 元系统的适定性与稳定性

考虑 (5.2.7) 的 N 元系统的动力学方程 (5.2.8). 此时, 对应于 (5.2.54) 的形式, 势泛函 (5.2.7) 的 f_0, f_1 和 φ 分别为

$$f_0 = A_0 k T u_i \ln u_i + \frac{1}{2} A_{ij} u_i u_j - \mu_i u_i,$$

$$f_1 = T B_{ij} u_i u_j S,$$

$$\varphi = B_0^{-1} B_{ij} u_i u_j + S_0 - B_0^{-1}.$$

很容易看出 $f_0(u) + \varphi(u)f_1(u)$ 的最高阶项是四次项, 即

$$g(u) = B_0^{-1}T(B_{ij}u_iu_j)^2.$$

由 B_{ij} 的物理条件 (5.2.9) 知

$$g(u) \geqslant B_0^{-1}T\lambda^2|u|^4 > 0, \quad \forall\, u \neq 0, \tag{5.2.57}$$

其中 $\lambda > 0$ 是 (B_{ij}) 的最小特征值. 于是满足 (5.2.56) 的条件, 由定理 5.6 知 N 元系统的动力学方程 (5.2.8) 具有存在唯一性和全局吸引子存在性.

注意这里条件 (5.2.57) (也即 (5.2.56)) 并不包含要求 (5.2.7) 中输运系数 (L_{ij}) 具有正定性. 但是在 (5.2.53) 的条件中已包含了这个要求, 即若对应于 (5.2.7) 的泛函 $F(u)$ 满足 (5.2.53), 则 (L_{ij}) 一定满足正定性. 因此在使用 (5.2.56) 条件时, 必须以 F 中的**导数项是正定的**为前提.

2. 超导体 GLG 方程适定性与稳定性

对于超导体来讲, 用 (5.2.56) 的判据不是很方便, 因为虽然对 $u = (\psi, A)$ 来讲, 从 (5.2.12) 算出来的 $g(u)$ 为

$$g(\psi, A) = \left(\frac{g_1}{2} + k\beta_0\beta_1^2T\right)|\psi|^4 + \frac{e_s^2}{2m_sc^2}A^2|\psi|^2 \quad \text{满足 (5.2.56)},$$

但是关于 (ψ, A) 的导数项为

$$\int_\Omega \left[\frac{\hbar^2}{2m_s}|\nabla\psi|^2 + \frac{1}{8\pi}|\mathrm{curl}A|^2 + \mathrm{i}\frac{e_s\hbar}{2m_sc}A \cdot (\psi^*\nabla\psi - \psi\nabla\psi^*)\right]\mathrm{d}x,$$

它的正定性不成立. 而 F 的导数项具有正定性是使用了 (5.2.56) 条件的前提. 因此对于超导体必须直接用定理 5.6 的条件 (5.2.53) 来判定.

此时, 对应于 (5.2.12) 的泛函 F 为如下形式:

$$\begin{aligned}
F = \int_\Omega &\left[\frac{1}{2m_s}\left|\left(-i\hbar - \frac{e_s}{c}A\right)\psi\right|^2 - g_0|\psi|^2 + b|\psi|^4\right.\\
&\left. + \frac{1}{8\pi}|\mathrm{curl}A|^2 - \frac{1}{4\pi}\mathrm{curl}A \cdot H_a + k\beta_0\beta_1T|\psi|^2\right]\mathrm{d}x,
\end{aligned} \tag{5.2.58}$$

其中 $b = \frac{g_1}{2} + k\beta_0\beta_1^2T$. 在数学上, 使用 Hölder 不等式和 Poincaré 不等式不难证明对 (5.2.58) 的 F, 存在常数 $C_1, C_2 > 0$ 使得

$$C_1\|(\psi, A)\|_X^2 \leqslant F(\psi, A) \leqslant C_2\|(\psi, A)\|_X^2, \tag{5.2.59}$$

这里 $||\cdot||_X$ 定义为

$$||(\psi, A)||_X^2 = \int_\Omega [|\nabla\psi|^2 + |\nabla A|^2 + |\psi|^2 + |A|^2]\mathrm{d}x.$$

显然 (5.2.59) 意味着定理 5.6 的条件 (5.2.53) 成立. 于是对于 GLG 方程 (5.2.56) 及 (5.2.28)—(5.2.30) 中的一个边界条件, 定理 5.6 结论 1)–2) 成立.

这个条件 (5.2.56) 对超流体和 BEC 系统在 (5.2.41), (5.2.43) 和 (5.2.48) 中的参数 b_1, g_1 及 g_s 的理解是有帮助的.

5.3 热力学耦合的流体系统

5.3.1 热盐流体的 Boussinesq 方程

自然现象表明, 热在流体运动中经常起到动力的作用. 例如, 我们所熟知的热对流及大气环流等现象中热起到了关键的作用. 热力学与流体相耦合的系统是统计物理非平衡态动力学的一个非常重要的学科分支. 该领域中仍有大量的具有重要意义的课题有待探索, 特别是在相变、混沌和天体物理流体方面更是如此. 这一节主要讨论一些热力学耦合流体的动力学模型及其基本理论.

这一小节主要介绍最基本的热盐流体的 Boussinesq 方程. 共分四步进行: 首先建立流体的 Navier-Stokes 方程, 其次讨论热传导和物质扩散方程, 第三步讨论热耦合流体方程, 最后介绍海洋的热盐流体方程.

1. Navier-Stokes 方程

本书开篇介绍的物理学指导性原理 (原理 1.2) 告诉我们, 普适性的物理方程就是自然定律与原理. 描述流体动力学的 Navier-Stokes 方程是 Newton 第二定律和质量守恒定律.

令 $\rho(x)$ 是 x 点流体质量密度, f 为外力密度, $u(x,t)$ 为 x 点 t 时刻流体元速度. 根据 Newton 第二定律, 流体元运动受下面等式约束:

$$\text{单位体积质量} \times \text{加速度} = \text{流体元所受力}. \tag{5.3.1}$$

根据定义, 我们知道

$$\begin{aligned} &\text{单位体积质量} = \rho, \\ &\text{流体元加速度} = \frac{\mathrm{d}u}{\mathrm{d}t} \quad (\mathrm{d}/\mathrm{d}t \text{ 为时间全导数}), \end{aligned} \tag{5.3.2}$$

根据统计物理驱动力定律 (定律 1.22), 连续介质运动存在一个势泛函 $\Phi(u)$ 使得 $-\delta\Phi(u)$ 是该运动的驱动力. 再与外力 f 耦合时, 有

$$\text{流体元所受力} = -\mu\delta\Phi(u) + f. \tag{5.3.3}$$

再根据统计物理系统的 $SO(3)$ 对称性, 非均匀系统的向量场势泛函的基本形式如 (4.1.28). 因此 $\Phi(u)$ 取如下简单形式

$$\Phi(u) = \int_\Omega \left[\frac{\alpha_1}{2} |\nabla u|^2 + \frac{\alpha_2}{2} |\mathrm{div} u|^2 + \alpha_{ij} u_i u_j \right] \mathrm{d}x.$$

对于连续介质流体, δ 是散度约束变分导算子. 因此由 (1.2.42) 有

$$\delta\Phi(u) = -\alpha_1 \Delta u - \alpha_2 \nabla(\mathrm{div} u) + \alpha \cdot u + \nabla p, \tag{5.3.4}$$

由 (5.3.2)—(5.3.4), Newton 第二定律 (5.3.1) 表达为

$$\rho \frac{\mathrm{d}u}{\mathrm{d}t} = \mu \Delta u + \gamma \nabla(\mathrm{div} u) - (a_{ij}) \cdot u - \nabla p + f, \tag{5.3.5}$$

其中 μ, $\gamma > 0$ 为常数, (a_{ij}) 为对称矩阵. 物理实验表明, 在小尺度空间条件下, (a_{ij}) 非常小可以忽略不计. 但在大尺度下, 如大气与海洋的数千公里的尺度下, 系数 (a_{ij}) 虽然很小, 但影响不可忽略, 见 (Ma and Wang, 2013) 的著作 4.5 节中关于对流尺度律的讨论.

此外, 流体运动包括流体元和流体介质两部分, 因此时间全导数为

$$\begin{aligned} \frac{\mathrm{d}u}{\mathrm{d}t} &= \frac{\partial u}{\partial t} + \frac{\mathrm{d}x}{\mathrm{d}t} \cdot \nabla u \\ &= \frac{\partial u}{\partial t} + (u \cdot \nabla)u \quad (\text{由 } \mathrm{d}x/\mathrm{d}t = u). \end{aligned}$$

于是 (5.3.5) 变为

$$\rho \left[\frac{\partial u}{\partial t} + (u \cdot \nabla)u \right] = \mu \Delta u + \gamma \nabla(\mathrm{div} u) - a \cdot u - \nabla p + f. \tag{5.3.6}$$

另一方面, (5.1.18) 中给出连续物质流的质量守恒律方程. 对应于流体, (5.1.18) 中的 $A = \rho u$. 于是有质量守恒律方程为

$$\frac{\partial \rho}{\partial t} + \mathrm{div}(\rho u) = 0. \tag{5.3.7}$$

方程组 (5.3.6) 和 (5.3.7) 便为 Navier-Stokes 方程.

通常考虑的流体是近似于不可压缩, 此时 Navier-Stokes 方程 (5.3.6) 和 (5.3.7) 取下面的形式

$$\rho \left[\frac{\partial u}{\partial t} + (u \cdot \nabla)u \right] = \mu \Delta u + a \cdot u - \nabla p + f,$$
$$\mathrm{div} u = 0. \tag{5.3.8}$$

Navier-Stokes 方程配有两种具有物理意义的边界条件.

1) Dirichlet 边界条件:

$$u|_{\partial\Omega} = 0, \tag{5.3.9}$$

2) 自由滑动边界条件:

$$u \cdot n|_{\partial\Omega} = 0, \quad \left.\frac{\partial(u \cdot \tau)}{\partial n}\right|_{\partial\Omega} = 0, \tag{5.3.10}$$

其中 n 为 $\partial\Omega$ 的单位发向量, τ 为切向量.

2. 热传导和物质扩散方程

热传导和物质扩散分别遵守 Fourier 定律和 Fick 定律以及热量和质量守恒律. 然而它们同时都遵守统计物理驱动力定律 (定律 1.22), 或更一般的运动系统动力学原理 (定律 1.29).

这里我们将根据定律 1.29 导出热传导和物质扩散方程. 令 v 代表温度场 T 或扩散物质的质量密度 ρ, 即 $v = T$ 或 ρ. 由定律 1.29, 对于 v 存在势泛函 $\Phi(u)$ 使得

$$\frac{\mathrm{d}v}{\mathrm{d}t} = -k\frac{\delta}{\delta T}\Phi + Q \quad (\mathrm{d}/\mathrm{d}t \text{ 为全导数}), \tag{5.3.11}$$

其中 Q 为系统与外界耦合的热源或物质源. 注意 v 是标量场, 由 $SO(3)$ 对称性及最简单化原理决定的势泛函 (4.1.27) 的形式. 再根据经验事实可定出 $\phi(u)$ 取如下最简单的形式

$$\Phi(v) = \int_{\Omega} \frac{\alpha}{2}|\nabla v|^2 \mathrm{d}x.$$

于是热传导和物质扩散方程 (5.3.11) 可写成

$$\frac{\mathrm{d}v}{\mathrm{d}t} = \kappa\Delta v + Q \quad (v = T \text{ 或 } \rho), \tag{5.3.12}$$

其中时间全导数 $\mathrm{d}/\mathrm{d}t$ 分两种情况

$$\frac{\mathrm{d}u}{\mathrm{d}t} = \begin{cases} \dfrac{\partial}{\partial t}, & \text{热传导介质为固体}, \\ \dfrac{\partial}{\partial t} + (u \cdot \nabla), & \text{介质是流速 } u \text{ 的流体}. \end{cases} \tag{5.3.13}$$

对于热传导和物质扩散, 具有物理意义的边界条件有三种: Dirichlet 条件, Neumann 条件和 Robin 条件, 就如 (5.2.28)—(5.2.30) 中关于 ψ 的定义, 这里不再论述.

注 5.8 根据 3.4 节中建立的热理论就不难理解为什么热传导和物质扩散的方程形式完全一样. 事实上, 热传导是具有一定能级的光子扩散过程 (通过介质的吸收与发射以及光子之间弱相互作用进行扩散). 因此热传导在本质上就是扩散, 温度只是代表一定能级光子密度的可测物理量而已.

3. 热流体的 Boussinesq 方程

当流体与热耦合时, 将 Navier-Stokes 方程 (5.3.8) 与热传导方程 (5.3.12) 和 (5.3.13) 相结合便可得到 Boussinesq 方程, 但此时的组合并非简单地将它们拼在一起, 而是要根据物理事实做合理的数学操作.

首先将 (5.3.8) 和 (5.3.12)—(5.3.13) 组合在一起, 得到

$$\begin{cases} \rho\left[\dfrac{\partial u}{\partial t} + (u \cdot \nabla)u\right] = \mu\Delta u + a \cdot u - \nabla p + f, \\ \dfrac{\mathrm{d}T}{\mathrm{d}t} = \kappa\Delta T + Q, \\ \mathrm{div}u = 0. \end{cases} \tag{5.3.14}$$

下一步的耦合必须考虑具体的物理情况. 在 19 世纪末, 法国物理学家 J. Boussinesq 根据热对流现象, 关于 (5.3.14) 提出垂直方向 (即 z 方向) 的热耦合方案. 即在 (5.3.14) 中流体运动方程等式左端质量密度 ρ 取常数, 而等式右端 f 取热膨胀的浮力, 即

$$\begin{cases} \rho = \rho_0, \qquad \text{热传导介质为固体}, \\ f = \rho_0(1 - \alpha_T(T - T_0))g\vec{k}, \end{cases} \tag{5.3.15}$$

将 (5.3.15) 代入 (5.3.14) 便得到关于热对流的 Boussinesq 方程

$$\begin{cases} \dfrac{\partial u}{\partial t} + (u \cdot \nabla)u = \nu\Delta u - \dfrac{1}{\rho_0}\nabla p + a \cdot u + (1 - \alpha_T(T - T_0))g\vec{k}, \\ \dfrac{\partial T}{\partial t} + (u \cdot \nabla)T = \kappa_T\Delta T + Q, \\ \mathrm{div}u = 0, \end{cases} \tag{5.3.16}$$

其中 $\nu = \mu/\rho_0$ 称为动力黏性系数, α_T 为热膨胀系数, g 为重力加速度, $\vec{k} = (0, 0, 1)$ 是垂直 z 方向单位向量, κ_T 为热传导系数.

4. 热盐流体的 Boussinesq 方程

对于海洋流体来讲, 是与热和盐两者的耦合. 实际上, 在海洋学中观测到全球性的热盐大环流存在. 该环流达到数万公里尺度, 其主要驱动力是盐的下沉力造成的.

热盐流体动力学方程就是将 (5.3.16) 再与盐的扩散方程简单组合在一起就行了, 但是外力 f 变为

$$\begin{cases} \dfrac{\partial u}{\partial t} + (u \cdot \nabla)u = \nu\Delta u - \dfrac{1}{\rho_0}\nabla p + a \cdot u + (1 - \alpha_T(T - T_0) + \alpha_S(S - S_0))g\vec{k}, \\[2mm] \dfrac{\partial T}{\partial t} + (u \cdot \nabla)T = \kappa_T\Delta T + Q_T, \\[2mm] \dfrac{\partial S}{\partial t} + (u \cdot \nabla)S = \kappa_S\Delta S + Q_S, \\[2mm] \mathrm{div}u = 0. \end{cases} \tag{5.3.17}$$

对于海洋热盐环流问题, (5.3.17) 的流体运动方程中还应加上地球自转的 Coriolis 力如下

$$f = (-2\Omega u_3, 0, 2\Omega u_1), \quad \Omega \text{ 为地球自转角速度}.$$

5.3.2 经典磁流体动力学方程

磁流体是指在磁场存在的导电流体, 如液态等离子体、盐水、含有金属元素的流体、液态金属 (如水银) 等. 所有恒星以及行星核都是由磁流体构成. 磁流体动力学方程 (简称 MHD 方程) 是由流体的 Navier-Stokes 方程与电磁场的 Maxwell 方程相耦合而成. 这一小节主要介绍这一模型.

1. 磁流体运动方程

磁流体的运动方程是如下 Navier-Stokes 方程

$$\frac{\partial u}{\partial t} + (u \cdot \nabla)u = \mu\Delta u - \frac{1}{\rho_0}\nabla p + \frac{1}{\rho_0}F, \tag{5.3.18}$$

由于磁流体含有大量的电荷粒子, 而在磁场 H 中运动电荷受到 Lorentz 力的作用, 表达为

$$\text{Lorentz 力} = \frac{e}{c}v \times H, \quad v \text{ 为运动电荷的速度}.$$

于是 (5.3.18) 中的 F 由 Lorentz 力 $J \times H$ 和外力 f 构成:

$$F = J \times H + f, \quad H \text{ 为磁场强度},$$

其中 J 为流体中运动电荷产生的等效电流. 于是 (5.3.18) 变为

$$\frac{\partial u}{\partial t} + (u \cdot \nabla)u = \mu\Delta u - \frac{1}{\rho_0}\nabla p + \frac{1}{\rho_0}J \times H + f. \tag{5.3.19}$$

2. 磁场方程

首先回忆 Maxwell 方程如下:

$$\mu_0\frac{\partial H}{\partial t} = -\mathrm{curl}E, \tag{5.3.20}$$

$$\mathrm{div}H = 0, \tag{5.3.21}$$

$$\mu_0 \left(\varepsilon_0 \frac{\partial E}{\partial t} + J \right) = \operatorname{curl} H, \tag{5.3.22}$$

$$\operatorname{div} E = \rho / \varepsilon_0, \tag{5.3.23}$$

其中 ρ 为电荷密度, ε_0 为介电常数, μ_0 为磁导率.

因为磁流体在宏观上显电中性 (由于粒子正、负电荷相等, 总电荷为零), MHD 模型作如下**静电场假设**:

$$\frac{\partial E}{\partial t} = 0. \tag{5.3.24}$$

在 (5.3.24) 的假设下, Maxwell 方程的 (5.3.22) 可写成

$$\mu_0 J = \operatorname{curl} H. \tag{5.3.25}$$

此外由 Ohm 定律, 电流 J 满足

$$J = \sigma(E + \mu_0 u \times H), \quad \sigma \text{ 为电导率}.$$

于是可以得到 E 为

$$E = \frac{1}{\mu_0 \sigma} \operatorname{curl} H - \mu_0 u \times H. \tag{5.3.26}$$

将 E 代入 Maxwell 方程的 (5.3.20) 便可得到

$$\frac{\partial H}{\partial t} = -k \operatorname{curl}^2 H - \operatorname{curl}(u \times H), \tag{5.3.27}$$

这里 $k = \dfrac{1}{\sigma \mu_0^2}$. 注意如下公式

$$\operatorname{curl}(u \times H) = (H \cdot \nabla)u - (u \cdot \nabla)H + u \operatorname{div} H - H \operatorname{div} u,$$

$$\operatorname{curl}^2 H = \nabla(\operatorname{div} H) - \Delta H.$$

再由 (5.3.21) 及流体的不可压缩性:

$$\operatorname{div} u = 0, \tag{5.3.28}$$

方程 (5.3.27) 变为

$$\frac{\partial H}{\partial t} + (u \cdot \nabla)H = k \Delta H + (H \cdot \nabla)u. \tag{5.3.29}$$

这就是磁流体关于磁场的方程.

3. MHD 方程

将 (5.3.25) 代入 (5.3.19), 然后再组合 (5.3.28), (5.3.29) 及 (5.3.21) 便得到磁流体动力学方程为如下形式

$$
\begin{cases}
\dfrac{\partial u}{\partial t} + (u \cdot \nabla)u = \mu \Delta u - \dfrac{1}{\rho_0}\nabla p + \dfrac{1}{\mu_0 \rho_0}\mathrm{curl}H \times H + f, \\[2mm]
\dfrac{\partial H}{\partial t} + (u \cdot \nabla)H = k\Delta H + (H \cdot \nabla)u, \\[2mm]
\mathrm{div}u = 0, \\[2mm]
\mathrm{div}H = 0.
\end{cases}
\tag{5.3.30}
$$

其中 $k = 1/\sigma\mu_0^2$, σ 为电导率.

注 5.9 MHD 方程 (5.3.30) 与静电场假设 (5.3.24) 是不协调的, 因为 Ohm 定律 (5.3.26) 的两端关于 t 求导得

$$
k\mathrm{curl}\frac{\partial H}{\partial t} - \frac{\partial}{\partial t}(u \times H) = 0 \quad (\text{由 } (5.3.24)).
$$

然而 (5.3.30) 的解不能满足这个方程, 这个不协调性本质上是静电场假设 (5.3.24) 与使用的 Ohm 定律 (5.3.26) 不相容造成的.

5.3.3 电磁势耦合的磁流体模型

在注 5.9 中我们看到, 经典的 MHD 方程 (5.3.30) 存在缺陷. 问题主要是与流体相耦合的不应该是磁场 H, 而应该是电磁势

$$
A_\mu = (A_0, A), \quad A = (A_1, A_2, A_3).
\tag{5.3.31}
$$

采用 (5.3.31) 的电磁势, Maxwell 方程 (5.3.20)—(5.3.23) 变为

$$
H = \mathrm{curl}A,
\tag{5.3.32}
$$

$$
E = -\nabla A_0 - \mu_0\frac{\partial A}{\partial t},
\tag{5.3.33}
$$

$$
\frac{\partial E}{\partial t} = \frac{1}{\varepsilon_0}\mathrm{curl}^2 A - \frac{1}{\varepsilon_0}J,
\tag{5.3.34}
$$

$$
\mathrm{div}E = \rho/\varepsilon_0.
\tag{5.3.35}
$$

下面我们使用 Maxwell 方程 (5.3.32)—(5.3.35) 来建立磁流体模型.

1. 磁流体运动方程

磁流体运动方程为 (5.3.19) 和 (5.3.28), 由 (5.3.32) 它们可写成

$$
\begin{aligned}
&\frac{\partial u}{\partial t} + (u \cdot \nabla)u = \mu \Delta u - \frac{1}{\rho_0}\nabla p + \frac{1}{\rho_0}J \times \mathrm{curl}A + f, \\[2mm]
&\mathrm{div}u = 0,
\end{aligned}
\tag{5.3.36}
$$

磁流体电流密度为

$$J = \rho_e u + \frac{1}{\mu_0}\mathrm{curl}H_a, \tag{5.3.37}$$

其中 ρ_e 是磁流体中等效电荷密度, H_a 为外加磁场.

2. 磁场方程

将 (5.3.33) 代入 (5.3.34) 中便得到

$$\frac{\partial^2 A}{\partial t^2} = -\frac{1}{\mu_0\varepsilon_0}\mathrm{curl}^2 A - \nabla\Phi + \frac{1}{\mu_0\varepsilon_0}J, \tag{5.3.38}$$

其中 Φ 为电磁变化率

$$\Phi = \frac{1}{\mu_0}\frac{\partial A_0}{\partial t}. \tag{5.3.39}$$

现在将 (5.3.36)—(5.3.38) 组合起来, 我们发现这个方程组未知函数的个数比方程个数多了一个, 原因是产生 (5.3.38) 的 Maxwell 方程 (5.3.32)—(5.3.35) 就是未知函数比方程个数多一个, 这是由 $U(1)$ 规范不变性造成的. 下面我们来表明这一点.

3. Coulomb 规范

Maxwell 方程 (5.3.34) 和 (5.3.35) 可等价地写成如下形式

$$\partial^\mu F_{\mu\nu} = J_\nu \quad (\nu = 0, 1, 2, 3), \tag{5.3.40}$$

其中 $F_{\mu\nu} = \partial_\mu A_\nu - \partial_\nu A_\mu$, A_μ 如 (5.3.31) 为四维电磁势, $J_\mu = (J_0, J)$ 是四维电流密度, $J_0 = -4\pi\rho$ (ρ 如 (5.3.35)). 由四维电流守恒律,

$$\partial^\mu J_\mu = 0,$$

再加上 $F_{\mu\nu}$ 的数学恒等式

$$\partial^\nu \partial^\mu F_{\mu\nu} = 0,$$

方程 (5.3.40) 满足如下恒等式

$$\partial^\nu(\partial^\mu F_{\mu\nu} - J_\nu) = 0. \tag{5.3.41}$$

这个恒等式 (5.2.41) 表明 (5.3.40) 的四个方程并不是相互独立的, 该方程组的独立方程是三个, 即 Maxwell 方程 (5.3.34) 和 (5.3.35) 的独立方程个数是三个, 而未知函数是四个.

电磁相互作用 $U(1)$ 规范场是众所周知的事实. 通常物理学家处理电磁相互作用时, 总是要给出一个固定规范方程. 常用的有四种类型: Coulomb 规范, Lorentz 规范, z 轴规范与时间规范, 根据不同的物理情况来选取其中一个. 在这里, 我们根据磁流体的特性, 选取 Coulomb 规范作为我们的固定规范方程. Coulomb 规范方程为

$$\mathrm{div}A = 0. \tag{5.3.42}$$

4. 电磁势耦合的 MHD 方程

现在将 (5.3.36)—(5.3.38) 和 (5.3.42) 组合起来, 便得到下面关于磁流体的动力学方程, 写成如下形式

$$
\begin{cases}
\dfrac{\partial u}{\partial t} + (u \cdot \nabla)u = \mu \Delta u - \dfrac{1}{\rho_0}\nabla p + \dfrac{\rho_e}{\rho_0} u \times \mathrm{curl}A \\
\qquad\qquad\qquad + \dfrac{1}{\rho_0 \mu_0}\mathrm{curl}H_a \times \mathrm{curl}A + f, \\
\dfrac{\partial^2 A}{\partial t^2} = \dfrac{1}{\mu_0 \varepsilon_0}\Delta A - \nabla \Phi + \dfrac{\rho_e}{\mu_0 \varepsilon_0} u + \dfrac{1}{\mu_0 \varepsilon_0}\mathrm{curl}H_a, \\
\mathrm{div}\, u = 0, \\
\mathrm{div}\, A = 0.
\end{cases}
\tag{5.3.43}
$$

5. 经典 MHD 方程的适用条件

这里建立的磁流体模型 (5.3.43) 没有作任何假设, 完全是流体的 Navier-Stokes 方程与电磁场 Maxwell 方程的耦合. 这与经典的 MHD 方程不同, (5.3.30) 是建立在静电场假设 (5.3.24) 基础之上的. 这个假设忽略了 A_t 的作用. 实际上, 由 Maxwell 方程 (5.3.33),

$$
E = -\nabla A_0 - \mu_0 \frac{\partial A}{\partial t}.
\tag{5.3.44}
$$

由 Coulomb 规范, 关于上式两端求散度得到

$$
\mathrm{div}\, E = -\Delta A_0.
\tag{5.3.45}
$$

由 (5.3.35) 及 $\rho = 0$ (总电荷为零) 可知 A_0 与时间无关. 因此 (5.3.24) 的静电场假设等价于下面假设, 即

$$
(5.3.24) \Leftrightarrow E = -\nabla A_0,
$$

对照 (5.3.44) 可以看到, 只有 $\mu_0 A_t$ 很小, 或等价地说 $\mu_0 H_t$ 很小时, (5.3.24) 的假设才合理. 因此推出如下结论:

$$
经典 \ \text{MHD} \ 方程 \ (5.3.30) \ 适用条件: \ \mu_0 H_t \ll 1.
\tag{5.3.46}
$$

6. Coulomb 规范的物理意义

下面我们论述 Coulomb 规范 (5.3.42) 在这里的物理意义. 关于 (5.3.43) 中第二个方程两端求散度便得到

$$
\Delta \Phi = 0.
$$

再由 (5.3.39) 和 (5.3.45) 可知

$$
\frac{\partial}{\partial t}(\mathrm{div}\, E) = 0.
\tag{5.3.47}
$$

这便是 Coulomb 规范得到的物理结论. 根据 Maxwell 方程的 (5.3.35), 方程 (5.3.47) 意味着流体总电荷密度 ρ 与时间无关. 因此有

        Coulomb 规范 (5.3.42) 的物理意义 = 流体电荷密度 ρ 与时间无关.

它表明这里选取 Coulomb 规范作为固定规范方程是合理的.

7. 物理合理边界条件

对于电磁势耦合的 MHD 方程 (5.3.43), 合理的边界条件关于流体速度场 u 如 (5.3.9) 或 (5.3.10), 关于磁场势 A 只能取 Neumann 条件, 即对 (u, A) 的边界条件为

$$u|_{\partial\Omega} = 0 \ \text{ 或 } \ u \cdot n|_{\partial\Omega} = 0, \ \left.\frac{\partial u_\tau}{\partial n}\right|_{\partial\Omega} = 0,$$

$$\left.\frac{\partial A}{\partial n}\right|_{\partial\Omega} = \frac{\partial A_a}{\partial n} \quad (\mathrm{curl} A_a = H_a). \tag{5.3.48}$$

5.3.4　厄尔尼诺亚稳态振荡机制

热流体的 Boussinesq 方程很好地描述了热对流现象, 如流体动力学中著名的 Bénard 对流、大气物理中的纬度环流等. 特别地, 关于赤道大气环流造成的厄尔尼诺现象, 由 Boussinesq 方程可获得相当完整的理解. 这一小节就介绍由 (Ma and Wang, 2013) 从大气环流动力学方程导出的关于厄尔尼诺现象的亚稳态振荡理论, 它很好地揭示了该事件发生周期振荡的物理机制和原理.

1. 厄尔尼诺现象

厄尔尼诺现象在大气物理中称为厄尔尼诺南部振荡, 简称 ENSO 现象 (即 El Niño Southern Oscillation 的缩写). ENSO 事件是全球最引人注目的自然现象之一. 这是大气环流与海洋耦合作用的结果, 它对全球气候产生重大影响.

赤道带上的大气环流造成海洋海水上翻是造成 ENSO 事件的主要原因. 由于地球表面与大气对流层顶部的温差, 产生热膨胀空气上升, 冷缩空气下降, 从而在赤道的太平洋上空形成一个巨大的热对流圈, 称为 Walker 环流. 如图 5.2 所示, 这个对流圈在海平面上由东向西运动, 湿热的气体接近澳大利亚附近上升后, 在对流层顶部由西向东运行, 接近南美洲大陆后变为干冷空气, 然后在秘鲁附近下降又沿海平面由东向西形成一个尺度为约 1 万公里的环流圈. 在太平洋表面, 由于环流风力驱动, 再加上盐的重力作用, 底层低浓度的海水从秘鲁海岸附近上升然后在海面上朝西流动. 由于日照和风吹造成水蒸发, 表面海水变成高盐浓度, 海水接近澳大利亚附近时, 盐的重力驱使下沉大约 100 多米左右又向东走, 运动到南美岸边又上翻, 在太平洋海域形成一个与 Walker 环流相对应的巨大浅层环流圈, 如图 5.2 所示.

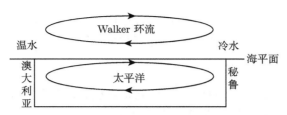

图 5.2 赤道太平洋上空 Walker 环流驱动海水上翻, 保持海面常温, 为正常状态. Walker 环流停止, 海水也停止上翻, 海面温度上升, 为厄尔尼诺. 当 Walker 环流速度大于正常情况, 海水上翻量增大, 海面温度较冷为拉尼娜

由于深处海水比表层温度低, 上翻的海水保持海面温度不会过高, 这就是我们所说的正常状态. 但是由于某种自动的机制 (即后面将介绍的理论), 造成 Walker 环流停下来, 从而导致海水上翻也停下来. 在太阳照射下, 太平洋海面温度上升, 形成大面积温水区域, 这就是所说的厄尔尼诺现象. Walker 环流停止一段时间后又会自动运动起来, 再次引起海水上翻. 当 Walker 环流速度比正常情况下大时, 较高速的海水造成较冷的海面温度, 这种状态称为拉尼娜 (La Nina) 现象. 所谓 ENSO 就是指正常状态、厄尔尼诺状态、拉尼娜状态, 这三种情况每隔 2~7 年都要轮回发生, 呈现出不规则的、随机的、周而复始的时间振荡现象.

2. ENSO 动力学模型

控制 ENSO 的动力学模型就是热对流的 Boussinesq 方程 (5.3.16). 当限制在赤道带大气层时, 经过数学整理, 方程化为如下形式:

$$\begin{cases} \dfrac{\partial u}{\partial t} + (u \cdot \nabla)u = \Pr[\Delta u + a \cdot u + RT\vec{k} - \nabla p] + 2\Omega \times u, \\ \dfrac{\partial T}{\partial t} + (u \cdot \nabla)T = \Delta T + Ru_z, \\ \mathrm{div}u = 0, \end{cases} \tag{5.3.49}$$

其中 $u = (u_x, u_z)$, u_x 为水平分量, u_z 为高度分量, $2\Omega \times u = (-\Omega u_2, \Omega u_1)$ 为 Coriolis 力, $a \cdot u = (-\delta_0 u_x, -\delta_1 u_z)$, $\vec{k} = (0, 1)$, Pr 为 Prandt 数, R 为 Rayleigh 数, 参数 R, Pr, δ_0, δ_1 为

$$R = \frac{\alpha_T g(T_0 - T_1)h^3}{\kappa_T \nu}, \quad \Pr = \frac{\nu}{\kappa_T}. \tag{5.3.50}$$

这里 T_0 为海面温度, T_1 为对流层顶部温度, h 为对流层高度,

$$\begin{cases} \delta_0 = \dfrac{C_0}{\nu}h^4, \quad \delta_1 = \dfrac{C_1}{\nu}h^4, \\ C_0 = 1.37 \times 10^{-12}\mathrm{m}^{-2} \cdot \mathrm{s}^{-1}, \quad C_1 = 1.05\ \mathrm{m}^{-2} \cdot \mathrm{s}^{-1}. \end{cases} \tag{5.3.51}$$

(5.3.51) 给出的参数 (δ_0, δ_1) 称为对流尺度律, 正是 $a \cdot u = (-\delta_0 u_x, -\delta_1 u_z)$ 这一项才使得临界温差与对流尺度的理论值与实际值相符.

3. 对流尺度与临界温度

Walker 环流是 ENSO 事件的主因, 它是典型的热对流行为. 造成热对流的原因是地表温度 T_0 与对流层顶部温度的差

$$\Delta T = T_0 - T_1.$$

因此存在一个临界温差 ΔT_c, 称为临界温度, 使得

$$\begin{cases} \Delta T < \Delta T_c & \text{时没有对流发生}, \\ \Delta T > \Delta T_c & \text{时有对流发生}. \end{cases} \tag{5.3.52}$$

此外, 在赤道带整个一周共有六个环流圈. 由于海面没有阻力, 太平洋上空的环流尺度最大, 有 1 万多公里. 但赤道平均环流尺度约为 6600km. 实际观测的临界温度与环流尺度 L 大约为

$$\text{观测值}: T_c \simeq 50 \sim 60\,^\circ\text{C}, \quad L \simeq 6600\text{km}. \tag{5.3.53}$$

在 (Ma and Wang, 2013) 中, 有两个理论计算值: $a \cdot u \neq 0$ 的情况, 采用对流尺度律 (5.3.51) 的理论值, 以及 $a \cdot u = 0$ 情况. 两个理论值分别列出如下

$$a \cdot u \neq 0 \text{ 理论值}: \quad T_c = 60\,^\circ\text{C}, \quad L = 7500\text{km}. \tag{5.3.54}$$

$$a \cdot u = 0 \text{ 理论值}: \quad T_c = 2 \times 10^{-17}\,^\circ\text{C}, \quad L = 20\text{km}. \tag{5.3.55}$$

两种情况的计算值 (5.3.54) 和 (5.3.55), 与实际值 (5.3.53) 对比, $a \cdot u = 0$ 的情况与实际相差太远, 而 $a \cdot u \neq 0$ 的情况符合较好. 在后面介绍的海洋热盐环流情况也是如此.

注意, $a \cdot u \neq 0$ 是统计物理驱动力定律 (定律 1.22) 的产物.

4. ENSO 亚稳态振荡理论

从 ENSO 模型不仅可得到 (5.3.54) 的理论值, 而且得到与 Walker 环流结构 (即图形) 完全一样的稳定的数学稳态解. 然而, 最重要的是从 (5.3.49) 的 ENSO 方程导出可很好地解释厄尔尼诺不规则周期变换的亚稳态振荡机制.

亚稳态振荡理论是建立在下面 ENSO 动力学相图 (图 5.3) 基础之上的. 该相图是从方程 (5.3.49) 的数学跃迁理论导出的鞍结点分歧图.

我们首先解释图 5.3, 图中横轴代表 Rayleigh 数 R, 由 (5.3.50) 可以看到 R 实质上代表了温差, 即 $R = \gamma(T_0 - T_1)$. 纵轴代表方程 (5.3.49) 解的空间 X, 即方程所

有的解都在 X 中. 图中曲线代表方程的非零稳态解, 即曲线上每一点 (u_R, R) 代表在 R 点的稳态解. R 轴上的点代表 $u = 0$ 的稳态解, 对应于大气层没有环流发生 (速度 $u = 0$). 曲线上双箭头表示稳态解的稳定性, 双箭头朝内代表稳定, 双箭头朝外代表不稳定. 图中 R_c 是临界 Rayleigh 数, 代表临界温差 $R_c = \gamma \Delta T_c$. R^* 是鞍结分歧点, 该点处一对稳态解被分歧出来, 一个是稳定的结点分支 (图中 u_R^- 的分支), 正常态和拉尼娜态都在这个分支上; 另一个是不稳定的鞍结点分支, 它将方程解空间 X 在 (R^*, R_c) 区间段分为两个区域: A_1 和 A_2 区域. A_1 区域的解会收敛到代表厄尔尼诺的稳态解 $u = 0$ 上, A_2 区域的解会收敛到正常态或拉尼娜态上 (即图中 u_R^- 的分支上).

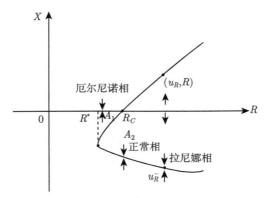

图 5.3 ENSO 动力学相图, R_c 为临界 Rayleigh 数, R^* 为鞍结分歧点

下面我们介绍 ENSO 的亚稳态振荡机制.

1) 必须注意到, 赤道大气的 Rayleigh 数 R 总是处在区间 (R^*, R_c) 内.

2) 当大气状态是在厄尔尼诺相时, 此时 $u_R = 0$, Walker 环流停止, 海水也停止上翻. 于是海平面温度 T_0 上升导致 Rayleigh 数 $R = \gamma(T_0 - T_1)$ 也上升. 这表明图 5.3 中 R 在 (R^*, R_c) 中从左朝右移动, 此时厄尔尼诺稳定区域 A_1 吸引域变小. 当 R 接近 R_c 时 A_1 的吸引域变为零. 此时厄尔尼诺状态变得不稳定, 在外界扰动下进入 A_2 区, 于是大气状态跃迁到 u_R^- 态上, 即进入拉尼娜或正常态上.

3) 在拉尼娜或正常态时, 海水开始上翻, 海面温度 T_0 下降导致 $R = \gamma(T_0 - T_1)$ 下降. 此时 R 在 (R^*, R_c) 内从右朝左移动, 造成 u_R^- 的稳定区域 A_2 吸引域变小. 当 R 接近 R^* 时, A_2 的吸引域变为零, 正常态 u_R^- 变得不稳定, 掉入 A_1 区, 从而使得大气状态跃迁到厄尔尼诺相 $(u_R = 0)$ 上. 于是又进行新的循环, 产生 ENSO 的振荡.

总结上述内容可以看到, 厄尔尼诺、拉尼娜、正常态这三种状态都是亚稳态. 它们与海洋的耦合作用 (使海水上翻或停止) 使得自身稳定性自发地减弱直到消失,然后跃迁到另一个稳定态上. 这种机制造成 ENSO 现象.

5.3.5　海洋热盐环流

海洋热盐环流是一个巨大规模的世界自然奇观, 它是地球上最大的一种流体运动. 虽然这一自然现象没有像上一节介绍的厄尔尼诺现象那么有名, 但是它对全球气候低频变化的影响以及对海洋生态学的作用是巨大的, 在科学中的地位并不亚于 ENSO 事件.

这一小节, 我们仍将介绍在 (Ma and Wang, 2013) 中关于热盐环流建立的完整动力学理论, 目的是让读者了解热力学耦合流体动力学方程在科学中是如何作用的. 由于篇幅原因, 这里与上一节一样省去所有推导和计算细节, 直接陈述理论结果.

1. 热盐环流的自然现象

在海洋学中, 热盐环流是如图 5.4 所示的一个巨大的海洋环流过程. 图中黑实线表示表层海水的流动, 虚线代表海底水流运动. 它的整个过程是, 靠近北极的北大西洋表面高浓度的冷盐水下沉到大约 500m 深的海底然后按虚线箭头所指路线南下, 沿着海底走到南极大陆附近又转向东继续运动一直进入太平洋海底, 然后又北上到白令海峡附近从海底上升到表面, 这股海流在表层又沿实线路线前进, 穿过太平洋再经过印度洋从好望角进入大西洋南部, 然后北上到北极附近再次下沉到海底. 这样经历了一个几万公里的大循环. 很难想象, 这么大规模的海洋运动, 其主要驱动力是由海洋中的热与盐不均匀分布造成的. 由于海洋表面受到的风吹日晒, 使得海水蒸发以及海床地热作用, 产生海洋的热与盐梯度分布, 直接造成海水密度的梯度分布, 海表面高密度的冷盐水下降, 而海底低密度热盐水上升, 这就导致了海洋全球性大环流现象.

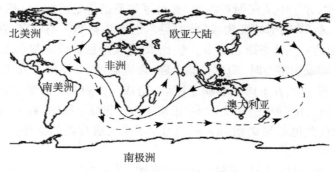

图 5.4　海洋环流示意图

2. *动力学模型*

控制海洋热盐环流的动力学模型就是由 (5.3.17) 给出的方程, 经过数学整理, 该方程可化成如下标准形式

$$
\begin{cases}
\dfrac{\partial u}{\partial t} + (u \cdot \nabla)u = \Pr[\Delta u + (RT - \operatorname{sign}(S_0 - S_1)\widetilde{R}S)\vec{k} + a \cdot u - \nabla p], \\[2mm]
\dfrac{\partial T}{\partial t} + (u \cdot \nabla)T = \Delta T + u_3, \\[2mm]
\dfrac{\partial S}{\partial t} + (u \cdot \nabla)S = \operatorname{Le}\Delta S + \operatorname{sign}(S_0 - S_1)u_3, \\[2mm]
\operatorname{div} u = 0,
\end{cases}
\tag{5.3.56}
$$

其中 S 为盐浓度, R, $\widetilde{R}$, $\Pr$, Le, $a = (\delta_0, \delta_0, \delta_1)$ 是热盐环流的重要无量纲参数:

$$
\begin{aligned}
&R = \frac{\alpha_T g(T_0 - T_1)h^3}{\kappa_T \nu} && \text{热 Rayleigh 数}, \\[2mm]
&\widetilde{R} = \frac{\alpha_S g(S_0 - S_1)h^3}{\kappa_T \nu} && \text{盐 Rayleigh 数}, \\[2mm]
&\Pr = \frac{\nu}{\kappa_T} && \text{Prandt 数}, \\[2mm]
&\operatorname{Le} = \frac{\kappa_S}{\kappa_T} && \text{Lewis 数}, \\[2mm]
&\delta_i = C_i h^4 / \nu \quad (i = 0, 1),
\end{aligned}
\tag{5.3.57}
$$

其中 h 为海的深度, α_T, α_S 分别为热和盐水膨胀系数, κ_T 为热传导系数, κ_S 为盐扩散系数, g 为重力加速度, ν 为黏性系数, T_0, S_0 和 T_1, S_1 分别为海底和海表面平均温度与盐浓度, $C_0 = 10^{-12} \mathrm{m}^{-2} \cdot \mathrm{s}^{-1}$, $C_1 = 10^3 \mathrm{m}^{-2} \cdot \mathrm{s}^{-1}$.

3. *热盐环流的动力学性质*

如果说厄尔尼诺事件可能是属于地球上一种特有现象, 那么热盐环流不是这样. 宇宙有无量无数个大小不等的行星. 液态海的存在是行星中常见的现象, 因此热盐 (其实行星不一定是盐) 环流成为宇宙中一种普遍的流体运动形式. 于是热盐环流动力学成为一种具有普适性意义的理论.

根据动力学方程 (5.3.56) 推导出的理论, 影响热盐环流运动的因素除了 (5.3.57) 中给出的物理参数外, 海洋的容积 (即它的深度 h, 长度 L_1 和宽度 L_2) 也是重要参数. 它们的数学组合将决定环流的性质, 这些性质主要列出如下.

1) 热盐环流具有两种不同的运动形式: a) 以稳定的平衡态方式进行, 这种状态与时间无关是由方程 (5.3.56) 稳定的稳态解表述; b) 以时间周期变化的方式进行, 这种状态是由 (5.3.56) 的稳定周期解来表述的. 这种周期运动所表现的自然现象是

环流的方向将会随时间演化发生周期性的变化, 即环流由西向东和由东向西两种方向运动会发生交替的周期性变化.

2) 两种不同运动方式的任何一种都有一个临界的热和盐梯度分布参数值, 在此临界点海洋将从静止状态变为环流状态, 称为跃迁行为.

3) 每一种形式的环流临界跃迁具有两种类型: 连续型与跳跃型.

以上性质决定了动力学理论的内容:

- 给出稳态环流与周期环流的判别参数 K.
- 求出每种环流形式的临界参数与临界值的表达公式.
- 得到每种环流临界跃迁类型的判别参数公式.
- 从理论上算出环流尺度、平均速度、时间周期等物理参数.

4. 稳态环流与周期环流判别参数 K

当忽略对流尺度项时, 即令 $a \cdot u = 0$, 环流类型判别参数 K 的表达式为

$$K = \left(1 + \frac{1}{\mathrm{Pr}}\right)\mathrm{Le}^2 \sigma_c - (1 - \mathrm{Le})\widetilde{R}, \tag{5.3.58}$$

其中 Pr, Le, $\widetilde{R}$ 如 (5.3.57), σ_c 为环流临界值 (见 (5.3.61)). 关于 (5.3.58) 的参数 K 有如下物理结论:

$$\begin{cases} \text{当 } K > 0 \text{ 时海洋为稳态环流}, \\ \text{当 } K < 0 \text{ 时海洋为周期环流}. \end{cases} \tag{5.3.59}$$

5. 稳态环流情况 $(K > 0)$

此时环流控制参数为

$$\sigma = R - \widetilde{R}/\mathrm{Le}, \quad (R, \widetilde{R}, \mathrm{Le} \text{ 如 } (5.3.57)), \tag{5.3.60}$$

σ 的临界参数 σ_c 为

$$\sigma_c = \min_{k_1, k_2} \frac{\pi^4 (k_1^2 L_1^{-2} + k_2^2 L_2^{-2} + 1)^3}{k_1^2 L_1^{-2} + k_2^2 L_2^{-2}}, \tag{5.3.61}$$

其中 k_1, k_2 为整数, L_1, L_2 为海域的长度和宽度. 物理结论如下:

$$\begin{cases} \sigma < \sigma_c \text{ 时, 没有环流发生}, \\ \sigma > \sigma_c \text{ 时, 有稳态环流发生}. \end{cases} \tag{5.3.62}$$

6. 周期环流情况 $(K < 0)$

此时环流控制参数为

$$\eta = R - \frac{\mathrm{Pr} + \mathrm{Le}}{\mathrm{Pr} + 1}\widetilde{R}. \tag{5.3.63}$$

临界参数值 η_c 为

$$\eta_c = \frac{(\mathrm{Pr} + \mathrm{Le})(1 + \mathrm{Le})}{\mathrm{Pr}}\sigma_c \quad (\sigma_c \text{ 如 } (5.3.61)). \tag{5.3.64}$$

物理结论如下:

$$\begin{cases} \eta < \eta_c \text{ 时, 没有环流发生,} \\ \eta > \eta_c \text{ 时, 有周期环流发生.} \end{cases} \tag{5.3.65}$$

7. 环流临界跃迁类型的判别参数

跃迁类型判别参数为

$$\begin{cases} \text{稳态环流 } (K > 0): b_1 = \sigma_c - \dfrac{1 - \mathrm{Le}}{\mathrm{Le}^3}\widetilde{R}, \\ \text{周期环流 } (K < 0): b_2 = \left[A_1\left(\eta_c + \dfrac{\mathrm{Pr} + \mathrm{Le}}{\mathrm{Pr} + 1} + A_2 \right) \right]\widetilde{R}, \end{cases} \tag{5.3.66}$$

其中 A_1, A_2 是可用 L_1, L_2, R, $\widetilde{R}$, Pr, Le 表达的参数, 具体表达可见 (Ma and Wang, 2013). 物理结论如下:

$$\begin{cases} b_1 > 0 \text{ 时, 海洋为连续型稳态环流跃迁,} \\ b_1 < 0 \text{ 时, 海洋为跳跃型稳态环流跃迁.} \end{cases} \tag{5.3.67}$$

$$\begin{cases} b_2 > 0 \text{ 时, 海洋为连续型周期环流跃迁,} \\ b_2 < 0 \text{ 时, 海洋为跳跃型周期环流跃迁.} \end{cases} \tag{5.3.68}$$

8. 对流尺度律理论 $(a \cdot u \neq 0)$

此时同样可得到如 (5.3.58)—(5.3.68) 的动力学理论, 只是表达式更为复杂, 但可算出具体参数值. 对于地球的海洋参数为

$$\begin{aligned} &\mathrm{Pr} = 8, \quad \mathrm{Le} = 10^{-2}, \quad \alpha_T = 2.1 \times 10^{-4}{}^\circ\mathrm{C}^{-1} \\ &\nu = 1.1 \times 10^{-6}\mathrm{m}^2 \cdot \mathrm{s}^{-1}, \quad \kappa_T = 1.4 \times 10^{-7}\mathrm{m}^2 \cdot \mathrm{s}^{-1}, \\ &h = 4\mathrm{km}, \quad L_1 \gg L_2 \text{ (即对流长度远大于宽度)}. \end{aligned} \tag{5.3.69}$$

对于 (5.3.69) 的参数, 对流尺度律的环流动力学参数为

$$K = 2.35 \times 10^{20} - \widetilde{R}, \quad \widetilde{R} = 3.75 \times 10^{21}(S_0 - S_1)/g\ ‰,$$
$$\sigma = R - 100\widetilde{R}, \quad R = 0.86 \times 10^{21}(T_0 - T_1)°C^{-1},$$
$$\eta \simeq R - \widetilde{R}, \quad \sigma_c \simeq 2.33 \times 10^{24},$$
$$b_1 \simeq 2.33 \times 10^{18} - \widetilde{R}, \quad \eta_c \simeq 2.34 \times 10^{24}, \tag{5.3.70}$$
$$b_2 \simeq (\pi - 2)\eta_c^2 + \eta_c\widetilde{R} - \pi(\pi - 1)\widetilde{R}^2,$$
$$L = \sqrt{\frac{10}{3}} \times 10^3 \times \pi \times h \quad (L\ 为对流尺度).$$

9. 海洋热盐环流的物理结论

从 (5.3.70) 关于海洋热盐环流得到如下理论结果:

$$对流尺度\ L = 2.6\ 万\ km,$$
$$环流类型\ K > 0\ 为稳态环流\ (因为\ \widetilde{R} < 0),$$
$$跃迁类型\ b_1 > 0\ 为连续型, \tag{5.3.71}$$
$$临界盐浓度差\ \Delta S_c = S_1 - S_0 = 10\ g\ ‰,$$

即若海表面盐浓度比海底浓度平均高出 10/1000(即每公斤海水高出 10g 盐), 则海洋便会发生热盐大环流.

注意, 在 $a \cdot u = 0$ 情况下算出的对流尺度为 $L = \sqrt{2}h = 6 \sim 8km$.

5.3.6　磁流体的 Alfvén 波

在磁流体的电导率 σ 很大的条件下, 外磁场 $H_a = (0, 0, H_0)$ 为 z 轴方向的均匀磁场, 则在磁流体中会激发出一种新的类型波, 称为 Alfvén 波. 由经典 MHD 方程 (5.3.20) 可导出 Alfvén 波方程. 当激发磁场 H 为

$$H = H_a + h, \quad h \perp H_a\ 且\ |h| \ll |H_0|.$$

于是 (5.3.30) 中第一和第二个方程可近似地写成

$$\frac{\partial u}{\partial t} = \frac{1}{\rho_0\mu_0}\text{curl}h \times H_a = \frac{H_0}{\rho_0\mu_0}\frac{\partial h}{\partial z}, \tag{5.3.72}$$
$$\frac{\partial h}{\partial t} = H_0\frac{\partial u}{\partial z}. \tag{5.3.73}$$

从 (5.3.72) 和 (5.3.73) 可导出 Alfvén 波方程如下

$$\frac{\partial^2 u}{\partial t^2} - \frac{H_0^2}{\rho_0\mu_0}\frac{\partial^2 u}{\partial z^2} = 0,$$
$$\frac{\partial^2 h}{\partial t^2} - \frac{H_0^2}{\rho_0\mu_0}\frac{\partial^2 h}{\partial z^2} = 0. \tag{5.3.74}$$

从方程 (5.3.74) 可以得到波的传播速度为

$$v = \frac{H_0}{\sqrt{\rho_0 \mu_0}}. \tag{5.3.75}$$

这个速度称为 Alfvén 速度.

磁流体动力学领域是由瑞典物理学家 H. Alfvén 在 1942 年开创的. 在这一年他提出了磁流体的 Alfvén 波. 随后 S. Lundquist 在 1949 年通过实验证实了磁流体波. 由于这项工作, Alfvén 在 1970 年获得诺贝尔物理奖.

5.4 凝聚态量子守恒系统

5.4.1 量子 Lagrange 系统

凝聚态的量子系统是一个能量守恒系统. 这个系统同时受到 Lagrange 动力学原理 (原理 1.23, PLD) 和 Hamilton 动力学原理 (原理 1.24, PHD) 这两个基本原理的制约. 虽然这两者是等价的, 但反映了系统动力学两个不同方面的性质. 这一小节主要介绍由 PLD 导出的一般能量泛函 H 的 Lagrange 动力学方程的统一形式, 然后基于此抽象模型具体给出超导、超流及 BEC 中一些典型系统的动力学方程. 下面分几步进行.

1. 凝聚态量子 Lagrange 系统

令 $\Psi : \Omega \to \mathbb{C}^N$ 是一个量子系统的波函数, $H = H(\Psi, \Phi)$ 是该系统的能量泛函. 根据 PLD 与 PHD 之间的关系, 由 $H(\Psi, \Phi)$ 可构造出这个系统的 Lagrange 作用量如下 (数学上称为 Legendre 变换),

$$L = \int_0^T \int_\Omega \frac{1}{2} i\hbar \left(\frac{\partial \Psi}{\partial t} \Psi^* - \frac{\partial \Psi^*}{\partial t} \Psi \right) dx dt - H(\Psi, \Phi), \tag{5.4.1}$$

根据原理 1.23, 该系统的动力学方程为

$$\frac{\delta}{\delta \psi^*} L(\Psi, \Psi^*) = 0. \tag{5.4.2}$$

对于 (5.4.1) 的 Lagrange 作用量, (5.4.2) 的方程可写成如下形式

$$i\hbar \frac{\partial \Psi}{\partial t} = \frac{\delta}{\delta \Psi^*} H(\Psi, \Phi), \tag{5.4.3}$$

方程 (5.4.3) 被称为能量泛函 H 的 Schrödinger 方程. 关于 Φ 序参量有如下平衡方程

$$\frac{\delta}{\partial \Phi} H(\Psi, \Phi) = 0. \tag{5.4.4}$$

以上两个方程 (5.4.3) 和 (5.4.4) 称为凝聚态量子 Lagrange 系统的统一形式.

2. 超导体量子动力学方程

超导体的能量泛函由 (4.4.24) 给出, 序参量 $\Psi = \psi$, $\Phi = (E, A)$. 由模型的统一形式 (5.4.3) 和 (5.4.4), 超导体的量子动力学方程为

$$\begin{aligned}
\mathrm{i}\hbar \frac{\partial \psi}{\partial t} = {} & \frac{1}{2m_s}\left(-\mathrm{i}\hbar \nabla - \frac{e_s}{c}A\right)^2 \psi - g_0\psi + g_1|\psi|^2\psi \\
& - \vec{\varepsilon} \cdot E\psi - \vec{\mu} \cdot H\psi,
\end{aligned} \tag{5.4.5}$$

$$J_s = -\frac{e_s^2}{m_s c^2}|\psi|^2 A - \frac{e_s\hbar}{2m_s c}\mathrm{i}(\psi^*\nabla\psi - \psi\nabla\psi^*), \tag{5.4.6}$$

$$E = E_a + \vec{\varepsilon}\,|\psi|^2. \tag{5.4.7}$$

3. ^{4}He 超流体

液态 ^{4}He 的能量泛函为 (4.4.32), 那里 $\Psi = \psi$, $\Phi = 0$. 因此该系统的方程就是 (5.4.3) 的非线性 Schrödinger 方程, 形式如下

$$\mathrm{i}\hbar \frac{\partial \psi}{\partial t} = -\frac{\hbar^2}{2m}\Delta\psi - g_0\psi + g_1|\psi|^2\psi. \tag{5.4.8}$$

气体的标量 BEC 量子动力学方程也取 (5.4.8) 的形式, 它通常也称作 Gross–Pitaevskii 方程.

4. 磁场耦合的 ^{3}He 超流体

该系统的 Hamilton 能量由 (4.4.37) 给出, 其中

$$\Psi = (\psi_+, \psi_0, \psi_-), \quad \Phi = H.$$

于是 (5.4.3) 和 (5.4.4) 可写成

$$\begin{aligned}
\mathrm{i}\hbar \frac{\partial \Psi}{\partial t} = {} & -\frac{\hbar^2}{2m}\Delta\Psi - G\Psi + g_1|\Psi|^2\Psi + g_s(\Psi^\dagger \widehat{F}\Psi) \cdot \widehat{F}\Psi \\
& - \mu_0 H \cdot \widehat{F}\Psi,
\end{aligned} \tag{5.4.9}$$

$$H = 4\pi\mu_0 \Psi^\dagger \widehat{F}\Psi + H_a. \tag{5.4.10}$$

将 (5.4.10) 代入 (5.4.9) 便得到

$$\mathrm{i}\hbar \frac{\partial \Psi}{\partial t} = -\frac{\hbar^2}{2m}\Delta\Psi - G\Psi + g_1|\Psi|^2\Psi + \widetilde{g}(\Psi^\dagger \widehat{F}\Psi) \cdot \widehat{F}\Psi, \tag{5.4.11}$$

其中 $\widehat{F}$ 是如 (4.4.10) 的自旋算子, $\widetilde{g} = g_s - 4\pi\mu_0^2$,

$$G = \begin{pmatrix} g_m & & 0 \\ & g_0 & \\ 0 & & g_m \end{pmatrix}.$$

5. 光势阱旋量 BEC 系统

该系统能量泛函为 (4.4.40), $\Psi = (\psi_+, \psi_0, \psi_-)$, $\Phi = 0$. 此时, 动力学方程为 (5.4.3) 的非线性 Schrödinger 方程, 表达为

$$i\hbar\frac{\partial\Psi}{\partial t} = -\frac{\hbar^2}{2m}\Delta\Psi - V(x)\Psi + g_1|\Psi|^2\Psi + g_s(\Psi^\dagger\widehat{F}\Psi)\cdot\widehat{F}\Psi. \tag{5.4.12}$$

5.4.2 量子 Hamilton 系统

方程 (5.4.3) 和 (5.4.4) 属于 Lagrange 动力学. 当从 PHD 的角度去考察凝聚态量子系统时, 波函数 Ψ 将分成实部和虚部的共轭形式:

$$u = \Psi^1, \quad v = \Psi^2 \quad (\Psi = \Psi^1 + i\Psi^2). \tag{5.4.13}$$

由原理 1.24 (PHD), 对于 (5.4.13) 的共轭对 Ψ^1 和 Ψ^2, 能量泛函为 $H(\Psi, \Phi)$ 的 Hamilton 方程取如下形式

$$\begin{cases} 2\hbar\dfrac{\partial\Psi^1}{\partial t} = \dfrac{\delta}{\delta\Psi^2}H(\Psi, \Phi), \\[2mm] 2\hbar\dfrac{\partial\Psi^2}{\partial t} = -\dfrac{\delta}{\delta\Psi^1}H(\Psi, \Phi), \\[2mm] \dfrac{\delta}{\delta\Phi}H(\Psi, \Phi) = 0, \end{cases} \tag{5.4.14}$$

方程 (5.4.14) 称为量子 Hamilton 系统, 它与 (5.4.3) 和 (5.4.4) 的量子 Lagrange 系统是等价的, 即将 (5.4.3) 按实部与虚部分开后, 其方程的形式与 (5.4.14) 中第一和第二个方程是一样的.

实际上, 方程 (5.4.3) 可写成

$$\hbar\left(i\frac{\partial\Psi^1}{\partial t} - \frac{\partial\Psi^2}{\partial t}\right) = \frac{\delta}{\delta\Psi^*}H(\Psi, \Phi).$$

它等价于下面的形式

$$\begin{aligned} \hbar\frac{\partial\Psi^1}{\partial t} &= \mathrm{Im}\left[\frac{\delta}{\delta\Psi^*}H(\Psi, \Phi)\right], \\ \hbar\frac{\partial\Psi^2}{\partial t} &= -\mathrm{Re}\left[\frac{\delta}{\delta\Psi^*}H(\Psi, \Phi)\right]. \end{aligned} \tag{5.4.15}$$

注意 H 是 Ψ 的实值函数, 可表示成如下形式

$$H = H(\Psi, \Psi^*).$$

因此由定义可得到

$$\delta H = \frac{\delta}{\delta\Psi^*}H + \left(\frac{\delta}{\delta\Psi}H\right)^* = 2\frac{\delta}{\delta\Psi^*}H. \tag{5.4.16}$$

另一方面

$$\mathrm{Re}(\delta H) = \frac{\delta}{\delta\Psi^1}H, \quad \mathrm{Im}(\delta H) = \frac{\delta}{\delta\Psi^2}H. \tag{5.4.17}$$

因此, 由 (5.4.16) 和 (5.4.17) 可推知 (5.4.15) 可写成

$$\hbar\frac{\partial\Psi^1}{\partial t} = \frac{1}{2}\frac{\delta}{\delta\Psi^2}H,$$
$$\hbar\frac{\partial\Psi^2}{\partial t} = -\frac{1}{2}\frac{\delta}{\delta\Psi^1}H.$$

这就是 (5.4.14) 中第一和第二两个方程. 因此 (5.4.3) 和 (5.4.4) 与 Hamilton 系统 (5.4.14) 是等价的.

5.4.3　Hamilton 系统的守恒量

虽然 Lagrange 系统 (5.4.3) 和 (5.4.4) 与 Hamilton 系统 (5.4.14) 是等价的, 但它们的物理作用是不同的. 在体现系统的物理守恒量方面, 必须用 (5.4.14) 是方便的. 事实上, 量子系统的能量守恒可直接从方程 (5.4.14) 推出. 此外, 还可以获得其他守恒量满足的条件.

1. 能量守恒

令 $H(\Psi, \Phi)$ 是一个量子系统的 Hamilton 能量, $\Psi = \Psi^1(t) + \mathrm{i}\Psi^2(t)$ 是方程 (5.4.14) 的解. 将该解 $\Psi(t)$ 代入 H 中,

$$H(t) = H(\Psi^1(t), \Psi^2(t), \Phi) \tag{5.4.18}$$

能量 $H(t)$ 显示出是时间 t 的函数. 但是对于 Hamilton 系统 (5.4.14) 解的 $(\Psi(t), \Phi)$, 我们将证明 $H(t)$ 与 t 无关, 即

$$\frac{\mathrm{d}}{\mathrm{d}t}H(t) = 0 \quad (\text{即能量 } H \text{守恒}). \tag{5.4.19}$$

下面证明这个等式 (5.4.19). 对 (5.4.18) 的 H 关于时间 t 求全导数, 根据泛函的导数定义, $\mathrm{d}H/\mathrm{d}t$ 可表达为

$$\frac{\mathrm{d}}{\mathrm{d}t}H = \left\langle \frac{\delta}{\delta\Psi^1}H, \frac{\mathrm{d}\Psi^1}{\mathrm{d}t} \right\rangle + \left\langle \frac{\delta}{\delta\Psi^2}H, \frac{\mathrm{d}\Psi^2}{\mathrm{d}t} \right\rangle, \tag{5.4.20}$$

其中 $\langle \cdot, \cdot \rangle$ 表示内积. 对于像 4.4 节中的能量泛函形式, f 和 g 的内积 $\langle f, g \rangle$ 就是如下积分

$$\langle f, g \rangle = \int_\Omega f \cdot g \mathrm{d}x.$$

因为 (Ψ^1, Ψ^2, Φ) 是 (5.4.14) 的解, 将 $(\mathrm{d}\Psi^1/\mathrm{d}t, \mathrm{d}\Psi^2/\mathrm{d}t)$ 代入 (5.4.20) 便得到

$$\frac{\mathrm{d}H}{\mathrm{d}t} = \frac{1}{2\hbar} \left\langle \frac{\delta}{\delta\Psi^1}H, \frac{\delta}{\delta\Psi^2}H \right\rangle + \frac{1}{2\hbar} \left\langle \frac{\delta}{\delta\Psi^2}H, -\frac{\delta}{\delta\Psi^1}H \right\rangle = 0.$$

于是证得 (5.4.19) 的能量守恒性.

2. 守恒量定理

更一般地, 从方程 (5.4.14) 可以推出 Hamilton 系统的守恒量定理. 令 $I = I(\Psi)$ 是量子系统的一个物理量. 则 I 是该系统的一个守恒量的充分必要条件为

$$\left\langle \frac{\delta}{\delta\Psi^1}I, \frac{\delta}{\delta\Psi^2}H \right\rangle = \left\langle \frac{\delta}{\delta\Psi^2}I, \frac{\delta}{\delta\Psi^1}H \right\rangle. \tag{5.4.21}$$

该定理证明比较简单, 直接关于 I 对时间求导 (由方程 (5.4.14))

$$\frac{\mathrm{d}}{\mathrm{d}t}I(\Psi^1, \Psi^2) = \left\langle \frac{\delta}{\delta\Psi^1}I, \frac{\mathrm{d}\Psi^1}{\mathrm{d}t} \right\rangle + \left\langle \frac{\delta}{\delta\Psi^2}I, \frac{\mathrm{d}\Psi^2}{\mathrm{d}t} \right\rangle$$

$$= \frac{1}{2\hbar} \left\langle \frac{\delta}{\delta\Psi^1}I, \frac{\delta}{\delta\Psi^2}H \right\rangle - \frac{1}{2\hbar} \left\langle \frac{\delta}{\delta\Psi^2}I, \frac{\delta}{\delta\Psi^1}H \right\rangle$$

$$= 0 \quad (\text{由 } (5.4.21)).$$

于是证得守恒量定理.

3. 粒子数守恒

对于量子系统的粒子数 N 有

$$N = \langle \Psi, \Psi \rangle = \int_\Omega [|\Psi^1|^2 + |\Psi^2|^2]\mathrm{d}x,$$

$$\frac{\delta}{\delta\Psi^1}N = 2\Psi^1, \quad \frac{\delta}{\delta\Psi^2}N = 2\Psi^2.$$

因此对于能量泛函为 H 的 Hamilton 系统, 根据守恒量定理 (5.4.21), N 守恒的充要条件是下面的等式成立

$$\int_\Omega \Psi^1 \cdot \frac{\delta}{\delta\Psi^2}H\mathrm{d}x = \int_\Omega \Psi^2 \cdot \frac{\delta}{\delta\Psi^1}H\mathrm{d}x. \tag{5.4.22}$$

因为从物理的角度, 凝聚态量子系统的粒子数 N 是守恒的, 因此它的能量泛函 H 必须满足 (5.4.22) 的条件. 这也成为检验 H 是否为一个凝聚态量子系统能量泛函的必要条件.

事实上不难验证, 所有在 4.4 节中给出的能量泛函都满足 (5.4.22).

5.4.4　量子系统的适定性

由 Lagrange 系统 (5.4.3) 和 (5.4.4) 及 Hamilton 系统 (5.4.14) 可以清楚地看到, 一个量子系统的动力学方程由它的能量泛函 H 唯一地确定. 与所有普适性的物理模型一样, 对于量子系统来讲, 它的动力学方程在数学上也必须具有存在与唯一性的性质. 这一小节就给出适定性的数学定理.

由于 (5.4.3) 和 (5.4.4) 与 (5.4.14) 是等价的, 因此只须考虑 Hamilton 系统 (5.4.14) 的适定性即可. 考虑下面初边值问题

$$\begin{cases} \dfrac{\partial \Psi^1}{\partial t} = \alpha \dfrac{\delta}{\delta \Psi^2} H(\Psi, \Phi), \\[2mm] \dfrac{\partial \Psi^2}{\partial t} = -\alpha \dfrac{\delta}{\delta \Psi^1} H(\Psi, \Phi), \\[2mm] \dfrac{\partial \Psi}{\partial n}\bigg|_{\partial \Omega} = 0 \quad (\text{或 } \Psi|_{\partial \Omega} = 0), \\[2mm] \Psi(0) = \Psi_0. \end{cases} \tag{5.4.23}$$

引入下面函数空间

$$X = \left\{ \Psi : \Omega \to \mathbb{C}^N \,\middle|\, \|\Psi\|_X < \infty,\ \frac{\partial \Psi}{\partial n} = 0 \ (\text{或 } \Psi = 0) \ \text{在 } \partial \Omega \text{ 上} \right\},$$

$$\|\Psi\|_X = \left[\int_\Omega |\nabla \Psi|^2 \mathrm{d}x \right]^{\frac{1}{2}} + \left[\int_\Omega |\Psi|^p \mathrm{d}x \right]^{\frac{1}{p}},$$

对某个 $p \geqslant 2$.

然后有下面的量子动力学方程的适定性定理.

定理 5.10 (量子系统的存在性)　令 $H(\Psi, \Phi)$ 是一个量子系统的能量泛函, $\Phi = \Phi(\Psi)$ 是 (5.4.4) 的解. 若 H 具有性质

$$H(\Psi, \Phi(\Psi)) \to +\infty \ \Leftrightarrow \ \|\Psi\|_X \to \infty, \tag{5.4.24}$$

则对任何初值 $\Psi_0 \in X$, (5.4.23) 的初边值问题存在弱解.

该定理由 (马天, 2011) 的定理 5.26 给出. 对于强解的存在性和唯一性必须针对具体方程用能量估计的方法来证明. 这里不再进一步讨论.

5.5 涨落理论

5.5.1 经典计算公式

处在平衡态的热力学量实际上是在统计意义下的平均值. 但是从微观角度去看, 对平均值的偏离总是存在的. 这种对物理量平均值的偏离就称为**涨落**. 在统计物理中, 涨落理论属于非平衡动力学领域, 它的主要内容包括:

- 各种热力学量涨落的计算 (Einstein 涨落公式).
- 不同位置与时间的涨落相互之间影响 (空间与时间关联).
- 作用力 (广义) 涨落与随机运动之间的关系 (涨落-耗散定理).
- 平衡态涨落的控制方程.
- 临界点处的涨落性质 (涨落半径估计与涨落不对称性).

这一节将分别讨论上述内容.

本小节主要介绍热力学量的涨落计算公式, 称为 Einstein 涨落公式. 它是以 Boltzmann 的如下公式为起点:

$$\bar{S} = k \ln W_{\max}.$$

这里 $\bar{S}$ 代表平衡态的熵, $W_{\max}$ 为系统最大状态数. 该公式可写成

$$W_{\max} = \mathrm{e}^{\bar{S}/k}. \tag{5.5.1}$$

令系统关于 $W_{\max}$ 的涨落为 W, 相应的熵为 S, W 与 S 的关系式为

$$W = \mathrm{e}^{S/k}. \tag{5.5.2}$$

注意此时 (5.5.2) 中 W 的物理意义已被视为**涨落概率分布**. 由 (5.5.1) 和 (5.5.2) 可以得到 W 与 $W_{\max}$ 及 $\Delta S = S - \bar{S}$ 的关系如下,

$$W = W_{\max}\mathrm{e}^{\Delta S/k}, \tag{5.5.3}$$

这里 ΔS 代表熵的涨落, (5.5.3) 就称为 Einstein 涨落公式. 它的使用方法为, 由于 W 被视为涨落概率分布, 因此, 若对某个热力学量 u, 它的涨落值为 Δu, 则 u 的均方涨落值就可由 W 的公式 (5.5.3) 按下面方式计算,

$$\overline{(\Delta u)^2} = \int_{-\infty}^{\infty} (\Delta u)^2 W \mathrm{d}(\Delta u) \bigg/ \int_{-\infty}^{\infty} W \mathrm{d}(\Delta u). \tag{5.5.4}$$

因此, Einstein 涨落理论的关键点不是给出了 (5.5.3) 的公式 (这很简单), 而是给出 W 如 (5.5.4) 新的物理内涵, 这正是该理论的不平凡之处.

为了使公式 (5.5.3) 具有可计算性, 需要将 ΔS 用其他热力学量 u 的涨落值 Δu 表达出来, 即根据热力学理论得到函数关系

$$\Delta S = f(\Delta u). \tag{5.5.5}$$

于是由 (5.5.3), 公式 (5.5.4) 就可以写成如下形式

$$\overline{(\Delta u)^2} = \int_{-\infty}^{\infty} x^2 e^{f(x)/k} dx \Big/ \int_{-\infty}^{\infty} e^{f(x)/k} dx, \tag{5.5.6}$$

其中 $x = \Delta u$, 这样, 公式 (5.5.4) 变为可计算性的形式 (5.5.6).

注意 (5.5.6) 中的积分收敛条件为 f 是 x 负定的偶函数, 即

$$f(x) \simeq -\alpha x^{2k} \quad (\alpha > 0 \text{ 为常数}, \quad k \geqslant 1). \tag{5.5.7}$$

条件 (5.5.7) 限制了这个涨落理论的应用范围. 但是对于一个嵌入在大系统的子系统, 下面关于 f 的计算是由 (朗道, 栗弗席兹, 2011) 给出的.

1. 子系统热力学量的函数关系 $\Delta S = f(\Delta u)$

令 E_1, S_1, V_1 和 E_2, S_2, V_2 分别为子系统与大系统的能量、熵和体积. 它们的总能量 $E_1 + E_2$ 和总体积 $V_1 + V_2$ 是常值. 因此涨落变化值满足如下关系

$$\Delta E_1 + \Delta E_2 = 0, \quad \Delta V_1 + \Delta V_2 = 0. \tag{5.5.8}$$

此外, 总熵为 $S = S_1 + S_2$, 涨落值为

$$\Delta S = \Delta S_1 + \Delta S_2. \tag{5.5.9}$$

由热力学基本方程

$$T dS = dE + p dV.$$

将上式应用到涨落变化有

$$\Delta S_2 = (\Delta E_2 + p \Delta V_2)/T.$$

由 (5.5.8) 可得

$$\Delta S_2 = -(\Delta E_1 + p \Delta V_1)/T. \tag{5.5.10}$$

将 (5.5.10) 代入 (5.5.9) 便得

$$\Delta S = -(\Delta E_1 - T \Delta S_1 + p \Delta V_1)/T. \tag{5.5.11}$$

因为 T 和 p 为平衡态的值, 由 (2.4.40) 有

$$\frac{\partial E_1}{\partial T} = 0, \quad \frac{\partial E_1}{\partial p} = 0 \quad \text{在 } (T, p) \text{ 点.}$$

因此 ΔE_1 的 Taylor 展开到二阶项为

$$
\begin{aligned}
\Delta E_1 =& \frac{\partial E_1}{\partial S_1}\Delta S_1 + \frac{\partial E_1}{\partial V_1}\Delta V_1 + \frac{1}{2}\left[\left(\frac{\partial^2 E_1}{\partial S_1^2}\right)(\Delta S_1)^2 \right. \\
&\left. + \left(\frac{\partial^2 E_1}{\partial S_1 \partial V_1}\right)\Delta V_1 \Delta S_1 + \left(\frac{\partial^2 E_1}{\partial S_1 \partial V_1}\right)\Delta S_1 \Delta V_1 + \left(\frac{\partial^2 E_1}{\partial V_1^2}\right)(\Delta V_1)^2\right].
\end{aligned}
$$

由热力学关系

$$\frac{\partial E_1}{\partial S_1} = T, \quad \frac{\partial E_1}{\partial V_1} = -p.$$

于是有

$$
\begin{aligned}
\Delta E_1 =& T\Delta S_1 - p\Delta V_1 + \frac{1}{2}\left[\frac{\partial T}{\partial S_1}\Delta S_1 + \frac{\partial T}{\partial V_1}\Delta V_1\right]\Delta S_1 \\
& - \frac{1}{2}\left[\frac{\partial p}{\partial S_1}\Delta S_1 + \frac{\partial p}{\partial V_1}\Delta V_1\right]\Delta V_1 \\
=& T\Delta S_1 - p\Delta V_1 + \frac{1}{2}(\Delta T\Delta S_1 - \Delta p\Delta V_1). \quad (5.5.12)
\end{aligned}
$$

将 (5.5.12) 代入 (5.5.11) 便得到

$$\Delta S = -\frac{1}{2T}(\Delta T\Delta S_1 - \Delta p\Delta V_1). \quad (5.5.13)$$

从这个式子便可得到我们所需要的满足 (5.5.7) 条件的函数关系 (5.5.5). 由下面等式

$$
\begin{aligned}
\Delta S_1 &= \left(\frac{\partial S_1}{\partial T}\right)\Delta T + \left(\frac{\partial S_1}{\partial V_1}\right)\Delta V_1, \\
\Delta p &= \left(\frac{\partial p}{\partial T}\right)\Delta T + \left(\frac{\partial p}{\partial V_1}\right)\Delta V_1,
\end{aligned}
$$

再由 Maxwell 关系

$$\left(\frac{\partial S}{\partial V}\right) = \left(\frac{\partial p}{\partial T}\right),$$

(5.5.13) 可写成如下形式 (去掉下标 1),

$$\Delta S = -\frac{1}{2T}\left[\frac{C_V}{T}(\Delta T)^2 - \left(\frac{\partial p}{\partial V}\right)(\Delta V)^2\right], \tag{5.5.14}$$

注意这里用到公式 $\partial S/\partial T = C_V/T$, C_V 为等体积热容. 此外 $\dfrac{\partial p}{\partial T} < 0$. 因此 (5.5.14) 便是我们需要的函数 (5.5.5).

　　2. 温度与体积的涨落值

　　(5.5.14) 给出了函数 f 的表达式

$$f(\Delta T, \Delta V) = -\frac{C_V}{2T^2}(\Delta T)^2 + \frac{1}{2T}\left(\frac{\partial p}{\partial V}\right)(\Delta V)^2. \tag{5.5.15}$$

将 f 代入 (5.5.6) 便可算出

$$\begin{aligned}
\text{温度均方涨落}\quad & \overline{(\Delta T)^2} = \frac{kT^2}{C_V}, \\
\text{体积均方涨落}\quad & \overline{(\Delta V)^2} = kTV\alpha_T,
\end{aligned} \tag{5.5.16}$$

其中 $\alpha_T = -\dfrac{1}{V}(\partial V/\partial p)$ 为等温压缩系数. 由物态方程可从 (5.5.16) 算出压力的均方涨落 $\overline{(\Delta p)^2}$.

5.5.2　修正的涨落理论

　　上一小节介绍的经典涨落理论存在一个严重的缺陷, 那就是计算公式 (5.5.6) 的有效性要求熵 S 与其他热力学量 u 之间的函数关系 (5.5.5) 必须满足 (5.5.7), 这是一个很不自然的条件. 实际上, 从统计物理的整体考察, 这个问题主要出在对熵的误解, 即认为

$$kT\ln W = \text{热能 (即 } k\ln W = \text{熵)}. \tag{5.5.17}$$

但实际上, (5.5.17) 的理解是不正确的. 正确的理解应是

$$kT\ln W = \text{能量 (不单纯是热能)}. \tag{5.5.18}$$

再回忆系综统计理论, 对应的概率分布密度为

$$\rho = \rho_0 \mathrm{e}^{-E/kT}, \tag{5.5.19}$$

其中 E 是能量, 即指数不是 $-S/k$. 从 (5.5.18) 和 (5.5.19) 这两个角度考察, 都说明涨落的概率分布不应取 (5.5.3) 的形式, 而是取

$$W = W_0 \mathrm{e}^{-|\Delta E|/kT}, \tag{5.5.20}$$

其中 E 为热力学势, $|\Delta E|$ 为 E 的涨落绝对值. 取绝对值的原因是涨落概率分布与 ΔE 的正、负号无关, 只与 $|\Delta E|$ 有关.

1. 涨落理论的公理化

为了使涨落理论清晰明白, 我们采用公理化方法表述.

公理 5.11 令 u 是一个热力学系统的状态量, $E(u)$ 是该系统的势泛函. 则该系统在平衡态的涨落概率分布由 (5.5.20) 给出, 且 u 的均方涨落值由下面公式给出

$$\overline{(\Delta u)^2} = \frac{\displaystyle\int_{-\infty}^{\infty} x^2 e^{-|\Delta E(x)|/kT} dx}{\displaystyle\int_{-\infty}^{\infty} e^{-|\Delta E(x)|/kT} dx}, \tag{5.5.21}$$

其中 $x = \Delta u$.

2. 热力学量的计算

令 $E = U - ST$ 是一个自由能. 下面计算熵的均方涨落. 由于 S 是序参量, 在平衡点处有

$$\frac{\partial E}{\partial S} = 0 \quad \left(即 \ \frac{\partial U}{\partial S} = T \right). \tag{5.5.22}$$

因此 E 关于 S 在平衡点的展开为

$$\Delta E = \frac{1}{2} \frac{\partial^2 E}{\partial S^2} (\Delta S)^2.$$

由 (5.5.22) 可以看到 (注意 $E = U - ST$),

$$\frac{\partial^2 E}{\partial S^2} = \frac{\partial^2 U}{\partial S^2} = \frac{\partial T}{\partial S} = \frac{T}{C_V}$$

令 $x = \Delta S$, 于是有

$$\Delta E(x) = \frac{T}{2C_V} x^2.$$

将 $\Delta E(x)$ 代入 (5.5.21) 便可得到

$$\overline{(\Delta S)^2} = kC_V. \tag{5.5.23}$$

使用同样的方法对 Gibbs 自由能 $E = U + pV$ 可得到

$$\Delta E = \frac{1}{2} \frac{\partial^2 E}{\partial V^2} (\Delta V)^2 = -\frac{1}{2} \frac{\partial p}{\partial V} (\Delta V)^2.$$

由此可算出与 (5.5.16) 中相同的 $\overline{(\Delta V)^2}$ 的值.

由 (5.5.23) 可求出 T 的均方涨落值. 令 $T = T(S)$, 展开为

$$\Delta T = \frac{\partial T}{\partial S} \Delta S \ \Rightarrow \ \overline{(\Delta T)^2} = \left(\frac{\partial T}{\partial S} \right)^2 \overline{(\Delta S)^2}.$$

由 $(\partial T/\partial S)^2 = T^2/C_V^2$ 和 (5.5.23), 我们得到

$$\overline{(\Delta T)^2} = kT^2/C_V, \quad 与 (5.5.16) 相同.$$

5.5.3   密度涨落关联的 Landau 理论

在一个连续介质系统中, 局部的密度涨落可传递到其他地方. 因此, 密度涨落具有空间的关联性. 令

$$\rho = \rho(r) \quad \text{是 } r \text{ 点的密度,}$$

ρ_0 是平均密度. 定义密度涨落的关联函数一般形式为

$$R(r,r') = \overline{(\rho(r) - \rho_0)(\rho(r') - \rho_0)}, \tag{5.5.24}$$

即 $R(r,r')$ 是 r 点处涨落与 r' 处涨落乘积的平均, 这样定义的原因是它的表达形式可算出来. Landau 的密度涨落关联理论的内容就是给出关联函数 $R(r) = R(r,0)$ 的表达式. 下面我们介绍该理论.

首先将涨落函数 $\Delta\rho(r) = \rho(r) - \rho_0$ 进行 Fourier 展开

$$\begin{cases} \Delta\rho(r) = \dfrac{1}{V} \sum a_k \mathrm{e}^{\mathrm{i}k \cdot r}, \\[2mm] a_k = \displaystyle\int \Delta\rho(r)\mathrm{e}^{-\mathrm{i}kr}\mathrm{d}r. \end{cases} \tag{5.5.25}$$

系数 $a_k^* = a_{-k}$. 因此 a_k 模平方为

$$\begin{aligned} |a_k|^2 = a_k \cdot a_k^* &= \left[\int \Delta\rho(r)\mathrm{e}^{-\mathrm{i}kr}\mathrm{d}r \right] \left[\int \Delta\rho(r')\mathrm{e}^{\mathrm{i}kr'}\mathrm{d}r' \right] \\ &= \iint \Delta\rho(r)\Delta\rho(r')\mathrm{e}^{-\mathrm{i}k(r-r')}\mathrm{d}r\mathrm{d}r'. \end{aligned}$$

对此公式取统计平均得

$$\begin{aligned} \overline{|a_k|^2} &= \iint \overline{\Delta\rho(r)\Delta\rho(r')}\mathrm{e}^{-\mathrm{i}k(r-r')}\mathrm{d}r\mathrm{d}r', \\ &= \int \mathrm{d}r' \int \overline{\Delta\rho(\widetilde{r}+r')\Delta\rho(r')}\mathrm{e}^{-\mathrm{i}k\widetilde{r}}\mathrm{d}\widetilde{r}. \end{aligned} \tag{5.5.26}$$

令 $r' = 0$. 则 (5.5.26) 变为

$$\overline{|a_k|^2} = V \int \overline{\Delta\rho(r)\Delta\rho(0)}\mathrm{e}^{-\mathrm{i}kr}\mathrm{d}r. \tag{5.5.27}$$

由关联函数 $R(r)$ 的定义

$$R(r) = R(r,0) = \overline{\Delta\rho(r)\Delta\rho(0)}, \tag{5.5.28}$$

可以看到 (5.5.25) 关于 $\Delta\rho(r)$ 的 Fourier 展开系数 a_k 的均方模 $\overline{|a_k|^2}$ 就是 (5.5.27) 关联函数 $R(r)$ 的 Fourier 展开系数 R_k 与体积 V 的乘积. 于是我们得到关联函数 $R(r)$ 的如下表达式

$$R(r) = \frac{1}{V^2} \sum_k \overline{|a_k|^2}\mathrm{e}^{\mathrm{i}kr}. \tag{5.5.29}$$

于是 $R(r)$ 的表达式变为求 $\rho(r)$ 的 Fourier 展开系数 a_k 的均方模.

现在我们可以用 (5.5.21) 来计算 $\overline{|a_k|^2}$. 令 $E(\rho)$ 是系统的自由能. 由 (5.5.25), E 可视为 $\{a_1, a_2, \cdots\}$ 的函数. 因此 (5.5.21) 变为

$$\overline{|a_k|^2} = \frac{\displaystyle\int_{-\infty}^{\infty} x^2 \mathrm{e}^{-|\Delta E(x)|/kT}\mathrm{d}x}{\displaystyle\int_{-\infty}^{\infty} \mathrm{e}^{-|\Delta E(x)|/kT}\mathrm{d}x} \quad (x = a_n). \tag{5.5.30}$$

由于 ρ 是非均匀的, 由热力学势的基本表达式 (4.1.27), ΔE 可写成

$$\Delta E = \int \left[\frac{a}{2}(\Delta\rho)^2 + \frac{b}{2}|\nabla(\Delta\rho)|^2 \mathrm{d}x\right].$$

将 (5.5.25) 代入 ΔE 中便得到

$$\begin{aligned}\Delta E &= \frac{1}{V^2}\sum_{k,k'} a_k a_{k'}^* \left(\frac{a}{2} + \frac{b}{2}k\cdot k'\right)\int \mathrm{e}^{-\mathrm{i}(k-k')r}\mathrm{d}r \\ &= \frac{1}{2V}\sum_k (a + bk^2)|a_k|^2.\end{aligned} \tag{5.5.31}$$

将 (5.5.31) 代入 (5.5.30) 便得到

$$\overline{|a_n|^2} = \frac{\displaystyle\int_{-\infty}^{\infty} x^2 \mathrm{e}^{-(a+bn^2)x^2/2VkT}\mathrm{d}x}{\displaystyle\int_{-\infty}^{\infty} \mathrm{e}^{-(a+bn^2)x^2/2VkT}\mathrm{d}x} = \frac{VkT}{a + bn^2}.$$

于是 (5.5.29) 的关联函数可表达为

$$R(r) = \frac{kT}{V}\sum_n \frac{1}{a + bn^2}\mathrm{e}^{\mathrm{i}n\cdot r}. \tag{5.5.32}$$

当体积 V 很大时, 求和近似于积分, 即

$$\frac{1}{V}\sum_n \simeq \frac{1}{(2\pi)^3}\int \mathrm{d}x.$$

这样 (5.5.32) 变为

$$R(r) = \frac{kT}{(2\pi)^3}\int_{-\infty}^{+\infty} \frac{\mathrm{e}^{\mathrm{i}x\cdot r}}{a + bx^2}\mathrm{d}x = \frac{kT}{4\pi b}\frac{1}{r}\mathrm{e}^{-\frac{r}{\xi}}, \tag{5.5.33}$$

其中

$$\xi = \sqrt{b/a} \quad \text{称为关联长度.} \tag{5.5.34}$$

关系式 (5.5.33) 和 (5.5.34) 就是关于涨落空间关联的 Landau 理论. 在 (5.5.34) 中的关联长度 ξ 在研究临界相变性质时是一个有用的参数.

注 5.12　涨落关联的定义方式有无数种, 但是能用可观测的参数来计算的关联函数目前只有 (5.5.27) 这种定义. 这个定义的可计算性原因是 (5.5.27) 从本质上看是 ρ 的均方涨落, 从而落入涨落公理 5.11 的可计算范畴.

5.5.4　随机运动统计理论

在前面三小节中介绍的内容都属于热力学量在平衡态附近自发涨落的计算问题, 这一小节将介绍另一种涨落, 即作用力的涨落. 在自然中有很多随机运动现象, 如水中花粉的 Brown 运动, 物质粒子在介质中的扩散行为等. 所有运动都是由某种驱动力造成的, 产生随机运动的就是作用力的涨落.

然而作用力的涨落没有具体计算公式, 它主要是用来描述随机运动的. 作用力 F 可分为两部分

$$F = \overline{F} + \Delta F, \quad \Delta F = F - \overline{F} \quad \text{为力的涨落},$$

这里 $\overline{F}$ 为确定的作用力平均值. 涨落力 $X(t) = \Delta F$ 在平衡态附近将产生随机运动, 其控制方程为 Langevin 方程, 表示如下

$$m\frac{\mathrm{d}^2 x}{\mathrm{d}t^2} = -\alpha\frac{\mathrm{d}x}{\mathrm{d}t} + X(t), \quad x \in \mathbb{R}^n, \tag{5.5.35}$$

其中 m 为粒子质量, α 为阻尼系数, X 为涨落力, 该方程描述的是 Brown 粒子在介质中的随机运动, $x(t)$ 为粒子的位置坐标.

从统计学角度, 由 Langevin 方程 (5.5.35) 导出粒子位移的均方值 $\overline{x^2}$ (N 个粒子位移平方之和 $/N$) 如下

$$\overline{x^2} = 2\kappa t, \quad \kappa = nkT/\alpha \quad (n \text{ 为空间维数}). \tag{5.5.36}$$

由该公式可推出 κ 是随机扩散系数. 下面论证它们.

1. 公式 (5.5.35) 的推导

用 x 乘以 (5.5.35) 两端可得

$$\frac{m}{2}\frac{\mathrm{d}^2}{\mathrm{d}t^2}x^2 - m\left(\frac{\mathrm{d}x}{\mathrm{d}t}\right)^2 = -\frac{\alpha}{2}\frac{\mathrm{d}}{\mathrm{d}t}x^2 + xX.$$

关于该方程求平均, 即大量粒子的方程相加再除以粒子数, 得到

$$\frac{m}{2}\frac{\mathrm{d}^2}{\mathrm{d}t^2}\bar{x}^2 - \overline{mx_t^2} = -\frac{\alpha}{2}\frac{\mathrm{d}}{\mathrm{d}t}\overline{x^2} + \overline{xX}. \tag{5.5.37}$$

由涨落力 X 与粒子位置 x 无关, 因此

$$\overline{xX} = \overline{x} \cdot \overline{X} = 0.$$

由能量均分定理 (定理 3.14),

$$\overline{mx_t^2} = nkT \quad (\text{在 } n \text{ 维空间}).$$

由此, 方程 (5.5.37) 变为

$$\frac{\mathrm{d}^2}{\mathrm{d}t^2}\bar{x}^2 + \frac{\alpha}{m}\frac{\mathrm{d}}{\mathrm{d}t}\bar{x} - \frac{2nkT}{m} = 0.$$

此方程的通解为

$$\bar{x}^2 = \frac{2nkT}{\alpha}t + C_1 e^{-\frac{m}{\alpha}t} + C_2. \tag{5.5.38}$$

取初值条件为

$$\bar{x}^2 = 0, \quad \frac{\mathrm{d}}{\mathrm{d}t}\bar{x}^2 = 0 \quad \text{在 } t = 0.$$

则 (5.5.38) 的解为

$$\bar{x}^2 = \frac{2nkT}{\alpha}t - (1 - e^{-\frac{\alpha}{m}t})\frac{2nkmT}{\alpha^2}.$$

对长时间 $t \gg m/\alpha$, 上式便是 (5.5.36) 的公式.

2. 扩散系数 $\kappa = nkT/\alpha$

现在推证 (5.5.36) 中的 κ 就是随机扩散的系数. 令 $u(x,t)$ 为粒子数密度. 在 $t - \tau$ 到 $t + \tau$ 时间内, x 点的改变量为 (略去 τ 高阶项)

$$\text{改变量} = u(x, t+\tau) - u(x, t-\tau) = 2\tau\frac{\partial u}{\partial \tau}. \tag{5.5.39}$$

令 $\Delta x/\tau$ 为粒子流速度, 则 t 时刻的改变量又可写成

$$\text{改变量} = \text{纯流入量} - \text{纯流出量},$$
$$\text{纯流入量} = u(x - \Delta x, t) - u(x, t),$$
$$\text{纯流出量} = u(x, t) - u(x + \Delta x, t).$$

于是得到 (略去大于平方的高阶项)

$$\text{改变量} = u(x + \Delta x, t) + u(x - \Delta x, t) - 2u(x, t) = \frac{\partial^2 u}{\partial x^2}(\Delta x)^2 \tag{5.5.40}$$

由 (5.5.39) 和 (5.5.40) 可知

$$\frac{\partial u}{\partial t} = \tilde{\kappa}\frac{\partial^2 u}{\partial x^2}, \quad \tilde{\kappa} = \frac{(\Delta x)^2}{2\tau}. \tag{5.5.41}$$

这里 $(\Delta x)^2$ 可视为 (5.5.36) 中的位移均方值, 因此有 $\tilde{\kappa} = nkT/\alpha$.

注 5.13　这里导出的扩散系数 $\kappa = nkT/\alpha$ 关于温度 T 是正比关系. 但实际情况, 粒子扩散系数与温度不是正比关系. 这个误差产生于推导过程中关于扩散的作用力 X 被假设成涨落力, 即具有

$$\overline{xX} = 0 \tag{5.5.42}$$

的性质. 真实的扩散运动作用力实质上是粒子之间电磁相互作用的结果 (碰撞是电磁相互作用的表象), 因此它不满足 (5.5.42). 但 $\kappa = nkT/\alpha$ 对实际扩散系数是一个重要参照值.

5.5.5　涨落耗散定理

Langevin 方程 (5.5.35) 对于描述随机运动具有一定的普适意义. 上一小节的随机统计理论导出了方程中的阻尼系数 α 与位移均方值 $\overline{x^2}$ 以及随机扩散系数 κ 的关系 (5.5.36). 由于在求 $\overline{x^2}$ 的过程中使用了 (5.5.42) 条件, 从而无法将涨落力 X 的作用纳入理论中. 但是当使用 Langevin 方程 (5.5.35) 计算速度均方值 $\overline{x_t^2}$ 时, 便可得阻尼系数 α 与 X 之间的关系如下

$$\alpha = \frac{1}{2nkT} \int_{-\infty}^{\infty} \overline{X(\tau)X(\tau+s)} \mathrm{d}s. \tag{5.5.43}$$

其中 n 为空间维数, $\overline{X(\tau)X(\tau+s)}$ 代表涨落力 X 的时间关联函数. 关系式 (5.5.43) 是由 R. Kubo 证得的. 其实随机运动方程种类繁多, 但是都有一个共同点, 即都有一个阻尼项 (也称为耗散项) 和一个涨落力; 而耗散系数 α 与涨落力 X 之间都存在一个类似于 (5.5.43) 的关系. 这种普适性定理的一些特例是由 H. B. Callon 和 T. A. Welton 在 1951 年发现, 而普适性的证明是由 R. Kubo 后来完成. 因此 (5.5.43) 在这里被称为 Callon–Welton–Kubo 涨落耗散定理. 该公式实际是定理中最简单的一种情况. 下面来推导该公式.

Langevin 方程 (5.5.35) 可改写成如下形式

$$\frac{\mathrm{d}u}{\mathrm{d}t} = -\frac{\alpha}{m}u + \frac{1}{m}X(t), \tag{5.5.44}$$

其中 $u = x_t$ 代表粒子速度. 由常微分方程理论可知, 该方程的解为

$$u(t) = u_0 \mathrm{e}^{-\frac{\alpha}{m}t} + \frac{1}{m}\mathrm{e}^{-\frac{\alpha}{m}t}\int_0^t \mathrm{e}^{\frac{\alpha}{m}\tau}X(\tau)\mathrm{d}\tau, \tag{5.5.45}$$

其中 $u_0 = u(0)$ 为初值. 关于 (5.5.45) 两边取平方再求系综平均得

$$\overline{u^2} = \overline{u_0^2}\mathrm{e}^{-\lambda t} + \frac{1}{m^2}\mathrm{e}^{-\lambda t}\int_0^t\int_0^t \mathrm{e}^{\frac{\lambda}{2}(\tau_1+\tau_2)}\overline{X(\tau_1)X(\tau_2)}\mathrm{d}\tau_1\mathrm{d}\tau_2, \tag{5.5.46}$$

其中 $\lambda = 2\alpha/m$. 物理上, 平衡态系综的时间关联函数 $\overline{X_1(t_1)X_2(t_2)}$ 只依赖于时间差 $t_2 - t_1$, 即令 $t_2 = t_1 + s$, 则

$$K(s) = \overline{X(t_1)X(t_2)} = \overline{X(t_1)X(t_1+s)} \quad \text{与 } t_1 \text{ 无关} \tag{5.5.47}$$

并且 $K(s)$ 是 s 的偶函数, 即 $K(-s) = K(s)$. 现在我们来考察 (5.5.46) 等式右边的双重积分

$$A(t) = \mathrm{e}^{-\lambda t} \int_0^t \int_0^t \mathrm{e}^{\frac{\lambda}{2}(\tau_1+\tau_2)} \overline{X(\tau_1)X(\tau_1+s)} \mathrm{d}\tau_2 \mathrm{d}\tau_1$$

其中 $s = \tau_2 - \tau_1$. 再引入新变量 $s_1 = \dfrac{1}{2}(\tau_1 + \tau_2)$, 则面积微分元

$$\mathrm{d}\tau_2\mathrm{d}\tau_1 = \det(\partial\tau/\partial s)\mathrm{d}s\mathrm{d}s_1 = \mathrm{d}s\mathrm{d}s_1,$$

其中 $(\partial\tau/\partial s)$ 为 (τ_1, τ_2) 与 (s, s_1) 变换的 Jacobi 矩阵. 于是 $A(t)$ 变为

$$
\begin{aligned}
A(t) =& \mathrm{e}^{-\lambda t} \int_0^{\frac{t}{2}} \mathrm{e}^{\lambda s_1}\mathrm{d}s_1 \int_{-2s_1}^{2s_1} \overline{X(\tau_1)X(\tau_1+s)}\mathrm{d}s \\
&+ \mathrm{e}^{-\lambda t} \int_{\frac{t}{2}}^t \mathrm{e}^{\lambda s_1}\mathrm{d}s_1 \int_{-2(t-s_1)}^{2(t-s_1)} \overline{X(\tau_1)X(\tau_1+s)}\mathrm{d}s.
\end{aligned}
$$

注意 (5.5.47), 当 $t \to \infty$ 时有

$$
\begin{aligned}
\lim_{t\to\infty} A(t) &= \int_{-\infty}^\infty \overline{X(\tau)X(\tau+s)}\mathrm{d}s \times \lim_{t\to\infty} \int_0^t \mathrm{e}^{\lambda(s_1-t)}\mathrm{d}s_1 \\
&= \frac{1}{\lambda} \int_{-\infty}^\infty \overline{X(\tau)X(\tau+s)}\mathrm{d}\tau \quad (\lambda = 2\alpha/m)
\end{aligned}
$$

再由 (5.5.46) 可得

$$\lim_{t\to\infty} \overline{u^2} = \frac{1}{2\alpha m} \int_{-\infty}^\infty \overline{X(\tau)X(\tau+s)}\mathrm{d}\tau. \tag{5.5.48}$$

根据能量均分定理 (定理 3.14),

$$\lim_{t\to\infty} \overline{u^2} = \frac{nkT}{m} \quad \left(\frac{m}{2}\overline{u^2} \text{ 为分子平均动能}\right). \tag{5.5.49}$$

于是由 (5.5.48) 和 (5.5.49) 便得到公式 (5.5.43).

5.5.6 涨落控制方程与涨落半径估计

根据极小势原理 (原理 1.17), 热力学系统的平衡态 u_0 满足势泛函 F 的变分方程, 即

$$\delta F(u_0) = 0. \tag{5.5.50}$$

此外, 涨落使关于平衡态偏离, 即

$$\text{涨落 } w = u - u_0. \tag{5.5.51}$$

而涨落的发生过程是状态函数 u 从 u_0 变化到 $u_0 + w$ 的动力学过程, 从而 u 必须满足该系统的动力学方程

$$\frac{\mathrm{d}u}{\mathrm{d}t} = -\delta F(u) + \tilde{f}, \tag{5.5.52}$$

其中 $\tilde{f}$ 为 (广义) 力的涨落. 这就意味着 (5.5.51) 的涨落 w 也受到了这个方程的控制. 这一小节将导出 w 满足的方程, 然后根据数学理论求出 w 的 L^2 模估计, 也就是涨落半径的估计.

1. 涨落的动力学模型

令 u 是一个热力学系统的参变量, F 是势泛函. 当系统受到涨落力 $\tilde{f}$ 的作用时, u 将偏离平衡态 u_0, 并且满足方程 (5.5.52). 现在用 (5.5.52) 减去 (5.5.50) 的两端得到

$$\frac{\mathrm{d}u}{\mathrm{d}t} = -(\delta F(u) - \delta F(u_0)) + \tilde{f}. \tag{5.5.53}$$

令 $w = u - u_0$, 则关于 w 有

$$\frac{\mathrm{d}w}{\mathrm{d}t} = \frac{\mathrm{d}u}{\mathrm{d}t}$$

$$\delta F(u) - \delta F(u_0) = \delta^2 F(u_0)w + \sum_{k \geqslant 2} \frac{1}{k!} \delta^{k+1} F(u_0) w^k.$$

于是方程 (5.5.53) 变为

$$\frac{\mathrm{d}w}{\mathrm{d}t} = -\delta^2 F(u_0)w - \sum_{k \geqslant 2} \frac{1}{k!} \delta^{k+1} F(u_0) w^k + \tilde{f}, \tag{5.5.54}$$

其中 $\delta^m F(u_0)$ 为 F 在 u_0 处的 m 阶变分导算子. 因为方程 (5.5.52) 关于 u 的初值为 $u(0) = u_0$, 因此 (5.5.54) 的初始条件为

$$w(0) = 0. \tag{5.5.55}$$

初值问题 (5.5.54) 和 (5.5.55) 便是热力学系统在平衡态处的涨落动力学模型. 当 u_0 是非均匀态时, (5.5.54) 是一个偏微分方程.

2. 非临界态的涨落解

当 u_0 是非临界点 (即非相变点) 处的平衡态时, 小的涨落力 $\tilde{f}$ 带来的涨落 w 也很小. 于是可以略去 (5.5.54) 中关于 w 的高阶项, 此时方程 (5.5.54) 和 (5.5.55)

变成如下形式

$$\begin{cases} \dfrac{\mathrm{d}w}{\mathrm{d}t} = -\delta^2 F(u_0)w + \widetilde{f}, \\ w(0) = 0. \end{cases} \tag{5.5.56}$$

方程 (5.5.56) 中的线性算子

$$\mathscr{L} = -\delta^2 F(u_0) \text{是对称的,} \tag{5.5.57}$$

事实上, 数学上它是一个扇形算子, 则有

$$\mathrm{e}^{t\mathscr{L}} : X \to X \text{ 是线性解析半群算子,} \tag{5.5.58}$$

使得 (5.5.56) 的解可以表达为

$$w = \mathrm{e}^{t\mathscr{L}} \int_0^t \mathrm{e}^{-\tau\mathscr{L}} \widetilde{f}(\tau)\mathrm{d}\tau. \tag{5.5.59}$$

数学上, 当 $\widetilde{f}, u_0$ 和势泛函 F 被给定时, (5.5.59) 的积分就可以原则上被算出来, 下面给出涨落解 (5.5.59) 的表达.

3. 涨落解 w 的表达式

令 F 是定义在一个 Hilbert 空间 X 上的一个泛函, 即

$$\begin{cases} F : X \to \mathbb{R}^1 \quad (X \text{ 为一个 Hilbert 空间}). \\ \mathscr{L} = -\delta^2 F(u_0) : X \to X \text{ 是对称扇形算子.} \end{cases} \tag{5.5.60}$$

在第 4 章中给出的所有势泛函都满足上述 (5.5.60) 的条件. 则关于 $\mathscr{L}$ 的谱理论告诉我们 (见 (Ma and Wang, 2013)), $\mathscr{L}$ 的特征值方程

$$-\mathscr{L}\varphi = \beta\varphi,$$

存在可数个实特征值

$$0 < \beta_1 \leqslant \cdots \leqslant \beta_k \leqslant \cdots \quad (\text{对非均匀态 } \beta_k \to \infty, k \to \infty). \tag{5.5.61}$$

以及对应特征函数 $\varphi_k \subset X$, 使得 $\{\varphi_k\}$ 构成 X 的完备正交基. 此时 $\mathscr{L}$ 的解析半群 (5.5.58) 作为 X 上的线性算子有

$$\mathrm{e}^{t\mathscr{L}}\varphi_k = \mathrm{e}^{-t\beta_k}\varphi_k. \tag{5.5.62}$$

以上内容为数学中经典的结果. 下面来求 (5.5.59) 的表达式.

由于 φ_k 构成 X 的正交基, 则对 $w, \widetilde{f} \in X$ 可表达成

$$w = \sum_{k=1}^{\infty} w_k\varphi_k, \quad \widetilde{f} = \sum_{k=1}^{\infty} \widetilde{f}_k\varphi_k.$$

将它们代入 (5.5.59), 再由 (5.5.62) 可得

$$w_k = \int_0^t \mathrm{e}^{\beta_k(\tau-t)} \widetilde{f}_k(\tau) \mathrm{d}\tau. \tag{5.5.63}$$

于是得到 (5.5.59) 的解表达式如下

$$w = \sum_{k=1}^{\infty} \left[\int_0^t \mathrm{e}^{\beta_k(\tau-t)} \widetilde{f}_k(\tau) \mathrm{d}\tau \right] \varphi_k. \tag{5.5.64}$$

4. 涨落半径估计

当涨落力 $\widetilde{f} \in X$ 关于 t 一致有界时, 即它的 L^2 模为

$$||\widetilde{f}||_{L^2}^2 = \sum_{k=1}^{\infty} |\widetilde{f}_k|^2 < \infty, \quad |\widetilde{f}_k| = \sup_t |\widetilde{f}_k(t)|. \tag{5.5.65}$$

此时 $w(t)$ 的 L^2 模也是一致有界时, 即

$$
\begin{aligned}
\sup_t ||w||_{L^2}^2 &= \sum_{k=1}^{\infty} \sup_t \left[\int_0^t \mathrm{e}^{\beta_k(\tau-t)} \widetilde{f}_k(\tau) \mathrm{d}\tau \right]^2 \\
&\leqslant \sum_{k=1}^{\infty} |\widetilde{f}_k|^2 \left[\sup_t \int_0^t \mathrm{e}^{\beta_k(\tau-t)} \mathrm{d}\tau \right]^2 \\
&\leqslant \sum_{k=1}^{\infty} \frac{1}{\beta_k^2} |\widetilde{f}_k|^2,
\end{aligned} \tag{5.5.66}
$$

其中 $|\widetilde{f}_k|$ 如 (5.5.65), 这就是涨落 w 的 L^2 模估计. 由 (5.5.61), 从 (5.5.66) 可得到如下估计

$$\sup_t ||w||_{L^2} \leqslant \frac{1}{\beta_1} ||\widetilde{f}||_{L^2}, \tag{5.5.67}$$

其中 $\beta_1 > 0$ 是 $-\mathscr{L}$ 算子的第一特征值, $\mathscr{L}$ 如 (5.5.57).

对于一个函数 u, 数学上 L^2 模定义为

$$||u||_{L^2}^2 = \int_{\Omega} |u|^2 \mathrm{d}x.$$

因此不等式 (5.5.66) 代表了最大涨落的半径估计. 因为 $\mathscr{L}$ 特征值 $\beta_k = \beta_k(\lambda)$ 包含了控制参数 λ 的信息. 因此 (5.5.66) 和 (5.5.67) 是很有用的.

5. 临界点 $T = T_c$ 处的涨落

在 $T = T_c$ 附近, $\mathscr{L}$ 的第一特征值为

$$\beta_1 = \alpha T(1 - T/T_c), \quad \alpha \text{ 为常数}.$$

这对涨落解 w 在临界点附近的性质了解具有重要作用. 虽然在 $T = T_c$ 附近, w 应由 (5.5.54) 控制, 但该方程的解仍可表达出来为

$$
\begin{cases}
w = \sum_{k=1}^{\infty} w_k \varphi_k, \\
w_k = \int_0^t e^{\beta_k(\tau-t)} \widetilde{f}_k \mathrm{d}\tau - \int_0^t e^{\beta_k(\tau-t)} \langle G(w), \varphi_k \rangle \mathrm{d}\tau,
\end{cases}
\tag{5.5.68}
$$

其中 $G(w)$ 是 w 的高阶项, $\langle \cdot, \cdot \rangle$ 为内积, 即

$$
G(w) = \delta F(w + u_0) - \delta F(u_0) - \mathscr{L}w.
$$

$$
\langle G(w), \varphi_k \rangle = \int_\Omega G(w) \cdot \varphi_k \mathrm{d}x.
$$

在许多具体问题中, $\mathscr{L}$ 的特征向量 φ_k 可算出来. 因此在临界点处, 表达式 (5.5.68) 具有重要意义. 在后面第 6 章和第 7 章关于相变的讨论中我们将会更清楚地看到这一点.

5.6 综述与评注

5.6.1 关于 Boltzmann 方程的讨论

Boltzmann 方程在统计物理中被认为是描述稀薄气体分子运动的一个重要模型. 然而从物理定律的角度去考察, 也就是说将它视为分子动力学定律去看, 这个方程存在一些与所描述的自然现象不一致的地方, 从自身的数学结构上看也存在一些值得讨论的地方. 这一小节我们将专注于这个问题.

1. Boltzmann 方程的介绍

令 $f(x, v, t)$ 为 x 点 t 时刻速度为 v 的粒子数密度. 方程形式为

$$
\frac{\partial f}{\partial t} + (u \cdot \nabla)f + \vec{F} \cdot \frac{\partial f}{\partial v} = \iint (f'f_1' - ff_1) \Lambda \mathrm{d}v_1 \mathrm{d}\Omega,
\tag{5.6.1}
$$

其中 $\vec{F} = \mathrm{d}v/t$ 代表单位质量所受力, $f = f(x, v, t)$ 是自变量为 (x, v, t) 的未知函数, f', f_1', f_1 分别为

$$
f' = f(x, v', t), \quad f_1' = f(x, v_1', t), \quad f_1 = f(x, v_1, t).
$$

这里 v 和 v_1 代表两个粒子碰撞前的速度, v', v_1' 代表碰撞后的速度, 而 (5.6.1) 等式右端的积分为

$$
\iint \Lambda \mathrm{d}v_1 \mathrm{d}\Omega = \int \mathrm{d}v_1 \int_0^{2\pi} \mathrm{d}\varphi \int_0^{\frac{\pi}{2}} R^2 |v_1 - v| \cos\theta \sin\theta \mathrm{d}\theta,
\tag{5.6.2}
$$

这里 R 是粒子可发生碰撞的有效球体半径, (φ, θ) 为碰撞的立体角坐标. 由于粒子碰撞的能量、动量守恒, (5.6.2) 中的自变量 v' 和 v'_1 分别可表示成 v, v_1, φ, θ 的函数, 即

$$v' = v'(v, v_1, \varphi, \theta), \quad v'_1 = (v, v_1, \varphi, \theta), \tag{5.6.3}$$

于是 (5.6.1) 等式右端积分号内的函数独立自变量为 v, v_1, φ 和 θ, 而 (5.6.2) 是关于 v_1, φ 和 θ 的积分. 因此方程 (5.6.1) 右边

$$\iint (f'f'_1 - ff_1)\Lambda \mathrm{d}v_1 \mathrm{d}\Omega \quad \text{是 } (x, v, t) \text{ 的函数.}$$

2. 方程成立的物理条件

该方程的建立是作了如下物理假设, 它们被看作是方程有效的物理条件.

- 描述的系统是经典的单分子稀薄气体, 即该气体是 Maxwell-Boltzmann 经典统计理论适用的系统;
- 粒子之间没有其他相互作用, 只有碰撞;
- 碰撞时间 τ_0 与非碰撞运动时间 τ 满足 $\tau_0 \ll \tau$.

3. 方程的物理意义

方程 (5.6.1) 的左边代表 $f(x, v, t)$ 在 (x, v) 处的时间变化率:

$$\begin{aligned}
\frac{\mathrm{d}f}{\mathrm{d}t} &= \frac{\partial f}{\partial t} + \nabla f \cdot \frac{\mathrm{d}x}{\mathrm{d}t} + \frac{\partial f}{\partial v} \cdot \frac{\mathrm{d}v}{\mathrm{d}t} \\
&= \frac{\partial f}{\partial t} + (v \cdot \nabla)f + \vec{F} \cdot \frac{\partial f}{\partial v}.
\end{aligned}$$

其中 $\vec{F} = \mathrm{d}v/\mathrm{d}t$, $v = \mathrm{d}x/\mathrm{d}t$.

方程 (5.6.1) 右边积分的意义为

$$\iint f'f'_1 \Lambda \mathrm{d}v_1 \mathrm{d}\Omega \quad \text{代表进入 } x \text{ 点碰撞后速度变为 } v \text{ 的概率,}$$

$$\iint ff_1 \Lambda \mathrm{d}v_1 \mathrm{d}\Omega \quad \text{代表碰撞时 } v \text{ 变为其他速度的概率.}$$

因此方程 (5.6.1) 的物理意义为

$$\begin{aligned}
&\text{在 } (x, v) \text{ 处 } f \text{ 的时间变化率 } = \text{其他速度变为 } v \text{ 的概率} \\
&\qquad\qquad - v \text{ 变为其他速度的概率.}
\end{aligned} \tag{5.6.4}$$

下面我们介绍 Boltzmann 方程的 H 定理.

4. H 定理

Boltzmann 最初建立此方程的目的是说明不可逆 (或熵增原理). 为此他找到了一个称为 H 函数的泛函, 表达为

$$H = \iint f \ln f \mathrm{d}x \mathrm{d}v, \tag{5.6.5}$$

后来表明 $-kH$ 代表熵, 它具有如下性质 (称为 H 定理)

$$\frac{\mathrm{d}}{\mathrm{d}t} H(f(t)) \leqslant 0, \quad f \text{ 为 (5.6.1) 的解}, \tag{5.6.6}$$

而且 (5.6.6) 中等号成立的条件为

$$f f_1 = f' f_1'. \tag{5.6.7}$$

另一方面, (5.6.3) 中的函数关系是由下面能量、动量守恒得到的,

$$|v'|^2 + |v_1'|^2 = |v|^2 + |v_1|^2, \quad v_j' + v_{1j}' = v_j + v_{1j} \quad (1 \leqslant j \leqslant 3).$$

因此 (5.6.1) 的平衡态解可表示为如下通解形式

$$f_0 = A \mathrm{e}^{(\alpha |v|^2 + \vec{\beta} \cdot v)}. \tag{5.6.8}$$

显然 (5.6.8) 满足 (5.6.7). 这就使得有些人认为 (5.6.6) 和 (5.6.7) 的性质代表了方程 (5.6.1) 的解 $f(t)$ 收敛到 (5.6.8) 的稳态解, 即

$$\lim_{t \to \infty} f(t) = f_0 \quad (f_0 \text{ 如 (5.6.8)}). \tag{5.6.9}$$

此外, (5.6.6) 也被视为符合熵增原理.

然而数学上都知道, 单从 (5.6.6) 和 (5.6.7) 是根本推不出稳定性的结论 (5.6.9). 以上介绍了 Boltzmann 稀薄气体理论的概况. 下面我们讨论气体分子动力学模型 (5.6.1) 面临的问题.

5. Boltzmann 方程合理性问题

气体分子运动是属于动力学系统. 自然现象表明, 当一个热力学系统在外界干扰或自发涨落影响下偏离了平衡态后会自动地恢复到平衡态上. 这种现象对应到数学上就是要求方程应具有稳定性.

根据物理事实, 方程 (5.6.1) 除了满足 (5.6.6) 外, 还应满足下面条件.

1) 方程的稳态解是 (3.2.25) 的 Maxwell 分布, 即

$$f_0 = A \mathrm{e}^{-m|v - v_0|^2 / 2kT} \quad (v_0 \text{ 为气体的整体速度}). \tag{5.6.10}$$

2) 系统具有粒子数、动量、能量等五个守恒量, 表达为

$$总粒子数 \; H_0 = \iint f \mathrm{d}x \mathrm{d}v = 常数, \qquad (5.6.11)$$

$$平均动量 \; H_i = \frac{1}{H_0} \iint v_i f \mathrm{d}x \mathrm{d}v = 常数 \; (1 \leqslant i \leqslant 3), \qquad (5.6.12)$$

$$平均能量 \; H_4 = \frac{1}{H_0} \iint |v - v_0|^2 f \mathrm{d}x \mathrm{d}v = 常数. \qquad (5.6.13)$$

3) 对任何小初值 $f(0) = \widetilde{f} \; (\widetilde{f} \neq f_0)$, 方程解应满足

$$\lim_{t \to \infty} f(t) = f_0 \quad (f_0 \; 如 \; (5.6.10)). \qquad (5.6.14)$$

只有满足上述所有 (5.6.10)—(5.6.14) 条件, 才能说是 Boltzmann 方程在物理上是合理的. 该方程的短处在于它不是物理定律.

6. 方程的数学合理性问题

除了物理条件外, 模型自身还存在数学结构的合理性条件:

- 方程初值问题的适定性 (即解的存在与唯一性) $\qquad (5.6.15)$
- 方程稳态解 f_0 必须是孤立的 (这是稳定性的基本要求) $\qquad (5.6.16)$
- f_0 必须是稳定的, 即满足 (5.6.14). $\qquad (5.6.17)$

7. 模型面临的问题

首先, 由平衡态通解 (5.6.8) 可知有 5 个自由参数 $A, \alpha, \vec{\beta} = (\beta_1, \beta_2, \beta_3)$. 因此平衡态解空间是一个 5 维曲面. 为了保证 (5.6.10) 和 (5.6.16) 这两个条件, 必须将 (5.6.11)—(5.6.13) 的 5 个守恒量全部给出, 即

$$H_0 = N, \quad H_i = v_i^0 \; (1 \leqslant i \leqslant 3), \quad H_4 = \frac{3}{m} kT.$$

这样处理的结果是使得方程的个数大于未知量的个数, 即方程组是 (5.6.1) 和 (5.6.11)—(5.6.13) 共 6 个方程, 但未知量只有两个即 f 和力场 F. 显然这种情况方程的适定性是不可能得到保证的. 这说明方程在数学结构上就使得 (5.6.15) 和 (5.6.16) 是相互冲突的.

其次, 平衡态稳定性 (5.6.14) 和 (5.6.17) 反映在模型上就是要求方程具有耗散结构 (见定义 5.1). 显然方程 (5.6.1) 和 (5.6.11)—(5.6.13) 完全没有这种结构. 从数学角度看, 这意味着 (5.6.14) 的稳定性根本不可能满足. 注意下面的原理:

$$稳定性, 耗散性, 不可逆过程, 这三者是同一个事物$$
$$的本质在不同方面的表现, 它们是不可分割的. \qquad (5.6.18)$$

Boltzmann 方程最根本问题之一就是在方向上与 (5.6.18) 的原理相悖.

8. 总结

以上讨论可以看到, Boltzmann 方程作为气体分子动力学模型是存在严重问题的. 从物理和数学两方面看, 主要问题体现在以下五个方面:

1) 等式 (5.6.4) 并不是基于物理定律或原理, 它不是物理定律.

2) 物理定律的状态函数只能以 x 和 t 作自变量, 其他物理量可以作参变量, 但不能作自变量. Boltzmann 方程违背了这个原则.

3) Boltzmann 方程的目的是建立一个熵增原理的数学模型用以解释不可逆过程. 这个出发点不正确的, 因为描述不可逆过程的物理量是热力学势而不是熵.

4) Maxwell 分布 (5.6.10) 是方程 (5.6.1) 稳态解的条件是力场

$$F = 0,$$

这是非物理条件, 因为在这个条件下气体分子都是作匀速直线运动, 这与事实不符.

5) 熵增原理表明气体系统在平衡态具有最大的熵, 即 Maxwell 分布应该使 $-H$ 取最大值. 但是使 $-H$ 取最大值的是

$$\rho_0 = \mathrm{e}^{-1}.$$

再次看到, 这是非物理结论.

以上五点足以说明 Boltzmann 方程不能准确反映自然现象, 是一个非物理的模型.

最后, 关于 Boltzmann 气体分子动力学理论的意义, 作者的观点是, 如果将 (5.6.1) 的左边也改成下面的物理量

$$单位时间 f 关于分子速率的变化 = \iint (f'f_1' - ff_1)\Lambda \mathrm{d}v_1 \mathrm{d}\Omega,$$

则该公式在物理上就合理了. 而且作为气体分子动力学中的一个公式, 它仍然是有意义的.

注 5.14 在上面总结 2) 中讲到自变量原则, 其原因是若用其他非 (x, t) 物理量作自变量会增加约束方程的个数, 但不会增加函数的个数, 造成方程数大于未知函数个数的不适定问题.

5.6.2 物理模型与实际的偏差问题

物理的数学模型是自然定律与原理的数学表述. 作为定律它的文字形式不存在与实际有偏差的问题, 因为文字没有定量的功能; 但它的数学表述, 物理方程在描述自然方面就存在一个精确度的问题. 在这个问题的认识和观念上存在许多误解, 这里我们将用几个例子来给予说明.

数学方程是由若干项组合而成, 其中每一项都代表着某种物理意义. 此外, 一个物理系统影响它的运动状态因素很多, 并且每一种因素也对应地有数学项来表达它. 一般的观点认为, 一个模型如果将外在因素考虑得越周全, 也就是说方程中表述各种因素的数学项越全面, 则该模型在描述自然方面就越精确. 下面将此观点简要重述如下:

各种因素的数学项越完备模型就越精确.   (5.6.19)

然而, 作者根据自己的经验得到与 (5.6.19) 完全不同的结论. 实际上, 无论时间多么精确, 代表每一种物理因素的数学项都存在关于其他方面的误差. 例如, 代表质点速度和物质密度变化率的数学项

$$速度 = \frac{\mathrm{d}x}{\mathrm{d}t}, \quad 密度变化率 = \frac{\partial \rho}{\partial t},$$

它们在描述速度和密度变化方面, 即它们的专项方面是非常精确的. 但是专项方面的精确却给运动的滞弛反应 (也称为弛豫反应) 方面带来大的误差. 这是一个普遍现象, 并有如下关系:

每个数学项在专项方面越精确, 它对应的另一方面误差越大.   (5.6.20)

量子力学中的 Heisenberg 测不准关系对 (5.6.20) 是一个最好的诠释. 从 (5.6.20) 的这种误差关系就可以看到 (5.6.19) 观点的误区. 实质上, 当一个人以求全责备的方式来选择和建立物理模型时, 各种因素的数学项误差积累将会带来意想不到的偏差, 甚至会导致模型的完全失效. 因此下面关于模型精确度的准则是经验的总结.

物理模型精确度准则   一个物理模型, 当它考虑的因素越多也就是说数学项越完备, 积累的误差就越大. 而反映主要因素的数学项没有被忽略的条件下, 次要数学项的省略会带来主要方面精确度的提高. 简而言之, 模型越复杂越周全偏差积累越大, 次要项越简洁主要方面精确度越高.

下面我们用几个例子来说明上述模型的精确度准则.

1. 磁流体的 Alfvén 波

磁流体在均匀外磁场的作用下会激发出一种 Alfvén 波. 这种波很微小. 此种情况使用的磁流体方程不是比较完备的电磁势耦合的模型 (5.3.43), 而是作了 (5.3.24) 假设, 即令

$$\frac{\partial E}{\partial t} = 0 \tag{5.6.21}$$

的经典模型 (5.3.30). 作者非常清楚, 虽然产生 Alfvén 波的磁流体内电场不可能是静态的, 但是将 $\frac{\partial E}{\partial t} \neq 0$ 代入模型时, 它产生的副作用就是将微弱的 Alfvén 波给掩盖了, 使模型中体现不出这种磁振荡波. 而取 (5.6.21) 时, 电场在模型中对磁振荡的屏障被去掉了, Alfvén 波在模型 (5.3.72) 和 (5.3.73) 中被突显出来.

2. 可压缩流体方程对描述大气运动的偏差

几乎所有的人都认为描述大气运动的精确模型应该是可压缩流体的动力学方程, 而不应该是不可压缩的流体运动方程. 但根据作者关于流体动力学与数学两方面的知识知道, 这个认识是完全错误的. 这个误区的盲点就是在于人们只看到气体的可压缩性, 没有看到气体的可流动性. 在大尺度空间下, 气体压缩的弛豫时间 $\tau_{压缩}$(即受到挤压时发生压缩的时间) 远大于气体流动的弛豫时间 $\tau_{流动}$, 即

$$\tau_{流动} \ll \tau_{压缩}. \tag{5.6.22}$$

它产生的物理效应是, 当气体还没有来得及压缩时它就流走了. 因此在大气运动中气体的压缩性很小. 不可压缩流体动力学方程中的连续性方程

$$\mathrm{div} u = 0 \tag{5.6.23}$$

非常精确地反映了 (5.6.22) 的物理属性. 而可压缩方程

$$\frac{\partial \rho}{\partial t} = -\mathrm{div}(\rho u), \tag{5.6.24}$$

它的左边非常精确地描述了可压缩性, 但是正如前面所讲到的那样, 它对 (5.6.22) 的弛豫时间方面的偏差比较大. 这就造成了在描述大气运动方面 (5.6.23) 比 (5.6.24) 要更好. 这在厄尔尼诺动力学研究中能够体会到.

5.6.3 本章各节评注

5.1 节 关于 (5.1.10) 的结论在数学的无穷维动力系统理论中是一个常识性的知识. 一个很简单的例子就是热传导方程, 它的时间反演方程的初值问题取如下形式

$$\begin{cases} \dfrac{\partial u}{\partial t} = -\Delta u, & x \in \Omega \subset \mathbb{R}^n, \\ u|_{\partial \Omega} = 0, \\ u(0) = u_0. \end{cases} \tag{5.6.25}$$

令 β_k 和 φ_k 是下面方程的特征值和特征向量

$$\begin{cases} -\Delta \varphi_k = \beta_k \varphi_k, & \beta_k \to +\infty \ (k \to \infty). \\ \varphi_k|_{\partial \Omega} = 0. \end{cases}$$

于是 (5.6.25) 的解一定是如下形式

$$u = \sum_{k=1}^{\infty} u_0^k e^{\beta_k t} \varphi_k, \tag{5.6.26}$$

其中 u_0^k 为初值 u_0 关于 φ_k 的展开系数, 即

$$u_0 = \sum_{k=1}^{\infty} u_0^k \varphi_k, \quad 并且 \quad \int_{\Omega} u_0^2 \mathrm{d}x = \sum_{k=1}^{\infty} |u_0^k|^2 < \infty.$$

显然对任何 $t > 0$, (5.6.26) 对一般的 u_0 有

$$\int_{\Omega} u^2 \mathrm{d}x = \sum_{k=1}^{\infty} |u_0^k|^2 \mathrm{e}^{2\beta_k t} = \infty, \quad \forall\, t > 0.$$

因此 (5.6.25) 没有解.

Onsager 倒易关系 (5.1.26) 在非平衡态热力学理论中是一个很重要的结果. Onsager 由此工作获得 1968 年诺贝尔化学奖. 输运系数反映了热力学流 (热流、粒子流、电流等) 之间的关联性. 物理实验发现在电介质中, 热梯度不仅有热传导, 而且会引起电流和粒子流, 输运系数给出它们之间的一个定量关系. Onsager 倒易关系的证明涉及涨落理论和微观统计理论, 具体可参见 (林宗涵, 2007). 输运耗散定理 5.2 是由作者证得.

热力学系统的动力学统一方程最早是由 (Ma and Wang, 2008a,b) 给出, 也可参见 (Ma and Wang, 2013).

全局吸引子的紧性要求很重要, 如果没有紧性就不能保证相变一定在稳定的平衡态之间跃迁. 只有紧性才能保证热力学系统的解 $u(t)$ 一定收敛到一个平衡态上.

5.2 节 这一节的内容是建立在第 4 章中建立的热力学势以及 5.1 节中介绍的热力学系统动力学统一模型基础上的.

注意, 模型导出的参数 (5.2.19), (5.2.33), (5.2.41), (5.2.43) 和 (5.2.48) 在平衡相变理论中具有很重要的意义.

5.3 节 Boussinesq 方程是大气与海洋动力学理论的基础. 通常的教科书将 (5.3.15) 称为 Boussinesq 近似. 原因是, Navier-Stokes 方程在热对流中原形式为

$$\rho\left[\frac{\partial u}{\partial t} + (u \cdot \nabla)u\right] = \mu\Delta u - \nabla p + \rho g \vec{k}, \qquad (5.6.27)$$

$$\rho = \rho_0(1 - \alpha_T(T - T_0)). \qquad (5.6.28)$$

从数学理论可以严格证明, 像 (5.6.27) 这种形式的方程根本就不存在热对流发生. 原因就在 (5.6.27) 等式的左、右两边 ρ 是相同的. Boussinesq 注意到了这一点, 作了修正, 将等式左边 ρ 取为常数 ρ_0, 右边 ρ 保持 (5.6.28) 的形式. 改动后的方程就包含了热对流的信息. 实际上, 若一开始就认为热对流方程不是 (5.6.27) 和 (5.6.28) 的形式, 而是如 (5.3.14) 和 (5.3.15) 的形式, 就不存在所谓的 "Boussinesq" 近似, 因为 (5.3.14) 和 (5.3.15) 是正确的, 而 (5.6.27) 和 (5.6.28) 是有偏差的.

经典的 MHD 方程推导是参照 (Chandrasekha, 1981). 而电磁势耦合的 MHD 模型 (5.3.43) 是由 (Liu and Yang, 2016a,b) 建立.

厄尔尼诺亚稳态振荡理论和海洋热盐环流动力学理论是 Boussinesq 方程在大气与海洋动力学的成功应用. 它们展现出非平衡相变动力学丰富的内容.

磁流体的 Alfvén 波理论是经典 MHD 模型的成功典例.

5.4 节   凝聚态量子守恒系统在后面第 8 章的量子相变理论中起到基本的作用. Lagrange 系统的方程 (5.4.3) 是经典的表达形式. 而量子 Hamilton 系统的方程 (5.4.14) 是由 (马天, 2011) 给出的. 这两种等价形式事实上起到互补作用.

5.5 节   涨落理论是非平衡态统计物理的一个重要领域. 这里经典的理论部分, 即 5.5.1 小节, 5.5.3–5.5.5 小节的内容主要是参照了 (林宗涵, 2007) 和 (朗道和栗弗席兹, 2011). 5.5.2 小节和 5.5.6 小节的内容由作者给出.

关于涨落半径的估计 (5.5.67) 和临界点处涨落的表达式 (5.5.68) 在后面关于平衡相变的讨论中, 具有重要作用.

第6章 平衡相变的动态理论

6.1 相变动力学的一般理论

6.1.1 热力学相变的三个基本定理

临界现象与相变是自然中存在的普遍现象. 所谓相变通常是指一个物理系统的状态在临界参数附近发生跃迁和突变的行为. 相变分为耗散系统相变和守恒系统相变这两个完全不同的领域. 耗散系统领域内又分为关于势泛函系统的平衡相变与无势泛函系统的非平衡相变两种类型. 量子相变属于守恒系统范畴.

本章主要关心的是热力学系统的平衡相变动力学理论. 我们先从一般理论开始. 考虑一个系统的动力学方程

$$\begin{cases} \dfrac{\mathrm{d}u}{\mathrm{d}t} = L_\lambda u + G(u, \lambda), \\ u(0) = \varphi, \end{cases} \tag{6.1.1}$$

其中 λ 为控制参数, $u \in X_1$ 是序参量, X_1, X $(X_1 \subset X)$ 是 Hilbert 空间,

$$L_\lambda: \quad X_1 \to X \text{ 为线性扇形算子(椭圆或耗散算子的抽象名称)},$$

$$G: \quad X_1 \to X \text{ 为高阶非线性算子}.$$

令 $u_0 = 0$ 是 (6.1.1) 的一个稳定平衡态 (若 $u_0 \neq 0$, 则作平移变换 $u = v + u_0$ 后 $v = 0$ 便是平衡态). 则下面 L_λ 的特征值方程直接与 (6.1.1) 的相变有关,

$$L_\lambda \phi = \beta(\lambda)\phi. \tag{6.1.2}$$

对于热力学系统, L_λ 是对称扇形算子, 因此 (6.1.2) 的特征值 $\beta_k(\lambda)$ 是离散的实数, 并具有有限重数 (物理上称为简并数), 即

$$\begin{cases} \beta_1(\lambda) \geqslant \beta_2(\lambda) \geqslant \cdots \geqslant \beta_k(\lambda) \geqslant \cdots, \\ \beta_k(\lambda) \to -\infty \quad (k \to \infty) \text{ 当 } L_\lambda \text{ 为无穷维算子}. \end{cases} \tag{6.1.3}$$

关于热力学平衡相变, 在 (Ma and Wang, 2013, 2017b) 中获得如下热力学相变定理.

定理 6.1 (热力学相变第一定理) 对于热力学系统 (6.1.1), 相变只发生在稳定的平衡态之间. 关于 (6.1.1) 的平衡态 u_0, 它在 λ_c 处发生相变的充分必要条件是 (6.1.2) 的特征值 (6.1.3) 在 λ 处满足如下条件,

$$\beta_i(\lambda) \begin{cases} < 0, & \lambda < \lambda_c \ (\text{或 } \lambda > \lambda_c), \\ = 0, & \lambda = \lambda_c \qquad\qquad 1 \leqslant i \leqslant m, \\ > 0, & \lambda > \lambda_c \ (\text{或 } \lambda < \lambda_c), \end{cases} \tag{6.1.4}$$

$$\beta_j(\lambda_c) < 0, \quad \forall j \geqslant m+1, \tag{6.1.5}$$

这里 $m \geqslant 1$ 是第一特征值 β_1 的重数. 此外, 在 λ_c 处的相变只有三种动力学类型: 连续的、突变的 (或跳跃的)、随机的.

定理 6.2 (热力学相变第二定理) 对于热力学系统 (6.1.1), 只存在 Ehrenfest 的一级、二级和三级相变 (定义见下一节). 此外定理 6.1 中的动力学相变分类与 Ehrenfest 分类之间有如下关系:

$$\begin{array}{rcl} \text{二级相变} & \Leftrightarrow & \text{连续型,} \\ \text{一级相变} & \Leftarrow & \text{突变型,} \\ \text{一级或三级相变} \Leftarrow & & \text{随机型,} \qquad\qquad (6.1.6) \\ \text{一级相变} & \Rightarrow & \text{突变或随机型,} \\ \text{三级相变} & \Rightarrow & \text{随机型但伴有不对称涨落.} \end{array}$$

关于定理 6.2 中的三级相变结论的证明见 6.5.3 小节.

定理 6.3 (热力学相变第三定理) 对于一个热力学系统 (6.1.1), 下面结论成立:

1) 突变型和随机型这两种类型的相变总是导致如图 6.3 (a) 和 (b) 所示的鞍结点分歧发生;

2) 潜热和过热过冷态总是伴随鞍结点分歧出现, 只要对应的是 Ehrenfest 的一级相变.

定理 6.3 只对热力学平衡相变成立, 对于一般耗散系统的非平衡相变没有这样的结果.

6.1.2 相变动力学原理与 Ehrenfest 相变分类

在热力学相变第一定理 (定理 6.1) 中可看到, 在 λ_c 附近当 $\lambda > \lambda_c$ (或 $\lambda < \lambda_c$) 时, 系统将从 u_0 跃迁到一个新的平衡态 u_λ 上. 从动态的角度讲, 跃迁有三种方式: 连续型、跳跃型和随机型. 所谓连续型和跳跃型是指新的稳态解 u_λ 具有性质 (这

是平衡相变的特征):

$$\lim_{\lambda \to \lambda_c} u_\lambda = u_0, \qquad\qquad (连续的),$$

$$\lim_{\lambda \to \lambda_c} u_\lambda \neq u_0, \qquad\qquad (突变的或跳跃的), \qquad (6.1.7)$$

$$\lim_{\lambda \to \lambda_c} u_\lambda = u_0 \ \ 或 \ \ \neq u_0, \qquad\qquad (随机的).$$

事实上, 连续、突变、随机这三种跃迁方式不只是平衡相变的特性, 而是所有耗散系统都具有的性质. 为此, 我们将它们作为耗散系统的一个基本原理提出来, 以便构成相变动力学的公共基础.

原理 6.4 (耗散系统相变动力学原理) 所有耗散系统的相变跃迁方式有三种类型: 连续型、突变型 (跳跃型) 和随机型.

耗散系统相变动力学原理在 (Ma and Wang, 2013) 中首次提出, 它被证明是具有基本的重要性. 这一点可以从 5.3 节的厄尔尼诺和海洋热盐环流的动力学理论中看出. 事实上, 整个耗散系统的相变动力学都是围绕这个原理展开的, 关于跃迁类型的判据计算已形成丰富的理论.

在 (6.1.6) 中, 我们已经看到跃迁类型与热力学相变的 Ehrenfest 分类有着紧密的联系. Ehrenfest 的一级和二级相变是靠实验来测定的, 这个方面没有理论判据, 但是相变动力学理论关于跃迁分类提供了有效的理论判据, 从而为热力学相变的分类给出完善的理论基础.

为了方便, 下面我们系统地介绍 Ehrenfest 分类理论.

令 u 是一个热力学系统的序参量, λ 为控制参数, $F(u, \lambda)$ 为势泛函. 设 λ_0 是一个相变临界点, 然后有下面分类.

Ehrenfest 相变分类 令 u_λ 是系统在 λ_c 处从 u_0 跃迁的新平衡态. 我们称该相变是 n 级的, 若在 λ_c 处有

$$\begin{cases} \dfrac{\mathrm{d}^k}{\mathrm{d}\lambda^k} F(u_\lambda, \lambda) \ 对 \ 0 \leqslant k \leqslant n-1 \ 在 \ \lambda_c \ 是连续的, \\[3mm] \dfrac{\mathrm{d}^n}{\mathrm{d}\lambda^n} F(u_\lambda, \lambda) \ 在 \ \lambda_c \ 是不连续的. \end{cases} \qquad (6.1.8)$$

在现实中, 发生相变的最高级数是 $n = 3$, 见后面定理 6.7.

Ehrenfest 分类 (6.1.8) 最大的优点是它可由实验来测定, 但是可以测的只有一级和二级相变, 对于 $n \geqslant 3$ 就无法测定. 原因是, 势泛函 F 关于 λ 的一阶和二阶导数都对应于某个响应参数, 如热容、压缩系数等. 因此 F 的 $n(n = 1, 2)$ 阶导数是否连续等价于对应的响应参数在临界点处是否连续. 然而对 $n \geqslant 3$ 就没有相应的可观测物理参数了. 下面列出一些常用的响应参数.

1) 熵 $S = -\partial F / \partial T$;

2) 广义位移 $X = -\partial F / \partial f$ $(V = \partial F / \partial p)$;

3) 热容 $C_p = -T \partial^2 F / \partial T^2$; $\qquad$ (6.1.9)

4) 压缩系数 $\kappa = -\dfrac{1}{V} \partial^2 F / \partial p^2$;

5) 热膨胀系数 $\alpha = \dfrac{1}{V} \partial^2 F / \partial p \partial T$,

这里 F 是 Gibbs 自由能.

因此, 一级相变是体积和熵 (由潜热 ΔH 来代表) 的不连续性:

$$\Delta V = V^+ - V^- = \frac{\partial F^+}{\partial p} - \frac{\partial F^-}{\partial p},$$

$$\Delta S = S^- - S^+ = \frac{\partial F^+}{\partial T} - \frac{\partial F^-}{\partial T},$$

其中 $F^\pm = F(\lambda_0 \pm \Delta \lambda)$, λ_c 为临界点. ΔS 与潜热的关系为

$$\Delta S = \frac{1}{T} \Delta H \quad (\Delta H \text{ 是可测物理量}). \qquad (6.1.10)$$

从 (6.1.9) 可以看到, 二级相变是热容、压缩系数、膨胀系数的不连续性.

$$\Delta C_p = C_p^+ - C_p^-, \quad \Delta \kappa = \kappa^+ - \kappa^-, \quad \Delta \alpha = \alpha^+ - \alpha^-,$$

在 λ_c 处具有跳跃性.

6.1.3 相变动力学的主要课题

热力学相变三个基本定理 (定理 6.1 一定理 6.3) 明确地表明相变动力学理论的主题. 下面我们阐述这些课题. 首先, 一个热力学系统的控制参数是温度 T 和广义力 f:

$$控制参数 \ \lambda = (T, f). \qquad (6.1.11)$$

热力学相变第一定理指出相变总是发生在动力学方程 (6.1.1) 的第一特征值 $\beta_1 = 0$ 处. 因为方程的系数都是 λ 的函数, 因此 β_1 是 (6.1.11) 参变量的函数, 即 $\beta_1 = \beta_1(T, f)$. 于是 (T, f) 的临界值 T_c 和 f_c 满足下面的方程, 称为临界参数方程,

$$\beta_1(T, f) = 0. \qquad (6.1.12)$$

由方程 (6.1.12) 不仅可以定出临界参数值 T_c 和 f_c, 而且可以提供它们之间关系的相图, 称为**临界参数相图**. 因此, 算出第一特征值关于 $\lambda = (T, f)$ 的具体表达式和给出 (6.1.12) 的相图是相变动力学的第一个主要课题.

　　其次, 定理 6.2 给出热力学相变动力学分类与 Ehrenfest 分类之间的关系. 动力学分类在理论上可以提供跃迁相图, 这是与临界参数相图不同的另一种表达相变性质的工具. 在 5.3.5 小节关于海洋热盐环流动力学理论中已看到, 每个系统都有自己的参数 $\delta = (\delta_1, \cdots, \delta_k)$, 并且存在由这些参数组合的实数 b, 即

$$b = b(\delta_1, \cdots, \delta_k) \ \ \text{称为跃迁判据}, \tag{6.1.13}$$

使得

$$b \begin{cases} < 0 & \text{时系统发生 } A \text{ 型相变}, \\ > 0 & \text{时系统发生 } B \text{ 型相变}. \end{cases} \tag{6.1.14}$$

此外, $b = 0$ 处给出 A 和 B 两种类型的分界线, 即方程

$$b(\delta_1, \cdots, \delta_k) = 0 \tag{6.1.15}$$

提供了跃迁类型分界图, 称为**跃迁相图**. (6.1.13)—(6.1.15) 的性质并非是热盐环流的特性, 而是耗散系统的普遍特征, 于是关于 (6.1.13)—(6.1.15) 的研究是相变动力学的第二个主要课题.

　　最后, 当系统的跃迁类型被判定后, 定理 6.3 表明在临界点 λ_c 附近数学上可以给出方程 (6.1.1) 的解 $u(t, \lambda, \varphi)$ 的动力学结构 (数学上称为吸引子拓扑结构). 例如, 关于厄尔尼诺亚稳态振荡的图 5.3 给出的就是动力学结构图, 这里将此类动力学结构图都称为**动力学相图**. 系统 (6.1.1) 的动力学结构理论包括如下几个部分:

- 在 (u_0, λ_c) 邻域求出所有稳定和不稳定平衡点. $\qquad\qquad$ (6.1.16)

- 获得这些稳定与不稳定平衡点之间轨道联结的结构, $\qquad\qquad$ (6.1.17)
  这就是所谓的吸引子拓扑结构.

- 在临界点附近给出初值的稳定区域. $\qquad\qquad$ (6.1.18)

上述 (6.1.16)—(6.1.18) 被确定后, 方程解的结构图便可给出. 一旦获得这种结构相图, 则在临界点附近系统相变的全部过渡状态信息就都知道了. 因此关于 (6.1.16)—(6.1.18) 的动力学相图是相变动力学的第三个主要课题.

　　总结性地讲, 耗散系统相变动力学的主要课题有三个:

1) 临界参数相图, 确定不同相的区域;

2) 跃迁相图, 获得跃迁类型的参数区域;

3) 动力学相图, 得到相变过渡状态的全局动态性质.

6.1.4　跃迁判据定理

　　临界参数与跃迁判据的计算是相变动力学的两个重要问题. 在 (Ma and Wang, 2013) 中关于这方面建立了完整的理论. 由于热力学相变都是发生在平衡态之间, 没

有时间周期解或时间振荡态的相变, 从而这方面的问题变得相对简单. 特别是临界参数, 它被归结为线性算子第一特征值的计算, 这类问题只能放在后面具体热力学系统的相变中进行讨论.

这一小节将介绍跃迁判据是如何计算的抽象过程. 为了简单只考虑单特征值跃迁的详细过程, 即在 (6.1.4) 中 $m = 1$.

令 u_0 是 (6.1.1) 的一个平衡态 (不一定为零), λ_c 是 u_0 的一个 $m = 1$ 的相变临界点. 首先作平移变换

$$u = u' + u_0,$$

将 u 代入 (6.1.1), 方程变为 (为了方便去掉 u' 的上撇),

$$\frac{\partial u}{\partial t} = \mathcal{L}_\lambda u + \widetilde{G}(u, \lambda), \tag{6.1.19}$$

其中

$$\mathcal{L}_\lambda = L_\lambda + DG(u_0, \lambda),$$
$$\widetilde{G}(u, \lambda) = G(u + u_0, \lambda) - G(u_0, \lambda) - DG(u_0, \lambda)u.$$

令 $\{\beta_k(\lambda)\}$ 和 $\{\phi_k\}$ 是

$$\mathcal{L}_\lambda \phi_k = \beta_k \phi_k \tag{6.1.20}$$

的特征值和特征向量, $\{\phi_k\}$ 构成 X 的正交基. 令 (6.1.19) 的解为

$$u = \sum_{k=1}^{\infty} u_k \phi_k. \tag{6.1.21}$$

将 u 代入 (6.1.19), 方程变为

$$\frac{\mathrm{d}u_1}{\mathrm{d}t} = \beta_1(\lambda)u_1 + \left\langle \widetilde{G}\left(\sum_{j=1}^{\infty} u_j\phi_j, \lambda\right), \phi_1 \right\rangle, \tag{6.1.22}$$

$$\frac{\mathrm{d}u_k}{\mathrm{d}t} = \beta_k(\lambda)u_k + \left\langle \widetilde{G}\left(\sum_{j=1}^{\infty} u_j\phi_j, \lambda\right), \phi_k \right\rangle, \quad k \geqslant 2. \tag{6.1.23}$$

由假设在 (6.1.4) 和 (6.1.5) 中 $m = 1$, 即

$$\beta_k(\lambda_c) < 0, \quad \forall k \geqslant 2. \tag{6.1.24}$$

对于 (6.1.24), 在数学上有公式可从 (6.1.23) 求出 λ_c 处的中心流形函数 Φ_k 的表达式 (具体公式见 (Ma and Wang, 2013) 附录 B),

$$u_k = \Phi_k(u_1, \lambda), \quad k \geqslant 2. \tag{6.1.25}$$

将 (6.1.25) 的 u_k 代入 (6.1.22) 便得到关于 u_1 的常微分方程

$$\frac{\mathrm{d}u_1}{\mathrm{d}t} = \beta_1(\lambda)u_1 + b_0(\lambda)u_1^2 + b(\lambda)u_1^3 + o(|u_1|^3), \tag{6.1.26}$$

称为 (6.1.1) 的中心流形约化方程. 然后数学上可证明如下定理.

定理 6.5 (单重跃迁判据定理) 令 u_0 是 (6.1.1) 的一个平衡点, λ_c 是 u_0 的 $m = 1$ 相变临界点. 则 (6.1.1) 在 λ_c 的跃迁类型可由它的中心流形约化 (6.1.26) 的系数 b_0 和 b 来判别如下:

1) 若 $b_0(\lambda_c) \neq 0$, 则方程 (6.1.1) 在 λ_c 的跃迁是随机的.

2) 若 $b_0(\lambda_c) = 0$, 则 $b(\lambda_c) > 0$ 时跃迁为突变的, 而当 $b(\lambda_c) < 0$ 时跃迁为连续的.

这里只给出实单特征值 $(m = 1)$ 跃迁类型的判据计算过程. 对于一般情况, 即 $m > 1$ 或复特征值情况, 跃迁判据的获得方法都是与定理 6.5 相同的步骤:

1) 首先作类似于 (6.1.22) 和 (6.1.23) 的方程谱分解, 获得关于 $\mathrm{Re}\beta_i(\lambda_c) = 0$ $(1 \leqslant i \leqslant m)$ 的方程和 $\mathrm{Re}\beta_j(\lambda_c) < 0$ $(j \geqslant m + 1)$ 的方程;

2) 由 $\mathrm{Re}\beta_j(\lambda_c) < 0$ 的方程算出中心流形函数

$$u_j = \Phi_j(u_1, \cdots, u_m, \lambda), \quad j \geqslant m + 1; \tag{6.1.27}$$

3) 将 (6.1.27) 的中心流形函数代入 $\mathrm{Re}\beta_i(\lambda_c) = 0$ 的方程中, 便得到中心流形约化方程;

4) 最后根据 (Ma and Wang, 2013) 的 S^{m-1} 体球面吸引子分歧定理, 从中心流形约化方程可求出方程 (6.1.1) 在 λ_c 处的跃迁判据.

因此, 数学上关于 (6.1.1) 的跃迁判据在 Ma 和 Wang 的书中已建立完备的理论与方法. 事实上, 虽然在具体问题中所涉及的关于特征值、特征向量, 以及中心流形函数的计算很复杂, 但这个理论是有效的. 在 Ma 和 Wang 的书中给出 20 个非线性科学中重要问题的相变动力学结果充分表明了这一点.

6.1.5 相图及过冷过热态和潜热

前面 6.1.3 小节已经介绍过的相变动力学的三个主要课题可以扼要地归结为获得临界参数相图、跃迁相图、动力学相图. 这三种相图直观的图示方法将耗散系统临界相变的主要特征勾画出来, 简单明了. 这里我们将介绍相图的含义和主要特征.

1. 临界参数相图

临界参数相图反映的是系统在不同的控制参数范围内所表现出的状态. 这种相图是用控制参数 $\lambda = (\lambda_1, \lambda_2)$ 作为坐标轴. 例如, 在图 4.2 和图 4.3 中采用 $\lambda = (T, p)$ 为坐标, 其中温度 T 为横坐标, 压力 p 为纵坐标. 坐标区域内的曲线为临界参数曲线, 它们将区域划分为几个不同的子区域, 这几个不同的子区域代表不同的相.

为了让读者能够看懂相图, 这里用一个示例来说明. 令一个系统的控制参数为 $\lambda = (T, p)$, 它具有 A 和 B 两种相. 假设该系统的方程为 (6.1.1), 并且 (6.1.2) 的第一特征值 β_1 取如下函数形式

$$\beta_1 = \alpha_1 T + \alpha_2 p - \alpha_3, \tag{6.1.28}$$

其中 $\alpha_i > 0\ (1 \leqslant i \leqslant 3)$ 为常数. 此外还有

$$\beta_1 \begin{cases} < 0 & \text{代表 } A \text{ 相}, \\ > 0 & \text{代表 } B \text{ 相}, \end{cases} \tag{6.1.29}$$

则由 (6.1.28) 和 (6.1.29) 可以得到该系统的临界参数相图如图 6.1 所示.

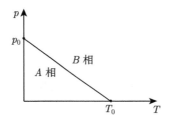

图 6.1 $\quad (T, p)$ 相图, 其中 $p_0 = \alpha_3/\alpha_2$, $T_0 = \alpha_3/\alpha_1$

在图 6.1 中, 连接 p_0 和 T_0 的直线就是 $\beta_1 = 0$ 的临界参数方程

$$\alpha_1 T + \alpha_2 p = \alpha_3$$

给出的直线. (6.1.29) 将 $\{(T, p) \mid p > 0,\ T > 0\}$ 区域划分为 A 相和 B 相两个子区域. 它们表达的物理意义为, 当温度和压力 (T, p) 处在 A 相 (或 B 相) 区域时, 系统就处在 A 相 (或 B 相).

这里我们提醒读者注意, (6.1.29) 就对应于 (6.1.4) 的相变条件.

2. 跃迁相图

跃迁相图是由 (6.1.13) 和 (6.1.14) 给出的图形, 它反映的是不同跃迁类型的参数分布情况. 我们以海洋热盐环流为例子来说明此相图的物理意义与特征. 由 (5.3.66) 和 (5.3.67) 知, 海洋稳态环流的跃迁判据 b_1 为

$$b_1 = \sigma_c - \frac{1 - \text{Le}}{\text{Le}^3} \widetilde{R}, \tag{6.1.30}$$

其中 Le 和 $\widetilde{R}$ 是如 (5.3.57) 的 Lewis 数和盐 Rayleigh 数, $\sigma_c > 0$ 是如 (5.3.61) 的临界值. 若我们取 $(\text{Le}, \widetilde{R})$ 为序参量, 即令

$$y = \widetilde{R}, \quad x = \text{Le},$$

则 (6.1.30) 中 $b_1 = 0$ 的方程为

$$y = \frac{\sigma_c x}{1 - x} \quad \text{(代表 } b_1 = 0\text{)}. \tag{6.1.31}$$

此外, (5.3.67) 给出

$$b_1 \begin{cases} > 0 & \text{为连续型跃迁}, \\ < 0 & \text{为突变型跃迁}. \end{cases} \tag{6.1.32}$$

于是 (6.1.31) 和 (6.1.32) 给出海洋稳态环流的跃迁相图, 如图 6.2 所示.

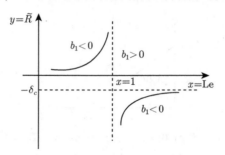

图 6.2　海洋稳态环流跃迁相图

在图 6.2 中, 方程 (6.1.31) 将海洋参数区域 $\{(\text{Le}, \widetilde{R}) \mid \text{Le} > 0, \ -\infty < \widetilde{R} < +\infty\}$ 划分为 $b_1 < 0$ 和 $b_1 > 0$ 的子区域. 它的物理意义是, 若参数 $(\text{Le}, \widetilde{R})$ 是落在 $b_1 > 0$ 区域, 则海洋稳态环流的相变是连续型的, 若 $(\text{Le}, \widetilde{R})$ 落在 $b_1 < 0$ 区域, 则环流相变是突变的.

3. 动力学相图

动力学相图反映的是在临界点附近方程 (6.1.1) 所有解 $u(t, \lambda, \varphi)$ 随 (t, λ, φ) 的改变而发生的状态变化情况. 下面我们关于单特征值跃迁 $(m = 1)$ 的情况分别给予介绍.

对于动力学相图, 坐标系的横轴为控制参数, 通常取横轴为温度 T, 纵轴为方程解的空间 X, 它是一个无穷维函数空间, 用一维的轴代表该空间. $m = 1$ 的动力学相图是最简单的, 但是也是相变系统中最为广泛的类型. 这类相图是按跃迁类型分为三种情况: 连续的、突变的及随机的. 由第三相变定理 6.3, 突变和随机两种类型总是伴随有鞍结点分歧发生. 图 6.3 (a)—(c) 分别给出这三种情况的示意图.

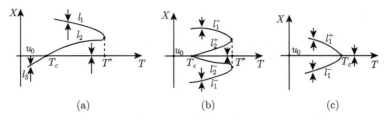

图 6.3 (a) 为随机型, (b) 为突变型, (c) 为连续型

我们需要解释图 6.3 (a)—(c) 的物理意义. 图中所有曲线上的点都代表方程的平衡态, 特别地 T 轴上的点 (u_0, T) 代表温度为 T 时的平衡态 u_0. 图中朝内双箭头表示稳定平衡态, 否则为不稳定平衡态, T_c 为相变临界点, T^* 为鞍结分歧点.

图 (a) 是随机型动力学相图. 图中 l_1, l_3 曲线段和 T 轴上 $T > T_c$ 线段都是稳定平衡态. 在 $T < T_c$ 段 u_0 失稳, 在 T_c 点有两种跃迁可能性: 从 u_0 到 l_1 上为突变型, 从 u_0 到 l_3 上为连续型. 该系统在 T^* 点有一个鞍结分歧点. 在 $T < T^*$ 一侧分歧出两个分支 l_1 和 l_2, 其中 l_1 上为稳定的结点, l_2 上为不稳定的鞍点.

图 (b) 是突变型. 图中 l_1^+ 和 l_1^- 为稳定平衡态, l_2^+ 和 l_2^- 为不稳定的. u_0 在 $T < T_c$ 段失稳, 在 T_c 处只有突变型相变, 即从 u_0 跳跃到 l_1^+ 或 l_1^- 上. 该系统在 T^* 有两个鞍结分歧点.

图 (c) 是连续型. 图中 l_1^+ 和 l_1^- 为稳定的. u_0 在 $T < T_c$ 段失稳, 在 T_c 处只有跃迁到 l_1^+ 或 l_1^- 上, 是连续型的.

4. 过冷过热态与潜热

在图 6.3 (a) 和 (b) 中的 $T_c < T < T^*$ 区域, l_1 和 $l_1^\pm$ 上的平衡态和 u_0 都属于亚稳态, 数学上称为局部稳定的平衡态. 在物理上它们分别对应于所谓的过冷态与过热态, 并且它们之间的跃迁伴有潜热发生, 即

$$\begin{cases} T_c < T < T^* \ \text{区间的}\ \ u_0 = \text{过冷态}, \\ T_c < T < T^* \ \text{中}\ l_1 \ \text{和}\ l_1^+,\ l_1^- \ \text{上的态} = \text{过热态}, \\ \text{在}\ T_c < T < T^* \ \text{区间的跃迁总是有潜热发生}. \end{cases} \tag{6.1.33}$$

因此, 鞍结分歧点附近总是对应于过冷过热态以及潜热发生.

6.1.6 涨落与超前临界温度

从 (6.1.33) 我们看到, 随机型和突变型相变在临界点附近都存在亚稳态, 伴随亚稳态出现过冷和过热的状态. 而涨落是造成这种现象的主要动力学原因. 下面我们分别介绍涨落与相变的关系、涨落半径与临界超前性、超前临界值的计算这三个方面的内容.

1. 涨落与相变的关系

令 u_0 是 (6.1.1) 的平衡态, T_c 是相变临界温度, 并且 u_0 在 $T_c < T$ 的一侧是稳定的. 在 $u_0 = 0$ 的动力学方程初值问题为

$$\begin{cases} \dfrac{\mathrm{d}u}{\mathrm{d}t} = L_T u + G(u, T), \\ u(0) = 0, \end{cases} \tag{6.1.34}$$

其中 $G(u, \lambda) = o(\|u\|_X)$ 即为 u 的高阶项.

显然 $u(t) = 0$ 是 (6.1.34) 的解. 令 $u_0 = 0$ 在 T 的吸引半径为 $r_T \geqslant 0$, 即对任何初值 $\varphi \in X$ 及 $\|\varphi\|_X < r_T$, 则 (6.1.1) 的解 $u(t, \varphi)$ 满足

$$\lim_{t \to \infty} u(t, T, \varphi) = u_0 = 0. \tag{6.1.35}$$

现在考虑突变型和随机型相变. 由相图 (a) 和 (b) 可以看到

$$r_T > 0 \ (T > T_c), \quad r_T \to 0 \ (T \to T_c), \quad r_T = 0 \ (T < T_c). \tag{6.1.36}$$

从 (6.1.35) 的观点看, 动力学系统 (6.1.34) 从理论上讲, 对所有的温度 T, 系统都是处在 $u_0 = 0$ 状态. 但实际上由于自发性涨落, 系统会自动偏离 $u_0 = 0$ 到一个非零态 $\varphi \neq 0$. 于是 (6.1.34) 变为

$$\begin{cases} \dfrac{\mathrm{d}u}{\mathrm{d}t} = L_T u + G(u, T), \\ u(0) = \varphi_{涨落}(\neq 0). \end{cases} \tag{6.1.37}$$

由 (6.1.36), 当 $T - T_c < \varepsilon$ 充分小时,

$$\|\varphi_{涨落}\|_X > r_T. \tag{6.1.38}$$

此时 (6.1.37) 的解就不在 u_0 的吸引域内, 于是有

$$\lim_{t \to \infty} u(t, T, \varphi_{涨落}) = u_1 \ (\neq u_0), \quad \forall \, T < T_c + \varepsilon. \tag{6.1.39}$$

即系统 (6.1.34) 从 u_0 态跃迁到 u_1 态发生相变. 这表明在临界点处系统的自发涨落是相变发生的原因, 没有涨落系统可一直处在 u_0 态上, 即它在 $T < T_c$ 处失稳.

2. 涨落半径与临界超前性

记 $\varphi_{涨落}(T)$ 为系统在温度 T 时的涨落, 定义涨落半径为

$$涨落半径 \ r_f(T) = \sup \|\varphi_{涨落}(T)\|_X, \tag{6.1.40}$$

这里 sup 为所有 T 处涨落的上界.

由 (6.1.40) 的定义, 从 (6.1.38) 和 (6.1.39) 可知

$$r_f > r_T \quad \text{时相变便有可能发生.}$$

因此突变型和随机型相变的临界温度 $\widetilde{T}_c$ 是比 T_c 超前的, 即 $\widetilde{T}_c > T_c$. 它是由下面方程决定的

$$r_f(T) = r_T. \tag{6.1.41}$$

3. 超前临界值 $\widetilde{T}_c$ 的计算

方程 (6.1.41) 的解便是超前临界温度 $\widetilde{T}_c$. 对于 $m = 1$ 的情况, 方程 (6.1.41) 的表达式可以给出来.

首先考虑突变型情况. 此时由 (6.1.26) 和定理 6.5, 该系统的中心流形约化方程取如下形式

$$\frac{\mathrm{d}u_1}{\mathrm{d}t} = \beta_1(T)u_1 + bu_1^3 + o(|u_1|^3), \tag{6.1.42}$$

其中 $b > 0$. 由标准数学理论, (6.1.42) 的稳态解

$$u_1^{\pm} = \pm\sqrt{-\beta_1/b} + o(|\beta_1|^{\frac{1}{2}}), \quad T > T_c$$

代表了 (6.1.1) 稳态解的主部, 即 (6.1.1) 在 T_c 处分歧出的不稳定平衡态 $l_2^{\pm}$ 解 (如图 6.3 (b) 所示) 取如下形式

$$u_T^{\pm} = \pm\sqrt{-\beta_1/b}\phi_1 + o\left(|\beta_1|^{\frac{1}{2}}\right), \quad T > T_c \text{ 时 } -\beta_1 > 0.$$

β_1 为 (6.1.2) 的第一特征值, ϕ_1 为第一特征向量. 于是对于 $0 < T - T_c \ll 1$, u_0 的吸引半径 r_T 为

$$r_T = \|u_T^{\pm}\| = (-\beta_1(T)/b(T))^{\frac{1}{2}}, \quad T > T_c. \tag{6.1.43}$$

此外, (6.1.1) 的涨落方程表达为 (可见 (5.5.54))

$$\begin{cases} \dfrac{\mathrm{d}w}{\mathrm{d}t} = L_T w + G(w, T) + \widetilde{f}, \\ w(0) = 0, \end{cases} \tag{6.1.44}$$

$\widetilde{f}$ 为涨落力. 由于 G 关于 w 是高阶项, 即

$$G(w, \lambda) = o(\|w\|_X),$$

并且涨落力 $\widetilde{f}$ 很小. 因此涨落过程 (6.1.44) 近似于下面方程

$$\begin{cases} \dfrac{\mathrm{d}w}{\mathrm{d}t} = L_T w + \widetilde{f}, & T > T_c, \\ w(0) = 0. \end{cases} \tag{6.1.45}$$

方程 (6.1.45) 的解为

$$w = \int_0^t \mathrm{e}^{(t-\tau)L_T} \widetilde{f} \mathrm{d}\tau. \tag{6.1.46}$$

令 w, $\widetilde{f}$ 按 L_λ 的特征向量 $\{\phi_k\}$ 进行展开

$$w = \sum_{k=1}^\infty w_k \phi_k, \quad \widetilde{f} = \sum_{k=1}^\infty \widetilde{f}_k \phi_k.$$

代入 (6.1.46) 后得到

$$w_k = \int_0^t \mathrm{e}^{\beta_k(t-\tau)} \widetilde{f}_k \mathrm{d}\tau,$$

其中 $\{\beta_k\}$ 是 L_T 的特征值, 满足 $\beta_1 > \beta_2 \geqslant \cdots$, 且

$$\beta_k \to -\infty \quad (k \to \infty).$$

此时 w 的模变为

$$\|w\|_X^2 = \sum_{k=1}^\infty \left[\int_0^t \mathrm{e}^{\beta_k(t-\tau)} \widetilde{f}_k \mathrm{d}\tau \right]^2.$$

因此有

$$\sup_t \|w\|_X = \sup_t \left[\sum_{k=1}^\infty \left(\int_0^t \mathrm{e}^{\beta_k(t-\tau)} \widetilde{f}_k \mathrm{d}\tau \right)^2 \right]^{\frac{1}{2}} = \widetilde{f}_0. \tag{6.1.47}$$

于是 (6.1.40) 的涨落半径可写成

$$r_f = \sup_{\widetilde{f}} \sup_t \|w\|_X = \sup \widetilde{f}_0. \tag{6.1.48}$$

由 (6.1.43)—(6.1.48), 方程 (6.1.41) 变为

$$-\beta_1(T) = b f_0^2, \quad (T > T_c), \tag{6.1.49}$$

其中 b 如 (6.1.26) 为系统的跃迁判据, $f_0 = \sup \widetilde{f}_0$, $\widetilde{f}_0$ 如 (6.1.47), 它的物理意义为涨落力在耗散意义下的均方最大值.

通常在 T_c 附近 β_1 可表达成

$$\beta_1 = \alpha(T_c - T). \tag{6.1.50}$$

于是得到 (6.1.49) 的解

$$\widetilde{T}_c = T_c + b f_0^2 / \alpha \quad (\text{对突变型相变}). \tag{6.1.51}$$

这就是突变型相变的超前临界温度.

对于随机型相变, 用同样的方法可以得到超前临界温度为

$$\widetilde{T}_c = T_c + b f_0 / \alpha \quad (\text{随机型相变}), \tag{6.1.52}$$

这里 $b = |b_0|$, b_0 如 (6.1.26), f_0 和 α 与 (6.1.51) 相同.

6.2 常规系统的相变

6.2.1 气液固三态的跃迁

气液固三态属于 PVT 系统, 它的相变动力学方程的一般形式可由势泛函 (4.2.20) 及 (5.1.46) 和 (5.1.47) 的统一模型给出. 为了简单, 这里只考虑均匀的 PVT 系统, 其动力学方程可写成

$$\alpha_0 \frac{\mathrm{d}\rho}{\mathrm{d}t} = -\alpha_1 \rho - \alpha_3 \rho^3 - A \ln(1 + b\rho) + p, \tag{6.2.1}$$

其中 α_0 为量纲因子, α_1, α_3, A 为参数, $1/b$ 为参照密度.

在 6.1.3 小节中, 我们知道关于耗散系统的相变动力学领域有三个中心课题. 然而, 由于 (6.2.1) 是一般 PVT 系统的方程, 它的三个重要参数 α_1, α_3, A 依赖于系统, 因此无法关于临界控制参数问题进行讨论. 但是可以关于跃迁类型和动力学相图这两个问题进行讨论.

首先我们取 ρ_0 为系统在相变临界点附近的平衡态, 即 ρ_0 满足

$$\alpha_1 \rho_0 + \alpha_3 \rho_0^3 + A \ln(1 + b\rho_0) - p = 0. \tag{6.2.2}$$

作平移变换

$$\rho = \rho_0 + \rho', \tag{6.2.3}$$

代入 (6.2.1) 中便得到 ρ' 的方程 (为了简单去掉上撇) 如下

$$\alpha_0 \frac{\partial \rho}{\partial t} = \beta_1 \rho + b_0 \rho^2 + b \rho^3 + o(\rho^3), \tag{6.2.4}$$

其中 $\rho = 0$ 是 (6.2.4) 的稳态解, 由 (6.2.3) 它代表 (6.2.2) 的稳态解 ρ_0. 方程 (6.2.4) 中的系数 β_1, b_0, b 分别为

$$\beta_1 = -\alpha_1 - 3\alpha_3\rho_0^2 - \frac{bA}{1+b\rho_0},$$

$$b_0 = \frac{b^2 A}{2(1+b\rho_0)^2} - 6\alpha_3\rho_0, \tag{6.2.5}$$

$$b = -\alpha_3 - \frac{b^3 A}{3(1+b\rho_0)^3}.$$

方程 (6.2.4) 就是如 (6.1.26) 可以作为跃迁判据的方程. 进一步地关于 PVT 系统的相变有如下结论.

1. PVT 系统相变类型

从 (6.2.4) 和 (6.2.5) 中可以看到系数 b_0 在一般情况下不为零. 也就是说使 $b_0 = 0$ 的 (ρ_0, T_c, p_c) 是孤立的点. 根据定理 6.5, 使 $b_0 \neq 0$ 的临界点属于随机型相变, 而使 $b_0 = 0$ 的是属于连续型的 (因为 (6.2.5) 中的跃迁判据 $b < 0$). 因此 PVT 系统没有跳跃型的相变. 更详细地, 关于跃迁类型有如下结论:

$$\begin{aligned} &\text{PVT 系统几乎处处 } b_0 \neq 0, \text{ 属于随机型相变.}\\ &\text{而使 } b_0 = 0 \text{ 的点一定是 Andrews 临界点, 并} \tag{6.2.6}\\ &\text{且在该点处系统属于连续型跃迁为二级相变.} \end{aligned}$$

在下一小节我们将证明 (6.2.6) 中关于 $b_0 = 0$ 的讨论.

2. 过冷过热态 ($b_0 > 0$ 情况)

当 $b_0 > 0$ 时, 对于低密度态跃迁到高密度态的相变, 在 $T_c < T$ 和 $p < p_c$ 一侧一定存在鞍结点分歧 (由相变第三定理 6.3), 其动力学相图如图 6.4 (a) 和 (b) 所示. 正如 (6.1.33) 的结论, 对于 PVT 系统的 $b_0 > 0$ 情况, 气液固三态之间的跃迁总是伴随有过冷态和过热态存在. 并且跃迁属于 Ehrenfest 的一级相变.

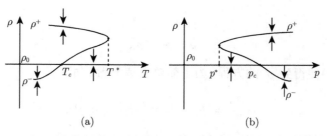

(a)　　　　　　　　　　　　　　(b)

图 6.4　$b_0 > 0$ 时气液固三态跃迁的动力学相图, 密度 $\rho^- < \rho_0 < \rho^+$

(a) 代表温度参数相图; (b) 代表压力参数相图

于是对于 $b_0 > 0$, 气液固三态相变有如下结论:

$$b_0 > 0 \text{ 时, PVT 系统三态之间的相变总是伴随有}$$
$$\text{过冷和过热态存在. 所有跃迁都是一级相变.} \tag{6.2.7}$$

3. 三级相变

当 $b_0 < 0$ 时, 同样在 $T_c < T$ 和 $p < p_c$ 也存在鞍结点分歧, 但此时动力学相图如图 6.5 (a) 和 (b) 所示, 与 $b_0 > 0$ 相图的区别在于, 图 6.4 中图形鞍结点分歧部分在 ρ_0 轴上方, 而图 6.5 中图形在 ρ_0 轴下方.

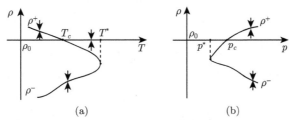

图 6.5 $b_0 < 0$ 时气液固三态跃迁的动力学相图, 密度 $\rho^- < \rho_0 < \rho^+$

(a) 代表温度参数相图; (b) 代表压力参数相图

此时虽然 T 从 T^* 穿越 T_c (p 从 p^* 穿越 p_c) ρ_0 的吸引域半径趋于零, 但现实中 PVT 系统相变是从 ρ_0 跃迁到高密度 ρ^+ 上, 而不是跃迁到低密度 ρ^- 上. 在这个阶段系统的涨落出现不对称现象. 即涨落只朝着密度增大的方向进行, 而在密度减小的方向不发生涨落, 即

$$\rho_0 + w > \rho_0, \quad \text{在 } T_c \text{ 和 } p_c \text{ 附近,} \tag{6.2.8}$$

这里 w 为密度涨落. 此外, 在下一小节中将证明, 从 ρ_0 到 ρ^+ 的跃迁是三级相变. 于是对气液的相变有如下结论:

$$b_0 < 0 \text{ 时, PVT 系统只发生气液相变, 并且}$$
$$\text{相变是的三级. 此外, 在临界点附近涨落发} \tag{6.2.9}$$
$$\text{生如 (6.2.8) 的不对称性现象.}$$

从上面 (6.2.8) 和 (6.2.9) 的结论可看到, PVT 系统随机跃迁判据 b_0 的符号决定了相变的阶数, 即

$$b_0 \begin{cases} > 0 \Rightarrow \text{相变是一级的,} \\ = 0 \Rightarrow \text{相变是二级的 (当 } b < 0 \text{ 时),} \\ < 0 \Rightarrow \text{相变是三级的 (当有涨落不对称时).} \end{cases} \tag{6.2.10}$$

结论 (6.2.10) 在热力学系统中具有普遍意义. 再由 (6.1.6) 和定理 6.5, 对于 $m = 1$ 的跃迁判据 b 有如下性质

$$b \begin{cases} > 0 \Rightarrow \text{相变是一级的,} \\ < 0 \Rightarrow \text{相变是二级的.} \end{cases} \qquad (6.2.11)$$

于是, (6.2.10) 和 (6.2.11) 完善了相变动力学分类与 Ehrenfest 分类之间的关系.

6.2.2　Andrews 临界点与三阶气液相变

在 PVT 系统中, 气体与液体之间的相变沿着临界参数曲线将发生如 (6.2.10) 的 b_0 转变符号的性质. 这个行为对应到临界参数相图上便是著名的 Andrews 临界现象.

现在让我们来考察 PVT 系统典型的临界参数实验相图, 它由图 6.6 给出. 在此图中, 横轴代表温度, 纵轴代表压力, OA 曲线段是气体与固体的临界线, AB 曲线为液体和固体的临界线. AC 曲线为气体与液体的临界线. A 点为三相点, 在那里气、液、固三相共存. 临界参数曲线上, 从 A 点到 C 点这一段的气液相变是一级的. C 点便是物理上的 Andrews 临界点, 该点的相变是二级的. 但是 C 点以外物理实验便无法测定临界参数曲线. 于是传统教科书上的相图在 C 点便终止了. 这使一些人产生误解, 认为

$$\text{Andrews 临界点以外没有气液相变.} \qquad (6.2.12)$$

实质上, (6.2.12) 的观点是错误的. 在 6.1.2 小节中已经提过, 当相变阶数 $n \geqslant 3$ 时, 实验上便无法观测了. 这并不意味着没有相变发生. 事实上当实验操作 (T, p) 值从图 6.6 中 a 点出发沿着 l 绕过 C 点到达 b 点, 那么就可清楚看到系统从 a 点的气态变为 b 点的液态. 这说明在 Andrews 临界点以外一定有相变发生, 只是仪器观测不到而已.

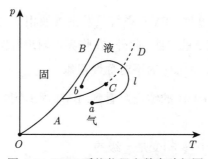

图 6.6　PVT 系统临界参数实验相图

然而在 (Ma and Wang, 2011, 2013) 中从数学上严格证明, 在图 6.6 中 Andrews

临界点 C 以外, 气液相变是三级的, 临界线由 CD 虚线表示. 同时证明了 (6.2.10) 的物理结论, 该结论用图 6.6 的语言可重述如下,

$$在 AC 临界曲线上: \quad 相变是一级的,$$
$$Andrews 临界点 C 处: \quad 相变是二级的 (b_0 = 0), \tag{6.2.13}$$
$$在 CD 临界曲线 (虚线) 上: \quad 相变是三级的.$$

下面论证 (6.2.13) 的结论. 我们知道, van der Waals 方程是 PVT 系统在气液相变范围内的合理模型. 因此这里动力学方程的热力学势应取 (4.5.2) 和 (4.5.6) 的形式, 即

$$
F = \frac{2a}{b^2}(1 + b\rho)\ln(1 + b\rho) + \frac{1}{2}\left(b^2 p + bRT - \frac{b^2 S_0}{3}T\right)\rho^2 \tag{6.2.14}
$$
$$
- \frac{2a}{b}\rho - bp\rho + \frac{b^2 T^2}{6a}\left(-\frac{1}{2}S^2 + S_0 S\right) + \frac{b^2 T}{6}S\rho^2 - ST.
$$

对于 (6.2.14) 的 Gibbs 自由能, 热力学系统的动力学统一方程 (5.1.41)—(5.1.43) 可等价地写成如下形式

$$
\alpha_0 \frac{\mathrm{d}\rho}{\mathrm{d}t} = -(bp + RT)\rho - \frac{ab}{3}\rho^3 + p + \frac{2a}{b}\rho \tag{6.2.15}
$$
$$
- \frac{2a}{b^2}\ln(1 + b\rho),
$$

其中 α_0 为量纲因子. 取 $\ln(1 + b\rho)$ 的 Taylor 展开三阶近似, (6.2.15) 变为

$$
\alpha_0 \frac{\mathrm{d}\rho}{\mathrm{d}t} = -(bp + RT)\rho + a\rho^2 - ab\rho^3 + p, \tag{6.2.16}
$$

这里 a, b 为 van der Waals 常数. 记

$$
G(\rho, T, p) = -(bp + RT)\rho + a\rho^2 - ab\rho^3 + p. \tag{6.2.17}
$$

令 ρ_0 是 (6.2.16) 的稳态解, 即 ρ_0 满足

$$
G(\rho_0, T, p) = 0 \tag{6.2.18}
$$

关于 ρ_0 作平移变换 $\rho_0 \to \rho_0 + \rho$, 方程 (6.2.16) 变为

$$
\alpha_0 \frac{\mathrm{d}\rho}{\mathrm{d}t} = \beta_1 \rho + b_0 \rho^2 - ab\rho^3, \tag{6.2.19}
$$

这里

$$
\beta_1 = \left.\frac{\mathrm{d}G}{\mathrm{d}\rho}\right|_{\rho = \rho_0} = 2a\rho_0 - bp - RT - 3ab\rho_0^2,
$$
$$
b_0 = \left.\frac{1}{2}\frac{\mathrm{d}^2 G}{\mathrm{d}^2 \rho}\right|_{\rho = \rho_0} = a - 3ab\rho_0. \tag{6.2.20}
$$

由 (6.1.12) 知 $\beta_1 = 0$ 代表图 6.6 中的 AC 及 CD (虚线) 的临界参数曲线, 而 (6.2.19) 中的 b_0 是如 (6.2.10) 的随机跃迁判据. 注意到 (6.2.18), 于是可推断图 6.6 中 C 点的临界值 (ρ_c, p_c, T_c) 是下面方程的解,

$$G = 0, \quad \beta_1 = 0, \quad b_0 = 0. \tag{6.2.21}$$

从 (6.2.17) 和 (6.2.20) 可解出 (ρ_c, p_c, T_c) 的值为

$$(\rho_c, \, p_c, \, T_c) = \left(\frac{1}{3b}, \frac{a}{27b^2}, \frac{8a}{27bR} \right), \tag{6.2.22}$$

它正好就是 Andrews 临界点的值. 于是证明了图 6.6 中的 C 点对应于随机跃迁判据 $b_0 = 0$ 的点.

由于图 6.6 中 AC 段的密度 ρ_0 小于 C 点密度 ρ_c, 即 $\rho_0 < 1/3b$, 而在 CD 段的密度大于 ρ_c, 即 $\rho_0 > 1/3b$. 于是由 (6.2.20) 有

$$b_0 \begin{cases} > 0, & \text{在图 6.6 中的 } AC \text{ 段,} \\ < 0, & \text{在图 6.6 中的 } CD \text{ 段.} \end{cases} \tag{6.2.23}$$

该结论意味着 (6.2.13) 的第一个结论成立. 在 Andrews 临界点 C 处的相变是二级的结论 (即 (6.2.13) 第二个结论) 是由定理 6.5 得到的.

最后, 关于 (6.2.13) 第三个结论 (即 (6.2.10) 第三个结论), 它是 6.5.3 小节中三级相变定理的推论.

6.2.3　铁磁体的临界磁化

这里只考虑均匀的各向异性的铁磁体系统. 此时该系统的序参量可取一维 (单轴) 磁化强度 M (为一标量), 动力学方程 (5.2.11) 变为

$$\frac{\mathrm{d}M}{\mathrm{d}t} = -(\gamma_0 T - \lambda)M - \gamma_1 T M^3 + H, \tag{6.2.24}$$

这里 $-\lambda < 0$ 为铁磁体自发磁化系数 (见 (4.2.40)), H 为外加磁场, γ_0 与 γ_1 为熵耦合系数, 与控制参数 (T, H) 有关.

令 M_0 是 (6.2.24) 的稳态解, 即满足下面方程

$$(\gamma_0 T - \lambda)M + \gamma_1 T M^3 - H = 0. \tag{6.2.25}$$

作平移 $M \to M + M_0$, (6.2.24) 变为

$$\frac{\mathrm{d}M}{\mathrm{d}t} = \beta_1 M + b_0 M^2 - \gamma_1 T M^3. \tag{6.2.26}$$

其中

$$\beta_1 = \lambda - \gamma_0 T - 3\gamma_1 M_0^2 T, \quad b_0 = -3\gamma_1 T M_0. \tag{6.2.27}$$

虽然 γ_0, γ_1 与 T 和 H 有关, 但 (6.2.25) 的解 M_0 与 $\beta_1 = 0$ 的解 T_c 满足

$$M_0 \to 0, \quad T_c \to \lambda/\gamma_0, \quad \text{当 } H \to 0.$$

于是对磁场 H 比较小的情况, 关于铁磁系统 (6.2.24) 有如下结论.

1. $H = 0$ 情况

此时 (6.2.24) 在 $T_c = \lambda/\gamma_0$ 发生连续型 (即二级的) 相变, 其动力学相图如图 6.7 所示.

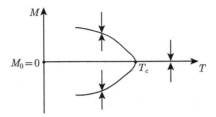

图 6.7 $H = 0$ 时铁磁体在 $T_c = \lambda/\gamma_0$ 处的自发磁化

2. $H \neq 0$ 情况

因为总是取 H 方向为正, 因此 $H > 0$. 此时 (6.2.27) 的随机跃迁判据 $b_0 < 0$. 于是由 (6.2.10) 我们得到如下结论:

$$H \neq 0 \text{ 的铁磁系统在 } T_c \text{ 处发生三级相变}, \tag{6.2.28}$$

这里 T_c 是 (6.2.27) 中 $\beta_1 = 0$ 的解. 其动力学相图如图 6.8 所示.

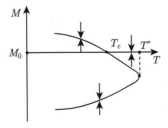

图 6.8 $H \neq 0$ 时铁磁体在 T_c 处发生三级相变

此外, 在图 6.8 中可以看到, 在 (T_c, T^*) 段系统的涨落也发生不对称, 即在 M_0 的涨落 $\widetilde{M}$ 总是大于零的,

$$M_0 + \widetilde{M} > M_0 \quad (\text{涨落不对称性}). \tag{6.2.29}$$

因为对于铁磁体也有如同 PVT 系统 (6.2.9) 的结论:

铁磁体在 T_c 的三级相变伴有不对称性涨落.   (6.2.30)

实际上这是一个普遍性的定理, 可见 6.5.3 小节中的三级相变定理.

3. 鞍结分歧点 T^* 的计算

在图 6.8 中鞍结分歧点 T^* 是 (6.2.26) 的双重稳态解, 从而有

$$b_0^2 + 4\gamma_1 T \beta_1 = 0. \tag{6.2.31}$$

由 (6.2.27), 从 (6.2.31) 可求出 T^* 为

$$T^* = \frac{4\lambda}{4\gamma_0 + 3\gamma_1 M_0^2}.$$

6.2.4   磁滞回路的亚稳态振荡理论

一些磁性材料具有磁滞回路的性质, 如图 6.9 所示. 将一个磁体放置在磁场 H 中被磁化为 $M(H)$. 然后控制磁场 H 正向与反向进行周期变化, 此时 $M(H)$ 沿着图 6.9 中的环路随着 H 而变化. 这种行为被称为磁滞回路现象.

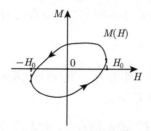

图 6.9   磁滞回路现象: 当磁场在 $-H_0$ 和 H_0 之间进行周期变化时, 磁体的磁化强度 $M(H)$
沿环路运行

磁滞回路行为在机制上是与厄尔尼诺的亚稳态振荡原理相似的. 下面给出该理论的分析. 此时将外加磁场 H 作为控制参数, $M(H)$ 为序参量, 温度 T 被固定.

令 M_0 是磁体系统的一个平衡态, 则关于 M_0 平移变换后磁体的一般动力学方程 (均匀态) 可写成如下形式

$$\frac{\mathrm{d}M}{\mathrm{d}t} = \beta_1(H)M + b_0 M^2 - bM^3, \tag{6.2.32}$$

其中 $b > 0$. 当 (6.2.32) 中 β_1 具有下面性质

$$\beta_1(H) \begin{cases} < 0, & H < -H_1 \text{ 和 } H_0 < H, \\ = 0, & H = -H_1, \ H_0, \\ > 0, & -H_1 < H < H_0, \end{cases} \tag{6.2.33}$$

其中 H_0, $H_1 > 0$. 此时若 $b_0 \neq 0$, 在 $-H_1 \leqslant H \leqslant H_0$ 中, 则 (6.2.32) 的动力学相图如图 6.10 (a) 和 (b) 所示.

若 b_0 在 $-H_1$ 和 H_0 的值为 $b_0(-H_1) < 0$, $b_0(H_0) > 0$, 则动力学相图如图 6.11 所示. 此时 M 在 H_1^* 的值为正, 在 H_2^* 的值为负.

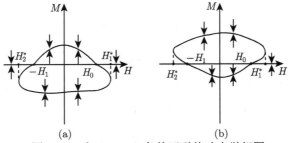

$$(a) \qquad\qquad\qquad (b)$$

图 6.10　在 (6.2.33) 条件下磁体动力学相图

(a) $b_0 < 0$ 情况, 此时 M 在两个鞍结分歧点 H_1^* 和 H_2^* 的值为负; (b) $b_0 > 0$ 情况, M 在 H_1^* 和 H_2^* 的

值为正

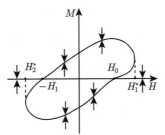

图 6.11　$b_0(-H_1) < 0$, $b_0(H_0) > 0$ 情况的相图

图 6.10 和图 6.11 表明, 当磁场 H 在 H_1^* 和 H_2^* 周期变动时, M 就会沿着图示的闭合回路进行变动. 因此 (6.2.33) 给出了磁滞回路性质的理论判据, 而 b_0 的符号提供了三种环路的分类.

6.2.5　二元相分离

这里我们只考虑匀称的二元系统. 令一个系统是由 A 和 B 两种粒子构成, u_A 和 u_B 分别代表 A 和 B 组元的粒子数密度. 因为是匀称系统, $u_A = 1 - u_B$, 因此主要序参量取为 $u = u_B$.

由 (4.2.34), 该系统的 Gibbs 自由能为

$$F = \int_\Omega \left[\frac{D}{2} |\nabla u|^2 + RTu\ln u + RT(1-u)\ln(1-u) - \mu u \right. \tag{6.2.34}$$
$$\left. + au(1-u) - \frac{b}{R}S(S-S_0) + \beta b^2 TSu^2 - ST \right] dx,$$

这里为了简单我们忽略了压力 p 的作用, 其中 D 为扩散系数, R 为气体常数, b 为 van der Waals 常数, μ 为化学势, $a > 0$ 为 u_B 和 $u_A = 1 - u_B$ 之间的相斥作用势, β 为熵耦合系数. 该系统是粒子数守恒的, 即

$$\int_\Omega u_B \mathrm{d}x = N. \tag{6.2.35}$$

在均匀态时, u 是一个常数, 等于平均值 $u_0 = N/|\Omega|$. 作平移

$$u \to u + u_0, \quad u_0 = N/|\Omega|.$$

根据热力学系统的统一模型 (5.1.41)—(5.1.43), 将 (6.2.34) 平移后的方程称为 Cahn-Hilliard 方程, 取如下形式 (见 2.3.3 小节的讨论),

$$\frac{\partial u}{\partial t} = \Delta u + a_1 u + a_2 u^2 + a_3 u^3 + o(u^3), \tag{6.2.36}$$

其中 a_1, a_2, a_3 分别为

$$\begin{aligned}
a_1 &= \left[2a - \frac{RT}{u_0(1 - u_0)} + (R - bS_0)\beta bT \right] \frac{1}{D}, \\
a_2 &= \left[\frac{1 - 2u_0}{2u_0^2(1 - u_0)^2} - 3\beta^2 b^3 u_0^2 \right] \frac{RT}{D}, \\
a_3 &= -\left[\frac{1 - 3u_0 + 3u_0^2}{3u_0^3(1 - u_0)^3} + \beta^2 b^3 \right] \frac{RT}{D},
\end{aligned} \tag{6.2.37}$$

D 为扩散系数. 粒子数守恒 (6.2.35) 此时改写成

$$\int_\Omega u \mathrm{d}x = 0.$$

物理的合理的边界条件为

$$\left. \frac{\partial u}{\partial n} \right|_{\partial \Omega} = 0.$$

于是, 二元相分离系统的动力学方程 (6.2.36) 可简化成

$$\begin{aligned}
&\frac{\partial u}{\partial t} = \Delta u + a_1 u + a_2 u^2 + a_3 u^3, \\
&\int_\Omega u \mathrm{d}x = 0, \\
&\left. \frac{\partial u}{\partial n} \right|_{\partial \Omega} = 0.
\end{aligned} \tag{6.2.38}$$

为了简单, 这一小节只考虑 Ω 为长方体的情况, 即

$$\Omega = (0, L_1) \times (0, L_2) \times (0, L_3). \tag{6.2.39}$$

1. 特征值问题

对于 (6.2.39) 的长方体区域, (6.2.38) 的线性算子 L_λ 的特征值方程为

$$\Delta\phi_k + a_1\phi_k = \beta_k\phi_k, \quad \int_\Omega \phi_k \mathrm{d}x = 0, \quad \left.\frac{\partial\phi_k}{\partial n}\right|_{\partial\Omega} = 0.$$

它的特征值和特征向量为

$$\beta_k = a_1 - |K|^2, \quad |K|^2 = \pi^2\left(\frac{k_1^2}{L_1^2} + \frac{k_2^2}{L_2^2} + \frac{k_3^2}{L_3^2}\right), \tag{6.2.40}$$

$$\phi_k = \cos\frac{k_1\pi x_1}{L_1}\cos\frac{k_2\pi x_2}{L_2}\cos\frac{k_3\pi x_3}{L_3}, \tag{6.2.41}$$

其中 k_i $(1 \leqslant i \leqslant 3)$ 为整数, 并且 $\sum_{i=1}^3 k_i^2 \neq 0$.

2. 中心流形约化方程

对于长方体区域 (6.2.39), 考虑如下情况

$$L = L_1 > L_2 \text{ 和 } L_3. \tag{6.2.42}$$

此时 (6.2.40) 的第一特征值是单的, 即 $m = 1$.

在 (6.2.42) 情况下, (6.2.38) 的中心流形约化方程可算出为如下形式 (可见 (6.1.25) 和 (6.1.26) 关于此概念的介绍):

$$\frac{\mathrm{d}u_1}{\mathrm{d}t} = \beta_1 u_1 + bu_1^3, \tag{6.2.43}$$

其中 $b_0 = 0$, β_1 (如 (6.2.40)) 和 b 表达为

$$\beta_1 = a_1 - \pi^2/L^2, \tag{6.2.44}$$

$$b = \frac{2L^2}{3\pi^2}a_2^2 + \frac{1}{2}a_3, \tag{6.2.45}$$

其中 L 如 (6.2.42), a_1, a_2, a_3 如 (6.2.37).

由定理 6.3 知, 对长方体区域 (6.2.38) 没有随机型跃迁, 只有连续型和突变型跃迁, 取决于 (6.2.45) 中 b 的符号. 下面由 (6.2.44) 和 (6.2.45) 可分别讨论二元相分离的临界参数相图、跃迁相图及动力学相图.

3. 临界参数相图

对于二元相混合系统 (6.2.38),

$$控制参数\ \lambda = (T, u_0, L),$$

其中 u_0 代表 B 组元的摩尔分数, 它与 A 组元摩尔分数 $\bar{u}_A$ 的关系为

$$\bar{u}_B + \bar{u}_A = 1 \quad (u_0 = \bar{u}_B),$$

因此 u_0 满足条件 $0 < u_0 < 1$. 此时 (6.2.44) 的 β_1 可具体表达为

$$\beta_1 = \frac{1}{D}\left[2a - \frac{RT}{u_0(1-u_0)} + \gamma_0 RT\right] - \frac{\pi^2}{L^2},$$

其中 $\gamma_0 = \left(1 - \dfrac{bS_0}{R}\right)\beta b$ 为一个常数, 物理上它是一个很小的数, 因此可以略去 γ_0 项. 于是由 $\beta_1 = 0$ 可以得到临界参数关系

$$T_c = \frac{1}{R}\left(2a - \frac{D\pi^2}{L^2}\right)(1-u_0)u_0. \tag{6.2.46}$$

根据 (6.2.46), 当固定 u_0 时可得到 TL 相图 (图 6.12), 当固定 L 时便得到 Tu_0 相图 (图 6.13). 在图 6.12 中, $T_0 = \dfrac{2a}{R}(1-u_0)u_0$, $L_0 = D\pi^2/2a$. 在图 6.13 中, $T_1 = \dfrac{1}{4R}\left(2a - D\pi^2/L^2\right)$.

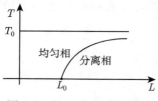

图 6.12　TL 临界参数相图

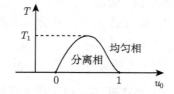

图 6.13　Tu_0 临界参数相图

4. 跃迁相图

由 (6.2.45), 从 $b = 0$ 可以得到

$$L = \frac{\sqrt{3}\pi}{2}\frac{\sqrt{-a_3}}{|a_2|} \quad (由 (6.2.37))$$

$$\simeq \frac{\pi\sqrt{3D}}{2\sqrt{RT}}\frac{\left[\dfrac{1-3u_0+3u_0^2}{3u_0^3(1-u_0)^3}\right]^{\frac{1}{2}}}{\left|\dfrac{1-2u_0}{2u_0^2(1-u_0)^2}\right|} = \frac{C}{\left|u_0 - \dfrac{1}{2}\right|}. \tag{6.2.47}$$

于是, 由 (6.2.47) 可得到跃迁相图 (图 6.14).

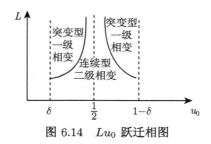

图 6.14 Lu_0 跃迁相图

5. 动力学相图

由中心流形约化方程 (6.2.43)—(6.2.45), 若

$$a_2^2 < \frac{3\pi^2}{4L^2}(-a_3) \quad (即 \ b < 0),$$

则相变是连续型跃迁, 其动力学相图如图 6.15 所示.

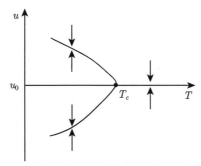

图 6.15 $b < 0$ 的连续型跃迁, 是二级相变

若 $b > 0$, 则相变为突变型, 为一级相变. 动力学相图如图 6.16 所示. 此时, 由热力学相变第三定理 (定理 6.3), 存在鞍结分歧点.

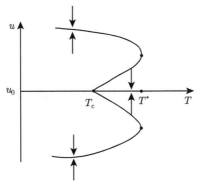

图 6.16 $b > 0$ 的突变跃迁, 是一级相变

注 6.6 当 (6.2.39) 的区域具有性质

$$L_1 = L_2 > L_3 \quad \text{或} \quad L_1 = L_2 = L_3,$$

此时属于 $m = 2$ 或 $m = 3$ 的相变. 关于这两种情况在 (Ma and Wang, 2009a-b, 2013) 中给出完整的理论结果, 其中动力学模型是如 (2.3.31) 的传统形式. 它与本节 (6.2.36) 的模型在定性方面是一致的, 只是在跃迁判据的系数方面有些差异. 同时证明了跃迁只有突变和连续两种, 并且对连续型跃迁证明了, 若 $m = 2$ 则在 T_c 处分歧出一个含有 8 个稳态解的 S^1 (即圆圈) 吸引子, 其中 4 个是稳定的, 另外 4 个是鞍点. 若 $m = 3$ 则分歧出一个 S^2 (球面) 吸引子, 上面含有 8 个或 6 个稳定平衡解两种情况. 这里不再介绍.

对于一般非长方体区域情况, 我们将放在 6.5.2 小节中讨论.

6.3　超　导　电　性

6.3.1　超导现象

所谓超导就是当一个超导体在某个临界温度之上时, 作为电流导体它具有正常的电阻, 而当温度降到此临界温度之下时, 电阻突然消失, 若导体中存在电流, 则在没有电动势条件下这个电流会一直保持下去.

超导现象首先是由 H. K. Onnes 在 1911 年发现. 他观察到, 当温度低于 $T_c = 4.2\text{K}$ 时, 水银的电阻变为零. 从那以后, 人们发现大量的金属、合金及非金属材料具有超导性质. 随后围绕着超导又发现大量的相关物理性质, 如 Meissner 效应, 三种类型超导体以及对应的临界磁场, Abrikosov 旋涡, 高温超导等. 超导如今已成为统计物理中一个具有丰富内容的领域. 下面我们将逐一介绍上述性质.

1. Meissner 效应

当一个超导体放置在一个稳态磁场 H 中时, 导体内部也相应地建起了磁场 H. 然后当温度下降到一个临界温度 $T_c(H)$ 时, 导体处于超导状态, 此时导体内的表层超导电流是逆 H 磁场方向的, 它所产生的磁场与 H 相抵消从而使导体内部磁场消失, 变成一个抗磁体. 这种现象称为 Meissner 效应. 该效应是由 W. Meissner 和 R. Ochsenfeld 在 1933 年发现的.

通常认为具有零电阻和抗磁性是超导体的两个基本特性. 也就是说, 这两个特性是共存的, 并共同代表超导体的特征.

2. 第一类 (类型 I) 超导体和临界磁场 H_c

超导体按其抗磁性的不同特征可分为两种类型, 分别称为第一类、第二类超导体, 也称为 I 型和 II 型超导体. 第二类又分为理想与非理想两类.

第一类超导体只对应于一个临界磁场, 记为 H_c, 使得在 $T < T_c$ 情况下关于外加磁场 H 有如下性质,

$$\begin{cases} \text{当 } 0 \leqslant H < H_c \text{ 时, 超导体是一个抗磁体}; \\ \text{当 } H_c < H \text{ 时, 超导体恢复到正常状态}. \end{cases} \tag{6.3.1}$$

对于这类导体存在一个退磁因子 D $(0 \leqslant D \leqslant 1)$ 来刻画它们的退磁性能如下:

$$D = 0 \Rightarrow H < H_c \text{ 时导体处在完全抗磁性状态},$$

$$0 < D \Rightarrow \begin{cases} H < (1-D)H_c \text{ 时, 导体是完全抗磁体}, \\ (1-D)H_c < H < H_c \text{ 时, 导体内部有正常} \\ \text{相和超导相多个区域共存的中间态}. \end{cases} \tag{6.3.2}$$

第一类超导体可由 Ginzburg–Landau 参数 $\mathcal{K}$ 来区分:

$$0 < \mathcal{K} < \frac{1}{\sqrt{2}} \Rightarrow \text{材料为 I 型超导体}. \tag{6.3.3}$$

3. 第二类超导体及三个临界磁场 H_{c_1}, H_{c_2} 和 H_{c_3}

第二类超导体 (类型 II) 对应有两个或三个不同的临界磁场:

$$H_{c_1} < H_{c_2} \quad \text{或} \quad H_{c_1} < H_{c_2} < H_{c_3}. \tag{6.3.4}$$

图 6.17 给出具有三个不同临界磁场的临界参数相图的示意图.

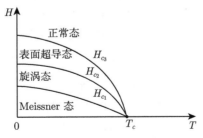

图 6.17　II 型超导体的 H–T 临界参数相图, 共有四个不同相

在图 6.17 中, Meissner 态就是处在完全抗磁性的状态. 旋涡态是由于磁力线在一些点穿透超导体而形成旋涡状超导电流的点阵结构, 见后面 Abrikosov 旋涡的进一步介绍. 表面超导态是指在样品材料表面上形成的超导相.

相对于 (6.3.3), 第二类超导体的 $\mathcal{K}$ 值范围为

$$\frac{1}{\sqrt{2}} < \mathcal{K} \Rightarrow \text{材料为 II 型超导体}. \tag{6.3.5}$$

4. 理想 II 型超导体

当超导体放在外磁场 H 中时, 内部产生磁化强度 M, 它是 H 的函数,

$$M = M(H). \tag{6.3.6}$$

所谓 Meissner 效应就是在 $0 < H < H_c$ 时 $M(H) = -H$ 与 H 相抵消.

所谓理想第二类超导体是指 (6.3.6) 关于 H 在 $0 < H < H_c$ 区域内的磁化函数图像如图 6.18 (a), (b) 所示是可逆的. 即当 H 从 $0 \to H_{c_1} \to H_{c_2}$ 时, $M(H)$ 从 $0 \to -H_{c_1} \to 0$, 而 H 从 $H_{c_2} \to H_{c_1} \to 0$ 返回时, $M(H)$ 也按原路线返回.

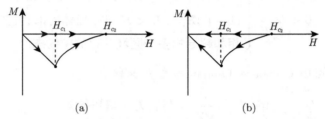

图 6.18　理想 II 型超导体的磁化函数 $M(H)$ 关于 H 的路线图

(a) H 从 $0 \to H_{c_2}$ 时 M 的路线; (b) H 从 $H_{c_2} \to 0$ 返回时 M 的路线

5. 非理想 II 型超导体

非理想 II 型超导体也称为 III 型或第三类超导体, 这种类型的材料当 H 从 $0 \to H_{c_1} \to H_{c_2}$, 再从 H_{c_2} 返回到 0 时, (6.3.6) 的磁化强度 $M(H)$ 不是像图 6.18 (a) 和 (b) 所示的那样是可逆的, 而是如图 6.19 所示的那样是不可逆的. 其实, 非理想 II 型超导体的磁化行为与 6.2.4 小节中介绍的磁滞环路在本质上是一样的.

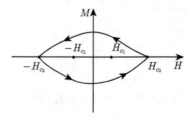

图 6.19　非理想 II 型超导体磁化强度 $M(H)$ 关于 H 的线路图

6. Abrikosov 旋涡

在 1957 年, A. Abrikosov 提出 II 型超导体在 $H_{c_1} < H < H_{c_2}$ 区域内有磁通超导电流的旋涡点阵结构理论. 该结构称为 Abrikosov 旋涡, 后来被实验证实. A. Abrikosov 和 V. L. Ginzburg 由于超导的工作获得 2003 年的诺贝尔物理学奖.

超导电流的旋涡结构如图 6.20 所示, 它是一个柱状体, 磁力线从中心穿过导体, 磁通半径约为关联长度 ξ, 在此区域内为正常态区域, 即

$$半径为关联长度 \xi 的磁通柱体为正常态区域. \tag{6.3.7}$$

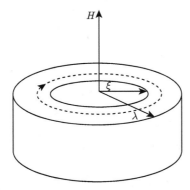

图 6.20 磁通旋涡示意图, 虚线为超导电流. 半径为 ξ 的中心柱体为正常态区域, 磁通旋涡半径为 λ, 总磁通量为一个量子磁通 ϕ_0

而在磁通柱体外形成左手方向的旋涡状超导电流, 半径约为穿透深度 λ. 整个磁通与电流旋涡柱体称为一个磁通旋涡, 总磁通量为一个量子磁通 ϕ_0, 可总结成下面结论:

$$磁通旋涡半径为穿透深度 \lambda, 磁通量为一个量子磁通 \phi_0. \tag{6.3.8}$$

旋涡排列有四方点阵和三角点阵两种形式, 见图 6.21 (a) 和 (b) 所示.

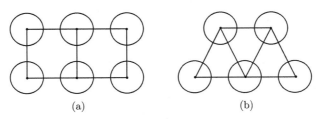

(a)   (b)

图 6.21 旋涡点阵示意图

(a) 四方点阵; (b) 三角点阵

7. 高温超导

根据 BCS 超导微观理论, 超导的临界温度上限为 $T_c = 35\text{K}$. 然而在 1986 年, J. G. Bednerz 和 K. A. Muller 发现临界温度超过 35K 的超导材料, 从而开辟了高温超导的领域. 这两个物理学家因此工作而获得 1987 年的诺贝尔物理学奖. 目前

已发现最高临界温度可达 160K. 显然 BCS 理论不适用于高温超导, 从而需要发展新的理论来探索这一领域.

6.3.2　GLG 方程与超导参数

研究超导相变动力学方程是 5.2.2 小节中介绍的 GLG 方程 (5.2.26), 这里将它们再写出如下

$$\frac{\hbar^2}{2m_s D}\left(\frac{\partial}{\partial t}+\frac{\mathrm{i}e_s}{\hbar}\phi\right)\psi=-\frac{1}{2m_s}\left(\mathrm{i}\hbar\nabla+\frac{e_s}{c}A\right)^2\psi-b_0\psi-b_1|\psi|^2\psi,$$

$$\frac{\sigma}{c^2}\frac{\partial A}{\partial t}+\sigma\nabla\phi=-\frac{1}{4\pi}\mathrm{curl}^2 A+\frac{1}{4\pi}\mathrm{curl}H_a-\frac{e_s^2}{m_s c^2}|\psi|^2 A \tag{6.3.9}$$

$$-\frac{e_s\hbar}{2m_s c}\mathrm{i}(\psi^*\nabla\psi-\psi\nabla\psi^*),$$

这里 b_0 和 b_1 如 (5.2.19), 可等价地表达为

$$b_0=\alpha_0 T-g_0,\quad b_1=g_1+\alpha_1 T, \tag{6.3.10}$$

其中 g_0, g_1 分别为凝聚态的束缚势和相斥作用势.

从 GLG 方程可以获得许多非常关键的超导物理参数, 它们是通过无量纲化手段得到的. 有两种无量纲化的方式, 得到两组参数. 一种是经典方式, 另一种是 (Ma and Wang, 2005b) 的方式. 下面介绍它们.

1. 经典 GL 超导参数

经典的无量纲化程序是取下面变量的无量纲变换

$$x=\lambda x',\quad t=\tau t',\quad \psi=\psi_0\psi',$$

$$A=\frac{\sqrt{2}H_0\lambda}{\kappa}A',\quad \phi=\frac{D\sqrt{2}H_0}{\kappa}\phi',\quad H_a=\frac{\sqrt{2}H_0}{\kappa}H_a', \tag{6.3.11}$$

其中无量纲化中的参数为

$$\lambda=(m_s c^2 b_1/4\pi e_s^2|b_0|)^{\frac{1}{2}},\quad \xi=\hbar/(2m_s|b_0|)^{\frac{1}{2}},$$

$$\kappa=\lambda/\xi,\quad \tau=\lambda^2/D,\quad |\psi_0|^2=|b_0|/b, \tag{6.3.12}$$

$$H_0=(4\pi|b_0|^2/b)^{\frac{1}{2}},\quad \eta=4\pi\sigma D/c^2.$$

于是, 在 (6.3.11) 和 (6.3.12) 的无量纲化程序下, GLG 方程 (6.3.9) 变成如下形式 (这里去掉无量纲变量的上撇),

$$\frac{\partial\psi}{\partial t}+\mathrm{i}\kappa\phi\psi=-(\mathrm{i}\nabla+A)^2\psi-\kappa^2(|\psi|^2-1)\psi,$$

$$\eta\left[\frac{\partial A}{\partial t}+\nabla\phi\right]=-\mathrm{curl}^2 A+\mathrm{curl}H_a-|\psi|^2 A+\mathrm{Im}\psi^*\nabla\psi. \tag{6.3.13}$$

上面 (6.3.11)—(6.3.13) 的无量纲化过程中得到三个非常重要的 GL 参数:

$$
\begin{cases}
\text{材料分类参数 } \kappa \text{ (见 (6.3.3) 和 (6.3.5)),} \\
\text{穿透深度 } \lambda \text{ (见 (6.3.8)), 关联长度 } \xi \text{ (见 (6.3.7)).}
\end{cases}
\tag{6.3.14}
$$

方程 (6.3.13) 的形式是表达相变后的状态, 不能反映相变动力学过程.

2. 相变动力学参数

为了描述相变动力学状态, 需要下面的无量纲程序

$$
\begin{aligned}
x = lx', \qquad t = \tau_0 t', \qquad \psi = l^{-\frac{3}{2}}\psi', \\
A = \mathcal{A}_0 A', \qquad \phi = \phi_0 \phi', \qquad H_a = l^{-1}\mathcal{A}_0 H_a',
\end{aligned}
\tag{6.3.15}
$$

在 (6.3.15) 的无量纲化中的参数为

$$
\begin{aligned}
&l = \sqrt{b_1}/e_s, \qquad \tau_0 = \hbar l/e_s^2, \qquad \phi_0 = e_s^2/\sqrt{b_1}, \\
&\mathcal{A}_0 = (e_s \hbar c^2/\sqrt{b_1}D)^{\frac{1}{2}}, \qquad \zeta = 4\pi\sigma l e_s^2/c^2\hbar, \qquad \mu = \hbar D/\sqrt{b_1}e_s, \\
&\alpha = -2b_0\sqrt{b_1}m_s D/e_s^3\hbar, \qquad \beta = 2m_s D/\hbar, \qquad \gamma = 4\pi e_s^2/m_s c^2 l.
\end{aligned}
\tag{6.3.16}
$$

对于 (6.3.15) 和 (6.3.16) 的无量纲化程序, 方程 (6.3.9) 变为

$$
\begin{aligned}
&\frac{\partial \psi}{\partial t} + \mathrm{i}\phi\psi = -(\mathrm{i}\mu\nabla + A)^2\psi + \alpha\psi - \beta|\psi|^2\psi, \\
&\zeta\left[\frac{\partial A}{\partial t} + \mu\nabla\phi\right] = -\mathrm{curl}^2 A + \mathrm{curl}H_a - \gamma|\psi|^2 A + \gamma\mu\mathrm{Im}\psi^*\nabla\psi.
\end{aligned}
\tag{6.3.17}
$$

从 (6.3.15)—(6.3.17) 方程的无量纲过程中可得到四个重要的动力学参数: α, β, γ, μ. 由它们可得到临界参数和跃迁判据.

3. 临界参数方程

超导体的控制参数为 (T, H, L), L 为区域 Ω 的尺度. 下面从 α 和 μ 可得到临界参数方程. 令 λ_1 是下面方程的第一特征值

$$
\begin{aligned}
&(\mathrm{i}\mu\nabla + A_a)^2\psi = \lambda_1\psi, \qquad x \in \Omega \subset \mathbb{R}^n, \\
&\left.\frac{\partial \psi}{\partial t}\right|_{\partial\Omega} = 0 \quad \text{(或其他物理边界),}
\end{aligned}
\tag{6.3.18}
$$

其中 A_a 是外加磁场势, 即

$$
H_a = \mathrm{curl}A_a, \qquad \mathrm{div}A_a = 0.
\tag{6.3.19}
$$

显然 (6.3.18) 的第一特征值 $\lambda_1 = \lambda_1(H_a, L, \mu)$ 是 H_a, L 和 μ 的函数. 方程 (6.3.17) 线性算子的第一特征值 $\beta_1 = \alpha - \lambda_1$. 根据热力学相变第一定理 (定理 6.1), 由 (6.3.10) 和 α 的表达式, 从 $\beta_1 = 0$ 可得到临界参数方程

$$T_c = \frac{g_0}{\alpha_0} - \frac{\hbar e_s^3}{2m_s D \sqrt{g_1 + \alpha_1 T_c}} \lambda_1, \tag{6.3.20}$$

其中 $\lambda_1 = \lambda_1(H_c, L_c, \mu)$ 是 (6.3.18) 的第一特征值, α_0 和 α_1 分别为

$$\alpha_0 = k\beta_0\beta_1, \qquad \alpha_1 = k\beta_0\beta_1^2, \tag{6.3.21}$$

k 为 Boltzmann 常数, $1/\beta_0$ 为熵束缚势 (代表保温性), β_1 为熵耦合系数. 关于 β_0 和 β_1 的物理意义可参见 (5.2.12).

4. 跃迁判据

在 (Ma and Wang, 2005b, 2013) 中推导出 (6.3.17) 的跃迁判据为

$$R = -\frac{\beta}{\gamma} + \frac{2\displaystyle\int_\Omega |\mathrm{curl}\mathcal{A}_0|^2 \mathrm{d}x}{\displaystyle\int_\Omega |e|^4 \mathrm{d}x}, \tag{6.3.22}$$

这里 β, γ 如 (6.3.16), e 为 (6.3.18) 的第一特征向量, $\mathcal{A}_0$ 满足下面方程,

$$\begin{aligned}
&\mathrm{curl}^2\mathcal{A}_0 + \nabla\phi = |e|^2 A_a + \frac{\mu}{2}\mathrm{i}(e^*\nabla e - e\nabla e^*),\\
&\mathrm{div}\mathcal{A}_0 = 0,\\
&\mathcal{A} \cdot n|_{\partial\Omega} = 0, \quad \mathrm{curl}\mathcal{A}_0 \times n|_{\partial\Omega} = 0,
\end{aligned} \tag{6.3.23}$$

其中 A_a 如 (6.3.19). R 的符号决定超导相变的类型, 即

$$\begin{aligned}
&R < 0 \Rightarrow \text{连续型跃迁, 为二级相变,}\\
&R > 0 \Rightarrow \text{突变型跃迁, 为一级相变.}
\end{aligned} \tag{6.3.24}$$

6.3.3　超导相图

根据 (6.3.20), (6.3.22) 和 (6.3.24) 我们可以看到超导体的临界参数相图、跃迁相图和动力学相图.

1. 临界参数相图

(6.3.18) 的第一特征值 λ_1 可写成

$$\begin{aligned}
\lambda_1 &= \frac{1}{\|e\|_{L^2}^2} \int_\Omega |(\mathrm{i}\mu\nabla + A_a)e|^2 \mathrm{d}x\\
&= \frac{1}{\|e\|_{L^2}^2} \int_\Omega [\mu^2|\nabla e|^2 + |A_a|^2|e|^2 + 2\mu\mathrm{Im}(e^* A_a \cdot \nabla e)]\mathrm{d}x.
\end{aligned} \tag{6.3.25}$$

这里 e 为 (6.3.18) 的第一特征向量. 令 H_c 为 H_a 的模, 即 $A_a = H_c \mathcal{A}_a$ 并且

$$H_a = H_c \mathrm{curl} \mathcal{A}_a, \qquad \frac{1}{\displaystyle\int_\Omega |e|^2 \mathrm{d}x} \int_\Omega |\mathcal{A}_a|^2 |e|^2 \mathrm{d}x = a_0, \tag{6.3.26}$$

也就是说, $\mathcal{A}_a$ 固定而强度 H_c 是变化的. 于是有

$$\frac{1}{\displaystyle\int_\Omega |e|^2 \mathrm{d}x} \int_\Omega |\mathcal{A}_a|^2 |e|^2 \mathrm{d}x = a_0 H_c^2. \tag{6.3.27}$$

令 L 为 Ω 的尺度, 即

$$\Omega = \{Lx \mid x \in \Omega_0, \quad \Omega_0 \subset \mathbb{R}^n \text{ 为单位体积区域}\}. \tag{6.3.28}$$

此时, 数学上有

$$\begin{aligned}
&\frac{1}{\displaystyle\int_\Omega |e|^2 \mathrm{d}x} \int_\Omega |\nabla e|^2 \mathrm{d}x = \frac{a_2}{L^2}, \\
&\frac{1}{\displaystyle\int_\Omega |e|^2 \mathrm{d}x} \int_\Omega \mathrm{Im}(e^* A_a \cdot \nabla e) \mathrm{d}x = \frac{a_1 H_c}{L}.
\end{aligned} \tag{6.3.29}$$

由 (6.3.27) 和 (6.3.29), (6.3.25) 变为

$$\lambda_1 = a_0 H_c^2 + 2\mu a_1 H_c L^{-1} + a_2 \mu^2 L^{-2}.$$

于是 (6.3.20) 的临界参数方程变为

$$T_c = \frac{g_0}{\alpha_0} - \frac{\hbar e_s^3}{2m_s D b_1}(a_0 H_c^2 + 2\mu a_1 H_c L^{-1} + a_2 \mu^2 L^{-2}), \tag{6.3.30}$$

其中 a_0, a_1, a_2 虽然与 L 有关但它们是有界的, 并且 a_0, a_2 有正下界.

根据 (6.3.30), 当固定 L 时给出 T-H 相图 (图 6.22). 该图的临界曲线就是图 6.17 中的 H_{c_3} 曲线. 当固定 H 时给出 L-T 相图 (图 6.23). 对于大尺寸样品, 图 6.17 中 T_c 和 $H_c(0)$ 为

$$T_c = T_c|_{H=0} = \frac{g_0}{\alpha_0}, \qquad H_c(0) = H_c|_{T=0} = \left(\frac{2m_s D g_0 \sqrt{g_1}}{\hbar e_s^3 a_0 \alpha_0}\right)^{\frac{1}{2}}.$$

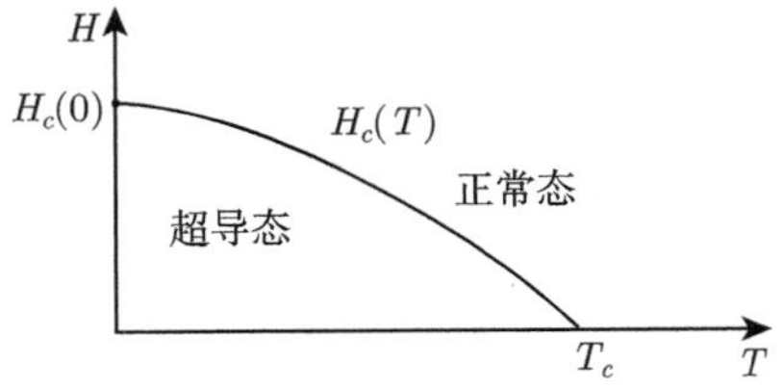

图 6.22 超导体的 T-H 临界参数相图

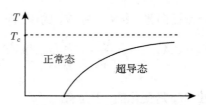

图 6.23   超导体的 L-T 临界参数相图, 其中 $T_c = g_0/\alpha_0$

2. 跃迁相图

令外磁场 H_a 的强度 H_c 为控制参变量, 即

$$H_a = H_c \mathrm{curl} \mathcal{A}_a, \quad \mathcal{A}_a \text{ 为固定}. \tag{6.3.31}$$

于是 (6.3.22) 的跃迁判据可写成

$$
\begin{aligned}
R = -\frac{B}{\gamma} + \frac{2}{\displaystyle\int_\Omega |e|^4 \mathrm{d}x} \Bigg[& H_c^2 \int_\Omega |\mathrm{curl}A|^2 \mathrm{d}x \\
& + 2H_c \int_\Omega \mathrm{curl}A \cdot \mathrm{curl}B \mathrm{d}x + \int_\Omega |\mathrm{curl}B|^2 \mathrm{d}x \Bigg],
\end{aligned} \tag{6.3.32}
$$

其中 A, B 满足

$$
\begin{aligned}
\mathrm{curl}^2 A + \nabla\phi &= |e|^2 \mathcal{A}_a \quad (\mathcal{A}_a \text{ 如 } (6.3.31)), \\
\mathrm{curl}^2 B + \nabla\phi &= \mu \mathrm{Im} e^* \nabla e.
\end{aligned} \tag{6.3.33}
$$

再令区域 Ω 如 (6.3.28), Ω_0 固定, L 为控制参数. 取坐标变换

$$x = Lx', \quad x' \in \Omega_0 \subset \mathbb{R}^n.$$

则有

$$
\begin{aligned}
& \mathrm{d}x \to L^n \mathrm{d}x', \quad A, \ B, \ \mathcal{A}_a \to LA', \ LB', \ L\mathcal{A}_a', \\
& \mathrm{curl} l \to \frac{1}{L}\mathrm{curl} l', \quad \nabla \to \frac{1}{L}\nabla'.
\end{aligned} \tag{6.3.34}
$$

另一方面, e 被限制是归一的, 因此有

$$\int_\Omega e^2 \mathrm{d}x = 1 \Rightarrow \bar{e}^2 = \frac{1}{|\Omega|},$$

其中 $\bar{e}^2$ 为 e^2 的平均. 这意味着 e^4 平均为

$$\bar{e}^4 = \frac{1}{|\Omega|^2}.$$

于是有估计

$$\int_\Omega e^4 \mathrm{d}x = \frac{1}{C_0 L^{2n}} \quad \left(\int_\Omega e^2 \mathrm{d}x = 1 \right). \tag{6.3.35}$$

从 (6.3.33)—(6.3.35) 可得到

$$R = -\frac{\beta}{\gamma} + 2C_0L^{2n}[a_2H_c^2 + a_1H_c + a_0], \tag{6.3.36}$$

其中 a_0, a_1, a_2 分别为

$$a_0 = \int_{\Omega_0} |\mathrm{curl}B|^2 \mathrm{d}x, \quad a_1 = 2\int_{\Omega_0} \mathrm{curl}A \cdot \mathrm{curl}B \mathrm{d}x, \quad a_2 = \int_{\Omega_0} |\mathrm{curl}A|^2 \mathrm{d}x,$$

A 和 B 满足

$$\mathrm{curl}^2A + \nabla\phi = |e|^2 \mathcal{A}_a, \quad x \in \Omega_0,$$
$$\mathrm{curl}^2B + \nabla\phi = \mu\mathrm{Im}e^*\nabla e, \quad x \in \Omega_0,$$

其中 e 是下面方程的第一特征向量

$$\begin{cases} (\mathrm{i}\mu\nabla + LA_a)^2 e = L^2\lambda_1 e, \quad x \in \Omega_0, \\ \int_{\Omega_0} e^2 \mathrm{d}x = 1. \end{cases}$$

因此 a_0, a_1, a_2 都是有界的, 且 a_0, $a_2 > \delta > 0$.

于是令 $R = 0$, 从 (6.3.36) 便可得到跃迁相图 (图 6.24).

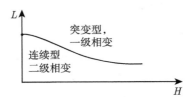

图 6.24 超导体的跃迁相图

3. 动力学相图

当 $T < T_c$ 时, 超导体发生相变, 系统从正常态 $(\psi, A) = (0, A_a)$ 跃迁到新的超导态 $(\psi_0, A_a + A)$, 这里 $\psi_0 \neq 0$, $A \neq 0$, $\mathrm{curl}A_a = H_a$. 数学上可得 ψ_0 和 A 是 (6.3.17) 的稳态解, 即满足 (稳态解 $\phi = 0$)

$$\begin{cases} -(\mathrm{i}\mu\nabla + A_a + A)^2\psi_0 + \alpha\psi_0 - \beta|\psi_0|^2\psi_0 = 0, \\ \mathrm{curl}^2A + \mathrm{curl}H_a + \gamma|\psi_0|^2(A_a + A) - \gamma\mu\mathrm{Im}\psi_0^*\nabla\psi_0 = 0. \end{cases} \tag{6.3.37}$$

根据 (Ma and Wang, 2013) 的相变动力学数学理论, 方程 (6.3.17) 关于稳态方程 (6.3.37) 的跃迁解 $\psi_0 = \psi_0(\tau)$, $A = A(T)$ 的动力学行为分别如图 6.25 (a) 和 (b) 及图 6.26 (a) 和 (b) 所示. 其中图 6.25 是连续型跃迁, 图 6.26 是突变型跃迁.

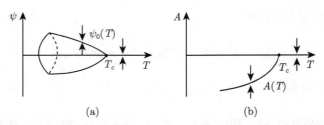

(a)   (b)

图 6.25 超导体连续型跃迁相图, 其中 (a) 中 ψ 是从 T_c 处分歧出一个圆圈 S^1, 这是因为
稳态解 $\psi_0 = e^{i\theta}\varphi_0$ $(0 \leqslant \theta \leqslant 2\pi)$ 是个圆圈

(a) ψ 相图; (b) 磁势坐标取 A_a 方向

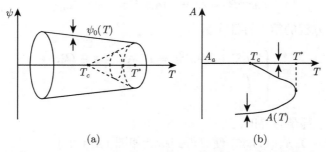

(a)   (b)

图 6.26 超导体突变型跃迁相图, 其中 T^* 为鞍结分歧点

(a) ψ 相图; (b) 磁势相图

这里需要解释一下, 由于 (6.3.37) 是 S^1 变换 $\psi \to e^{i\theta}\psi$ $(\theta \in \mathbb{R}^1)$ 下不变的.
因此它的稳态解 ψ 都是以 S^1 集合方式出现. 因此超导体关于 ψ 的动力学相图
都是以圆圈的图形出现. 关于磁势 A 的动力学相图 6.25 (b), 图形取 AA_a 的方向
是由于 Meissner 效应 (是意向性的, 并非是严格意义的), 即 A 与 A_a 有相互抵消
之意.

在图 6.26 中, 在 (T_c, T^*) 区间内, $(\psi, A) = (0, A_a)$ 代表过冷态, $(\psi_0(T), A_a + A)$
代表过热态, 从 $(0, A_a)$ 跃迁到 $(\psi_0, A_a + A)$ 是跳跃的, 伴随有潜热发生, 见 (6.1.33)
的结论.

6.3.4 n 次相变

图 6.17 给出的是一个实验 H–T 临界参数相图的示意图. 在相变动力学中该图
表明, 当 $T < T_c$ 时, H 从 $H = H_{c_3}$ 变到 $H = 0$, 导体共发生三次相变. 其中从正常
态穿越 H_{c_3} 曲线 (对应于理论相图 6.22 中的 $H_c(T)$ 曲线) 进入表面超导态称为第
一次相变; 从表面超导态穿越 H_{c_2} 曲线进入旋涡态称为第二次相变; 从旋涡态穿越
H_{c_1} 曲线进入 Meissner 态称为第三次相变. 如果超导体只有两个临界磁场, 则只有
两次相变.

下面讨论二次相变理论. 令系统动力学方程为

$$\frac{\mathrm{d}u}{\mathrm{d}t} = L_\lambda u + G(u, \lambda), \tag{6.3.38}$$

u_0 是 (6.3.38) 的第一次相变稳态解, 即 u_0 满足

$$L_\lambda u_0 + G(u_0, \lambda) = 0.$$

作平移 $u \to u_0 + u$, 于是 (6.3.38) 变为

$$\frac{\mathrm{d}u}{\mathrm{d}t} = \mathcal{L}_\lambda u + \widetilde{G}(u, \lambda), \tag{6.3.39}$$

其中

$$\mathcal{L}_\lambda u = L_\lambda u + DG(u_0, \lambda)u.$$

令 λ_{c_1} 是第一次相变临界值, λ_{c_2} 是第二次相变临界值, $\lambda_{c_2} < \lambda_{c_1}$. 若 $\{\beta_k(\lambda)\}$ 是 $\mathcal{L}_\lambda$ 的特征值, 则当 λ 在 λ_{c_2} 附近时有

$$\beta_i(\lambda) \begin{cases} < 0, & \lambda_{c_2} < \lambda < \lambda_{c_1}, \\ = 0, & \lambda = \lambda_{c_2}, \\ > 0, & \lambda < \lambda_{c_2}, \end{cases} \quad 1 \leqslant i \leqslant m, \tag{6.3.40}$$

$$\beta_j(\lambda_{c_2}) < 0, \quad \forall j \geqslant m+1,$$

于是第二次相变的临界参数方程为

$$\beta_i(\lambda) = 0, \quad 1 \leqslant i \leqslant m. \tag{6.3.41}$$

如同第一次相变, 关于 (6.3.39)—(6.3.41) 展开的相变动力学研究便是二次相变理论. 再如此下去便是 n 次相变.

现在我们关于超导体讨论二次相变问题. 令 (ψ_0, A_0) 是 (6.3.17) 第一次相变的稳态解. 于是它的第二次相变动力学方程形式为

$$\begin{aligned} \frac{\partial \psi}{\partial t} + \mathrm{i}\phi\psi = &-(\mathrm{i}\mu\nabla + A_0)^2\psi + \alpha\psi - 2\beta|\psi_0|^2\psi - \beta\psi_0^2\psi^* \\ &- 2(\mathrm{i}\mu\nabla\psi_0 + \psi_0 A_0) \cdot A - \psi_0 A^2 - 2A \cdot (\mathrm{i}\mu\nabla + A_0)\psi \\ &- 2\beta\psi_0|\psi|^2 - \beta\psi_0^*\psi^2 - A^2\psi - \beta|\psi|^2\psi, \end{aligned} \tag{6.3.42}$$

$$\begin{aligned} \frac{\zeta}{\gamma}\left[\frac{\partial A}{\partial t} + \mu\nabla\phi\right] = &-\frac{1}{\gamma}\mathrm{curl}^2 A - |\psi_0|^2 A - 2\mathrm{Re}(\psi_0\psi^*)A_0 \\ &- \mu\mathrm{Im}(\psi_0^*\nabla\psi + \psi^*\nabla\psi_0) - A_0|\psi|^2 \\ &- \mathrm{Re}(\psi_0^*\psi)A - |\psi|^2 A + \mu\mathrm{Im}(\psi^*\nabla\psi), \end{aligned} \tag{6.3.43}$$

$$\mathrm{div}A = 0. \tag{6.3.44}$$

方程 (6.3.42)—(6.3.44) 便是超导体二次相变动力学模型.

对于复值函数 $\psi = \psi_1 + \mathrm{i}\psi_2$, 记它的二元函数形式 $\psi = (\psi_1, \psi_2)$. 于是 (6.3.42) 和 (6.3.43) 的线性算子 $\mathcal{L}_\lambda$ 可写成如下形式

$$
\mathcal{L}_\lambda \begin{pmatrix} \psi_1 \\ \psi_2 \\ A \end{pmatrix} = \begin{bmatrix} L_1 - \beta\mathrm{Re}\psi_0^2 & -2\mu A_0 \cdot \nabla + \beta\mathrm{Im}\psi_0^2 & l_1 \\ 2\mu A_0 \cdot \nabla + \beta\mathrm{Im}\psi_0^2 & L_1 + \beta\mathrm{Re}\psi_0^2 & l_2 \\ l_1^* & l_2^* & L_2 \end{bmatrix} \begin{pmatrix} \psi_1 \\ \psi_2 \\ A \end{pmatrix}, \quad (6.3.45)
$$

其中 $\psi_0 = \varphi_1 + \mathrm{i}\varphi_2$,

$$
L_1 = \mu^2\Delta - A_0^2 + \alpha - 2\beta|\psi_0|^2, \quad L_2 = -\frac{1}{\gamma}\mathrm{curl}^2 - |\psi_0|^2
$$

$$
l_1 = 2\mu\nabla\varphi_2 - 2\varphi_1 A_0, \quad l_2 = -2\mu\nabla\varphi_1 - 2\varphi_2 A_0,
$$

$$
l_1^* = \mu(\nabla\varphi_2 - \varphi_2\nabla) - 2\varphi_1 A_0, \quad l_2^* = \mu(\varphi_1\nabla - \nabla\varphi_1) - 2\varphi_2 A_0.
$$

不难验证 $\mathcal{L}_\lambda$ 是对称线性算子. 它的第一特征值 β_1 为

$$
\beta_1 = \max_\Phi \langle \mathcal{L}_\lambda \Phi, \Phi \rangle, \quad \Phi = (\psi_1, \psi_2, A)^T.
$$

由 (6.3.45), β_1 可表达成

$$
\begin{aligned}
\beta_1 = \max_{(\psi, A)} \int_\Omega \Big[&-\mu^2|\nabla\psi|^2 - A_0^2|\psi|^2 - 2\beta|\psi_0|^2|\psi|^2 + \alpha|\psi|^2 \\
&- \beta\mathrm{Re}\psi_0^2(\psi_1^2 - \psi_2^2) - \frac{1}{\gamma}|\mathrm{curl}A|^2 - |\psi_0|^2 A^2 \\
&+ 2\beta\mathrm{Im}\psi_0^2\psi_1\psi_2 + 2\mu A_0 \cdot (\psi_2\nabla\psi_1 - \psi_1\nabla\psi_2) \\
&- 4(\varphi_1\psi_1 + \varphi_2\psi_2)A_0 \cdot A + 4\mu(\psi_1 A \cdot \nabla\varphi_2 - \psi_2 A \cdot \nabla\varphi_1) \Big] \mathrm{d}x,
\end{aligned} \quad (6.3.46)
$$

其中 $A_0 = A_a + A_1$, (ψ_0, A_1) 是 (6.3.37) 的解, $\psi_0 = \varphi_1 + \mathrm{i}\varphi_2$.

对于 II 型材料, (6.3.46) 的 β_1 一定存在零点, 即存在 (T, H) 使得

$$
\beta_1(T, H) = 0, \quad H < H_{c_3}, \quad 0 < T < T_c. \quad (6.3.47)
$$

方程 (6.3.47) 是否存在解 (T, H) 是判定二次相变的充要条件, 它由四个参数 α, β, γ, μ 和区域 Ω 所决定.

实质上, (6.3.47) 解 (T, H) 的存在性等价于存在函数 $\widetilde{\Phi} = (\widetilde{\psi}, \widetilde{A})$ 使得 $\beta(\widetilde{\Phi})$ 是正的, 即

$$
\beta_1(\widetilde{\Phi}) = \langle \mathcal{L}_\lambda \widetilde{\Phi}, \widetilde{\Phi} \rangle > 0. \quad (6.3.48)
$$

6.4 液体与气体的凝聚态相变

6.4.1 液态 ^{4}He 的超流相

超流动性是液体发生凝聚态相变后出现的一种物理特性. 这种现象表现为, 当温度大于某个临界值时, 流体处于正常状态, 此时流动性具有黏性阻力. 而当温度低于这个临界值时, 黏性突然消失, 流动性变得几乎没有阻力.

由于在超低温条件下只有 ^{3}He 和 ^{4}He 可处于液体状态, 因此超流动性成为液态氦所特有的性质. 超流现象最早是由 P. L. Capitsa, J. F. Allen 和 D. Meissner 在 1937 年关于 ^{4}He 的实验中发现的, 由于这个突破性的工作, Capitsa 获得 1978 年诺贝尔物理学奖.

1. 临界参数曲线的实验相图

实验上观测到的 ^{4}He 临界参数相图如图 6.27 所示.

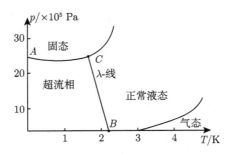

图 6.27　^{4}He 的 T–p 临界参数实验相图, λ-线 (CB 线) 相变是二级的

2. λ–线上的动力学模型

液态 ^{4}He 的动力学方程由 (5.2.31)—(5.2.33) 给出. 这里为了简单, 只考虑均匀的情况. 此时, 在图 6.27 中 CB 的 λ-线附近, 液态 ^{4}He 的热力学势 (5.2.31) 取如下形式 (超低温情况可略去 ln 项),

$$F = \frac{1}{2}a\rho_n^2 - p\rho_n - g_0|\psi|^2 + \frac{g_1}{2}|\psi|^4 + g_2\rho_n|\psi|^2 \\ - \frac{T}{2\alpha_0}S^2 - \alpha_1 TS|\psi|^2 - ST. \tag{6.4.1}$$

动力学方程为

$$\frac{\mathrm{d}\psi}{\mathrm{d}t} = -\frac{\partial}{\partial \psi^*}F(u, T, p),$$

$$\frac{\partial}{\partial \rho_n} F(u, T, p) = 0,$$

$$\frac{\partial}{\partial S} F(u, T, p) = 0, \tag{6.4.2}$$

其中 $u = (\psi, \rho_n, S)$, 由 (6.4.1) 和 (6.4.2) 导出液态 ^{4}He 在 λ-线的动力学方程:

$$\frac{\mathrm{d}\psi}{\mathrm{d}t} = \beta_1 \psi - b|\psi|^2 \psi \quad (b > 0), \tag{6.4.3}$$

其中 β_1 和 b 分别为

$$\beta_1 = g_0 - a_1 p - a_2 T \quad (a_1 = g_2/a, \ a_2 = \alpha_0 \alpha_1), \tag{6.4.4}$$

$$b = g_1 + \alpha T - \frac{1}{a} g_2^2 \quad (\alpha = \alpha_0 \alpha_1^2). \tag{6.4.5}$$

3. 固液临界线上的动力学模型

在图 6.27 的 AC 固液线附近, ^{4}He 的势泛函 (5.2.31) 取为 (略去 ln 项)

$$F = \frac{1}{2}(\gamma_0 p - \gamma_1 T)\rho_n^2 - p\rho_n - g_0|\psi|^2 + \frac{g_1}{2}|\psi|^4$$

$$+ g_2 \rho_n |\psi|^2 - \frac{T^2}{\alpha_0} S^2 + \alpha_1 T S \rho_n^2 - ST, \tag{6.4.6}$$

其中 S^2 的系数取为 $-T^2/\alpha_0$ 是根据 PVT 系统势泛函 (4.5.2) 中系数 B 在 (4.5.6) 中的取法. 关于 (6.4.6) 的动力学方程为

$$\frac{\mathrm{d}\rho_n}{\mathrm{d}t} = -\frac{\partial}{\partial \rho_n} F(u, \lambda),$$

$$\frac{\partial}{\partial \psi^*} F(u, \lambda) = 0, \tag{6.4.7}$$

$$\frac{\partial}{\partial S} F(u, \lambda) = 0.$$

由 (6.4.6) 和 (6.4.7) 导出固液临界线的 PVT 系统方程 (此时 $\psi = 0$) 为

$$\frac{\mathrm{d}\rho_n}{\mathrm{d}t} = b_0 \rho_n - b_1 \rho_n^3 + p, \tag{6.4.8}$$

$$\rho_s = \frac{1}{g_1}(g_0 - g_2 \rho_n), \tag{6.4.9}$$

其中 $\rho_s = |\psi|^2$ 代表超流体密度,

$$b_0 = a - \gamma_0 p + \gamma_1 T \quad (a = \alpha_0 \alpha_1),$$

$$b_1 = \alpha_0 \alpha_1^2 > 0.$$

对于固体, $b_1 \ll b_0$. 于是 (6.4.8) 的稳态解近似为

$$\rho_0 = \frac{p}{a + \gamma_1 T - \gamma_0 p} \quad \text{为固态密度.} \tag{6.4.10}$$

作平移 $\rho_n \to \rho_n + \rho_0$, 方程 (6.4.8) 变为

$$\frac{\mathrm{d}\rho_n}{\mathrm{d}t} = \beta_1 \rho_n - 3b_1 \rho_0 \rho_n^2 - b_1 \rho_n^3, \tag{6.4.11}$$

其中 $b_1 > 0$, β_1 为

$$\beta_1 = a - \gamma_0 p + \gamma_1 T - 3b_1 \rho_0^2 \quad (\rho_0 \text{ 如 } (6.4.10)). \tag{6.4.12}$$

方程 (6.4.11) 和 (6.4.12) 就是 ^{4}He 在固液临界线上的相变动力学模型.

4. 临界参数的理论相图

根据 (6.4.4), λ-线的临界参数方程为

$$a_1 p + a_2 T - g_0 = 0 \quad (a_1, \; a_2 > 0). \tag{6.4.13}$$

由 (6.4.10) 和 (6.4.12), ^{4}He 固液临界线的参数方程为

$$\gamma_0 p + (3b_1)^{\frac{1}{3}} p^{\frac{2}{3}} - \gamma_1 T - a = 0, \tag{6.4.14}$$

其中 $\gamma_0, \; \gamma_1, \; b_1, \; a > 0$.

由 (6.4.13) 和 (6.4.14) 可得到 ^{4}He 的临界参数相图 (图 6.28).

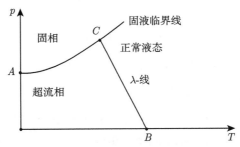

图 6.28 ^{4}He 临界参数理论相图, AC 为固液临界线, BC 为 λ-线

5. 相变类型

图 6.28 的 λ-线是正常液相与超流相的相变临界线. 在此线上的相变动力学方程是 (6.4.3). 由定理 6.5 可得如下结论:

$$\lambda\text{-线上相变是连续型的二级相变.} \tag{6.4.15}$$

它的动力学相图与图 6.25 (a) 相同.

图 6.28 的 AC 固液线是正常固相与超流相的相变临界线. 此线上的相变动力学方程是 (6.4.11) 和 (6.4.8). 根据定理 6.5,

$$AC \text{ 线上跃迁是随机的.} \tag{6.4.16}$$

由于 ρ_n^2 的系数是负值, p-ρ 动力学相图如图 6.29 所示. 由于 ^{4}He 的固态密度大于液态密度, 因此从高压力朝低压力参数变动时, 相变是从固相跃迁到液相, 即在图 6.29 中是从 ρ_0 轴跃迁到 ρ^- 线上. 因此这个随机跃迁是一级相变. 由 (6.4.9), 在固态 ρ_0 密度时

$$\rho_s = 0 \Leftrightarrow \rho_0 = g_0/g_2.$$

在液态 ρ^- 时,

$$\rho_s = \frac{g_2}{g_1}(\rho_0 - \rho^-) > \delta > 0. \tag{6.4.17}$$

这表明超流体密度 $\rho_s = |\psi|^2$ 在固液线的相变中有一个跳跃.

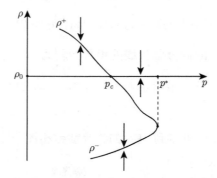

图 6.29　^{4}He 固液线的 p-ρ 动力学相图

以上结论 (6.4.15)—(6.4.17) 以及理论相图 6.28 全部与实验相一致.

6.4.2　没有外磁场的液态 ^{3}He 凝聚态

在 4.3.4 小节中, 详细介绍了液态 ^{3}He 的凝聚量子态的情况. 就如 (4.3.29) 中所述, 液态 ^{3}He 目前观测到的有三种超流相: A_1 相、A 相和 B 相. 在没有外磁场的情况下, 只发生两相, 即 A 相和 B 相, 它们的 T-p 临界参数相图如图 4.2 所示.

下面我们根据无磁场 ^{3}He 的热力学势 (4.3.37) 来讨论此系统的凝聚态相变动力学性质. 为了简单, 总是考虑均匀态情况.

1. 固液临界线上的动力学模型

^{3}He 在固液临界线上与 ^{4}He 没有本质区别. 此时 (4.3.37) 中系数 g_0 和 g_m 取为相同的值不会产生实质性的影响, 并且可以略去自旋相互作用能, 即令 $g_s = 0$, 同

样也可以略去 ln 项. 此时势泛函为如下形式

$$F = \frac{1}{2}(\gamma_0 p - \gamma_1 T)\rho_n^2 - p\rho_n - g_0|\Psi|^2 + \frac{g_1}{2}|\Psi|^4$$
$$+ g_2\rho_n|\Psi|^2 - \frac{T^2}{\alpha_0}S^2 + \alpha_1 TS\rho_n^2 - ST, \tag{6.4.18}$$

其中 $|\Psi|^2 = |\psi_+|^2 + |\psi_0|^2 + |\psi_-|^2$.

^{3}He 在固液线上的势泛函 (6.4.18) 与 ^{4}He 的 (6.4.6) 在形式上是一样的, 因此在此线上得到的相变动力学结论也是一样的, 这里不再讨论.

2. 凝聚态临界线上的动力学模型

图 4.2 中正常相与超流相的区分线就是所谓的凝聚态临界线. 在此线上, 热力学势 (4.3.37) 取如下形式

$$F = - g_0|\psi_0|^2 - g_m(|\psi_+|^2 + |\psi_-|^2) + \frac{g_1}{2}|\Psi|^4 + \frac{g_s}{2}|\Psi^\dagger \widehat{F}\Psi|^2$$
$$+ g_2\rho_n|\Psi|^2 + \frac{1}{2}a\rho_n^2 - p\rho_n - \frac{T^2}{2\alpha_0}S^2 - \alpha_1 TS|\Psi|^2 - ST. \tag{6.4.19}$$

根据实验相图 4.2, 在凝聚态临界线上存在一个 c 点, 在那里发生相变转换, 即在图中 ac 段是正常相与 A 超流相之间的相变, 在 cd 段是正常相与 B 超流相之间的相变. 从表象上看, 这个性质意味着中性凝聚态的束缚势 g_0 与磁性凝聚态束缚势 g_m 之间有如下关系

$$\begin{cases} g_0 < g_m & \text{当 } p > p_0 \text{ 时}, \\ g_0 = g_m & \text{当 } p < p_0 \text{ 时}, \end{cases} \tag{6.4.20}$$

这里 p_0 是对应于转换点 C 的压力. (6.4.20) 的物理含义为

$$\text{压力可增加磁性束缚势, 从而增加临界温度.} \tag{6.4.21}$$

从 (6.4.19) 可得到下面的动力学方程 (也参照 (5.2.38) 和 (5.2.39)):

$$\frac{\mathrm{d}\psi_0}{\mathrm{d}t} = \beta_3\psi_0 - b|\Psi|^2\psi_0 - 2g_s\psi_+\psi_-\psi_0^* - g_s(|\psi_+|^2 + |\psi_-|^2)\psi_0, \tag{6.4.22}$$

$$\frac{\mathrm{d}\psi_+}{\mathrm{d}t} = \beta_1\psi_+ - b|\Psi|^2\psi_+ - g_s\psi_0^2\psi_-^* - g_s|\psi_0|^2\psi_+$$
$$- g_s(|\psi_+|^2 - |\psi_-|^2)\psi_+, \tag{6.4.23}$$

$$\frac{\mathrm{d}\psi_-}{\mathrm{d}t} = \beta_2\psi_- - b|\Psi|^2\psi_- - g_s\psi_0^2\psi_+^* - g_s|\psi_0|^2\psi_-$$
$$+ g_s(|\psi_+|^2 - |\psi_-|^2)\psi_-, \tag{6.4.24}$$

其中 $b = g_1 + \alpha_0\alpha_1^2 T - g_2^2/a$,

$$\beta_1 = \beta_2 = g_m - \frac{g_2}{a}p - \alpha_0\alpha_1 T,$$

$$\beta_3 = g_0 - \frac{g_2}{a}p - \alpha_0\alpha_1 T. \tag{6.4.25}$$

3. 凝聚态临界线 $p_0 < p < p_a$ 段的相变

令 p_a 是对应于图 4.2 中三相点 a 的压力, p_0 如 (6.4.20). 由 (6.4.20) 和 (6.4.25) 可知, 方程 (6.4.22)—(6.4.25) 的特征值满足

$$\beta_1 = \beta_2 > \beta_3 \qquad \text{在 } p_0 < p < p_a.$$

因此 $\beta_1 = \beta_2$ 是 $m = 2$ 的第一特征值. 对于 (6.4.22)—(6.4.24), 数学上是很容易看出关于 $\Psi = 0$ 的中心流形函数 (见 (6.1.25)) 为

$$\psi_0 = \Phi(\psi_+, \psi_-) = 0.$$

将此代入 (6.4.23) 和 (6.4.24) 便得到中心流形约化方程为

$$\frac{\mathrm{d}\psi_+}{\mathrm{d}t} = \beta_1\psi_+ - [(b+g_s)|\psi_+|^2 + (b-g_s)|\psi_-|^2]\psi_+,$$

$$\frac{\mathrm{d}\psi_-}{\mathrm{d}t} = \beta_1\psi_- - [(b-g_s)|\psi_+|^2 + (b+g_s)|\psi_-|^2]\psi_-. \tag{6.4.26}$$

由 $m \geqslant 2$ 的跃迁判据定理 (见 6.5.3 小节), (6.4.26) 的跃迁判据为

$$\begin{cases} b + g_s > 0 & \text{则相变是连续型二级的}, \\ b + g_s < 0 & \text{则相变是突变型一级的}. \end{cases} \tag{6.4.27}$$

实验表明, ^{3}He 在正常态与超流态之间是连续型, 即二级相变. 于是可以得到如下物理结论:

$$\text{液态 } ^3\text{He 的} b + g_s > 0, \text{相变是二级的}. \tag{6.4.28}$$

此外, (6.4.26) 的跃迁意味着在 $p_0 < p < p_a$ 段:

$$\text{相变是从正常态到 } A \text{ 超流相}. \tag{6.4.29}$$

4. 凝聚态临界线 $0 < p < p_0$ 段的相变

由 (6.4.20), 在 (6.4.25) 中的特征值满足

$$\beta_1 = \beta_2 = \beta_3.$$

于是 (6.4.22)—(6.4.24) 在 $0 < p < p_0$ 区间是 $m = 3$ 重相变. 此时跃迁判据 (6.4.27) 仍然有效, 因此跃迁类型与 $p_0 < p < p_a$ 区间是一样的. 但是超流相由 A 相变为 B 相, 即

$$\text{在 } 0 < p < p_0 \text{ 段, 相变是从正常态到 } B \text{ 超流相的跃迁.} \tag{6.4.30}$$

由于两种不同类型的相区域一定要被一条临界参数曲线分开, 因此 (6.4.29) 和 (6.4.30) 这两个结论意味着在 $p_0 < p < p_a$ 区间, 一定要发生从 A 相到 B 相的二次相变. 因为二次相变的数学太复杂, 这里不再讨论. 由 (6.4.25) 的 β_1 所得的临界参数相图与实验相图 4.2 是相一致的, 此时要考虑 g_0, g_m 与 p 的单增关系.

6.4.3 外磁场对 ^{3}He 超流相的影响

当有外磁场存在时, ^{3}He 的临界参数实验相图如图 4.3 所示. 此时它的从正常态到超流态的第一次相变与没有外磁场的情况有所不同. 由于外磁场的作用, 出现了 A_1 相 (见 (4.3.29) 中的定义).

1. 凝聚态临界线上的动力学方程

在液态 ^{3}He 的正常相与超流相的临界线上, 带磁场的热力学势泛函由 (4.3.41) 提供. 对于均匀态它取如下形式

$$
\begin{aligned}
F = & -g_0|\psi_0|^2 - g_m(|\psi_+|^2 + |\psi_-|^2) + \frac{g_1}{2}|\Psi|^4 + \frac{g_s}{2}|\Psi^\dagger \widehat{F} \Psi|^2 \\
& + g_2 \rho_n |\Psi|^2 + \frac{1}{2} a \rho_n^2 - p \rho_n - \frac{T}{2\alpha_0} S^2 - \alpha_1 T S|\Psi|^2 - ST \\
& + \frac{1}{8\pi} H^2 - \mu_0 H(|\psi_+|^2 - |\psi_-|^2) - \frac{1}{4\pi} H \cdot H_a.
\end{aligned}
\tag{6.4.31}
$$

它的动力学方程抽象形式为

$$
\begin{aligned}
& \frac{\mathrm{d}\Psi}{\mathrm{d}t} = -\frac{\delta}{\delta \Psi^*} F(u, \lambda), \\
& \frac{\delta}{\delta \rho_n} F(u, \lambda) = 0, \quad \frac{\delta}{\delta S} F(u, \lambda) = 0, \quad \frac{\delta}{\delta H} F(u, \lambda) = 0,
\end{aligned}
\tag{6.4.32}
$$

其中 $u = (\Psi, \rho_n, S, H), \lambda = (T, p)$. 由 (6.4.31), 方程 (6.4.32) 可写成

$$
\begin{aligned}
\frac{\mathrm{d}\psi_+}{\mathrm{d}t} = & \beta_1 \psi_+ - b|\Psi|^2 \psi_+ - g_s \psi_0^2 \psi_-^* - g_s |\psi_0|^2 \psi_+ \\
& - (g_s - 4\pi \mu_0^2)(|\psi_+|^2 - |\psi_-|^2)\psi_+,
\end{aligned}
\tag{6.4.33}
$$

$$
\frac{\mathrm{d}\psi_0}{\mathrm{d}t} = \beta_2 \psi_0 - b|\Psi|^2 \psi_0 - 2g_s \psi_+ \psi_- \psi_0^* - g_s(|\psi_+|^2 + |\psi_-|^2)\psi_0, \tag{6.4.34}
$$

$$
\begin{aligned}
\frac{\mathrm{d}\psi_-}{\mathrm{d}t} = & \beta_3 \psi_- - b|\Psi|^2 \psi_- - g_s \psi_0^2 \psi_+^* - g_s |\psi_0|^2 \psi_- \\
& + (g_s - 4\pi \mu_0^2)(|\psi_+|^2 - |\psi_-|^2)\psi_-,
\end{aligned}
\tag{6.4.35}
$$

其中

$$\beta_1 = g_m + \mu_0 H_a - \frac{g_s}{a}p - \alpha_0\alpha_1 T,$$

$$\beta_2 = g_0 - \frac{g_2}{a}p - \alpha_0\alpha_1 T, \tag{6.4.36}$$

$$\beta_3 = g_m - \mu_0 H_a - \frac{g_2}{a}p - \alpha_0\alpha_1 T.$$

2. 凝聚态的相变

由 (6.4.36) 可以看到 (6.4.33)—(6.4.35) 的特征值有

$$\beta_1 > \beta_2 > \beta_3, \quad \text{对 } 0 < p < p_a.$$

于是液态 ^{3}He 的第一次超流相变是 $m = 1$ 单重的. 中心流形函数为

$$\psi_0 = 0, \quad \psi_- = 0. \tag{6.4.37}$$

代入 (6.4.33) 得到中心流形约化方程为

$$\frac{\mathrm{d}\psi_+}{\mathrm{d}t} = \beta_1\psi_+ - (b + g_s - 4\pi\mu_0^2)|\psi_+|^2\psi_+. \tag{6.4.38}$$

物理上 $g_1 + g_s > 0$, 由于 T, g_2^2, μ_0^2 都非常小, 因此有

$$b + g_s - 4\pi\mu_0^2 > 0. \tag{6.4.39}$$

再由定理 6.5, 从 (6.4.38) 和 (6.4.39) 得到如下结论:

$$\begin{array}{c}\text{在外磁场的液态 }^3\text{He 第一次超流相变是}\\\text{连续型二级的, 并且从正常态跃迁到 }A_1\text{ 相.}\end{array} \tag{6.4.40}$$

这个结论与实验观测相符.

3. 二次相变

从实验相图 4.3 可以看到, 带磁场的液态 ^{3}He 有三次超流相变. 第二次是从 A_1 跃迁到 A 相, 第三次是从 A 相跃迁到 B 相.

现在讨论二次相变. 令 $\widetilde{\psi}_+$ 为 A_1 相波函数, 作平移

$$(\psi_+, \psi_0, \psi_-) \to (\psi_+ + \widetilde{\psi}_+, \psi_0, \psi_-),$$

然后 (6.4.33)—(6.4.35) 变为

$$\frac{\mathrm{d}\psi_-}{\mathrm{d}t} = \widetilde{\beta}_1\psi_- - (b + g_s - 4\pi\mu_0^2)|\psi_-|^2\psi_- + g_1(\psi_+, \psi_0, \psi_-), \tag{6.4.41}$$

$$\frac{\mathrm{d}\psi_+}{\mathrm{d}t} = \widetilde{\beta}_2\psi_+ - (b + g_s - 4\pi\mu_0^2)|\psi_+|^2\psi_+ + g_2(\psi_+, \psi_0, \psi_-), \tag{6.4.42}$$

$$\frac{\mathrm{d}\psi_0}{\mathrm{d}t} = \widetilde{\beta}_3\psi_0 - b|\psi_0|^2\psi_0 + g_3(\psi_+, \psi_0, \psi_-), \tag{6.4.43}$$

其中

$$\widetilde{\beta}_1 = g_m + (g_s - 4\pi\mu_0^2)|\widetilde{\psi}_+|^2 - \mu_0 H_a - \left(\frac{g_2}{a}p + \alpha_0\alpha_1 T + b|\widetilde{\psi}_+|^2\right),$$

$$\widetilde{\beta}_2 = g_m - (g_s - 4\pi\mu_0^2)|\widetilde{\psi}_+|^2 + \mu_0 H_a - \left(\frac{g_2}{a}p + \alpha_0\alpha_1 T + b|\widetilde{\psi}_+|^2\right), \quad (6.4.44)$$

$$\widetilde{\beta}_3 = g_0 - g_s|\widetilde{\psi}_+|^2 - \left(\frac{g_2}{a}p + \alpha_0\alpha_1 T + b|\widetilde{\psi}_+|^2\right).$$

由于磁化率 $\mu_0 H_a$ 很小, 因此有

$$\widetilde{\beta}_1 < \widetilde{\beta}_2 < \widetilde{\beta}_3, \quad \text{当} \quad (g_s - 4\pi\mu_0^2)|\widetilde{\psi}_+|^2 > \mu_0 H_a \text{ 时}.$$

这表明第二次相变也是单重的. 由于

$$g_i(0, 0, \psi_-) = 0, \quad 1 \leqslant i \leqslant 3,$$

方程 (6.4.42) 和 (6.4.43) 中的中心流形函数

$$\psi_+ = 0, \qquad \psi_0 = 0.$$

代入 (6.4.41) 中得到二次相变的中心流形约化方程

$$\frac{\mathrm{d}\psi_-}{\mathrm{d}t} = \widetilde{\beta}_1\psi_- - (b + g_s - 4\pi\mu_0^2)|\psi_-|^2\psi_-. \quad (6.4.45)$$

再由 (6.4.39) 可知, 二次相变是连续型二级的. 此外 (6.4.45) 表明相变是从 A_1 相 ($\widetilde{\psi}_+ \neq 0$) 跃迁到 $\psi_- \neq 0$, 即在新的相中

$$\psi_+ \neq 0, \qquad \psi_- \neq 0, \qquad \psi_0 = 0.$$

此为 A 相. 于是得到如下结论

$$\text{液态 }^3\text{He 的二次相变是连续型二级的,} \atop \text{并且是从 } A_1 \text{ 相跃迁到 } A \text{ 相.} \quad (6.4.46)$$

对于三次相变, 这里不再讨论. 从带磁场的液态 ^{3}He 动力学模型 (6.4.31)—(6.4.35), 分别导出第一次相变结论 (6.4.40) 和第二次相变 (6.4.46). 它们都与实验相符合, 并且由 (6.4.36) 的 β_1 和 (6.4.44) 的 $\widetilde{\beta}_1$ 可以得到与实验相图 4.3 相吻合的临界参数曲线. 这种理论与实验的一致性表明了模型 (包括势泛函) 的合理性.

6.4.4 气体的 BEC 相变性质

气体标量 BEC 的热力学势由 (4.3.45) 给出. 这里考虑如下情况

$$\nabla\psi \neq 0, \qquad \nabla\rho_n = 0.$$

它的物理意义是, 粒子分布是均匀的, 但是发生动量凝聚的粒子分布是不均匀的. 此时势泛函 (4.3.45) 取如下形式

$$
\begin{aligned}
F = \int_\Omega \Bigg[& \frac{\hbar^2}{2m}|\nabla\psi|^2 + \frac{g_1}{2}|\psi|^4 + g_2\rho_n|\psi|^2 - p\rho_n \\
& + \frac{1}{2}(\gamma_0 p - \gamma_1 T)\rho_n^2 - \frac{T}{2\alpha_0}S^2 - \alpha_1 TS|\psi|^2 - ST \\
& + \frac{1}{8\pi}H^2 - \mu_0 \cdot H|\psi|^2 - \frac{1}{4\pi}H \cdot H_a \Bigg]\mathrm{d}x.
\end{aligned}
\tag{6.4.47}
$$

动力学方程的抽象形式为

$$
\begin{aligned}
\frac{\partial\psi}{\partial t} &= -\frac{\delta}{\delta\psi^*}F, \\
\frac{\delta}{\delta\rho_n}F &= 0, \quad \frac{\delta}{\delta S}F = 0, \quad \frac{\delta}{\delta H}F = 0.
\end{aligned}
\tag{6.4.48}
$$

由 (6.4.47) 和 (6.4.48) 得到

$$\frac{\partial\psi}{\partial t} = \frac{\hbar^2}{2m}\Delta\psi + a\psi - b|\psi|^2\psi, \quad x \in \Omega \subset \mathbb{R}^n, \tag{6.4.49}$$

其中

$$
\begin{aligned}
a &= \mu_0 H_a - \alpha_0\alpha_1 T - \frac{g_2 p}{\gamma_0 p - \gamma_1 T}, \\
b &= g_1 + \alpha_0\alpha_1^2 T - 4\pi\mu_0^2 - g_2^2/(\gamma_0 p - \gamma_1 T).
\end{aligned}
\tag{6.4.50}
$$

对于气体 BEC 问题, 物理合理的边界条件为

$$\psi|_{\partial\Omega} = 0. \tag{6.4.51}$$

1. 临界参数方程

令 λ_1 是下面方程的第一特征值

$$
\begin{cases}
-\Delta\psi = \lambda\psi, & x \in \Omega \subset \mathbb{R}^n, \\
\psi|_{\partial\Omega} = 0.
\end{cases}
\tag{6.4.52}
$$

则 (6.4.49) 的第一特征值 β_1 为

$$\beta_1 = a - \frac{2m}{\hbar^2}\lambda_1.$$

再由 (6.4.50), 标量 BEC 的临界参数方程 $\beta_1 = 0$ 可表达为

$$\mu_0 H_a - \alpha_0 \alpha_1 T - \frac{g_2 p}{\gamma_0 p - \gamma_1 T} - \frac{2m}{\hbar^2} \lambda_1 = 0. \tag{6.4.53}$$

2. T-H 临界参数相图

当固定压力 p 和 Ω 尺度时, (6.4.53) 给出磁势阱 H 与 T 的临界关系

$$H = \frac{2m}{\mu_0 \hbar^2} \lambda_1 + \frac{\alpha_0 \alpha_1}{\mu_0} T + \frac{g_2 p}{\mu_0 (\gamma_0 p - \gamma_1 T)}.$$

由此给出 BEC 的 T-H 临界参数相图 (图 6.30).

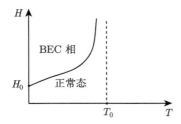

图 6.30 标量 BEC 的 T-H 临界参数相图

图中两个参数 H_0 和 T_0 分别为

$$H_0 = 2m \lambda_1 / \mu_0 \hbar^2 + g_2 / \mu_0 \gamma_0 p, \qquad T_0 = \gamma_0 p / \gamma_1. \tag{6.4.54}$$

H_0 代表可发生气体 BEC 的最小磁势, T_0 代表发生 BEC 的最大临界温度. 这里 $0 < p < p_0$, p_0 为固 (液) 态临界压力.

3. L-H_0 临界参数相图

令 L 为容积 Ω 的尺度, 则在数学上 (6.4.52) 的第一特征值 λ_1 与 L 成平方反比关系:

$$\lambda_1 = \frac{C}{L^2}, \qquad C \text{ 为 } \Omega \text{ 的形状常数}. \tag{6.4.55}$$

例如, 当 $\Omega = [0, L_1] \times [0, L_2] \times [0, L_3]$ $(L = L_1 \geqslant L_2 \geqslant L_3)$ 为矩形体时, $\lambda_1 = \pi^2 / L^2$, 此时 $C = \pi^2$ 为矩形的形状常数. 于是 (6.4.54) 中的 BEC 的最小磁势阱 H_0 与 L 的关系为

$$H_0 = \frac{2m}{\mu_0 \hbar^2} \frac{C}{L^2} + \frac{g_2}{\mu_0 \gamma_0}.$$

由它产生的 L-H_0 相图如图 6.31 所示, 图中 $H_{\text{inf}} = g_2 / \mu_0 \gamma_0$ 为磁势阱下界.

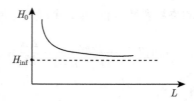

图 6.31　BEC 最小磁势阱 H_0 与容积尺度 L 的关系相图

4. 相变类型

数学上, (6.4.52) 的第一特征值 λ_1 是单重的, 因而标量 BEC 相变量也是单重的. 由 (6.4.49) 可知 (数学上是显然的)

$b > 0$　为连续型,　　　$b < 0$　为突变型.

物理上 $g_1 = 4\pi\hbar^2 a_s/m$, a_s 为粒子散射长度, 而 T, μ_0^2, g_2^2 都非常小, 因此 (6.4.50) 中的 $b > 0$. 于是有如下结论.

标量 BEC 是连续型的二级相变.　　　　　　　(6.4.56)

旋量 BEC 的热力学势 (4.3.47) 在结构上与标量 BEC 的没有实质性的差异, 因此在相变动力学性质方面旋量与标量之间是相同的.

对于光势阱和磁势阱的旋量 BEC 系统, 从势泛函 (4.3.50) 的数学结构看, 这种系统可能与带磁场 ^{3}He 情况相同, 会出现二次相变. 对此, 这里不再讨论.

6.5　综合问题与评注

6.5.1　涨落不对称性

在 PVT 系统相变的结论 (6.2.9) 以及铁磁体相变结论 (6.2.30) 中, 我们都遇到了涨落不对称现象. 这种现象更深的物理原因以及在什么情况下发生和不发生目前我们都不清楚, 这一小节只是从一些相变的例子中将这一现象展现出来.

1. 涨落不对称性出现的情况

目前见到的这种现象都是发生在随机型跃迁的临界点处, 并且伴随着三级相变的出现. 我们将从下面抽象方程开始考察此问题,

$$\frac{\mathrm{d}u}{\mathrm{d}t} = L_\lambda u + G(u, \lambda). \tag{6.5.1}$$

令 $u_0 = 0$ 是 (6.5.1) 的平衡态, 该系统在 λ_0 处发生 $m = 1$ 的单重相变, 即 L_λ 的第一特征值 $\beta_1(\lambda)$ 在 λ_0 处是单重的. 假设 λ 是从 λ_0 右端朝左端穿越发生相变, 即

$$\beta_1(\lambda) \begin{cases} < 0, & \lambda_0 < \lambda, \\ = 0, & \lambda = \lambda_0, \\ > 0, & \lambda < \lambda_0. \end{cases}$$

简称右穿越相变, 反之则称为左穿越相变.

令 (6.5.1) 在 λ_0 处的中心流形约化方程为如下形式

$$\frac{\mathrm{d}u_1}{\mathrm{d}t} = \beta_1 u_1 + b_0 u_1^2 + b_1 u_1^3,$$

其中 $b_0 \neq 0$, $b_1 < 0$, 即 λ_0 是一个随机型临界点. 图 6.32 (a) 和 (b) 分别给出 $b_0 > 0$ 与 $b_0 < 0$ 的动力学相图.

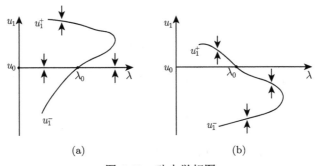

图 6.32　动力学相图

(a) $b_0 > 0$ 情况; (b) $b_0 < 0$ 情况

现在对照着图 6.32 我们能够陈述什么是涨落不对称现象. 对于图 6.32 (a) 的 $b_0 > 0$ 情况, 当 λ 右穿越相变时, 系统从 u_0 跃迁到 u_1^- 分支上, 而对 (b) 的 $b_0 < 0$ 情况, 系统从 u_0 跃迁到 u_1^+ 分支上, 这样的事情发生就是所谓的涨落不对称行为, 即

$$\begin{cases} b_0 > 0 \text{ 时, } u_0 \text{ 在 } \lambda_0 \text{ 处跃迁到 } u_1^- \text{ 上,} \\ b_0 < 0 \text{ 时, } u_0 \text{ 在 } \lambda_0 \text{ 处跃迁到 } u_1^+ \text{ 上,} \end{cases} \Rightarrow \text{发生涨落不对称性.} \qquad (6.5.2)$$

从数学上很容易理解为什么 (6.5.2) 陈述的事情是涨落不对称. 我们来看图 6.32 (a), 当 λ 从右趋于 λ_0 时, u_0 的吸引区域半径趋于零. 因此如果涨落是上、下等概率发生, 那么在 λ 到达 λ_0 之前向上的涨落将使系统偏离 u_0 进入 u_1^+ 的吸引区域, 从而跃迁到 u_1^+ 上. 因此 (6.5.2) 的情况发生只能说明在 λ_0 附近涨落是向下的, 没有向上的.

2. 涨落不对称性的规律

PVT 系统 (6.2.9) 和铁磁体 (6.2.30) 的涨落不对称性都是发生在 (6.5.2) 中 $b_0 < 0$ 的情况. 此时 $\lambda = T$ 是温度, u_1^+ 代表较高密度的相. 而 λ 右穿越时是

温度下降密度增大的过程, 因此涨落朝着密度增大的方向. 这似乎是一个合理的解释, 但不是很令人满意的, 因为将温度固定在 λ_0 时, 系统也不会从 u_0 跃迁到 u_1^- 上.

那么是否在 λ 是右穿越情况下, $b_0 < 0$ 一定伴随涨落不对称性发生? 在下一小节介绍的二元相分离的例子否定了这一点.

6.5.2　二元相分离的涨落对称性

当 Ω 是不规则的区域时, 二元相分离就是随机型跃迁. 与 PVT 系统和铁磁系统不同的是, 这里没有发生涨落不对称现象.

二元相分离动力学方程由 (6.2.38) 给出. 当 Ω 是不规则区域时, 它的第一特征值 $\beta_1 = a_1 - \lambda_1$ 是单重的, 中心流形约化方程为

$$\frac{\mathrm{d}u_1}{\mathrm{d}t} = \beta_1 u_1 + a_2 u_1^2 + a_3 u_1^3, \tag{6.5.3}$$

其中 a_2, a_3 如 (6.2.37), $a_3 < 0$. a_2 的表达式为

$$a_2 = \left[\frac{(1 - 2u_0)}{2u_0^2(1 - u_0)^2} - 3\beta^2 b^2 u_0^2 \right] \frac{RT_c}{D},$$

其中 β 是熵耦合系数, 非常小, 即 $\beta \simeq 0$. 因此可以看到

$$a_2 \begin{cases} > 0 & u_0 < \dfrac{1}{2} \text{ (大约)}, \\[2mm] < 0 & u_0 > \dfrac{1}{2} \text{ (大约)}, \end{cases} \tag{6.5.4}$$

u_0 为 B 组元的摩尔分数 (即粒子数比例).

由 (6.5.4) 和定理 6.5, 我们可得到下面结论:

$$\begin{aligned} &\text{对于不规则的容器 } \Omega \text{ 和 } u_0 \neq \frac{1}{2}, \text{ 二元系统} \\ &\text{在临界温度 } T_c \text{ 处的跃迁是随机型的.} \end{aligned} \tag{6.5.5}$$

因此不规则容器的二元系统相分离的动力学相图当 $u_0 < \dfrac{1}{2}$ 时如图 6.32 (a) 所示, 当 $u_0 > \dfrac{1}{2}$ 时如图 6.32 (b) 所示.

从图 6.32 中可看出, 在正常涨落情况下系统相变是不连续的, 而在不对称涨落情况下相变是连续的. 物理实验表明, 对不规则容器, 当 $u_0 \neq \dfrac{1}{2}$ 时都是一级 (不连续) 的. 这说明无论 $u_0 < \dfrac{1}{2}$ 还是 $u_0 > \dfrac{1}{2}$, 二元系统在临界点附近的涨落都是正常的.

此外, 还有一个重要的例子就是水的固液相变. 由 (6.2.6), 水与冰之间相变是随机型的, 而温度是右穿越的, 因此它们相变的动力学相图是如图 6.32 (b) 的情况. 由于冰的密度小于水, 因此在临界温度 $\lambda_0 = 0℃$ (273 K) 处从水到冰的跃迁是如图 6.32 (b) 中从 u_0 到 u_1^- 的跃迁. 这是正常涨落情况.

6.5.3 三级相变定理

在图 6.32 中可以看到, 在随机型跃迁的临界点处若发生涨落不对称行为, 则伴随的相变是连续的, 实际上是三级的. 这表明三级相变、随机型跃迁和涨落不对称性这三者之间是紧密相关的. 这就导致下面关于热力学系统的三级相变定理, 它被包含在热力学相变第二定理中, 这里主要是给出证明过程.

定理 6.7 (三级相变定理)　热力学系统相变的最高级数为三, 其中一级相变发生于突变型和涨落对称的随机型跃迁; 二级相变发生于连续型跃迁; 三级相变发生于涨落不对称的随机型跃迁.

不失一般性, 为了简单我们用均匀的一元函数作为热力学势来证明该定理. 令 u 为序参量, λ 为控制参数,

$$F = \frac{1}{2}\alpha(\lambda)u^2(\lambda) - \frac{1}{3}b_0 u^3 - \frac{1}{4}b_1 u^4 \tag{6.5.6}$$

是一个热力学系统的势函数, 动力学方程为

$$\frac{\mathrm{d}u}{\mathrm{d}t} = -\alpha u + b_0 u^2 + b_1 u^3. \tag{6.5.7}$$

u_0 是该系统的平衡态解, 并且在 λ_0 处发生右穿越相变, 即

$$\alpha(\lambda) = \alpha_0(\lambda - \lambda_0), \quad \alpha_0 > 0 \text{ 为常数.} \tag{6.5.8}$$

因为定理 6.7 关于一级相变的结论是显然的, 因此下面只考虑二级和三级相变的结论, 并分别进行论证.

1. 连续型跃迁

当 $b_0 = 0$, $b_1 < 0$ 时, 系统 (6.5.7) 是连续型跃迁, 方程为

$$\frac{\mathrm{d}u}{\mathrm{d}t} = -\alpha u + b_1 u^3. \tag{6.5.9}$$

此时当 $\lambda_0 < \lambda$ 时, $u_0 = 0$ 是稳定平衡态, 当 $\lambda < \lambda_0$ 时, 系统从 $u_0 = 0$ 跃迁到新的稳定平衡态解

$$u^{\pm} = \pm\sqrt{\frac{\alpha_0}{-b_1}}(\lambda_0 - \lambda)^{\frac{1}{2}} \quad (\text{由 } (6.5.8)).$$

于是此系统的稳定平衡态解为 (只须取 u^+ 即可, u^- 情况是一样的)

$$\widetilde{u}(\lambda) = \begin{cases} 0, & \lambda_0 < \lambda, \\ \sqrt{\dfrac{\alpha_0}{-b_1}}(\lambda_1 - \lambda)^{\frac{1}{2}}, & \lambda \leqslant \lambda_0. \end{cases} \tag{6.5.10}$$

将 (6.5.8) 和 (6.5.10) 代入势函数 (6.5.6) 中得

$$F(\lambda) = \begin{cases} 0, & \lambda_0 < \lambda, \\ -\dfrac{\alpha_0}{2}\sqrt{\alpha_0/b_1}(\lambda_0 - \lambda)^2 + o((\lambda_0 - \lambda)^2), & \lambda \leqslant \lambda_0. \end{cases}$$

于是推出 F 的一阶导数

$$\frac{\mathrm{d}F(\lambda)}{\mathrm{d}\lambda} = \begin{cases} 0, & \lambda_0 < \lambda, \\ \alpha_0\sqrt{\alpha_0/b_1}(\lambda_0 - \lambda) + o((\lambda_0 - \lambda)), & \lambda \leqslant \lambda_0, \end{cases}$$

在 λ_0 处是连续的. 但是二阶导数

$$\frac{\mathrm{d}^2 F(\lambda)}{\mathrm{d}\lambda^2} = \begin{cases} 0, & \lambda_0 < \lambda, \\ -\alpha_0\sqrt{\alpha_0/b_1} + o(1), & \lambda \leqslant \lambda_0, \end{cases}$$

在 λ_0 处是不连续的. 由 (6.1.8) 知 λ_0 是 (6.5.9) 的二阶相变临界点.

2. 涨落不对称的随机跃迁

由 (6.5.2), 对于右穿越相变, 涨落不对称性对应于 $b_0 < 0$. 于是方程 (6.5.7) 可写成如下形式

$$\frac{\mathrm{d}u}{\mathrm{d}t} = \alpha_0(\lambda_0 - \lambda)u - |b_0|u^2 + b_1 u^3. \tag{6.5.11}$$

由于涨落不对称, 该系统在 λ_0 处从 $u_0 = 0$ 跃迁到 $\lambda < \lambda_0$ 的新稳态解

$$u^+ = \frac{\alpha_0}{|b_0|}(\lambda_0 - \lambda) + o(\lambda_0 - \lambda), \quad \lambda < \lambda_0.$$

此时, 系统在整个 λ 上的稳定平衡态解为

$$\widetilde{u}(\lambda) = \begin{cases} 0, & \lambda_0 < \lambda, \\ \dfrac{\alpha_0}{|b_0|}(\lambda_0 - \lambda) + o(\lambda_0 - \lambda), & \lambda \leqslant \lambda_0. \end{cases} \tag{6.5.12}$$

将 $\widetilde{u}$ 代入 (6.5.6) 中得

$$F(\lambda) = \begin{cases} 0, & \lambda_0 < \lambda, \\ -\dfrac{\alpha_0^2}{2|b_0|}(\lambda_0 - \lambda)^3 + o((\lambda_0 - \lambda)^3), & \lambda \leqslant \lambda_0. \end{cases} \tag{6.5.13}$$

显然 (6.5.13) 的函数 F 在 λ_0 是二次连续可微的, 但三阶导数不连续. 由 (6.1.8) 的定义便知 λ_0 是 (6.5.11) 的三级相变临界点.

最后关于定理 6.7 的最高相变级数为三的结论是显然的, 因为按 Ehrenfest 的定义 (6.1.8), 若系统在 λ_0 是 $n \geqslant 4$ 级相变, 则它的热力学势一定是取如下形式

$$F = \frac{1}{2}\alpha u^2 + b_0|u|^{\frac{2n}{n-1}} + o\left(|u|^{\frac{2n}{n-1}}\right).$$

当 $n \geqslant 4$ 时, F 中出现 $2n/(n-1)$ 的分数次指数项. 在热力学势中不会出现分数指数的项, 因为没有物理意义. 因此所有热力学相变的级数不会超过 $n = 3$.

6.5.4 多重穿越的跃迁判据

定理 6.5 给出单重特征值穿越的跃迁判据, 它在相变理论中起到重要作用. 但在二元相分离和液态 ³He 凝聚态相变问题中就遇到了 $m \geqslant 2$ 的多重特征值穿越情况, 此时需要多重穿越的跃迁判据定理. 事实上, 在热力学相变问题中, 多重穿越情况是普遍存在的, 这方面的动力学理论仍具有重要意义.

当 (6.1.4) 中 $m = 2$ 时, 在 (Ma and Wang, 2013) 中关于多项式指数 $p = 2$ 的情况, 给出完整的跃迁判据理论结果. 该理论涉及数学拓扑度和动力系统较深的理论知识, 这里不便介绍. 但应用那本专著中的球面吸引子分歧定理 (定理 2.2.5), 对于 $m \geqslant 2$ 及多项式指数 $p = 3$ 的情况, 这里可以介绍跃迁判据定理如下.

令热力学系统动力学方程如 (6.1.1), 它的线性算子 L_λ 在相变临界点 λ_c 处特征值穿越 (6.1.4) 的重数 $m \geqslant 1$. 假设 (6.1.1) 在 λ_c 处的中心流形约化方程为如下形式

$$\frac{\mathrm{d}u_i}{\mathrm{d}t} = \beta_1(\lambda)u_i + a_{ijkl}u_ju_ku_l + o(|u|^3), \quad 1 \leqslant i \leqslant m. \tag{6.5.14}$$

它被称为多项式指数 $p = 3$ 的方程, 其中 a_{ijkl} 关于 (i, j) 和 (k, l) 是对称的. 对于此系统我们有如下跃迁判据定理.

定理 6.8 (多重跃迁判据) 对于热力学系统方程 (6.1.1), 设它的中心流形约化方程为 (6.5.14) 的形式. 令 $\xi = (\xi_1, \cdots, \xi_m) \in \mathbb{R}^m$, 则有如下结论:

$$\begin{cases} a_{ijkl}\xi_i\xi_j\xi_k\xi_l < 0, \ \forall \ \xi \neq 0 \Rightarrow 跃迁是连续型的, \\ 否则 \Rightarrow 跃迁是突变型或随机型的. \end{cases} \tag{6.5.15}$$

这里我们必须注意, 对于热力学系统的动力学方程 (6.1.1), 它是势泛函的梯度流方程, 因此 (6.5.15) 中系数 a_{ijkl} 分别关于 (i, j) 和 (k, l) 是对称的. 若序参数都是实函数, 则 a_{ijkl} 所有下标 (i, j, k, l) 都是对称的.

下面我们应用定理 6.8 来证明 ³He 超流体的结论 (6.4.27). 考察液态 ³He 动力学方程的中心流形约化方程 (6.4.26). 每个波函数是二元函数

$$\psi_+ = u_1 + \mathrm{i}u_2, \qquad \psi_- = u_3 + \mathrm{i}u_4.$$

因此 (6.4.26) 是 $m = 4$, $p = 3$ 的系统, 它的对应于 (6.5.15) 中的四次型取如下形式

$$a_{ijkl}\xi_i\xi_j\xi_k\xi_l = -(b+g_s)(\zeta_1^4 + \zeta_2^4) - 2(b-g_s)\zeta_1^2\zeta_2^2,$$

其中 $\zeta_1^2 = \xi_1^2 + \xi_2^2$, $\zeta_2^2 = \xi_3^2 + \xi_4^2$. 因为 $b > 0$, 故对任意 $\xi \neq 0$ 有

$$-(b+g_s)(\zeta_1^4 + \zeta_2^4) - 2(b-g_s)\zeta_1^2\zeta_2^2 < 0, \quad \text{当 } b+g_s > 0,\ g_s \leqslant 0,$$

$$-(b+g_s)(\zeta_1^4 + \zeta_2^4) - 2(b-g_s)\zeta_1^2\zeta_2^2 < -2g_s(\zeta_1^4 + \zeta_2^4) < 0, \quad \text{当 } b+g_s > 0,\ g_s > 0.$$

再由结论 (6.5.15), 关于 ³He 超流体可推出如下结论

$$b + g_s > 0 \quad \text{则相变是连续型的.} \tag{6.5.16}$$

当 $b + g_s < 0$ 时, 显然当 $\xi = (\zeta_1, 0)$ (或 $\xi = (0, \zeta_2)$) 时有

$$a_{ijkl}\xi_i\xi_j\xi_k\xi_l = -(b+g_s)\zeta_1^2 \quad (\text{或} - (b+g_s)\zeta_2^2) > 0.$$

因此, 由 (6.5.15) 推出

$$b + g_s < 0 \quad \text{则相变是突变型或随机型.} \tag{6.5.17}$$

若再证明 ³He 系统没有随机型凝聚相变, 则 (6.5.16) 和 (6.5.17) 就意味着结论 (6.4.27) 成立. 事实上, 应用数学动力系统理论可以证明液态 ³He 系统的中心流形约化方程 (6.4.26) 没有随机型跃迁.

考虑 (6.4.26) 的动力学行为, 此时 $b + g_s < 0$, 方程为

$$\begin{aligned}
\frac{\mathrm{d}\psi_+}{\mathrm{d}t} &= \beta_1\psi_+ - (b+g_s)|\psi_+|^2\psi_+ - (b-g_s)|\psi_-|^2\psi_+, \\
\frac{\mathrm{d}\psi_-}{\mathrm{d}t} &= \beta_1\psi_- - (b+g_s)|\psi_-|^2\psi_- - (b-g_s)|\psi_+|^2\psi_-,
\end{aligned} \tag{6.5.18}$$

数学上可以知道方程 (6.5.18) 解的流结构如图 6.33 (a) 和 (b) 所示, 其中 (a) 代表 $\beta_1 = 0$ (即 $T_c = T$) 的流结构, (b) 代表 $\beta_1 > 0$ (即 $T < T_c$) 的流结构.

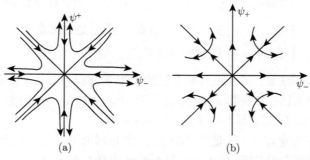

图 6.33   (a) 为相变前的临界状态, (b) 为相变后的状态

(a) $\beta_1 = 0$ 的情况; (b) $\beta_1 > 0$ 的情况

从 (6.5.18) 的流结构图 6.33 便可得出结论: $b + g_s < 0$ 时, (6.5.18) 在 $T = T_c$ 处的跃迁是突变型的. 因此结论 (6.4.27) 得证.

事实上, 对 $b + g_s > 0$ 也可用流结构图来证明 (6.5.16) 的结论, 这里采用 (6.5.15) 的判据方法是为了表明定理 6.8 是如何应用的.

注 6.9　从 (6.4.26) 流的全局结构和判据 (6.4.27) 可推知, 液态 ^{3}He 系统势泛函 (6.4.19) 中参数 g_1 和 g_s 必须满足关系:

$$g_1 + g_s > 0. \tag{6.5.19}$$

事实上, 关系 (6.5.19) 普适性地适用于所有旋量 BEC 系统.

6.5.5　本章各节评注

这一章的内容本质上全部是建立在 (Ma and Wang, 2013) 中创立的相变动力学基础之上的. 本书在许多方面也有新的发展.

6.1 节　热力学相变三个基本定理取自 (Ma and Wang, 2017b). 热力学相变定理 6.3 是非常有用的. 事实上根据该定理, 所有热力学系统的突变型和随机型跃迁伴随有鞍结点分歧, 这种分歧有效地解释了热力学相变中出现的过冷过热态、潜热现象、磁滞回路等性质, 也揭示出涨落不对称性和三级相变的关联性. 可以说, 热力学相变定理 6.1 — 定理 6.3 构成了整个平衡态相变动力学理论的基石.

突变型和随机型相变中出现的亚稳态, 是由于涨落产生了临界温度超前的现象. 关于这方面的工作, 特别是超前临界温度公式 (6.1.51) 和 (6.1.52) 是本书作者和汪守宏教授新建立的.

6.2 节　PVT 系统和铁磁系统都揭示出相变中如下三者

$$\text{随机型跃迁,} \quad \text{涨落不对称性,} \quad \text{三级相变,} \tag{6.5.20}$$

之间不可分割的关联性. 这直接导致三级相变定理 (定理 6.7) 的发现, 同时也揭示了 Andrews 临界行为的物理机制.

由于涨落不对称性背后的物理机制不清楚, 在 (Ma and Wang, 2013) 中将涨落不对称性作为一个原理提出, 它陈述如下.

原理 6.10（**涨落不对称性原理**）　涨落的对称性在一般热力学系统中并不是普遍成立的. 在一些多重亚稳态共存的临界点, 涨落只发生在其中某些平衡态的吸引域中, 这就使得另一些稳定平衡态在自然现象中不会出现.

在 6.2.4 小节中建立的磁滞回路的亚稳态振荡理论是由本书作者与汪守宏教授提出的. 虽然磁滞回路的振荡与 5.3.4 小节中介绍的厄尔尼诺振荡行为在原理上一样的, 但在具体物理机制上是不同的. 这个振荡理论也适用于超导系统中出现的第二类非理想超导体磁化回路性质.

6.3 节　超导体的 Meissner 效应以及 Abrikosov 旋涡不属于相变动力学的范畴, 它们是下一章的内容. 从动力学角度看, 超导体的两种不同类型材料可按如下方式进行分类,

$$\begin{cases} \text{只发生一次相变的材料为：} & \text{I 型超导体,} \\ \text{只发生二次或三次相变的材料为：} & \text{II 型超导体,} \end{cases} \tag{6.5.21}$$

II 型超导体中理想类与非理想类的区别:

$$\begin{cases} \text{理想类 II 型材料为：} & \text{二次相变不是随机型,} \\ \text{非理想类 II 型材料为：} & \text{二次相变是随机型,} \end{cases} \tag{6.5.22}$$

非随机型相变不会产生磁化回路现象, 即磁化线路如图 6.18 所示. 随机型相变会产生如同磁体的磁滞回路一样的如图 6.19 所示的磁化回路行为. 因为磁体与超导体的磁性回路的物理机制都是一样的, 它们都是随机型相变产生的亚稳态振荡行为, 因此这一节就不再重复磁化的回路振荡理论.

超导体的临界参数相图 (图 6.22 和图 6.23) 和跃迁相图 6.24 都是从修正后的 GL 自由能 (4.3.17) 导出的, 它们与实验观测是相符的.

6.4 节　本书关于液态 ^{4}He 所得理论相图 6.28 以及液态 ^{3}He 临界参数 (6.4.25), (6.4.36) 和 (6.4.44) 中 $\beta_1 = 0$ 得到的相图与实验相图是相一致的, 此外关于相变类型也与观测相吻合.

在 (Ma and Wang, 2013) 中, 关于无磁场液态 ^{3}He 从理论上分析认为在 $0 < p < p_0$ 段 (p_0 如 (6.4.20)), 存在一个从正常态到 C 相的相变, 这里 C 相是由 $\psi_0 \neq 0$, $\psi_{\pm} = 0$ 构成的超流相. 该结论所依据的假设就是

$$\begin{cases} g_0 < g_m, & \text{对 } p > p_0, \\ g_0 > g_m, & \text{对 } p < p_0. \end{cases} \tag{6.5.23}$$

即它是 (6.4.20) 的修正. 这两个结论 (6.4.20) 和 (6.5.23) 只允许一个成立. 若 (6.4.20) 正确, 则在 $p < p_0$ 段的相变如结论 (6.4.29), 若 (6.5.23) 成立, 则应存在 C 相的相变.

关于气体 BEC 相变理论是本书新发展的结果, 其理论相图 (图 6.30 和图 6.31) 以及结论 (6.4.56) 有待实验的检验.

总结性评注　建立在统计物理势下降原理基础之上, 从第 4 章发展热力学系统势理论开始, 经过第 5 章统一动力学模型的建立, 到本章 (即第 6 章) 关于平衡态相变动力学的理论展开, 这是一个系统的统计物理理论体系. 这个体系内部高度协调一致, 得到大量与实际相一致的结果, 特别是在理论相图和相变类型的判别方面, 从常规系统到凝聚态系统大范围地与实验结果相符合. 这充分说明了这个体系的合理性与有效性.

第7章 相变的临界现象

7.1 标准模型的临界理论

7.1.1 基本概念

临界指标的概念只对连续型的二级相变有意义. 对于跳跃的一级相变此概念无效. 虽然三级相变临界指标存在, 但是它们无法通过实验观测到, 因此没有什么太多意义.

我们知道, 热力学量是控制参数 λ 的函数, 例如

$$序参量\ u = u(\lambda).$$

对于连续型的二级相变, 在临界点 λ_c 处 u 是连续的, 即

$$\lim_{\lambda \to \lambda_c} u(\lambda) = u(\lambda_c).$$

这个连续性意味着 u 在 λ_c 处存在幂指数展开

$$u(\lambda) = u(\lambda_c) + A|\lambda - \lambda_c|^\theta + o(|\lambda - \lambda_c|^\theta), \quad A\ 是与\ \lambda\ 无关的参数.$$

这个 θ 就称为**临界指数**, 它们是一组数值, 可反映热力学系统的临界行为.

实质上, 临界指数最重要的一点是它们不仅可以由理论算出来, 而且还可以通过实验手段测定出来, 从而在理论与实验之间架起一座桥梁, 可以直接检验理论的精确度, 并为理论指明方向.

临界指数目前常见的有 6 种, 它们有习惯性的固定记号如下:

$$\beta,\ \delta,\ \alpha,\ \gamma,\ \eta,\ \nu, \tag{7.1.1}$$

其中 β, δ 是关于序参量的展开幂指数, α 和 γ 是热容和压缩系数 (包括磁化率、极化率) 等响应函数关于温度的幂指数, η 和 ν 是由涨落的关联函数 $R(r)$ 和关联长度 ξ 所产生的幂指数, 这里 $R(r)$ 和 ξ 分别如 (5.5.33) 和 (5.5.34) 所给出.

下面给出 (7.1.1) 中临界指数的严格定义.

1. β 指数 (序参量温度指数)

令 u 是序参量, 控制参数为 T. 设 u 在临界点 T_c 处为零, 即 $u(T_c) = 0$, 则在 T_c 处相变后分歧出的平衡态解关于 T 可展开为

$$u(T) = A(T_c - T)^\beta + o((T_c - T)^\beta), \tag{7.1.2}$$

其中 $T < T_c$. 这个展开的幂指数就是如 (7.1.1) 中的 β 指数. 这里将它称为序参量温度指数. 数学上, (7.1.2) 代表系统在临界点处的稳态 (也称定态) 分歧解的渐近表达式.

2. δ 指数 (序参量外力指数)

当控制参数为外力 f 时, 如 f 为压力、外电磁场等, 序参量是 f 的函数. 令 u 在临界点 f_c 处为 $u(f_c) = 0$. $u(f)$ 展开为

$$|u(f)| = A|f - f_c|^\theta + 高阶项 \quad (T = T_c), \tag{7.1.3}$$

但是习惯上用如下方式定义 δ 指数

$$|f - f_c| \sim |u(f)|^\delta \quad (T = T_c), \tag{7.1.4}$$

即 δ 指数是 (7.1.3) 中 θ 的倒数, 即 $\delta = 1/\theta$. 这里将 δ 称为序参量的外力指数.

3. α 指数 (热容指数)

α 指数是热容在临界点按温度展开的幂指数. 热容定义为

$$C = -T\frac{\partial^2 F}{\partial T^2} = T\frac{\partial S}{\partial T}. \tag{7.1.5}$$

显然热容 C 是温度的函数, 令它在临界温度 T_c 的幂指数为

$$C(T) - C(T_c) = A(T_c - T)^{-\alpha} \quad (p = p_c \text{ 或 } H = 0). \tag{7.1.6}$$

这里取负指数 $(-\alpha)$ 是因为热容在 T_c 处发生间断或无穷大. 这个 $\alpha \geqslant 0$ 便是如 (7.1.1) 中的 α 指数, 称为热容指数.

4. γ 指数 (变易系数指数)

由压缩系数、磁化率、极化率等在临界点关于温度 T 的幂指数就是 γ, 称为变易系数指数. 压缩系数 κ 定义为

$$\kappa = -\frac{\partial^2 F}{\partial \rho^2} = \frac{1}{\rho}\frac{\partial \rho}{\partial p}, \tag{7.1.7}$$

磁化率 χ 定义为

$$\chi = \frac{\partial M}{\partial H}\bigg|_{H=0}. \tag{7.1.8}$$

κ 和 χ 作为温度的函数在 T_c 处幂指数为

$$\begin{aligned} \kappa(T) - \kappa(T_c) &= A(T - T_c)^{-\gamma} \quad (p = p_c), \\ \chi(T) - \chi(T_c) &= A(T - T_c)^{-\gamma} \quad (H = 0). \end{aligned} \tag{7.1.9}$$

5. η 指数 (关联指数)

由密度涨落关联函数 (5.5.29) 可以看到

$$R = R(r) \quad \text{是距离 } r \text{ 的函数}.$$

它在临界点 T_c 处关于 r 的幂指数为

$$R(r) = Ar^{-n+2-\eta} \quad (n = \text{空间维数}), \tag{7.1.10}$$

这里给出了 η 的定义.

6. ν 指数(关联长度指数)

由 (5.5.33) 和 (5.5.34) 可以看到关联长度 ξ 是温度函数,

$$\xi = \xi(T).$$

ξ 在临界点 T_c 处的幂指数为

$$\xi(T) = A(T_c - T)^{-\nu}, \tag{7.1.11}$$

它定义了 ν 指数.

7.1.2 临界指数的理论计算

由 β 和 δ 指数的定义 (7.1.2) 和 (7.1.4), 我们知道要算出 β 和 δ 的数值只须求出系统动力学方程在临界点处的平衡态解关于控制参数的表达式即可. 而由定义 (7.1.5)–(7.1.6) 和 (7.1.7)–(7.1.9), 当求出 β 和 δ 值后便可计算出 α 和 γ 的数值. 下面分别计算它们.

1. β 指数

我们从抽象模型开始, 令热力学系统动力学方程为

$$\frac{\mathrm{d}u}{\mathrm{d}t} = L_\lambda u + G(u, \lambda) \quad (\lambda = T), \tag{7.1.12}$$

这里 $u_0 = 0$ 是此方程的稳态解, 并且

$$G(u, \lambda) = o(\|u\|) \quad \text{是 } u \text{ 的高阶项}. \tag{7.1.13}$$

令 β_1 是 L_λ 的第一特征值. 我们只考虑 β_1 在临界值 $\lambda_c = T_c$ 是单重的情况. 此时根据数学的中心流形约化理论和定理 6.5, 对于连续型跃迁临界点 T_c, (7.1.12) 和 (7.1.13) 的相变分歧解 $u(\lambda)$ 一定取如下形式 (数学上称为 Lyapunov-Schmidt 约化):

$$u(\lambda) = x(\lambda)e_1 + o(|x(\lambda)|), \tag{7.1.14}$$

其中 e_1 为对应于 β_1 的特征向量, $x(\lambda)$ 满足如下方程

$$\beta_1(\lambda)x - bx^3 + o(x^3) = 0, \qquad (7.1.15)$$

并且 $b > 0$ 就是如定理 6.5 的连续型跃迁判据. 注意到, 在 $\lambda = T_c$ 处有

$$\beta_1 = a(T_c - T), \quad a > 0 \text{ 为常数}.$$

于是 (7.1.15) 的解可写成

$$x(T) = \begin{cases} 0, & T_c < T, \\ \pm\sqrt{\dfrac{a}{b}}(T_c - T)^{\frac{1}{2}} + o(|T_c - T|^{\frac{1}{2}}), & T < T_c. \end{cases}$$

将 $x(T)$ 代入 (7.1.14) 便得到

$$u(T) = \pm\sqrt{\frac{a}{b}}(T_c - T)^{\frac{1}{2}}e_1 + o(|T_c - T|^{\frac{1}{2}}). \qquad (7.1.16)$$

对照 β 指标定义 (7.1.2), 从 (7.1.16) 可推出 (7.1.12) 和 (7.1.13) 系统的 β 指标为 1/2. 实际上, 对于 β_1 是多重特征值情况该结论也成立. 因此 $\beta = 1/2$ 是连续型跃迁的普适性结论, 可总结成如下定理.

物理结论 7.1 (β 指数理论值)　　对于动力学方程为 (7.1.12) 的热力学系统, 若在 T_c 处是连续型的二级相变, 则

$$\text{临界指数 } \beta = \frac{1}{2}.$$

注 7.2　　虽然上面 β 指数理论值对于凝聚态也成立, 但是在结论中的 β 数值只能在常规热力学系统中由实验测得, 因为对于凝聚态得到的 β 值是

$$|\psi| \sim (T_c - T)^{\beta}, \quad \beta = \frac{1}{2}. \qquad (7.1.17)$$

而 $|\psi|^2$ 才是有物理意义的量, 代表凝聚态粒子密度.

2. δ 指数

δ 指数所反映的物理情况是, 在 (广义) 外力摄动下热力学系统的序参量随之发生变化的程度. 因为产生凝聚态的主要参数是温度, 外力 (压力和磁场) 只影响临界温度的变化, 因此 δ 指数只对常规热力学系统有效.

对于常规系统, 存在外力情况下动力学方程取如下形式

$$\frac{\mathrm{d}u}{\mathrm{d}t} = L_\lambda u + G(u, \lambda) - f \quad (\lambda = T), \qquad (7.1.18)$$

这里 f 为广义外力, 可参见 (6.2.16) 和 (6.2.24).

令 $\lambda_c = T_c$ 与 f_c 是 (7.1.18) 的临界点, u_c 为平衡态解, 即

$$L_{\lambda_c} u_c + G(u_c, \lambda_c) = f_c. \tag{7.1.19}$$

又令 u_f 是 (7.1.18) 在 λ_c 处的平衡态解, 即满足方程

$$L_{\lambda_c} u_f + G(u_f, \lambda_c) = f. \tag{7.1.20}$$

用 (7.1.20) 减去 (7.1.19) 得

$$L_{\lambda_c}(u_f - u_c) + [G(u_f, \lambda_c) - G(u_c, \lambda_c)] = f - f_c. \tag{7.1.21}$$

因为 (T_c, f_c) 是 (7.1.18) 的连续型跃迁的临界点, 在数学上这意味着 (7.1.21) 可写成如下形式

$$\mathcal{L}_c \tilde{u} - b\tilde{u}^3 + o(\|\tilde{u}\|^3) = \tilde{f} \quad (b > 0), \tag{7.1.22}$$

其中 $\mathcal{L} = L_{\lambda_c} + DG(u_c, \lambda_c)$, 并且 $\mathcal{L}$ 的第一特征值 $\beta_1 = 0$.

若 (7.1.18) 是一个均匀系统, 则在临界点处 $\mathcal{L} = \beta_1 = 0$. 此时由于 $\tilde{u} = u_f - u_c$, $\tilde{f} = f - f_c$, 方程 (7.1.22) 变为 (略去高阶项)

$$(f_c - f) = b(u_f - u_c)^3$$

对照 (7.1.4) 的定义, 立刻得到如下结论.

物理结论 7.3 对于动力学方程为 (7.1.18) 的均匀常规热力学系统, 若 (T_c, f_c) 为连续型跃迁的临界点, 则

$$临界指数\ \delta = 3.$$

3. α 指数

由 (7.1.5) 和 (7.1.6), 要计算 α 指数值, 必须求出热容在临界温度 T_c 处的幂指数表达. 热容公式为

$$C(T) = T\frac{\partial S}{\partial T}. \tag{7.1.23}$$

在第 5 章的动力学统一模型中可以看到关于熵的方程为

$$\frac{\delta}{\delta S}F(u, S, \lambda) = 0. \tag{7.1.24}$$

再由第 4 章热力学势泛函 F 关于 S 的表达式可知, (7.1.24) 可写成

$$S = \gamma_1 u^2 + \gamma_0, \quad \gamma_0,\ \gamma_1\ 为常数. \tag{7.1.25}$$

根据 (7.1.16), 系统序参量 u 为 (仅对铁磁和凝聚态成立):

$$u^2 = \begin{cases} 0, & T_c < T, \\ A(T_c - T)e_1 + o(|T_c - T|), & T < T_c. \end{cases} \tag{7.1.26}$$

于是由 (7.1.25) 和 (7.1.26) 可算出 (7.1.23) 在 T_c 处的值

$$\Delta C|_{T_c} = C(T_c) - C(T) = \gamma_1 T_c A \|e_1\|, \quad T \to T_c. \tag{7.1.27}$$

对照 (7.1.6), 由 (7.1.27) 可得到如下 α 指数的结论:

$$\text{临界指数 } \alpha = 0. \tag{7.1.28}$$

对气液与二元系统, 等压热容指数 $\alpha = \dfrac{1}{2}$.

4. γ 指数

由 γ 指数定义 (7.1.7)–(7.1.9), 我们从变易系数公式开始. 热力学系统变易系数 θ 可统一写成

$$\theta = a(u)\frac{\partial u}{\partial f}, \quad a(u) = 1 \text{ 或 } 1/u. \tag{7.1.29}$$

在临界点 (T_c, f_c) 处序参量 u 与 f 的关系为 (7.1.22), 即

$$b\widetilde{u}^3 = \widetilde{f} \quad (\text{均匀系统 } \mathcal{L} = 0), \tag{7.1.30}$$

其中 $\widetilde{f} = f - f_c$, $\widetilde{u} = u_f - u_c$. 从 (7.1.29) 和 (7.1.30) 可导出

$$\widetilde{\theta} = a(u_c)\frac{1}{3b\widetilde{u}^2}, \quad \widetilde{\theta} = \Delta\theta = \theta_T - \theta_c.$$

再由 (7.1.26), 此式可写成

$$\Delta\theta = \frac{a(u_c)}{3bA\|e_1\|}\frac{1}{T_c - T}, \quad T < T_c. \tag{7.1.31}$$

对照 (7.1.9) 的定义, 由 (7.1.31) 得到 γ 值如下:

$$\text{临界指数 } \gamma = 1. \tag{7.1.32}$$

7.1.3 标准模型指数定理

以上四个热力学量的临界指数 β, δ, α, γ 是由第 4 章和第 5 章建立的热力学系统数学模型 (由势泛函和动力学方程构成) 通过数学手段严格推导出来的, 称为热力学标准模型的临界指数. 虽然它们与 Landau 平均场理论所得数值相同, 但

出发点和视角是不相同的. 这里理论是建立在抽象模型基础之上, 因此更具有普遍意义.

由于标准模型的临界指数是不考虑涨落效应的理论值, 而实际测量的指数已含有涨落的因素在内, 因此理论上的数值与实验测量值一定会有偏差. 这种偏差不是理论本身有缺陷, 而是测量过程存在涨落造成的, 在 7.1.4 小节中将从涨落理论证实这一点. 因此临界指数存在两组数据:

$$\begin{cases} \text{热力学标准模型的理论数值,} \\ \text{具有涨落效应的测量数值.} \end{cases} \tag{7.1.33}$$

这两组数值都具有真实性, 不是理论的偏差.

考虑到 (7.1.33) 两组临界指数, 这两组数值应服从相同的规律, 这就是标度律. 令 β, δ, α, γ 代表 (7.1.33) 的两种指数. 此时将 (7.1.25) 和 (7.1.26) 写成如下形式 (对铁磁和凝聚态成立):

$$S \sim u^2, \quad u^2 \sim (T_c - T)^{2\beta} \quad (T < T_c).$$

于是 (7.1.23) 产生热容差 ΔC 可写成

$$\Delta C \sim (T_c - T)^{2\beta - 1}.$$

根据 (7.1.6) 的定义, 有

$$\alpha = 1 - 2\beta. \tag{7.1.34}$$

这个关系称为标度律.

再考虑 (7.1.30) 和 (7.1.31), 此时 (7.1.30) 表达为

$$\Delta f \sim (\Delta u)^\delta,$$

而 (7.1.31) 写成

$$\Delta\theta \sim (\Delta u)^{-(\delta-1)}, \quad \text{而} \quad \Delta u \sim (T_c - T)^\beta.$$

于是得到

$$\Delta\theta \sim (T_c - T)^{-\beta(\delta-1)}.$$

再由 γ 指数的定义 (7.1.9) 可得到

$$\gamma = \beta(\delta - 1). \tag{7.1.35}$$

这个关系 (7.1.35) 被称为 Widom 标度律.

将上一小节的结果和这一小节的结论 (7.1.33)–(7.1.35) 综合起来可总结成下面热力学标准模型临界指数定理. 在注 7.2 和物理结论 7.3 中显示, (7.1.1) 中给出的 6 个临界指数并非对所有热力学系统都有效. 下面定理所陈述的是临界指数有效的热力学系统, 以后都是如此, 不再注解.

定理 7.4 (标准模型临界指数定理) 热力学系统在二级相变临界点处存在如 (7.1.33) 的两组临界指数. 标准模型临界指数是由系统的动力学方程和势泛函导出的, 通常是 β, δ, α, γ. 它们的理论值为

$$\beta = \frac{1}{2}, \quad \delta = 3, \quad \gamma = 1, \quad \alpha = 0. \tag{7.1.36}$$

此外, β, δ 和 γ 满足关系式

$$\begin{aligned}
&\alpha = 1 - 2\beta, \\
&\beta(\delta - 1) = \gamma \quad \text{(Widom 标度律)},
\end{aligned} \tag{7.1.37}$$

其中 α 和 γ 都是等容临界指数.

这里需要指出, α 和 γ 都分有等容、等压、等温三种指数. 在下一小节中的 PVT 例子中求得等压 $\alpha = 1/2$.

7.1.4 一些具体例子

热力学标准模型临界指数定理 (定理 7.4) 是由抽象数学模型推导出的, 不熟悉抽象数学的读者不容易看懂. 为此, 这里将前面的抽象过程用具体例子再演示一下.

1. 铁磁系统的临界指数

首先, 考虑 β 指数. 由 (6.2.24), 外磁场 $H = 0$ 的铁磁体方程为

$$\frac{\mathrm{d}M}{\mathrm{d}t} = \beta_1(T)M - bM^3, \tag{7.1.38}$$

其中 $b = \gamma_1 T$, $\beta_1 = \gamma_0(T_c - T)$, $T_c = \lambda/\gamma_0$. (7.1.38) 在 T_c 处的稳态方程为

$$bM^3 - \beta_1 M = 0,$$

它的解为

$$M = \sqrt{\beta_1/b} \sim (T_c - T)^{\frac{1}{2}} \quad (T < T_c), \tag{7.1.39}$$

因此 $\beta = 1/2$.

现在考虑 δ 指数. 令 $H \neq 0$ (但 $H \simeq 0$), 其动力学方程为

$$\frac{\mathrm{d}M}{\mathrm{d}t} = \beta_1 M - bM^3 + H, \tag{7.1.40}$$

注意 $\beta_1 = 0$ 在 $T = T_c$. 因此在 T_c 处 (7.1.40) 的稳态方程为

$$-bM^3 + H = 0 \Longrightarrow M^3 \sim H. \tag{7.1.41}$$

因为这里 $H_c = 0$, $M_c = 0$. 因此有 $\delta = 3$.

再考虑 α 指数. 由磁体势泛函 (4.2.4), 关于熵的方程

$$\frac{\delta}{\delta S} F(M, S, T) = 0,$$

取如下形式

$$S = -\alpha\beta M^2 - \alpha.$$

于是热容 C 为

$$C = T\frac{\partial S}{\partial T} = -\alpha\beta\frac{\partial}{\partial T}M^2. \tag{7.1.42}$$

此外, 由 (7.1.39) 在临界点 T_c 附近 M 为

$$M^2 = \begin{cases} 0, & T_c < T, \\ \dfrac{\gamma_0}{b}(T_c - T), & T_c > T. \end{cases} \tag{7.1.43}$$

于是从 (7.1.42) 可看到在 T_c 处有

$$C = \begin{cases} 0, & T = T_c^+, \\ \alpha\beta\gamma_0/b, & T = T_c^-. \end{cases}$$

这里意味着 α 指数为 0, 即 $\alpha = 0$.

最后考虑 γ 指数. 由 (7.1.41), 在 T_c 处有

$$\frac{\partial H}{\partial M} = 3M^2.$$

由 (7.1.8),

$$\chi = \left(\frac{\partial H}{\partial M}\right)^{-1} = \frac{1}{3}M^{-2}.$$

再根据 (7.1.43) 可得

$$\chi = \begin{cases} 0, \\ \dfrac{b}{3\gamma_0}(T_c - T)^{-1}. \end{cases}$$

因此推出 $\gamma = 1$.

2. PVT 气液系统的临界参数

在定理 7.4 中已提到, 对 PVT 气液系统等压热容指数 $\alpha = \dfrac{1}{2}$. 但没有给出详细证明, 这里将对此给予推证.

由 (6.2.13) 的结论, 气液系统的 Andrews 临界点是 PVT 系统中唯一的连续型二级相变临界点, 因此只能在此计算 β, δ, α, γ 等指数.

1) β 指数的计算

此时动力学方程为 (6.2.19). 在 Andrews 临界点处 $b_0 = 0$, (6.2.19) 的稳态方程取如下形式

$$\beta_1 \tilde{\rho} - ab\tilde{\rho}^3 = 0, \tag{7.1.44}$$

其中 $\tilde{\rho}$ 是 ρ_c 的摄动, 即 $\tilde{\rho} = \rho - \rho_c$,

$$\begin{aligned} \beta_1 &= R(T_c - T), \\ T_c &= [2a\rho_c - 3ab\rho_c^2 - bp_c]/R. \end{aligned} \tag{7.1.45}$$

从 (7.1.44) 和 (7.1.45) 立刻推出

$$\tilde{\rho} = \sqrt{\frac{R}{ab}}(T_c - T)^{\frac{1}{2}} \implies \rho - \rho_c \sim (T_c - T)^{\frac{1}{2}}, \tag{7.1.46}$$

这便导出 $\beta = 1/2$.

2) δ 指数的计算

此时动力学方程为 (6.2.16), 其稳态方程取如下形式

$$ab\rho^3 - a\rho^2 + (bp + RT)\rho = p. \tag{7.1.47}$$

由 (6.2.21), Andrews 临界点 (ρ_c, p_c, T_c) 满足下面方程

$$\begin{cases} ab\rho_c^3 - a\rho_c^2 + (bp_c + RT_c)\rho_c - p_c = 0, \\ (bp_c + RT_c) - 2a\rho_c + 3ab\rho_c^2 = 0, \\ 3ab\rho_c - a = 0. \end{cases} \tag{7.1.48}$$

令方程 (7.1.47) 中

$$\rho = \tilde{\rho} + \rho_c, \quad p = \tilde{p} + p_c, \quad T = T_c, \tag{7.1.49}$$

则由 (7.1.48), 方程 (7.1.47) 变为

$$ab\tilde{\rho}^3 = (1 - b\rho_c)\tilde{p}. \tag{7.1.50}$$

由 (6.2.22) 知 $\rho_c = 1/3b$. 于是 (7.1.50) 可写成

$$\tilde{p} = \frac{3}{2}ab\tilde{\rho}^3 \implies (p - p_c) \sim (\rho - \rho_c)^3 \quad (\text{由 } (7.1.49)),$$

这意味着 $\delta = 3$.

3) α 指数的计算

由气液系统的势泛函 (6.2.14), 关于熵的方程

$$\frac{\delta}{\delta S} F(\rho, S, T) = 0,$$

取如下形式

$$S = \frac{a}{T}\rho^2 - \frac{6a}{b^2 T} + S_0.$$

于是等压热容为

$$C_p = T\frac{\partial S}{\partial T} = 2a\rho\frac{\partial \rho}{\partial T} + \frac{1}{T}\left[\frac{6a}{b^2} - a\rho^2\right]. \tag{7.1.51}$$

由 (7.1.46) 知

$$\rho = \begin{cases} \rho_c, & T_c < T, \\ \rho_c + \sqrt{R/ab}(T_c - T)^{\frac{1}{2}}, & T < T_c. \end{cases}$$

于是从 (7.1.42) 可导出

$$C_p = \begin{cases} C_0, & T = T_c^+, \\ C_0 + a\rho_c\sqrt{R/ab}(T_c - T)^{-\frac{1}{2}}, & T = T_c^-. \end{cases} \tag{7.1.52}$$

即

$$\Delta C_p = C_p^+ - C_p^- = \rho_c\sqrt{\frac{Ra}{b}}(T_c - T)^{-\frac{1}{2}}.$$

由此推知 PVT 系统等压热容指数

$$\alpha_p = \frac{1}{2}. \tag{7.1.53}$$

4) γ 指数的计算

由 (7.1.50), 在 Andrews 临界点附近有

$$\kappa = \frac{1}{\rho_c}\left(\frac{\Delta p}{\Delta \rho}\right)^{-1} = \frac{1}{\rho_c}\left(\frac{\widetilde{p}}{\widetilde{\rho}}\right)^{-1} = \frac{2}{3ab}\widetilde{\rho}^{-2}.$$

再由 (7.1.46) 得到

$$\kappa \sim (T_c - T)^{-1}.$$

于是得到 $\gamma = 1$.

最后再考察凝聚态系统. 此时只有 β 和 α 指数, 没有 δ 和 γ 指数.

3. 凝聚态的 β 和 α 指数

对于超导、超流及 BEC 等凝聚态系统, 二级相变的中心流形约化方程都可化成如下形式

$$\frac{\mathrm{d}\psi}{\mathrm{d}t} = \beta_1\psi - b|\psi|^2\psi, \quad \beta_1 = A(T_c - T),\ b > 0.$$

在临界温度 T_c 附近平衡态解为

$$|\psi|^2 = \begin{cases} 0, & T > T_c^+, \\ \dfrac{A}{b}(T_c - T), & T < T_c^-. \end{cases} \tag{7.1.54}$$

这表明 $\beta = 1/2$.

再由势泛函的表达式 (见 4.3 节), 熵的方程解都可表达成

$$S = -\alpha_0\alpha_1|\psi|^2 - \alpha_0. \tag{7.1.55}$$

于是由 (7.1.54) 和 (7.1.55), 在临界点 T_c 的热容为

$$C = T\frac{\partial S}{\partial T} = \begin{cases} 0, & T_c < T, \\ A_0, & T < T_c, \end{cases} \tag{7.1.56}$$

其中 $A_0 = A\alpha_0\alpha_1/b$, 即热容有一个有限跳跃. 因此有 $\alpha = 0$.

7.2　临界涨落效应

7.2.1　涨落的临界指数

定理 7.4 陈述了临界指标具有理论值和涨落值两种数据, 它们各自都反映了临界现象的不同方面. 这一小节我们将应用在 5.5 节中介绍的涨落理论来计算临界指数, 获得与实际观测相符合的数值, 从而证实 (7.1.33) 的结论.

1. 涨落的 β 指数

令 u 是一个在 T_c 处发生连续型二级相变的系统的序参量. 从实际标准模型的角度来看, 控制 u 的动力学方程是

$$\frac{\mathrm{d}u}{\mathrm{d}t} = L_\lambda u - bu^3 \quad (\text{省去高阶项}), \tag{7.2.1}$$

其中 $b > 0$, $\lambda = T$.

标准模型 β 指数就是从 (7.2.1) 在 $T < T_c$ 求出分歧稳态解渐近表达式来求出 β 值. 这种理论 β 指数是在理想状态下求出的, 即在方程 (7.2.1) 中没有任何外在的

影响. 然而, 在实验测量过程中, 系统自发地会存在涨落力导致实际的平衡态偏离理想的状态, 使得测量值与理论值产生偏差. 下面我们将用 5.5.6 小节中发展的涨落理论求出实际的 β 指数.

令 $\widetilde{f}$ 为系统的涨落力, 此时取代 (7.2.1), 动力学方程变为

$$\frac{\mathrm{d}u}{\mathrm{d}t} = L_\lambda u - bu^3 + \widetilde{f}(t) \quad (b > 0). \tag{7.2.2}$$

令 $\beta_1(T)$ 是 L_λ 的第一特征值, 在 T_c 处表达为

$$\beta_1 = a(T_c - T). \tag{7.2.3}$$

又设 $\{\beta_k\}$ 是 L_λ 的特征值, 满足

$$\beta_1 > \beta_2 \geqslant \cdots \geqslant \beta_k \geqslant \cdots, \tag{7.2.4}$$

即这里为了简单假设 β_1 是单重的, 对于多重情况是一样的. 记 $\{e_k\}$ 为对应的特征向量. 于是由 (5.5.68), 方程 (7.2.2) 的解可表达为

$$u = \sum u_k e_k, \tag{7.2.5}$$

$$u_k = \int_0^t \mathrm{e}^{\beta_k(\tau-t)} \widetilde{f}_k \mathrm{d}\tau - b \int_0^t \mathrm{e}^{\beta_k(\tau-t)} \langle u^3, e_k \rangle \mathrm{d}\tau, \tag{7.2.6}$$

其中 $\widetilde{f}_k$ 是涨落力 $\widetilde{f}$ 的分量, 即

$$\widetilde{f}_k = \langle \widetilde{f}, e_k \rangle,$$

并由 (7.2.3) 和 (7.2.4), 在临界点 T_c 处有

$$\beta_1 \simeq 0, \quad \beta_j < 0, \quad \forall j \geqslant 2,$$

并且 $\widetilde{f} \simeq 0$ 很小, 这意味着 (7.2.6) 的解近似为

$$u_1 = \int_0^t \widetilde{f}_1(\tau) \mathrm{d}\tau - bu_1^3 \langle e_1^3, e_1 \rangle \int_0^t \mathrm{e}^{\beta_1(\tau-t)} \mathrm{d}\tau, \tag{7.2.7}$$

$$u_j = \int_0^t \mathrm{e}^{\beta_j(\tau-t)} \widetilde{f}_j \mathrm{d}\tau, \quad j \geqslant 2. \tag{7.2.8}$$

在 (7.2.7) 中的 u_1, 当 $t \to \infty$ 时可表达为

$$u_1^3 = \frac{1}{b\langle e_1^3, e_1 \rangle} [\overline{f}\beta_1 - u_1\beta_1], \quad \overline{f} = \int_0^\infty \widetilde{f}_1 \mathrm{d}\tau.$$

由于 $u_1\beta_1$ 相对于 $\overline{f}\beta_1$ 是高阶小量, 于是有

$$u_1 = A(T_c - T)^{1/3}, \quad A = [a\overline{f}/b\langle e_1^3, e_1\rangle]^{\frac{1}{3}}. \tag{7.2.9}$$

由 (7.2.8) 和 (7.2.9), 对于长时间的 (即 $t \to \infty$) 观测平衡态解, (7.2.5) 中的 u 取如下形式

$$u = u_c + A(T_c - T)^{1/3}e_1, \tag{7.2.10}$$

其中 u_c 是 $\widetilde{f}$ 产生的平均平衡解, 是独立于 $(T_c - T)$ 的, 表达为

$$u_c = \sum_{j=2}^{\infty} \overline{f}_j e_j, \quad \overline{f}_j = \int_0^{\infty} \mathrm{e}^{\beta_j(\tau-t)}\widetilde{f}_j\mathrm{d}\tau.$$

因此在临界点 T_c 观测到 β 值是

$$||u - u_c|| = A||e_1||(T_c - T)^{\beta}.$$

由 (7.2.10) 可知,

$$涨落临界指数 \beta = \frac{1}{3}. \tag{7.2.11}$$

这就是涨落产生的 β 指数, 与实验观测值相吻合.

2. 涨落的 δ 指数

标准模型产生 δ 指数的方程是 (7.1.22), 或者写成

$$|u_f - u_c|^3 = \frac{1}{b}|f - f_c|, \tag{7.2.12}$$

这里外力差 $f - f_c$ 是无涨落影响的. 下面考虑涨落的因素.

在实验中可操作的量是 $f - f_c$, 它引起的 δ 测量是下面的关系

$$|u_f - u_c|^{\delta} = A_0|f - f_c|. \tag{7.2.13}$$

但实际上影响 δ 的是 $f - f_c$ 的涨落均方根, 即取代 (7.2.12) 的应该是下面的方程

$$|u_f - u_c|^3 = \frac{1}{b}\sqrt{\overline{(\Delta(f - f_c))^2}}. \tag{7.2.14}$$

设涨落均方根与 $|f - f_c|$ 的关系为

$$\left[\overline{(\Delta(f - f_c))^2}\right]^{\frac{1}{2}} = A|f - f_c|^{\mu}. \tag{7.2.15}$$

将它代入 (7.2.14) 便得到如下关系

$$|u_f - u_c|^{3/\mu} = A_0 |f - f_c|.$$

由 δ 测量方程 (7.2.13) 可得到测量值 $\delta = 3/\mu$.

接下来的事情就是由涨落理论算出关系 (7.2.15) 中的指数 μ. 为了易懂, 取 f 为压力 p. 此时在 T_c 处 $p - p_c$ 的涨落为

$$\Delta(p - p_c) = \frac{\partial p}{\partial V} \Delta V - \frac{\partial p_c}{\partial V_c} \Delta V_c.$$

将上式平方然后再取平均得到

$$\overline{(\Delta p - \Delta p_c)^2} = \left(\frac{\partial p}{\partial V}\right)^2 \overline{(\Delta V)^2} + \left(\frac{\partial p_c}{\partial V_c}\right)^2 \overline{(\Delta V_c)^2} - 2\left(\frac{\partial p}{\partial V}\right)\left(\frac{\partial p_c}{\partial V_c}\right) \overline{(\Delta V)(\Delta V_c)}.$$

由涨落理论的 $\overline{(\Delta V)^2}$ 表达公式 (5.5.16), 即在 T_c 处有

$$\overline{(\Delta V)^2} = -kT_c \frac{\partial V}{\partial p}, \qquad \frac{\partial p}{\partial V} = -\frac{1}{\kappa_T V},$$

可得到

$$\begin{aligned}
\overline{(\Delta p - \Delta p_c)^2} &= \frac{\partial p}{\partial V} \frac{\partial p_c}{\partial V_c} \left[\overline{(\Delta V)^2} - 2\overline{(\Delta V)(\Delta V_c)} + \overline{(\Delta V_c)^2}\right] \\
&= \frac{1}{\kappa_T(p)\kappa_T(p_c)VV_c} \overline{\Delta(V - V_c)^2},
\end{aligned} \tag{7.2.16}$$

其中 $\kappa_T(p)$ 代表压力为 p 的等温压缩系数. 注意到

$$\overline{(\Delta V)^2} = kT_c \kappa_T(p) V,$$

可以合理地取

$$\overline{(\Delta(V - V_c))^2} = kT_c(\kappa_T(p) - \kappa_T(p_c))(V - V_c).$$

将它代入 (7.2.16) 便得

$$\overline{(\Delta(p - p_c))^2} = A_0 |\kappa_T(p) - \kappa_T(p_c)| |p - p_c|,$$

这里已取 $p = T_c V$. 令

$$|\kappa_T(p) - \kappa_T(p_c)| = A_1 |p - p_c|^{\gamma_p}, \tag{7.2.17}$$

则可得到

$$\left[\overline{(\Delta(p - p_c))^2}\right]^{\frac{1}{2}} = A |p - p_c|^{(1+\gamma_p)/2}. \tag{7.2.18}$$

于是求得 (7.2.15) 中的指数 $\mu = (1 + \gamma_p)/2$. 进而得到 δ 指数为

$$\text{涨落临界指数 } \delta = \frac{6}{1 + \gamma_p}, \tag{7.2.19}$$

其中 γ_p 如 (7.2.17) 的压力变易系数临界指数, 这是一个新引入的指数. 根据 δ 的实验数值 $\delta \simeq 4.5$, 可推知

$$\text{变易系数的压力临界指数 } \gamma_p = \frac{1}{3}. \tag{7.2.20}$$

从 (7.2.11) 和 (7.2.19)–(7.2.20) 可以看到, 当考虑涨落因素时, 从标准模型导出的临界指数与实验值相符合.

7.2.2 α 与 γ 指数的各向异性

α 与 γ 都是响应函数的临界指数. 由于热容、压缩系数、磁化率、电极化率等都是依赖于温度、压力、体积等多个参变量的, 因而 α 与 γ 也是与这些参变量有关, 从而有等容 (即等体积)、等压、等温的概念.

1. α 指数

在 (7.1.6) 的定义中没有区分 α 的等容和等压的概念. 而在定理 7.4 中给出的 $\alpha = 0$ 是等容 α 指数, 定义为

$$|C_V(T) - C_V(T_c)| \sim |T_c - T|^{-\alpha_V},$$

其中 C_V 为等容热容, 由此定义的 α_V 称为等容 α 指数. 同理由等压热容 C_p 定义的临界指数, 即

$$|C_p(T) - C_p(T_c)| \sim |T - T_c|^{-\alpha_p}$$

中的 α_p 称为等压 α 指数. 由热容压力定义的指标

$$|C_T(p) - C_T(p_c)| \sim |p - p_c|^{-\alpha_T}$$

称为等温 α 指数, 记为 α_T.

通常, 这三个指数 α_V, α_p, α_T 是不相同的, 即它们在不同参数方向上是不同的. 例如, 对 PVT 系统, 在 Andrews 临界点处

$$\alpha_V = 0, \quad \alpha_p = \frac{1}{2}, \quad \alpha_T = \frac{2}{3}, \tag{7.2.21}$$

这里 α_T 的值是从 (7.1.50) 算出的. (7.2.21) 中的三个值都是标准模型理论指数.

关于 α 的涨落值, 目前只有 α_V 可以从下面两个标度律

$$\alpha_V + 2\beta + \gamma = 2 \quad \text{(Rushbrooke 标度律)},$$

$$\gamma = \beta(\delta - 1) \quad \text{(Widom 标度律)},$$

结合 (7.2.11) 和 (7.2.19) 的涨落值 $\beta = 1/3$, $\delta = 9/2$ 计算出来

$$等容涨落 \alpha 指数 \quad \alpha_V = \frac{1}{6}. \tag{7.2.22}$$

对于 PVT 系统, 由于连续型二级相变临界点在 (T, p, V) 空间中临界点曲面上是孤立点, 它的邻域是一级相变临界点和三级相变临界点, 这就使得在涨落摄动下 α_p 和 α_T 难于计算.

2. γ 指数

γ 指数只分温度和压力两种, 分别定义为

$$|\kappa_T(T) - \kappa_T(T_c)| \sim |T - T_c|^{-\gamma_T},$$
$$|\kappa_T(p) - \kappa_T(p_c)| \sim |p - p_c|^{-\gamma_p},$$

其中 γ_T 和 γ_p 分别为温度和压力 γ 指数. γ 的理论值为

$$\gamma_T = 1, \quad \gamma_p \,(不知道).$$

而 γ 的涨落值为

$$\gamma_T = \frac{7}{6} \,(由 \text{ Widom } 标度律), \quad \gamma_p = \frac{1}{3}. \tag{7.2.23}$$

7.2.3 η 和 ν 指数

η 和 ν 指数是由关联函数和关联长度引出的临界指数. 因为关联函数和关联长度都是涨落理论中的概念, 因此 η 和 ν 与前面讨论的 β, δ, α, γ 等指数有所不同, 这两个指数本身就是涨落产生的, 不存在如 (7.1.33) 的两种区分. 但是 η 和 ν 存在统计理论计算值与实验观测值的差异. 能够计算 η 和 ν 的统计理论就是在下一节 (7.3 节) 中介绍的 Ising 模型.

1. η 指数

η 指数是由涨落关联函数定义的. 根据 Landau 的密度涨落关联函数表达式 (5.5.33), 关联函数为

$$R(r) = \frac{kT}{4\pi b} \frac{1}{r} \mathrm{e}^{-r/\xi}, \tag{7.2.24}$$

其中 ξ 为关联长度. η 的定义为在 T_c 处

$$R(r) \sim r^{2-n-\eta}. \tag{7.2.25}$$

下面我们能看到 $\xi \sim (T_c - T)^{-\frac{1}{2}}$, 即

$$\mathrm{e}^{-r/\xi} = 1 \quad 在 T = T_c.$$

因此 (7.2.24) 在 T_c 处为

$$R(r) \sim r^{-1}.$$

再由 (7.2.25) 的定义, 可得到 Landau 理论的 η 值为

$$\eta = 3 - n \quad (n \text{ 为空间维数}). \tag{7.2.26}$$

2. ν 指数

ν 指数是由关联长度 ξ 按如下方式定义的

$$\xi \sim |T_c - T|^{-\nu}. \tag{7.2.27}$$

根据 (5.5.34),

$$\xi = \sqrt{b/a}, \tag{7.2.28}$$

其中 a 和 b 是相关热力学系统动力学方程中的系数,

$$\frac{\mathrm{d}u}{\mathrm{d}t} = b\Delta u - au + o(|u|). \tag{7.2.29}$$

我们知道, 在临界点 T_c 处有 $b > 0$ 及

$$a = A(T_c - T).$$

因此 (7.2.28) 中的 ξ 在 T_c 处为

$$\xi \sim |T_c - T|^{-1/2}.$$

对照 ν 的定义 (7.2.27), 便得到 Landau 理论的 ν 值为

$$\nu = \frac{1}{2}. \tag{7.2.30}$$

从 (7.2.28) 和 (7.2.29) 以及 (7.2.24) 可以清楚地看到, 关联长度和关联函数的概念适合于非均匀系统. 再回顾超导系统在 (6.3.12) 的参数中, ξ 的表达式为

$$\xi = \frac{\hbar}{\sqrt{2m_s}} \frac{1}{\sqrt{b_0}}, \tag{7.2.31}$$

其中 b_0 在 GLG 方程 (6.3.9) 中的角色就如同 (7.2.29) 中的 a. 再对照 (7.2.28) 便可理解在超导系统中为什么将 (7.2.31) 的 ξ 称为关联长度, 并且在 Abrikosov 超流旋涡中 ξ 代表了中心正常态区域的半径.

7.2.4 涨落临界指数定理

在 7.2.1 小节和 7.2.2 小节中已看到, 将涨落效应代入热力学标准模型后所导出的临界值就与实验值相匹配了. 为了更清楚地理解这一点, 下面给出标准模型、涨落理论、实验观测三组数据, 见表 7.1.

表 7.1 临界指数实验与理论数值

临界指数	磁系统	PVT 系统	二元溶液	涨落指数	标准模型
β	0.30~0.36	0.32~0.35	0.30~0.34	1/3	1/2
δ	4.2~4.8	4.6~5.0	4.0~5.0	9/2	3
α	0.0~0.2	0.1~0.2	0.05~0.15	1/6	0
γ_T	1.2~1.4	1.2~1.3	1.2~1.4	7/6	1

这里需要说明一下, 在涨落临界指数中 δ 的计算参照了实验数据. 纯理论的 δ 值是由 (7.2.19) 给出, 即

$$3 < \delta < 6, \tag{7.2.32}$$

这是因为 (7.2.18) 等式右边指数 $(1 + \gamma_p)/2$ 从物理上看必须有

$$\frac{1}{2} < (1 + \gamma_p)/2 < 1, \quad \text{即} \quad 0 < \gamma_p < \frac{1}{2}.$$

现在我们将标准模型的涨落指数结果总结如下.

定理 7.5 (涨落临界指数定理) 临界指数的测量值与标准模型理论值之间的偏差是由涨落造成的, 当计入涨落因素后得到的数值为

$$\beta = \frac{1}{3}, \quad \delta = \frac{9}{4}, \quad \alpha_V = \frac{1}{6}, \quad \gamma_T = \frac{7}{6}, \quad \gamma_p = \frac{1}{3}, \tag{7.2.33}$$

它们与实验数据是相吻合的, 其中 α_V 和 γ_T 应用了 Widom 标度律和 Rushbrooke 标度律.

在前面和定理 7.5 中多次提到标度律概念, 这是在 20 世纪 60 年代提出的关于临界现象的一种理论, 称为标度理论. 这个理论主要是从统计角度去考察临界现象, 在 7.3.5 小节将讨论这个问题, 这里先给出一些重要的标度律关系如下

$$\begin{aligned}
&\alpha_V + 2\beta + \gamma_T = 2 &&(\text{Rushbrooke 标度律}), \\
&\gamma_T = \beta(\delta - 1) &&(\text{Widom 标度律}), \\
&\gamma_T = \nu(2 - \eta) &&(\text{Fisher 标度律}), \\
&\nu n = 2 - \alpha &&(\text{Josephson 标度律})
\end{aligned} \tag{7.2.34}$$

这四个关系式是线性独立的, 还有一个称为 Griffithe 标度律

$$\alpha + \beta(\delta + 1) = 2,$$

它可以从 Rushbrooke 标度律和 Widow 标度律导出.

7.1 节和 7.2 节的内容都属于在第 4 章和第 5 章中建立的热力学标准模型框架下的临界指数理论. 定理 7.4 中的结果 (7.1.36) 与 Landau 平均场结果完全一致. 这说明 Landau 理论的平均过程将涨落的效应给消除了. 下一节我们将介绍临界现象的统计理论, 它是从完全不同的角度来考虑临界指数问题.

7.3　临界现象的统计理论

7.3.1　热力学系统的统计模型

在前两节讨论了热力学标准模型关于临界现象的理论. 这一节我们将介绍统计模型关于临界现象的理论. 目前为止, 主要统计模型是关于磁系统的 Ising 模型.

这一小节的内容就是给出统计模型的定义, 介绍如何建立统计模型的一般过程, 最后说明如何使用模型研究临界相变.

1. 统计模型概念

考虑一个热力学系统. 由统计理论知道, 若能得到该系统的配分函数表达式, 则它的所有热力学量都可求出. 再由这些热力学量便可讨论临界相变问题. 因此统计模型定义为

$$统计模型 = 系统配分函数表达式. \tag{7.3.1}$$

对照标准模型的定义

$$标准模型 = 势泛函表达式 + 动力学方程. \tag{7.3.2}$$

不难看出, 统计模型与标准模型是两个完全不同的理论体系. 事实上, 整个统计物理就是围绕这两个系统展开, 它们起到互补的作用.

2. 如何建立统计模型

回忆配分函数的定义 (3.2.25), 它写成

$$Z = \sum_n g_n e^{-\beta \varepsilon_n}, \quad \beta = 1/kT, \tag{7.3.3}$$

其中 g_n 是能量为 ε_n 的简并数.

采用 (7.3.3) 的形式是无法建立热力学系统的统计模型的, 障碍在于 g_n 与 ε_n 的狭义理解. 实际上 g_n 与 ε_n 可以理解为

$$\begin{cases} \varepsilon_n \text{ 代表系统可能的微观状态能量,} \\ g_n \text{ 代表出现 } \varepsilon_n \text{ 能量的状态数.} \end{cases} \tag{7.3.4}$$

在 (7.3.4) 的意义下, (7.3.3) 的配分函数应理解成

$$Z = \text{所有可能的能量状态概率 } e^{-\beta E} \text{ 之和}.$$

即 Z 应写成

$$Z = \sum e^{-\beta E}, \quad \beta = 1/kT, \tag{7.3.5}$$

其中 $\sum$ 是对系统所有可能的微观状态进行求和.

于是关于一个系统求它的统计模型 (7.3.5), 变为寻求该系统所有可能出现的状态能量表达式, 称为 Hamilton 能量, 即求出

$$E = H(u, \lambda), \quad u \text{ 为序参量}, \quad \lambda \text{ 为控制参数}.$$

这样, (7.3.5) 变为

$$Z = \sum_i e^{-H_i(u,\lambda)/kT}. \tag{7.3.6}$$

因此找到系统所有可能微观状态的 Hamilton 能量表达式 $H_i(u, \lambda)$ 是建立统计模型 (7.3.6) 最基本的环节.

3. 统计模型的求解

统计模型 (7.3.6) 的形式是无法使用的, 因为它的求和数量太大. 所谓模型 (7.3.6) 的解就是找到它的解析表达函数 f 使得

$$f(\lambda, T) = \sum_i e^{-H_i(\lambda)/kT}. \tag{7.3.7}$$

这个解析表达函数 f 就称为统计模型 (7.3.6) 的精确解.

在一般情况下, (7.3.6) 可能没有解, 也就是说可能不存在 $f(\lambda, T)$ 满足 (7.3.7). 但对于一维和二维空间的 Ising 模型解存在, 并且能够求出解的表达式.

原则上, 每个热力学系统都能建立统计模型, 但是必须满足下面的条件:

- Hamilton 量 H_i 可以表达出来,
- 精确解可求出来, $\tag{7.3.8}$
- 模型包含相变信息, 并可用重整化理论处理.

如果 (7.3.8) 中的三项全部都不能满足, 那么该模型关于相变的物理意义就没有了. 上述三点是目前统计相变理论得不到进一步发展的根本障碍.

4. 统计相变理论的轮廓

当求出统计模型的解后,

$$Z = f(\lambda, T), \quad \lambda = (\lambda_1, \cdots, \lambda_N),$$

再从配分函数 Z 求出序参量 u. 在具体问题中 u 是自由能 $F = -kT \ln f$ 关于某个参数 (不妨为 λ_1) 的导数,

$$u = \frac{\partial F}{\partial \lambda_1} \quad (F = -kT \ln f). \tag{7.3.9}$$

通常相变临界点 T_c 满足

$$u(\lambda, T) \begin{cases} = 0, & T_c < T, \\ \neq 0, & T < T_c. \end{cases} \tag{7.3.10}$$

或 $\ln F$ 关于某个 λ_i 的二阶导数在 T_c 处发生间断:

$$\frac{\partial^2 F}{\partial \lambda_i^2}(\lambda, T_c^+) \neq \frac{\partial^2 F}{\partial \lambda_i^2}(\lambda, T_c^-). \tag{7.3.11}$$

然后从 (7.3.10) 或 (7.3.11) 便可求得临界点 T_c 以及临界指数的性质.

7.3.2 Ising 模型

Ising 模型是关于磁系统的统计模型. 它的优点是简单并且满足 (7.3.8) 的三个条件 (至少对 $n \leqslant 2$ 维情况是如此).

考虑一个磁系统, 有 N 个自旋粒子, 处在点阵的格点位置上, 如图 7.1 (a) 和 (b) 分别给出 $n = 2$ 和 $n = 3$ 维自旋点阵示意图.

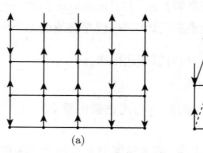 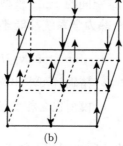

(a)   (b)

图 7.1   (a) 为二维自旋点阵, (b) 为三维自旋点阵

1. Ising 模型

图 7.1 所示点阵建立的如 (7.3.6) 的配分函数就是 Ising 模型.

为了简单, 假设只有相邻的自旋之间才能相互作用. 令 $\mathcal{H}$ 为外磁场, 自旋点阵系统只有两种能量:

$$相邻磁作用能 = S_i S_j, \qquad i \text{ 与 } j \text{ 相邻},$$

$$\mathcal{H}_a \text{与点粒子磁作用能} = \mu \mathcal{H} S_i, \quad \mu \text{ 为自旋磁矩}.$$

其中 S_i 为格点 i 的自旋,

$$S_i = \begin{cases} 1, & \text{自旋向上}, \\ -1, & \text{自旋向下}. \end{cases}$$

于是每一种自旋排列的 Hamilton 能量为

$$H = -J \sum_{\langle i,j \rangle} S_i S_j - \mu \mathcal{H} \sum_{i=1}^{N} S_i. \tag{7.3.12}$$

其中 $\langle i,j \rangle$ 代表 i 与 j 相邻, $\sum\limits_{\langle i,j \rangle}$ 代表对所有相邻对求和, J 为耦合常数,

$$\begin{cases} J > 0 \text{ 代表铁磁体}: \text{相邻自旋同向时为相吸作用能 } -J < 0, \\ J < 0 \text{ 代表反铁磁体}: \text{相邻自旋同向时为相斥作用能 } -J > 0. \end{cases}$$

将所有可能的自旋排列状态的概率因子 $\mathrm{e}^{-H/kT}$ 加起来便得到磁系统 (或点阵系统) 的 Ising 模型如下:

$$Z = \sum_{\{S_i\}} \mathrm{e}^{-H/kT} \quad (H \text{ 如 } (7.3.12)), \tag{7.3.13}$$

其中 $\{S_i\} = \{S_1, \cdots, S_N\}$ 代表一个自旋排列, $\sum\limits_{\{S_i\}}$ 代表对所有排列求和.

2. Ising 模型的热力学量

令 $f(\mathcal{H}, T)$ 是 Ising 模型 (7.3.13) 的解. 则根据配分函数与热力学量的关系 (3.2.26)–(3.2.29), 单位格点自由能为

$$F = -kT \ln f(\mathcal{H}, T), \tag{7.3.14}$$

内能 (3.2.26) 的 U (用 E 表达) 可等价地写成

$$E = -T^2 \frac{\partial}{\partial T} \left(\frac{1}{T} F \right)_{\mathcal{H}} \quad (\text{即 } F = E - ST). \tag{7.3.15}$$

再由热容表达式 $C_{\mathcal{H}} = (\partial E/\partial T)_{\mathcal{H}}$ 及 (7.3.15), 有

$$C_{\mathcal{H}} = -T\left(\frac{\partial^2 F}{\partial T^2}\right)_{\mathcal{H}}. \tag{7.3.16}$$

最后, 系统序参量是总平均磁化强度 $\overline{M}$, 它定义为

$$\overline{M} = \mu\overline{\sum_i S_i} = N\mu\overline{S}.$$

再从 (7.3.12)–(7.3.14) 可以看出

$$N\mu\overline{S} = -\partial F/\partial\mathcal{H}.$$

于是得到磁化强度表达式为

$$\overline{M} = -\partial F/\partial\mathcal{H}. \tag{7.3.17}$$

这样, 当求出 Ising 模型解 $f(\mathcal{H}, T)$ 后, 便可由上述表达式 (7.3.14)–(7.3.17) 来讨论点阵系统 (磁系统) 的临界相变问题.

7.3.3　平均场理论

对于 Ising 模型来讲, 下面的事情就是关于 (7.3.12) 和 (7.3.13) 进行求解的问题. 平均场理论是一种不考虑局部涨落效应, 进行整体平均的一种方法. 从方法上看平均场是一种近似的过程, 但从物理本质看就是去掉涨落的影响. 下面我们介绍这一理论.

1. 平均场的解

首先将 (7.3.12) 和 (7.3.13) 写成如下形式

$$Z = \sum_{S_1=\pm1}\cdots\sum_{S_N=\pm1}\exp\left[\sum_{i=1}^{N}\frac{S_i}{kT}\left(\mu\mathcal{H} + J\sum_{\langle i,j\rangle}S_j\right)\right]. \tag{7.3.18}$$

平均场理论是将 (7.3.18) 中的 $\sum\limits_{\langle i,j\rangle}S_j$ 用平均值取代, 即

$$\sum_{\langle i,j\rangle}S_j \to m\overline{S}, \quad m = \text{格点相邻数}. \tag{7.3.19}$$

于是 (7.3.18) 变为

$$Z = \sum_{S_1 = \pm 1} \cdots \sum_{S_N = \pm 1} \prod_{i=1}^{N} \exp \left[\frac{S_i}{kT} (\mu\mathcal{H} + mJ\overline{S}) \right]$$

$$= \prod_{i=1}^{N} \left[\sum_{S_i = \pm 1} \exp \left[\frac{S_i}{kT} (\mu\mathcal{H} + mJ\overline{S}) \right] \right]$$

$$= \left(2 \cosh \left[\frac{1}{kT} (\mu\mathcal{H} + mJ\overline{S}) \right] \right)^N.$$

于是得到 Ising 模型的平均场解为

$$f = 2^N \left[\cosh \left(\frac{\mu\mathcal{H}}{kT} + \frac{mJ}{kT}\overline{S} \right) \right]^N, \tag{7.3.20}$$

其中 $\overline{S}$ 为平均单位磁化强度, m 如 (7.3.19).

2. 自由能 F 与磁化强度 $\overline{S}$ 的方程

由 (7.3.14) 和 (7.3.20), 平均场的自由能为

$$F = -kT \ln f$$
$$= -NkT \ln \cosh \left(\frac{\mu\mathcal{H}}{kT} + \frac{mJ}{kT}\overline{S} \right) - NkT \ln 2. \tag{7.3.21}$$

注意总平均磁化强度 $M = N\mu\overline{S}$, 再由 (7.3.17) 有

$$M = N\mu\overline{S} = -\partial F / \partial \mathcal{H}. \tag{7.3.22}$$

于是从 (7.3.21) 和 (7.3.22) 求出平均单位磁化强度 $\overline{S}$ 的方程为

$$\overline{S} = \tanh \left(\frac{\mu\mathcal{H}}{kT} + \frac{mJ}{kT}\overline{S} \right). \tag{7.3.23}$$

应用 (7.3.21) 和 (7.3.23), 下面我们就可以讨论临界相变问题了.

3. 外磁场 $\mathcal{H} = 0$ 的临界相变

$\mathcal{H} = 0$ 时只有铁磁体 (即 $J > 0$) 才可发生相变. 此时 (7.3.23) 变为

$$\overline{S} = \tanh \left(\frac{T_c}{T}\overline{S} \right), \quad T_c = \frac{mJ}{k} > 0. \tag{7.3.24}$$

从 (7.3.24) 可得到 $\overline{S}$ 在 T_c 处的形式为

$$\overline{S} = \begin{cases} 0, & T_c < T, \\ \pm S_0, & T < T_c, \end{cases} \tag{7.3.25}$$

其中 $S_0 > 0$. 这表明系统在 $T_c = mJ/k$ 发生相变, 即在 $T_c < T$ 时系统没有发生磁化, 而当 $T < T_c$ 时系统自发地发生 $S_0 \neq 0$ 的磁化行为. 因此 $T_c = mJ/k$ 为相应临界温度.

我们再来计算 β 和 α 临界指数. 注意到

$$\tanh x \simeq x - \frac{x^3}{3}, \quad x \simeq 0. \tag{7.3.26}$$

于是 (7.3.24) 在 $T \simeq T_c$ 处可写成

$$\overline{S} = \frac{T_c}{T}\overline{S} - \frac{1}{3}\left(\frac{T_c}{T}\overline{S}\right)^3.$$

由此得到

$$\overline{S} \sim (T_c - T)^{\frac{1}{2}} \Longrightarrow \beta = \frac{1}{2}. \tag{7.3.27}$$

下面计算 α 指数. 由 (7.3.16) 及 (7.3.21) 可求出

$$C_{\mathcal{H}} = -Nk\left[1 - \tanh^2\left(\frac{T_c}{T}\overline{S}\right)\right]\left[\frac{T_c^2}{T^2}\overline{S}^2 - 2\frac{T_c^2}{T}\frac{\partial\overline{S}}{\partial T}\overline{S} + T_c^2\left(\frac{\partial\overline{S}}{\partial T}\right)^2\right]$$

$$+ Nk\tanh\left(\frac{T_c}{T}\overline{S}\right)\frac{\partial^2\overline{S}}{\partial T^2}T_c T.$$

再由

$$\overline{S} = \begin{cases} 0, & T \to T_c^+, \\ \sqrt{3}\left(1 - \dfrac{T}{T_c}\right)^{\frac{1}{2}}, & T \to T_c^-, \end{cases}$$

便可得到

$$C_{\mathcal{H}} = \begin{cases} 0, & T \to T_c^+, \\ 3NkT_c, & T \to T_c^-. \end{cases} \tag{7.3.28}$$

根据 α 指数的定义 (7.1.6), 由 (7.3.28) 可得到

$$\alpha = 0. \tag{7.3.29}$$

4. $\mathcal{H} \neq 0$ 的临界指数

当 $\mathcal{H} \neq 0$ 但 $\mathcal{H} \simeq 0$ 时, $\overline{S}$ 也很小, 从而由 (7.3.23) 有

$$\overline{S} = \frac{\mu\mathcal{H}}{kT} + \frac{T_c}{T}\overline{S}.$$

由此得到

$$\overline{S} = \frac{\mu}{k}\frac{\mathcal{H}}{T - T_c}.$$

也即有

$$M = N\mu\overline{S} = \frac{N\mu^2}{k}\frac{\mathcal{H}}{T - T_c}.$$

因而得到磁化率

$$\chi = \frac{\partial M}{\partial \mathcal{H}} = \frac{N\mu^2}{k}(T - T_c)^{-1}.$$

由 γ 指数定义 (7.1.8), 我们得到

$$\gamma = 1. \tag{7.3.30}$$

最后考察 δ 指数. 在 $T = T_c$ 处, 对 $\mathcal{H} \simeq 0$ 有 $\overline{S} \simeq 0$, 此时由 (7.3.26) 和 (7.3.24) 有

$$\overline{S} = \left(\frac{\mu\mathcal{H}}{kT_c} + \overline{S}\right) - \frac{1}{3}\left(\frac{\mu\mathcal{H}}{kT_c} + \overline{S}\right)^3.$$

由此推出

$$M(T_c, \mathcal{H}) = N\mu\overline{S} \sim \mathcal{H}^{\frac{1}{3}}.$$

再由 δ 指数定义 (7.1.3) 和 (7.1.4), 得到

$$\delta = 3. \tag{7.3.31}$$

5. 平均场临界相变结论

对于 Ising 模型平均场的解 (7.3.20), 可以获得铁磁体的如下临界相变结论. 由 (7.3.25) 知

$$T_c = mJ/k \quad \text{是相变临界温度}. \tag{7.3.32}$$

由 (7.3.27), (7.3.29), (7.3.30) 和 (7.3.31), 平均场临界指数为

$$\beta = \frac{1}{2}, \quad \delta = 3, \quad \alpha_V = 0, \quad \gamma_T = -1. \tag{7.3.33}$$

由此可见, 由平均场的统计理论获得的铁磁相变结论 (7.3.32) 和 (7.3.33) 与标准模型的结论 (见 7.1.4 小节) 是一致的, 注意这里的 J 与标准模型 $T_c = \lambda/\gamma_0$ 的 λ 是相同的, 即

$$J = \lambda \quad \text{代表自旋相互作用系数}.$$

7.3.4 Ising 模型的精确解

至今为止, 人们只得到一维和二维 Ising 模型的精确解. 这一小节就是介绍这方面的工作.

1. 一维周期解

对于一维自旋点阵, 每一个自旋只有两个相邻点, 于是 Ising 模型的 Hamilton 能量 (7.3.12) 可写成如下形式

$$H = -J \sum_{i=1}^{N} S_i S_{i+1} - \mu\mathcal{H} \sum_{i=1}^{N} S_i, \quad S_1 = S_{N+1},$$

这里为了方便令自旋点阵线段两端自旋相等, 即 $S_1 = S_{N+1}$, 它等价于 N 个点阵的线圈. 将 H 写成下面对称形式:

$$H = -J \sum_{i=1}^{N} S_i S_{i+1} - \frac{1}{2}\mu\mathcal{H} \sum_{i=1}^{N} (S_i + S_{i+1}).$$

配分函数 (7.3.13) 表达为

$$
\begin{aligned}
Z &= \sum_{S_1} \cdots \sum_{S_N} \exp\left[\frac{1}{kT} \sum_{i=1}^{N} \left(J S_i S_{i+1} + \frac{\mu}{2}\mathcal{H}(S_i + S_{i+1})\right)\right] \\
&= \sum_{S_1} \cdots \sum_{S_N} \prod_{i=1}^{N} \exp\left[\frac{1}{kT}\left(J S_i S_{i+1} + \frac{\mu\mathcal{H}}{2}(S_i + S_{i+1})\right)\right],
\end{aligned}
\tag{7.3.34}
$$

引入矩阵 P, 其矩阵元定义为

$$\langle S_i|P|S_{i+1}\rangle = \exp\left[\frac{1}{kT}\left(J S_i S_{i+1} + \frac{\mu\mathcal{H}}{2}(S_i + S_{i+1})\right)\right].$$

注意到 S_j 只能取 ± 1 两个值, 因此 P 是一个二阶矩阵

$$
\begin{aligned}
P &= \begin{pmatrix} \langle 1|P|1\rangle & \langle 1|P|-1\rangle \\ \langle -1|P|1\rangle & \langle -1|P|-1\rangle \end{pmatrix}, \\
&= \begin{pmatrix} \mathrm{e}^{(J+\mu\mathcal{H})/kT} & \mathrm{e}^{-J/kT} \\ \mathrm{e}^{-J/kT} & \mathrm{e}^{(J-\mu\mathcal{H})/kT} \end{pmatrix}.
\end{aligned}
\tag{7.3.35}
$$

此时配分函数 (7.3.34) 可写成

$$Z = \sum_{S_1} \cdots \sum_{S_N} \langle S_1|P|S_2\rangle \cdots \langle S_{N-1}|P|S_N\rangle \langle S_N|P|S_1\rangle. \tag{7.3.36}$$

注意到一个矩阵 $A = (a_{ij})$, 它的 n 次方 A^n 矩阵元为

$$A^n = (b_{ij}), \quad b_{ij} = a_{ik_1} a_{k_1 k_2} \cdots a_{k_{n-1} j} \quad (\text{相同指标为求和}).$$

因此 (7.3.36) 等式右边为二阶 P 矩阵的 N 次方 P^N 的对角元素之和, 也就是 P^N 的迹, 即

$$Z = \sum_{S_1 = \pm 1} \langle S_1 | P^N | S_1 \rangle = \operatorname{tr} P^N. \tag{7.3.37}$$

数学上有如下公式

$$\operatorname{tr} P^N = \lambda_+^N + \lambda_-^N, \tag{7.3.38}$$

其中 λ_+^N, λ_-^N 是 P 的特征值, 由 (7.3.35) 可求出

$$\lambda_\pm = e^{J/kT} \left[\cosh\left(\frac{\mu\mathcal{H}}{kT}\right) \pm \sqrt{\cosh^2\left(\frac{\mu\mathcal{H}}{kT}\right) - 2e^{-2J/kT}\sinh\left(\frac{2J}{kT}\right)} \right].$$

于是由 (7.3.37) 和 (7.3.38) 便得到严格解

$$\begin{aligned}
Z =& e^{NJ/kT}\left[\cosh x + \sqrt{\cosh^2 x - 2e^{-2J/kT}\sinh\left(\frac{2J}{kT}\right)} \right]^N \\
&+ e^{NJ/kT}\left[\cosh x - \sqrt{\cosh^2 x - 2e^{-2J/kT}\sinh\left(\frac{2J}{kT}\right)} \right]^N,
\end{aligned} \tag{7.3.39}$$

其中 $x = \mu\mathcal{H}/kT$.

由于 $\lambda_-/\lambda_+ < 1$, 因此在 N 很大情况下有

$$\frac{1}{N}\ln Z \simeq \ln\lambda_+.$$

于是自由能 F 与磁化强度 M 分别为

$$\begin{aligned}
F/N &= -kT\ln Z/N \\
&= -J - kT\ln\left[\cosh x + \sqrt{\cosh^2 x - 2e^{-2J/kT}\sinh\left(\frac{2J}{kT}\right)} \right],
\end{aligned} \tag{7.3.40}$$

$$M/N\mu = -\frac{1}{\mu N}\frac{\partial F}{\partial \mathcal{H}} = \frac{\sinh x}{\sqrt{e^{-4J/kT} + \sinh^2 x}}. \tag{7.3.41}$$

显然当 $\mathcal{H} = 0$ 时, $x = \mu\mathcal{H}/kT = 0$, 由 (7.3.40) 和 (7.3.41) 可见

$$F(T, 0) = -J - kT\ln\left(1 + e^{-2J/kT}\right),$$

$$M(T, 0) = 0, \quad \forall\, T > 0.$$

这意味着一维周期解没有相变发生.

2. 一维非周期解

前面介绍了一维 Ising 模型的周期解, 它描述的是一个线圈的铁磁体. 现在我们来看一维非周期解, 它描述的是一个铁丝线段的铁磁体. 此时系统的 Hamilton 能量取如下形式

$$H = -J \sum_{i=1}^{N-1} S_i S_{i+1} - \frac{1}{2}\mu\mathcal{H} \sum_{i=1}^{N-1}(S_i + S_{i+1}),$$

配分函数为

$$Z = \sum_{S_1} \cdots \sum_{S_N} \prod_{i=1}^{N-1} \exp\left[\frac{1}{kT}\left(JS_i S_{i+1} + \frac{\mu\mathcal{H}}{2}(S_i + S_{i+1})\right)\right].$$

令 P 是如 (7.3.35) 的矩阵, 则 Z 可写成

$$\begin{aligned} Z &= \sum_{S_1} \cdots \sum_{S_N} \langle S_1|P|S_2\rangle \cdots \langle S_{N-1}|P|S_N\rangle \\ &= Q_{11} + Q_{22} + 2Q_{12}, \end{aligned} \tag{7.3.42}$$

其中 Q_{ij} 是 P^{N-1} 的矩阵元, 即

$$Q = P^{N-1} = \begin{pmatrix} Q_{11} & Q_{12} \\ Q_{21} & Q_{22} \end{pmatrix},$$

这里 Q 是对称的: $Q_{12} = Q_{21}$.

由 (7.3.35) 可知 P 是对称的, 因此存在 B 使得

$$B^{-1}PB = \begin{pmatrix} \lambda_+ & 0 \\ 0 & \lambda_- \end{pmatrix}, \quad \lambda_\pm \text{ 如 } (7.3.38). \tag{7.3.43}$$

由此看到

$$B^{-1}QB = \prod^{N-1}(B^{-1}PB) = \begin{pmatrix} \lambda_+^{N-1} & 0 \\ 0 & \lambda_-^{N-1} \end{pmatrix}. \tag{7.3.44}$$

从 (7.3.35) 和 (7.3.43) 可算出

$$B = \begin{pmatrix} \sqrt{\Delta + (P_{11} - P_{22})} & \sqrt{\Delta - (P_{11} - P_{22})} \\ \sqrt{\Delta - (P_{11} - P_{22})} & -\sqrt{\Delta + (P_{11} - P_{22})} \end{pmatrix}, \quad B^{-1} = B/(-\det B),$$

其中 $\Delta = \sqrt{(P_{11} - P_{22})^2 + 4P_{12}^2}$, P_{ij} 为 (7.3.35) 中 P 的矩阵元.

由 (7.3.44) 可得到 Q 的矩阵元 Q_{ij} 满足的方程

$$B_0^2 Q_{11} + B_1^2 Q_{22} + 2B_0 B_1 Q_{12} = (-\det B)\lambda_+^{N-1},$$
$$B_0 B_1 Q_{11} - B_0 B_1 Q_{22} + (B_1^2 - B_0^2)Q_{12} = 0,$$
$$B_1^2 Q_{11} + B_0^2 Q_{22} - 2B_0 B_1 Q_{12} = (-\det B)\lambda_-^{N-1},$$

其中 $B_0 = B_{11} = -B_{22}$, $B_1 = B_{12} = B_{21}$ 是 B 的矩阵元. 由此方程可解出

$$Q_{11} + Q_{22} + 2Q_{12} = \lambda_+^{N-1} + \lambda_-^{N-1} + \alpha(\lambda_+^{N-1} - \lambda_-^{N-1}),$$

即一维 Ising 模型关于线段解析解 (7.3.42) 可表达为

$$Z = (1+\alpha)\lambda_+^{N-1} + (1-\alpha)\lambda_-^{N-1}, \tag{7.3.45}$$

其中 α 的表达式为

$$\alpha = 16\mathrm{e}^{-J/kT}\left[\cosh^2\left(\frac{\mu\mathcal{H}}{kT}\right) - 2\mathrm{e}^{-\frac{2J}{kT}}\sinh\left(\frac{2J}{kT}\right)\right].$$

类似于线圈的解 (7.3.37)–(7.3.39), 从 (7.3.45) 可以看出关于线段的 Ising 模型解也没有相变.

3. 二维精确解

二维 Ising 模型精确解是由 L. Onsager 在 1944 年给出的 (没有证明). 但是三维精确解现在仍没有得到. 下面介绍 Onsager 解的基本思路.

考虑 $N \times N$ 正方形点阵所构成的二维模型. 假设

$$S_{1j} = S_{N+1j}, \quad \forall\, 1 \leqslant j \leqslant N.$$

即第一行的自旋等于第 $N+1$ 行自旋, 它的物理意义为磁体材料是一个长度有限的管子. 它的 Hamilton 量为

$$H = -J\sum_{i,j}(S_{ij}S_{i+1j} + S_{ij}S_{ij+1}) - \mu\mathcal{H}\sum_{i,j}S_{ij}.$$

引入矩阵 P, 它的矩阵元定义为

$$\langle \mu_j|P|\mu_k\rangle = \exp\left[-\frac{1}{kT}(E(\mu_j, \mu_k) + E(\mu_j))\right], \tag{7.3.46}$$

其中 $\mu_j = (S_{1j}, \cdots, S_{Nj})$ 代表第 j 列自旋,

$$E(\mu_j, \mu_k) = J\sum_{i=1}^{N} S_{ij}S_{ik},$$

$$E(\mu_j) = \sum_{i=1}^{N}(JS_{ij}S_{i+1j} + \mu\mathcal{H}S_{ij}).$$

注意到 μ_j 有 2^N 种排列方式, 因此由 (7.3.46) 定义的矩阵

$$P = (\langle \mu_j | P | \mu_k \rangle). \tag{7.3.47}$$

是一个 $2^N \times 2^N$ 阶矩阵.

Onsager 解有两个很困难的环节 (作者没有找到相关的证明过程). 第一个就是表明配分函数

$$Z = \sum_{S_{ij}} \exp\left(-\frac{H}{kT} \right) = \mathrm{tr}(P^N), \tag{7.3.48}$$

其中 P 是如 (7.3.47) 的矩阵. 第二个环节是表明

$$\mathrm{tr}(P^N) = \left[\ln\left(2\cosh\frac{2J}{kT} \right) + \frac{1}{2N} \sum_{j=2k+1} \theta_j \right]^N, \tag{7.3.49}$$

其中 $\theta_j = \theta_j(\mathcal{H}, T)$ 是 $\mathcal{H}$ 和 T 的函数 (很难表达). 当 $N \to \infty$, $\mathcal{H} = 0$ 时, (7.3.49) 等式右边求和变为积分, 并且可解析表达出来为

$$\mathrm{tr}(P^N) = \left[\ln\left(2\cosh\frac{2J}{kT} + \frac{1}{2\pi} \int_0^\pi \ln\left(1 + \sqrt{1 - \delta^2 \sin^2\theta} \right) \right) \mathrm{d}\theta \right]^N,$$

其中 $\delta = 2\sinh(2J/kT)/\cosh^2(2J/kT)$. 于是 $\mathcal{H} = 0$ 时, 二维自由能为

$$\begin{aligned}
\frac{1}{N}F &= -\frac{kT}{N} \ln Z \\
&= -kT\left[\ln\left(2\cosh\frac{2J}{kT} + \frac{1}{2\pi} \int_0^\pi \ln\left(1 + \sqrt{1 - \delta^2 \sin^2\theta} \right) \right) \mathrm{d}\theta \right],
\end{aligned} \tag{7.3.50}$$

关于 (7.3.50), 由热容公式

$$C_{\mathcal{H}} = -T\left(\frac{\partial^2 F}{\partial T^2} \right)_{\mathcal{H}},$$

便可算出

$$C_{\mathcal{H}}(T) = \frac{2k}{\pi}\left[\frac{J}{kT}\coth\left(\frac{2J}{kT} \right) \right]^2 \left[2K(\delta) - E(\delta) - (1 - \delta')\left(\frac{\pi}{2} + \delta' K(\delta) \right) \right],$$

其中 $\delta^2 + \delta'^2 = 1$, $K(\delta)$ 和 $E(\delta)$ 分别为第一类和第二类椭圆积分,

$$K(\delta) = \int_0^{\pi/2} \frac{\mathrm{d}\theta}{\sqrt{1 - \delta^2\sin^2\theta}}, \quad E(\delta) = \int_0^{\pi/2} \sqrt{1 - \delta^2\sin^2\theta}\,\mathrm{d}\theta.$$

当 $\delta = 1$ 时 $K(\delta)$ 有奇性, 这对应着相变:

$$\delta = \frac{2\sinh(2J/kT_c)}{\cosh^2(2J/kT_c)} = 1 \Longrightarrow T_c = 2.27J/k. \tag{7.3.51}$$

在 (7.3.51) 的临界温度 T_c 处, 热容发生奇性如图 7.2 所示.

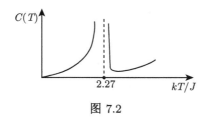

图 7.2

7.3.5 Widom 标度理论

标度理论是临界相变的统计理论中一个重要部分. 这一小节的目的就是应用 Widom 的临界指数标度关系导出四个临界指数 α, β, γ, δ 之间的基本标度律.

为了方便, 我们只对 Ising 模型进行讨论, 而得到的结果是普适的. 令系统的自由能 $F(T, \mathcal{H})$ 在临界点 T_c 处为

$$F = F_0(\varepsilon, \mathcal{H}),$$

其中 ε 是临界温度变量,

$$\varepsilon = \frac{1}{T_c}(T_c - T). \tag{7.3.52}$$

假设 F_0 具有齐次性质, 即

$$F_0(\lambda^p \varepsilon, \lambda^q \mathcal{H}) = \lambda F_0(\varepsilon, \mathcal{H}). \tag{7.3.53}$$

这种齐次性质就称为标度关系, 从这个关系可导出临界指数之间的标度律. 这是一个表象理论, 即从现象和经验中总结和抽象出来的规律. 类似于 (7.3.53) 的关系完全是通过表象手段猜出来的.

下面我们就依据标度关系 (7.3.53) 导出临界指数的标度律.

1. β 指数的标度关系

令 M 是磁系统的磁化强度. 由 (7.3.22),

$$M = -\frac{\partial F}{\partial \mathcal{H}}. \tag{7.3.54}$$

β 指标的定义为

$$M(\varepsilon, 0) = \varepsilon^\beta \quad (\varepsilon \ \text{如} \ (7.3.52)). \tag{7.3.55}$$

由 (7.3.54) 的关系, 对 (7.3.53) 关于 $\mathcal{H}$ 求导得到

$$\lambda^q M(\lambda^p \varepsilon, \lambda^q \mathcal{H}) = \lambda M(\varepsilon, \mathcal{H}). \tag{7.3.56}$$

然后令 $\lambda = \varepsilon^{-1/p}$, $\mathcal{H} = 0$, 便可看到

$$\varepsilon^{-q/p} M(1, 0) = \varepsilon^{-1/p} M(\varepsilon, 0),$$

由此得到

$$M(\varepsilon, 0) = C \varepsilon^{(1-q)/p}, \quad C = M(1, 0).$$

再对照 (7.3.55) 可知 β 的标度关系为

$$\beta = \frac{1-q}{p}. \tag{7.3.57}$$

2. δ 指数标度关系

由 δ 指数定义 (7.1.4), 有

$$M(0, \mathcal{H}) \sim |\mathcal{H}|^{1/\delta}. \tag{7.3.58}$$

在 (7.3.56) 中, 令 $\varepsilon = 0$, $\lambda = \mathcal{H}^{-\frac{1}{q}}$ 便得到

$$\mathcal{H}^{-1} M(0, 1) = \mathcal{H}^{-1/q} M(0, \mathcal{H}),$$

即

$$M(0, \mathcal{H}) = C \mathcal{H}^{(1-q)/q}, \quad C = M(0, 1).$$

对照 (7.3.58) 便得到 δ 的标度关系为

$$\delta = \frac{q}{1-q}. \tag{7.3.59}$$

3. γ 指数标度关系

由磁化率的定义

$$\chi = \frac{\partial M}{\partial \mathcal{H}},$$

再由 γ 指数定义 (7.1.9), 我们有

$$\chi = \frac{\partial M}{\partial \mathcal{H}} \sim \varepsilon^{-\gamma}. \tag{7.3.60}$$

对 (7.3.56) 关于 $\mathcal{H}$ 求导可得

$$\lambda^{2q} \chi(\lambda^p \varepsilon, \lambda^q \mathcal{H}) = \lambda \chi(\varepsilon, \mathcal{H}).$$

令 $\mathcal{H} = 0$, $\lambda = \varepsilon^{-1/p}$ 求出

$$\chi(\varepsilon, 0) = \chi(\varepsilon, 0)\varepsilon^{(1-2q)/p},$$

再由 (7.3.60) 可知

$$\gamma = \frac{2q - 1}{p}. \tag{7.3.61}$$

4. α 指数标度关系

在 $\mathcal{H}$ 不变的情况下, α 指数定义 (7.1.5) 和 (7.1.6) 可写成

$$C_{\mathcal{H}} = \left(\frac{\partial^2 F_0}{\partial T^2}\right)_{\mathcal{H}} \sim \varepsilon^{-\alpha}. \tag{7.3.62}$$

对 (7.3.53) 关于 T 求二次导数得到

$$\lambda^{2p} C_{\mathcal{H}}(\lambda^p \varepsilon, \lambda^q \mathcal{H}) = \lambda C_{\mathcal{H}}(\varepsilon, \mathcal{H}).$$

再令 $\mathcal{H} = 0$, $\lambda = \varepsilon^{-1/p}$ 有

$$C_{\mathcal{H}}(\varepsilon, 0) = C_{\mathcal{H}}(1, 0)\varepsilon^{(1-2p)/p},$$

由 (7.3.62) 可知

$$\alpha = \frac{2p - 1}{p}. \tag{7.3.63}$$

5. 临界指数标度律

现在由四个标度关系 (7.3.57), (7.3.59), (7.3.61) 和 (7.3.63) 我们便可得到关于 α, β, γ, δ 的三个临界指数标度律如下. 从 (7.3.57), (7.3.59) 和 (7.3.61) 可导出 Widom 标度律:

$$\gamma = \beta(\delta - 1). \tag{7.3.64}$$

再由 (7.3.57), (7.3.59) 和 (7.3.63) 可导出 Griffithe 标度律为

$$\alpha + \beta(\delta + 1) = 2. \tag{7.3.65}$$

而从 (7.3.64) 和 (7.3.65) 可得到 Rushbrooke 标度律为

$$\alpha + 2\beta + \gamma = 2. \tag{7.3.66}$$

上面三个标度律 (7.3.64)—(7.3.66) 只有两个是独立的.

7.4　平衡态分歧的临界理论

7.4.1　相变的平衡态分歧

所谓相变就是一个与参数 λ 相关的物理系统在临界点 λ_c 处从一个状态跃迁到另一个状态. 对热力学系统来讲, 物理状态都是平衡态. 因此热力学相变都是平衡态之间的变化. 在第 6 章中, 我们系统地介绍了相变的动力学性质, 而在这一节中将介绍在临界点处如何求出相变的平衡态解以及它们在临界点附近的物理性质. 数学上将此称为定态分歧理论.

这一小节将从抽象角度来介绍什么是相变的平衡态分歧以及相变平衡态分歧临界理论的主要内容. 首先从热力学标准模型开始. 令 F 是一个热力学势, 它产生的动力学方程为

$$\frac{\mathrm{d}u}{\mathrm{d}t} = L_\lambda u + G(u, \lambda). \tag{7.4.1}$$

下面的方程

$$L_\lambda u + G(u, \lambda) = 0 \tag{7.4.2}$$

被称为 (7.4.1) 的稳态方程, 它的解被称为系统的稳态解或平衡态解. 通常为了方便, 不失一般性总是假设

$$u_0 = 0 \text{ 是 } (7.4.2) \text{ 的基本稳态解}. \tag{7.4.3}$$

下面给出动力学方程 (7.4.1) 定态分歧的定义.

定义 7.6　在 (7.4.3) 的假设下, 若在某个 λ_0 处存在稳态方程 (7.4.2) 的一个非零解 $u(\lambda)$, 使得

$$u(\lambda) \to 0, \quad \lambda \to \lambda_0.$$

则称系统 (7.4.1) 在 λ_0 处发生了定态分歧, λ_0 称为分歧点, 而 $u(\lambda)$ 称为系统的稳态分歧解或平衡态分歧解.

注 7.7　这里必须强调指出, 系统 (7.4.1) 的相变临界点 (见定理 6.1) 一定是它的定态分歧点, 但是 (7.4.1) 的定态分歧点不一定就是相变临界点. 事实上, 对于一个非均匀系统它具有无穷多个 (离散的) 分歧点, 但是对 $u_0 = 0$ 来讲只有一个相变临界点.

此外, 还必须注意的是, (7.4.1) 的稳态分歧解 $u(\lambda)$ 只有当分歧点 λ_0 是相变临界点时, $u(\lambda)$ 才可能是稳定的, 否则 $u(\lambda)$ 一定是不稳定的. 只有稳定的稳态解才是热力学系统的平衡态.

当 $\lambda_0 = \lambda_c$ 是相变临界点时, 分歧解 $u(\lambda)$ 被称为相变分歧解. 下面定理给出相变分歧解是否为稳定的判据.

定理 7.8 (平衡态稳定性定理) 令 $u(\lambda)$ 是 (7.4.1) 的一个相变分歧解, 则下面两个结论成立.

1) 若 λ_c 是单重相变临界点 (见定理 6.5), 则二级和三级相变的分歧解 $u(\lambda)$ 一定是稳定的.

2) 对一般情况, $u(\lambda)$ 是稳定的充分条件是下面算子

$$L_\lambda + DG(u(\lambda), \lambda) \tag{7.4.4}$$

的所有特征值都是负的, 这里 $DG(u(\lambda), \lambda)$ 是 G 在 $(u(\lambda), \lambda)$ 处的导算子 (数学上称作 Fréchet 导算子).

除了定义 7.6 给出的平衡态分歧外, 相变分歧的临界理论还包含另一个主要内容, 即鞍结点分歧. 其重要性在于它直接与相变的潜热相关联. 当求出鞍结分歧点 T^* 的值后, 就可得到潜热公式为

$$\Delta H = \beta T^* u^2(T^*), \tag{7.4.5}$$

其中 β 为熵耦合常数, $u(T^*)$ 是 (7.4.2) 在 $\lambda = T^*$ 处的鞍结点分歧解.

于是相变平衡态分歧的临界理论主要内容如下:

- 求出相变平衡态分歧解 $u(\lambda)$ 的临界表达式;
- 由 $u(\lambda)$ 得到在 λ_c 附近热力学相变状态的图像结构;
- 求出鞍结分歧点温度 T^*;
- 算出 T^* 处的潜热 ΔH (由 (7.4.5) 给出).

虽然对一般热力学系统来讲, 得到上述相变分歧的临界理论是困难的, 但是仍有许多系统可以从数学上得到解决. 特别地, 使用数值计算手段, 能够从标准模型得到丰富的结果.

7.4.2 分歧解的求解方法

Lyapunov-Schmidt 方法是计算分歧解的一个有效方法, 它本质上是一个降维方法, 将一个无穷维 (或高维) 稳态方程约化成一个有限维 (或较低维) 的代数方程求解的过程. 这与动力学方程的中心流形约化过程是相似的, 但计算步骤要简单许多. 下面我们分别对有限维与无穷维情况进行介绍, 最后介绍隐函数的解法.

1. 有限维情况

考虑一个带参变量 λ 的 n 维代数方程 (对应于均匀系统),

$$L_\lambda x + G(x, \lambda) = 0, \quad G = o(|x|), \quad x \in \mathbb{R}^n, \tag{7.4.6}$$

其中, L_λ 为一个 n 阶对称矩阵 (热力学系统都具有此性质), 即

$$L_\lambda = \begin{pmatrix} a_{11}(\lambda) & \cdots & a_{1n}(\lambda) \\ \vdots & & \vdots \\ a_{n1}(\lambda) & \cdots & a_{nn}(\lambda) \end{pmatrix}, \quad a_{ij} = a_{ji}.$$

设 L_λ 的特征值为

$$\beta_1(\lambda), \cdots, \beta_n(\lambda),$$

并且 $\xi_1, \cdots, \xi_n \in \mathbb{R}^n$ 是对应的规范特征向量. 于是由 $\{\xi_j\}$ 构成的矩阵

$$P = \begin{pmatrix} \xi_{11} & \xi_{12} & \cdots & \xi_{1n} \\ \vdots & \vdots & & \vdots \\ \xi_{n1} & \xi_{n2} & \cdots & \xi_{nn} \end{pmatrix}, \quad \xi = \begin{pmatrix} \xi_{i1} \\ \vdots \\ \xi_{in} \end{pmatrix},$$

是正交矩阵, $P^{\mathrm{T}} = P^{-1}$, 并且满足

$$P^{\mathrm{T}} L_\lambda P = \begin{pmatrix} \beta_1 & & 0 \\ & \ddots & \\ 0 & & \beta_n \end{pmatrix}.$$

由此, 在正交变换 $x = Py$ 下, 方程 (7.4.6) 变为

$$\begin{pmatrix} \beta_1 & & \\ & \ddots & \\ & & \beta_n \end{pmatrix} \begin{pmatrix} y_1 \\ \vdots \\ y_n \end{pmatrix} + P \begin{pmatrix} G_1(Py, \lambda) \\ \vdots \\ G_n(Py, \lambda) \end{pmatrix} = 0, \qquad (7.4.7)$$

其中 $G = (G_1, \cdots, G_n)^{\mathrm{T}}$ 是 (7.4.6) 中的高阶非线性项. 设特征值 $\{\beta_k\}$ 在 λ_0 满足如下性质

$$\begin{aligned} &\beta_1(\lambda) = \alpha(\lambda - \lambda_0), \quad \alpha \neq 0 \text{ 为常数}, \\ &\beta_j(\lambda_0) \neq 0, \quad \forall\, 2 \leqslant j \leqslant n. \end{aligned} \qquad (7.4.8)$$

于是方程 (7.4.7) 可分为两部分

$$\alpha(\lambda - \lambda_0)y_1 + \widetilde{G}_1(y_1, \cdots, y_n, \lambda) = 0, \qquad (7.4.9)$$

$$y_j = -\frac{1}{\beta_j(\lambda)} \widetilde{G}_j(y_1, \cdots, y_n, \lambda), \quad 2 \leqslant j \leqslant n. \qquad (7.4.10)$$

根据隐函数定理, 由 (7.4.10) 可求出 $\lambda = \lambda_0$ 附近的隐函数

$$y_j = g_j(y_1, \lambda), \quad 2 \leqslant j \leqslant n. \qquad (7.4.11)$$

再将 (7.4.11) 的 y_j 代入 (7.4.9) 便得到约化方程

$$\alpha(\lambda - \lambda_0)y_1 + \widetilde{G}_1(y_1, g_2(y_1), \cdots, g_n(y_1), \lambda) = 0. \qquad (7.4.12)$$

由 (7.4.12) 解出 $y_1 = y_1(\lambda)$ 并代入 (7.4.11) 中得到 (7.4.6) 的分歧解

$$y_1 = y_1(\lambda), \quad y_2 = g_2(y_1(\lambda), \lambda), \quad \cdots, \quad y_n = g_n(y_1(\lambda), \lambda). \tag{7.4.13}$$

这种过程就称为 Lyapunov-Schmidt 方法. 后面再介绍如何从 (7.4.10) 求出隐函数 (7.4.11) 的迭代方法.

这里我们需要说明, 若 $\lambda_0 = \lambda_c$ 是系统的二级相变临界点, 它的理论指数 $\beta = 1/2$, 则 (7.4.12) 的分歧解一定取如下形式

$$\begin{aligned}
y_1 &= \pm a \left| \lambda - \lambda_c \right|^{\frac{1}{2}} + o\left(\left| \lambda - \lambda_c \right|^{\frac{1}{2}} \right), \\
y_j &= o\left(\left| \lambda - \lambda_c \right|^{\frac{1}{2}} \right), \quad 2 \leqslant j \leqslant n,
\end{aligned} \tag{7.4.14}$$

其中 $a = (\alpha/\alpha_1)^{\frac{1}{2}}$, α 如 (7.4.8),

$$\alpha_1 = \partial^3 \widetilde{G}_1(0, \lambda_c)/\partial y_1^3. \tag{7.4.15}$$

于是求 (7.4.12) 的临界指数 $\beta = 1/2$ 的相变分歧近似解 (7.4.14), 只须求得 (7.4.8) 的系数 α 和 (7.4.15) 的参数 α_1 即可.

2. 无穷维情况

现在考虑无穷维的情况, 它对应的是非均匀系统的偏微分方程. 考虑下面抽象的算子方程

$$L_\lambda u + G(u, \lambda) = 0, \quad G = o(\|u\|) \text{ 为高阶项}, \tag{7.4.16}$$

其中 L_λ 是对称线性算子. 令 L_λ 特征值问题

$$L_\lambda e_k = \beta_k(\lambda) e_k \tag{7.4.17}$$

具有无穷可数个特征值 $\{\beta_k(\lambda)\}$ 和特征向量 $\{e_k\}$, 其中 $\{e_k\}$ 是函数空间 H 的规范正交基. 于是 $u \in H$ 可写成

$$u = \sum_{k=1}^{\infty} u_k e_k. \tag{7.4.18}$$

将 u 代入 (7.4.16) 中, 然后对每个 e_k 求内积, 方程变为

$$\beta_k(\lambda) u_k + G_k(u, \lambda) = 0, \tag{7.4.19}$$

其中 $G_k = \langle G, e_k \rangle$, $\langle \cdot, \cdot \rangle$ 代表 H 空间的内积. 假设 λ_0 是 (7.4.16) 的一个 m 重分歧点, 即特征值 $\{\beta_k\}$ 有 m 个在 λ_0 为零, 不妨设

$$\beta_i(\lambda) \begin{cases} = 0, & \lambda = \lambda_0, \\ & \qquad\qquad\qquad 1 \leqslant i \leqslant m, \\ \neq 0, & \lambda \neq \lambda_0, \end{cases} \tag{7.4.20}$$

$$\beta_j(\lambda_0) \neq 0, \qquad \forall\, j \geqslant m+1.$$

于是方程 (7.4.19) 可分解为两部分

$$\beta_i u_i + G_i(X, Y, \lambda) = 0, \quad 1 \leqslant i \leqslant m, \tag{7.4.21}$$

$$u_j = -\frac{1}{\beta_j} G_j(X, Y, \lambda), \quad j \geqslant m+1, \tag{7.4.22}$$

其中 $X = \{u_1, \cdots, u_m\}$, $Y = \{u_{m+1}, u_{m+2}, \cdots\}$.

由于 G 是 u 的高阶项, $\beta_j(\lambda_0) \neq 0$, 因此 (7.4.22) 存在隐函数

$$Y = Y(X). \tag{7.4.23}$$

将 $Y(X)$ 代入 (7.4.21) 便得到 (7.4.16) 的约化方程

$$\beta_i u_i + G_i(X, Y(X), \lambda) = 0. \tag{7.4.24}$$

这样, 一个无穷维方程 (7.4.16) 的分歧解问题就转化成 (7.4.24) 的有限维代数方程求解问题. 当求出 (7.4.24) 的解 $X = (u_1, \cdots, u_m)$ 后, 将 X 代入 (7.4.23) 便得到解 $Y = \{u_{m+1}, u_{m+2}, \cdots\}$ 的表达式. 然后得到解 (7.4.18) 的表达形式.

这个方法有三个关键步骤:

- 求出 (7.4.17) 的特征值 β_k 和特征向量;
- 从 (7.4.22) 解出隐函数;
- 求出分歧方程的解 $(u_1, \cdots, u_m)$.

3. 隐函数的迭代求解法

再来考虑 (7.4.10) 和 (7.4.22) 的隐函数求法. 只须讨论 (7.4.22), 因为 (7.4.10) 只是它的特殊情况. 将 (7.4.22) 写成

$$Y = -\frac{1}{\beta} \widetilde{G}(X, Y, \lambda).$$

首先取 Y_1 为

$$Y_1 = -\frac{1}{\beta} \widetilde{G}(X, 0, \lambda).$$

然后再作 $n \geqslant 2$ 次迭代为

$$Y_n = -\frac{1}{\beta}\widetilde{G}(X, Y_{n-1}, \lambda). \tag{7.4.25}$$

数学上可以严格证明这个 Y_n 是收敛到 (7.4.22) 的隐函数的, 即

$$\lim_{n \to \infty} Y_n = Y(X, \lambda) \text{ 是 (7.4.22) 的隐函数}.$$

一般地, 对 (7.4.25) 只取到 Y_1 或 Y_2 就足够近似了.

4. m 重相变的临界分歧解定理

当 $\lambda_0 = \lambda_c$ 是热力学系统的二级相变临界点时, 均匀系统分歧解已由 (7.4.14) 和 (7.4.15) 给出. 实质上, 对于非均匀系统也同样有类似的结果. 下面统一地将它们总结成分歧解定理.

定理 7.9 (m 重临界分歧解定理) 令 λ_c 是 (7.4.1) 的 m 重连续型二级相变临界点, 则它在 λ_c 处的分歧解 $u(\lambda)$ 一定可表达为如下形式

$$u(\lambda) = \sum_{j=1}^{m} a_j |\lambda - \lambda_c|^{\frac{1}{2}} e_j + o\left(|\lambda - \lambda_c|^{\frac{1}{2}}\right), \tag{7.4.26}$$

其中 e_j 是 L_λ 第 j 个特征向量, a_j 是由非线性高阶项 G 和 $\beta_1 = \cdots = \beta_m = \alpha(\lambda - \lambda_c)$ 中的 α 所决定的系数.

7.4.3 鞍结分歧点与潜热

由热力学相变第三定理 (定理 6.3), 热力学系统的突变型和随机型相变总是伴随着鞍结点分歧发生. 正如 (7.4.5) 中所见, 鞍结分歧点的值 λ^* 与相变的潜热有关. 这一小节就讨论鞍结分歧点的计算以及公式 (7.4.5) 的推导.

首先给出鞍结分歧点的定义如下.

定义 7.10 (鞍结分歧点 λ^*) 我们称 λ^* 是动力学系统 (7.4.1) 的一个鞍结分歧点, 若在 $\lambda < \lambda^*$ (或 $\lambda > \lambda^*$) 一侧它的稳态方程 (7.4.2) 没有非零解, 而在 $\lambda = \lambda^*$ 有一个非零解 u^*, 在 $\lambda > \lambda^*$ (或 $\lambda < \lambda^*$) 有两个非零解 $u_\pm(\lambda)$, 使得

$$u_\pm(\lambda) \to u^*, \quad \lambda \to \lambda^* + 0 \quad (\text{或 } \lambda \to \lambda^* - 0).$$

1. 鞍结分歧点 λ^* 的方程

令 λ_c 是动力学方程 (7.4.1) 的单重随机型相变临界点. 此时它的稳态方程可约化成 (7.4.24), 并设此方程可写成如下形式

$$\beta_1(\lambda)u_1 + b_0(\lambda)u_1^2 + b_1(\lambda)u_1^3 = 0, \tag{7.4.27}$$

并且有

$$b_0(\lambda_c) \neq 0, \quad b_1(\lambda_c) \neq 0. \tag{7.4.28}$$

下面将由 (7.4.27) 和 (7.4.28) 来得到鞍结分歧点 λ^* 满足的方程. 假设动力学方程 (7.4.1) 存在一个鞍结分歧点 λ^*, 使得

$$|\lambda^* - \lambda_c| \text{ 是一个小值.} \tag{7.4.29}$$

因为 (7.4.27) 是稳态方程的约化方程, 因此在 (7.4.29) 条件下, 由上一小节的讨论可知, 从 (7.4.27) 和 (7.4.28) 得到的鞍结分歧点 λ^* 就是方程 (7.4.1) 的鞍结分歧点. 再来考察 (7.4.27), 它的非零解满足

$$b_1(\lambda)u_1^2 + b_0(\lambda)u_1 + \beta_1(\lambda) = 0. \tag{7.4.30}$$

根据定义 7.10, 鞍结分歧点 λ^* 具有下面性质:

$$\begin{cases} \lambda < \lambda^*(\text{或} \lambda > \lambda^*) \text{ 时, (7.4.30) 无实数解,} \\ \lambda > \lambda^*(\text{或} \lambda < \lambda^*) \text{ 时, (7.4.30) 有两个实数解,} \end{cases} \tag{7.4.31}$$

由二次代数方程实数解判据, 满足 (7.4.31) 的 λ^* 一定是 (7.4.30) 的实数根临界判据的解, 即 λ^* 满足

$$b_0^2(\lambda^*) - 4\beta_1(\lambda^*)b_1(\lambda^*) = 0. \tag{7.4.32}$$

这个方程就是 (7.4.1) 的鞍结分歧点 λ^* 的方程.

这里需要说明一下. 由假设 λ_c 是 (7.4.1) 的单重随机型相变临界点, 因而由定理 6.3, 方程 (7.4.1) 一定存在鞍结分歧点 λ^*. 而 (7.4.29) 这个假设条件只是针对 (7.4.1) 是非均匀系统而言的. 如果是对于均匀系统, (7.4.27) 本身就是 (7.4.1) 的稳态方程, 并非是约化方程, 此时就不需要 (7.4.29) 这个假设条件了.

2. 潜热公式

从随机型和突变型相变的动力学相图 (如图 6.3 (a) 和 (b)), 我们可以清楚地看到热力学系统在 T^* 处将发生低温的过热相跃迁到高温相的相变. 在此处将会有吸热过程, 其吸收的潜热 ΔH 由 (6.1.10) 给出, 即可写成

$$\Delta H = T^* \left(S(\lambda^* - 0) - S(\lambda^* + 0) \right), \tag{7.4.33}$$

其中 $S(\lambda)$ 代表 λ 处的熵.

根据热力学统一模型 (5.1.41)—(5.1.43), 对于熵 $v = S$ 有

$$\frac{\delta}{\delta S}F(u, S, \lambda) = 0, \tag{7.4.34}$$

这里 F 为系统的热力学势. 再由第 4 章势泛函表达式, (7.4.34) 可写成

$$S(\lambda) = \beta u^2(\lambda) + \beta_0(\lambda), \quad \beta \text{ 为熵耦合系数.} \tag{7.4.35}$$

根据鞍结分歧点定义 7.10, 有

$$u(\lambda) \begin{cases} = 0, & \lambda > \lambda^*, \\ \neq 0, & \lambda < \lambda^*. \end{cases}$$

再由 (7.4.35) 可见

$$S(\lambda^* - 0) = \beta u^2(\lambda^*) + \beta_0(\lambda^*), \quad S(\lambda^* + 0) = \beta_0(\lambda^*).$$

于是 (7.4.33) 变为

$$\Delta H = \beta T^* u^2(\lambda^*), \tag{7.4.36}$$

这里 $\lambda^* = (T^*, f^*)$, f 为压力、磁场等外力. 关系式 (7.4.36) 就是热力学系统在一级相变的潜热公式.

7.4.4 平衡态临界图像

对于非均匀系统, 当发生相变后它的平衡态在图像上将发生变化. 例如, 对于超导体, 当发生相变后超导相的平衡态呈现出超导电流的图像. 特别是对于第二类超导材料, 当相变的平衡态跃迁到旋涡态 (也称混合态) 时, 其图像便表现出如图 6.20 和图 6.21 所示的旋涡形状. 这种相变的状态图像是由前面介绍的平衡态分歧解所描述的.

回顾定理 7.9, 临界的平衡态分歧解可表达成

$$u(\lambda) = \sum_{j=1}^{m} a_j |\lambda - \lambda_c|^{\frac{1}{2}} e_j + o\left(|\lambda - \lambda_c|^{\frac{1}{2}}\right), \tag{7.4.37}$$

其中 $\{e_1, \cdots, e_m\}$ 是 L_λ 对应于 $\beta_1, \cdots, \beta_m$ 的特征向量. 当 $|\lambda - \lambda_c|$ 很小时, 上述 (7.4.37) 的解可近似写成

$$u(\lambda) = \sum_{j=1}^{m} a_j |\lambda - \lambda_c|^{\frac{1}{2}} e_j. \tag{7.4.38}$$

这个解就给出了非均匀系统相变的临界平衡态图像. 也就是说, 线性算子 L_λ 的 m 重第一特征向量 $\{e_1, \cdots, e_m\}$ 的图像决定了相变临界平衡态的图像. 在许多情况下, L_λ 的 m 重第一特征向量的解析表达式可以求出来, 如矩形区域的二元相分离和气体 BEC 系统. 解析表达式无法给出的情况可以通过数值计算求出.

总之, 对于二级相变的临界图像是由 (7.4.38) 给出, 其中系数 $\{a_1, \cdots, a_m\}$ 可由方程 (7.4.24) 决定.

7.5 热力学系统分歧的临界行为

7.5.1 PVT 系统与铁磁体的潜热

我们将应用上一节中介绍的分歧临界理论讨论热力学系统的平衡态临界性质. 这一小节考察 PVT 系统和铁磁系统.

1. PVT 系统

在 6.2 节关于 PVT 系统相变动力学理论的讨论中已经知道, PVT 系统除了气液相变的 Andrews 临界点的二级相变以及涨落不对称的三级相变外, 其余的都是单重随机型一级相变. 这类相变的主要临界性质就是鞍结点 T^* 的潜热, 下面来计算它们.

由 (4.2.20), 均匀的 PVT 系统热力学势为

$$
\begin{aligned}
F ={} & A(1+b\rho)\ln(1+b\rho) + \frac{1}{2}A_1\rho^2 - \mu\rho - pb\rho \\
& + BT(-1/2S^2 + S_0S) + B_0TS\rho^2 - ST.
\end{aligned}
\tag{7.5.1}
$$

它的动力学方程为

$$
\frac{\mathrm{d}\rho}{\mathrm{d}t} = (B_1T - A_1)\rho - B_2T\rho^3 - Ab\ln(1+b\rho) - pb,
\tag{7.5.2}
$$

其中 $B_1 = 2B_0(B^{-1} - S_0)$, $B_2 = 2B^{-1}B_0^2$, $\mu = Ab$. 令 ρ_0 是 (7.5.2) 的一个稳态解, 并且在 T^* 发生鞍结点分歧. 作平移

$$
\rho \to \rho_0 + \rho,
$$

然后取 $\ln(1+b\rho)$ 的 Taylor 展开三阶近似, (7.5.2) 的稳态方程变为

$$
\beta_1\rho + b_0\rho^2 + b_1\rho^3 = 0,
\tag{7.5.3}
$$

其中

$$
\begin{aligned}
\beta_1 &= (2B_0B^{-1} - 6B_0^2B^{-1}\rho_0^2 - 2B_0S_0)T - A_1 - \frac{Ab^2}{1+b\rho_0}, \\
b_0 &= -6B_0^2B^{-1}\rho_0T + \frac{Ab^3}{2(1+b\rho_0)^2}, \\
b_1 &= -2B_0^2B^{-1}T - \frac{Ab^4}{3(1+b\rho_0)^3}.
\end{aligned}
\tag{7.5.4}
$$

于是由 (7.4.32), 关于 (7.5.3) 和 (7.5.4) 的 T^* 方程为

$$
b_0^2 - 4\beta_1b_1 = 0 \quad (\beta_1, b_0, b_1 \text{如 (7.5.4)}),
\tag{7.5.5}
$$

其中 A, A_1, B, b 如 (7.5.1). 由 (7.4.36) 潜热 ΔH 为

$$\Delta H = B_0 B^{-1} T^*[(\rho_0 + \rho^*)^2 - \rho_0^2], \tag{7.5.6}$$

其中 $\rho^* = -b_0/2b_1$ 为 (7.5.3) 的解在 T^* 的值. 因此若测得 (7.5.1) 中系数 A, A_1, B, B_0, 便可从 (7.5.2) 和 (7.5.4)–(7.5.6) 求出 ρ_0, T^* 及潜热 ΔH.

2. 铁磁系统

有外磁场存在的铁磁系统在临界点 T_c 处是三级相变. 但在一些磁材料中或在磁滞回路中, 会有潜热发生.

由磁系统动力学方程 (6.2.26) 和 (6.2.27), 它的稳态方程为

$$\beta_1 M + b_0 M^2 + b_1 M^3 = 0, \tag{7.5.7}$$

其中

$$\begin{aligned} \beta_1 &= \lambda - \gamma_0 T - 3\gamma_1 M_0^2 T, \\ b_0 &= -3\gamma_1 T M_0, \\ b_1 &= -\gamma_1 T, \end{aligned} \tag{7.5.8}$$

这里 $\lambda > 0$ 为磁化系数, γ_0, γ_1 与此系统热力学势 (4.2.44) 中的 α 和 β 关系为 $\gamma_0 = 2\alpha\beta$, $\gamma_1 = 2\alpha\beta^2$. 于是由 (7.4.32) 和 (7.4.36), 关于 (7.5.7) 和 (7.5.8) 的鞍结分歧点 T^* 和潜热 ΔH 分别为

$$\begin{aligned} T^* &= \frac{4\lambda}{4\gamma_0 + 3\gamma_1 M_0^2}, \\ \Delta H &= \frac{1}{2}\gamma_0 T^* M^{*2}, \end{aligned} \tag{7.5.9}$$

其中 M_0 为对应磁场 H 的磁化强度, $M^* = -\frac{3}{2}M_0$ 为 (7.5.7) 的解 T^* 的值.

7.5.2 二元相分离临界行为

二元系统的相变是由均匀分布的两相混合体发生不均匀相分离的过程, 它是一个非均匀相变的例子. 我们用这个系统来计算分歧解, 以表明在 7.4.2 中介绍的 Lyapunov-Schmidt 方法是如何具体使用的.

考虑二元系统动力学方程 (6.2.38), 它的稳态方程为

$$\Delta u + a_1 u + a_2 u^2 + a_3 u^3 = 0, \tag{7.5.10}$$

$$\int_\Omega u \mathrm{d}x = 0, \tag{7.5.11}$$

$$\left. \frac{\partial u}{\partial n} \right|_{\partial\Omega} = 0, \tag{7.5.12}$$

其中 a_1, a_2, a_3 如 (6.2.37). 我们只讨论矩形区域 (6.2.39) 的情况.

方程 (7.5.10) 化成抽象形式为

$$L_\lambda u + G(u, \lambda) = 0 \quad (\lambda = T), \tag{7.5.13}$$

其中 u 满足 (7.5.11) 和 (7.5.12), L_λ 和 G 为

$$L_\lambda u = \Delta u + a_1 u, \quad G(u, \lambda) = a_2 u^2 + a_3 u^3. \tag{7.5.14}$$

在 (6.2.40) 和 (6.2.41) 中给出了 L_λ 的特征值和特征向量. 这里为了方便我们再次将它们写出如下. 特征值为

$$\beta_k = a_1 - |K|^2, \quad |K|^2 = \pi^2 \left(\frac{k_1^2}{L_1^2} + \frac{k_2^2}{L_2^2} + \frac{k_3^2}{L_3^2} \right), \tag{7.5.15}$$

其中 (k_1, k_2, k_3) 取非负整数, 对应特征向量为

$$e_k = \cos \frac{k_1 \pi x_1}{L_1} \cos \frac{k_2 \pi x_2}{L_2} \cos \frac{k_3 \pi x_3}{L_3}. \tag{7.5.16}$$

由 (7.5.11), 这里 $k_1^2 + k_2^2 + k_3^2 \neq 0$, 即 e_k 不取常数. 令 u 表达为

$$u = \sum_K u_K e_K. \tag{7.5.17}$$

由于 $\{e_K\}$ 的正交性, 即

$$\langle e_K, e_{K'} \rangle = \int_\Omega e_K e_{K'} \mathrm{d}x \begin{cases} = 0, & K \neq K', \\ \neq 0, & K = K', \end{cases}$$

因此将 (7.5.17) 的 u 代入 (7.5.13), 注意

$$L_\lambda e_K = \beta_K e_K,$$

两边关于 e_K 求内积, 方程 (7.5.13) 变为

$$\beta_K u_K + G_K(u, \lambda) = 0, \quad K = (k_1, k_2, k_3), \tag{7.5.18}$$

其中 G_K 为

$$G_K = \frac{1}{\langle e_K, e_K \rangle} \int_\Omega G(u, \lambda) e_K \mathrm{d}x. \tag{7.5.19}$$

方程 (7.5.18) 和 (7.5.19) 就对应于 (7.4.19) 的抽象方程.

1. 单重临界点分歧解的表达式

考虑区域 $\Omega = (0, L_1) \times (0, L_2) \times (0, L_3)$, 边长

$$L_1 > L_2, \ L_3$$

在此情况下, (7.5.15) 中对应于 $K_1 = (1, 0, 0)$ 的第一特征值 β_1 和第一特征向量 e_1 为

$$\beta_1 = a_1 - \frac{\pi^2}{L_1^2}, \quad e_1 = \cos\frac{\pi x_1}{L_1}. \tag{7.5.20}$$

由 (6.2.37), 使 $\beta_1 = 0$ 的临界温度 T_c 为

$$T_c = (2a_1 - D\pi/L_1) \Big/ \left[\frac{R}{u_0(1 - u_0)} - \beta b(R - bS_0)\right]. \tag{7.5.21}$$

在 T_c 附近由 (7.5.14), 方程 (7.5.18) 可写成

$$\beta_1 u_1 + \frac{1}{\langle e_1, e_1 \rangle} \int_\Omega [a_2 u^2 + a_3 u^3] e_1 \mathrm{d}x = 0, \tag{7.5.22}$$

$$u_K = -\frac{1}{\langle e_K, e_K \rangle \beta_K} \int_\Omega [a_2 u^2 + a_3 u^3] e_k \mathrm{d}x, \tag{7.5.23}$$

$\forall \, K \neq K_1 = (1, 0, 0)$. 由 (7.5.16) 有

$$\int_\Omega e_K e_1^2 \mathrm{d}x = \begin{cases} 0, & \forall K \neq \left(\dfrac{2\pi}{L_1}, 0, 0\right), \\ \dfrac{1}{4} L_1 L_2 L_3, & K = \left(\dfrac{2\pi}{L_1}, 0, 0\right). \end{cases}$$

于是由 (7.5.17), 有

$$\int_\Omega u^2 e_1 \mathrm{d}x = \frac{L_1 L_2 L_3}{2} u_1 u_{K_2} \quad \left(K_2 = \left(\frac{2\pi}{L_1}, 0, 0\right)\right). \tag{7.5.24}$$

再由 (7.5.23) 知

$$u_{K_2} = \frac{-a_2 u_1^2}{\beta_{K_2} \langle e_{K_2}, e_{K_2} \rangle} \int_\Omega e_1^2 e_{K_2} \mathrm{d}x + o(u_1^2), \tag{7.5.25}$$

$$u_K = o(|u_1|), \quad \forall \, K \neq K_1, K_2.$$

于是有

$$\int_\Omega u^3 e_1 \mathrm{d}x = u_1^3 \int_\Omega e_1^4 \mathrm{d}x + o(u_1^3). \tag{7.5.26}$$

注意

$$\int_\Omega e_1^4 \mathrm{d}x = \frac{3}{8} L_1 L_2 L_3,$$

$$\langle e_1, e_1 \rangle = \langle e_{K_2}, e_{K_2} \rangle = \int_\Omega \cos^2 \frac{2\pi x_1}{L_1} \mathrm{d}x = \frac{1}{2} L_1 L_2 L_3.$$

由 (7.5.24)—(7.5.26), 方程 (7.5.22) 可表达为

$$\beta_1 u_1 + b u_1^3 + o(u_1^3) = 0,$$
$$b = \frac{3}{4} a_3 - \frac{1}{2\beta_{K_2}} a_2^2 \quad \left(\beta_{K_2} = \beta_1 - \frac{3\pi^2}{L_1^2} \right). \tag{7.5.27}$$

方程 (7.5.27) 的解为

$$u_1 = \pm \sqrt{\beta_1/b} + o(|\beta_1|).$$

令 (7.5.15) 中 $\beta_1 = \alpha(T_c - T)$, 于是 (7.5.10) 和 (7.5.11) 的解 (7.5.17) 近似为

$$u = \pm \sqrt{\alpha/b}(T_c - T)^{\frac{1}{2}} \cos \frac{\pi x_1}{L_1} + o(|T_c - T|^{\frac{1}{2}}). \tag{7.5.28}$$

其中 T_c 如 (7.5.21), b 如 (7.5.27), a_1, a_2, a_3 如 (6.2.37).

2. 二元相分离临界图像

(7.5.28) 给出二元相分离分歧解的临界表达式. 当

$$b = \frac{3}{4} a_3 + \frac{L_1^2}{6\pi^2} a_2^2 < 0$$

时, 相分离是连续型二级相变, 由 (7.5.28) 可给出临界平衡图像如图 7.3 所示.

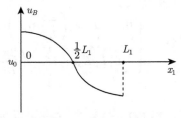

图 7.3　$u_0 + u_B$ 是 B 组元粒子数密度, u_0 是相分离前 B 组元的均匀态密度. 相分离后, 在容器的 $\left(0, \frac{1}{2}L_1\right)$ 为富 B 粒子区, $\left(\frac{1}{2}L_1, L_2\right)$ 为贫 B 粒子区

3. $b > 0$ 时相分离的潜热

当 (7.5.27) 中 $b > 0$ 时, 相分离是突变型相变. 此时有鞍结点分歧及潜热发生, 为此我们需要 Cahn-Hilliard 方程的 5 次方幂. 取代 (6.2.36), 关于 (6.2.34) 的热力学势直到 5 次方幂方程为

$$\frac{\partial u}{\partial t} = \Delta u + \sum_{k=1}^{5} a_k u^k, \tag{7.5.29}$$

其中 a_1, a_2, a_3 如 (6.2.37),

$$a_k = \frac{1}{k!} \frac{RT}{D} \frac{\mathrm{d}^k}{\mathrm{d}u^k} \ln \frac{u}{1-u} \bigg|_{u=u_0}, \quad k = 4, 5. \tag{7.5.30}$$

取代 (7.5.22) 和 (7.5.23), 方程 (7.5.29) 的稳态方程可分解为

$$\beta_1 u_1 + \frac{1}{\langle e_1, e_1 \rangle} \sum_{k=2}^{5} a_k \int_{\Omega} u^k e_1 \mathrm{d}x = 0, \tag{7.5.31}$$

$$u_K = -\frac{1}{\langle e_K, e_K \rangle \beta_K} \sum_{j=2}^{5} a_j \int_{\Omega} u^j e_K \mathrm{d}x = 0, \quad (K \neq K_1). \tag{7.5.32}$$

注意到

$$\int_{\Omega} e_1^{2k+1} \mathrm{d}x = 0, \quad \forall\, k \geqslant 1.$$

由此可推出 (7.5.31) 和 (7.5.32) 的 u_1 的约化方程不含偶指数项, 即它的约化方程可写成如下形式

$$\beta_1 u_1 + b u_1^3 + b_1 u_1^5 + o(u_1^5) = 0, \tag{7.5.33}$$

其中 b 如 (7.5.27), b_1 是 (a_2, a_3, a_4, a_5) 的函数, 可从 (7.5.31) 和 (7.5.32) 算出. 这里不再作详细计算. 若 (7.5.29) 在 T_c 附近发生鞍结点分歧, 即假设条件 (7.4.29) 成立, 于是 (7.5.33) 近似于

$$\beta_1 + b u_1^2 + b_1 u_1^4 = 0. \tag{7.5.34}$$

方程 (7.5.34) 的二次判别式

$$b^2 - 4\beta_1 b_1 = 0, \tag{7.5.35}$$

便是 T^* 的方程. 由 (7.4.36), 潜热公式为

$$\Delta H = \frac{1}{2} \beta R b T^* u^{*2}, \tag{7.5.36}$$

其中 β, R, b 如 (6.2.34), $u^* = -b/2b_1$ 为 (7.5.34) 在 T^* 的解.

7.5.3 超导的临界性质

GLG 方程 (6.3.17) 的稳态方程为

$$-(\mathrm{i}\mu\nabla + A)^2 \psi + \alpha\psi - \beta|\psi|^2\psi - \mathrm{i}\phi\psi = 0,$$
$$-\mathrm{curl}^2 A + \mathrm{curl} H_a - \gamma|\psi|^2 A - \gamma\mu\mathrm{Im}\psi^*\nabla\psi - \zeta\mu\nabla\phi = 0. \tag{7.5.37}$$

数学上可严格证明 (7.5.37) 的稳态解 (ψ, A, ϕ) 中, ϕ 一定为零, 即

$$\phi = 0 \quad (\text{见 (Ma and Wang, 2013) 中 A.2 节}).$$

此外方程中的 A 取 Coulomb 规范

$$\mathrm{div} A = 0.$$

(7.5.37) 有一个稳态解

$$\psi_0 = 0, \quad A = A_a \quad (H_a = \mathrm{curl} A_a).$$

作平移 $\psi \to \psi$, $A \to A_a + A$, 再加上物理边界条件, GLG 方程 (6.3.17) 的稳态方程标准形式为

$$-(\mathrm{i}\mu\nabla + A_a)^2\psi + \alpha\psi - \beta|\psi|^2\psi + 2A_a \cdot A\psi + 2\mathrm{i}\mu A \cdot \nabla\psi + |A|^2\psi = 0,$$

$$-\mathrm{curl}^2 A - \gamma|\psi|^2 A_a - \gamma|\psi|^2 A + \frac{\mathrm{i}\gamma\mu}{2}(\psi^*\nabla\psi - \psi\nabla\psi^*) = 0,$$

$$\mathrm{div}A = 0, \tag{7.5.38}$$

$$\left.\frac{\partial\psi}{\partial n}\right|_{\partial\Omega} = 0 \quad (\text{或 } \psi|_{\partial\Omega} = 0), \quad A \cdot n|_{\partial\Omega} = 0, \quad \mathrm{curl}A \times n|_{\partial\Omega} = 0.$$

稳态方程 (7.5.38) 的特征方程为

$$- (\mathrm{i}\mu\nabla + A_a)^2\psi + \alpha\psi = \beta\psi,$$

$$- \mathrm{curl}^2 A = \beta A.$$

它们两个是独立的, 因为可分开为

$$\begin{cases} - (\mathrm{i}\mu\nabla + A_a)^2\psi + \alpha\psi = \beta\psi, \\ \left.\dfrac{\partial\psi}{\partial n}\right|_{\partial\Omega} = 0 \quad (\text{ 或 } \psi|_{\partial\Omega} = 0), \end{cases} \tag{7.5.39}$$

$$\begin{cases} \mathrm{curl}^2 A = \rho A, \\ \mathrm{div}A = 0, \\ A \cdot n|_{\partial\Omega} = 0, \quad \mathrm{curl}A \times n|_{\partial\Omega} = 0. \end{cases} \tag{7.5.40}$$

令 $\{\beta_k\}$ 和 $\{\rho_k\}$ 分别是 (7.5.39) 和 (7.5.40) 的特征值, $\{e_k\}$ 和 $\{A_k\}$ 是对应的特征向量, 它们是规范正交的. 令

$$\psi = \sum_{k=1}^{\infty} \psi_k e_k, \quad A = \sum_{k=1}^{\infty} a_k A_k. \tag{7.5.41}$$

将 (7.5.41) 代入 (7.5.38), 两个方程再关于 e_k 和 A_k 取内积便得

$$\begin{aligned} \beta_k\psi_k + \langle G_1(\psi, A), e_k\rangle = 0, \quad k \geqslant 1, \\ \rho_j A_j + \langle G_2(\psi, A), A_j\rangle = 0, \quad j \geqslant 1, \end{aligned} \tag{7.5.42}$$

其中

$$G_1(\psi, A) = -\beta |\psi|^2 \psi + 2A_a \cdot A\psi + 2\mathrm{i}\mu A \cdot \nabla\psi + |A|^2 \psi,$$

$$G_2(\psi, A) = \gamma |\psi|^2 A_a + \gamma |\psi|^2 A + \frac{\mathrm{i}\gamma\mu}{2}(\psi^* \nabla\psi - \psi \nabla\psi^*). \tag{7.5.43}$$

在临界点 T_c 处, 特征值 $\{\beta_k\}$ 和 $\{\rho_k\}$ 满足

$$\beta_1(T) \begin{cases} < 0, & T > T_c, \\ = 0, & T = T_c, \\ > 0, & T < T_c, \end{cases}$$

$$\beta_j(T_c) < 0, \quad \forall\, j \geqslant 2,$$

$$\rho_k(T_c) > 0, \quad \forall\, k \geqslant 1.$$

于是在 T_c 附近 (7.5.42) 可写成

$$\beta_1\psi_1 + \langle G_1(\psi, A), e_1 \rangle = 0, \tag{7.5.44}$$

$$\psi_j = -\frac{1}{\beta_j}\langle G_1(\psi, A), e_j \rangle, \quad j \geqslant 2, \tag{7.5.45}$$

$$a_k = \frac{1}{\rho_k}\langle G_2(\psi, A), A_k \rangle, \quad k \geqslant 1. \tag{7.5.46}$$

由 (7.5.43), 从 (7.5.45) 和 (7.5.46) 可以看出

$$a_k \sim |\psi_1|^2, \quad |\psi_j| \sim |\psi_1|^3 \quad (j \geqslant 2).$$

由此, 直接对 (7.5.46) 计算 a_k 关于 $|\psi_1|$ 的四次方近似, 表达式可写成如下形式 (注意内积 $\langle f, g \rangle = \mathrm{Re} \int fg^* \mathrm{d}x$),

$$a_k = \frac{\gamma}{\rho_k}B_{1k}|\psi_1|^2 + \frac{\gamma}{\rho_k}\sum_{j \geqslant 2} B_{jk}|\psi_1\psi_j| + \frac{\gamma^2}{\rho_k}\widetilde{B}_k|\psi_1|^4, \tag{7.5.47}$$

再对 (7.5.45) 计算 ψ_j 得到

$$\psi_j = B_j|\psi_1|^2\psi_1 \quad (j \geqslant 2), \tag{7.5.48}$$

其中

$$B_{1k} = \int_\Omega \left[|e_1|^2 A_a - \mu\mathrm{Im}(e_1^* \nabla e_1)\right] \cdot A_k \mathrm{d}x,$$

$$B_{jk} = \int_\Omega \left[2|e_1 e_j|A_a - \mu\mathrm{Im}(e_1^* \nabla e_j + e_j^* \nabla e_1)\right] \cdot A_k \mathrm{d}x,$$

$$\widetilde{B}_k = \sum_{i=1}^{\infty} \frac{1}{\rho_i} B_{1i} \left(\int_{\Omega} |e_1|^2 A_i \cdot A_k \mathrm{d}x \right),$$

$$B_j = \frac{1}{\beta_j} \Bigg[\beta \int_{\Omega} |e_1|^2 \mathrm{Re}(e_1 e_j^*) \mathrm{d}x$$

$$+ 2\gamma \sum_{i=1}^{\infty} \frac{B_{1i}}{\rho_i} \int_{\Omega} (A_a \mathrm{Re}(e_1 e_i^*) - \mu \mathrm{Im}(e_i^* \nabla e_1)) \cdot A_k \mathrm{d}x \Bigg].$$

将 (7.5.47) 和 (7.5.48) 代入 (7.5.44), 我们得到 (略去高阶项)

$$\beta_1 \psi_1 + b_0 |\psi_1|^2 \psi_1 + b_1 |\psi_1|^4 \psi_1 = 0, \tag{7.5.49}$$

其中

$$b_0 = -\beta \int_{\Omega} |e_1|^4 \mathrm{d}x + 2\gamma \sum_{k=1}^{\infty} \frac{1}{\rho_k} B_{ik}^2, \tag{7.5.50}$$

$$b_1 = \sum_{k,l=1}^{\infty} \frac{\gamma^2}{\rho_k \rho_l} B_{1k} B_{1l} \int_{\Omega} |e_1|^2 A_k \cdot A_l \mathrm{d}x$$

$$- 3\beta \sum_{j \geqslant 2} B_j \int_{\Omega} |e_1|^2 \mathrm{Re}(e_1 e_j^*) \mathrm{d}x \tag{7.5.51}$$

$$+ 2\gamma \sum_{k=1}^{\infty} \sum_{j \geqslant 2} \frac{1}{\rho_k} B_{1k} B_j \int_{\Omega} [A_a \mathrm{Re}(e_j e_1^*) - \mu \mathrm{Im}(e_1^* \nabla e_j)] \cdot A_k \mathrm{d}x$$

$$+ 2\gamma \sum_{k=1}^{\infty} \frac{1}{\rho_k} \Bigg[\gamma \widetilde{B}_k + \sum_{j \geqslant 2} B_{jk} B_j \Bigg] \int_{\Omega} [A_a |e_1|^2 - \mu \mathrm{Im}(e_1^* \nabla e_1)] \cdot A_k \mathrm{d}x,$$

其中 $\{e_k\}$ 和 $\{A_k\}$ 分别是 (7.5.39) 和 (7.5.40) 的特征向量.

这里需要强调指出, (7.5.50) 中的 b_0 可写成

$$b_0 = R\gamma \int_{\Omega} |e_1|^4 \mathrm{d}x, \tag{7.5.52}$$

其中 R 如 (6.3.22) 是超导跃迁的判据. 下面讨论超导的临界性质.

1. 超导的临界平衡态

从 (7.5.49) 可导出在 $T = T_c$ 附近的 ψ_1 的表达式为

$$|\psi_1| = \sqrt{\beta_1(T)/|b_0|} + o(|\beta_1|^{\frac{1}{2}}), \quad b_0 < 0 (\text{即 } R < 0).$$

再由 (7.5.47) 和 (7.5.48), 超导体相变分歧解 (7.5.41) 的临界表达式为

$$
\psi = \sqrt{\frac{\alpha}{|b_0|}}(T_c - T)^{\frac{1}{2}}e^{i\theta}e_1 + o\left(|T - T_c|^{\frac{1}{2}}\right)
$$
$$
A = \frac{\alpha\gamma}{|b_0|}(T_c - T)\mathscr{A}_0 + o(T_c - T),
$$

(7.5.53)

其中 $e^{i\theta}$ 为超导电子相位, $\beta = \alpha(T_c - T)$, b_0 如 (7.5.52), $\mathscr{A}_0$ 是方程 (6.3.23) 的解, 即 (7.5.52) 中的 R 与 $\mathscr{A}_0$ 关系为

$$
R = -\frac{\beta}{\gamma} + \frac{2\int_{\Omega}|\mathrm{curl}\mathscr{A}_0|^2\mathrm{d}x}{\int_{\Omega}|e_1|^4\mathrm{d}x}.
$$

2. 鞍结点 T^* 和潜热

当 $b_0 > 0$ $(R > 0)$ 时, 超导体有鞍结点分歧. 此时 (7.5.49) 为

$$
b_1|\psi_1|^4 + b_0|\psi_1|^2 + \alpha(T_c - T) = 0.
$$

由此可得鞍结点 T^* 的方程为

$$
b_0^2 - 4b_1\alpha(T_c - T) = 0.
$$

(7.5.54)

由于 $T^* > T_c$, 因此 (7.5.54) 有效的条件是 $b_1 < 0$, 否则需要更高阶的近似方程来确定 T^*. 由 (7.5.2), 从 (7.5.54) 可解出

$$
T^* = T_c - \frac{R^2\gamma^2}{4b_1\alpha}\left[\int_{\Omega}|e_1|^4\mathrm{d}x\right]^2.
$$

(7.5.55)

在 T^* 的潜热为

$$
\Delta H = \frac{1}{2}\gamma T^*|\psi^*|^2 = \frac{1}{4}\gamma T^* b_0/(-b_1),
$$

(7.5.56)

其中 $\gamma = \beta_0\beta_1$ 如 (4.3.17).

3. 临界超导电流的图像

超导电流的公式为

$$
J_s = -\gamma A|\psi|^2 - \frac{\gamma\mu}{2}i(\psi^*\nabla\psi - \psi\nabla\psi^*).
$$

将 (7.5.53) 代入上式得到临界超导电流

$$
J_s = -\frac{\alpha^2\gamma^2}{b_0^2}(T_c - T)^2\mathscr{A}_0|e_1|^2 + \frac{\alpha\gamma\mu}{|b_0|}(T_c - T)\mathrm{Im}(e_1^*\nabla e_1),
$$

(7.5.57)

其中 e_1 为 (7.5.39) 临界第一特征向量, $\mathscr{A}_0$ 是下面方程的解

$$\text{curl}^2\mathscr{A}_0 + \nabla\phi = |e_1|^2 A_a + \mu\text{Im}(e_1^*\nabla e_1),$$
$$\text{div}\mathscr{A}_0 = 0, \tag{7.5.58}$$
$$\mathscr{A}_0 \cdot n|_{\partial\Omega} = 0, \quad \text{curl}\mathscr{A}_0 \times n|_{\partial\Omega} = 0.$$

通过方程 (7.5.39) 和 (7.5.58) 可以模拟超导电流 (7.5.57) 的图像.

7.5.4　气体 BEC 分布的理论图像

气体标量 BEC 动力学方程为 (6.4.49), 它的稳态方程是

$$\frac{\hbar^2}{2m}\Delta\psi + a\psi - b|\psi|^2\psi = 0, \tag{7.5.59}$$

其中 $b > 0$, 边界条件为

$$\psi|_{\partial\Omega} = 0. \tag{7.5.60}$$

令 λ_1 是 $-\Delta$ 的第一特征值, e_1 是第一特征向量, 即

$$\begin{cases} -\Delta e_1 = \lambda_1 e_1, \\ e_1|_{\partial\Omega} = 0 \end{cases} \tag{7.5.61}$$

于是 (7.5.59) 和 (7.5.60) 的特征值方程为

$$\begin{cases} \dfrac{\hbar^2}{2m}\Delta\psi + a\psi = \beta\psi, \\ \psi|_{\partial\Omega} = 0, \end{cases}$$

它的第一特征值 β_1 和第一特征向量 φ_1 为

$$\beta_1 = a - \frac{\hbar^2}{2m}\lambda_1, \quad \psi_1 = e_1 \text{如 } (7.5.61).$$

在临界点 T_c 处, $\beta_1(T_c) = 0$ 是单重的, 并且相变是连续型二级的. 因此由定理 7.9, 标量 BEC 分歧解表达为

$$\psi = \alpha(T_c - T)^{\frac{1}{2}}e^{i\theta}e_1 + o\left(|T_c - T|^{\frac{1}{2}}\right). \tag{7.5.62}$$

根据 ψ 的物理意义:

$$|\psi|^2 \text{ 代表凝聚态粒子密度}.$$

因此 (7.5.62) 意味着凝聚态粒子密度的分布图像由下面函数给出,

$$|\psi|^2 = \alpha^2(T_c - T)e_1^2 \quad (T < T_c). \tag{7.5.63}$$

现在我们考虑 Ω 是正方体, 即 $\Omega = (-L, L)^3$. 于是 (7.5.61) 的第一特征向量 e_1 的表达式为

$$e_1 = \sin\frac{\pi x_1}{2L}\sin\frac{\pi x_2}{2L}\sin\frac{\pi x_3}{2L}.$$

这样 (7.5.63) 的 BEC 分布临界图像函数取如下形式

$$|\psi|^2 = \alpha^2(T_c - T)\sin^2\frac{\pi x_1}{2L}\sin^2\frac{\pi x_2}{2L}\sin^2\frac{\pi x_3}{2L}. \tag{7.5.64}$$

该函数在 $x_k(1 \leqslant k \leqslant 3)$ 轴的截面图像如图 7.4 所示, 它反映了气体凝聚态 (动量为零) 的粒子密度分布情况.

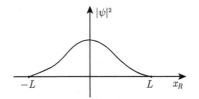

图 7.4 气体凝聚态粒子密度分布图像

注 7.11 图 7.4 中给出的是凝聚态粒子空间的分布图像. 在 1995 年 JILA 实验小组获得的铷原子气体凝聚态分布的观测图像是动量空间分布. 虽然图 7.11 与实验观测临界图像是相同的, 但这两个在物理内涵上是不同的.

7.6 综合问题与评注

7.6.1 关于三维 Ising 模型精确解的讨论

自从 Onsager 在 1944 年给出二维 Ising 模型精确解后, 至今为止没有人能给出三维精确解. 此外对于二维情况, 能够给出的也是 $\mathscr{H} = 0$ 的解析表达, 但对一般 $\mathscr{H} \neq 0$ 的完整表达式没有见到. 这说明即使二维存在精确解, 但对于一般 $\mathscr{H} \neq 0$ 情况, 也不能得到简单实用的解析表达式. Ising 模型解的简单实用解析表达式对于 $\mathscr{H} \neq 0$ 和 $n \geqslant 2$ 情况来看是不存在的, 或者至少在获取它的方法上存在一些根本性的困难. 这一小节专门讨论这一问题.

考虑三维 Ising 模型, 它的 Hamilton 量为

$$\begin{aligned} H = &-J\sum_{ijk}\left(S_{ijk}S_{i+1jk} + S_{ijk}S_{ij+1k} + S_{ijk}S_{ijk+1}\right) \\ &-\mu\mathscr{H}\sum_{ijk}S_{ijk}. \end{aligned} \tag{7.6.1}$$

它的三重下标 (i, j, k) 代表了三维空间的点阵. 它的配分函数为

$$Z = \sum_{\{S_{ijk}\}} \exp\left(-\frac{H}{kT}\right). \tag{7.6.2}$$

虽然 (7.6.2) 是有限项的求和, 但实质上从 (7.6.1) 和 (7.6.2) 来看, 它是等效于一个无穷乘积项的无穷级数和. 若想对这样的级数求得解析表达式, 第一条道路, 即将 Z 的求和写成积分形式

$$Z = \int \exp\left(-\frac{H}{kT}\right) \mathrm{d}x$$

是本质上行不通的, 因为 (7.6.2) 求和的每一项当 $N \to \infty$ 时是不趋于零的. 因此只有第二条路, 就是找到 m 个矩阵 P_j $(1 \leqslant j \leqslant m)$ 使得

$$Z = \prod_{j=1}^{m} \mathrm{tr} P_j^{N_j}, \tag{7.6.3}$$

然后再求出 (7.6.3) 等式右边的解析表达式. 为此我们需要检查 (7.6.3) 成立的数学条件.

假设系统是一个 $N \times N \times N$ 个格点的正方体, 下标 i, j, k 满足

$$1 \leqslant i, j, k \leqslant N. \tag{7.6.4}$$

此时 (7.6.2) 等式右边有 2^{N^3} 个项之和, 即

$$Z = 2^{N^3} \text{ 个项之和}. \tag{7.6.5}$$

由于每个 $S_{ijk} = \pm 1$ 只取两个值, (7.6.3) 中每个 P_j 的矩阵元由 $\exp(-\frac{H}{kT})$ 构成, 因此

$$P_j = 2^{M_j} \times 2^{M_j} \text{ 矩阵} \quad (1 \leqslant j \leqslant m). \tag{7.6.6}$$

这里 M_j 由于 (7.6.1) 中 $\sum_{ijk}$ 为 N^3 个求和, 它只能取 3 个值

$$M = M_1 = \cdots = M_m = N^l \quad (l = 0, 1, 2), \tag{7.6.7}$$

对应地, (7.6.3) 中

$$N = N_1 = \cdots = N_m = N^{3-l}, \quad m = 3 - l. \tag{7.6.8}$$

此外, 对应于 (7.6.7) 和 (7.6.8) 中的指数 $l(0 \leqslant l \leqslant 2)$, (7.6.2) 等式右边为

$$Z = 2^{N^3} \text{ 个项之和, 每一项为 } N^{3-l} \text{ 项之积}. \tag{7.6.9}$$

而由 (7.6.6) 和 (7.6.8), 对应于 l 有

$$\prod_{j=1}^{m} \mathrm{tr} P_j^{N_j} = 2^{mMN} (= 2^{(3-l)N^3}) \text{ 项之和,}$$

$$\text{每项为 } N^m (= N^{(3-l)^2}) \text{ 项之积.} \tag{7.6.10}$$

对照 (7.6.9) 和 (7.6.10), 等式 (7.6.3) 成立的条件为 $l = 2$, 即 (7.6.3) 的 Z 只能是一个 $2^{N^2} \times 2^{N^2}$ 阶矩阵的迹:

$$Z = \mathrm{tr} P^N, \quad P = 2^{N^2} \times 2^{N^2} \text{ 阶矩阵.} \tag{7.6.11}$$

因此, 三维 Ising 模型精确解的求解过程被归结到寻找一个 2^{N^2} 阶的矩阵, 使得 (7.6.11) 成立. 然而, 即使找到了这样的矩阵 P, 还必须求出 $\mathrm{tr} P^N$ 的解析表达式才算真正求出三维精确解. 显然这同样是一个困难的事情.

总结上述讨论, 三维 Ising 模型的精确解求解过程被归为如下三步:

1) 寻找 2^{N^2} 阶矩阵 P 满足 (7.6.11);

2) 求出 P 的特征值 λ_k $(1 \leqslant k \leqslant 2^{N^2})$ 表达式;

3) 给出 $\sum \lambda_k^N$ 的解析表示式.

以上三步基本上可看成是寻求三维精确解的唯一道路, 当然不完全排除其他可能性. 但这条道路似乎难于走通.

7.6.2 Kadanoff 自相似标度理论

在 1966 年, L. Kadanoff 将标度理论应用到 Ising 模型上, 能够有效地导出 (7.2.34) 的全部临界指数标度律. Kadanoff 的标度理论对后来 K. Wilson 建立的重整化群理论也具有启示性作用.

考虑一个 n 维 Ising 模型, 它的 Hamilton 量为

$$H = -J \sum_{\{i\},\{j\}} S_{i_1 \cdots i_n} S_{j_1 \cdots j_n} - \mu \mathscr{H} \sum_{\{i\}} S_{i_1 \cdots i_n}, \tag{7.6.12}$$

其中 $\{i\}$, $\{j\}$ 为相邻格点位置坐标, 如 $\{i\} = (i_1, \cdots, i_n)$ 代表 $\mathbb{R}^n$ 空间中坐标 $(x_1, \cdots, x_n) = (i_1, \cdots, i_n)$ 处的格点.

如果说 Ising 模型是以每个格点的自旋 $S_{i_1 \cdots i_n}$ 作为单位建立如 (7.6.12) 的 Hamilton 量, 那么 Kadanoff 的标度理论则是以 L 为边长的正方体 L^n 中所有格点总自旋作为单位建立 Hamilton 量, 即

$$H_k = -J_L \sum_{I,I'} S_I S_{I'} - \mu \mathscr{H} \sum_{I} S_I, \tag{7.6.13}$$

其中 J_L 为相邻方体之间的自旋相互作用. 假设每个方体中自旋相同, 即

$$\widetilde{S}_I = zS_I \quad (z = L^y, y \text{ 待定}, S_I = \pm 1 \text{ 为 (7.6.13) 中变量}), \tag{7.6.14}$$

这里 $\widetilde{S}_I = \sum\limits_{\{i\}\in I} S_{i_1,\cdots,i_n}$ 代表 I 方体中的总自旋. 这个条件 (7.6.14) 也被称为 Kadanoff 的自相似标度假设.

在 (7.6.13) 和 (7.6.14) 的标度假设下, 以方体为单位的自由能 $F(\varepsilon_L, \mathscr{H}_L)$ 与格点的自由能 $F(\varepsilon, \mathscr{H})$ 有如下标度关系

$$F(\varepsilon_L, \mathscr{H}_L) = L^n F(\varepsilon, \mathscr{H}). \tag{7.6.15}$$

其中 $\varepsilon = (T_c - T)$, 而

$$\varepsilon_L = L^x \varepsilon, \quad \mathscr{H} = z\mathscr{H} = L^y \mathscr{H}. \tag{7.6.16}$$

上述标度关系 (7.6.15) 和 (7.6.16) 与前面介绍的 Widom 标度关系 (7.3.53) 是类似的. 当调整指数 x, y, n 与 Widom 标度关系相容, 即

$$x = pn, \quad y = qn \quad (p, q \text{ 如 } (7.3.53)), \tag{7.6.17}$$

则从 (7.6.15)–(7.6.17) 可得到与 (7.3.64)–(7.3.66) 完全相同的标度律.

然而 Kadanoff 标度理论可产生相关函数 $R(r)$ 和相关长度 ξ 的标度关系, 从而导出 (7.2.34) 中的 Fisher 标度律和 Josephson 标度律. 虽然这两个标度之前已知, 但这里是从自相似的 Ising 模型标度理论导出的. 它表明了 Kadanoff 标度理论是 (7.2.34) 中所有标度律统一的理论基础, 具有更普适的意义.

下面考察相关函数 R 的标度关系. R 的原始定义为 (5.5.24), 当限制在磁系统的方体之间, 相关函数为

$$R(\varepsilon_L, r_L) = \overline{S_I S_J} - \overline{S}_I \overline{S}_J, \tag{7.6.18}$$

其中 r_L 是第 I 方体与第 J 方体之间的距离. 当用格点作单位时, 长度单位是用格点间距 a 作测量, 而用方体时, 长度单位为 La. 此时单位大了, 相关长度 ξ 变小, 即 (7.6.18) 可写成 (注意 (7.6.14))

$$
\begin{aligned}
R(\varepsilon_L, r_L) &= z^{-2} \left[\overline{S'_I S'_J} - \overline{S}'_I \overline{S}'_J \right] \\
&= z^{-2} \sum_{\{i\}\in I} \sum_{\{j\}\in J} \left[\overline{S_{\{i\}} S_{\{j\}}} - \overline{S}_{\{i\}} \overline{S}_{\{j\}} \right] \\
&= z^{-2} (L^n)^2 \left[\overline{S_{\{i\}} S_{\{j\}}} - \overline{S}_{\{i\}} \overline{S}_{\{j\}} \right],
\end{aligned}
$$

即相关函数有如下标度关系 (注意 $z = L^y$)

$$R(\varepsilon_L, r_L) = L^{2(n-y)} R(\varepsilon, r). \tag{7.6.19}$$

此外 r_L 与 r 的关系为

$$r_L = L^{-1} r. \tag{7.6.20}$$

由 (7.6.16) 和 (7.6.20), 标度关系 (7.6.19) 变为

$$R(L^x \varepsilon, L^{-1} r) = L^{2(n-y)} R(\varepsilon, r).$$

取 $L = r/a$ (a 为格点间距), 则上式可写成

$$R(\varepsilon, r) = \left(\frac{r}{a}\right)^{2(y-n)} R\left(\frac{r^x \varepsilon}{a^x}, a\right). \tag{7.6.21}$$

现在可以应用 Kadanoff 的相关函数标度关系 (7.6.21) 来导出关于指数 ν 和 η 的标度律. 回忆 ν 和 η 的定义:

$$\xi \sim |T_c - T|^{-\nu}, \tag{7.6.22}$$
$$R(0, r) \sim r^{-(n-2+\eta)}. \tag{7.6.23}$$

令 (7.6.21) 中 $\varepsilon = 0$, 便得到

$$R(0, r) \sim r^{-2(n-y)}. \tag{7.6.24}$$

将 (7.6.24) 与 (7.6.23) 对照, 得到如下关系

$$n - 2 + \eta = 2n - 2y = 2n - 2nq \quad (\text{由}(7.6.17))$$

再由 (7.3.59), 从上式便得到如下标度律

$$\eta = 2 - \frac{n(\delta - 1)}{\delta + 1} = 2 - \frac{n\gamma}{2\beta + \gamma}. \tag{7.6.25}$$

再来考察 ν 指数. 由 (5.5.33) 和 (7.6.22), R 与 ν 的关系为

$$R(\varepsilon, r) = \frac{A}{r} \mathrm{e}^{-r\varepsilon^\nu} = \frac{A}{r} \mathrm{e}^{-\theta^\nu},$$

其中 $\theta = r^{\frac{1}{\nu}} \varepsilon$. 另一方面 (7.6.21) 表明 $R(\varepsilon, r)$ 是 $r^x \varepsilon$ 的函数. 因此有 $r^x \varepsilon = \theta = r^{\frac{1}{\nu}} \varepsilon$. 这意味着

$$x = \nu^{-1} = pn \quad (\text{由 } (7.6.17)). \tag{7.6.26}$$

将 (7.6.26) 与 (7.3.63) 结合便得到

$$\alpha = 2 - n\nu. \tag{7.6.27}$$

这就是 Josephson 标度律.

很容易验证, 将 (7.6.25) 和 (7.6.27) 与 (7.2.34) 中的 Rushbrooke 标度律相结合便可推出 Fisher 标度律

$$\gamma = \nu(2 - \eta).$$

于是便完成了由 Kadanoff 标度关系 (7.6.15)—(7.6.17) 及 (7.6.21) 得到 (7.2.34) 中全部标度律的推导过程.

7.6.3 Wilson 重整化群理论

统计理论处理热力学相变的范围只限于点阵的临界现象. 这个方面的内容只有两点: ①临界点 (如临界温度 T_c) 的确定, ②临界指数的理论. 而统计理论有效的模型只有二值点阵系统的 Ising 模型, 并且面临着简单实用精确解和三维精确解的存在性和求解问题. 因此依赖 Ising 模型精确解来讨论临界现象是有限的. Widom-Kadanoff 的标度理论在某种程度上绕开了 Ising 模型精确解问题, 从标度不变性入手得到临界指数的丰富结果. K. Wilson 正是鉴于临界点的标度不变性发展出一套新的计算临界点及临界指数的方法, 称为重整化群理论. 这个理论与量子场论的重整化毫不相关, 只是名称相同而已. 下面介绍 Wilson 重整化理论框架.

1. 标度不变性

首先介绍标度不变性的概念, 这个概念 (或现象) 最初是由 Kadanoff 通过 Ising 模型表达清楚的. 让我们来看两个 Ising 模型的 Hamilton 量 (7.6.12) 和 (7.6.13), 其中 (7.6.12) 是以点阵中每个格点为单位表达出来的, 而 (7.6.13) 是作了 (7.6.14) 的尺度变换后得到的表达式. 对照两个表达式可发现它们的数学形式没有变化, 这就是标度不变性的一个重要特征, 即

$$\text{尺度变换下模型的数学形式不变.} \tag{7.6.28}$$

正是这种数学模型形式不变性产生了标度不变性第二个特征:

$$\text{临界指数在尺度变换下数值不变.} \tag{7.6.29}$$

这句话的含义是原模型 (7.6.12) 与尺度变换下模型 (7.6.13) 各自框架下的临界指数是相同的. 这一点可从 (7.6.15) 和 (7.6.21) 等式两边函数 F 和 R 形式不变看出.

2. 重整化映射 (重整化群)

重整化群这个词是历史延伸下来的, 它的准确称呼应该是叫作尺度变换映射或尺度变换函数. 让我们以 Kadanoff 标度理论为例来说明这个概念. 在自相似尺度变换 (7.6.14) 下, Ising 模型 Hamilton 量 (7.6.12) 变为 (7.6.13). 此时数学形式虽然没变, 但参数 J 变为 J_L. J_L 与 J 存在一个关系, 即存在一个函数 G 使得

$$J_L = G(J), \tag{7.6.30}$$

其中 G 的表达式依赖于尺度变换的方式. 若将所有可能的相互作用系数 J 构成的集合 (即实数 $\mathbb{R}^1$) 作为参数空间, 则 (7.6.30) 就是参数空间 $\mathbb{R}$ 自身的一个映射, 可记为

$$G : \mathbb{R}^1 \to \mathbb{R}^1. \tag{7.6.31}$$

上述 (7.6.30) 和 (7.6.31) 的 G 就称为重整化群.

再来看一般情况. 此时眼光应超越 Ising 模型而放到一般热力学系统的统计模型, 它由 (7.3.6) 给出, 即配分函数为

$$Z = \sum_i \mathrm{e}^{-\mathscr{E}_i(u, \lambda)} \tag{7.6.32}$$

其中 $\mathscr{E}_i$ 表达为

$$\mathscr{E}_i(u, \lambda) = H_i(u, \lambda_1)/kT \quad (\lambda = (\lambda_1, T)),$$

H_i 为系统微观状态的 Hamilton 能量函数, u 为序参量, λ 为控制参数.

假设该系统存在序参量的一个变换

$$\widetilde{u} = L(u), \tag{7.6.33}$$

使得变换后 (7.6.32) 的函数 H_i 形式不变, 即

$$\ln Z(\widetilde{u}, \widetilde{\lambda}) = \alpha(\lambda) \ln Z(u, \lambda). \tag{7.6.34}$$

其中参数 λ 变为 $\widetilde{\lambda}$. $\widetilde{\lambda}$ 与 λ 之间的函数关系为

$$\widetilde{\lambda} = G(\lambda), \tag{7.6.35}$$

这个函数 G 就称为重整化群, 这里将它称为重整化映射.

3. 临界参数 λ_c 与重整化映射 G 的关系

关于 Ising 模型的 Widom-Kadanoff 的标度不变性 (7.6.28) 和 (7.6.29), 在数学上意味着临界参数 λ_c 在重整化群 G 的映射下不变, 即 λ_c 是 G 的不动点,

$$\lambda_c = G(\lambda_c). \tag{7.6.36}$$

于是 (7.6.36) 是一个方程, 由此可解 λ_c. 再由 $G(\lambda)$ 在 λ_c 的幂指数展开

$$G(\lambda) = \sum_\alpha g_\alpha |\lambda_j - \lambda_{c_j}|^{\alpha_j}, \quad \lambda = (\lambda_1, \cdots, \lambda_m), \tag{7.6.37}$$

便可得到各种临界指数 α_j.

4. 重整化临界参数定理

这里可以从数学上证明 λ_c 是 (7.6.35) 的不动点, 即

定理 7.12 (重整化临界参数定理)   若在 (7.6.33) 序参量变换下, 热力学统计模型 (7.6.32) 的形式满足 (7.6.34) 的不变性, 则该系统的临界点 λ_c 是 (7.6.35) 的重整化群 G 的不动点.

下面给出定理 7.12 的证明. 对于 (7.6.32), 热力学势 F 为

$$F = -kT \ln Z(u, \lambda).$$

再由热力学相变第一定理 (定理 6.1),

$$\beta_1(\lambda_c) = \left. \frac{\partial^2}{\partial u^2} F(u, \lambda_c) \right|_{u=0} = 0. \tag{7.6.38}$$

而由 (7.6.34) 和 (7.6.38), 有

$$\frac{\partial^2}{\partial \widetilde{u}^2} [\ln Z(0, G(\lambda_c))] = \frac{\partial^2}{\partial u^2} [\ln Z(0, \lambda_c)] = 0.$$

这意味着 $G(\lambda_c) = \lambda_c$, 即 (7.6.36) 成立.

5. 重整化理论的意义

上面 (7.6.33) 和 (7.6.37) 组成重整化理论的核心. 该理论由 4 个重要环节构成:
- 找到满足 (7.6.34) 的序参量变换 (7.6.33);
- 求出 (7.6.35) 中的重整化映射 G 的表达式;
- 由方程 (7.6.36) 解出不动点 λ_c,
- 给出 G 在 λ_c 附近的幂指数展开 (7.6.37), 求得临界指数.

以上 4 个环节通常最难的是第一个环节, 一般情况下是对具体问题通过物理直觉和经验来判定是否存在不变性变换以及变换的形式.

重整化理论的意义是绕过模型 (7.6.32) 解的表达这一最困难的障碍, 通过求出标度不变性变换的重整化映射 G 来研究相变临界现象. 这在固体点阵相变系统中是一种有效方法. K. Wilson 因这项工作获得 1982 年度的诺贝尔物理学奖.

7.6.4　动态与稳态约化方程的关系

热力学标准模型研究相变是从下面动力学方程开始的

$$\frac{\mathrm{d}u}{\mathrm{d}t} = L_\lambda u + G(u, \lambda). \tag{7.6.39}$$

通常这个方程是无穷维的偏微分方程. 对于动态相变理论来讲, 一个重要环节就是在临界点 λ_c 附近求出 (7.6.39) 的中心流形约化方程, 即

$$\frac{\mathrm{d}x_i}{\mathrm{d}t} = \beta_1(\lambda)x_i + \langle G(x + \Phi(x), \lambda), e_i \rangle \quad (1 \leqslant i \leqslant m), \tag{7.6.40}$$

其中 $x = (x_1, \cdots, x_m)$, $\Phi(x)$ 是 (7.6.39) 的中心流形函数, $\{e_i\}$ 是 L_λ 的第一特征向量, m 是 β_1 的重数. (7.6.40) 是一个 m 维常微分方程, 它包含了 (7.6.39) 在 λ_c 处的全部相变动力学信息. 这个方程的关键是

$$\text{求出中心流形函数 } \Phi(x) \text{ 的表达式.} \tag{7.6.41}$$

对于定态相变的研究, 标准标型的临界理论依赖于 (7.6.39) 的稳态方程, 即

$$L_\lambda u + G(u, \lambda) = 0. \tag{7.6.42}$$

而对于偏微分方程, 临界理论的重要环节就是求出分歧约化方程:

$$\beta_i(\lambda)x_i + \langle G(x + \varphi(x), \lambda), e_i \rangle = 0 \quad (1 \leqslant i \leqslant m), \tag{7.6.43}$$

其中 $\varphi(x)$ 是 (7.6.42) 分解方程的隐函数, 可见 7.4.2 小节的讨论. 对于 (7.6.43) 的分歧约化方程, 关键一步是

$$\text{求出分解方程的隐函数 } \varphi(x) \text{ 的表达式.} \tag{7.6.44}$$

现在的问题是, 定态分歧约化方程 (7.6.43) 是否是中心流形约化方程 (7.6.40) 的稳态方程, 也就是说 (7.6.43) 中的隐函数 $\varphi(x)$ 是否与 (7.6.40) 中的中心流形函数 $\Phi(x)$ 相同. 这个回答是肯定的, 即关于 Φ 和 φ 之间的关系有如下定理.

定理 7.13　对于热力学平衡相变动力学方程 (7.6.39), 它在临界点 λ_c 的中心流形函数 $\Phi(x)$ 与定态分解方程的隐函数 $\varphi(x)$ 是相同的, 即 $\Phi(x) = \varphi(x)$.

这个定理的意义在于, 将 (7.6.41) 的求中心流形函数归结为 (7.6.44) 的求解 $\varphi(x)$. 求解 φ 更简单. 由定理 7.13 就可以理解为什么关于二元相分离的跃迁判据 (6.2.45) 和超导的跃迁判据 (6.3.22) 分别与 (7.5.27) 中的 b 和 (7.5.52) 中的 R 是相同的.

7.6.5 本章各节评注

本章中 7.1—7.3 节是关于临界现象的讨论, 其中 7.1 节和 7.2 节是采用标准模型的方法, 7.3 节是统计模型的方法. 7.4 节和 7.5 节是关于平衡态分歧的临界性质. 正如动态相变理论是标准模型专属的领地一样, 平衡态分歧临界理论也是标准模型的专属领地. 于是可以看到标准模型的方法可以横跨平衡相变领域的各个方面, 是强有力的理论方法. 这个领域的前身就是 Landau 的模型 (平均场) 理论.

7.1 节和 7.2 节 人们普遍认为临界指数的 Landau 模型是一个近似的理论. 然而由标准模型导出的定理 7.4 和定理 7.5 充分说明了模型理论值是精确的, 而理论值与实际测量值的偏差是由涨落造成. 这是标准模型关于临界指数得到的新认识.

关于标度律方面, 从标准模型只能得到 Widom 标度律 (见 (7.1.35) 的推导), 而其他标度律只能从统计模型的 Widom-Kadanoff 标度理论导出. 这说明在临界现象的理论方面标准模型存在盲区, 而这方面统计理论表现出了它的长处.

由 (7.2.17) 定义的 γ_p 指数值 (7.3.20) 需要实验的检验.

7.3 节 统计模型中最成功的就是 Ising 模型, 它是描述二值点阵系统的. 这种二值点阵系统不只是磁系统, 在固体中广泛存在, 如铁电系统、二元合金等都属于这种系统.

统计模型最困难之处就是 (7.3.8) 中指出的三点. 在这里物理的表象理论方法 (即通过现象猜出物理理论) 很难得到施展, 而数学结构也很复杂, 这就很大程度地限制了该方向的发展. 虽然在 20 世纪 60 年代关于 Ising 模型建立了 Widom-Kadanoff 标度理论和 70 年代 Wilson 关于一般统计模型建立了重整化理论很大地促进了这个领域的发展, 但是随后近 50 年统计相变理论基本上处在停滞状态, 其内在原因是统计模型的建立与处理都很困难.

一维 Ising 模型的周期解和非周期解都显示了没有相变, 也将就是说无论是铁磁材料的线圈和铁磁线段都没有磁性. 这个性质在自然界中不知是否真实. 铁磁线圈有可能没有磁性, 因为南北极在线圈内形成闭合状态. 但是铁磁线段就很难说了. 总之这需要实验验证,

二维 Ising 模型的管形铁磁体解析解是由 L. Onsager 给出的, 这个解在 $J_c = 2.27 J/k$ 显示了相变. 但由它计算出来的临界指数与实验值相差有点大, 其值为 (见 (雷克, 1983)):

$$\alpha = 0, \quad \beta = \frac{1}{8}, \quad \delta = 15, \quad \gamma = 1.75, \quad \nu = 1, \quad \eta = \frac{1}{4}.$$

7.4 节和 7.5 节 在 7.4.2 小节中介绍的分歧解的求解方法在数学上称为 Lyapunov-Schmidt 方法. 在 (马天和王守宏, 2007) 和 (Ma and Wang, 2005b) 中对此方法给出更详细的介绍. 鞍结分歧点 T^* 的方程 (7.4.32) 及潜热公式 (7.4.36) 是

由本书作者给出.

关于二元相分离的平衡态临界理论在 (Ma and Wang, 2013) 中有更完整讨论, 在那里对 $\Omega = \prod_{i=1}^{n}(0, L_i)$ 满足

$$L_1 = L_2 = \cdots = L_m > L_{m+1}, \cdots, L_n, \quad \forall\, m > 1,$$

的情况也给出分歧解的临界表达.

7.6 节　标度理论最早由 Widom 在 1965 年提出, 见 (Widom, 1965). 在 1966 年 Kadanoff 将这个思想应用到 Ising 模型上, 并且提出标度不变性的观点, 见 (Kadanoff, 1966). 这种观点被 Wilson 在 1971 年发展重整化理论, 见 (Wilson, 1971). Widom-Kadanoff 的标度理论与 Wilson 重整化理论在统计相变理论中是比较优美的工作, 具有重要的意义.

关于中心流形函数与 Lyapunov-Schmidt 约化的隐函数相等的结论 (定理 7.13), 从数学角度看是非常自然的. 虽然求解它们方程看上去很不相同, 但本质上是等价的. 关于中心流形函数的方程及其计算公式可参见 (Ma and Wang, 2013).

第 8 章　凝聚态与量子相变

8.1　液态 ^{4}He 的超流动性

8.1.1　元激发的虚拟粒子

凝聚系统广义地讲就是系统粒子按某种物理状态如空间位置、能量、动量等聚集在一起的体系, 一般包括液体、固体、晶体、量子凝聚态等. 本书的凝聚态狭义地专指超导、超流和 BEC 等量子凝聚系统. 对于广泛意义下的凝聚体, 用元激发取代实物粒子作为对象来研究热力学性质通常更有效. 我们首先介绍元激发的概念.

在第 3 章中我们介绍粒子系统的统计理论时, 是将系统中每个实物粒子作为能量单位来计算系统总能量, 即

$$E = \sum_i a_i \varepsilon_i, \tag{8.1.1}$$

其中 ε_i 为能级, a_i 为该能级上的粒子数. 然后统计理论按 $\{a_i\}$ 和 $\{\varepsilon_i\}$ 的序列进行展开.

元激发的观念不是用粒子作对象, 而是用量子化的能量作虚拟粒子为对象. 下面我们从晶体原子振动的元激发 (称为声子) 为例来说明元激发的概念.

考虑晶体中原子的振动. 在 3.2.4 小节中的 Einstein 热容理论是将粒子 (即振子) 的能量取分立值 (即能量量子化):

$$\varepsilon_n = \left(n_k + \frac{1}{2} \right) \hbar \omega(k) \qquad (n_k = 0, 1, \cdots),$$

其中 k 是振子的波矢, $\omega(k)$ 为相应的频率. 晶格振动的总能量是所有振子的能量之和, 即

$$E = \sum_k n_k \hbar \omega(k) + E_0, \tag{8.1.2}$$

这里 $E_0 = \sum_k \frac{1}{2} \hbar \omega(k)$. 借鉴于 (8.1.1), 虚拟地将 (8.1.2) 等式右边求和中的振动数 n_k 视为 n_k 个粒子, 称为声子, 每个声子能量为 $\hbar \omega(k)$. 或更清楚地将 (8.1.2) 中的量表达为如下分布

$$\begin{aligned} \text{能级}: & \qquad \varepsilon_k = \hbar \omega(k), \\ \text{动量}: & \qquad p_k = \hbar k, \\ \text{粒子 (声子) 占有数}: & \quad n_k \quad (k = (k_1, k_2, k_3)). \end{aligned} \tag{8.1.3}$$

然后以 (8.1.3) 的分布取代晶体真实粒子的能级分布而展开的统计理论就是元激发的统计学.

元激发就是虚拟粒子. 正如粒子有许多种类一样, 元激发包括许多种不同类型, 下面列举一些常见的概念:

- 固体与液体中与振动相关的声子;
- 金属中的准电子;
- 半导体中的激子与准空穴;
- 铁磁体中的自旋波;
- ^{4}He 超流体中的声子与旋子.

与微观粒子一样, 元激发的虚拟粒子也具有自旋性质, 分为 Bose 型和 Fermi 型两类:

- Bose 型元激发具有整数自旋, 服从 BE 统计,
- Fermi 型元激发具有分数自旋, 服从 FD 统计.

元激发的自旋并不一定与系统的粒子自旋一致. 但 Bose 子构成的系统产生的元激发一定是 Bose 型, 而 Fermi 子组成的系统却不一定, 它既可能有 Bose 型元激发, 也可能有 Fermi 型元激发. 在上面所举的虚拟粒子中, 声子和自旋波是 Bose 型元激发, 准电子和准空穴是 Fermi 型元激发.

以元激发的虚拟粒子为研究对象必须搞清两点:

1) 元激发的自旋类型, 即服从的统计;

2) 元激发的能谱, 即虚拟粒子能量 ε 与动量 p 的关系

$$\varepsilon = \varepsilon(p) \qquad (\text{称为色散律}).$$

8.1.2 ^{4}He 超流体的 Landau 理论

液态 ^{4}He 的超流性在 1938 年被 P. Kapitsa 发现后, L. D. Landau 在 1941 年分别提出了二元流体模型和元激发理论, 这些工作使得 Landau 获得 1962 年诺贝尔物理学奖. 下面分别介绍这两项工作.

1. 二元流体模型

实验发现, ^{4}He 超流体具有两个看上去不相一致的性质. 其一是无黏性现象, 即当液体沿毛细管流动时几乎没有黏性阻力, 但若流速超过某一临界值 v_c 时超流性被破坏; 其二是有黏性现象, 即若用一细丝悬挂一个圆盘浸入 ^{4}He 超流体中作扭摆运动, 则该运动将受到阻尼. 这两个看上去不相一致的现象使得 L. Tisza 在 1938 年和 Landau 在 1941 年提出了二元流体模型来解释这一现象. 这个模型的要点如下.

1) ^{4}He 超流体由两部分组成: 超流体和正常液体, 质量密度为

$$\rho = \rho_s + \rho_n, \tag{8.1.4}$$

其中 ρ_s 为超流液体密度, ρ_n 为正常液体密度. 注意, 在我们建立液体 ^{4}He 系统的热力学势时, 就采用了 (8.1.4) 的假设, 见 (4.3.18).

2) ρ_s 与 ρ_n 的比例依赖于温度, 其关系为

$$\frac{\rho_s}{\rho} = \begin{cases} 1, & T = 0\mathrm{K}, \\ 0, & T = T_c, \end{cases}$$

即在绝对零度 $T = 0\mathrm{K}$ 时, $\rho_n = 0$, $\rho_s = \rho$; 在临界温度 $T = T_c$ 时, $\rho_n = \rho$, $\rho_s = 0$. 在 $0 < T < T_c$ 时, $0 < \rho_s/\rho < 1$.

3) 正常流体的运动具有黏性阻尼, 而超流部分的流动没有阻尼, 零熵, 并且是无旋的, 即

$$\eta_s = 0, \quad S = 0, \quad \mathrm{curl}v_s = 0. \tag{8.1.5}$$

其中 η_s 为黏性系数, S 为超流液体的熵, v_s 为超流部分的速度.

4) 超流运动 (8.1.5) 的性质还使 ^{4}He 超流体在声波的传播方面具有特殊性质, Landau 预言了可传播两种不同的波, 值得一提的是目前实验上发现超流体可传播五种不同的波如下.

i) 零声波. 它是在绝对零度条件下发生的, 由元激发准粒子无碰撞的振动产生的波动效应. 因为是绝对零度的声波, 故称为零声波.

ii) 第一声波. 这就是所有流体都具有的声波, 即通过流体总密度 ρ 的压缩拉伸振动传播的声波.

iii) 第二声波, 这是 Landau 预言的第二种不同的声波. 第一声波是由总密度 ρ 发生振动变化产生的波, 而当总密度 $\rho = \rho_n + \rho_s$ 不变的情况下 (此时没有第一声波), 流体内仍有两种运动发生, 即 v_s 和 v_n 满足

$$\rho_n v_n + \rho_s v_s = 0.$$

v_s 与 v_n 是相反运动, 它们产生的声波称为第二声波, 它的传播速度为

$$c_2 = \left(\frac{\rho_s T S^2}{\rho_n C_V} \right)^{\frac{1}{2}}. \tag{8.1.6}$$

iv) 第三声波. 在超流体的 ^{4}He 薄膜中传播的表面波称为第三声波. 由于薄膜很薄, 超流体正常液体由于黏性的作用被底板固定, 而超流液体不承载熵 (即 (8.1.5) 中 $S_s = 0$), 因而在超流液体中传播的声波伴有温度振动, 故不同于通常的声波. 它的传播速度为

$$c_3 = \left[\frac{\rho_s}{\rho} f d \left(1 + \frac{TS}{L} \right) \right]^{\frac{1}{2}}, \tag{8.1.7}$$

其中 d 为薄膜厚度, f 为分子间的 van der Waals 力, L 为蒸发的潜热.

v) 第四声波. 处在孔隙介质中的 ^{4}He 超流体, 正常液体被孔壁固定, 只有超流液体参与声波的振动传播. 这种波称为第四声波, 它的传播速度为

$$c_4 = \frac{c_1}{n}\left[\frac{\rho_s}{\rho}\right]^{\frac{1}{2}}, \qquad (8.1.8)$$

其中 c_1 为第一声波传播速度, n 为散射修正因子.

上述二元流体模型很好地解释了 ^{4}He 超流体中出现的许多涉及流体运动的奇特现象. 特别是开始介绍的关于黏性系数不相一致的性质在此模型下变得很容易理解了. 因为在毛细管中, 正常液体被管壁束缚住, 而超流液体穿过毛细管不受任何阻尼作用. 然而在圆盘扭动振动过程中, 正常流体的黏性阻力对圆盘起到显著的阻尼作用. 于是出现了看上去很不一样的黏性系数现象.

2. 元激发的声子和旋子

Landau 超流理论第二个重要部分是关于液态 ^{4}He 的元激发提出两个不同种类: 声子和旋子. 并分别表象地给出这两种元激发的能谱 (也称色散律), 即元激发虚拟粒子能量 ε 与动量 p 的关系式

$$\varepsilon = \varepsilon(p). \qquad (8.1.9)$$

正是这种不同能谱关系将声子和旋子区分开来.

首先, Landau 注意到在 $T \simeq 0K$ 附近液态 ^{4}He 比热表现出 T^3 律, 即按 T^3 衰减为零, 这是声子的特征. 从而提出在声子的能谱 (8.1.9) 取如下线性关系:

$$\varepsilon(p) = c_1 p. \qquad (8.1.10)$$

其中 c_1 为第一声速, 其值为 $c_1 = 238\text{m} \cdot \text{s}^{-1}$.

其次, 当温度稍高一点时, 实验发现热容含有一个 $\exp(-\Delta/kT)$ 的附加项, 其中 Δ 为常数. 由此推断 (8.1.9) 的能谱应具有图 8.1 的形状, 即 ε 在开始时是按 (8.1.10) 变化, 随后有个极大值. 然后下降到一个动量值 p_0 处达到极小后继续增长. 图 8.1 所示的函数曲线意味着 ε 在 p_0 附近取如下的函数形式

$$\varepsilon = \Delta + \frac{(p - p_0)^2}{2m^*}, \qquad (8.1.11)$$

式中 Δ, m^* 和 p_0 都是由实验确定的参数, $\Delta = \varepsilon(p_0)$. 以 (8.1.11) 为能谱的元激发称为旋子, m^* 是旋子的虚拟质量.

注意, 这两种准粒子 (声子和旋子) 只是对应于动量 p 的不同区域而已, 因此它们之间可以连续转化.

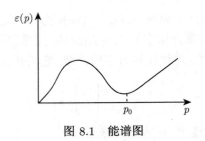

图 8.1　能谱图

关于液态 ^{4}He 激发态的能谱关系 (8.1.10) 和 (8.1.11) 得到了实验的证实. 旋子的能谱 (8.1.11) 是 Landau 在 1947 年提出来的, 见 (栗弗席兹和皮塔耶夫斯基, 2014).

8.1.3　液态 ^{4}He 的热力学性质

知道了元激发的能谱便可应用统计理论讨论液态 ^{4}He 的热力学性质. 下面分别考虑声子和旋子的情况.

1. 声子液体的性质

液态 ^{4}He 的声子液体是一个 Bose 系统. 因为声子和旋子之间可以相互转化, 两种元激发的数目都是守恒的, 因此化学势 $\mu = 0$. 此时 Bose 系统的配分函数 (3.3.7) 可写成

$$\ln Z = -\sum_n g_n \ln(1 - \mathrm{e}^{-\varepsilon_n/kT}). \tag{8.1.12}$$

由于宏观体积内声子的能量可看作是连续的, 因此 (8.1.12) 中求和可以用积分取代. 由 (8.1.10) 可以看到, 声子的能谱与光子能谱形式一样:

$$\text{声子能谱 } \varepsilon = c_1 p, \qquad \text{光子能谱 } \varepsilon = c p.$$

因此关于光子的关系式 (3.3.26) 对声子也成立, 只是声子只有纵波, 而光子有偏振, 固声子的 g_n 是光子的 $\dfrac{1}{2}$ 倍并用声速 c_1 取代光速 c, 于是有

$$\text{声子的 } g_n = \frac{1}{2}\frac{V\omega^2}{c_1^3\pi^3}\mathrm{d}\omega. \tag{8.1.13}$$

其中 ω 为声子的振动频率. 波粒二重性 de Broglie 关系为

$$\varepsilon = \hbar\omega, \qquad \varepsilon \text{ 为声子能量,}$$

关系式 (8.1.13) 变为

$$g_n = \frac{V\varepsilon^2}{2c_1^3\hbar^3\pi^2}\mathrm{d}\varepsilon.$$

于是 (8.1.12) 可写成

$$\ln Z = -\frac{V}{2\pi^2\hbar^3 c_1^3} \int_0^\infty \ln(1 - \mathrm{e}^{-\varepsilon/kT})\varepsilon^2 \mathrm{d}\varepsilon.$$

通过上式的积分可得

$$\ln Z = \frac{\pi^2 V}{90}\left(\frac{kT}{\hbar c_1}\right)^3. \tag{8.1.14}$$

再由 (3.3.8), 从 (8.1.14) 可得到声子液体的热力学量为

$$自由能 \ F = -kT\ln Z = -\frac{\pi^2 V}{90}\frac{k^4 T^4}{\hbar^3 c_1^3},$$

$$熵 \ S = -\frac{\partial F}{\partial T} = \frac{2\pi^2 V}{45}k\left(\frac{kT}{\hbar c_1}\right)^3, \tag{8.1.15}$$

$$热容 \ C_V = T\frac{\partial S}{\partial T} = \frac{2\pi^2}{15}Vk\left(\frac{kT}{\hbar c_1}\right)^3.$$

由此可见, C_V 随 T^3 趋于零, 与实验相符.

2. 旋子液体的性质

现在我们考虑旋子液体的热力学量. 由于旋子能谱 (8.1.11) 关于动量 p 是非线性的, 在计算 (8.1.12) 的配分函数时需要用动量 p 作自变量. 此时由波粒二重性的 de Broglie 关系

$$\omega = \frac{c_1 p}{\hbar},$$

关系式 (8.1.13) 可写成

$$g_n = \frac{1}{2}\frac{Vp^2}{\hbar^3\pi^2}\mathrm{d}p. \tag{8.1.16}$$

于是 (8.1.12) 表达为

$$\ln Z = -\frac{V}{2\hbar^3\pi^2} \int_0^\infty \ln(1 - \mathrm{e}^{-\varepsilon(p)/kT})p^2 \mathrm{d}p. \tag{8.1.17}$$

物理实验表明旋子能谱 (8.1.11) 中 Δ 的值为

$$\frac{\Delta}{k} = 9.6\mathrm{K}.$$

因此在 (8.1.17) 中, 当 $T < T_c$ 时, $\varepsilon(p)/kT \gg 1$, 即 $\mathrm{e}^{-\varepsilon(p)/kT} \ll 1$. 于是 (8.1.17) 中 ln 项进行 Taylor 展开并取第一项, 我们有

$$\ln Z = \frac{V}{2\hbar^3\pi^2} \int_0^\infty \mathrm{e}^{-\varepsilon(p)/kT}p^2 \mathrm{d}p.$$

将 (8.1.11) 的 $\varepsilon(p)$ 代入上式得到

$$\ln Z = \frac{V}{2\hbar^3\pi^2}\int_0^\infty \exp\left[-\frac{1}{kT}\left(\Delta + \frac{(p-p_0)^2}{2m^*}\right)\right]p^2\mathrm{d}p. \tag{8.1.18}$$

令 $p = p_0 + (2m^*kT)^{\frac{1}{2}}x$, 则 (8.1.18) 变为

$$\ln Z = \frac{Vp_0^2}{2\hbar^3\pi^2}(2m^*kT)^{\frac{1}{2}}\mathrm{e}^{-\Delta/kT}$$

$$\times \int_{-z_0}^\infty \left[1 + \frac{(2m^*kT)^{\frac{1}{2}}x}{p_0}\right]^2 \mathrm{e}^{-x^2}\mathrm{d}x,$$

其中 $z_0 = p_0/(2m^*kT)^{\frac{1}{2}}$. 物理上, $z_0 \gg 1$. 因此上式可积分近似为

$$\int_{-\infty}^\infty \left[1 + \frac{(2m^*kT)^{\frac{1}{2}}}{p_0}x\right]^2 \mathrm{e}^{-x^2}\mathrm{d}x \simeq \int_{-\infty}^\infty \mathrm{e}^{-x^2}\mathrm{d}x = \sqrt{\pi}.$$

于是有

$$\ln Z = \frac{Vp_0^2}{2\hbar^3\pi^2}(2\pi m^*kT)^{\frac{1}{2}}\mathrm{e}^{-\Delta/kT}. \tag{8.1.19}$$

从 (8.1.19) 的配分函数可以得到旋子液体的所有热力学量. 为此, 我们先求出旋子总数 N.

由于旋子能量 $\varepsilon(p)/kT \gg 1$, 因此可用 MB 分布取代 BE 分布, 即

$$旋子总数\ N = \sum_n g_n\mathrm{e}^{-\varepsilon_n/kT} = \int g_n\mathrm{e}^{-\varepsilon_n/kT}$$

$$= \frac{V}{2\hbar^3\pi^2}\int_0^\infty \mathrm{e}^{-\varepsilon(p)/kT}p^2\mathrm{d}p \quad (由\ (8.1.16))$$

$$= \ln Z \quad (由\ (8.1.18)).$$

于是可以得到旋子系统的热力学量如下:

$$\begin{aligned}
&旋子总数\ N = \ln Z,\\
&自由能\ F = -kT\ln Z = -NkT,\\
&旋子熵\ S = -\frac{\partial F}{\partial T} = Nk\left(\frac{3}{2} + \frac{\Delta}{kT}\right),\\
&内能\ E = F + TS = N\left(\Delta + \frac{1}{2}kT\right),\\
&热容\ C_V = T\frac{\partial S}{\partial T} = Nk\left(\frac{3}{4} + \frac{\Delta}{kT} + \left(\frac{\Delta}{kT}\right)^2\right).
\end{aligned} \tag{8.1.20}$$

将声子的热力学量 (8.1.15) 与旋子的热力学量 (8.1.20) 相加, 便是液态 ^{4}He 超流体的各种热力学量.

8.1.4 超流旋涡的环形管结构

液态 ^{4}He 的二元流体模型告诉我们, 超流体含有正常液体和超流液体两部分, 并且超流液体的速度 v_s 是无旋的, 即

$$\text{curl } v_s = 0. \tag{8.1.21}$$

数学上, (8.1.21) 的无旋条件等价于 v_s 是一个梯度场, 即存在一个标量函数 $\varphi(x)$ 使得

$$v_s = \alpha \nabla \varphi, \tag{8.1.22}$$

这里 α 是一个常数.

R. P. Feynman 在 1955 年关于 ^{4}He 超流体从物理直观看出 v_s 具有旋涡结构, 并且 v_s 沿一闭合回路 C 的环流是量子化的, 即

$$\int_C v_s \cdot \mathrm{d}l = \frac{2\pi n}{m}\hbar, \qquad n = \pm 1, \pm 2, \cdots. \tag{8.1.23}$$

上述环流量子化关系称为 Feynman 环路定理, 其中 m 为 He 原子质量.

1. Feynman 环路定理的论证

由量子学基本法则 (3.1.10) 有

$$-\mathrm{i}\hbar\nabla = 动量算子. \tag{8.1.24}$$

令 ψ 是超流粒子的波函数, 则 (8.1.24) 意味着

$$He\ 原子动量\ mv_s = -\mathrm{i}\hbar\nabla(\psi/|\psi|).$$

再由 (8.1.22), 我们有

$$\alpha\nabla\varphi = -\frac{\hbar}{m}\mathrm{i}\nabla(\psi/\rho).$$

由此可推出 ψ 为

$$\psi = |\psi|\mathrm{e}^{\mathrm{i}\varphi}, \tag{8.1.25}$$

$\alpha = \dfrac{\hbar}{m}$. 因此 (8.1.21) 的 v_s 取如下形式

$$v_s = \frac{\hbar}{m}\nabla\varphi, \tag{8.1.26}$$

这里 φ 是超流液体波函数 (8.1.25) 的相位.

由于液体是不可压缩的, v_s 是无散度场,

$$\mathrm{div} v_s = 0. \tag{8.1.27}$$

此外, 由 (8.1.5) 超流体是无阻尼的, 它意味着没有外力条件下角动量是守恒的, 即

$$r \times \nabla\varphi(r) = 0. \tag{8.1.28}$$

由 (8.1.27) 和 (8.1.28), 从数学上可以推出 v_s 的流线只能有两种情况, 用柱坐标 (r, θ, z) 表达就是

$$v_s = \frac{\hbar}{m} z_0 e_z \quad \text{为平行流,} \tag{8.1.29}$$

$$v_s = \frac{\hbar}{m} \frac{\alpha}{r} e_\theta \quad \text{为平面旋涡流,} \tag{8.1.30}$$

其中 α 和 z_0 为常数, (e_r, e_θ, e_z) 为柱坐标向量基. 因为有界区域没有平行流, 因此由

$$\nabla\varphi = \frac{\partial\varphi}{\partial r} e_r + \frac{1}{r}\frac{\partial\varphi}{\partial\theta} e_\theta + \frac{\partial\varphi}{\partial z} e_z \tag{8.1.31}$$

可推出 $\varphi = \alpha\theta$. 再由波函数 (8.1.25) 要求是单值的, 因此相位角 φ 必须是 θ 的整数倍, 于是有

$$\varphi = n\theta \quad (n = 0, \pm 1, \pm 2, \cdots). \tag{8.1.32}$$

令 C 是 $z = 0$ 平面上以 $r = 0$ 为中心的闭合回路, 则由 (8.1.31) 和 (8.1.32), 在 (8.1.26) 中的向量场 v_s 沿 C 的环量为

$$\int_C v_s \cdot \mathrm{d}l = \int_C (r\mathrm{d}\theta)\left(\frac{\hbar}{m}\frac{n}{r}\right) = \int_0^{2\pi} \frac{\hbar}{m} n \mathrm{d}\theta = \frac{2\pi n}{m}\hbar,$$

其中 $\mathrm{d}l = \mathrm{d}r e_r + r\mathrm{d}\theta e_\theta + \mathrm{d}z e_z$. 这便证明了 Feynman 环路定理.

2. 环流内半径 r_0

对于无旋场 v, 若它在 C 所围曲面 Σ 可微, 则由 Stokes 公式有

$$\int_C v \cdot \mathrm{d}l = \int_\Sigma \mathrm{curl} v \cdot n \mathrm{d}s = 0. \tag{8.1.33}$$

对照 Feynman 环路定理 (8.1.23), 这意味着超流速度场 v_s 在 $r = 0$ 有奇性. 事实上, (8.1.32) 的 φ 为

$$\varphi = n\theta = n \arctan\frac{x}{y}, \tag{8.1.34}$$

它在 $r = \sqrt{x^2 + y^2} = 0$ 处是不可微的. 因此 (8.1.23) 与 (8.1.33) 不矛盾.

因为超流波函数 (8.1.25) 是可微的, 由 (8.1.34) 知 φ 在 $r = 0$ 不可微, 这意味着每个超流旋涡中心存在一个半径为 $r_0 > 0$ 的圆盘,

$$D = \{(x, y) \in \mathbb{R}^2 \mid 0 \leqslant x^2 + y^2 < r_0\}$$

使得 ^{4}He 在 D 中是正常液体, 即

$$\rho_s = 0 \quad (即\ \psi = 0)\ 在\ D\ 中. \tag{8.1.35}$$

这个半径 r_0 称为环流内半径.

3. v_s 是一个调和场

数学上一个向量场被称为调和场, 若它是梯度场又是无散度场. 因此由 (8.1.26) 和 (8.1.27), v_s 是一个调和场, 即

$$v_s = \frac{\hbar}{m}\nabla\varphi, \qquad \mathrm{div}\, v_s = 0, \tag{8.1.36}$$

其中 φ 是超流相波函数的相位角:

$$\psi = \rho_s \mathrm{e}^{\mathrm{i}\varphi}. \tag{8.1.37}$$

事实上, 性质 (8.1.36) 和 (8.1.37) 是所有凝聚态流体运动的性质. 在 8.5.3 小节中, 我们将再次讨论调和场流的拓扑性质.

4. 环形管的旋涡流

在没有外力作用下, v_s 是角动量守恒的, 即满足 (8.1.28). 此时由 (8.1.26), (8.1.23) 和 (8.1.35), v_s 是分层的平面环形旋涡流, 即

$$v_s = \begin{cases} \dfrac{n\hbar}{mr}e_\theta, & r_0 \leqslant r \leqslant r_1 \quad (n = \pm 1, \pm 2, \cdots), \\ 0, & 0 \leqslant r < r_0\ 及\ r = r_1 + 0, \end{cases} \tag{8.1.38}$$

其中 $r_0 > 0$ 是如 (8.1.35) 中的环流内半径, $r_1 > r_0$ 为环流外半径. 上述 (8.1.38) 的平面环形旋涡流结构如图 8.2 所示.

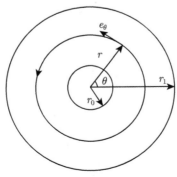

图 8.2 在 $r_0 \leqslant r \leqslant r_1$ 的环形区域内的平面旋涡流

当旋涡流沿着中心 z 轴延伸, 便形成一个环形管状的旋涡流, 它与 z 轴垂直平面的截面就是如图 8.2 所示的结构. 从拓扑学角度看, 环形管就是一个实心轮胎体. 有两种旋涡流, 如图 8.3 (a) 和 (b) 所示, 其中 (a) 为管形流, (b) 为轮胎流.

在没有外力的条件下, 超流液体速度场 v_s 的流结构就是由若干个互不相交的管形流和轮胎流构成, 如图 8.3 所示. 其相对于 z 轴的水平截面流如图 8.2 所示, 速度场由 (8.1.38) 给出. Feynman 环路定理 (8.1.23) 就是 (8.1.38) 的推论.

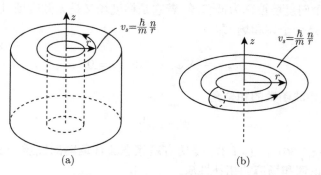

图 8.3　(a) 管形流, (b) 轮胎流

当有外力的情况下, v_s 流的拓扑结构没有变, 仍是如图 8.3 所示的轮胎流结构, 只是不再是如图 8.2 所示的那种分层平面旋涡流结构, 环路定理也不成立.

5. 超流的 Landau 极限速度

Landau 根据超流体的能谱 (8.1.10) 和 (8.1.11), 提出超流极限速度 v_c, 当 $v_s < v_c$ 时流体无黏性 ($\eta_s = 0$), 而当 $v_s > v_c$ 时 $\eta_s \neq 0$, 即超流动性被破坏. Landau 极限速度理论值为

$$v_c = \min \frac{\varepsilon(p)}{p} \simeq \frac{\Delta}{p_0}, \tag{8.1.39}$$

其中 $\varepsilon(p)$, Δ 和 p_0 都如 (8.1.11). 实验证实了极限速度的存在, 但理论与实验数据有些偏差.

6. 环流内半径 r_0 的下界估计

根据超流极限速度, 由 (8.1.35) 定义的环流内半径 r_0 能够由 (8.1.38) 和 (8.1.39) 估计出下界, 即由 $v_c \geqslant v_s$ 可推出

$$r_0 = \frac{n\hbar}{mv_c} \simeq \frac{n\hbar}{m\Delta} p_0. \tag{8.1.40}$$

这个下界表明旋涡环量量子数 n 越大, 环流内半径越大.

8.2 低温超导的经典理论

8.2.1 BCS 理论

超导是固体中游动电子在低温情况下出现大量凝聚的一种现象. 根据 Pauli 不相容原理, Fermi 子系统每一种量子态上最多只能允许一个粒子. 电子是 Fermi 子, 因此超导的凝聚态似乎是违背了 Pauli 不相容原理. 这种矛盾直到 1956 年才被 L. Cooper 提出的超导电子对理论所解决. 根据 Cooper 电子对机制, J. Bardeen, L. Cooper 和 J. R. Schrieffer 三位物理学家合作于 1957 年提出了一个更系统的超导微观量子理论, 较合理地解释了超导电流性质、磁感应的 Meissner 效应、相变的比热等物理性质, 被称为 BCS 理论. 他们三人因此获得 1972 年诺贝尔物理学奖. 该理论分为如下几个要点.

1. Cooper 对

这个理论的关键点就是超导凝聚是 Bose 子的特性, 因此

$$电子必须配对形成 Bose 子才能发生凝聚行为. \tag{8.2.1}$$

至于产生这种配对的吸引力来自何方的解释是否正确对于接下来提出的 BCS 理论已无关紧要. 实验表明超导电子的配对自旋是

$$电子对自旋 =\uparrow + \downarrow= 0. \tag{8.2.2}$$

以上的 (8.2.1) 和 (8.2.2) 称为 Cooper 对的结论, 它是典型的表象理论, 因为实验结果要求是这样.

由于 (8.2.1) 的结论与电荷的 Coulomb 相互作用冲突, 因而很难让人接受, 为此 Cooper 给出下面解释. 首先回忆 Coulomb 定律, 两个相距为 r 的电子, 它们产生的斥力 f 为

$$斥力\ f = \frac{e^2}{r^2} \quad (e\ 为电子电荷).$$

电子与正电荷粒子之间是吸引力为

$$吸引力\ f = -\frac{eq}{r^2} \quad (q\ 为正电荷粒子的电荷).$$

两个电子之间是斥力, 阻止它们配对. 固体晶格 (即晶体格点上的原子) 虽然是中性, 但是附近的电子吸引它内部的正电荷使晶格发生形变, 产生电极化. 这又使形变的晶格吸引附近其他电子. 于是以电极化的晶格为媒介, 吸引两个电子以形成配对, 见图 8.4 所示. 由于变形振动对应于声子, 于是这种相互作用就被称为电子 – 声子相互作用.

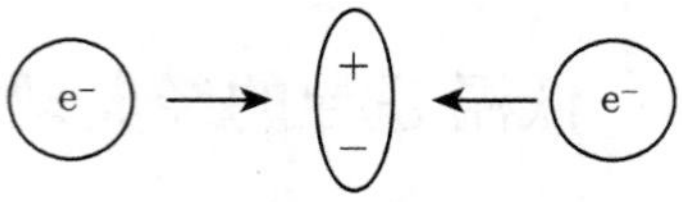

图 8.4 电子对的吸引机制示意图

这种解释并非令所有人满意, 因为对流动的电子对这种解释让人难以接受. 但最重要的是 BCS 理论只依赖于 (8.2.1) 和 (8.2.2) 的结论以及图 8.4 的晶格振动, 这是 BCS 理论的微观量子场论基础.

2. Cooper 对束缚能隙 Δ

这是 BCS 理论的核心假设 (得到实验支持), 即电子结合成 Cooper 对时, 这个电子对具有一个最小的结合能, 称为能隙, 并记为

$$\text{Cooper 对束缚能} = 2\Delta. \tag{8.2.3}$$

它的物理意义是, 需要至少 2Δ 的能量才能将一个 Cooper 对拆散成两个独立的电子. (8.2.3) 的能隙 Δ 是温度的函数, 具有如下性质:

$$\Delta(T) = \begin{cases} = 0, & T_c < T, \\ > 0, & 0 \leqslant T < T_c, \end{cases} \tag{8.2.4}$$

$$\frac{\mathrm{d}}{\mathrm{d}T}\Delta(T) < 0. \tag{8.2.5}$$

由 (8.2.4) 可看出, 当温度大于和等于温度 T_c 时, 导体内没有 Cooper 对, 而 $T < T_c$ 时出现 Cooper 对. (8.2.5) 意味着能隙在绝对零度时达到最大, 即

$$\Delta(0) = \max\Delta.$$

3. 元激发能谱

在超导体内, Cooper 对被打开后分解出两个电子. 这两个电子带有 $\varepsilon_p = p^2/2m$ 的能量, 是实物粒子. 但 BCS 理论是虚拟地将下面能谱看作是激发态 (即一个虚拟粒子的能量),

$$\varepsilon = \sqrt{(\varepsilon_p - \varepsilon_F)^2 + \Delta^2}, \qquad \varepsilon_p = p^2/2m, \tag{8.2.6}$$

其中 ε_F 为 Fermi 能, 见 (3.3.67). 该能谱可由微观量子场论导出.

由于元激发是虚拟电子, 它是 Fermi 子. 它们可从基态产生, 也可重新结合成 Cooper 对, 因此粒子数不守恒. 这种元激发服从化学势 $\mu = 0$ 的 FD 分布, 内能为

$$E = \sum_n \frac{g_n \varepsilon_n}{1 + \exp(\varepsilon_n/kT)}. \tag{8.2.7}$$

因为超导体为金属自由电子气体, g_n 可取为 (见 (3.3.55))

$$g_n = \frac{V(2m)^{3/2}}{2\pi^2\hbar^3}\sqrt{\varepsilon_p}\mathrm{d}\varepsilon_p. \tag{8.2.8}$$

由 (8.2.6) 和 (8.2.8), 内能 (8.2.7) 可写成积分形式

$$E = \frac{V(2m)^{3/2}}{2\pi^2\hbar^3}\int_0^\infty \frac{[(\varepsilon_p - \varepsilon_f)^2 + \Delta^2]^{\frac{1}{2}}\sqrt{\varepsilon_p}\mathrm{d}\varepsilon_p}{1 + \exp[\frac{1}{kT}((\varepsilon_p - \varepsilon_F)^2 + \Delta^2)^{\frac{1}{2}}]}. \tag{8.2.9}$$

4. 热容 (电子部分)

由热容公式

$$C_V = \frac{\partial E}{\partial T},$$

从 (8.2.9) 可以求出电子部分的热容为

$$C_V = C_0\mathrm{e}^{-\alpha_0/kT}, \tag{8.2.10}$$

其中 α_0 和 C_0 由实验给出为

$$\alpha_0 = 1.39kT_c, \qquad C_0 = 7.46\gamma T_c \quad (\gamma = 0.6\mathrm{mJ}\cdot\mathrm{mol}^{-1}\cdot\mathrm{K}^{-2}).$$

公式 (8.2.10) 得到实验验证.

5. 能隙方程 (Bogoliubov 导出)

由微观量子场论可以推出能隙 Δ 满足的方程取如下形式

$$\frac{g}{2}\int_0^\infty \frac{1}{(2\pi\hbar)^3\varepsilon}\left(1 - \frac{2}{1 + \mathrm{e}^{\varepsilon/kT}}\right)\mathrm{d}p = 1, \tag{8.2.11}$$

其中 ε 如 (8.2.6), g 为常数.

由能隙方程 (8.2.11) 可求出 $\Delta(T)$ 的近似函数表达式为

$$\Delta = \begin{cases} \Delta_0\left[1 - \sqrt{\dfrac{2\pi kT}{\Delta_0}}\mathrm{e}^{-\Delta_0/kT}\right], & kT \ll \Delta_0, \\[3mm] 3kT_c\left[1 - \dfrac{T}{T_c}\right]^{\frac{1}{2}}, & 0 < T_c - T \ll 1, \end{cases} \tag{8.2.12}$$

其中 Δ_0 是 Δ 在 $T = 0\mathrm{K}$ 的值,

$$\Delta_0 \simeq 1.7kT_c. \tag{8.2.13}$$

以上结果构成 BCS 理论的主要内容, 剩下就是一些应用. 再次强调, (8.2.3) 的假设是 BCS 理论最重要的部分, 其他都是围绕着能隙 Δ 展开的内容.

8.2.2　London 超导电流方程

对于正常的导电体, 电流 J 与电磁场之间满足两个方程,

$$\text{Ohm 定律：}\qquad J = \sigma E \quad (\sigma\ \text{为电导率}), \tag{8.2.14}$$

$$\text{Ampere 定律：}\qquad \mu_0 J = \mathrm{curl}\,H \quad (\mu_0\ \text{为磁导率}). \tag{8.2.15}$$

超导现象被发现后, 上面两个定律显然不能描述超导电流和超导磁感应的 Meissner 效应, 因为 (8.2.14) 和 (8.2.15) 表明

$$E = 0 \Rightarrow J = 0 \qquad \text{与超导电流不符,}$$

$$J \neq 0 \Rightarrow H \neq 0 \qquad \text{与 Meissner 效应不符.}$$

为此, F. London 和 H. London 兄弟俩在 1935 年表象地提出两个取代 (8.2.14) 和 (8.2.15) 的超导电流方程如下

$$\text{London 第一方程：}\qquad \frac{\partial J_s}{\partial t} = \frac{n_s e_s^2}{m_s} E, \tag{8.2.16}$$

$$\text{London 第二方程：}\qquad \mathrm{curl}\,J_s = -\frac{n_s e_s^2}{m} H, \tag{8.2.17}$$

其中 $m_s = 2m_e$ 是 Cooper 对两个电子的质量, $e_s = 2e$ 是两个电子的电荷, n_s 是 Cooper 对的数的密度. London 第一方程 (8.2.16) 表明

$$E = 0 \Rightarrow J_s = \text{常数} \quad (\text{超导电流}). \tag{8.2.18}$$

London 第二方程 (8.2.17) 代表超导电流的逆磁 (消磁) 效应, 即

$$J_s\ \text{产生逆磁场}\ -\frac{n_s e_s^2}{m} H\ \text{以抵消外磁场.} \tag{8.2.19}$$

London 方程与 Maxwell 方程相结合能够有效地解决超导凝聚态的各种宏观电磁性质.

1. 超导电流 J_s 的公式

由 Maxwell 方程, 电场 E 为

$$\mathrm{curl}\,E = -\frac{\partial H}{\partial t}.$$

再由 $H = \mathrm{curl}\,A$, A 为磁势, 上式可写成 (这里考虑量纲平衡),

$$E = \frac{\hbar}{e_s}\nabla\frac{\partial \varphi}{\partial t} - \frac{\partial A}{\partial t}, \quad \varphi\ \text{为无量纲电势.} \tag{8.2.20}$$

将 (8.2.20) 代入 (8.2.16) 得到

$$\frac{\partial J_s}{\partial t} = \frac{n_s e_s}{m_s} \frac{\partial}{\partial t}[\hbar\nabla\varphi - e_s A].$$

于是得到

$$J_s = \frac{n_s e_s}{m_s}[\hbar\nabla\varphi - e_s A]. \tag{8.2.21}$$

这就是超导电流公式.

公式 (8.2.21) 的物理意义是: 当没有磁场 H 时, J_s 是梯度流

$$J_s^{\nabla} = \frac{n_s e_s}{m_s}\hbar\nabla\varphi \quad (H=0), \tag{8.2.22}$$

当加上外磁场 H 时,

$$J_s = J_s^{\nabla} + J_s^{H} \quad (H \neq 0), \tag{8.2.23}$$

其中 J_s^{∇} 如 (8.2.22) 为梯度流, J_s^{H} 为 H 的感应电流

$$J_s^{H} = -\frac{n_s e_s^2}{m_s}A. \tag{8.2.24}$$

因此超导电流 J_s 由 (8.2.22) 的梯度流 J_s^{∇} 和外磁场 H 的感应电流 (8.2.24) 两项构成. 后面将表明, 与液态 ⁴He 的 (8.1.36) 情况一样, (8.2.22) 的 J_s^{∇} 也是无散度场, 并且 φ 是超导凝聚态波函数的相位角.

2. 感应电流的抗磁性 (Meissner 效应)

当有外磁场 H 存在时, 超导体中将产生感应电流 (8.2.24), 它将抵抗外磁场进入超导体, 使得只能进入

$$\lambda = \sqrt{m_s/\mu_0 n_s e_s^2}, \tag{8.2.25}$$

的深度称为穿透深度, 与 (6.3.8) 和 (6.3.14) 中的 λ 是相同的.

下面由 London 超导电流方程 (8.2.17) 和 Ampéré 方程 (8.2.15) 来证明这一点. 令外磁场 H_a 是平行于 z 轴的,

$$H_a = (0, 0, H_0), \qquad H_0 > 0 \text{ 为常数}. \tag{8.2.26}$$

超导样品容积 Ω 是一个厚度为 h 的平板, 如图 8.5 所示. H_a 在超导体内产生感应磁场和电流为 (采用柱坐标),

$$H_a = (0, 0, H), \qquad J_s = (0, J_\theta, 0) \tag{8.2.27}$$

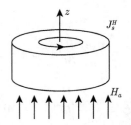

图 8.5 外磁场 H_a 产生旋涡感应电流 J_s^H, 中心有磁力线穿过, 半径 $r_0 = \lambda$

关于 (8.2.15) 和 (8.2.17) 两边求旋度得到

$$\text{curl}^2 H = \mu_0 \text{curl} J_s, \qquad \text{curl}^2 J_s = -\frac{1}{\mu_0 \lambda^2} \text{curl} H.$$

再将 (8.2.15) 和 (8.2.17) 代入上式得到

$$\text{curl}^2 H = -\frac{1}{\lambda^2} H, \qquad \text{curl}^2 J_s = -\frac{1}{\lambda^2} J_s \quad (\lambda \text{ 如 } (8.2.25)).$$

因为 H 和 J 都是无散度的, 我们有

$$\text{curl}^2 H = -\Delta H, \qquad \text{curl}^2 J_s = -\Delta J_s.$$

于是有

$$\Delta H = \frac{1}{\lambda^2} H, \tag{8.2.28}$$

$$\Delta J_s = \frac{1}{\lambda^2} J_s, \tag{8.2.29}$$

物理上, (8.2.27) 中 $H = H(z)$, $J_\theta = J_\theta(r)$. 于是 (8.2.28) 变为

$$\frac{\mathrm{d}^2 H}{\mathrm{d}z^2} = \frac{1}{\lambda^2} H, \tag{8.2.30}$$

对 (8.2.29) 采用柱坐标有

$$\frac{1}{r} \frac{\mathrm{d}}{\mathrm{d}r} \left(r \frac{\mathrm{d}J_\theta}{\mathrm{d}r} \right) = \frac{1}{\lambda^2} J_\theta. \tag{8.2.31}$$

方程 (8.2.30) 满足下面边界条件

$$H|_{z=0} = H_0, \quad H_0 \text{ 如 } (8.2.26).$$

于是 (8.2.30) 的解为

$$H(z) = H_0 \mathrm{e}^{-\frac{z}{\lambda}}, \quad z \geqslant 0, \tag{8.2.32}$$

这里 λ 如 (8.2.25), 它代表了 (8.2.26) 的外磁场 H_0 可进入超导体的深度.

由 (8.2.31) 可得到感应电流 J_θ 为 (见 8.6.4 小节的评注):

$$\begin{cases} J_\theta(r) = a_0\varphi(r)\mathrm{e}^{-r/\lambda}, & a_0 \text{ 为自由参数}, \\ \varphi(r) = 1 + \sum_{n=1}^{\infty} a_n r^n, \end{cases} \qquad (8.2.33)$$

其中 a_n 满足下面的关系

$$\begin{cases} a_1 = \dfrac{1}{\lambda}, \\ a_{n+1} = \dfrac{2n+1}{\lambda(n+1)^2} a_n & (n = 1, 2, \cdots). \end{cases} \qquad (8.2.34)$$

于是外磁场的感应电流为

$$J_s^H = J_\theta(r)e_\theta = a_0\varphi(r)\mathrm{e}^{-\frac{r}{\lambda}}e_\theta, \qquad (8.2.35)$$

(e_r, e_θ, e_z) 为柱坐标向量基. 这表明由垂直场 (8.2.26) 产生的感应电流 (8.2.35) 是一个旋涡流. 注意到

$$J_\theta(0) = a_0 \neq 0 \quad (\text{否则由 } (8.2.34) \text{ 知 } \varphi = 0).$$

这表明 $r = 0$ 是 J_s^H 的一个奇点, 它意味着旋涡中心一定是正常状态并且有磁力线穿过导体. (8.2.35) 也推出感应电流是旋涡流, 半径为穿透深度 λ.

3. 磁通量子化

在 (8.2.21) 中的梯度流 $J_s^\triangle$ 与 $^4\mathrm{He}$ 超流体中的梯度流一样, 它是调和场并且是角动量守恒的. 因此 φ 与 (8.1.32) 相同, 为

$$\varphi = n\theta \quad (n = 0, \pm1, \pm2, \cdots),$$

其中 $n = 0$ 对应于 BEC 凝聚, 电子都处在零动量状态; $n \neq 0$ 对应着 $J_s^\triangle \neq 0$, 并且是旋涡流. 此时 (8.2.21) 的 J_s 为

$$J_s = \frac{n_s e_s}{m_s}\left(\frac{n\hbar}{r}e_\theta - e_s A\right), \qquad (8.2.36)$$

其中 $A = -\lambda^2 J_s^H$, J_s^H 如 (8.2.35), 即 $J_s^\triangle$ 与 J_s^H 是同中心的旋涡流, 在中心都具有奇性. 而 J_s 在中心没有奇性, 因为 $n_s = 0$ 在 $r = 0$. 再由 Meissner 效应 (8.2.32), $\mathrm{curl}A = 0$ 在旋涡中心外部. 因此有

$$\oint_C J_s \cdot \mathrm{d}l = 0, \quad C \text{ 为包含中心的环路}.$$

于是由 (8.2.36) 得到

$$\int_C A \cdot \mathrm{d}l = \frac{2\pi n}{e_s}\hbar, \quad n = 0, \pm 1, \pm 2, \cdots. \tag{8.2.37}$$

注意到 (8.2.37) 等式左边为磁通量 Φ, 于是得到量子化的磁通为

$$磁通量 \ \Phi = \frac{2\pi n}{e_s}\hbar, \quad n = 0, \pm 1, \pm 2, \cdots. \tag{8.2.38}$$

$n = 1$ 的磁通 $\Phi_0 = 2\pi\hbar/e_s$ 就是如 (6.3.8) 的量子磁通.

4. 总结

综合上述讨论, 关于 Landau 超导电流方程可得如下结论:

- 超导电流如 (8.2.21) 由梯度流与感应电流构成.
- 感应电流是抗外磁场的, 因而有 (8.2.32) 的表面穿透, 穿透深度为

$$\lambda = \sqrt{m_s/\mu_0 n_s e_s^2}, \quad n_s \ 为平均 \ Cooper \ 数密度.$$

- 一个均匀的平行外磁场产生 (8.2.35) 的感应旋涡电流, 旋涡半径为穿透深度 λ, 旋涡中心是一正常态, 有磁力线穿过, 旋涡方向与外磁场相反.
- 感应电流 (8.2.35) 中参数 a_0 依赖于外磁场 H_0, 即

$$a_0 = a_0(H_0) \quad (a_0(0) = 0).$$

- 感应电流旋涡是磁通量子化的, 磁通 Φ 满足 (8.2.38).

以上结论都被实验证实. 因此 London 方程在描述超导体的宏观电磁性质方面是很成功的.

8.2.3　Abrikosov 理论

由 London 的超导电流方程只能推出导体的单个旋涡性质, 但是对于导体整体超导电流情况无法了解. 此外, 虽然 London 的旋涡理论能够知道存在一个正常态的内柱体, 但并不知道内半径是多少. Abrikosov 在 1957 年提出的超导旋涡理论弥补了这一缺陷, 他因此获得 2003 年诺贝尔物理学奖.

Abrikosov 理论给出如下三个结论:

1) 对于 II 型超导体存在两个临界磁场 $H_{c_2} > H_{c_1}$, 当磁场 $H < H_{c_1}$ 时, 导体处在 Meissner 态 (完全抗磁性), $H_{c_1} < H < H_{c_2}$ 时, 导体处在混合态, 并且

$$上临界磁场 \ H_{c_2} = \sqrt{2}\kappa H_c, \tag{8.2.39}$$

$$下临界磁场 \ H_{c_1} = \frac{H_c}{\sqrt{2}\kappa}\ln\kappa, \tag{8.2.40}$$

其中 $\kappa = \lambda/\xi$ 是 Ginzburg-Landau 参数, λ 为穿透深度, ξ 是关联长度, H_c 是 I 型导体的临界磁场.

2) 当处在混合态时, 导体内出现大量超导电流旋涡的点阵, 点阵结构有正方形和三角形, 如图 6.21 所示, 也有无规则点阵.

3) 每个旋涡的正常态内柱体半径为

$$r_N = \xi \qquad (\xi \text{ 为关联长度}). \tag{8.2.41}$$

由于篇幅限制, 这里只介绍 (8.2.39) 的推导, 其余见 (栗弗席兹和皮塔耶夫斯基, 2008).

1. 超导参数

Abrikosov 是从 Ginzburg-Landau 自由能导出他的理论的. 让我们首先回忆 GL 自由能, 它写作

$$F = \int \left[\frac{\hbar^2}{2m_s} \left| \left(i\hbar\nabla - \frac{e_s}{\hbar c} A \right) \psi \right|^2 + b_0|\psi|^2 + \frac{b_1}{2}|\psi|^4 + \frac{H^2}{8\pi} \right]. \tag{8.2.42}$$

从 F 可以得到下面关键参数的表达式: λ, ξ, κ, H_c. 它们的表达式是 Abrikosov 理论的基础. 由 F 可得到超导稳态方程:

$$\frac{1}{2m_s} \left(-i\hbar\nabla - \frac{e_s}{c} A \right)^2 \psi + b_0\psi + b_1|\psi|^2\psi = 0 \tag{8.2.43}$$

以及 Ampéré 方程

$$\text{curl}H = \frac{4\pi}{c} J_s, \tag{8.2.44}$$

其中 J_s 为超导电流, 具体表达为

$$J_s = -\frac{e_s^2}{m_s c}|\psi|^2 A - \frac{e_s\hbar}{2m_s} i(\psi^*\nabla\psi - \psi\nabla\psi^*), \tag{8.2.45}$$

可参见 (6.3.9). 关于 (8.2.44) 和 (8.2.45) 两边求旋度, 联立后得

$$\text{curl}^2 H = -\Delta H = -\frac{4\pi e_s^2}{m_s c^2}|\psi|^2 H \quad (H = \text{curl}A), \tag{8.2.46}$$

这是因为 $\psi = \rho e^{i\varphi}$ (ρ 近似为常数) 以及下面是无旋场

$$-i(\psi^*\nabla\psi - \psi\nabla\psi^*) = 2\nabla\varphi.$$

方程 (8.2.46) 便是 (8.2.28) 的 London 方程, 于是得到

$$\lambda = \left(\frac{m_s c^2}{4\pi e_s^2} \frac{1}{|\psi|^2} \right)^{\frac{1}{2}}.$$

再由 (8.2.43), ψ 近似为下面方程的解

$$b_1|\psi|^2 + b_0 = 0. \tag{8.2.47}$$

因此有

$$\text{穿透深度 } \lambda = \left(\frac{m_s c^2 b_1}{4\pi e_s^2 |b_0|}\right)^{\frac{1}{2}}. \tag{8.2.48}$$

这就是 (6.3.12) 中的 λ.

此外, 根据关联长度公式 (5.5.34),

$$\xi = \sqrt{b/a},$$

其中 b 对应于 (8.2.42) 中 $|\nabla\psi|^2$ 的系数, a 对应于 b_0, 于是有

$$\xi = \frac{\hbar}{\sqrt{2m_s|b_0|}}, \tag{8.2.49}$$

可参见 (6.3.12) 中的 ξ, 与它相同. 由 (8.2.48) 和 (8.2.49) 得到

$$\kappa = \lambda/\xi = \frac{m_s c\sqrt{b_1}}{\sqrt{2\pi}e_s\hbar}. \tag{8.2.50}$$

最后来求 H_c 的表达式. 由 (8.2.47) 有 (注意 $b_0 = \alpha(T - T_c)$):

$$|\psi|^2 = -\frac{b_0}{b_1} = \frac{\alpha}{b_1}(T_c - T). \tag{8.2.51}$$

另一方面, GL 自由能 (8.2.42) 在外场情况下为

$$F = V\left[b_0|\psi|^2 + \frac{b_1}{2}|\psi|^4\right] + F_n \quad (V \text{ 为体积}). \tag{8.2.52}$$

将 (8.2.51) 代入 (8.2.52), 得到超导态与正常态自由能的差为

$$F_s - F_n = -\frac{b_0^2}{2b_1}V = -V\frac{\alpha^2}{2b_1}(T_c - T)^2. \tag{8.2.53}$$

我们知道, H_c 是破坏超导的临界磁场, 因此 H_c 的能量应等于 (8.2.53) 的能量, 即

$$V\frac{H_c^2}{8\pi} = V\frac{\alpha^2}{2b_1}(T_c - T)^2.$$

由此得到

$$H_c = \left(\frac{4\pi}{b_1}\right)^{\frac{1}{2}}\alpha(T_c - T) = 2\sqrt{\frac{\pi}{b_1}}|b_0|. \tag{8.2.54}$$

于是四个参数 λ, ξ, κ 和 H_c 的表达式全部得到.

2. 上临界磁场 H_{c_2} 的表达式

H_{c_2} 的公式 (8.2.39) 是以超导体 I 型和 II 型为类作为基础的, 即在 (6.3.3) 和 (6.3.5) 中已介绍的分类:

$$\text{I 型超导体}: \sqrt{2}\kappa < 1, \qquad \text{II 型超导体}: \sqrt{2}\kappa > 1.$$

由此可知, 当求得一个临界磁场如 (8.2.39) 时, 便可断定在 H_{c_2} 处进入混合态, 因为 II 型导体的定义就是超导态和正常态可以共存的导体 (这是 Landau 首先提出的理论).

首先假设对 II 型导体存在 $H_{c_2} > H_c$, 并且 H_{c_2} 是破坏超导的临界磁场. 因此外磁场 H 逼近 H_{c_2} 时有

$$H \to H_{c_2} - 0 \Rightarrow \psi \to 0. \tag{8.2.55}$$

此时方程 (8.2.43) 可略去高阶项变为

$$\frac{1}{2m_s}\left(-\mathrm{i}\hbar\nabla - \frac{e_s}{c}A\right)^2 \psi = |b_0|\psi. \tag{8.2.56}$$

在 (8.2.56) 中 $|b_0|$ 起到能级作用. 由量子力学, 在均匀磁场 $H = \mathrm{curl}A$ 中粒子能量最小值为 (见 (栗弗席兹和皮塔耶夫斯基, 2008) §47)

$$E_0 = \frac{e_s\hbar}{2m_sc}|H|,$$

它是 (8.2.56) 最小特征值的下限, 即

$$|b_0| > \frac{e_s\hbar}{2m_sc}|H|.$$

因此临界磁场 H_{c_2} 为

$$H_{c_2} = \frac{2m_sc|b_0|}{e_s\hbar}.$$

再由 (8.2.50) 和 (8.2.54), H_{c_2} 可写成

$$H_{c_2} = \sqrt{2}\kappa H_c.$$

这就是 Abrikosov 的公式 (8.2.39).

8.2.4 Josephson 隧道效应

量子力学有一个称为隧道效应的性质. 这个性质的物理现象是在两个导体中间夹一层很薄的绝缘体, 从常规看一个导体中的电子不可能穿过这个绝缘层到另一个

导体中, 但是在绝缘层很薄的情况下实验发现电子存在较小的概率穿过这个势垒. 这就称为量子隧道效应.

Josephson 效应是超导体中的一种量子隧道效应, 具有与正常导体不同的特殊性质, 即两个夹有足够薄绝缘层的超导体之间即使没有电势差也会有超导电流存在, 并且当两边施加一个恒定电压 V_0 时, 两个超导体之间会出现交变振荡电流. 这个超导特有的量子隧道效应是由 B. D. Josephson 在 1962 年提出, 并在 1963 年为 P. W. Anderson 和 J. Rowell 首先由实验证实. Josephson 因此工作获得 1973 年诺贝尔物理学奖.

Josephson 效应的无电压直流超导电流 J_s 公式为

$$J_s = J_0 \sin \Phi, \qquad J_0 = \frac{e_s \hbar a}{m_s} n_s, \tag{8.2.57}$$

其中 $\Phi = \Phi_2 - \Phi_1$ 为导体两边波函数的相位差, a 为势垒穿透系数. n_s 为 Cooper 对的数密度. 当两边施加一恒定电压 V 时, 交变电流为

$$J_0^\omega = J_0 \sin(\Phi_0 - \omega t), \qquad \omega = e_s V / \hbar. \tag{8.2.58}$$

下面我们从物理上推导 Josephson 效应的两个公式 (8.2.57) 和 (8.2.58).

1. 直流超导电流效应

让我们来考察公式 (8.2.57). 取 x 坐标如图 8.6 所示, 图中 A_1 和 A_2 两个区域代表两个超导体, 它们被中间的黑实线隔开, 黑实线 Γ 代表绝缘夹层, x 轴与 Γ 结垂直.

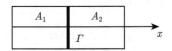

图 8.6　A_1 和 A_2 两个超导体被 Γ 结 (黑实线) 隔开

假若电子完全不能通过夹层, 则每块导体的波函数 ψ 在自己的区域内满足下面边界条件 (表示没有超导电流穿过 Γ):

$$\left(\mathrm{i}\hbar \nabla + \frac{e_s}{c} A \right) \psi \cdot n |_\Gamma = 0, \tag{8.2.59}$$

其中图 8.6 中的 Γ 结是 A_1 与 A_2 的公共边界, 在那里法向量 n 与 x 轴平行. 因此 (8.2.59) 可表达成如下形式

$$\begin{aligned}
\frac{\partial \psi_1}{\partial x} - \frac{\mathrm{i} e_s}{\hbar c} A_x \psi_1 = 0, &\qquad \text{在 } \Gamma \text{ 结上}, \\
\frac{\partial \psi_2}{\partial x} - \frac{\mathrm{i} e_s}{\hbar c} A_x \psi_2 = 0, &\qquad \text{在 } \Gamma \text{ 结上}.
\end{aligned} \tag{8.2.60}$$

若势垒是可有限穿透的, 则 (8.2.60) 的等式右边不为零. 此时, 取代 (8.2.60) 在 Γ 附近表象地取如下方程

$$\frac{\partial \psi_1}{\partial x} - \frac{\mathrm{i}e_s}{\hbar c} A_x \psi_1 = a\psi_2, \tag{8.2.61}$$

$$\frac{\partial \psi_2}{\partial x} - \frac{\mathrm{i}e_s}{\hbar c} A_x \psi_2 = a\psi_1, \tag{8.2.62}$$

其中 $a \neq 0$ 可视为穿透系数, 见 (栗弗席兹和皮塔耶夫斯基, 2008).

将超导电流公式 (8.2.45) 应用到图 8.6 中的 A_1 和 A_2 区域, 例如, A_1 区便有如下形式

$$J_s = -\frac{\mathrm{i}\hbar e_s}{2m_s}\left(\psi_1^* \frac{\partial \psi_1}{\partial x} - \psi_1 \frac{\partial \psi_1^*}{\partial x}\right) - \frac{e_s^2}{m_s c} A_x \psi_1^* \psi_1.$$

将 (8.2.61) 代入上式便得到

$$J_s = -\frac{\mathrm{i}\hbar e_s}{2m_s} a(\psi_1^* \psi_2 - \psi_2^* \psi_1). \tag{8.2.63}$$

对于相同材料的超导体, ψ_1 和 ψ_2 仅是相位不同而已, 即

$$\psi_1 = n_s \mathrm{e}^{\mathrm{i}\Phi_1}, \quad \psi_2 = n_s \mathrm{e}^{\mathrm{i}\Phi_2}. \tag{8.2.64}$$

将 (8.2.63) 与 (8.2.64) 联立便可得到穿透 Γ 结的超导电流为

$$J_s = \frac{e_s \hbar a}{m_s} \sin(\Phi_2 - \Phi_1), \tag{8.2.65}$$

这就是 (8.2.57).

2. 交流超导电流效应

现在考虑 (8.2.58). 在 Γ 结上施加一个电势差 $V = V_1 - V_2$. 这相当于将量子系统置于四维电势阱 A_μ 中:

$$A_\mu = (A_0, A) \quad (A \text{ 如 } (8.2.59), A_0 = V).$$

此时由量子法则 3.3, 即 (3.3.12), 方程 (8.2.61) 和 (8.2.62) 变为

$$\begin{aligned}
\left(\mathrm{i}\hbar\frac{\partial}{\partial t} + e_s V_1\right)\psi_1 &= \frac{\partial \psi_1}{\partial x} - \frac{\mathrm{i}e_s}{\hbar c} A_x \psi_1 - a\psi_2, \\
\left(\mathrm{i}\hbar\frac{\partial}{\partial t} + e_s V_2\right)\psi_2 &= \frac{\partial \psi_2}{\partial x} - \frac{\mathrm{i}e_s}{\hbar c} A_x \psi_2 - a\psi_1,
\end{aligned} \tag{8.2.66}$$

这里注意 Cooper 对电荷 $g = -e_s < 0$.

由于 (8.2.64) 是 (8.2.61) 和 (8.2.62) 的解, 因此 (8.2.66) 和 (8.2.67) 的解 ψ_1 和 ψ_2 变为

$$\psi_j = n_s e^{i(\Phi_j + \frac{e_s}{\hbar} V_j t)}, \quad j = 1, 2.$$

于是相位差为 (注意 $V = V_1 - V_2$)

$$\Phi_2 - \Phi_1 + \frac{e_s}{\hbar}(V_2 - V_1)t = \Phi_0 - \frac{e_s}{\hbar}Vt. \tag{8.2.67}$$

将 (8.2.67) 取代 (8.2.65) 中的 $\Phi_0 = \Phi_2 - \Phi_1$, 便得到

$$J_s = \frac{e_s \hbar a}{m_s} \sin\left(\Phi_0 - \frac{e_s}{\hbar}Vt\right),$$

这就是 (8.2.58).

8.3 凝聚态量子物理基础

8.3.1 量子理论基础

到目前为止, 关于量子凝聚态系统仍缺少能够统一地解决超导、超流以及气体 BEC 等凝聚行为的物理机制问题的普适的微观量子理论. 也就是说, 现在我们没有一个这样的理论使得人们对量子凝聚态在头脑里有一个清晰的物理图像, 以及在此图像下可以清楚地理解为什么会有超导和超流现象. 虽然 Landau 超流理论和 BCS 理论对超流和超导做出一些解释, 但它们不是十分令人满意的.

本节的目的就是试图建立这样的凝聚态量子理论. 为此我们需要对经典量子物理的基本理论作一重新审视和理解. 下面将分几方面进行.

1. 波函数的经典解释

考虑一个微观粒子. 经典量子力学告诉我们描述该粒子运动的是复值波函数 $\Psi : \Omega \to \mathbb{C}$, $\Omega \subset \mathbb{R}^3$ 是粒子所在区域. Ψ 满足一个波方程, 例如 Schrödinger 方程

$$i\hbar \frac{\partial \Psi}{\partial t} = -\frac{\hbar^2}{2m}\Delta\Psi + V(x)\Psi, \quad x \in \Omega, \tag{8.3.1}$$

其中 m 为粒子质量, $V(x)$ 代表外在的作用势场. 方程 (8.3.1) 描述的粒子是能量守恒的 (见 5.4.1–5.4.3 小节的讨论), 因此波函数 Ψ 可表达成如下形式 (能量守恒波函数都是这种形式):

$$\Psi = e^{-iEt/\hbar}\psi(x), \tag{8.3.2}$$

其中 E 为能量, ψ 是时间无关的波函数. 将 (8.3.2) 代入 (8.3.1) 得到 ψ 满足的方程如下

$$-\frac{\hbar^2}{2m}\Delta\psi + V(x)\psi = E\psi. \tag{8.3.3}$$

方程 (8.3.3) 的解 ψ 可写成

$$\psi = |\psi|e^{i\varphi}, \tag{8.3.4}$$

其中 φ 称为 ψ 的相位.

根据量子法则 3.1, ψ 模的平方被解释成

$$|\psi(x)|^2 \text{ 代表在 } x \text{ 点粒子出现的概率密度.} \tag{8.3.5}$$

又由量子法则 3.2 的 (3.3.10),

$$-i\hbar\nabla = \text{动量算子.} \tag{8.3.6}$$

它意味着

$$\psi \text{ 的动量密度} = \hbar\nabla\psi \cdot \psi^* \text{ 的虚部.} \tag{8.3.7}$$

令

$$\psi \text{ 的动量密度} = \text{粒子动量密度} = m|\psi|^2 v,$$

其中 v 为粒子速度. 于是由 (8.3.4) 和 (8.3.7) 推出

$$v = \frac{\hbar}{m}\nabla\varphi, \tag{8.3.8}$$

即粒子的速度 v 是波函数 (8.3.4) 的相位. (8.3.8) 是经典量子法则 3.1 和 3.2 的推论, 它与量子力学的下面物理结论也是一致的:

$$\text{电流密度 } J = \frac{ie\hbar}{2m}(\psi\nabla\psi^* - \psi^*\nabla\psi). \tag{8.3.9}$$

2. 波函数的另一种观点

注意到 (8.3.8) 是粒子的速度场, 并非是速度. 这个事实给波函数 ψ 提供了另一种不同的理解方式如下.

1) 在外势场为 $V(x)$ 的情况下, (8.3.3) 的波函数 ψ 是所有同质量粒子运动的场函数, 也就是说它并非是像传统所理解的那样是某个指定粒子的波函数.

2) 当一个粒子在 $x_0 \in \Omega$ 被测到时, 则该粒子的运动轨道是以 x_0 为初始点的下面方程的解

$$\begin{aligned} \frac{dx}{dt} &= \frac{\hbar}{m}\nabla\varphi(x), \\ x(0) &= x_0, \end{aligned} \tag{8.3.10}$$

其中 φ 如 (8.3.4) 为波函数 ψ 的相位. 它的轨道是完全确定的, 不是随机的.

3) 作为粒子运动的场函数, ψ 的模平方的物理意义为

$$|\psi(x)|^2 = \text{在 } x \text{ 点的分布密度.} \tag{8.3.11}$$

4) 在 (8.3.3) 中的能量 E 代表粒子的平均能级, 它可写成

$$E = \int_{\Omega} \left[\frac{\hbar^2}{2m} |\nabla|\psi||^2 + \frac{\hbar^2}{2m} |\nabla\varphi(x)|^2 + V(x)|\psi|^2 \right] \mathrm{d}x, \tag{8.3.12}$$

其中右边积分中第一项代表粒子不均匀分布势能, 第二项为平均动能, 第三项为外场势能. 分布势 $\nabla|\psi|$ 为量子力学所特有, 经典力学没有此项.

3. 上述观点的物理意义

上面的解释并没有改变量子力学的基本理论, 但是它对量子力学的理解改变了. 此外, 这种新的理解方式对于后面我们要建立的凝聚态量子理论具有根本的重要性.

按经典量子力学的 Born 统计解释, 微观粒子在没有束缚条件下运动具有随机性, 没有具体的运动轨道, 它在每一点 x 是以 $|\psi(x)|^2$ 为概率密度的机会出现的. 这种理解在历史上产生了著名的 Einstein–Bohr 争论, 并且至今使得人们对于量子力学基础的因果律问题产生疑惑和不解.

按现在的解释 $\psi = |\psi|\mathrm{e}^{\mathrm{i}\varphi}$ 是由外部势 V 决定的所有同类粒子的公共场函数. $|\psi|^2$ 代表粒子的分布密度, $\frac{\hbar}{m}\nabla\varphi$ 为速度场. 粒子的运动轨道是由 (8.3.10) 完全确定. 此时观测的粒子不是某个指定粒子, 而是如 1) 中所述是大量同类粒子. 因此粒子的初始位置是按 $|\psi|^2$ 的方式来分布, 而运动轨道是由方程 (8.3.10) 完全确定. 这与传统的 Bohr 理解方式是根本不同的. 这对量子物理特别是凝聚态物理产生重要影响.

4. 总结

根据本书量子力学的观点, 波函数

$$\psi = \psi_1 + \mathrm{i}\psi_2 = |\psi|\mathrm{e}^{\mathrm{i}\varphi}$$

中四个场函数 ψ_1, ψ_2, $|\psi|$, φ 的物理意义如下.

1) ψ_1 和 ψ_2 是 Hamilton 系统的共轭函数, 它们满足方程

$$\hbar \frac{\partial \psi_1}{\partial t} = k \frac{\delta}{\delta \psi_2} H(\psi),$$
$$\hbar \frac{\partial \psi_2}{\partial t} = -k \frac{\delta}{\delta \psi_1} H(\psi),$$

2) $|\psi(x)|^2$ 代表粒子的分布密度.

3) $\nabla|\psi|$ 为粒子的不均匀分布势, 而

$$\frac{\hbar^2}{2m} |\nabla|\psi||^2 = 不均匀势能.$$

4) $\dfrac{\hbar^2}{2m}\nabla\varphi$ 是粒子速度场.

8.3.2 凝聚态形成的量子机制

基于上一节中提出的量子力学观点, 我们能够建立起凝聚态微观结构及其形成机理, 它可统一地提供超导、超流和气体 BEC 等系统的凝聚物理图像和形成机制. 这一小节首先引入凝聚态形成的微观机理.

1. 凝聚态形成的物理图像

根据上一节中 1)–4) 的量子力学物理解释, 波函数不再被看作是描述一个特定粒子的状态函数, 而是给出一个控制粒子运动的场. 粒子在一个波函数中运动就如宏观物体在一个引力场中情况类似. 在这种观点下, 我们就可以给出凝聚态的物理图像. 由 Pauli 不相容原理, 在粒子之间的相互作用很微弱的条件下, 任意数量的 Bose 子都可在同一个波函数的场中运动, 只要这些粒子都处在一个相同的外部势场中. 因此凝聚态就是:

$$\text{凝聚态} = \text{大量 Bose 子处在同一个势场 } V \text{ 决定的场 } \psi \text{ 中}. \tag{8.3.13}$$

此时 ψ 称为凝聚波函数, 或凝聚场.

2. 微观量子机制

凝聚态的形成都是在低温 (或较低温) 情况下, 其原因是高温条件下粒子都具有较高的动能, 使得每个粒子都会与其他粒子发生碰撞 (也称为散射). 碰撞的实质就是相互作用. 因此对每个粒子而言这就等效于处在一个独特的相互作用场中, 因而具有各自的波函数. 从而不可能发生如 (8.3.13) 的凝聚现象.

然而在较低温情况下, 粒子动能变小 (因为温度代表粒子平均能级), 碰撞机会变小, 因此可以形成一个公共的外部势场. 又因为粒子占据同一个波函数时不会相互发生碰撞, 使系统能量减小 (下面将证明这一点), 因此根据极小势原理, 系统自动会倾向于粒子凝聚. 这就是发生 (8.3.13) 凝聚行为的机理.

3. 无碰撞性

现在我们应用粒子运动方程 (8.3.10) 来证明处在凝聚态的粒子之间不会发生碰撞.

当大量粒子占据同一个波函数 $\psi = |\psi|e^{i\varphi}$ 时, 它们的运动轨道受到同一速度场 $\dfrac{\hbar}{m}\nabla\varphi$ 的控制, 即满足 (8.3.10). 但是不同的粒子在每一时刻的初始位置不同, 这使得它们不会发生相撞. 例如, 两个不同粒子 A 和 B, 它们的初始位置分别为 x_1 和 x_2, 即

$$x_A(0, x_1) = x_1, \qquad x_B(0, x_2) = x_2,$$

其中 $x_A(t, x_1)$ 和 $x_B(t, x_2)$ 分别是 A 和 B 粒子的轨道, 它们都是方程

$$\frac{\mathrm{d}x}{\mathrm{d}t} = \frac{\hbar}{m} \nabla \varphi(x)$$

的解, 分别以 x_1 和 x_2 为初值. 数学定理告诉我们, 当 $x_1 \neq x_2$ 时有

$$x_A(t, x_1) \neq x_B(t, x_2), \quad \forall t > 0.$$

这就是说 A 和 B 粒子永远不会发生碰撞. 凝聚态粒子运动就像星系中大量星体绕着星系核的转动, 是同一个道理.

4. 极小能级

当 N 个粒子处在一个波函数态上时, 由 (8.3.12) 它们的总能量为

$$NE_0 = N \int \left[\frac{\hbar^2}{2m} |\nabla|\psi_0||^2 + \frac{\hbar^2}{2m} |\nabla\varphi_0|^2 + V_0|\psi_0|^2 \right] \mathrm{d}x.$$

而 N 个粒子在各自的态上时, 总能量为

$$\sum_{i=1}^{N} E_i = \sum_{i=1}^{N} \int \left[\frac{\hbar^2}{2m} |\nabla|\psi_i||^2 + \frac{\hbar^2}{2m} |\nabla\varphi_i|^2 + V_i|\psi_i|^2 \right] \mathrm{d}x.$$

凝聚态发生时, 粒子总是集体占据极小能级态, 即

$$E_0 \leqslant E_i \quad (1 \leqslant i \leqslant N).$$

于是系统总能量为

$$NE_0 < \sum_{i=1}^{N} E_i \quad (\text{当存在 } E_i \text{ 使得 } E_i > E_0 \text{ 时}).$$

即凝聚态粒子占据极小能级时, 总能量小于正常态粒子的总能量. 由极小势原理, 低温条件下系统是处在凝聚态下的.

5. 超导与超流的凝聚态机理

综合上面讨论, 凝聚态形成机理可归结为如下几个要点:

- Bose 子发生凝聚的条件是它们之间的相互作用很弱, 只有这样才能保证这些粒子可共享同一个束缚势 V 的环境. (8.3.14)

- 大量 Bose 子占据同一个波函数 ψ, 它是由粒子共享的势场 V 的波方程所决定. (8.3.15)

- 凝聚波函数 ψ 是波方程最小的或允许的低能级态. (8.3.16)

- 粒子凝聚在一个波函数的场中的运动就如同星系中星体一样, 可永远运动下去. 这就是超导和超流的机理. (8.3.17)

6. 凝聚态理论的几个方向

建立在上述凝聚态形成机理 (8.3.14)–(8.3.17) 基础之上, 本书建立的凝聚态量子理论朝着如下四个方面:

- 鉴于 (8.3.14), 需要发展粒子微观相互作用理论和建立新的 Fermi 子配对束缚能理论 (不同于 BCS 理论), 以便能够帮助我们理解凝聚态粒子间相互作用很弱的现象, 以及高温超导的机制, 这是 8.4 节的内容.
- 根据 (8.3.15), 需要建立凝聚态场方程, 这是 8.3.3 小节的内容.
- (8.3.16) 所述的最小能级态或允许的低能级态个数一般情况下有若干个, 这为量子相变指明了方向, 换句话讲, 量子相变就是允许能级态之间的跃迁. 这部分的内容将放在本章 8.5 节和 8.6 节中讨论.
- 由 (8.3.17) 中关于星系凝聚的类比, 从建立的凝聚态场方程发展超流动性 (即无电阻性及无黏性) 流体动力学理论, 包括超流动性的机理、超导电流和超流体流的拓扑结构及其分类, 凝聚态粒子分布图像等. 这部分的内容在本节后面讨论.

8.3.3 凝聚态场方程

凝聚态分两种情况. 第一种情况是系统处在临界温度 T_c 附近, 此时是凝聚相变的初期阶段, 凝聚态粒子密度很小. 第二种情况是系统远离临界温度进入充分凝聚的状态. 对这两种情况, 它们的控制场方程是不一样的. 下面我们分别进行讨论.

1. 相变初期的场方程

初期阶段的场方程是热力学势的变分方程. 令 $F(\psi, \Phi)$ 是系统的热力学势, ψ 为波函数, $\Phi = (S, H, E)$, 其中 S 为熵, H 为电磁场, E 为电场. 此时场方程是热力学系统相变的稳态方程:

$$\frac{\delta}{\delta \psi^*} F(\psi, \Phi) = 0, \quad \frac{\delta}{\delta \Phi} F(\psi, \Phi) = 0. \tag{8.3.18}$$

2. 常规凝聚态的场方程

当系统进入充分凝聚状态时, 此系统受到 Lagrange 动力学原理和 Hamilton 动力学原理的支配, 场方程有两个等价形式. 令 H 是系统的 Hamilton 能量泛函, 其表达形式可见 4.4 节的讨论.

由 (5.4.3) 和 (5.4.4), H 的 Lagrange 动力学方程为

$$i\hbar \frac{\partial \Psi}{\partial t} = \frac{\delta}{\delta \Psi^*} H(\Psi). \tag{8.3.19}$$

再由 (5.4.14), Hamilton 动力学方程为

$$2\hbar\frac{\partial\Psi_1}{\partial t} = \frac{\delta}{\delta\Psi_2}H(\Psi)$$
$$2\hbar\frac{\partial\Psi_2}{\partial t} = -\frac{\delta}{\delta\Psi_1}H(\Psi). \tag{8.3.20}$$

其中 $\Psi = \Psi_1 + \mathrm{i}\Psi_2$.

上述两种方程 (8.3.19) 和 (8.3.20) 是等价的, 在描述凝聚量子态系统时, 它们有各自的作用.

8.3.4 状态的图像结构方程

令凝聚态系统的波函数 ψ 表达为

$$\psi = \zeta e^{\mathrm{i}\varphi}, \quad \zeta = |\psi|. \tag{8.3.21}$$

在 8.3.1 小节中已阐述过 ζ 和 φ 的物理意义:

$$\rho = \zeta^2 \text{ 代表凝聚态粒子密度分布,}$$
$$\frac{\hbar}{m}\nabla\varphi \text{ 代表粒子流的速度场.} \tag{8.3.22}$$

于是 ζ 和 φ 的函数表达式反映了凝聚态系统在现实空间中呈现出的图形结构, 英文为 "pattern formation." 也就是说, 由 ζ 和 φ 表现出的图形结构可以通过物理实验观察到. 因此 ζ 和 φ 满足的方程称为凝聚态图形结构方程 (pattern formation equations).

支配 ζ 和 φ 的图形结构方程可由场方程 (8.3.18) 和 (8.3.19) 导出. 其推导过程如下.

首先相变初期方程 (8.3.18) 已是关于 (8.3.21) 的稳态方程, 但是常规场方程 (8.3.19) 是时间依赖的演化方程. 由 5.4.3 小节的内容可知, Hamilton 系统 (8.3.20) 是能量守恒的, 也是粒子数守恒的. 因此 (8.3.19) 的解可写成如下形式

$$\Psi = e^{-\mathrm{i}\lambda t/\hbar}\psi(x), \qquad \psi \text{ 如 (8.3.21),} \tag{8.3.23}$$

其中 λ 代表系统化学势为一实数. 将 (8.3.23) 代入 (8.3.19) 得到

$$\lambda\psi = \frac{\delta}{\delta\psi^*}H(\psi). \tag{8.3.24}$$

于是方程 (8.3.19) 化为 (8.3.24) 的稳态形式.

下面分两种情况讨论 ζ, φ 的图形结构方程.

1. 气体和液体的凝聚态系统

由第 4 章关于凝聚态热力学势 $F(\psi, \Phi)$ 以及 Hamilton 能量泛函 $H(\psi)$ 的表达式, 对于气、液系统方程 (8.3.18) 和 (8.3.24) 可统一写成如下形式

$$-\frac{\hbar^2}{2m}\Delta\psi + f(|\psi|)\psi = 0, \tag{8.3.25}$$

其中 $f(x)$ 是 $x \in \mathbb{R}$ 的一个函数. 若 ψ 是旋量, 则 $f(x)$ 是 $x \in \mathbb{R}^3$ 的一个矩阵函数, 此时 ψ 可写成

$$\psi = \zeta e^{i\varphi}, \quad \zeta = (\zeta_+, \zeta_0, \zeta_-).$$

这是因为系统中三种粒子质量相同, 因而共享同一个速度场 $-\dfrac{\hbar}{m}\nabla\varphi$.

将 (8.3.21) 代入 (8.3.25), 我们可得到气、液凝聚态系统的图形结构方程为如下形式:

$$\mathrm{div}(\zeta^2\nabla\varphi) = 0, \tag{8.3.26}$$

$$-\frac{\hbar^2}{2m}[\Delta\zeta - \zeta|\nabla\varphi|^2] + f(\zeta)\zeta = 0. \tag{8.3.27}$$

2. 超导系统

对于超导系统, 方程 (8.3.18) 和 (8.3.24) 可统一写成

$$\frac{1}{2m_s}\left(i\hbar\nabla + \frac{e_s}{c}A\right)\psi + f(|\psi|)\psi = 0, \tag{8.3.28}$$

以及超导电流

$$J_s = -\frac{e_s^2}{m_s c^2}|\psi|^2 A - \frac{e_s\hbar}{2m_s c}i(\psi^*\nabla\psi - \psi\nabla\psi^*).$$

将 (8.3.21) 代入 J_s 得到

$$J_s = -\frac{e_s^2}{m_s c^2}\zeta^2 A + \frac{e_s\hbar}{m_s c}\zeta^2\nabla\varphi. \tag{8.3.29}$$

而将 (8.3.21) 代入 (8.3.28) 便得到

$$\mathrm{div}\left(\hbar\zeta^2\nabla\varphi - \frac{e_s}{c}\zeta^2 A\right) = 0, \tag{8.3.30}$$

$$-\frac{\hbar^2}{2m_s}\left[\Delta\zeta - \zeta|\nabla\varphi|^2\right] + \frac{e_s^2}{2m_s c^2}A^2\zeta + f(\zeta)\zeta = 0 \tag{8.3.31}$$

注意, (8.3.30) 中用到 Coulomb 规范:

$$\mathrm{div}A = 0.$$

由 (8.3.29) 和 (8.3.30) 可以看到 $\mathrm{div} J_s = 0$.

以上两组方程 (8.3.26)—(8.3.27) 和 (8.3.30)—(8.3.31) 分别给出超流与超导的图形结构方程. 这些方程的重要性在于它们不仅控制了凝聚态粒子的两种物理结构:

- 由 $\rho = \zeta^2$ 给出的分布函数图像,
- 由速度场 $\frac{\hbar}{m}\nabla\varphi$ 给出的粒子流拓扑结构,

$$(8.3.32)$$

而且它们是研究量子相变的基本方程. 事实上, 量子相变就是在临界控制参数处凝聚态系统的图形结构 (8.3.32) 发生改变的现象, 是属于拓扑相变的范畴. 在本章最后一节的量子相变中将专门讨论这一课题.

8.4 适用于高温的超导理论

8.4.1 超导的物理机制

在 8.3 节中, 已提出一种凝聚态形成的量子机制 (8.3.13). 对于超导系统, 该机制可表述如下:

- 存在某个临界温度 $T_c > 0$, 使当温度 $T < T_c$ 时, 系统中大量自由电子可配对形成一个 Bose 电子对.

$$(8.4.1)$$

- Bose 电子对与系统中其他粒子之间相互作用很小, 从而形成所有电子对共享一个相互作用势 Φ. 这个势场 Φ 使得这些 Bose 子占据同一个波函数 ψ 形成凝聚态, Φ 是由晶格及外场的所有相互作用决定的势.

$$(8.4.2)$$

上述两点是所有超导现象都共同遵守的物理机制. 在 8.2.1 小节中介绍了 BCS 理论, 该理论在描述低温超导方面具有一定的成功之处. 需要指出的是, Cooper 电子对理论关于低温超导体给出了电子 – 声子相互作用的机制, 用以解决 (8.4.1) 的 Bose 子配对要求, 但是 BCS 理论的适用范围是在 $T < 35\mathrm{K}$.

然而在 1986 年, 两位物理学家 J. G. Bednerz 和 K. A. Muller 在铜氧化物 (陶瓷体) 中发现了 $T_c = 35\mathrm{K}$ 的高温超导现象, 从而打开了研究高温超导的大门. 到目前为止, 已发现 $T_c = 130\mathrm{K}$ (在高压下 $T_c = 160\mathrm{K}$) 的高温超导体. Bednerz 和 Muller 因此项发现获得 1987 年度的诺贝尔物理学奖.

高温超导的发现使人们意识到 BCS 理论的局限性. 事实上, 仔细地考察可以看到 BCS 理论中关于 Cooper 电子对的解释:

$$电子–声子相互作用, \qquad (8.4.3)$$

在物理图像 (或物理意义) 上是非常难理解的, 它是量子场论中 Yukawa 相互作用机制的相似物. (8.4.3) 的意思是, 电子之间通过交换声子可产生相互吸引的作用力 (这句话本身的物理图像是不清楚的), 但是这里的声子是一种假想的虚拟粒子. 直白地讲, 就是为了计算 Cooper 对的结合能 Δ, 采用量子场论中的方法时必须借用一种能起到束缚作用的能量, 这种能量 (是量子化的) 就被称为声子. 它本质上就是在计算 Δ 的过程中引入的一种假设, 它被写成 (8.4.3) 的形式. 实际上这个假设 (或解释) 也可写成下面易懂的形式

$$\text{电子之间除了存在 Coulomb 相斥势外, 由于晶格形变} \atop \text{还产生一种相互吸引作用势.} \tag{8.4.4}$$

事实上, 无论是 (8.4.3) 这种难理解但使人感觉不到是种假设的表达方式, 还是 (8.4.4) 这种易理解但知道是种假设的表述, 它们是否真实在 BCS 理论中并不关键, 重要的是在有结合能 Δ 存在的假设下计算出的结果在低温条件下与实验有较好的相符, 但在高温情况不符. 因此, 我们必须清楚:

输出结果的正确性并不意味着推导过程中引入的假设一定是

正确的, 因为可产生同一结果的原因通常并不是唯一的.

高温超导的发现表明我们必须寻求一种新的电子配对理论, 使得它能同时满足 (8.4.1) 和 (8.4.2) 机制的条件, 并能解释低温和高温超导现象. 最重要的是要给出一个物理图像清晰的电子配对理论. 在接下来的各小节中我们将试图建立这样的超导理论.

8.4.2 PID 电子相互作用势

根据经典电磁相互作用理论, 两个电子之间有一个相斥力:

$$F = \frac{e^2}{r^2} \quad (e \text{ 为电子电荷}),$$

这个斥力形成电子配对的一个屏障, 称为 Coulomb 屏障. 在 BCS 理论的 Cooper 对中假设了晶格形变能产生电子–声子相互吸引作用, 当自由电子处在 Fermi 面附近时有

$$\text{吸引力 } F_1 > \text{Coulomb 力 } F.$$

然而 BCS 理论面临一个这样无法回避的问题, 即在任两个 Cooper 对之间仍存在如下 Coulomb 斥力

$$F = \frac{4e^2}{r^2}, \tag{8.4.5}$$

这个斥力会在 Cooper 对之间产生碰撞和散射, 从而会破坏凝聚和超导行为. 也就是说 (8.4.5) 的 Cooper 对之间的斥力使得 (8.4.2) 的超导机制条件得不到满足.

实际上, 应用 (Ma and Wang, 2015a) 中建立的相互作用动力学原理 (PID) 以及多粒子系统模型导出的 $SU(N)$ 规范电磁场方程, 我们可以得到关于电子相互作用势的分层公式, 它能很好地符合超导机制 (8.4.1) 和 (8.4.2) 中的条件. 下面我们简要地介绍这一公式.

设有一个粒子 A 含有 n 个净电荷 $Q = ne_0$ $(e_0 < 0$ 或 $e_0 > 0)$. 令在 r 处有检验电子 e, 则由 (Ma and Wang, 2015a) 中的 N 个粒子场方程 (6.5.20) 和 (6.5.21), A 粒子在 r 处作用在电子上的 $SU(N)$ 电磁势 $(N = n+1)$

$$\{A_\mu^a \mid 0 \leqslant \mu \leqslant 3, \quad 1 \leqslant a \leqslant N^2 - 1\} \tag{8.4.6}$$

满足如下场方程 (取 $SU(N)$ 标准生成元 $\mathrm{Tr}(\tau_a \tau_b^+) = 2\delta_{ab}$),

$$\partial^\nu A_{\nu\mu}^a - \frac{e_0}{\hbar c} \lambda_{bc}^a g^{\alpha\beta} A_{\alpha\mu}^b A_\beta^c - e_0 \overline{\Psi} \gamma_\mu \tau^a \Psi = \left[\partial_\mu - \frac{1}{2} k^2 x_\mu \right] \phi^a, \tag{8.4.7}$$

$$\mathrm{i}\gamma^\mu \left(\partial_\mu + \frac{\mathrm{i}e_0}{\hbar c} A_\mu^b \tau_b \right) \Psi - \frac{c}{\hbar} M \Psi = 0, \tag{8.4.8}$$

其中 M 为粒子质量矩阵, $\Psi = (\Psi_1, \cdots, \Psi_N)^{\mathrm{T}}$, $\Psi_i (1 \leqslant i \leqslant N)$ 代表第 i 个电荷粒子的波函数 (Dirac 旋量), $(g^{\alpha\beta})$ 为 Minkowski 度量, λ_{bc}^a 为 $SU(N)$ 的结构常数, ϕ^a 为 $\{A_\mu^a\}$ 对偶势, γ^μ 为 Dirac 矩阵, $\gamma_\mu = g_{\mu\alpha} \gamma^\alpha$, $\tau^a = \tau_a$, 以及

$$A_{\nu\mu}^a = \partial_\nu A_\mu^a - \partial_\mu A_\nu^a + \frac{e_0}{\hbar c} \lambda_{bc}^a A_\mu^b A_\nu^c.$$

注 8.1 在 (Ma and Wang, 2015a) 中, N 个 Fermi 子的场方程 (6.5.20) 和 (6.5.21), 或更一般地 N 个粒子场方程 (6.5.44)—(6.5.48) 是由第一原理导出的, 这些第一原理包括: Lorentz 不变原理、规范不变性原理、Einstein 广义相对性原理、表示不变原理 (PRI)、Lagrange 动力学原理和 PID. 这个方程耦合了各个层次的粒子以及它们之间的相互作用, 从而可视为耦合各个子系统及四种基本相互作用的统一场方程. 它的解给出该系统的运动状态以及耦合四种相互作用的总势. 因此, 这里得到的 $N = n+1$ 电子系统电磁场方程 (8.4.7) 和 (8.4.8) 是第一原理导出的场方程.

下面我们来看如何从 (8.4.7) 和 (8.4.8) 导出电子相互作用势公式. 根据 $SU(N)$ 表示不变原理, 对于 $N = n+1$ 电子系统的 $SU(N)$ 电磁势 $\{A_\mu^a\}$, 存在一个 $SU(N)$ 表示张量 $\{\theta_a \mid 1 \leqslant a \leqslant N^2 - 1\}$ 使得

$$A_\mu = \theta_a A_\mu^a \qquad (\mu = 0, 1, 2, 3) \tag{8.4.9}$$

代表这 N 个电子电荷产生的电磁势, 即

$$\mu = 0 \text{ 的分量 } A_0 = \text{电场势},$$

$$\mu = 1, 2, 3 \text{ 的分量 } A = (A_1, A_2, A_3) \text{ 为磁势}.$$

令 A 粒子的半径为 r_A, $\Phi(r) = A_0(r)$ 为 A 粒子作用在检验电子 e 上的电场势, 则由电势的可加性, 系统的规范固定方程使得 (8.4.7) 中的 $\mu = 0$ 分量的定态方程为线性的, 取下面形式

$$-\Delta\Phi = e_0 Q_0 - \frac{1}{4}k^2 c\tau\phi,$$
$$-\Delta\phi + k^2\phi = -e_0 \mathrm{div}\overrightarrow{Q}, \tag{8.4.10}$$

其中 $c\tau$ 代表电子波长, k 为电荷作用参数,

$$\phi = \theta_a \phi^a, \quad \theta_a \text{ 如 } (8.4.9),$$
$$(Q_0, \overrightarrow{Q}) = Q_\mu = -\theta_a \overline{\Psi}\gamma_\mu \tau^a \Psi.$$

关于从 (8.4.7) 导出 $\mu = 0$ 分量方程 (8.4.10) 的推导细节可参见 (Ma and Wang, 2015a) 中关于方程 (4.5.34) 的推导过程, 其中

$$Q_0 = nB_0\left(\frac{r_e}{r_A}\right)^3 \delta(r), \qquad \mathrm{div}\overrightarrow{Q} = \frac{B_1}{r_A}\delta(r), \tag{8.4.11}$$

其中 r_A, r_e 分别为 A 粒子和电子半径, $\delta(r)$ 为 Dirac 函数, B_0, B_1 为参数. 于是类似于 (Ma and Wang, 2015a) 中的强相互作用分层公式 (4.5.41) 的推导过程, 从方程 (8.4.10) 和 (8.4.11) 可求出解为

$$\Phi(r) = nB_0\left(\frac{r_e}{r_A}\right)^3 e_0\left[\frac{1}{r} - A_0(1 + kr)\mathrm{e}^{-kr}\right] \tag{8.4.12}$$

其中 B_0 如 (8.4.11), k 如 (8.4.10), A_0 的参数表达式为

$$A_0 = \frac{k^2 c\tau r_A^2 B_1}{4nr_e^3 B_0}.$$

参数 A_0 依赖于 A 粒子和检验粒子的类型, 由实验确定.

公式 (8.4.12) 是 A 粒子产生的电荷作用势, 其中

$$q_A = nB_0\left(\frac{r_e}{r_A}\right)^3 e_0 \quad \text{代表 A 粒子的有效电荷}, \tag{8.4.13}$$

这里 B_0 依赖于 A 粒子类型. 粒子有效电荷的物理意义是, 对两个有效电荷分别为 q_1 和 q_2 的粒子, 它们之间的电荷作用势能为

$$V_{12}(r) = q_1 q_2\left[\frac{1}{r} - A_{12}(1 + kr)\mathrm{e}^{-kr}\right], \tag{8.4.14}$$

其中 A_{12} 是依赖于这两个粒子类型的参数. 一般粒子的有效电荷公式由 (8.4.13) 给出. q_1, q_2 粒子之间的作用力为

$$F_{12} = -q_1 q_2 \frac{\mathrm{d}}{\mathrm{d}r}\left[\frac{1}{r} - A_{12}(1 + kr)\mathrm{e}^{-kr}\right]. \tag{8.4.15}$$

8.4.3　电子对的形成条件

上一小节中从 PID 电磁场方程 (8.4.7) 和 (8.4.8) 导出的一般带电粒子之间电荷相互作用势和作用力公式 (8.4.14) 以及 (8.4.15) 构成这一小节介绍的超导电子对新理论的基础.

1. 两个电子之间的电荷相互作用

当两个粒子都是电子时, $n = 1$, $B_0 = 1$, $r_A = r_e$. 此时 (8.4.12) 变为

$$\Phi_{\mathrm{e}} = \frac{e_0}{r} - e_0 A_0(1 + kr)\mathrm{e}^{-kr}, \tag{8.4.16}$$

这是经典电荷作用势的修正. 等式右端第一项代表 Coulomb 势, 第二项为电磁势 A_μ 的对偶势 ϕ 产生的结果, 是相互作用动力学原理 (PID) 的效应.

由 (8.4.16) 可以得到两个电子之间的相互作用力为

$$F_{\mathrm{e}} = -e_0 \nabla \Phi_{\mathrm{e}} = \frac{e_0^2}{r^2} - k^2 A_0 e_0^2 r \mathrm{e}^{-kr}. \tag{8.4.17}$$

从公式 (8.4.17) 右端可以看到有一个短程吸引力 $(A_0 > 0)$

$$f = -k^2 A_0 e_0^2 r \mathrm{e}^{-kr} < 0.$$

正是这个力 f 再加上电子自旋磁矩相互作用, 使得这两者能产生一个抵消 Coulomb 斥力的超导电子对短程净吸引力.

2. 电子自旋磁相互作用

电子具有自旋磁矩, 其数值为

$$\mu_0 = -\frac{e_0 \hbar}{2mc}, \tag{8.4.18}$$

其中 $e_0 < 0$ 为电子电荷, m 为电子质量. 电子磁矩自旋方向可定义为 N 极, 自旋反方向为 S 极. 因此两个电子之间存在一个磁矩相互作用

$$F_m = \pm \frac{\alpha \mu_0^2}{r^2}, \tag{8.4.19}$$

其中 α 为磁矩作用系数, 根据物理事实有

$$0 < \alpha < e_0^2/\mu_0^2. \tag{8.4.20}$$

有两种电子排列方式可产生 (8.4.19) 的磁矩相互作用, 一种是平行排列, 如图 8.7 (a) 和 (b) 所示; 另一种是纵排列如图 8.8 (a) 和 (b) 所示. 在那里 (8.4.19) 中 F_m 在 (a) 图情况下取正号为斥力, 在 (b) 图情况下取负号为吸引力. 因此, 只有图 8.7 (b) 和图 8.8 (b) 这两种情况才可能是超导电子对的排列情况.

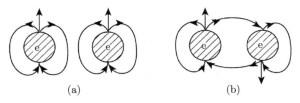

图 8.7 (a) 是同向平行排列, 为相斥磁矩作用力; (b) 是反向平行排列, 为相互吸引的磁矩作用力

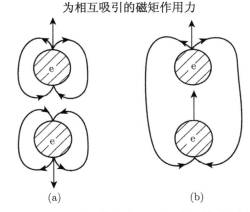

图 8.8 (a) 反向线排列, 为相斥磁矩作用力; (b) 同向纵排列, 为相互吸引磁矩作用力

3. 电子对排列的稳定性

在相互吸引磁矩作用的两种排列中, 图 8.7 (b) 的反向平行排列是稳定的, 而图 8.8 (b) 的同向纵排列是不稳定的. 其原因有两个方面. 其一, 同向纵排列电子对具有 $2e_0$ 的电荷以及 $J = 1$ 的自旋, 因此它仍有数量为 $\mu = -2e_0\hbar/mc$ 的磁矩. 这在电子对之间还会有磁矩相互作用. 此时纵排列太长变得不稳定, 而两个反向平行的纵排列对很容易分解成两对反向的平行电子对. 其二, 由 Heisenberg 测不准关系, 一个电子对中两个电子之间的距离 r 和电子动量 $p = mv$ 之间有如下不等式

$$v \geqslant \frac{\hbar}{2mr}.$$

它意味着了两个电子必须相互绕着一个质心进行转动. 此时, 图 8.7 (b) 的平行排列方式的转动是稳定的, 而图 8.8 (b) 的纵排列转动不稳定. 因此关于电子对排列的稳

定性有如下结论:

$$\text{只有总自旋 } J = 0 \text{ 的电子对是稳定的.} \tag{8.4.21}$$

4. 电子对吸引带

根据 (8.4.17) 和 (8.4.19), 两个反向平行的电子对作用力公式为

$$F = \frac{e_0^2}{r^2}\left(1 - \frac{\alpha\mu_0^2}{e_0^2}\right) - k^2 A_0 r e^{-kr} e_0^2. \tag{8.4.22}$$

F 的负值区间为两个电子的相互吸引带, 即

$$\bar{r}_0 < r < \bar{r}_1 \quad (\bar{r}_0 > 0), \tag{8.4.23}$$

其中 $\bar{r}_0$, $\bar{r}_1$ 是 $F(r) = 0$ 的两个正根, 满足

$$\frac{r^3}{e^{kr}} = \frac{1}{k^2 A_0}\left(1 - \frac{\alpha\mu_0^2}{e_0^2}\right). \tag{8.4.24}$$

这里 (8.4.24) 具有两个正根的条件是 r^3/e^{kr} 的最大值大于等式右端, 即

$$\left(\frac{3}{e}\right)^3 > \frac{k}{A_0}\left(1 - \frac{\alpha\mu_0^2}{e_0^2}\right)$$

其中 $e \simeq 2.718$ 为自然常数. 再由 (8.4.18), 上式可写成

$$A_0 > \left(\frac{e}{3}\right)^3 k\left(1 - \frac{\alpha\hbar^2}{4m^2c^2}\right) \tag{8.4.25}$$

这个不等式 (8.4.25) 是存在电子对吸引带 (8.4.23) 的条件.

5. 电子对吸引作用势

电子对磁矩吸引相互作用势能为

$$V_m = -\frac{\alpha\mu_0^2}{r} = -\frac{\alpha\hbar^2}{4m^2c^2r}e_0^2.$$

再由 (8.4.16), 两个自旋平行反向电子的总相互作用势能为

$$V = \frac{e_0^2}{r}\left(1 - \frac{\alpha\hbar^2}{4m^2c^2}\right) - e_0^2 A_0(1 + kr)e^{-kr}. \tag{8.4.26}$$

由于 (8.4.22) 的作用力 F 与 V 的关系为

$$F = -\frac{\mathrm{d}}{\mathrm{d}r}V,$$

因此 (8.4.23) 中的 F 第一个零点 $\bar{r}_0$ 是 V 的最小值点, 即

$$V(\bar{r}_0) = \min V(r). \tag{8.4.27}$$

反向平行电子对具有吸引势能带的条件是 $V(\bar{r}_0) < 0$, 即

$$A_0 > \frac{\mathrm{e}^{k\bar{r}_0}}{\bar{r}_0(1 + k\bar{r}_0)}\left(1 - \frac{\alpha\hbar^2}{4m^2c^2}\right). \tag{8.4.28}$$

这是电子对具有吸引相互作用势能的条件.

显然 $\bar{r}_0$ 可以看作是电子对的理论半径. 不妨设

$$A_0 = A/\bar{r}_0, \tag{8.4.29}$$

于是 (8.4.28) 变为

$$A > \frac{\mathrm{e}^{k\bar{r}_0}}{1 + k\bar{r}_0}\left(1 - \frac{\alpha\hbar^2}{4m^2c^2}\right). \tag{8.4.30}$$

该条件成立, 则 (8.4.25) 也对 $k\bar{r}_0 > 0$ 自然成立.

8.4.4 超导电子对束缚能

低温超导的 BCS 理论的要点就是提出电子对在 $T < T_c$ 处存在束缚能, 即

$$\begin{cases} \text{电子对束缚能} = 2\Delta(T), & T < T_c, \\ \Delta(T_c) = 0, \end{cases} \tag{8.4.31}$$

$\Delta(T)$ 与电子对能谱 $E(p)$ 的关系为

$$E(p) = \sqrt{(E_p - E_{\mathrm{F}})^2 + \Delta(T)}. \tag{8.4.32}$$

其中 E_{F} 为 Fermi 粒子能, $E_p = \frac{1}{2m}p^2$ 为粒子动能. 此外, Δ 由下面方程 (称为能隙方程) 决定

$$N(0)V \int_0^\infty \frac{1}{(2\pi\hbar)^3 E(p)}\left[1 - \frac{2}{1 + \exp(E(p)/kT)}\right]\mathrm{d}p = 1, \tag{8.4.33}$$

其中 $E(p)$ 如 (8.4.32), $N(0)$ 为绝对零度 Fermi 能级密度, V 为电子净吸引势强度.

以上三点 (8.4.31)—(8.4.33) 就是 BCS 理论的基本内容, 其他部分都是这三点导出来的. 由 $\Delta(T_c) = 0$, 从能隙方程 (8.4.33) 可导出临界温度 T_c 的公式

$$kT_c = 1.14\hbar\omega_{\mathrm{D}}\exp[-1/N(0)V], \tag{8.4.34}$$

其中 ω_{D} 为 Debey 频率, $N(0)$ V 如 (8.4.33). 由式 (8.4.34) 得到超导最高临界温度为 $T_c = 30\mathrm{K}$. 因此, 对于高温超导 BCS 理论是无效的, 特别是对于高温超导, 电子–声子相互作用的电子配对机制是很难使人信服的.

现在, 建立在前面关于电子相互作用理论基础之上, 我们提出新的电子对束缚能理论, 它能适用于高温超导.

1. 电子对束缚能

根据上一小节的内容, 在 (8.4.30) 条件下两个平行反向电子可以形成一个电子对, 它的理论半径为 $\bar{r}_0$ 满足 (8.4.27).

在 BCS 理论中, 电子对束缚能 2Δ 是由能隙方程 (8.4.33) 决定的, 这里 2Δ 可用 (8.4.26) 的势能表达, 即

$$2\Delta = -V(\bar{r}_0) - mv^2 \tag{8.4.35}$$

其中 mv^2 代表两个电子的总平均动能. 根据 3.4 节中的热理论, 温度代表了系统平均能级, 因此反过来看电子平均动能是温度的函数

$$\frac{1}{2}m\bar{v}^2 = \varepsilon(T). \tag{8.4.36}$$

于是 (8.4.35) 和 (8.4.36) 可写成

$$\Delta = \frac{e_0^2}{2\bar{r}_0}\left[A(1 + k\bar{r}_0)\mathrm{e}^{-k\bar{r}_0} + \frac{\alpha\hbar^2}{4m^2c^2} - 1\right] - \varepsilon(T), \tag{8.4.37}$$

其中 A 是如 (8.4.29) 和 (8.4.30) 中的参数.

公式 (8.4.37) 就是超导电子对束缚能的表达式, 它也给出 Δ 与电子平均动能的温度函数 $\varepsilon(T)$ 之间的关系. 在低温下 Δ 由 (8.4.33) 给出, 从而也定出 $\varepsilon(T)$. 因此该理论在低温情况下与 BCS 理论是相容的. 此外由 (8.4.35) 的物理意义可知, 临界温度 T_c 满足 $\Delta(T_c) = 0$, 即 T_c 满足

$$\varepsilon(T_c) = \frac{e_0^2}{2\bar{r}_0}\left[A(1 + k\bar{r}_0)\mathrm{e}^{-k\bar{r}_0} + \frac{\alpha\hbar^2}{4m^2c^2} - 1\right], \tag{8.4.38}$$

这里关于 T_c 的公式, 它适用于所有高温与低温的情况.

2. 超导机制 (8.4.1) 的成立

由 (8.4.36), $\varepsilon(T)$ 是 T 的增函数

$$\frac{\mathrm{d}}{\mathrm{d}T}\varepsilon(T) > 0.$$

因此由 (8.4.37) 和 (8.4.38) 知

$$\begin{cases} \Delta(T) = 0, & T \geqslant T_c, \\ \dfrac{\mathrm{d}}{\mathrm{d}T}\Delta(T) < 0, & T < T_c. \end{cases} \tag{8.4.39}$$

这意味着超导机理 (8.4.1) 被满足, 即

$$\begin{cases} \text{当 } T \geqslant T_c \text{ 时, 没有超导电子对,} \\ \text{当 } T < T_c \text{ 时, 有超导电子对出现.} \end{cases}$$

注意, 由 (8.4.21) 可得出结论:

$$超导电子对总自旋 J = 0.$$

3. 超导机制 (8.4.2) 的满足

当 $T < T_c$ 时, 超导系统可形成半径为 $\bar{r}_0$ 的电子对. 由 (8.4.13), 超导电子对的有效电荷值为

$$q_0 = 2B_0 \left(\frac{r_e}{\bar{r}_0} \right)^3 e_0.$$

经典电子半径为

$$r_e = \frac{e_0^2}{mc^2} = 2.8 \times 10^{-13} \text{cm},$$

而电子对半径 $\bar{r}_0$ 与晶格间距 $\rho \sim 10^{-8} \text{cm}$ 数量级相同. 因此有

$$q_0 \sim 10^{-13} B_0 e_0,$$

也就是说, 电子对有效电荷值非常小, 几乎是电中性的. 因此根据电荷作用力公式 (8.4.15), 超导电子对与系统中所有粒子的作用力都很小. 于是电子对满足 (8.4.2) 的超导机制条件.

8.4.5 临界温度 T_c 的表达式

现在我们可以从宏观和微观两个方面来计算超导临界温度, 宏观的 T_c 值计算是基于热力学标准模型的势泛函, 而微观的 T_c 值计算是由 (8.4.37) 进行. 下面我们介绍这两个方面.

1. 标准模型的 T_c 表达式

首先让我们回忆 4.3 节中关于超导的热力学势. 在没有外磁场的均匀情况下, 超导势泛函可写成如下形式

$$F = -g_0|\psi|^2 + \frac{1}{2}g_1|\psi|^4 - \frac{\alpha_0}{2}TS^2 - \alpha_1 TS|\psi|^2 - ST, \tag{8.4.40}$$

其中 $g_0 > 0$ 为凝聚态束缚势, g_1 为粒子耦合常数, α_0 和 α_1 是熵耦合常数. 由方程

$$\frac{\partial F}{\partial S} = 0 \Rightarrow S = -\frac{1}{\alpha_0} - \frac{\alpha_1}{\alpha_0}|\psi|^2. \tag{8.4.41}$$

另一方面, 变分算子

$$-\frac{\partial}{\partial \psi^*} F(\psi) = g_0\psi - g_1|\psi|^2\psi + \alpha_1 TS\psi. \tag{8.4.42}$$

将 (8.4.41) 中的 S 代入 (8.4.42) 得

$$-\frac{\partial}{\partial\psi^*}F(\psi) = \beta_1\psi - \left(g_1 + \frac{\alpha_1^2}{\alpha_0}T\right)|\psi|^2\psi, \tag{8.4.43}$$

其中 β_1 代表 (8.4.43) 的线性化算子特征值, 表达为

$$\beta_1(T) = g_0 - \frac{\alpha_1}{\alpha_0}T.$$

由热力学相变第一定理 (定理 6.1), $\beta_1(T) = 0$ 定出临界温度为

$$T_c = \alpha_0 g_0/\alpha_1. \tag{8.4.44}$$

进一步考察 (8.4.44) 的 T_c. 在 $T < T_c$ 处, 对于 (8.4.43) 由

$$\frac{\partial}{\partial\psi^*}F(\psi) = 0$$

可求出超导相变解

$$|\psi|^2 = \frac{\beta_1(T)}{g_1 + \alpha_1^2 T/\alpha_0} = \frac{\alpha_1}{\alpha_0}\frac{(T_c - T)}{g_1 + \alpha_1^2 T/\alpha_0}. \tag{8.4.45}$$

将 (8.4.45) 代入 (8.4.41) 得到

$$S = \begin{cases} -\dfrac{1}{\alpha_0} - \left(\dfrac{\alpha_1}{\alpha_0}\right)^2 \dfrac{(T_c - T)}{g_1 + \alpha_1^2 T/\alpha_0} + S_0(T), & T < T_c, \\ S_0(T), & T_c < T. \end{cases}$$

因此推出

$$\Delta C_V = T_c\left[\frac{\partial S}{\partial T}\Big|_{T_c^-} - \frac{\partial S_0}{\partial T}\right] = \left(\frac{\alpha_1}{\alpha_0}\right)^2 \frac{T_c}{g_1 + \alpha_1^2 T_c/\alpha_0}, \tag{8.4.46}$$

这里 ΔC_V 代表 T_c 处的理论热容差. 由 (8.4.46) 可求出

$$\frac{\alpha_0^2}{\alpha_1^2} = \frac{T_c}{g_1\Delta C_V}(1 - \alpha_0\Delta C_V), \tag{8.4.47}$$

其中要求

$$\alpha_0\Delta C_V < 1. \tag{8.4.48}$$

这是超导发生的条件. 由 (8.4.44) 和 (8.4.47) 可算出

$$T_c = \frac{g_0^2}{g_1 \Delta C_V}(1 - \alpha_0 \Delta C_V). \tag{8.4.49}$$

这就是标准模型的超导临界温度 T_c 值的表达式.

注 8.2 公式 (8.4.49) 给出临界温度与有关参数 g_0, g_1, α_0 和 ΔC_V 之间的关系. 这里 ΔC_V 是 T_c 处热容跳跃的差值, 它是没有考虑涨落效应的理论值, 因此它不是实际测量值.

2. 微观理论的 T_c 表达式

关系式 (8.4.38) 是计算 T_c 值的微观理论基础. 为了得到 T_c 我们需要考察函数 $\varepsilon(T)$ 的表达式. 首先 $\varepsilon(T)$ 是由 (8.4.36) 定义的. 它代表了超导体中电子气体的平均能级. 由 3.4 节中介绍的热统计理论可推出 $\varepsilon(T)$ 的表达式如下

$$\varepsilon(T) = \gamma k_{\mathrm{B}} T, \quad k_{\mathrm{B}} \text{ 为 Boltzmann 常数}, \tag{8.4.50}$$

其中 γ 称为系统的能级比率, 它的表达式为

$$\gamma = \frac{N^2}{N_1 N_2 (1 + \theta)} \tag{8.4.51}$$

这里 N 是系统的总粒子数, N_1, N_2 分别是自由电子数和晶格粒子数, $N_1 + N_2 = N$, θ 为

$$\theta = \frac{\text{晶格粒子平均能级}}{\text{自由电子平均能级}}. \tag{8.4.52}$$

后面我们将给出 (8.4.50)–(8.4.52) 的论证.

显然由 (8.4.52) 定义的 θ 与温度有关, 因而 γ 也与温度有关. 记 γ_0 是 T_c 处的电子气体温度比, 则由 (8.4.50) 和 (8.4.51), 关于 T_c 的表达式 (8.4.38) 可写成

$$k_{\mathrm{B}} T_c = \frac{E_0}{\gamma_0} = \frac{N_1 N_2 (1 + \theta_0)}{N^2} E_0. \tag{8.4.53}$$

其中 E_0 为电子对固有束缚能, 表达为

$$E_0 = \frac{e_0^2}{2\bar{r}_0}\left[A(1 + k\bar{r}_0)\mathrm{e}^{-kr_0} + \frac{\alpha\hbar^2}{4m^2c^2} - 1 \right]. \tag{8.4.54}$$

公式 (8.4.53) 和 (8.4.54) 就是微观理论的 T_c 表达式.

3. $\varepsilon(T)$ 表达式的推导

在 (3.4.24) 中, 我们给出了温度公式

$$k_{\mathrm{B}} T = \frac{1}{N} \sum_n \frac{a_n \varepsilon_n}{1 + \beta_n \ln \varepsilon_n}\left(1 - \frac{a_n}{N} \right), \tag{8.4.55}$$

其中 ε_n 为第 n 态的平均能级, a_n 为 ε_n 能级的粒子数, $N = \sum\limits_n a_n$ 为总粒子数. 超导系统可近似地看作是电子气体 (自由电子系统) 与晶格构成的二元体, 因此温度公式 (8.4.55) 可写成

$$\frac{N_1 N_2}{N^2} \frac{\varepsilon_{\text{电}}}{1 + \beta_1 \ln \varepsilon_{\text{电}}} + \frac{N_1 N_2}{N^2} \frac{\varepsilon_{\text{晶}}}{1 + \beta_2 \ln \varepsilon_{\text{晶}}}, \tag{8.4.56}$$

其中 N_1, N_2 分别为自由电子与晶格粒子数, $\varepsilon_{\text{电}}$ 与 $\varepsilon_{\text{晶}}$ 分别为电子与晶格粒子的平均能级. 近似地取 β_1, $\beta_2 = 0$, 则上式变为

$$k_B T = \frac{N_1 N_2}{N^2} \varepsilon_{\text{电}} + \frac{N_1 N_2}{N^2} \varepsilon_{\text{晶}}. \tag{8.4.57}$$

令 $\theta = \varepsilon_{\text{晶}} / \varepsilon_{\text{电}}$, 则从 (8.4.57) 推出

$$k_B T = \frac{N_1 N_2}{N^2} (1 + \theta) \varepsilon_{\text{电}}, \tag{8.4.58}$$

而 $\varepsilon_{\text{电}} = \frac{1}{2} m \bar{v}^2$ 为电子平均动能, 因此 (8.4.58) 就是 (8.4.50).

4. T_c 的理论分析

从 (8.4.53) 可以看出高温超导的材料应具有如下性质:

晶格粒子能级要比电子能级大很多, 从而使 $\theta \gg 1$.

上面只是微观超导理论的初步结论. 更细致的理论分析还应考虑 (8.4.56) 中 β_1, $\beta_2 \neq 0$ 的物理意义及其影响.

此外, 标准模型的公式 (8.4.49) 表明临界温度 T_c 与热容差呈减函数关系. 下面我们表明微观理论的 T_c 也具有这个性质. 根据热容公式

$$C_V = \frac{\partial E}{\partial T}, \qquad E \text{ 为内能,}$$

因此由 (8.4.50), 我们有

$$N_1 k_B \gamma = N_1 \frac{\partial \varepsilon}{\partial T} = \text{电子气体热容.}$$

由于相变是电子气体的凝聚造成的, 与晶格无关. 所以晶格的热容在 T_c 处是连续的. 这意味着 T_c 处的 γ_0 为

$$\gamma_0 \sim \Delta C_V + \delta \qquad (\delta = \gamma(T_c - 0)).$$

于是由 (8.4.53) 导出

$$k_B T_c \sim \frac{E_0}{\Delta C_V + \delta}.$$

它与标准模型的公式 (8.4.49) 有相同性质.

注 8.3 公式 (8.4.49) 是由热力学标准模型导出, 而公式 (8.4.53) 是从 PID 电子相互作用理论与热理论导出, 它们的出发点完全不同, 但是得到相同的性质.

8.5 量 子 相 变

8.5.1 动力学相变与拓扑相变

在今天, 各类相变的名称很多. 例如, 在各种文献中常见到如下名词: 平衡相变、非平衡相变、量子相变、拓扑序相变 (或称为 Kosterlitz-Thouless 相变) 等. 然而它们都存在这样的问题, 即概念不是很明确, 界限不清.

实际上, 相变是一个普遍的自然现象, 它们受到普适性物理定律的支配. 因此关于它的合理定义应从数学方程 (即物理定律) 出发, 才能得到准确含义. 这里我们从抽象的物理方程出发, 给出两种不同类型的定义, 使得自然界中几乎所有的相变现象都可纳入其框架中. 这两类相变的名称为

- 耗散系统动力学相变;
- 拓扑相变, 也称为图像结构相变.

为了介绍这两种相变的定义, 首先引入普适性物理定律的数学方程的抽象形式如下. 令 u 是物理系统状态函数, λ 是控制参数, 则根据物理运动的动力学定律 (定律 1.29), 系统的方程可写成下面一般的抽象形式

$$\frac{\mathrm{d}u}{\mathrm{d}t} = G(u, \lambda), \tag{8.5.1}$$

这里 G 对常微分方程是一个函数, 对偏微分方程是一个微分算子.

令 $\overline{u}$ 是系统 (8.5.1) 的一个基本平衡态, 即满足方程

$$G(\overline{u}, \lambda) = 0. \tag{8.5.2}$$

则在下面平移变化下

$$u \to u + \overline{u},$$

方程 (8.5.1) 可变成如下形式

$$\frac{\mathrm{d}u}{\mathrm{d}t} = L_\lambda u + G_0(u, \lambda), \tag{8.5.3}$$

其中 L_λ 为线性算子, G_0 是一个高阶项, $u = 0$ 是该方程的稳态解, 代表了基本平衡态 $\bar{u}$. 令 $\beta_j(\lambda)(j = 1, 2, \cdots)$ 是线性算子 L_λ 的所有特征值, 并且在 λ_0 处满足

$$\mathrm{Re}\beta_k(\lambda) \begin{cases} < 0, & \lambda < \lambda_0 \text{ (或 } \lambda > \lambda_0), \\ = 0, & 1 \leqslant k \leqslant m. \\ > 0, & \lambda > \lambda_0 \text{ (或 } \lambda < \lambda_0), \end{cases} \tag{8.5.4}$$

$$\mathrm{Re}\beta_j(\lambda_0) < 0, \qquad \forall j \geqslant m + 1. \tag{8.5.5}$$

1. 耗散系统的动力学相变

这类相变是耗散系统专有的, 它定义如下.

定义 8.4 对于一个耗散系统 (8.5.3), 如果控制参数 λ_0 满足 (8.5.4) 和 (8.5.5) 条件, 则该系统在 λ_0 处一定发生相变, 即系统将从基本态 $\bar{u} (u = 0)$ 跃迁到一个新的状态 (相) u_λ 上. 这被称为动力学相变.

动力学相变是非线性耗散系统普遍存在的现象. 在前面提到的平衡相变 (即热力学相变) 以及在流体、大气海洋、天体系统、化学反应动力学、生物与生态平衡等领域中的大量非平衡态相变等都属于这个范畴, 见 (Ma and Wang, 2013).

动力学相变最突出的特点是具有很强的普遍性, 概念明确, 意义清楚, 物理性质都包含在方程 (定律) 中, 并且理论可操作性强.

2. 拓扑相变 (图像结构相变)

拓扑 (图像) 相变在耗散和守恒的所有系统中都存在, 但是这类相变的许多情况与动力学相变有共存的关系. 下面我们给出它的定义.

令 u 是方程 (8.5.1) 或是 (8.5.2) 的解, 或者 u 不满足什么方程就是描述系统状态的函数, 它可表达为

$$u = u(\varepsilon), \quad \varepsilon \text{ 为时间 } t \text{ 或者控制参数 } \lambda.$$

定义 8.5 对于状态函数 $u(\varepsilon)$, 假设它有一种稳定的拓扑结构 (或图像结构). 则下面情况被称为该系统在临界点 ε_0 处发生了拓扑相变 (或者说是图像结构相变), 若对任 $\Delta\varepsilon > 0$ 充分小, $u(\varepsilon_0 + \Delta\varepsilon)$ 拓扑 (图像) 结构与 $u(\varepsilon_0 - \Delta\varepsilon)$ 是不一样的.

注 8.6 在定义 8.5 中, 所谓的拓扑结构的稳定性是指关于 u 可定义一个拓扑等价类, 使得对任何充分小的摄动 δu, u 与 $u + \delta u$ 是拓扑等价的. 例如, 对于 $n = 2$ 的流体速度场 v 就可以定义稳定的流线拓扑结构, 并且可以给出结构分歧定理 (即拓扑结构相变定理), 可参见 (Ma and Wang, 2005a). 该理论在下一章介绍的流体内部与边界层分离及大气与海洋的飓风预报中具有重要应用, 这类相变与动力学相变没有共存关系.

由定义 8.4 给出的动力学相变中基本态 $\bar{u}$ 与跃迁态 u_λ, 如果它们具有某种拓扑结构, 并且 $\bar{u}$ 和 u_λ 的结构不相同, 则这也是一种拓扑结构相变, 这种情况就是所谓的两种相变共存关系.

事实上, 后面我们将看到前面提到的量子相变和拓扑序相变都是属于拓扑相变的领域, 它们有许多不是与动力学相变共存的.

8.5.2 量子相变的定义

在经典统计物理中, 关于量子相变没有明确定义, 通常满足如下三点性质的就称为量子相变,

- 相变是在绝对零度附近发生;
- 控制参数是非温度的物理量, 如磁场、压力等;
- 在临界点处状态的跃迁是由量子涨落造成的, 而不是热涨落造成的.

这里量子涨落是指由 Heisenberg 测不准关系引起的涨落.

上面关于量子相变的文字描述在有些文献中是用一个图来表述, 见图 8.9 所示, 也见 (Vojta, 2003). 在那里纵轴代表温度 T, 横轴代表量子相变的控制参数 θ, θ_c 为量子相变临界点. 图中被实线和虚线分成 A, B, C, D 四个区域. 实线划分出两个区域, 其中 D 代表有序相, 而在其他 A, B, C 区域代表另一种相, 称为无序相. 相变就是在这两种相之间发生的. 而在无序相区域中, A 区域代表序参量是被量子涨落所控制, B 区代表序参量同时存在热涨落和量子涨落的区域, 而 C 区主要是热涨落区域. 因此该图是要说明, 热力学相变和量子相变的区分并不是由两种相来区分, 而是由控制参数的路径来区分. 例如, 在图 8.9 中, 控制参数从 C 区穿越实线进入 D 区, 发生无序相到有序相的转变. 此时控制参数是温度, 影响相变的是热涨落, 因此这个相变定义为热力学相变. 而当控制参数 θ 从 A 区穿过 B 区进入 D 区 (不经过 C 区), 此时发生的相变被称为量子相变.

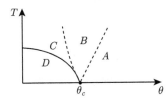

图 8.9 实线将 T-θ 平面分为 D 和 $A+B+C$ 两个不同相区, D 区为有序相, $A+B+C$ 区为无序相. 在无序相中, A 代表量子涨落区域, B 代表量子和热两种涨落共存区域, C 代表热涨落区域

注 8.7 用图 8.9 的图示方法定义量子相变表面上看似乎是清楚的. 但实际上, 无论是从实验角度还是从理论操作方面, 都很难将热涨落和量子涨落区分开来. 这

就使得经典的量子相变定义从本质上讲就是不明确的. 此外, 我们知道涨落并不是造成系统状态失稳的原因, 它只是起到使系统偏离失稳状态的作用. 因此涨落本身并不能反映相变的特征, 用它来作为定义量子相变的要素对建立理论是困难的.

下面我们给出关于量子相变的另一种定义. 首先注意到量子相变应符合如下几个物理特征.

- 相变应该是量子态之间的转换, 所谓量子态是指状态函数是波函数 ψ 的物理状态, 显然符合此条件的只有量子凝聚态系统. 因此量子相变只考虑在超导、超流和气体 BEC 的系统发生的情况. $\hspace{2em}$ (8.5.6)

- 控制参数是非温度的物理量, 因此在讨论量子相变时涉及的控制参数总是不含温度 T 的. $\hspace{2em}$ (8.5.7)

- 根据量子凝聚系统的图形结构方程 (8.3.26)—(8.3.27) 以及 (8.3.30)—(8.3.31), 它们的解 (ζ, φ) 可以定义如 (8.3.32) 所述的稳定拓扑结构 (严谨定义见下一节). 因此就如定义 8.5 所述, 量子相变就是凝聚态系统的拓扑相变. $\hspace{2em}$ (8.5.8)

根据上述三点特性 (8.5.6) 和 (8.5.7), 我们给出下面量子相变的定义.

定义 8.8　令 $\psi(\lambda)$ 是一个量子凝聚态系统的波函数, λ 为控制参数. 若存在 λ_c 使得对任意小的 $\Delta\lambda > 0$, $\psi(\lambda_c + \Delta\lambda)$ 与 $\psi(\lambda_c - \Delta\lambda)$ 有不同的拓扑结构, 特别地对图像方程的解 (ζ, φ) 有

$$\mathrm{Ind}(\zeta(\lambda_c + \Delta\lambda), \varphi(\lambda_c + \Delta\lambda)) \neq \mathrm{Ind}(\zeta(\lambda_c - \Delta\lambda), \varphi(\lambda_c - \Delta\lambda))$$

则称该系统在 λ_c 处发生了量子相变, 其中 $\mathrm{Ind}(\zeta(\lambda), \varphi(\lambda))$ 为图形结构函数 $(\zeta(\lambda), \varphi(\lambda))$ 的指标, 它由一组整数构成 (见后面的定义 8.9).

在超导和液态 He 的超流中就存在许多量子相变的现象. 例如, 在 II 型超导体的相图 6.17 中, 我们可以看到当固定一个温度 $T(T < T_c)$, 然后变动控制参数 H, 便可得到从 Meissner 态到旋涡态, 再到表面超导态的量子相变. 又如在液态 ^{3}He 的超流相变中, 见图 4.2 和图 4.3, 对固定的 $T < T_c$, 当变动压力和磁场 H 时, 可以达到 A, A_1 和 B 三种超流相之间转变的量子相变. 此外, 对于液态 ^{4}He 和 ^{3}He 混合的二元系统, 当调整摩尔比数 x 时, 也可得到从超流相到分离相之间改变的量子相变. 在这些量子相变中, 有些是与动力学相变共存的, 但有一些不是共存关系.

注 8.9　有些量子相变如超导–绝缘相变与超流–绝缘相变, 它们的原因比较简单, 即控制参数代表超粒子流的阻尼、相互作用势阱等. 当控制参数小于某个临界

值时, 粒子流的动能大于它的阻尼或约束势能, 从而可以穿越势壁垒仍保持超粒子流的存在. 然而当控制参数大于此临界值时, 粒子动能小于约束势能, 于是粒子流停止下来没有超流, 系统表现出是一个绝缘体. 典型例子有 Josephson 超导–绝缘相变与 Mott 超流–绝缘相变. 后面会讨论它们.

8.5.3 凝聚态粒子流的拓扑指标

在 8.3.4 小节中, 我们关于凝聚态粒子流的图像给出两种结构方程, 它们分别是气体和液体超流系统结构方程

$$\text{div}(\rho \nabla \varphi) = 0, \tag{8.5.9}$$

$$-\frac{\hbar^2}{2m}[\Delta\zeta - |\nabla\varphi|^2\zeta] + f(\zeta)\zeta = 0, \tag{8.5.10}$$

以及超导系统结构方程

$$\text{div}J_s = 0, \tag{8.5.11}$$

$$-\frac{\hbar^2}{2m_s}[\Delta\zeta - |\nabla\varphi|^2\zeta] + \frac{e_s^2}{2m_s c^2}A^2\zeta + f(\zeta)\zeta = 0, \tag{8.5.12}$$

其中 $\zeta^2 = \rho$ 代表凝聚态粒子密度, $\rho\nabla\varphi$ 为超流粒子流场, J_s 为超导电流场, 表达为

$$\begin{cases} J_s = \dfrac{e_s\rho}{m_s c}\left[\hbar\nabla\varphi - \dfrac{e_s}{c}A\right], \\ \text{div}A = 0. \end{cases} \tag{8.5.13}$$

由 (8.5.9) 和 (8.5.10), 超流粒子流场 $\rho\nabla\varphi$ 和超导电流场 J_s 都是保面积流, 并且具有某种调和场的结构, 此外 $\zeta \geqslant 0$ 是一个非负函数. 因此从数学角度看, 对于方程组 (8.5.9)—(8.5.10) 和 (8.5.11)—(8.5.12) 的解 (ζ, φ) 可以定义一种稳定的拓扑结构, 并且对于这种结构可以给出一组整数指标 $\text{Ind}(\zeta, \varphi)$. 令 $\Omega \subset \mathbb{R}^n (n = 2, 3)$ 是上述方程的定义域. 我们分三种情况进行讨论.

1. $\nabla\varphi \neq 0$ 时二维拓扑指标

注意 $\rho\nabla\varphi$ 和 J_s 都是散度为零的向量场. 在 (Ma and Wang, 2005a) 中关于二维零散度向量场 v,

$$\text{div}v = 0 \quad \text{在 } \Omega \text{ 内}, \qquad v \cdot n|_{\partial\Omega} = 0 \text{ 或 } v|_{\partial\Omega} = 0, \tag{8.5.14}$$

给出完备的结构分类以及结构稳定性定理. 简要地讲就是 (8.5.14) 的向量场结构是由旋涡和环流带构成, 它们数量是有限的, 并且是结构稳定的. 旋涡和环流带的轨道是定向的, 分左旋和右旋.

这里对于向量场 $V = \rho \nabla \varphi$ 或 $V = J_s$, 满足 (8.5.14) 的条件. 因此对于 V, (Ma and Wang, 2005a) 的理论有效, 关于该理论的详细介绍可见下一章 9.1 节. 于是关于 (ζ, φ) 我们可定义拓扑指标如下

$$\mathrm{Ind}(\zeta, \varphi) = (N_1, N_2, n_1, n_2), \tag{8.5.15}$$

其中 N_1, N_2 分别是 V 的左和右旋的旋涡数, n_1 和 n_2 分别是左和右旋的环流带数.

注意, 上面二维指标 (8.5.15) 同样适用于任何二维闭流形, 特别是对 I 型超导材料的 Ω 表面 $\partial\Omega$ 上的超导电流结构.

2. $\nabla\varphi \neq 0$ 时三维拓扑指标

对于三维的向量场 $V = \rho \nabla \varphi$ 或 J_s, 由于 $\mathrm{div}V = 0$ 并且 V 具有某种调和场结构, 因此 V 的稳定流场结构通常是由有限个柱体旋涡流、柱体环形流、轮胎流、环形轮胎流构成, 分别见图 8.10 (a)~(d) 所示. 对于这种情况, 我们关于 (ζ, φ) 可以定义三维拓扑指标为

$$\mathrm{Ind}(\zeta, \varphi) = (N_1, N_2, n_1, n_2), \tag{8.5.16}$$

其中 N_1, N_2 为柱体旋涡流和柱体环形流的个数, n_1, n_2 为轮胎流和环形轮胎流的个数.

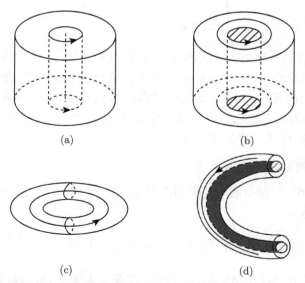

(a)   (b)

(c)   (d)

图 8.10　(a) 柱体旋涡流 (右旋), 是分层的旋涡; (b) 柱体环形流 (右旋), 是分层的环流带, 中间是一个实心柱体; (c) 轮胎流, 是实心流体; (d) 环形轮胎流, 如轮胎流一样, 但中间有一个没有流的实心轮胎

3. $\nabla\varphi = 0$ 的情况

当 $\nabla\varphi = 0$ 时, 波函数 $\psi = \psi_1 + i\psi_2$ 是一个实函数, 即 $\psi_2 = 0$, 此时, $\psi = \psi_1$. 将 Ω 分为若干个连通的正值和负值区域, 即

$$
\begin{aligned}
\Omega_j^+ &= \{x \in \Omega \mid \psi_1(x) > 0\}, \quad 1 \leqslant j \leqslant N, \\
\Omega_k^- &= \{x \in \Omega \mid \psi_1(x) < 0\}, \quad 1 \leqslant k \leqslant n.
\end{aligned}
\tag{8.5.17}
$$

它们之间互不相交. ψ 稳定性的定义是对任意小的实函数 ϵ, $\psi + \epsilon$ 与 ψ 的正、负值区域分别相同. 因此, 很显然 ψ 稳定的条件是它的正、负值区域是有限的, 并且 ψ 的零值集合体积为零, 即

$$
\dim\Omega_0 < \Omega \text{ 空间维数},
$$

其中 $\Omega_0 = \{x \in \Omega \mid \psi_1(x) = 0\}$. 于是关于 $\psi = \psi_1$ 定义拓扑指标为

$$
\mathrm{Ind}(\psi) = (N, n),
\tag{8.5.18}
$$

其中 N, n 如 (8.5.17).

$\nabla\varphi = 0$ 情况的物理意义为, 系统是处在凝聚态, 但是没有超流动性的粒子流. 在不同的 Ω_j^+ 和 Ω_k^- 之间存在相位差:

$$
\Omega_j^+ \text{ 和 } \Omega_i^+ \text{ 之间的相位差} = 2m\pi,
$$

$$
\Omega_j^+ \text{ 和 } \Omega_k^- \text{ 之间的相位差} = (2m+1)\pi,
$$

$$
\Omega_k^- \text{ 和 } \Omega_l^- \text{ 之间的相位差} = 2m\pi,
$$

这里 $m = 0, \pm 1, \pm 2, \cdots$.

4. 其他情况

量子凝聚态仍有许多情况不能如上述 (8.5.15), (8.5.16) 和 (8.5.18) 定义拓扑指标. 因此对于其他情况只能根据具体物理条件来处理量子相变问题.

8.5.4 标量 BEC 量子相变定理

在这一小节中, 我们以气体标量 Bose-Einstein 凝聚为例了解量子相变的理论方法. 首先气体标量 BEC 的 Hamilton 量为

$$
H = \int_\Omega \left[\frac{\hbar^2}{2m} |\nabla\psi|^2 + V(x)|\psi|^2 + \frac{1}{2} g|\psi|^4 \right] \mathrm{d}x,
\tag{8.5.19}
$$

其中 $V(x)$ 为凝聚态束缚势, $\Omega \subset \mathbb{R}^n$ ($n = 1, 2, 3$) 为有界区域, $g > 0$ 为相互作用耦合常数. 为了方便, 这里考虑 V 为势阱的情况

$$
V = \begin{cases} -\lambda, & x \in \Omega, \\ 0, & x \notin \Omega, \end{cases}
\tag{8.5.20}
$$

其中 $\lambda > 0$ 代表势阱的强度. 于是 (8.5.19) 和 (8.5.20) 的 Schrödinger 方程 (8.3.19) 可写成如下形式 (称为 Gross-Pitaevskii 方程)

$$i\hbar\frac{\partial\psi}{\partial t} = -\frac{\hbar^2}{2m}\Delta\psi - \lambda\psi + g|\psi|^2\psi, \quad x \in \Omega, \tag{8.5.21}$$

该系统有两种具有物理意义的边界条件:

$$\text{Neumann 条件}: \quad \left.\frac{\partial u}{\partial n}\right|_{\partial\Omega} = 0, \tag{8.5.22}$$

$$\text{Dirichlet 条件}: \quad u|_{\partial\Omega} = 0. \tag{8.5.23}$$

Neumann 条件 (8.5.22) 的物理意义是在整个 Ω 上温度 $T < T_c$, 而对于 Dirichlet 条件 (8.5.23), 它代表在 Ω 内部 $T < T_c$ 但在边界上 $T \geqslant T_c$.

在 BEC 状态下, 粒子数是守恒的, 即

$$\int_\Omega |\psi|^2 \mathrm{d}x = 常数.$$

此时 (8.5.21) 的解可写成

$$\psi = \mathrm{e}^{-\mathrm{i}\mu t/\hbar}\varphi(x), \tag{8.5.24}$$

其中 μ 为系统化学势. 将 (8.5.24) 代入 (8.5.21) 得到

$$-\frac{\hbar^2}{2m}\Delta\varphi + g|\varphi|^2\varphi = (\lambda + \mu)\varphi, \tag{8.5.25}$$

该方程的边界条件取 (8.5.22) 和 (8.5.23) 中的一个.

注意 GP 方程 (8.5.21) 或 (8.5.25) 描述的是凝聚态粒子处在静止状态的情况, 对于有超流情况的 BEC 方程形式应考虑电场的存在. 因此这里讨论的量子相变是由 (8.5.25) 的实函数解 φ 的拓扑结构 (8.5.17) 和 (8.5.18) 来描述的.

在 (Ma, Li, Liu and Yang, 2016) 中, 关于 (8.5.25) 的相变得到下面的结果. 虽然那里讨论的是一维 Dirichlet 边值问题, 但它的结论对任何 n 维情况以及 (8.5.22) 和 (8.5.23) 两种边界都成立. 下面我们分数学结论和物理结论两部分分别进行介绍.

1. 数学结论

首先考虑 Laplace 算子的特征值问题

$$-\Delta e_k = \lambda_k e_k,$$
$$e_k|_{\partial\Omega} = 0 \quad \left(或\ \left.\frac{\partial e_k}{\partial n}\right|_{\partial\Omega} = 0\right). \tag{8.5.26}$$

数学上已经知道 (8.5.26) 具有离散的特征值,

$$0 < \lambda_1 < \cdots \leqslant \lambda_k \leqslant \cdots \qquad (\lambda_1 = 0\ 对\ (8.5.22)), \tag{8.5.27}$$

其中 λ_1 是单重特征值, λ_k 对应的特征向量 e_k 具有指标

$$\text{Ind}(e_k) = \begin{cases} (m,m), & k = 2m, \\ & n = 1, \\ (m+1,m), & k = 2m+1, \end{cases} \tag{8.5.28}$$

对于 $n \geqslant 2$ 情况 $\text{Ind}(e_k)$ 的表达式较为复杂, 这里指标定义如 (8.5.18). 然后有如下数学结论.

定理 8.10 对于方程 (8.2.25) 我们有如下结论.

1) 方程的控制参数 $\lambda + \mu$ 在 (8.2.26) 的每个特征值 $\lambda_k < \lambda + \mu$ 处都分歧出两个非零解 $\pm u_k(\lambda)$ $(k = 1, 2, \cdots)$, 并且

$$\text{Ind}(u_k(\lambda)) = \text{Ind}(e_k), \qquad \forall \, \lambda + \mu > \lambda_k. \tag{8.5.29}$$

2) 若 $\lambda_k < \lambda + \mu \leqslant \lambda_{k+1}$, 则方程具有至少 $2k$ 个解 $\pm u_j(\lambda)$ $(1 \leqslant j \leqslant k)$, 这里 $\pm u_j$ 是从 λ_j 分歧出来的解.

注意, 在 (8.5.27) 中前 k 个特征值 $\lambda_1 < \lambda_2 \leqslant \cdots \leqslant \lambda_k$ 是计算 λ 重数的.

2. 物理结论

现在我们将定理 8.10 译成物理结论如下.

1) 由 (8.5.19) 给出的 BEC 系统总能量由三个部分构成:

$$\frac{\hbar^2}{2m} \int_\Omega |\nabla \psi|^2 \mathrm{d}x \quad \text{代表不均匀分布势能}, \tag{8.5.30}$$

$$-\lambda \int_\Omega |\psi|^2 \mathrm{d}x \quad \text{为势阱束缚能}, \tag{8.5.31}$$

$$\frac{g}{2} \int_\Omega |\psi|^4 \mathrm{d}x \quad \text{为粒子之间相斥作用能}. \tag{8.5.32}$$

因此 (8.5.25) 两边乘以 φ 再积分, 可得下面公式

$$\text{化学势 } \mu = \frac{1}{N}(\text{不均匀势能} + \text{相斥能}) - \lambda, \tag{8.5.33}$$

这里 λ 为势阱强度, N 为粒子总数.

2) 系统中可以自由控制的参数为 λ, N 与区域 Ω. 化学势 μ 不能直接调控. 在定理 8.10 中可以看到最重要的参数是 $\lambda + \mu$, 它的调控是由调整 λ, N 和 Ω 来实现的.

3) 定理 8.10 告诉我们, 当参数 $\lambda + \mu$ 增加时, 系统的状态数会增加, 但是以离散的方式增加. 结论 1 表明当 $\lambda + \mu$ 从左到右穿越 $\hbar^2 \lambda_j / 2m$ 时, 系统的状态数将会

增加 $2k$ 个, 这里 $k \geqslant 1$ 是 (8.2.26) 的特征值 λ_j 的重数, 即

$$\lambda + \mu \text{ 穿越 } \frac{\hbar^2}{2m}\lambda_j \Rightarrow \text{ 系统增加 } 2k \text{ 个量子态.} \tag{8.5.34}$$

4) 若参数 $\lambda + \mu$ 在下面区间中

$$\frac{\hbar^2}{2m}\lambda_k < \lambda + \mu < \frac{\hbar^2}{2m}\lambda_{k+1}, \tag{8.5.35}$$

则系统至少有 $2k$ 个不同的量子态, 它们中每一对都是从前面某个特征值 λ_j $(0 \leqslant j \leqslant k)$ 处分歧出来的解, 其拓扑结构与 $\pm e_j$ 相同, e_j 为对应于 λ_j 的特征向量.

5) 当 $\lambda + \mu$ 满足 (8.5.35) 时, 此 BEC 系统可通过调整其他物理参数, 如压力、电磁场强度等控制参数, 使得该系统在它的 $2k$ 个不同量子态之间进行转换, 从而发生量子相变.

注 8.11　定理 8.10 的物理意义在于不仅给出如 (8.5.34) 和 (8.5.35) 这两个关于势阱强度与系统量子态的数量关系, 而且提供了每一种量子态的拓扑结构与相对应的特征向量拓扑结构之间的关系. 此外, 这一小节的内容为量子相变理论展现了一个新途径.

8.5.5　超流动性-绝缘相变

在 8.2.4 小节中, 我们介绍了 Josephson 隧道效应, 即在一个环路超导体中, 在某个截面处放置一绝缘夹层 Γ, 其厚度 λ 为控制参数. 由思想实验可以想象, 存在一个临界厚度 λ_c 使得

$$\begin{cases} 0 \leqslant \lambda < \lambda_c & \text{时环路中有超导电流,} \\ \lambda > \lambda_c & \text{时环路中没有超导电流.} \end{cases} \tag{8.5.36}$$

这个性质 (8.5.36) 可以说是一个典型的量子相变的例子, 如图 8.11 所示. 对照图中 (a) 与 (b) 可看到超导电流图像拓扑结构在 λ_c 处的改变, 图 (a) 显示了一个轮胎流结构, 图 (b) 没有流.

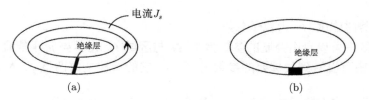

图 8.11　(a) 绝缘层厚度 $r < r_c$, 存在超导电流 J_s; (b) 绝缘层厚度 $r > r_c$, 环路中没有超导电流

这个思想实验可以通过关于 Josephson 隧道效应模型进行理论分析. 此时方程中参数 a 是绝缘层厚度 λ 的函数, 近似表达为

$$
a = \begin{cases} a_0 \left(1 - \dfrac{\lambda}{\lambda_c} \right), & 0 \leqslant \lambda < \lambda_c, \\ 0, & \lambda \geqslant \lambda_c, \end{cases}
$$

其中 $a_0 > 0$ 为常数. 此时环路的超导电流 (8.2.65) 变为

$$
J_s = \begin{cases} \dfrac{e_s \hbar}{m_s} a_0 \left(1 - \dfrac{\lambda}{\lambda_c} \right) \sin(\Phi_2 - \Phi_1), & 0 \leqslant \lambda < \lambda_c, \\ 0, & \lambda \geqslant \lambda_c. \end{cases} \tag{8.5.37}
$$

这个电流 (8.5.37) 清楚地显示了图 8.11 (a) 和 (b) 展现的量子相变过程, 它被称为 Josephson 隧道超导–绝缘相变.

另一个超流动性与绝缘之间相变的例子是 BEC 系统的 Mott 超流–绝缘相变, 这个相变的道理与隧道超导–绝缘相变是相同的. 这里只简单地介绍一下它的物理现象.

气体 BEC 系统在 $T < T_c$ 下发生凝聚. 与液态 He 一样, 气体 BEC 在某种外势场的作用下也会发生超流现象, 此时波函数为

$$
\begin{cases} \psi = \sqrt{\rho}\mathrm{e}^{\mathrm{i}\varphi}, \\ \text{粒子超流 } \rho\nabla\varphi \neq 0. \end{cases} \tag{8.5.38}
$$

(8.5.38) 描述的是没有势壁垒存在的超流态. 然而如果对该系统施加某种势壁垒 (在实验上就是由激光产生的晶格势), 这对超流产生一种阻尼. 它可由一种控制参数来表达:

$$
\lambda = \frac{V}{J}, \tag{8.5.39}
$$

其中 V 代表势壁垒强度, J 代表隧穿强度, 即凝聚态粒子穿过壁垒势的能力. 实验证实了存在临界值 λ_c, 使得

$$
\begin{cases} \lambda < \lambda_c \text{ 时有超流发生, 即 } \rho\nabla\varphi \neq 0, \\ \lambda \geqslant \lambda_c \text{ 时没有超流, 出现 Mott 绝缘相.} \end{cases} \tag{8.5.40}
$$

这里所谓 Mott 绝缘相是指 $\nabla\varphi = 0$, ψ 为实函数的状态. 此名称是由于这个相变的行为与 Mott 金属–绝缘相变情况类似.

8.6　综合问题与评注

8.6.1　³He 超流原子对束缚势

　　³He 原子是一个 Fermi 子, 因此液态 ³He 出现超流相意味着在超低温条件下两个 ³He 原子一定能配对成为一个 Bose 子. 现在人们习惯上将这种 ³He 原子对称为 Cooper 对. 然而这里液态 ³He 的情况与超导体有很大的差异, 模仿 BCS 理论来建立液态 ³He 原子对的束缚理论是完全缺乏说服力的, 因为液体与固体不同, 它没有晶格, 因而也根本不存在什么原子–声子相互作用机制.

　　现在一个自然的问题就是 ³He 原子对的束缚势能究竟来源于何处? 一个合理的答案就是 van der Waals 力. 物理实验表明原子、分子之间存在一种很弱的相互作用, 其作用势如图 8.12 所示, 图中 $r_0 > 0$ 是排斥与吸引作用力的分界半径, 即

$$\begin{cases} \text{当 } r < r_0 \text{ 时作用力为排斥力,} \\ \text{当 } r > r_0 \text{ 时为吸引力.} \end{cases} \tag{8.6.1}$$

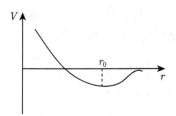

图 8.12　van der Waals 原子/分子相互作用势的示意图, 其中横坐标代表距离,
纵坐标代表作用势能

　　关于 van der Waals 力的一个比较常用的近似公式就是 Lenard-Jones 势 (它只是许多近似公式中的一种):

$$V = V_0 \left[\left(\frac{r_1}{r} \right)^{12} - \left(\frac{r_1}{r} \right)^6 \right], \tag{8.6.2}$$

其中 V_0 和 r_1 为两个由实验确定的参数.

　　关于 van der Waals 力的另一个选择性公式就是由 (Ma and Wang, 2015a) 提供的关于原子、分子强相互作用势能的公式

$$V = Q_s^2 \left[\frac{1}{r} - \frac{A}{r_a} (1 + kr) e^{-kr} \right], \tag{8.6.3}$$

其中 A 为参数, 依赖于原子与分子类型, Q_s 和 r_a 分别为原子、分子的有效强荷与半径, $k^{-1} = 10^{-7}\mathrm{cm}$ 为作用力半径.

注 8.12 公式 (8.6.3) 是从 PID 和规范不变性原理推出来的强相互作用势能公式, 它也具有如图 8.12 所示的性质. 经典理论认为 van der Waals 力是几种作用的综合: ① 电极化产生的静电力, ② 诱导电偶极距作用力, ③ 瞬时电偶极距的作用力等. 实际上, 除了这些作用力外, 强相互作用也应该是 van der Waals 力中的一个重要部分. 强相互作用的短程性质是很突出的.

8.6.2 Kosterlitz-Thouless 相变

这是一种二维磁体的相变现象, 由 (Kosterlitz and Thouless, 1973) 提出来, 在 2016 年因此而被授予诺贝尔物理学奖. 在 (Vojta, 2003) 中将此相变归到量子相变范畴. 是否属于量子相变这并不重要, 因为这只是按不同定义的一种看法. 但从本质上讲, 这种相变是典型的拓扑相变, 即是一种图像结构的相变.

首先我们先介绍 Kosterlitz-Thouless 相变所描述的物理现象, 因为物理图像是理解理论的根本. 考虑一个二维磁体薄板, 在一般较高温度下, 由于热运动粒子的自旋排列呈现出无序状态, 而当温度 T 降到 Curie 点 T_c 以下时, 磁体薄板中的粒子在如图 8.7 和图 8.8 中所示的磁矩相互作用下, 自旋会出现有序排列, 这种就是经典热力学范畴的相变, 属于一级相变. 然后当我们在该系统中施加一个平面的磁场 H, 并且继续降温, 那么 (Kosterlitz and Thouless, 1973) 中从 Ising 模型出发, 进行理论分析认为在另一个临界温度 $\tilde{T}_c$ 之下, 即 $T < \tilde{T}_c$, 系统会出现一种新的自旋排列方式, 其图形如图 8.13 所示.

图 8.13 旋涡状的自旋排列

这种相变与经典热力学相变在两个方面出现差异:

1) 对于图 8.13 所示的状态, 从 Ising 模型的角度没有合适的序参量去表述它. Kosterlitz 和 Thouless 主要是从微观统计角度去考虑这个问题, 即人们若用 Bragg–Williams 的长程序和短程序的方式定义序参量, 在这种情况下是行不通的.

2) 在 $\widetilde{T}_c$ 处的相变, 若用实验去测它的相变级数将是无效的. 也就是说从实验的角度也无法分辨出 $\widetilde{T}_c$ 的相变级数.

上面两点差异使人们认识到还存在经典相变范畴之外的相变类型. 这就是 Kosterlitz-Thouless 相变 (简记 KT 相变) 的意义所在.

因为这种相变是在理论分析中提出来的, 这就存在自然界中是否有这个现象的问题, 我们可以通过一个简单的思想实验来表明这种现象是存在的.

在一个磁体薄板的中心, 接通一个垂直板平面的强度为 I 的电流. 根据 Ampere 定律这个电流在板平面上会产生一个如图 8.14 所示的磁场 H 并且 H 的强度与电流强度成正比. 此外, 当系统处在低温条件下, 粒子热运动很小. 因此当电流强度 (也就是磁场强度) 超过某个临界值 H_c 时, 薄板上的粒子自旋一定会顺着磁场方向排列. 于是便出现图 8.13 的图形. 这表明, 当给定磁场强度 $H > H_c$, 然后再由高温到低温调控温度, 便会存在 $\widetilde{T}_c$ 使当 $T < \widetilde{T}_c$ 时出现 KT 相变.

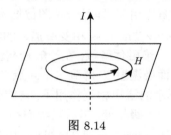

图 8.14

注 8.13　在 (Kosterlitz and Thouless, 1973) 中, 这两个作者构造了一个二维模型, 在那里出现了与传统不一样的相变, 即在 T_c 处热力学量的任意阶导数都是连续的. 除了上面给出的二维磁体系统的粒子外, 他们还列举了晶体与超流两个系统作为例子, 用建立的模型讨论了发生 KT 相变的可能性. 二十年后, 人们相继在 BEC 超流系统以及金属–绝缘系统发现了 KT 相变类型, 今天被称为量子相变.

8.6.3　准粒子与实体粒子的区别

在本章的 8.1 节中介绍了凝聚态物理中一个重要的概念, 即元激发. 许多文献中将元激发称为虚拟粒子或准粒子. 这个概念在凝聚态物理中代表了一种理论和方法, 它的重要性不容置疑. 特别是, Landau 学派与 BCS 理论对建立和发展这一理论方法作出了重大贡献.

但是近年来物理学界中部分人在准粒子概念上产生一些混淆, 他们认为准粒子与实体粒子不可分辨, 因此得出结论:

$$准粒子 = 实体粒子, \tag{8.6.4}$$

在这一小节中, 我们将对 (8.6.4) 进行讨论.

首先我们给出实体粒子的基本性质.

1) 实体粒子的特征和作用.

实体粒子是独立于具体物质形态的, 是自由的. 它们可以在任何地方出现. 每个实体粒子一定至少含有如下四种相互作用荷中的一个:

$$质量荷, \quad 电荷, \quad 强作用荷, \quad 弱作用荷. \tag{8.6.5}$$

在四种基本相互作用中, 实体粒子一定能够参与至少一种相互作用, 从而每一个实体粒子必定具有微观粒子运动的基本性质, 即

$$衰变, \quad 散射, \quad 辐射. \tag{8.6.6}$$

每个粒子都有反粒子, 其中

$$\begin{cases} 正、反粒子等同的 \ Fermi \ 子称为 \ Majorana \ 粒子. \\ 质量为零的 \ Fermi \ 子称为 \ Weyl \ 粒子. \end{cases} \tag{8.6.7}$$

在自然中, 实体 Fermi 子起到组成物质的构元作用, 实体 Bose 子传递能量, 起到相互作用的媒介作用.

2) 实体粒子的辨认方法.

每种实体粒子都有分辨它们的标记, 称为量子数. 它们是

$$\begin{array}{c} 质量, 电荷, 自旋, 寿命, 重子数, 轻子数, 宇称, \\ G \ 守恒, 同位旋, 奇异数, 超荷等. \end{array} \tag{8.6.8}$$

因此实体粒子的分辨只能靠高能加速器来产生如 (8.6.6) 的运动形态, 用以记录和计算出它们的量子数, 从而分辨出不同粒子的种类, 因此,

$$实体粒子的分辨和确定必须靠高能加速器测出量子数来实现. \tag{8.6.9}$$

3) 实体粒子中, Majorana 粒子从本质上讲是无法用 (8.6.8) 中的量子数来确认的, 即这种粒子既不能证实, 也不能证伪. 因此它是由人为指定给出的. 目前符合这个条件的粒子只有中微子, 其原因就是可分辨正、反粒子的标准只有三种量子数:

$$正反粒子的电荷, 重子数, 轻子数大小相等, 符号相反. \tag{8.6.10}$$

对中微子来讲, 电荷 $e = 0$, 重子数 $B = 0$, 而关于轻子数 L, 若指定它为 Majorana 粒子, 则可规定 $L = 0$, 否则规定 $L = \pm 1$. 这两种规定都不会产生矛盾现象.

4) 实体粒子的寻找与辨认是高能粒子物理的终端目标, 因此找到一个新粒子这件事本身具有科学意义.

现在来考察准粒子的特点 (经典意义的).

1. 准粒子的作用

要准确理解准粒子的概念, 必须搞清楚它是作什么用的. 对凝聚态系统, 一个重要的事情就是需要计算出它的热力学量. 为此首先要求出系统的配分函数或能量 (内能). 我们知道, 以实体粒子作单位时, 能量公式为

$$E = \sum_n a_n \varepsilon_n, \tag{8.6.11}$$

其中 a_n 是在 ε_n 能级上的粒子数, 它可由 MB 分布、FD 分布和 BE 分布分不同情况给出. 然而对绝大多数凝聚态系统, 用 (8.6.11) 无法算出所需要的能量 E 的表达式. 于是出现取代实体粒子而采用其他的能量单位代入 (8.6.11) 便可求出与实验相符的热力学量. 因为这个能量单位是实体粒子的取代物, 于是被称为准粒子. 换句话讲准粒子的作用是:

$$\text{为计算系统热力学量引入的一种能量单位.} \tag{8.6.12}$$

由 8.1.3 小节中关于配分函数 (8.1.12) 的计算与 BCS 理论中关于内能 (8.2.7) 的计算过程, 便可理解 (8.6.12) 的含义.

2. 准粒子的类型

由于准粒子是为计算系统能量 (或配分函数) 引入的一种能量单位, 而系统能量公式根据粒子类型分三种:

$$\text{Bose 子: BE 分布; \quad Fermi 子: FD 分布; \quad 经典粒子: MB 分布.}$$

因此准粒子也被赋予了如下名称:

$$\text{Bose 准粒子, \quad Fermi 准粒子, \quad 经典准粒子.}$$

它们各自被用来计算与之对应的能量公式.

3. 准粒子特征

准粒子完全没有如 (8.6.5), (8.6.6) 和 (8.6.8) 的实体粒子性质, 因此准粒子没有反粒子的概念, 也没有零质量 (静止质量) 的概念, 即 Weyl 粒子和 Majorana 粒子的概念具有相当大的随意性. 如果硬要引入反粒子概念, 那么它自己就是它的反粒子. 从而可得出如下结论:

$$\text{所有 Fermi 准粒子都是 Majorana 粒子.}$$

以上讨论的是经典意义下准粒子的物理内涵. 近些年来一些物理学家将经典准粒子的概念和作用进行了推广以适用于更广泛的凝聚态物理问题. 但这种推广意义下的准粒子在本质上与经典意义的没有任何区别, 即

它们是一种数学工具, 用以简化和解决凝聚态

系统中的一些物理问题, 是一种虚拟的粒子.

由此我们可以看出: 准粒子只是凝聚态物理的一个中间技术环节, 目的是被用来解决物理问题的. 因此准粒子本身没有实际意义, 有意义的是在准粒子基础上建立的与实验相符的物理理论 (如果它存在).

最后结论是, (8.6.4) 的断言是否正确并不重要, 因为它完全取决于人为的定义, 而搞清实体粒子与准粒子的准确物理内涵这才是最重要的. 准粒子不存在所谓发现的问题, 只有实体粒子才存在这样的问题.

8.6.4　本章各节评注

8.1 节　元激发 (准粒子) 这个方法对凝聚态物理的发展起到非常重要的作用. 在这方面, Landau 在 1947 年关于液态 ^{4}He 理论的建立以及 Bardeen, Cooper 和 Schrieffer 在 1957 年关于超导的 BCS 理论的建立使得这一理论方法得到普遍的应用. 特别是 Landau 开创性的工作告诉我们如何应用准粒子方法.

让我们再简短地回顾准粒子方法的过程, 以便使读者更准确地理解元激发的概念. 一个系统能量表达为

$$E = \sum_n a_n \varepsilon_n. \tag{8.6.13}$$

由分布理论, 粒子数 a_n 由 (3.3.13) 给出. 因此 (8.6.13) 可写成

$$E = \sum_n g_n f(\varepsilon_n) \varepsilon_n \quad (f \text{ 的形式如 } (3.3.13)). \tag{8.6.14}$$

对一般系统, 简并数 g_n 与 ε_n 的关系式无法给出, 从而要计算 (8.6.14) 变得很困难. 然而许多系统可以算出 g_n 与动量 p 的关系式:

$$g_n = g(p_n)\Delta p_n.$$

令 $\Delta p_n = \mathrm{d}p$, 于是 (8.6.15) 求和号可变为积分表达

$$E = \int_0^\infty g(p)f(\varepsilon)\varepsilon\mathrm{d}p, \tag{8.6.15}$$

表达式中 g 和 f 的函数形式都是给定的. 这样, 要求出 E 的表达式就归结到找出 ε 和 p 的正确关系式

$$\varepsilon = \varepsilon(p), \tag{8.6.16}$$

这个关系式就是实体粒子 $a_n = g_n f(\varepsilon_n)$ 的取代物, 用它代表一个虚拟粒子的能量, 称为元激发 (准粒子) 能谱.

找出 (8.6.16) 的关系式, 然后代入 (8.6.15) 算出 E 的表达式, 这个过程就是准粒子或元激发方法的核心内容.

事实上, Landau 关于 ^{4}He 超流的元激发能谱关系 (8.1.10) 和 (8.1.11) 被证明不仅是用在超流系统的热力学量计算上, 它还能揭示出超流体许多其他重要的物理性质. Landau 及其学派对统计物理的贡献是整体性的. 最后补充一句, 下面三个物理学家对物理学作出巨大贡献:

$$A.\ Einstein,\quad L.\ Landau,\quad P.\ D.\ Dirac.$$

他们的工作属于这种性质, 即他们不做出则后面无人能做出的开创性工作. 当然 R. P. Feynman 的工作也属于这一类. 一般人的工作都不具有这样的特点, 即他们不作出后面不久就会有其他人作出来.

关于 ^{4}He 超流体的 Feynman 环流定理从数学角度看是很自然的, 这里的论证以及环流内半径 r_0 的公式 (8.1.40) 是由本书作者给出的.

8.2 节　这一节的内容都是经典的, 它们在许多统计物理和凝聚态物理的教科书中都能找到. 这里的主要参考书为 (王正行, 1995), (栗弗席兹和皮塔耶夫斯基, 2008) 和 (林宗涵, 2007).

在超导领域, 已被公认的几个重要工作就是: ① Ginzburg-Landau 理论, 主要是建立势泛函解决超导相变问题; ② BCS 理论, 主要处理超导微观机制; ③ London 方程, 主要是关于超导电磁学的宏观性质; ④ Abrikosov 理论, 主要是关于超导材料的性质; ⑤ Josephson 效应, 是关于超导的隧道效应.

注意, 在关于 (8.2.33) 的超流 J_θ 表达式中 $\varphi(r)$ 满足的方程为

$$\varphi'' - \left(\frac{2}{\lambda} - \frac{1}{r}\right)\varphi' - \frac{1}{\lambda r}\varphi = 0.$$

由此可导出 φ 的表达式中系数关系 (8.2.34).

8.3 节和 8.4 节　这两节的内容是来自 (Ma and Wang, 2017d) 的最新研究成果.

虽然 Landau 学派早就发现超流速度 v_s 与凝聚态波函数 $\psi = |\psi|e^{i\varphi}$ 的相位角 φ 之间关系为

$$v_s = \frac{\hbar}{m}\nabla\varphi, \tag{8.6.17}$$

但是他们并没有将它与量子力学的基本解释联系起来, 从而也就无法从 (8.6.17) 达到凝聚态量子机制的观点.

这两节内容的最大特点是物理图像清楚, 理论简单易懂, 逻辑上合理. 这三点非常重要, 因为事实证明:

一个图像不清, 概念模糊, 内容复杂使人

难懂的物理理论一定是没有科学价值的.

8.5 节 这一节的内容取自 (Ma and Wang, 2017f) 和 (Ma, Li, Liu and Yang, 2016).

量子相变的概念是近三十年出现的. 这个概念一直是模糊不清的, 因而理论也不成熟. 在这个领域的工作几乎全部是描述性的, 或者是计算机图像模拟, 或是实验数据的图表.

这里, 我们将相变理论建立在物理定律 (即物理方程) 的基础之上. 从方程出发很自然地将相变分成两大类:

动力学相变, 拓扑相变.

拓扑这个词在数学上就是图形结构的意思, 因此拓扑相变就是图像结构发生突变的现象.

相变动力学是由 (Ma and Wang, 2013) 建立的. 在那里他们对于耗散动力系统给出一套系统和完整的数学跃迁理论, 并且以此为基础在统计物理、流体、大气海洋物理、化学与生物等广泛领域发展了动态相变理论. 事实证明这是一门内容非常丰富的非线性学科.

拓扑相变是属于另一种类型的突变现象, Kosterlitz-Thouless 相变 (KT 相变) 和量子相变都是这种类型. 这个领域的理论特点是涉及一些几何与拓扑学, 而动力学相变主要是方程与分析. 拓扑相变理论描述性的要多一些, 例如, 本章 8.5.5 小节和 KT 相变的内容就是属于描述性的. 然而下面第 9 章的内容就是关于流体拓扑相变方面的, 在那里我们可以看到拓扑相变也是丰富而有内涵的, 即不是描述性的.

8.6 节 这一节的内容是对本章前面各节的补充介绍. 8.6.3 小节是专门针对目前关于准粒子概念出现一些混乱现象而写的. 之所以会出现这样的问题是与当前科学道德下降有关, 此外也与科学理论与概念的表述不清有关. 这里要强调的是

物理图像不清, 概念模糊的理论在学术

界泛滥和盛行标志着伪科学已占据了科

学领导地位, 也意味着学术道德的坠落.

我们都有责任来改变这种状态, 本书就是朝着这个方向的一种努力.

第 9 章　热力学耦合流体的拓扑相变

9.1　二维不可压缩流拓扑结构理论

9.1.1　基本概念

令描述流体状态的函数是速度场 v. 所谓流体的拓扑相变就是指速度场 (向量场) v 在某个临界时刻 t_0 (或临界参数 λ_c) 处拓扑结构发生改变. 因此要理解流体的拓扑相变, 我们需知道什么是向量场的拓扑结构以及如何定义向量场的拓扑结构稳定性. 这一小节就是介绍这两方面的基本概念.

若 $v = (v_1, \cdots, v_n)$ 是 $x \in \Omega \subset \mathbb{R}^n$ 区域上的一个 n 维向量场, 则 v 在 Ω 中给出一个流结构, 称为向量场 v 的流, 它的定义如下. 考虑由 v 给出的常微分方程初值问题

$$\begin{cases} \dfrac{\mathrm{d}x_i}{\mathrm{d}t} = v_i(x), & 1 \leqslant i \leqslant n, \\ x_i(0) = x_i^0, \end{cases} \tag{9.1.1}$$

其中 v_i 是 v 的第 i 个分量, $x_0 = (x_1^0, \cdots, x_n^0) \in \Omega$ 为初值. 方程 (9.1.1) 的解 $x(t, x_0)$ 给出 Ω 中以 x_0 为起点的一条曲线, 称为 v 的过 x_0 点轨道. Ω 中所有点轨道构成的集合就称为 v 的流, 如图 9.1 所示.

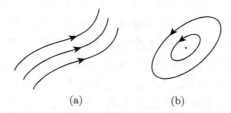

(a)　　　　　　　　(b)

图 9.1　向量场所有点的轨道集合形成一个流

(a) 一个平行流结构; (b) 一个旋涡流结构

从图 9.1 (a) 和 (b) 可以看到, 不同向量场具有不同的拓扑结构. 于是便可引入下面向量场拓扑等价的概念.

定义 9.1　两个定义在 $\Omega \subset \mathbb{R}^n$ 上的向量 v_1 和 v_2 被称为是拓扑等价的, 若存在一个同胚映射 $\phi: \Omega \to \Omega$, 使得 ϕ 将 v_1 的每一个轨道映射到 v_2 的轨道上.

由定义 9.1 可知, v_1 和 v_2 是拓扑等价的, 意味着 v_1 和 v_2 具有相同的流结构, 只是流的弯曲形状有所不同而已. 下面便可定义结构稳定性的概念了. 为此, 我们

引入几个向量场空间的记号如下. 令 $C^r(\Omega, \mathbb{R}^n)$ 是所有 Ω 上 r 次连续可微 n 维向量场构成的空间, 并记

$$D^r(\Omega, \mathbb{R}^n) = \{v \in C^r(\Omega, \mathbb{R}^n) \mid \text{div} v = 0, \quad v_n|_{\partial \Omega} = 0\},$$

$$B^r(\Omega, \mathbb{R}^n) = \{v \in D^r(\Omega, \mathbb{R}^n) \mid \frac{\partial v_\tau}{\partial n}|_{\partial \Omega} = 0\}, \qquad (9.1.2)$$

$$B_0^r(\Omega, \mathbb{R}^n) = \{v \in D^r(\Omega, \mathbb{R}^n) \mid v|_{\partial \Omega} = 0\},$$

其中 $v_n = v \cdot n$ 和 $v_\tau = v \cdot \tau$ 分别代表 v 在边界 $\partial \Omega$ 法向量 n 和切方向 τ 的分量. $v_n|_{\partial \Omega} = 0$ 的物理意义为没有流穿越边界, $\frac{\partial v_\tau}{\partial n}|_{\partial \Omega} = 0$ 意味着在边界的切方向上剪切力为零.

定义 9.2 令 X 是 (9.1.2) 中三个空间中的一个. 我们称一个向量场 $v \in X$ 是结构稳定的, 若存在 v 的一个邻域 $U \subset X$, 使得对任何 $u \in U$, u 和 v 是拓扑等价的.

9.1.2 二维零散度向量场结构稳定性

在 (Ma and Wang, 2005a) 中, 对于 $B^r(\Omega, \mathbb{R}^2)$ 上的二维自由滑动边界条件的向量场和 $B_0^r(\Omega, \mathbb{R}^2)$ 上刚性边界条件的向量场分别证得下面两个结构稳定性定理, 它们对于本章流体的拓扑相变奠定了坚实的数学基础. 下面分别介绍这两个定理.

1. $v \in B^r(\Omega, \mathbb{R}^2)$ 的结构稳定性

对于自由边界条件的向量场有下面结果.

定理 9.3 令 $\Omega \subset \mathbb{R}^2$ 为有界区域, $v \in B^r(\Omega, \mathbb{R}^2)$ $(r \geqslant 1)$. 那么 v 是结构稳定的充要条件是

1) v 是正则的, 即 v 的奇点都是非退化的;

2) 所有 v 的内部鞍点是自连接的;

3) 每个边界鞍点一定连接到相同边界连通分支上的另一个边界鞍点.

此外, 所有结构稳定向量场在 $B^r(\Omega, \mathbb{R}^2)$ 中形成一个开稠集.

这里需要解释一下, 所谓 v 的非退化奇点 p 是指

$$v(p) = 0, \quad \text{且 Jacobi 矩阵 } Dv(p) \text{ 是非退化的.}$$

定理 9.3 的结论 2) 中内部鞍点自连接情况如图 9.2 (a) 所示, 而图 9.2 (b) 给出的是两个鞍点 S_1 和 S_2 的轨道互为连接的情况.

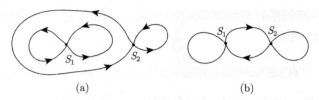

图 9.2　(a) 两个鞍点 S_1 和 S_2 都是轨道自连接的; (b) 两个鞍点 S_1 和 S_2 的轨道互为连接

定理结论 3) 中边界鞍点连接到相同连通分支的鞍点上, 这种情况如图 9.3 (a) 所示, 即 S_1 轨道连接到相同分支的 S_2 上, 而边界鞍点连接到不同连通分支鞍点上的情况如图 9.3 (b) 所示, 即 $\partial\Omega$ 有两个不同连通分支 Γ_1 和 Γ_2, 并且 Γ_1 上鞍点 S_1 轨道连接到 Γ_2 的鞍点 S_2 上. 注意, 非退化边界鞍点轨道只有一条.

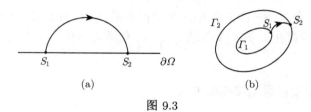

图 9.3

2. $v \in B_0^r(\Omega, \mathbb{R}^2)$ 的结构稳定性

对于刚性边界条件 $v|_{\partial\Omega} = 0$, 边界上的点都是奇点, 此时需要对边界点定义 ∂-正则点和 ∂-奇点的概念.

定义 9.4　令 $v \in B_0^r(\Omega, \mathbb{R}^2)$ $(r \geqslant 2)$, 则有

1) 点 $p \in \partial\Omega$ 称为 v 的 ∂-正则点, 若 $\partial v_\tau(p)/\partial n \neq 0$; 否则 $p \in \partial\Omega$ 称为 v 的一个 ∂-奇点.

2) v 的一个 ∂-奇点被称为是非退化的, 若

$$\det \begin{pmatrix} \dfrac{\partial^2 v_\tau(p)}{\partial n \partial \tau} & \dfrac{\partial^2 v_\tau(p)}{\partial n^2} \\ \dfrac{\partial^2 v_n(p)}{\partial n \partial \tau} & \dfrac{\partial^2 v_n(p)}{\partial n^2} \end{pmatrix} \neq 0.$$

v 在边界上的一个非退化的奇点也被称为 ∂-鞍点.

$v \in B_0^r(\Omega, \mathbb{R}^2)$ 被称为是 D-正则的, 若在 Ω 内部是正则的, 且在边界 $\partial\Omega$ 上所有 ∂-奇点都是非退化的. 一个 D-正则的向量场的 ∂-鞍点个数是有限的, 并且连接 ∂-鞍点的轨道只有一条. 没有轨道连接到一个 ∂-正则点上.

然后我们有如下稳定性定理.

定理 9.5　令 $\Omega \subset \mathbb{R}^2$ 是有界区域, $v \in B_0^r(\Omega, \mathbb{R}^2)$ $(r \geqslant 2)$. 则 v 在 $B_0^r(\Omega, \mathbb{R}^2)$ 中结构稳定的充要条件为

1) v 是 D 正则的;

2) v 的所有内部鞍点都是自连接的;

3) 每个边界上的 ∂-鞍点都是连接到同一边界连通分支上的另一个 ∂-鞍点上.

此外, 所有结构稳定向量场在 $B_0^r(\Omega, \mathbb{R}^2)$ 中形成一个开稠集.

对于三维无散度向量场的结构稳定性就没有如定理 9.3 和定理 9.5 这样完整的结果. 然而, 在流体拓扑相变中最重要的问题大多数都是二维情况, 这也是我们肉眼可以看见的情形.

9.1.3 边界上的结构分歧

令 $t \in [0, T]$ 是时间参数 (也可以是一个控制参数), u 是以 t 为参数的一族 n 维向量场,

$$u: [0, T] \to X, \quad 0 < T < \infty, \tag{9.1.3}$$

这里 X 是 (9.1.2) 向量场中的一个. 通常 (9.1.3) 的单参数族的向量场全部构成的空间记为 $C^k([0, T], X)$, $k \geqslant 0$ 代表关于 t 的可微次数.

定义 9.6 令 $u \in C^0([0, T], X)$ 是一个单参数族向量场. $t_0 > 0$ 被称为是 $u(t)$ 的一个分歧点 (也称临界点), 若对任何充分逼近 t_0 的 $t^- < t_0$ 和 $t^+ > t_0$, $u(t^-)$ 和 $u(t^+)$ 拓扑结构是不一样的, 即它们不是拓扑等价的, 此时称 u 在 t_0 处发生结构分歧.

注意, 上一小节的结构稳定性定理保证了定义 9.6 的合理性, 此时结构分歧点 t_0 是孤立的. 没有结构稳定性就不能保证 t_0 的孤立性.

在 (Ma and Wang, 2005a) 中关于二维零散度向量场建立了边界结构分歧和内部结构分歧定理, 它们对 9.2 节和 9.3 节中介绍的流体边界层分离和内部分离理论具有关键性的作用.

下面我们分别对 $B^r(\Omega, \mathbb{R}^2)$ 和 $B_0^r(\Omega, \mathbb{R}^2)$ 的向量场介绍边界上的结构分歧理论.

1. 自由边界条件向量场的结构分歧

令 $u \in C^1([0, T], B^r(\Omega, \mathbb{R}^2))$. 取 u 在 t_0 处的一阶 Taylor 展开为

$$\begin{cases} u(x, t) = u^0(x) + (t - t_0)u^1(x) + o(|t - t_0|), \\ u^0(x) = u(x, t_0), \\ u^1(x) = u_t'(x, t_0). \end{cases} \tag{9.1.4}$$

关于 (9.1.4) 中的两个向量场 u^0 和 u^1 作如下基本假设.

令 $\overline{x} \in \partial\Omega$ 是 u^0 的孤立奇点, 即 $u^0(\overline{x}) = 0$, 并且

$$\begin{cases} u^1_\tau(\overline{x}) \neq 0, \\ \mathrm{Ind}(u^0, \overline{x}) \neq -\dfrac{1}{2}, \end{cases} \tag{9.1.5}$$

其中 τ 为 $\overline{x} \in \partial\Omega$ 的单位切向量, $\mathrm{Ind}(u^0, \overline{x})$ 为向量场 u^0 在边界点 $\overline{x}$ 的 Poincaré 指标, 定义为

$$\mathrm{Ind}(u^0, \overline{x}) = -\frac{n}{2} \quad (n = 0, 1, 2, \cdots) \tag{9.1.6}$$

式中 n 为连接 $\overline{x}$ 的 u^0 内部轨道数.

定理 9.7 (自由边界条件的结构分歧)　令 $u \in C^1([0, T], B^r(\Omega, \mathbb{R}^2))$, 在 t_0 处的一阶 Taylor 展开为 (9.1.4), 并且满足 (9.1.5). 则 $u(x, t)$ 在 $\overline{x} \in \partial M$ 的位置和 $t = t_0$ 时刻发生结构分歧.

为了对定理 9.7 有一个直观了解, 下面给出两个示意图. 图 9.4 给出 $\mathrm{Ind}(u^0, \overline{x}) = 0$ 的边界结构分歧的示意图, 该情况就是对应着流体边界层分离现象. 图 9.5 提供了 $\mathrm{Ind}(u^0, \overline{x}) = -1$ 的边界结构分歧.

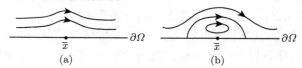

图 9.4　$\mathrm{Ind}(u^0, \overline{x}) = 0$ 的结构分歧

(a) $t < t_0$ 时的流; (b) $t > t_0$ 时的流

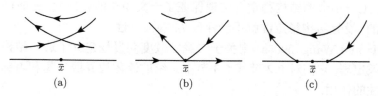

图 9.5　$\mathrm{Ind}(u^0, \overline{x}) = -1$ 的结构分歧

(a) $t < t_0$ 时刻的流; (b) $t = t_0$ 时刻的流; (c) $t > t_0$ 时刻的流

2. 刚性边界条件向量场的结构分歧

令 $u \in C^1([0, T], B^r_0(\Omega, \mathbb{R}^2))$ $(r \geqslant 2)$. 在 $t_0 > 0$ 处有 (9.1.4) 的一阶 Taylor 展开, 并且对 u^0 和 u^1 作如下假设.

设 $\overline{x} \in \partial\Omega$ 是 u^0 的孤立 ∂-奇点, 即 $\partial u^0(\overline{x})/\partial n = 0$, 并且满足

$$\begin{cases} \dfrac{\partial u^1_\tau(\overline{x})}{\partial n} \neq 0, \\ \mathrm{Ind}\left(\dfrac{\partial u^0}{\partial n}, \overline{x}\right) \neq -\dfrac{1}{2}, \end{cases} \tag{9.1.7}$$

则有下面结构分歧定理.

定理 9.8 (刚性边界条件结构分歧)　令 $u \in C^1([0,T], B_0^r(\Omega, \mathbb{R}^2))$, 在 t_0 处有 (9.1.4) 的一阶 Taylor 展开, 并且满足条件 (9.1.7). 则 $u(x,t)$ 在 $\overline{x} \in \partial\Omega$ 及 $t = t_0$ 处发生边界结构分歧.

这里需要指出, 如果要考虑更细致的结构分歧结论, 例如在 (Ma and Wang, 2015a) 中定理 5.2.6 和定理 5.3.12, 则还要求

$$\frac{\partial^k u^0(\overline{x})}{\partial \tau^k} \neq 0 \quad \text{对某个 } k \geqslant 2 \quad (\text{对定理 5.2.6}),$$

$$\frac{\partial^{k+1} u_\tau^0(\overline{x})}{\partial \tau^k \partial n} \neq 0 \quad \text{对某个 } k \geqslant 2 \quad (\text{对定理 5.3.12}).$$

但是, 只是对于定理 9.7 和 9.8 的结论, 就不需要上述条件.

9.1.4　内部结构分歧

在这一小节, 我们将介绍向量场 $u(x,t)$ 在 Ω 内部的点处发生结构分歧的理论. 令 $u \in C^1([0,T], D^r(\Omega, \mathbb{R}^2))$ 是一个单参数族的零散度向量场, u 在 t_0 处有 (9.1.4) 的一阶 Taylor 展开.

令 u^0 和 u^1 是如 (9.1.4) 中的向量场, $x_0 \in \Omega$ 是 u^0 的一个内部孤立退化奇点, 满足如下条件

$$\mathrm{Ind}(u^0, x_0) = 0, \tag{9.1.8}$$

$$Du^0(x_0) \neq 0, \tag{9.1.9}$$

$$u^1(x_0) \cdot e_2 \neq 0, \tag{9.1.10}$$

其中 $Du^0(x_0)$ 是 $u^0 = (u_1^0, u_2^0)$ 在 x_0 点的 Jacobi 矩阵:

$$Du^0(x_0) = \begin{pmatrix} \dfrac{\partial u_1^0(x_0)}{\partial x_1} & \dfrac{\partial u_1^0(x_0)}{\partial x_2} \\ \dfrac{\partial u_2^0(x_0)}{\partial x_1} & \dfrac{\partial u_2^0(x_0)}{\partial x_2} \end{pmatrix},$$

e_2 是一个单位向量定义如下. 由假设条件 (9.1.8) 和 (9.1.9), $Du^0(x_0)$ 是一个退化的非零矩阵, 因此 $Du^0(x_0)$ 有一个零特征值的特征向量

$$Du^0(x_0)e_1 = 0, \qquad |e_1| = 1. \tag{9.1.11}$$

那么 e_2 就是正交于 e_1 的特征向量, 满足

$$Du^0(x_0)e_2 = \alpha e_1, \tag{9.1.12}$$

这里 $\alpha \neq 0$ 为某个常数.

然后有如下内部结构分歧定理.

定理 9.9 (*内部结构分歧*)　令 $u \in C^1([0,T], D^r(\Omega, \mathbb{R}^2))$ $(r \geqslant 1)$, 在 t_0 处有 (9.1.4) 的一阶 Taylor 展开. 若满足条件 (9.1.8) 和 (9.1.9), 则 u 在 t_0 时刻发生结构分歧. 特别地, $u(x,t)$ 在 x_0 点分歧出至少一个鞍点和一个中心.

为了能够直观地理解定理 9.9, 下面我们用图 9.6 (a)—(d) 来展现内部分歧的过程. 这里需要强调一下, 定理 9.9 中分歧出来的每个中心在流体中都对应一个旋涡.

条件 (9.1.8) 意味着在 $t < t_0$ 时刻 $u(x,t)$ 的流在 x_0 邻域是拓扑等价于图 9.6 (a) 的平行流, 此时 u 没有奇点; 而在 $t = t_0$ 时, $u(x,t_0) = u^0$ 出现 x_0 的奇点. 条件 (9.1.9) 意味着 u^0 在 x_0 奇点处的流结构是如图 9.6 (b) 所示出现的尖点, 其中 e_1 和 e_2 向量就是满足 (9.1.11) 和 (9.1.12) 的向量. 条件 (9.1.10) 意味着当 $t > t_0$ 时, $(t - t_0)u^1$ 的流在 x_0 附近将 u^0 的流冲出如图 9.6 (c) 或者 (d) 这样的流结构, 从而产生旋涡.

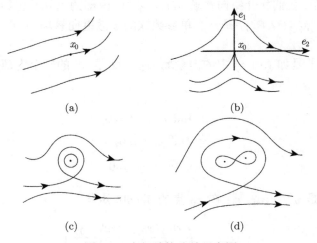

图 9.6　内部结构分歧示意图

(a) $t < t_0$ 时 u 在 x_0 处为平行流; (b) $t = t_0$ 时 u 出现 x_0 的尖点流结构; (c) $t > t_0$ 时 u 生出一个鞍点和一个中心; (d) $t > t_0$ 时 u 也可能生出两个或更多的鞍点和中心. 在流体中一般不出现 (d) 情况

9.2　流体的边界层分离

9.2.1　物理现象与问题

所谓流体的边界层分离, 它的自然现象就是如图 9.4 (a) 和 (b) 所示的那样, 一个边界流体在 $t < t_0$ 时是一个平行流. 而当 $t > t_0$ 时从边界上生出一些旋涡出来,

这里 t 是时间, 也可以是其他参数.

边界层分离在自然界中是一个非常普遍的物理行为, 如飞机机翼表面的气流、风洞的壁流, 以及大气与海洋的边界层流等, 这种气流与水流的旋涡生成是我们很熟悉的现象. 下面列出一些比较著名的物理现象, 然后给出边界层分离理论需要解决的问题.

1. 表面湍流的形成

流体的表面流是指在边界表层的流体运动, 所谓边界层就是指这一类的情况. 日常生活知识告诉我们, 当表面流的速度超过一定限度后, 就在边界层内发生湍流现象. 从平行流到湍流, 这中间的过渡阶段就是这一节将要介绍的边界层分离行为. 图 9.7 (a)–(c) 给出这个过程的示意图.

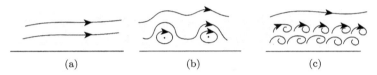

(a)   (b)   (c)

图 9.7   (a) 当表面流速 $u_0 < u_c$ 时, 流体为平行流结构, u_c 为临界速度; (b) 当 $u_0 > u_c$ 时出现边界层分离; (c) 当表面流速 u_0 进一步增大时, 边界层出现湍流

除了前面提到的机翼表面气流和风洞边界气流属于图 9.7 所描述的现象范围外, 所有高速运动物体光滑表面的流体都属于图 9.7 所表述的情况.

2. 在尖点边界处产生的旋涡流

当边界有尖点时, 流体的边界流就会在尖点处产生旋涡, 如图 9.8 所示, 也见 (欧特尔, 2008) 的 4.1.4 小节的内容. 给定入射流速度 u_0, 当 x_0 点的曲率 $k(x_0) < k_c$ 时边界层流是如图 9.8 (a) 所示, 此时没有旋涡产生. 但是当 $k(x_0) > k_c$ 时 (尖点的 $k(x_0) = \infty$), 边界层流就会在 x_0 点出现如图 9.8 (b) 所示的旋涡. 在障碍物的尾流, 也会出现这种情况, 其原理与图 9.8 (b) 所示情况是相同的.

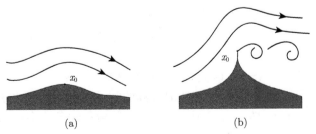

(a)   (b)

图 9.8   (a) 当 x_0 点曲率 $k < k_c$ 时, 没有旋涡产生; (b) 当曲率 $k > k_c$ 时, 在 x_0 点出现旋涡

3. 大西洋双回旋环流现象

在大气与海洋物理学中, 大西洋风驱双回旋环流, 英文为 Double-Gyre Ocean Circulation, 是一个著名的自然现象. 它是在地球自转的 Coriolis 力以及东西向风力驱动的作用下, 在北大西洋表面形成两个水平尺度大约为 1000km 的巨大环流的旋涡, 北边的称为次极地回旋环流, 南边的称为亚热带回旋环流, 见图 9.9 (a) 所示. 这两个环流旋涡是长期存在的, 然而随着季风的不同, 风力与水温 (即黏性系数) 发生变化, 使得在大西洋岸边时常出现如图 9.9 (b) 所示的小尺度旋涡, 这是典型的边界层分离在大气与海洋中的现象.

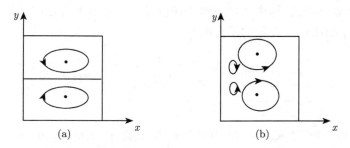

图 9.9 x 轴为由西向东方向, y 轴为由南向北方向

(a) 大西洋中两个常年环流图; (b) 随着季节变化不时地从边界分离出一些小环流圈

给出上面的自然现象后, 现在我们需要简要地陈述一下这一节建立的边界层分离理论要解决的问题.

首先边界层分离是典型的流体拓扑相变问题, 它是建立在流体动力学方程基础之上的. 考虑下面 Navier-Stokes 方程

$$\begin{cases} \dfrac{\partial u}{\partial t} + (u \cdot \nabla)u = \nu \Delta u - \dfrac{1}{\rho}\nabla p + f, \\[2mm] \mathrm{div}u = 0, \\[2mm] u|_{\partial\Omega} = 0, \quad \left(\text{或 } u_n|_{\partial\Omega} = 0, \quad \left.\dfrac{\partial u_\tau}{\partial n}\right|_{\partial\Omega} = 0 \right) \\[2mm] u(0) = \varphi(x). \end{cases} \tag{9.2.1}$$

对于方程 (9.2.1) 的解 $u(x, t)$, 这里的边界层分离理论要解决如下问题,

- 初值 φ 和外力 f 在什么条件下方程的解 u 能够发生边界层分离. 如果发生, 则需要知道在什么时间 t_0 和什么地点 $x_0 \in \partial\Omega$. 这是典型的边界层分离的预报问题, 因为 (9.2.1) 中初始状态 φ 和外力 f 都是可观测量.

- 当以入射流的速度 u_0 作为控制参数时, 需要知道使表面流发生边界层分离

(也就是湍流的开始) 的临界速度是多少.

- 以 ν 和 f 作为控制参数时, 求出 $\lambda = (\nu, f)$ 的临界值 λ_c, 使得在 λ_c 处发生边界层分离.
- 给出图 9.8 所示的尖点 x_0 的临界曲率 k_c 与表面速度 u_0 的关系.

9.2.2 刚性边界条件的边界层分离

考虑方程 (9.2.1) 在刚性边界条件下的边界层分离预报问题. 首先我们需要关于方程进行无量纲化. 取下面量纲

$$
\begin{aligned}
(x,t) &= (Lx',\ L^2 t'/\nu), \\
(u,p,f) &= (\nu u'/L,\ \rho \nu^2 p'/L^2,\ \nu^3 f'/L^3),
\end{aligned}
\tag{9.2.2}
$$

其中等式左边都是有量纲的物理量, 等式右边带有上撇的是无量纲的, L 代表长度尺度. 在 (9.2.2) 量纲变换下, 刚性边界条件的方程 (9.2.1) 变为 (去掉上撇)

$$
\begin{cases}
\dfrac{\partial u}{\partial t} + (u \cdot \nabla) u = \Delta u - \nabla p + f, \\
\operatorname{div} u = 0, \\
u|_{\partial \Omega} = 0, \\
u(0) = \varphi(x), \qquad (\operatorname{div} \varphi = 0),
\end{cases}
\tag{9.2.3}
$$

其中 $\Omega \subset \mathbb{R}^2$ 是无量纲化的有界区域. 下面我们分两种情况进行讨论.

1. $\Gamma \subset \partial\Omega$ 是平直的情况

不失一般性, 我们取 (x_1, x_2) 坐标系使得平直边界段 Γ 表达为

$$
\Gamma = \{(x_1, 0) \mid 0 < x_1 < \delta\}
\tag{9.2.4}
$$

对某个 $\delta > 0$, $x_2 > 0$ 为 Ω 内部. 显然 x_1 和 x_2 方向分别为 Γ 的切向和法向.

因为 $\varphi|_{\partial\Omega} = 0$ 且 $\operatorname{div}\varphi = 0$, 在 Γ 的邻域 $\varphi = (\varphi_1, \varphi_2)$ 可表达为

$$
\begin{cases}
\varphi_1 = x_2 \varphi_{11}(x_1) + x_2^2 \varphi_{12}(x_1) + x_2^3 \varphi_{13}(x_1) + o(x_2^3), \\
\varphi_2 = x_2^2 \varphi_{21}(x_1) + o(x_2^3).
\end{cases}
\tag{9.2.5}
$$

此外, 令外力 $f = (f_1, f_2)$ 在 Γ 邻域关于 x_2 的一阶 Taylor 展开为

$$
\begin{cases}
f_1 = f_{11}(x_1) + x_2 f_{12}(x_1) + o(x_2), \\
f_2 = f_{21}(x_1) + x_2 f_{22}(x_1) + o(x_2).
\end{cases}
\tag{9.2.6}
$$

然后在 (Luo, Wang and Ma, 2015) 中应用定理 9.8 证得如下定理.

定理 9.10 (平直的边界层分离)   令 $\Gamma \subset \partial\Omega$ 如 (9.2.4) 是平直的, 初始条件 φ 和外力 f 在 Γ 邻域分别有 (9.2.5) 和 (9.2.6) 的 Taylor 展开. 如果下面条件被满足

$$0 < \min_{\Gamma} \frac{-\varphi_{11}}{\varphi_{11}'' + 6\varphi_{13} - 2\varphi_{21}' + f_{12} - f_{21}'} \ll 1, \tag{9.2.7}$$

那么存在 $t_0 > 0$ 和 $x_0 \in \Gamma$ 使得方程 (9.2.3) 的解 $u(x,t)$ 在 (x_0, t_0) 处发生边界层分离, 其中 φ_{11}, φ_{13}, φ_{21}, f_{12} 和 f_{21} 如 (9.2.5) 和 (9.2.6). 此外, t_0 和 $x_0 = (x_1^0, 0)$ 分别近似地满足下面关系

$$g(x_1^0) = \min_{\Gamma} g(x_1), \quad t_0 = g(x_1^0), \tag{9.2.8}$$

这里函数 $g = -\varphi_{11} / (\varphi_{11}'' + 6\varphi_{13} - 2\varphi_{21}' + f_{12} - f_{21}')$.

定理 9.10 的证明用到了 (Ma and Wang, 2005a) 中关于 (9.2.3) 的解 $u(x,t)$ 在边界 $\partial\Omega$ 上的表达式 (在 9.6.1 小节将给出证明):

$$\frac{\partial u_\tau(x,t)}{\partial n} = \frac{\partial \varphi_\tau}{\partial n} + \int_0^t [\nabla \times \Delta u + k\Delta u \cdot \tau + \nabla \times f + kf_\tau] \mathrm{d}t, \tag{9.2.9}$$

$x \in \partial\Omega$, 其中 $\nabla \times v = \partial v_\tau / \partial n - \partial v_n / \partial \tau$, k 为 x 点的曲率.

下面给出定理 9.10 的证明. (9.2.3) 的解关于 t 展开为

$$u = \varphi + tu^1(x,t).$$

将 u 代入 (9.2.9) 式的右边, 由 (9.2.5) 和 (9.2.6), 方程 (9.2.9) 变为

$$\frac{\partial u_\tau}{\partial n} = \varphi_{11} + (\varphi_{11}'' + 6\varphi_{13} - 2\varphi_{21}' + f_{12} - f_{21}')t + o(t). \tag{9.2.10}$$

由 (9.2.7) 可推出存在 $x_0 \in \Gamma$, $t_0 > 0$ 充分小, 使得

$$\frac{\partial u_\tau(t, x_0)}{\partial n} \begin{cases} \neq 0, & 0 \leqslant t < t_0, \\ = 0, & t = t_0. \end{cases} \tag{9.2.11}$$

关系式 (9.2.11) 和 (9.2.7) 意味着 (9.1.7) 成立, 由定理 9.8 便得到定理 9.10.

注 9.11   由 (9.2.7) 和 (9.2.8), $t_0 > 0$ 非常小. 但是当考虑量纲时, 真实的时间 $\tilde{t}_0$ 与 t_0 的关系为 (见 (9.2.2))

$$\tilde{t}_0 = \frac{L^2 t_0}{\nu}, \tag{9.2.12}$$

其中 L 代表 Γ 的长度. 因此 (9.2.12) 表明, 对于大尺度区域边界层分离的预报时间 $\tilde{t}_0$ 并不是很小.

2. $\Gamma \subset \partial\Omega$ 是弯曲边界的情况

对于这种情况, 我们取坐标系 (x_1, x_2) 使得 Γ 可表达为

$$\Gamma = \{(x_1, h(x_1)) \mid 0 < |x_1| < \delta\}, \tag{9.2.13}$$

对某个 $\delta > 0$. 此时, 在 (Wang, Luo and Ma, 2015) 中证得如下结果.

定理 9.12 (弯曲的边界层分离) 令 $\varphi = (\varphi_1, \varphi_2) \in C^3(\Omega, \mathbb{R}^2)$ 及 $f = (f_1, f_2) \in C^1(\Omega, \mathbb{R}^2)$. 若下面条件成立

$$0 < \min_{\Gamma} \frac{\dfrac{\partial \varphi_2}{\partial x_1} - \dfrac{\partial \varphi_1}{\partial x_2}}{\dfrac{\partial \Delta \varphi_1}{\partial x_2} - \dfrac{\partial \Delta \varphi_2}{\partial x_1} + \dfrac{\partial f_1}{\partial x_2} - \dfrac{\partial f_2}{\partial x_1}} \ll 1, \tag{9.2.14}$$

则存在 $t_0 > 0$ 和 $x_0 \in \Gamma$ 使得方程 (9.2.3) 的解 $u(x, t)$ 在 (x_0, t_0) 处发生边界层分离. 此外, x_0 和 t_0 满足

$$g(x_0) = \min_{\Gamma} g(x), \quad t_0 = g(x_0), \tag{9.2.15}$$

这里 $g(x)$ 为

$$g(x) = \left(\frac{\partial \varphi_2}{\partial x_1} - \frac{\partial \varphi_1}{\partial x_2}\right) \Big/ \left[\frac{\partial \Delta \varphi_1}{\partial x_2} - \frac{\partial \Delta \varphi_2}{\partial x_1} + \frac{\partial f_1}{\partial x_2} - \frac{\partial f_2}{\partial x_1}\right].$$

定理 9.12 的证明, 简要地讲就是关于 (9.2.13) 的边界表达式, 对方程 (9.2.9) 采用 (x_1, x_2) 坐标进行计算得到

$$\frac{\partial u_\tau}{\partial n} = -\nabla \times \varphi - \int_0^t [\nabla \times \Delta u + \nabla \times f]\mathrm{d}t, \quad x \in \Gamma, \tag{9.2.16}$$

这里 $\nabla \times v = \partial v_2/\partial x_1 - \partial v_1/\partial x_2$. 然后类似于定理 9.10 的证明, 由 (9.2.16) 便可证得定理 9.12.

9.2.3 自由边界条件的边界层分离

这一小节我们考虑下面自由边界条件的 Navier-Stokes 方程解的边界层分离问题, 这对大尺度海洋风驱环流理论具有重要的意义.

$$\begin{cases} \dfrac{\partial u}{\partial t} + (u \cdot \nabla)u = \nu \Delta u - \dfrac{1}{\rho} \nabla p + f, \\[2mm] \mathrm{div}\, u = 0, \\[2mm] u_n|_{\partial\Omega} = 0, \quad \dfrac{\partial u_\tau}{\partial n}\bigg|_{\partial\Omega} = 0, \\[2mm] u(0) = \varphi(x). \end{cases} \tag{9.2.17}$$

这里我们只讨论关于平直边界的情况, 即

$$\Gamma = \{(x_1, 0) \mid 0 < x_1 < L\} \subset \partial\Omega.$$

然后我们有如下定理.

定理 9.13　假设 u 在 Γ 上的速度梯度 $\dfrac{\partial u}{\partial x_1}$ 很小, 且下面条件成立

$$0 < \min_{\Gamma} g(x) \ll 1, \tag{9.2.18}$$

则存在 $t_0 > 0$ 和 $x_0 \in \Gamma$, 使得方程 (9.2.17) 的解 $u(x,t)$ 在 (x_0, t_0) 处发生边界层分离, 并且 x_0, t_0 满足

$$g(x_0) = \min_{\Gamma} g(x), \qquad t_0 = g(x_0), \tag{9.2.19}$$

其中 $g = \varphi_\tau \left/ \left(f_\tau + \varphi_\tau \dfrac{\partial \varphi_\tau}{\partial \tau}\bigg|_{x_1=0} - \nu \dfrac{\partial^2 \varphi_\tau}{\partial \tau^2} - \nu \dfrac{\partial^2 \varphi_\tau}{\partial n^2} \right)\right.$.

证明　注意到在 Γ 上 x_1 轴和 x_2 轴分别是在切向量 τ 和法向量 n 的方向上. 因此在 Γ 上, (9.2.17) 中的方程可写成

$$u_\tau(x,t) = \varphi_\tau + \int_0^t \left[\nu \Delta u_\tau - (u \cdot \nabla)u \cdot \tau + f_\tau - \frac{1}{\rho}\frac{\partial p}{\partial x_1} \right] \mathrm{d}t. \tag{9.2.20}$$

此外, 由 Leray 正交分解有

$$\begin{aligned}
f = F + \nabla\phi, \quad \mathrm{div}F = 0, \quad F_n|_{\partial\Omega} = 0, \\
(u \cdot \nabla)u = g(u) + \nabla\Phi, \quad \mathrm{div}g = 0, \quad g_n|_{\partial\Omega} = 0.
\end{aligned} \tag{9.2.21}$$

再注意到

$$\mathrm{div}(\Delta u) = 0. \tag{9.2.22}$$

因此由 (9.2.21) 和 (9.2.22), 从 (9.2.17) 的第一个方程可得

$$\frac{1}{\rho}\nabla p = \nabla\phi - \nabla\Phi \tag{9.2.23}$$

将 (9.2.23) 代入 (9.2.20) 便得到

$$u_\tau = \varphi_\tau + \int_0^t \left[\nu \Delta u_\tau - g_\tau(u) + F_\tau \right] \mathrm{d}t, \tag{9.2.24}$$

其中 $F_\tau = f_\tau - \nabla\phi$. 注意在流体中 $\nabla\phi$ 代表 x_1 方向的静压力, 就如同在重力方向上由地心引力产生的压力是类似的, 因此它可由 f_τ 的梯度力所平衡. 此时

$$F_\tau \text{代表外驱动力及} g_\tau(u) = u_\tau \frac{\partial u_\tau}{\partial \tau}\bigg|_{x_1=0}.$$

为方便仍将 F_τ 记为 f_τ, 则 (9.2.24) 表达为

$$u_\tau = \varphi_\tau + \int_0^t \left[\nu \frac{\partial^2 u_\tau}{\partial x_1^2} + \nu \frac{\partial^2 u_\tau}{\partial x_2^2} - u_\tau \frac{\partial u_\tau}{\partial x_1} \bigg|_{x_1=0} + f_\tau \right] \mathrm{d}t. \tag{9.2.25}$$

类似于定理 9.10 的证明, 根据定理 9.7, 在 (9.2.18) 的条件下, 由 (9.2.25) 便可证得定理 9.13. 证明完毕.

9.2.4 海洋边界海域风驱环流的产生

在海洋学中, 风驱环流是一个普遍的现象. 在海洋边界的海域中从内陆吹向海中的气流会产生出岸边海域的表面旋涡洋流. 这种岸边环流的形成机理就是流体的边界层分离. 下面我们将应用前面建立的边界层分离定理, 讨论两个比较典型的岸边海域风驱环流的例子: 小尺度海边风驱环流和大西洋风驱环流.

1. 海边风驱环流

海域风驱环流的动力学方程是刚性边界条件的 Navier-Stokes 方程 (9.2.3), 取平直边界 $\Gamma = \{(x_1, 0) \mid -\delta < x_1 < \delta\}$, 外力 $f = (f_1, f_2)$ 代表风力, $\varphi = (\varphi_1, \varphi_2)$ 代表海流. 我们取

$$f_1 = -\frac{1}{2\delta + x_1}, \qquad f_2 = -\frac{1}{2} x_1^2 + 2\delta x_1 + 5\delta^2, \tag{9.2.26}$$

边界海域的海流 φ 取为

$$\varphi_1 = \frac{\theta}{2\delta + x_1} x_2, \qquad \varphi_2 = \frac{\theta}{2(2\delta + x_1)^2} x_2^2. \tag{9.2.27}$$

由 (9.2.26) 可以看出, 风力 f 是从内陆吹向海域内 (因为 $f_2 > 0$), 其风向如图 9.10 所示, 图中实线代表风力线. 而海流是沿边界从左向右运动, 图 9.10 中虚线代表海流.

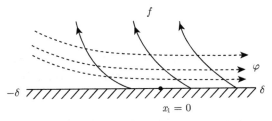

图 9.10 实线代表风力线, 虚线代表海流

将 (9.2.26) 和 (9.2.27) 代入 (9.2.7), 我们得到

$$0 < \frac{\theta(2\delta + x_1)^2}{(2\delta + x_1)^3(2\delta - x_1) - 2\theta} \ll 1 \quad (\delta \gg 1, \ \theta = o(1)).$$

因此, 在 (9.2.25) 和 (9.2.26) 的风力与海流的作用下, 将会发生边界层分离. 再由

$$\min_{-\delta < x_1 < \delta_1} \frac{\theta(2\delta + x_1)^2}{(2\delta + x_1)^3(2\delta - x_1) - 2\theta} \simeq \min_{-\delta < x_1 < \delta_1} \frac{\theta}{(2\delta + x_1)(2\delta - x_1)} = \frac{\theta}{4\delta^2}.$$

于是推出在 $x_0 = 0$ 的地点, $t_0 = \theta/4\delta^2$ 时刻海流生出一个旋涡, 产生一个风驱环流出来.

2. 大西洋风驱环流

在前面 9.2.1 小节中, 我们已经介绍了大西洋风驱双回旋环流现象. 这里我们将应用自由边界条件的边界层分离方程 (9.2.25) 来讨论这个问题. 控制大西洋风驱环流的动力学方程为

$$\begin{cases} \dfrac{\partial u}{\partial t} + (u \cdot \nabla)u = \nu\Delta u - \beta y\vec{k} \times u - \dfrac{1}{\rho}\nabla p + f, \\[2mm] \mathrm{div}u = 0, \\[2mm] u_n|_{\partial\Omega} = 0, \quad \left.\dfrac{\partial u_\tau}{\partial n}\right|_{\partial\Omega} = 0, \\[2mm] u(0) = \varphi. \end{cases} \tag{9.2.28}$$

其中 $\Omega = (0, L) \times (-L, L)$ 为矩形区域, 坐标系 (x, y) 的 x 轴为由西向东方向, y 轴为由南向北方向, βy 代表一阶 Coriolis 参数, $\vec{k}$ 为垂直单位向量, 因而对 $u = (u_1, u_2)$ 有

$$\vec{k} \times u = (-u_2, u_1), \tag{9.2.29}$$

代表了地球自转的 Coriolis 力, 风力 f 表达为

$$f = \left(\frac{\pi}{2L} x f_2 \cos\frac{2\pi y}{2L}, -f_2\sin\frac{\pi y}{2L} \right), \tag{9.2.30}$$

这里 f_1, f_2 分别代表东西风和南北风强度, $y = 0$ 代表中维度. 在大西洋上, 东西风是常年一直存在的, 因此 $f_1 > 0$ 是常数. 而南北风 (即极地风) 则是有季节性的, f_2 有时为 0.

由边界条件 $u_n|_{\partial\Omega} = 0$ 可知, Coriolis (9.2.29) 在矩形边界 $\partial\Omega$ 上的切分量为零, 即

$$(\vec{k} \times u) \cdot \tau|_{\partial\Omega} = 0.$$

因此对于 (9.2.28), 它的边界层分离方程与 (9.2.25) 相同, 即

$$u_\tau = \varphi_\tau + \int_0^t \left[\nu \frac{\partial^2 u_\tau}{\partial \tau^2} + \nu \frac{\partial^2 u_\tau}{\partial n^2} - u_\tau \frac{\partial u_\tau}{\partial \tau} \bigg|_{x=0} + f_\tau \right] \mathrm{d}t. \tag{9.2.31}$$

由于 (9.2.31) 包含了大西洋边界层分离的全部信息, 而它不含 Coriolis 力 $-\beta y \vec{k} \times u$ 这一项. 因此可以得到一个物理结论:

$$\text{大西洋风驱边界层分离与 Coriolis 力无关.} \tag{9.2.32}$$

下面我们来考察极地风对北半球的 y 方向边界上的旋涡生成产生的影响. 考虑 $x = 0$ 的北半球边界部分

$$\varGamma = \{(0, y) \mid 0 < y < L\}.$$

在 $\varGamma$ 上, (9.2.31) 可写成

$$u_2(y, t) = \varphi_2(y) + \int_0^t \left[\nu \frac{\partial^2 u_2}{\partial y^2} + \nu \frac{\partial^2 u_2}{\partial x^2} - u_2 \frac{\partial u_2}{\partial y} \bigg|_{y=0} \right] \mathrm{d}t + f_y(t), \tag{9.2.33}$$

对 $0 < y < L$, 式中 f_y 代表北极风, 由 (9.2.30) 知它表达为

$$f_y = -f_2 \sin \frac{\pi y}{2L}. \tag{9.2.34}$$

令 $t = 0$ 代表没有北极风的时刻, 而 $t > 0$ 时有如 (9.2.34) 的北极风. 当没有北极风时, 大西洋在东西风驱动下始终存在一个双回旋流, 见图 9.9 (a) 所示. 这个环流代表了初始条件 φ. 因此

$$\varphi_2(y) > 0, \quad \text{对} \ \ 0 < y < L. \tag{9.2.35}$$

现在固定 $t_0 > 0$, 令 $\lambda = f_2$ 为控制参数, 则 (9.2.33) 可写成

$$u_2(y, \lambda) = \varphi_2(y) + \int_0^{t_0} g(y) \mathrm{d}t - \lambda \sin \frac{\pi y}{2L} t_0, \tag{9.2.36}$$

其中 $g(y) = [\nu \partial^2 u_2/\partial y^2 + \nu \partial^2 u_2/\partial x^2 - u_2 \partial u_2/\partial y]_{y=0}$. 由 (9.2.35) 可知, 当 $t_0 > 0$ 比较小时,

$$\varphi_2(y) + \int_0^{t_0} g(y) \mathrm{d}t > 0, \quad \forall\, 0 < y < L.$$

于是由 (9.2.36) 可以推出, 存在 $\lambda_c > 0$ 和 $y_0 \in (0, L)$ 使得

$$u_2(y_0, \lambda) \begin{cases} > 0, & \lambda < \lambda_c, \\ = 0, & \lambda = \lambda_c, \\ < 0, & \lambda > \lambda_c. \end{cases} \tag{9.2.37}$$

这个性质 (9.2.37) 就是对应于定理 9.7 中 $\mathrm{Ind}(u^0, \overline{x}) = 0$ 的情况的结构分歧, 这里 $y_0 = \overline{x}$, $u_2(y, \lambda_c)$ 对应于 u_τ^0. 零指标边界结构分歧就是边界层分离, 见图 9.4 所示. 于是关于大西洋风驱环流可以得到如下物理结论.

物理结论 9.14　大西洋风驱双回旋环流在极地风的作用下, 若极地风的强度超过某个临界值, 则在南北向一侧的边界海域会产生一些旋涡流出来, 就如图 9.9 (b) 所示.

注意, 上述物理结论 9.14 和 (9.2.32) 是严格地从风驱海洋动力学方程 (9.2.28) 根据流体边界层分离理论推导出来的. 这些结论与观测现象相符.

9.2.5　尖角旋涡与表面湍流临界速度

在图 9.7 和图 9.8 中, 我们已经了解了表面湍流的形成和尖点旋涡现象. 现在我们将应用在 9.2.2 节中建立的刚性边界层分离理论来讨论这两种现象.

1. 尖点旋涡

讨论尖点旋涡现象需要用形式 (9.2.9) 的边界层分离方程. 在这里我们仍然是将时间 $t_0 > 0$ 固定, 此时 t_0 的物理意义是尖点处一个旋涡消失后到新的旋涡产生之间的平均时间. 选取尖点 x_0 处的曲率 k 作为控制参数. 于是在 x_0 点方程 (9.2.9) 写成

$$
\begin{aligned}
\frac{\partial u_\tau(k)}{\partial n} &= \frac{\partial \varphi_\tau(x_0)}{\partial n} + \int_0^{t_0} \nu \left[\frac{\partial (\Delta u \cdot \tau)}{\partial n} - \frac{\partial (\Delta u \cdot n)}{\partial \tau} + k \Delta u \cdot \tau \right]_{x_0} \mathrm{d}t \\
&\quad + \left(\frac{\partial f_\tau(x_0)}{\partial n} - \frac{\partial f_n(x_0)}{\partial \tau} + k f_\tau(x_0) \right) t_0.
\end{aligned}
\tag{9.2.38}
$$

这里初始入射流 $\varphi(x)$ 取为与 x_0 点切向量 τ 相平行的流, 如图 9.11 所示. 因此在 x_0 点附近 φ 近似于一个梯次平行流, 即

$$
\varphi = (ax_2, 0), \quad \text{在 } (x_1, x_2) \in D,
\tag{9.2.39}
$$

这里坐标系 (x_1, x_2) 以 x_0 为原点, 如图 9.11 所示, $D = \{(x_1, x_2) \mid -\delta < x_1 < \delta, \ 0 < y < \delta\}$, 对某个 $\delta > 0$ 充分小, u_0 为常值.

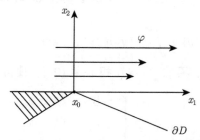

图 9.11　x_0 左边阴影邻域是流体死角, 此处 $v = 0$. 该死角的存在对尖点旋涡的产生很关键

根据 t_0 的定义可知, 此时 t_0 非常小, 因此有

$$u \simeq \varphi \quad \text{对 } x \in D, \quad 0 \leqslant t < t_0,$$

这里区域 D 如 (9.2.39). 这意味着在 x_0 点,

$$\int_0^{t_0} \left[\frac{\partial(\Delta u \cdot \tau)}{\partial n} - \frac{\partial(\Delta u \cdot n)}{\partial \tau} + k \Delta u \cdot \tau \right]_{x_0} \mathrm{d}t \simeq 0.$$

此时 (9.2.38) 可近似地写成 (注意 (9.2.39))

$$\frac{\partial u_\tau(k)}{\partial n} = a + k f_\tau t_0 + \left(\frac{\partial f_\tau}{\partial n} - \frac{\partial f_n}{\partial \tau} \right) t_0.$$

考虑到 f 是尖角对流体产生的阻力, f 与入射流反向平行, 因此有

$$\frac{\partial u_\tau(k)}{\partial n} = a + k f_\tau t_0 \quad (a > 0, \ f_\tau < 0).$$

由 $\partial u_\tau / \partial n = 0$ 给出产生尖点旋涡的条件为 $k > k_c$,

$$k_c = a/|f_\tau|t_0, \tag{9.2.40}$$

其中 a 为入射速度梯度, f_τ 为尖点产生的阻力, t_0 为旋涡产生的滞后时间. 在流体中, a 与黏性系数 ν 成正比. f_τ 与边界材料的摩擦系数 κ 成正比. 于是 (9.2.40) 可改写为

$$k_c = \frac{\alpha \nu}{\kappa t_0} \qquad (\alpha > 0 \text{ 为比例系数}), \tag{9.2.41}$$

即尖角临界曲率与流体黏性系数 ν 成正比, 与边界表面摩擦系数 κ 成反比. k_c 与 t_0 互为反比. 公式 (9.2.41) 与实际情况是相符的.

2. 表面湍流临界速度

一个平面边界层流当入射流的速度 u_0 小于某个临界值 u_c (即 $u_0 < u_c$) 时, 表现为平行流; 而当 $u_0 > u_c$ 时表现为湍流. u_c 值为

$$\text{湍流临界速度 } u_c = \text{边界层分离开始的速度.} \tag{9.2.42}$$

根据 (9.2.42), 因此要计算 u_c 只须求出边界层开始分离的速度.

我们将使用自由边界条件的分离方程 (9.2.25) 进行讨论. 同样取定 $t_0 > 0$ 代表旋涡产生的滞后时间, 因此 t_0 很小. 此时 (9.2.25) 可近似地写成如下形式

$$u_\tau = \varphi_\tau + \left(f_\tau + \nu \frac{\partial^2 \varphi_\tau}{\partial \tau^2} + \nu \frac{\partial^2 \varphi_\tau}{\partial n^2} - \varphi_\tau \frac{\partial \varphi_\tau}{\partial \tau} \bigg|_{x_1=0} \right) t_0, \tag{9.2.43}$$

其中 ν 为黏性系数, φ_τ 为初始切向速度, f_τ 为切向阻尼力. 取边界 Γ 为

$$\Gamma = \{(x_1, 0) \mid 0 < x_1 < L\}. \tag{9.2.44}$$

Γ 的起点为坐标原点. 令 u_0 为入射流速度, 则

$$\varphi_\tau = u_0 - \beta_1 x_1 + \beta_2 x_1^2 \qquad (\beta_1 > \beta_2 L), \tag{9.2.45}$$

其中 β_1, $\beta_2 > 0$ 为依赖于流体和表面物理性质的参数. 因为 f_τ 为切向阻尼力, 它与 u_0 有关, f_τ 与 u_0 的经验公式近似为

$$f_\tau = -\gamma u_0^k \quad (k > 1, \ \gamma > 0). \tag{9.2.46}$$

将 (9.2.45) 和 (9.2.46) 代入 (9.2.43) 得

$$u_\tau = u_0 - \beta_1 x_1 + \beta_2 x_1^2 - (\gamma u_0^k - 2\beta_2 \nu - \beta_1 u_0) t_0.$$

因为 β_1, β_2 非常小, 因此 u_τ 可近似地写成

$$u_\tau = (1 + \beta_1 t_0) u_0 - \gamma u_0^k t_0.$$

于是由 $u_\tau = 0$ 给出分离开始的临界速度 u_c 为

$$u_c = \left(\frac{1}{\gamma t_0} + \frac{\beta_1}{\gamma} \right)^{\frac{1}{k-1}}, \tag{9.2.47}$$

其中 $\gamma > 0$ 代表表面边界的光滑度, 表面越光滑 γ 越小, β_1 是 ν 的单增函数, 不妨近似取线性关系 $\beta_1 = \beta_0 \nu$. 于是 (9.2.47) 为

$$u_c = \left(\frac{1}{\gamma t_0} + \alpha \nu \right)^{\frac{1}{k-1}}, \tag{9.2.48}$$

其中 $\alpha = \beta_0 / \gamma$. (9.2.47) 和 (9.2.48) 给出了表面湍流的临界速度.

　　注 9.15　　在考虑表面流体的湍流问题时, (9.2.44) 的边界长度 L 不能很大, 因为 (9.2.45) 的表面速度衰减公式只有 L 较小时才有效. 此外表面速度 φ_τ 一定是要衰减的, 当 L 很大时 φ_τ 在 Γ 的末端几乎是零. 因此自然现象也显示表面流体的湍流只在短距离长度平面上才可能发生.

　　注 9.16　　关于尖角边界流体, 自然现象显示在尖点入射流一侧小邻域 (见图 9.11 阴影区域) 是一个流体静止的死角. 正是它使得 x_0 左端小邻域的边界实际等效于一个直线段, 从而可以在 x_0 点产生旋涡. 否则 x_0 点的流体会沿着左边界斜坡向上走, 那样就不可能产生旋涡.

9.3 内部旋涡流的形成理论

9.3.1 水平的热驱动流体动力学模型

上一节介绍了流体边界层分离理论, 从前面的讨论我们看到边界旋涡的产生是由外力、边界几何和物理条件以及初始边界流结构这三个因素决定的. 这一节我们将讨论流体的内部分离, 这个理论将清楚地揭示龙卷风与飓风形成的数学机理, 也能定量地表明在内部旋涡形成的过程中外力、温度分布以及初始流结构这三个要素是如何起作用的.

内部分离问题与边界层分离的一个关键差别就是, 内部分离缺少了一个边界的约束条件, 自由度比边界层分离大许多, 这带来了理论研究的困难. 但另一方面, 内部流体运动除了外力以外, 热驱动是一个重要的动力源. 于是热耦合是内部分离理论的特点.

为了发展内部分离动力学理论, 需要考虑建立热驱动的流体动力学模型. 为此我们首先需要解释一下, 经典的与热相耦合的 Boussinesq 方程对于用来作为描述内部分离问题是不合适的. 让我们回忆这个方程

$$
\begin{aligned}
&\frac{\partial u}{\partial t} + (u \cdot \nabla)u = \nu \Delta u - \frac{1}{\rho}\nabla p + (1 - \alpha T)g\vec{k} + f, \\
&\frac{\partial T}{\partial t} + (u \cdot \nabla)T = \kappa \Delta T + Q, \\
&\mathrm{div}\, u = 0.
\end{aligned}
\tag{9.3.1}
$$

在方程 (9.3.1) 中我们注意到, 热作用到流体的驱动力为

$$
f_T = -\alpha T g\vec{k}, \qquad \vec{k} = (0,0,1),
\tag{9.3.2}
$$

这里 g 为重力加速度, $\vec{k}$ 为垂直水平面的单位向量. 换句话讲, 由 (9.3.2) 提供的热作用力是在垂直的 z 方向上, 而不是在水平方向. 这就是问题的关键, 因为地球上流体运动的内部分离全部都是在水平面上发生的, 因此经典的 Boussinesq 方程 (9.3.1) 是不适合用来作为支配流体内部分离运动的动力学方程的.

现在我们需要建立能够支配平面流体内部分离运动的热耦合流体动力学方程, 这就必须引入热力学物态方程. 为此目的先考虑平面流体的 Navier-Stokes 方程,

$$
\begin{aligned}
&\frac{\partial u}{\partial t} + (u \cdot \nabla)u = \nu \Delta u - \frac{1}{\rho}\nabla p + f, \\
&\mathrm{div}(\rho u) = 0.
\end{aligned}
\tag{9.3.3}
$$

其中区域 $\Omega \subset \mathbb{R}^2$, (x_1, x_2) 为水平坐标系, $u = (u_1, u_2)$ 为水平速度场, 根据热力学气体的物态方程 (见 (2.2.20)),

$$pV = nRT. \tag{9.3.4}$$

此外, 气体密度 $\rho = nm/V$, m 为气体分子质量. 于是 (9.3.4) 可写成

$$p = \beta\rho T, \qquad \beta = R/m \text{ 为具体气体常数}. \tag{9.3.5}$$

再来考察液态流体的物态方程 (见 (2.2.28)), 它可写成

$$V = \alpha_1 T - \alpha_2 p + \alpha_3 \quad (\alpha_i \text{ 为参数}, \ 1 \leqslant i \leqslant 3).$$

将 $V = Nm/\rho$ 代入上式, 便得到液态流体物态方程的一般形式

$$p = \beta_1 T - \frac{\beta_2}{\rho} + \beta_3, \tag{9.3.6}$$

其中 β_i $(1 \leqslant i \leqslant 3)$ 为参数.

　　将 (9.3.3) 与物态方程 (9.3.5) 或 (9.3.6) 耦合, 再加上热传导方程, 我们便得到控制流体内部分离的耦合流体动力学方程如下

$$\frac{\partial u}{\partial t} + (u \cdot \nabla)u = \nu\Delta u - \frac{1}{\rho}\nabla p + f \tag{9.3.7}$$

$$\frac{\partial T}{\partial t} + (u \cdot \nabla)T = \kappa\Delta T, \tag{9.3.8}$$

$$\text{div}(\rho u) = 0, \tag{9.3.9}$$

$$p = \begin{cases} \beta\rho T, & \text{对气体,} \\ \beta_1 T - \beta_2\rho^{-1}, & \text{对液态流体.} \end{cases} \tag{9.3.10}$$

对于方程 (9.3.7)—(9.3.10), 未知函数为 (u, T, ρ).

　　注 9.17　在 9.1 节中建立的内部结构分歧定理是对零散度向量场, 即 $\text{div}\,u = 0$ 的向量场有效. 现在对于平面热耦合流体动力学模型, (9.3.9) 给出的是 $\text{div}(\rho u) = 0$, 可能有人会问 9.1 节中的理论对此模型是否有效. 事实上, 内部结构分歧定理 9.9 对 (9.3.7)—(9.3.10) 仍是有效的, 因为 $\rho \neq 0$, $\text{div}\,u = 0$ 的流轨道与 $\text{div}(\rho u) = 0$ 的流轨道完全一样, 只是速度有所不同而已. 而定理 9.9 的证明只与轨道结构有关, 与速度无关.

9.3.2　流体的旋涡分离方程

　　流体分离方程是研究旋涡生成的重要数学工具. 例如在上一节我们看到, 边界层的分离方程 (9.2.9) 和 (9.2.25) 在 9.2.4 小节和 9.2.5 小节中发挥了关键作用. 类似地, 对于流体内部分离, 我们也建立了分离方程.

为此, 首先介绍建立旋涡分离方程的物理条件.

1) 分离方程是由数学模型 (9.3.7)—(9.3.10) 推导出来的. 数学的严谨性要求模型具有适定性, 此时方程个数与未知函数个数必须相等, 因此流体密度 ρ 是作为未知函数处理. 但在物理现实中, 对于大尺度空间中的气体, 由于运动空间很大, 此时流动性时滞远比压缩性时滞小, 即受力后作出运动感应的时间远比受压后作出压缩感应的时间小. 因此大尺度气体运动密度 ρ 的变化很小. 而对液体流体, 在任何情况下 ρ 的压缩率都很小. 根据上述物理情况, 建立分离方程的基本约束条件就是 ρ 关于 x 的导数很小. 于是 (9.3.9) 变为如下物理约束条件

$$\mathrm{div}u = -\frac{1}{\rho}\nabla\rho \cdot u \simeq 0. \tag{9.3.11}$$

2) 从物理的角度来看, 无论是从预报方面还是从理论分析方面都要求从观测的初始状态 (对应于方程的初值) 到流体旋涡的产生这个阶段的时间不长. 因为大气和海洋学都证实长期预报是不可能的, 这中间各种干扰因素太多, 因此只有短期预报才有意义. 而对理论分析来讲, 以前的运动信息与当下发生的流体内部分离物理和数学机理都没有太多关联, 因此最关心的还是分离发生的短暂时间内系统的情况. 这个事实要求的物理条件是

$$\text{旋涡产生的感应时间 } t_0 \text{ 很小, 即 } 0 < t_0 \ll 1, \tag{9.3.12}$$

t_0 也称为分离感应时间.

在上述 (9.3.11) 和 (9.3.12) 两个物理条件下, 我们来建立分离方程. 将 (9.3.10) 代入 (9.3.7), 然后方程两边关于时间 t 积分得

$$u(x,t) = \varphi(x) + \int_0^t [\nu\Delta u - (u \cdot \nabla)u - \alpha\nabla T + f]\mathrm{d}t, \tag{9.3.13}$$

对 $0 < t < t_0$, 这里 t_0 如 (9.3.12), $\alpha > 0$ 为参数,

$$\alpha = \begin{cases} \beta, & \text{对气体 } (\beta = R/m \text{ 如 (9.3.5))}, \\ \beta_1/\rho, & \text{对液体 } (\beta_1 \text{ 如 (9.3.6))}. \end{cases}$$

令 u 和 T 的初始条件为

$$\begin{cases} u|_{t=0} = \varphi(x), \\ T|_{t=0} = T^0(x). \end{cases} \tag{9.3.14}$$

关于方程 (9.3.7)—(9.3.10) 的解 $u(x,t)$ 和 $T(x,t)$ 作一阶 Taylor 展开

$$\begin{cases} u(x,t) = \varphi(x) + t\tilde{v}(x,t), \\ T(x,t) = T^0(x) + t\tilde{T}(x,t), \end{cases} \tag{9.3.15}$$

其中 φ, T^0 如 (9.3.14) 为初值函数. 将 (9.3.15) 代入 (9.3.13) 等式右边的积分号内, 我们可以得到关于 t 的一阶近似

$$\begin{cases} u(x,t) = \varphi(x) + tv(x), \\ v(x) = \nu\Delta\varphi - (\varphi\cdot\nabla)\varphi - \alpha\nabla T^0 + f, \end{cases} \tag{9.3.16}$$

这里初值 φ 和 T^0 并不独立, 由 (9.3.11) 有

$$\operatorname{div}\varphi \simeq 0 \quad \text{及} \quad \operatorname{div}v \simeq 0.$$

再由上述式子导出 $\varphi = (\varphi_1, \varphi_2)$ 和 T^0 满足的关系

$$\frac{\partial\varphi_1}{\partial x_2}\frac{\partial\varphi_2}{\partial x_1} + \left(\frac{\partial\varphi_1}{\partial x_1}\right)^2 + \frac{\alpha}{2}\Delta T^0 - \frac{1}{2}\operatorname{div}f \simeq 0. \tag{9.3.17}$$

在 (9.3.17) 的约束条件下, 关系式 (9.3.16) 称为流体的旋涡分离方程. 在 (9.3.11) 和 (9.3.12) 物理约束条件下, 分离方程 (9.3.16) 包含了在外力 f 的条件下, 以 (φ, T^0) 为初始状态下流体的内部分离全部信息, 这是因为这两个约束条件使得 $o(t)$ 的高阶项很小.

旋涡方程 (9.3.16) 是从方程 (9.3.7)—(9.3.10) 导出来的, 它们都是物理定律, 因而关于分离方程产生的内部分离理论属于第一原理的理论, 它与表象方法有本质的不同.

9.3.3   内部分离定理及分离条件的几何化

回忆一下内部结构分歧定理 (定理 9.9). 一个在 t_0 处有一阶 Taylor 展开的零散度向量场

$$u(x,t) = u^0(x) + (t - t_0)u^1(x) + o(|t - t_0|), \tag{9.3.18}$$

若在 (x_0, t_0) 处有

$$u^0(x_0) = 0 \qquad (x_0 \text{ 为孤立奇点}), \tag{9.3.19}$$

$$\operatorname{Ind}(u^0, x_0) = 0, \tag{9.3.20}$$

$$Du^0(x_0) \neq 0 \qquad (\text{即是非零矩阵}), \tag{9.3.21}$$

$$u^1(x_0) \cdot e_2 = 0, \quad (Du^0(x_0)e_2 = \alpha e_1). \tag{9.3.22}$$

定理 9.9 表明: 在 (9.3.19)—(9.3.22) 条件下, (9.3.18) 的向量场在 t_0 时间从 x_0 点分歧出一个旋涡, 对应到流体就是在 x_0 点发生内部分离.

现在我们将应用定理 9.9 来讨论分离方程 (9.3.16) 的内部分离问题. 此时 (9.3.16) 写成 (9.3.18) 形式时相应地有

$$u^0 = \varphi + t_0 v, \quad u^1 = v = \nu\Delta\varphi - (\varphi\cdot\nabla)\varphi - \alpha\nabla T^0 + f.$$

于是条件 (9.3.19)—(9.3.22) 对于 (9.3.16) 来讲变成如下形式.

1) 存在 $x_0 \in \mathbb{R}^2$, 使得 x_0 是 $\varphi + t_0 v$ 的孤立零点, 即

$$\varphi(x_0) + t_0 v(x_0) = 0. \tag{9.3.23}$$

2) 对任何 $t < t_0$, (x_0, t) 不是 $\varphi + tv$ 的零点, 即

$$\varphi(x_0) + tv(x_0) \neq 0. \tag{9.3.24}$$

3) $\varphi + t_0 v$ 在 x_0 的 Jacobi 矩阵是非零的,

$$Du^0 = D(\varphi(x_0) + t_0 v(x_0)) \neq \begin{pmatrix} 0 & 0 \\ 0 & 0 \end{pmatrix}. \tag{9.3.25}$$

4) 对于满足 $Du^0(x_0)e_2 = \alpha e_1$ $(\alpha \neq 0)$ 的向量 e_2 有

$$v(x_0) \cdot e_2 \neq 0. \tag{9.3.26}$$

这里需要说明的是, 条件 (9.3.23) 和 (9.3.24) 在数学上就意味着 $u^0 = \varphi + t_0 v$ 在 x_0 点指标为零, 这是由拓扑度理论保证的.

然后我们有如下内部分离定理.

定理 9.18 令 φ 和 T^0 是如 (9.3.14) 的初始速度场和温度场, f 为外力. 若 (φ, T^0, f) 满足上述条件 (9.3.23)—(9.3.26), 则分离方程 (9.3.16) 和 (9.3.17) 在 t_0 时刻和 x_0 处发生内部分离, 即在 $t > t_0$ 时从 x_0 点产生一个旋涡出来.

注 9.19 细心的读者会发现, 定理 9.18 中的由 (9.3.16) 给出的速度场 $\varphi(x) + tv(x)$ 是流体动力学方程 (9.3.13) 和 (9.3.14) 的解 $u(x,t)$ 关于时间 Taylor 展开的一阶近似, 可能会疑问 $\varphi + tv$ 的内部分离是否能反映 $u(x,t)$ 的情况. 这里我们可以完全肯定的回答. 在 (9.3.11) 约束条件下, $u(x,t)$ 的高阶项 $\sum_{n \geqslant 2} v^n t^n$ 的系数 v^n 非常小, 由于 v^n 是由 φ, T^0, f 的 $2n$ 次导数构成, 因此 φ, T^0 和 f 的二次以上导数都很小才能保证 $\mathrm{div} v^n \simeq 0$ (每个都近似于一个方程), 用 Taylor 展开对比系数很容易证明这一点.

如果要考虑 t 的二阶近似, 则 u 取下面形式

$$u(x,t) = \varphi + tv + \frac{1}{2}t^2 \widetilde{v}, \tag{9.3.27}$$

其中 v 如 (9.3.16), $\widetilde{v}$, $\widetilde{T}$ 为

$$\begin{aligned} \widetilde{v} &= \nu \Delta v - (\varphi \cdot \nabla)v - (v \cdot \nabla)\varphi - \alpha \nabla \widetilde{T}, \\ \widetilde{T} &= \kappa \Delta T^0 - (\varphi \cdot \nabla)T^0. \end{aligned} \tag{9.3.28}$$

旋涡流形成的条件 (9.3.23)—(9.3.26) 太数学化, 它对于流体内部分离理论和应用的进一步发展带来困难. 下面我们将这些条件译成物理图像, 这将会使该理论变得很容易理解和掌握. 这个物理图像将导致后面介绍的内部旋涡产生的 U 形流理论.

数学上总是习惯性地将向量场称为流, 这两者之间没有区分, 这里我们也总是遵循这个习惯. 让我们考察分离方程

$$u(x,t) = \varphi(x) + tv(x) \quad (t \geqslant 0), \tag{9.3.29}$$

它由初始流 φ 和扰动流 $tv(x)$ 叠加而成, 这里 v 是由外力 f, 温度场 T 和初始流 φ 这三者决定的流,

$$v = \nu\Delta\varphi - (\varphi \cdot \nabla)\varphi - \alpha\nabla T^0 + f, \tag{9.3.30}$$

从 (9.3.29) 可以看到 u 的旋涡流产生是 φ 和 v 两股流相互作用叠加的结果. 而条件 (9.3.23)—(9.3.26) 给出的就是 φ 和 v 的流结构的约束条件. 下面将分几步进行介绍.

1. 初始流 φ 与扰动流 v 的结构

数学上, 满足条件 (9.3.23)—(9.3.26) 的初始流 φ 和扰动流 v 在 x_0 的邻域拓扑结构只能是 U 形流与平直流的组合, 见图 9.12 (a) 和 (b) 所示. 也就是说, 要使 (9.3.29) 的 u 在 x_0 处产生一个旋涡, φ 和 v 中一个必须是 U 形流, 而另一个必须是平直流, 而这两种流是相互反向横截的. 否则一般情况下不可能使 u 在 x_0 点产生指标 $\mathrm{Ind}(u, x_0) = 0$ 的奇点, 除非人为构造出这种奇点, 但这种人工造出来的情况在自然界中不会发生.

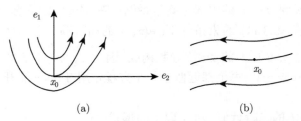

图 9.12　(a) U 形流结构, (b) 与 U 形反向的横截平直流

2. 平直流与 U 形流反向横截的定义

令 φ 是如图 9.12 (a) 所示的 U 形流, v 是 (b) 所示的平直流, 则图中显示的就是两个反向流结构. 在 (a) 图中, 两个单位向量 e_1 和 e_2 就是如 (9.3.26) 中所定义的向量. (9.3.26) 的条件表示 v 与 φ 在 x_0 点邻域内是相互横截的.

图 9.12 只是一个示意图. 一般情况下 u 的奇点 x_0 不一定是在如图 9.12 (a) 中 φ 的某个 U 形轨道的底部, 但是它一定是如图 9.6 (b) 所示的 $u = \varphi + t_0 v$ 流结构中的位置.

3. 实际流体的 φ 与 v 结构

理论上讲, 两种情况, 即 ① φ 是 U 形流及 v 是平直流, ② φ 是平直流及 v 是 U 形流, 它们都可能在自然界发生. 事实上, 在真实的流体中, 第 ② 种情况几乎不发生. 这是因为若 φ 是平直流, 则 φ 可近似写成

$$\varphi = (a + \alpha_1(x), \alpha_2(x)),$$

其中 α_1, $\alpha_2 \simeq 0$ 在 x_0 附近. 于是 (9.3.30) 的 v 可近似表达为

$$v = -\alpha \nabla T^0 + f. \tag{9.3.31}$$

在自然界中, 梯度场 ∇T^0 和外力场在局部区域是平直结构或者是零向量场, 这意味着 (9.3.31) 的流结构不会是 U 形的. 当然在实验室可以制造出 (9.3.31) 是一个 U 形流结构, 但在自然界中, 这种情况很少发生. 因此可以得到下面关于旋涡流的 U 形流理论.

9.3.4 内部旋涡形成的 U 形流理论

根据上一小节的讨论, 这一小节可以总结出下面的内部旋涡 U 形流理论.

1) 在自然界中初始 φ 和扰动流 v 一般情况总是取

$$\varphi \text{ 是 } U \text{ 形流}, \ v \text{ 是平直流}, \tag{9.3.32}$$

并且 v 是与 φ 反向横截的.

2) 由 (9.3.12) 的物理假设, 对于 φ 和 v 有如下性质

$$0 < \frac{\varphi_1(x_0)}{-v_1(x_0)} = \frac{\varphi_2(x_0)}{-v_2(x_0)} \ll 1, \tag{9.3.33}$$

其中 $\varphi = (\varphi_1, \varphi_2)$, $v = (v_1, v_2)$.

3) 在 (9.3.11) 约束条件下, (φ, T^0, f) 在 x_0 邻域 Taylor 展开的高阶项系数几乎为零, 因此 (φ, T^0, f) 实际上是多项式. 由 (9.3.17) 可知

$$(\varphi, T^0, f) \text{ 的主部是 } n \leqslant 1 \text{ 次多项式}. \tag{9.3.34}$$

4) 若我们取图 9.12 (a) 的 x_0 为坐标系原点, e_2 为 x_1 轴方向, e_1 为 x_2 轴方向, 则由 (9.3.32)—(9.3.34) 和约束分离方程 (9.3.17) 便可定出有分离发生的 (φ, T^0, f)

的表达式为

$$\begin{cases} \varphi = (a_1, a_2 x_1) + \text{小项(相对的)}, \\ T^0 = a_0 + b_1 x_1 + b_2 x_2 + \text{小项}, \\ f = (-f_1, -f_2) + \text{小项}. \end{cases} \tag{9.3.35}$$

于是 (9.3.17) 自动满足. 根据平行流与 U 形流反向可定出

$$a_1 > 0, \quad a_2 > 0, \quad b_1 > 0. \tag{9.3.36}$$

因此分离方程 (9.3.16) 可写成

$$\begin{cases} u = (a_1 + tv_1, a_2 x_1 + tv_2) + \text{小项}, \\ v = (v_1, v_2) = (-(\alpha b_1 + f_1), -(a_1 a_2 + \alpha b_2 + f_2)) + \text{小项}. \end{cases} \tag{9.3.37}$$

由 (9.3.33) 及 $x_0 \simeq 0$ 可得

$$a_1 \ll \alpha b_1 + f_1, \quad a_1 a_2 + f_2 + \alpha b_2 = o(a_2), \tag{9.3.38}$$

其中 α 是流体热系数, 见 (9.3.13) 关于 α 的定义. 容易看出 (9.3.35) 中的 φ 具有图 9.12 (a) 所示的 U 形流结构, v 具有平直流结构. 并且 (9.3.35)—(9.3.38) 中的场满足定理 9.18 的条件.

　　5) 令 V 是内部分离后产生出旋涡的速度场, 则 V 与 (9.3.37) 中 u 的主要速度场

$$\widetilde{u} = ((\alpha b_1 + f_1) t_0, \ a_2 x_1) \quad (a_2 \geqslant v_2)$$

成比例关系. 因此旋涡速度场 V 的总能量 E 及旋涡半径 r_0 与 (9.3.37) 中的参数 a_2 和 $(\alpha b_1 + f_1) t_0$ 之间有如下关系

$$E = \rho r_0^2 [A_1 a_2^2 r_0^2 + A_2 (\alpha b_1 + f_1)^2 t_0^2], \tag{9.3.39}$$

其中 A_1, A_2 为比例系数, $\alpha b + f_0 = -(\alpha b_1 + f_1) t_0$,

$$E = \int_0^{r_0} \int_0^{2\pi} \frac{1}{2} \rho V^2(r) r \mathrm{d}r \mathrm{d}\varphi.$$

也就是说由 (9.3.37) 中的参数 α, b_1, f_1, a_2 可估计出旋涡的能量级别和半径 r_0 的大小.

　　以上 (9.3.35)—(9.3.39) 就是由 (9.3.17) 及 (9.3.32)—(9.3.34) 的 U 形流理论导出来的结果. 事实上, 这些结果已是最普适的, 因为在 $\overline{x}_0 = 0$ 的邻域中, 所有关于

φ_1, φ_2, T^0, f 的高阶项都是相对小的项. 这里必须注意, 由于 φ 是 U 形流, 在一个坐标变换下 φ_2 可表达成

$$\varphi_2(x) = x_1\phi(x).$$

于是对于 U 形流理论可总结出如下特点:

> 旋涡 U 形流理论 (9.3.35)—(9.3.37) 实质性地给出了可产生内部分离的所有初始状态 (φ, T^0, f) 的表达形式. 它们与分离方程 (9.3.16) 和 (9.3.17) 一起包含了内部旋涡形成的全部信息.

9.3.5 龙卷风与飓风的形成条件

在自然界中, 人们最熟悉的突然产生的内部旋涡现象就是龙卷风与飓风 (或者台风). 上一小节我们建立了旋涡 U 形流理论, 该理论为龙卷风和飓风的形成机理提供了一种与传统不同的理论基础. 下面我们专门讨论这个课题.

> 产生龙卷风和飓风的主要因素有四个, 它们是:
> 初始流 φ, 初始温度场 T^0, 外力 f, Coriolis 力 f_ω.

因此讨论旋风问题时, 流体动力学模型 (9.3.7) 中还必须加上地球自转产生的 Coriolis 力这一项. 为此, 整个问题要分几步进行.

1. $\beta-$ 平面假设

这是大气科学通用的方法, 也就是将北半球或南半球近似地取成一个矩形平面 Ω,

$$\Omega = (0, 2\pi r_0) \times (0, \pi r_0/2), \tag{9.3.40}$$

其中 r_0 为地球半径. Coriolis 力取如下形式

$$f_\omega = \beta x_2 \vec{k} \times u = (-\beta x_2 u_2, \beta x_2 u_1), \tag{9.3.41}$$

这里 $\beta = \dfrac{2\omega}{r_0}$, ω 为地球自转角速度.

在 (9.3.40) 的平面区域 Ω 中, 坐标系 (x_1, x_2) 的 x_1 轴代表经线, x_2 轴代表纬线. 在 Ω 的侧边界上取周期边界条件

$$u(x_1 + 2\pi r_0, x_2) = u(x_1, x_2), \quad T(x_1 + 2\pi r_0, x_2) = T(x_1, x_2). \tag{9.3.42}$$

在数学上, 对 (9.3.40) 的矩形 x_1 方向取 (9.3.42) 的周期条件, 这等价于将 Ω 的矩形两侧边 ab 和 $a'b'$ 等同起来 (见图 9.13 (a)). 然后将这两边 ab 和 $a'b'$ 粘合在一起, 此时 (9.3.40) 的矩形平面便变成可挖去极地圈的半球, 见图 9.13 (b) 所示. 换句话说, 对矩形 Ω 的侧边界取 (9.3.42) 的周期条件后, 在数学上 (9.3.40) 的矩形就等价

于如图 9.13 (b) 所示的挖去极地的半球. 此时 Ω 的下边界 $x_2 = 0$ 代表赤道线, 上边界 $x_2 = \pi r_0/2$ 代表极地圈.

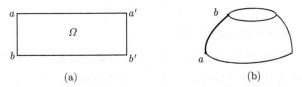

图 9.13　(a) 地球的一个半球沿纬线剪开再展开, 拉扯成一个矩形平面; (b) 将 (a) 中矩形 ab 和 $a'b'$ 两侧等同起来, 再合拢将 ab 和 $a'b'$ 粘合起来, 便成为图中抠去极地的半球

大气学科中将半球作 (9.3.40)—(9.3.42) 的数学处理就称为 β-平面假设, 见 (Pedlosky, 1987) 和 (Salby, 1996).

2. 旋风形成的数学模型

控制龙卷风和飓风的动力学方程是建立在 β-平面假设 (9.3.40)—(9.3.42) 基础之上的. 此时旋涡分离方程 (9.3.16) 变为

$$
\begin{cases}
u(x,t) = \varphi(x) + tv(x), \\
v(x) = \nu\Delta\varphi - (\varphi \cdot \nabla)\varphi - \beta x_2 \vec{k} \times \varphi - \alpha\nabla T^0 + f.
\end{cases} \tag{9.3.43}
$$

此时, 约束方程 (9.3.17) 变为

$$
\frac{\partial\varphi_1}{\partial x_2}\frac{\partial\varphi_2}{\partial x_1} + \left(\frac{\partial\varphi_1}{\partial x_1}\right)^2 - \frac{\beta x_2}{2}\left(\frac{\partial\varphi_1}{\partial x_2} - \frac{\partial\varphi_2}{\partial x_1}\right) - \frac{\beta}{2}\varphi_1 - \frac{\alpha}{2}\Delta T^0 + \frac{1}{2}\mathrm{div}f \simeq 0, \quad (9.3.44)
$$

其中 β 如 (9.3.41).

3. 龙卷风与飓风的形成机理

现在我们将根据旋涡 U 形流理论应用 (9.3.43) 来讨论北半球龙卷风与飓风的形成过程. 在大气科学中, 我们知道龙卷风的尺度和能级比飓风小很多, 并且发生地点的北纬度比飓风要高得多. 但这两者形成的机理是一样的, 动力源主要来自温度的梯度差、Coriolis 力和初始 U 形流的强度.

1) 初始的 U 形流条件

热带旋风起源于赤道附近的大尺度水平旋涡气流, 接近地球表面. 位于大西洋的热带旋风被称为飓风, 位于太平洋东北域的称为台风.

在北半球, 由于地球温度分布不均匀和地球自转的 Coriolis 力作用, 并且加上大气环流的影响. 地面水平气流经常会出现图 9.14 所示的 U 形流情况.

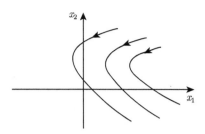

图 9.14 赤道附近北半球热带气旋流

x_2 轴定向为朝北方向, $x_2 = 0$ 为赤道

图 9.14 所示的气旋流作为初始态, 它可表达为

$$\varphi = (-a_1(x_2 - d), -a_2) + 小高阶项, \tag{9.3.45}$$

其中 $d > 0$ 为 U 形流到赤道的距离. a_1, a_2 代表气流强度.

2) 温度梯度

地球的温度分布, 从赤道由南向北是温度下降的, 而在局部区域内东西向温度保持常温, 因此北半球的初始温度分布由 (9.3.44) 可表达成

$$T^0 = \theta + b(1 - x_2) - \frac{a_1\beta}{\alpha}\left(\frac{d}{2}x_2^2 + \frac{1}{3}x_2^3\right) + 小项. \tag{9.3.46}$$

3) 旋风的分离方程

对于热带旋风来讲, 外力 $f = 0$. 此时将 (9.3.45) 和 (9.3.46) 代入 (9.3.43) 便得到旋风的旋涡分离方程 (去掉小项)

$$u(x, t) = (-a_1\tilde{x}_2 + tv_1, -a_2 + tv_2) + 小项, \tag{9.3.47}$$

其中 $\tilde{x}_2 = x_2 - d$,

$$\begin{cases} v_1 = -a_1 a_2 - \beta a_2(\tilde{x}_2 + d) + 小项, \\ v_2 = \alpha b + 小项. \end{cases} \tag{9.3.48}$$

4) 龙卷风形成的条件

龙卷风产生的地点纬度较高, 即 $d > 0$ 较大. 此时由 (9.3.47) 和 (9.3.48) 决定的代数方程为 (将 $(x_1, \tilde{x}_2)$ 记为 (x, y))

$$\begin{cases} a_1 y + ta_2(a_1 + \beta(y + d)) = 0, \\ a_2 - t\alpha b - \varepsilon x^2 = 0 \quad (\varepsilon x^2 \text{ 为小项}). \end{cases} \tag{9.3.49}$$

于是 (9.3.49) 的解 (t_0, x_0, y_0) 为

$$t_0 = \frac{a_2}{\alpha b}, \quad y_0 = -\frac{a_2^2}{\alpha b}\frac{(a_1 + \beta d)}{(a_1 + a_2\beta t_0)}, \quad x_0 = 0. \tag{9.3.50}$$

此外由图 9.12 (a) 可知, 这里 $e_2 = (0,1)$. 因此有

$$v \cdot e_2 = v_2 = \alpha b > 0.$$

因此若 (9.3.50) 的解满足

$$t_0 > 0 \text{ 充分小}, \quad y_0 \simeq 0. \tag{9.3.51}$$

则条件 (9.3.23)—(9.3.26) 都被满足. 这样, 龙卷风能够产生的条件就被归到 (9.3.51). 从 (9.3.50) 不难看出若

$$\alpha b \gg \max\{a_2, a_2^2\}, \quad a_1 \sim \beta d = \frac{2d}{r_0}\omega, \tag{9.3.52}$$

则 (9.3.50) 的解 (x_0, t_0) 满足 (9.3.51), 其中 $\beta = 2\omega/r_0$ 如 (9.3.41). 从而 (9.3.52) 成为龙卷风可以形成的条件.

　　5) 飓风 (或台风) 形成的条件

　　因为飓风是起源于赤道附近, 因此 $d = 0$. 此时 (9.3.47) 和 (9.3.48) 关于 $(\tilde{x}_2, t)$ 的代数方程为 (将 $(x_1, \tilde{x}_2)$ 记为 (x,y)),

$$\begin{cases} a_1 y + t a_2 (a_1 + \beta y) = 0, \\ a_2 - t \alpha b - \varepsilon x^2 = 0, \end{cases} \tag{9.3.53}$$

同样, 飓风 (或台风) 能够形成的条件是方程 (9.3.52) 是否存在满足 (9.3.50) 的解. 该条件被归为

$$\alpha b \gg \max\{a_2, a_2^2\}. \tag{9.3.54}$$

　　注 9.20　　从龙卷风和飓风的形成条件 (9.3.51) 和 (9.3.54) 看出地球自转对龙卷风形成有影响, 它要求 $a_1 \sim 2\omega d/r_0$. 而对飓风没有太大影响. 由于 αb 代表大的温度梯度, 因此大的温度梯度是产生龙卷风和飓风的主要动力来源, 并且 a_2 越小越容易产生飓风. 但 a_2 度量了旋风的能量级别, a_2 越大, αb 也越大, 从而旋风能量的级别也越大 (见 (9.3.39), 那里 a_2 是这里的 a_1).

　　注 9.21　　这里关于龙卷风和飓风形成机理的讨论是在旋涡 U 形流理论的一阶近似下进行的. 若要考虑飓风的大尺度性质和长时间行为, 则需要取 Taylor 展开的二阶或二阶以上近似. 但一阶近似已将龙卷风和飓风的主要性质揭示出来了.

　　本书只应用旋涡 U 形流理论讨论了龙卷风和飓风的形成机理与物理条件. 实际上, 该理论对海洋内部分离也是有效的. 值得一提的是, 此时主驱动力不是温度梯度, 因为对于海水来讲, α 和 b 都非常小, αb 更是小得可以忽略不计. 海洋旋涡产生的主驱动力是海面上的风力, 即风驱力是 (9.3.35) 中的外力项.

9.4 太阳表面的电磁爆发

9.4.1 基本情况介绍

太阳的质量为 2×10^{30}kg, 半径为 7×10^5km. 它的平均密度为 $\rho = 1.4$g·cm^{-3} (水的密度为 $\rho = 1$g·cm^{-3}). 太阳主要是由氢 (占 94%) 和氦 (占 6%) 构成. 整个球体的物质形态是气体状态. 因此太阳是一个由气体构成的流体球.

太阳结构大致分为内部与大气层两部分. 大气层是由光球层、色球层和日冕层构成. 最底部是光球层, 中间是色球层, 最外面是日冕层. 我们见到的大部分光来自于光球层, 它的温度分布为 4000~7000K. 色球层温度比光球层高许多, 大约为 15000K. 日冕层是太阳大气层温度最高的部分, 达到 2×10^6K. 但它的密度非常低, 是地球大气密度的 10^{-9} 倍. 此外, 从太阳的天文观测目前人们大概了解到如下一些主要情况.

1) 因为太阳不像地球, 它不是刚体, 因此它的自转呈现出非刚体的性质. 例如, 对太阳赤道的观察发现自转周期为 25 天, 而在纬度 40° 处自转周期为 28 天. 这种不协调一致的自转使得太阳的磁力线发生扭结现象.

2) 太阳黑子运动是太阳最显著的特性之一. 所谓黑子就是从太阳表面观察到的一些较暗的区域, 这些黑子区域的温度大约为 400K. 黑子数不是常数, 它的出现有一定规律性, 一般情况是按 11 年的周期进行变化. 产生这一现象的物理机制目前还不清楚. 黑子通常出现在磁场比其他区域更强的地方.

3) 太阳耀斑是太阳表面的另一种活动形式. 它表现为大量粒子的喷射, 耀斑发生时间很短, 一般在几十分钟到几个小时之间. 耀斑的温度也很高, 可达到 5×10^6K. 太阳耀斑的爆发是太阳最剧烈的活动, 是在色球层处发生的. 它实质上是太阳电磁场发生巨大爆炸的行为, 这就是本节需要研究的课题.

4) 日珥爆发也是太阳比较剧烈的一种电磁场爆炸行为, 典型的表现就是喷射出拱形桥形状的磁力线和高能等离子粒子.

5) 太阳大气层的粒子都是带电粒子, 因而是典型的等离子流体. 正是这种高度电离化, 再加上高温, 高速流体运动产生出非常不均匀的电磁场, 从而引发大规模电磁爆炸的行为.

在这一节中, 我们将太阳的耀斑和日珥爆发统称为太阳磁爆行为. 我们将从电磁热流体的动力学方程去建立这种奇特现象的理论, 用以理解这个典型的物理学中的拓扑相变问题.

9.4.2 热耦合电磁流体模型

建立太阳表层电磁爆发理论, 第一要素就是能够找到真正支配这种现象的物理定律, 即原理 1.2 中所说的数学方程. 这就是这一小节我们需要做的事情.

首先要明确的是, 描述太阳电磁爆的状态函数是: 等离子流体的速度场 u, 温度场 T, 电场 E 和磁场 H. 因此, 控制电磁爆的数学模型是由流体动力学方程、热传导方程和关于电磁场的 Maxwell 方程一起耦合而成. 下面我们分几步进行, 建立太阳电磁爆模型.

1. 数学方程的定义域 Ω

电磁爆的载体是高度电离化的等离子流体, 它的活动空间 Ω 是太阳表面的壳层区域, 实质上是包含了光球和日冕两个壳层. 我们将 Ω 写成如下形式

$$\Omega = S^2 \times (R_0, R_1), \tag{9.4.1}$$

其中 R_0 为太阳半径, $R_1 = R_0 + h$, h 为厚度, S^2 为单位球面. 坐标系取为球坐标 $(\theta, \varphi, r) \in \Omega$, θ 为纬度, φ 为经度, r 为径向.

2. 流体动力学方程

控制等离子流体的动力学方程是 Navier-Stokes 方程

$$\rho \left[\frac{\partial u}{\partial t} + (u \cdot \nabla)u \right] = \mu \Delta u - \nabla p + f. \tag{9.4.2}$$

因为太阳表层等离子体是高度电离化的, 即每个自由粒子都是带电的, 因此流体粒子受到的作用力 f 包括

$$f = 电荷力 + \text{Lorentz} \ 力 + 热动力.$$

根据电磁理论,

$$电荷力 = \rho_e E, \quad \text{Lorentz} \ 力 = J \times H,$$

其中 ρ_e 为等离子体的有效电荷密度, $J = \rho_e u$ 为有效电流密度, u 为速度场. 而热动力我们取如下形式

$$热动力 = -g\vec{k}\rho(1 - \alpha T), \quad \vec{k} = (0, 0, 1),$$

其中 g 为太阳表面引力常数, α 为热膨胀系数. 于是 (9.4.2) 变为

$$\rho \left[\frac{\partial u}{\partial t} + (u \cdot \nabla)u \right] = \mu \Delta u - \nabla p + \rho_e E + \rho_e u \times H - g\vec{k}\rho(1 - \alpha T), \tag{9.4.3}$$

再加上质量守恒方程

$$\frac{\partial \rho}{\partial t} + \text{div}(\rho u) = 0. \tag{9.4.4}$$

方程 (9.4.3) 和 (9.4.4) 就是流体动力学方程.

3. **热传导方程**

电离化流体热方程取为如下形式

$$\frac{\partial T}{\partial t} + (u \cdot \nabla)T = \kappa \Delta T + Q, \tag{9.4.5}$$

其中 Q 是由两部分热源构成,

$$Q = 辐射热源 + 电磁激发. \tag{9.4.6}$$

根据 Stefan-Boltzmann 定律 (2.2.41), 我们可以得到

$$辐射热源 = \beta_0 T^4, \tag{9.4.7}$$

其中 β_0 为常数. (9.4.6) 中第二部分代表等离子体中电磁场激发流体粒子产生的热, 它应该与电磁场能量密度成正比, 即

$$电磁激发 = \beta_1(E^2 + H^2). \tag{9.4.8}$$

由 (9.4.6)—(9.4.8), 热方程 (9.4.5) 可写成

$$\frac{\partial T}{\partial t} + (u \cdot \nabla)T = \kappa \Delta T + \beta_0 T^4 + \beta_1(E^2 + H^2). \tag{9.4.9}$$

注 9.22 辐射热源和电磁激发是高度电离化流体特有的两个热源, 其他流体没有这种热效应. 特别地, 根据 3.4 节的热理论, 高温区的带电粒子能级很高, 因而吸收和发射高能光子的能力很大, 这能进一步吸收周围高能光子提高粒子能级, 从而具有 (9.4.7) 的辐射增温效应. 因此电离流体的 (9.4.7) 增温效应是 3.4 节的热理论与 Stefan-Boltzmann 定律的推论. 后面推证发现正是这个辐射热效应产生了太阳电磁爆现象.

4. **电磁场方程**

电离化流体中的电磁场满足 Maxwell 方程,

$$\begin{aligned} &\mu_0 \frac{\partial H}{\partial t} = -\mathrm{rot}E, \\ &\varepsilon_0 \frac{\partial E}{\partial t} = \mathrm{rot}H - J \quad (J = \rho_e u), \\ &\mathrm{div}H = 0, \\ &\mathrm{div}E = \rho_e, \end{aligned} \tag{9.4.10}$$

其中 μ_0 为磁导率, ε_0 为介电常数.

5. 太阳电磁爆模型

现在将前面的流体方程 (9.4.3) 和 (9.4.4), 热方程 (9.4.9), 电磁场的 Maxwell 方程 (9.4.10) 组合到一起, 便得到下面关于太阳表层的热耦合电磁流体方程,

$$\rho\left[\frac{\partial u}{\partial t} + (u \cdot \nabla)u\right] = \mu\Delta u - \nabla p + \rho_e(E + u \times H) - g\vec{k}\rho(1 - \alpha T), \quad (9.4.11)$$

$$\frac{\partial T}{\partial t} + (u \cdot \nabla)T = \kappa\Delta T + \beta_0 T^4 + \beta_1(E^2 + H^2), \quad (9.4.12)$$

$$\frac{\partial H}{\partial t} = -\frac{1}{\mu_0}\mathrm{rot}E, \quad (9.4.13)$$

$$\frac{\partial E}{\partial t} = \frac{1}{\varepsilon_0}\mathrm{rot}H - \frac{1}{\varepsilon_0}\rho_e u, \quad (9.4.14)$$

$$\frac{\partial \rho}{\partial t} = -\mathrm{div}(\rho u), \quad (9.4.15)$$

$$\mathrm{div}E = \rho_e, \quad (9.4.16)$$

$$\mathrm{div}H = 0. \quad (9.4.17)$$

这组方程构成我们下面建立的太阳电磁爆理论的基础.

9.4.3　方程解的爆破定理

太阳表面发生的耀斑和日珥爆发现象, 对应于方程 (9.4.11)—(9.4.17) 的数学性质就是解的爆破. 所谓解的爆破就是指在某一点 $x_0 \in \Omega$ 和某个时刻 $t_0 > 0$, 方程的解 $\Phi(x,t) = (u, T, H, E)$ 在 (x_0, t_0) 处是无穷大, 即

$$\lim_{t \to t_0} |\Phi(x_0, t)| = \infty, \quad (9.4.18)$$

这里 $|\Phi|^2 = u^2 + T^2 + E^2 + H^2$.

因此, 下面关于 (9.4.11)—(9.4.17) 解的爆破定理是太阳电磁爆理论的数学基础. 为了简单, 考虑 ρ 为常数的情况, 此时 (9.4.15) 变为

$$\mathrm{div}u = 0. \quad (9.4.19)$$

考虑下面边界条件和初值问题

$$\frac{\partial T}{\partial n}\bigg|_{\partial\Omega} = 0, \quad u_n|_{\partial\Omega} = 0, \quad \frac{\partial u_\tau}{\partial n}\bigg|_{\partial\Omega} = 0, \quad (9.4.20)$$

$$\Phi = (u, T, H, E)|_{t=0} = \Phi_0. \quad (9.4.21)$$

则有如下解的爆破定理.

定理 9.23 (爆破定理) 令 $\Phi(x,t)$ 是方程 (9.4.11)—(9.4.14) 和 (9.4.19) 的解, 满足初边值条件 (9.4.20) 和 (9.4.21). 若 Φ_0 有界, 即

$$\sup_{\Omega} |\Phi_0(x)| < \infty,$$

则存在 $x_0 \in \Omega$ 及 $t_0 > 0$ 使得 Φ 在 (x_0, t_0) 发生爆破, 即满足 (9.4.18).

证明 关于方程 (9.4.12) 等式两边在 Ω 上积分有

$$\frac{\mathrm{d}}{\mathrm{d}t} \int_{\Omega} T \mathrm{d}x = \int_{\Omega} [\kappa \Delta T - (u \cdot \nabla) T + \beta_0 T^4 + \beta_1 (E^2 + H^2)] \mathrm{d}x.$$

由 (9.4.19) 和 (9.4.20) 及 Gauss 公式 (5.1.14),

$$\int_{\Omega} \Delta T \mathrm{d}x = \int_{\partial\Omega} \frac{\partial T}{\partial n} \mathrm{d}x = 0,$$

$$\int_{\Omega} (u \cdot \nabla) T \mathrm{d}x = -\int_{\Omega} T \mathrm{div} u \mathrm{d}x + \int_{\partial\Omega} T u_n \mathrm{d}s = 0.$$

于是有

$$\frac{\mathrm{d}}{\mathrm{d}t} \int_{\Omega} T \mathrm{d}x = \int_{\Omega} [\beta_0 T^4 + \beta_1 (E^2 + H^2)] \mathrm{d}x. \tag{9.4.22}$$

注意到物理解 $T > 0$, 故

$$\int_{\Omega} T \mathrm{d}x > 0.$$

由反向 Hölder 不等式 (见 (马天, 2011))

$$\int_{\Omega} |f \cdot g| \mathrm{d}x \geqslant \left[\int_{\Omega} |f|^p \mathrm{d}x \right]^{\frac{1}{p}} \left[\int_{\Omega} |g|^q \mathrm{d}x \right]^{\frac{1}{q}},$$

$\forall\, 0 < p < 1$ 及 $q = p/(p-1)$, 我们取函数 $f = T^4$, $g = 1$ 以及指数 $p = 1/4$ 和 $q = -1/3$, 则有

$$\beta_0 \int_{\Omega} T^4 \mathrm{d}x \geqslant \frac{\beta_0}{|\Omega|^3} \left[\int_{\Omega} T \mathrm{d}x \right]^4.$$

注意微分方程的比较定理: 若两个非负函数 f_1 和 f_2 满足

$$f_1(t) \leqslant f_2(t), \quad \forall\, t \geqslant 0,$$

则两个方程的初值问题

$$\begin{cases} \dfrac{\mathrm{d}x_1}{\mathrm{d}t} = f_1(t), \\ x_1(0) = a, \end{cases} \qquad \begin{cases} \dfrac{\mathrm{d}x_2}{\mathrm{d}t} = f_2(t), \\ x_2(0) = a, \end{cases}$$

$a \geqslant 0$, 则它们的解满足关系

$$x_1(t) \leqslant x_2(t), \qquad \forall \, t \geqslant 0.$$

于是考虑下面方程

$$\frac{\mathrm{d}}{\mathrm{d}t} \int_\Omega T \mathrm{d}x = \frac{\beta_0}{|\Omega|^3} \left[\int_\Omega T \mathrm{d}x \right]^4. \tag{9.4.23}$$

由 (9.4.23) 及上述比较定理可推出

$$\int_\Omega T_1 \mathrm{d}x \leqslant \int_\Omega T \mathrm{d}x \qquad (t \geqslant 0), \tag{9.4.24}$$

$$\int_\Omega T_1 \mathrm{d}x \bigg|_{t=0} = \int_\Omega T \mathrm{d}x \bigg|_{t=0} = a, \tag{9.4.25}$$

这里 $\int_\Omega T_1 \mathrm{d}x$ 是 (9.4.23) 的解, $\int_\Omega T \mathrm{d}x$ 是 (9.4.22) 的解. 令 $y = \int_\Omega T_1 \mathrm{d}x$, 则方程 (9.4.23) 及初始条件 (9.4.25) 表达为

$$\begin{cases} \dfrac{\mathrm{d}y}{\partial t} = k\beta_0 y^4 \quad (k = 1/|\Omega|^3), \\ y(0) = a, \end{cases} \tag{9.4.26}$$

容易看出 (9.4.26) 的解为

$$y = \frac{a}{[1 - 3ka^3\beta_0 t]^{1/3}}. \tag{9.4.27}$$

再由 (9.4.24),

$$y = \int_\Omega T_1 \mathrm{d}x \leqslant \int_\Omega T \mathrm{d}x, \quad T \text{ 是方程 (9.4.12) 的解}.$$

显然由 (9.4.27) 可见, 当 $t_0 = 1/3ka^3\beta_0$ 时, $y(t_0) = \infty$, 即

$$\text{方程 (9.4.12) 的解} \int_\Omega T \mathrm{d}x = \infty, \quad \text{在 } t_0 = 1/3ka^3\beta_0.$$

这就意味着定理 9.23 成立.

9.4.4　太阳电磁爆理论

定理 9.23 保证了方程 (9.4.11)—(9.4.17) 的解作为描述太阳表层等离子流体的状态函数, 会出现磁爆破现象. 这就等于在物理定律的基础上, 从数学上严格地证明了太阳的大气表层会发生巨大的爆炸行为. 这一小节将进一步根据物理定律 (9.4.11)—(9.4.17) 对太阳电磁爆问题作深入的探讨.

1. 电磁爆发的机制

从定理 9.23 的证明过程可以看出, 引起太阳表面电磁爆发的主要原因是 (9.4.7) 的辐射增温效应, 这个效应是 3.4 节中建立的热理论的推论, 即带电粒子光子层的存在使得粒子吸收与发射光子的频率与它的能级 (宏观上看就是温度) 是单增关系, 从而具有辐射增温效应. 而由 Stefan-Boltzmann 定律, 辐射 (即光子发射与吸收) 强度与温度 T^4 成正比, 因此便导出 (9.4.7) 的辐射增热源. 这种效应只有高度电离化流体在充分高温下才存在. 正是有这个增温效应才能够使热量在一定条件下聚集起来形成温度爆炸, 即在某点 $x_0 \in \Omega$ 有

$$\lim_{t \to t_0} T(x_0, t) = \infty. \tag{9.4.28}$$

这个温度爆炸 (9.4.28) 会引发速度 u, 电场 E 和磁场 H 的急剧变化, 从而产生综合性的电磁爆发.

从数学方程 (9.4.11)—(9.4.14) 的结构看, 数学理论也告诉我们可产生解爆破的只有 (9.4.7) 这一项. 如果没有这一项, 解不会发生爆破现象. 因此电磁爆发的机制就是辐射增温效应.

2. 电磁爆发的时间周期公式

太阳耀斑发生是有周期性的, 一般情况下周期大约为 11 年. 在 (9.4.27) 中可以看到, 从方程 (9.4.12) 导出的理论周期为

$$t = \frac{1}{3\overline{T}^3 \beta_0}, \tag{9.4.29}$$

其中 $\overline{T}$ 是色球层的平均温度, 即

$$\overline{T} = \frac{1}{|\Omega|} \int_\Omega T \mathrm{d}x.$$

公式 (9.4.29) 便是数学模型 (9.4.12) 的理论周期.

3. 温度爆炸诱发的粒子高速喷射

方程 (9.4.11) 是研究电磁爆发时伴随有高速粒子喷射行为的模型. 当温度发生如 (9.4.28) 的爆破时, $x_0 \in \Omega$ 的邻域对 u 的变化率 u' 直接产生最大作用力的只有 ∇p 这一项, 因为物理上有 $0 < \alpha T < 1$, 即 (9.4.11) 可近似写成

$$\frac{\mathrm{d}u}{\mathrm{d}t} = -\frac{1}{\rho} \nabla p. \tag{9.4.30}$$

由气体物态方程 (整个太阳都是气体构成)

$$p = \beta \rho T \quad (\beta = R/m, \ 见 \ (9.3.5)).$$

于是 (9.4.30) 变为

$$\frac{\mathrm{d}u}{\mathrm{d}t} = -\beta \nabla T. \tag{9.4.31}$$

由 (9.4.28) 可知

$$\lim_{t \to t_0} |\nabla T(x_0, t)| = \infty.$$

于是导出

$$\lim_{t \to t_0} \left| \frac{\mathrm{d}u(x_0, t)}{\mathrm{d}t} \right| = \infty. \tag{9.4.32}$$

这个等式 (9.4.32) 代表气体的爆炸及流体粒子的高速喷射, 方向平行于

$$\vec{R} = -\lim_{t \to t_0} \frac{\nabla T(x_0, \ t)}{|\nabla T(x_0, \ t)|} \tag{9.4.33}$$

的方向.

4. 电磁及日珥的爆发

(9.4.32) 产生的带电粒子高速喷发, 将引发电磁场的爆破. 此时方程 (9.4.14) 可写成

$$\mathrm{rot} H - \varepsilon_0 \frac{\partial E}{\partial t} = \rho_e u, \tag{9.4.34}$$

其中 $J = \rho_e u$ 代表有效电流. 在方程 (9.4.34) 中, 有效电流 $\rho_e u$ 在 t_0 时刻 x_0 点的 $\vec{R}$ 方向 (见 (9.4.33)) 发生爆炸式的喷射, 其强度非常高,

$$\rho_e u_R \gg 1 \quad 在 \vec{R} 方向剧烈喷射. \tag{9.4.35}$$

从而 (9.4.35) 的行为引发电磁场 E 和 H 作出各自响应:

$$\frac{\partial E_R}{\partial t} \gg 1 \Rightarrow 在 -\vec{R} 方向发生电场爆发, \tag{9.4.36}$$

$$\mathrm{rot} H \cdot R \gg 1 \Rightarrow 在 \vec{R} 垂直平面上形成强烈的磁爆圈. \tag{9.4.37}$$

由 Ampéré 定律, (9.4.35) 的电流喷发会引起 (9.4.37) 中的磁爆圈, 见图 9.15 所示.

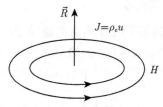

图 9.15　剧烈的带电粒子在 $\vec{R}$ 方向喷射, 引发强烈的磁暴圈

当 $\vec{R}$ 与径向 r 不平行时, 图 9.15 中强烈的磁爆圈就可以被地球上的人观测到, 那就是日珥.

5. 总结性的结论

由于辐射增温效应 (9.4.7), 引发太阳光球层高度电离化流体的电磁爆发活动, 时间周期与平均温度 $\bar{T}^3$ 成反比. 电磁爆发伴随有:

高温强光, 数学上对应于 (9.4.28),

高速粒子流的剧烈喷发, 对应于 (9.4.32) 和 (9.4.35),

强烈的电磁爆发, 对应于 (9.4.36) 和 (9.4.37),

引发磁爆圈 (即日珥), 如图 9.15 所示,

$\dfrac{\partial E}{\partial t}$ 与 $\dfrac{\partial H}{\partial t}$ 的剧烈变化产生极强的电磁辐射.

上述结论是由电磁爆模型导出, 与太阳耀斑和日珥现象相符.

9.5 星系的螺旋结构

9.5.1 螺旋结构的形成原理

星系是由星系晕以及围绕星系晕运动的恒星及星际物质构成. 星系晕是位于中心的一个球体状空间, 内部包含恒星和星云物质. 它的半径不是很明确, 不同星系是不一样的, 变化范围较大. 星系晕外部是星系盘, 它们的截面如图 9.16 所示.

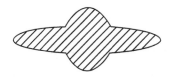

图 9.16 星系截面示意图, 中心球状区域为星系晕, 外部为星系盘

80% 的星系具有螺旋结构, 称为旋涡星系, 见图 9.17 所示. 这种螺旋结构长期以来一直是天体物理学家最为关注的事情, 并且有不同的解释. 但有一点是都认同

图 9.17 旋涡星系

的, 那就是螺旋结构是由星系物质在不同区域具有不同速度造成的. 在旋臂区域星系物质运动速度慢, 而在非旋臂区域星系物质运动速度快. 然而, 对于是什么原因造成不同区域速度不一致的问题, 有不同的观点. 由林家翘建立的密度波理论 (是一个表象理论) 能够对星系螺旋结构做出一些合理解释. 该理论的核心就是认为不同区域速度不一致是由密度波 (一种想象的波) 产生了不同物质密度造成的. 在这里, 我们将给出不同的理论来解释这一现象, 它的思想在 (Ma and Wang, 2015a) 中已提过.

为此, 我们先从一个假想的热对流流体实验来考察这个问题. 考虑一个环形区域 Ω 内的流体热对流运动,

$$\Omega = \{(\theta, r) \mid 0 \leqslant \theta \leqslant 2\pi, \quad r_0 < r < r_1\}, \tag{9.5.1}$$

其中 (r, θ) 为极坐标, $r_0 > 0$ 为内圆半径, $r_1 > r_0$ 为外圆半径. 一个流体在 Ω 内作常值圆周运动, 如图 9.18 (a) 所示. 假设该系统存在一个向心力, 引力常数为 g, 并且在边界 $r = r_0$ 和 $r = r_1$ 处有一个温度梯度. 则该系统的流体动力学模型就是标准的 Boussinesq 方程

$$\begin{aligned}
&\frac{\partial u}{\partial t} + (u \cdot \nabla)u = \nu \Delta u - \frac{1}{\rho}\nabla p - g\vec{k}(1 - \alpha T), \\
&\frac{\partial T}{\partial t} + (u \cdot \nabla)T = \kappa \Delta T, \\
&\mathrm{div}\, u = 0.
\end{aligned} \tag{9.5.2}$$

根据假设, (9.5.2) 有一个稳态解 $U = (U_\theta, U_r)$ 和 τ

$$U_\theta = U_\theta(r), \quad U_r = 0, \quad \tau = T_0 - \beta(r - r_0),$$

其中 $\beta = (T_0 - T_1)/(r_1 - r_0)$, T_0 和 T_1 为边界 r_0 和 r_1 处的温度. 作平移变换

$$u = U + \widetilde{u}, \quad T = \tau + \widetilde{T}, \tag{9.5.3}$$

将 (9.5.3) 代入 (9.5.2) 便得到关于 $(\widetilde{u}, \widetilde{T})$ 的方程

$$\begin{aligned}
&\frac{\partial \widetilde{u}}{\partial t} + (\widetilde{u} \cdot \nabla)\widetilde{u} = \nu \Delta \widetilde{u} - (U \cdot \nabla)\widetilde{u} - (\widetilde{u} \cdot \nabla)U - \frac{1}{\rho}\nabla p - g\vec{k}\beta\widetilde{T}, \\
&\frac{\partial \widetilde{T}}{\partial t} + (\widetilde{u} \cdot \nabla)\widetilde{T} = \kappa \Delta \widetilde{T} + \beta \widetilde{u}_r - \frac{a}{r^2}\frac{\partial \widetilde{T}}{\partial \theta}, \\
&\mathrm{div}\, \widetilde{u} = 0.
\end{aligned} \tag{9.5.4}$$

其中 $\beta = (T_0 - T_1)/(r_0 - r_1)$ 是控制参数. 在合理物理条件下, 从数学上可证明存在 $\beta_c > 0$ 使得当 $\beta > \beta_c$ 时, (9.5.4) 分歧出一个稳定的非零解 $(\widetilde{u}, \widetilde{T}) \neq 0$, $\widetilde{u}$ 有如图 9.18 (b) 的结构.

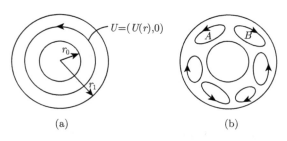

图 9.18 (a) 为 U 的流, (b) 为分歧解 $\tilde{u}$ 的流

现在我们可以看到, 当温差 $T_0 - T_1 > 0$ 使得 $\beta > \beta_c$ 时, (9.5.2) 控制的流体速度场 u 是由 (9.5.3) 给出, 即 $u = U + \tilde{u}$ 是图 9.18 (a) 的流 U 与 (b) 图中流 $\tilde{u}$ 的叠加. 显然 $U + \tilde{u}$ 在图 9.18 (b) 中的 A 区是快速度的, 而在 B 区是慢速度的. 从而 $U + \tilde{u}$ 出现螺旋结构, B 区为旋臂, A 区为非旋臂区域.

以上给出的就是流体转动形成螺旋结构的原理. 这里我们正是应用这个原理给出星系螺旋结构理论. 要遵循这个原理必须解决下面两个问题.

1) 星系中的物质不是流体的连续介质, 流体动力学方程无法使用,

2) 在星系中温度的作用非常小, 它不能作为星系状态函数.
在接下来的 9.5.2 小节和 9.5.3 小节的内容就是解决这两个问题.

9.5.2　动量流体方程与引力场辐射假设

为了解决上一小节提到的 1) 和 2) 两个问题, 这一小节引入动量流体方程和引力辐射能假设.

1. 动量流体方程

取动量密度 P 作状态函数时, 它是包含所有类型的能量流, 是一个连续场. 建立动量密度 P 的动力学方程的物理定律仍是 Newton 第二定律:

$$\frac{\mathrm{d}P}{\mathrm{d}t} = 力. \tag{9.5.5}$$

这是 Newton 第二定律最原始的形式. 我们定义

$$\frac{\mathrm{d}x}{\mathrm{d}t} = \frac{1}{\rho}P \quad (因为动量是能量流).$$

于是有

$$\frac{\mathrm{d}P}{\mathrm{d}t} = \frac{\partial P}{\partial t} + \frac{\partial P}{\partial x_k} \cdot \frac{\mathrm{d}x_k}{\mathrm{d}t} = \frac{\partial P}{\partial t} + \frac{1}{\rho}(P \cdot \nabla)P. \tag{9.5.6}$$

此外,

$$\nu\Delta P + \mu\nabla(\mathrm{div}P) \qquad\qquad \text{代表摩擦力,} \tag{9.5.7}$$

$$-\nabla p \qquad\qquad\qquad \text{代表压力,} \tag{9.5.8}$$

$$\rho\nabla\varphi \qquad\qquad\qquad \text{代表引力,} \tag{9.5.9}$$

其中 φ 是引力势. 将 (9.5.6)—(9.5.9) 代入 (9.5.5) 便得到

$$\frac{\partial P}{\partial t} + \frac{1}{\rho}(P\cdot\nabla)P = \nu\Delta P + \mu\nabla(\mathrm{div}P) - \nabla p + \rho\nabla\varphi. \tag{9.5.10}$$

再由能量守恒, 有

$$\frac{\partial\rho}{\partial t} + \mathrm{div}P = 0. \tag{9.5.11}$$

方程 (9.5.10) 和 (9.5.11) 就是取代物质流体的动量流体动力学方程, 它们可以用来讨论星系的螺旋结构. 这里能量密度 ρ 和动量包含

$$\rho = (\text{质量} + \text{热能} + \text{电磁能} + \text{相互作用场能})\text{的密度}.$$

$$P = mu + \text{粒子流} + \text{热流} + \text{各种形式能量流}.$$

注意, 当取 $\rho = m$ 为质量密度与 $P = mu$ 时, (9.5.10) 和 (9.5.11) 就变为经典流体的 Navier-Stokes 方程.

对于星系的转动, 其转动平面的区域为 (9.5.1) 给出的环形域, 其中 $r_0 > 0$ 为星系晕半径, r_1 为星系半径. 采用极坐标 (r, θ) 时, (9.5.10) 和 (9.5.11) 中的微分算子为

$$\begin{aligned}
&\Delta P = \left(\widetilde{\Delta} P_\theta + \frac{2}{r^2}\frac{\partial P_r}{\partial\theta} - \frac{P_\theta}{r^2},\ \widetilde{\Delta} P_r - \frac{2}{r^2}\frac{\partial P_\theta}{\partial\theta} - \frac{P_r}{r^2}\right), \\
&\widetilde{\Delta} f = \frac{\partial^2 f}{\partial r^2} + \frac{1}{r}\frac{\partial f}{\partial r} + \frac{1}{r^2}\frac{\partial^2 f}{\partial\theta^2}, \\
&(P\cdot\nabla)P = \left(\frac{P_\theta}{r}\frac{\partial P_\theta}{\partial\theta} + P_r\frac{\partial P_\theta}{\partial r} + \frac{P_r P_\theta}{r},\ \frac{P_\theta}{r}\frac{\partial P_r}{\partial\theta} + P_r\frac{\partial P_r}{\partial r} - \frac{P_\theta^2}{r}\right), \\
&\mathrm{div}P = \frac{1}{r}\frac{\partial(rP_r)}{\partial r} + \frac{1}{r}\frac{\partial P_\theta}{\partial\theta}, \\
&\nabla = \left(\frac{1}{r}\frac{\partial}{\partial\theta},\ \frac{\partial}{\partial r}\right).
\end{aligned} \tag{9.5.12}$$

2. 引力场辐射能假设

在 9.5.1 小节中的假想实验中, 使用温度 T 作为图 9.18 (b) 所示环流的驱动力. 显然, 对于星系来讲用温度作为环流的驱动力是不合适的. 但是星系转动的螺旋结

构的形成原理与流体是一样的. 换句话讲, 这里我们作如下假设:

> 星系螺旋结构形成的原理与 9.5.1 小节中
> 关于流体产生不均匀流速的原理是一样的. $\qquad$ (9.5.13)

根据 (9.5.13) 假设, 星系中应该存在一种隐身的能量, 它是从星系核中辐射出来, 在大尺度范围内对星际物质的作用与温度 (实际上是光子) 对流体作用是类似的. 于是 (9.5.13) 的假设等价于下面的存在一种未知引力场辐射能的假设:

> 引力场存在一种辐射能, 就如电磁场存在电磁
> 辐射一样, 这种引力辐射在大质量物体上的作 $\qquad$ (9.5.14)
> 用就如同光子在电荷粒子上的作用是一样的.

由 3.4 节中的热理论, 光子在电荷粒子上的作用 (即光子的吸收与放射) 反映在宏观表象上就是温度, 因此 (9.5.14) 的假设放在天体物理的大尺度空间范围看就是存在一个标量场, 称为天体温度, 它在天体物理中起的作用就如同温度在统计物理中的作用是一样的.

我们仍然记 T 为天体温度, 它在天体动量流体中满足如下热方程

$$\frac{\partial T}{\partial t} + \frac{1}{\rho}(P \cdot \nabla)T = \kappa \Delta T + Q, \qquad (9.5.15)$$

这里 Q 为引力辐射源.

类似于热力学物态方程, 对天体物理来讲, 在能量密度 ρ, 天体温度 T, 星际物质中的压力 p 之间也存在物态方程

$$\rho = \rho_0(1 - \alpha T + \beta p). \qquad (9.5.16)$$

将 (9.5.10) 和 (9.5.11) 及 (9.5.15) 和 (9.5.16) 耦合起来便得到控制星系运动的动力学模型. 这个模型虽然与热耦合流体动力学方程 (9.5.2) 形式上相同, 但它们的物理内涵发生了变化. 若该模型能够正确描述星系运动, 则对 (9.5.14) 的假设是一个支持, 而这个假设在物理学中更为重要. 事实上, 在后面 9.6.3 小节可以看到, 由马天和汪守宏教授建立的广义相对论修正引力场方程中就包含了引力辐射存在的结论, 并可以给出引力辐射方程.

9.5.3 星系的动力学模型

根据 9.5.2 小节的模型与假设, 我们将建立星系运动的动力学方程. 这个过程分下面几步进行.

1. Boussinesq 近似

首先 (9.5.9) 中的 φ 是 Newton 引力势, 因此有

$$\nabla\varphi = -\frac{M_r G}{r^2}\hat{r}$$

其中 $\hat{r}$ 为 r 方向单位向量, G 为引力常数, M_r 为 r 半径球体内总质量. 我们近似地取 $\nabla\varphi$ 为常值向量, 即令

$$g = M_{r_0}G/r_0^2 \qquad (r_0\ \text{为星系晕半径}). \tag{9.5.17}$$

此外, 对于 $\rho\nabla\varphi$ 这一项, 根据 (9.5.16) 的能量密度, 则

$$\rho\nabla\varphi = \rho_0(1-\alpha T)\nabla\varphi \qquad (\rho_0\ \text{为常数}),$$

而在其他地方 $\rho = \rho_0$, 此时动量密度 P 是不可压缩的. 又设在星系盘 Ω 中的引力辐射的热源 $Q = 0$. 于是在上述假设下, 方程 (9.5.10) 和 (9.5.11) 及 (9.5.15) 变为

$$\begin{aligned}
&\frac{\partial P}{\partial t} + \frac{1}{\rho_0}(P\cdot\nabla)P = \nu\Delta P - \nabla p - \rho_0 g(1-\alpha T)\hat{r}, \\
&\frac{\partial T}{\partial t} + \frac{1}{\rho_0}(P\cdot\nabla)T = \kappa\Delta T, \\
&\operatorname{div}P = 0,
\end{aligned} \tag{9.5.18}$$

式中 g 如 (9.5.17), Δ, ∇, div 及 $(P\cdot\nabla)P$ 如 (9.5.12).

2. 区域 Ω 的平直化

对于极坐标 (r,θ) 作如下变量变换

$$x_1 = r\theta, \qquad x_2 = r - r_0, \tag{9.5.19}$$

则 (9.5.1) 的区域 Ω 变为

$$\Omega = \{(x_1, x_2)\mid 0\leqslant x_1\leqslant 2\pi r_0,\quad 0 < x_2 < R\}, \tag{9.5.20}$$

这里 $R = r_1 - r_0$. 此时 Ω 看上去是一个矩形, 但当方程 (9.5.18) 的函数在 x_1 方向都取周期条件时, Ω 实质上仍是如 (9.5.1) 一样是一个环形区域.

下面我们将 (9.5.20) 的环形区域作平直近似. 由于星系晕半径 r_0 非常大, 一般都在几万光年的尺度. 因此方程 (9.5.18) 在 (9.5.19) 的变量变换后, 将所有含有

$1/(r_0 + x_2)$ 的项略去, 并为了简单将 P/ρ_0 记为 P, 此时方程 (9.5.18) 变为

$$\frac{\partial P_1}{\partial t} + (P \cdot \nabla)P_1 = \nu \Delta P_1 - \frac{1}{\rho_0}\frac{\partial p}{\partial x_1},$$

$$\frac{\partial P_2}{\partial t} + (P \cdot \nabla)P_2 = \nu \Delta P_2 - \frac{1}{\rho_0}\frac{\partial p}{\partial x_2} - g(1 - \alpha T),$$

$$\frac{\partial T}{\partial t} + (P \cdot \nabla)T = \kappa \Delta T, \tag{9.5.21}$$

$$\mathrm{div} P = 0,$$

其中 g 如 (9.5.17), Δ, ∇, div 和 $(P \cdot \nabla)$ 都与平直空间的一样. $P = (P_1, P_2)$, T, p 在 x_1 方向取周期边界.

上面将 (9.5.18) 近似成 (9.5.21) 的过程就是所谓将 (9.5.20) 的环形区域平直化. 这对大半径环形区域是非常合理的.

3. Rubin 星系旋转曲线

为了求出 (9.5.21) 的稳态解, 我们必须依据天体物理的基本事实. 在 (Rubin and Ford, 1970) 中观测到螺旋星系中的大多数恒星有相同的轨道速度, 即若 $v_0(r)$ 表示距星系中心 r 处的恒星轨道速度, 则有

$$v_0 \simeq \text{常数}. \tag{9.5.22}$$

一个典型的螺旋星系的旋转曲线如图 9.19 所示.

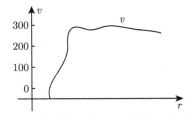

图 9.19 Rubin 星系旋转曲线, 横轴为到星系中心的距离, 纵轴为速度

4. 基本稳态解

由 Rubin 旋转曲线, (9.5.21) 的基本稳态解 $(\overline{P}, \overline{T}, \overline{p})$ 中的 $\overline{P}$ 应该取 (9.5.22) 中的速度场, 即 $\overline{P} = (v_0, 0)$. 下面再来考察 $(\overline{T}, \overline{p})$.

根据 (9.5.14) 的引力辐射假设, 星系核 (即中心黑洞区域) 周围的引力场辐射出巨大的能量, 这在星系晕边界 $r = r_0$ (即 $x_2 = 0$) 处产生一个天体温度 T_0, 并假设在星系半径 $r = r_1$ (即 $x_2 = R$) 处天体温度为 T_1, 即

$$T|_{x_2=0} = T_0, \qquad T|_{x_2=R} = T_1 \ (T_0 > T_1). \tag{9.5.23}$$

根据 (9.5.23) 和 $\overline{P} = (v_0, 0)$, 由 (9.5.21) 可求出稳态解为

$$\overline{P} = (v_0, 0), \quad \overline{T} = T_0 - \beta x_2, \quad \overline{p} = -\rho_0 g \int_\Omega (1 - \alpha \overline{T}) \mathrm{d}x_2, \tag{9.5.24}$$

其中 $\beta = (T_0 - T_1)/R$.

5. 模型标准化

关于 (9.5.21), 对基本稳态解 $(\overline{P}, \overline{T}, \overline{p})$ 作如下平移变换

$$P = \widetilde{P} + \overline{P}, \quad T = \widetilde{T} + \overline{T}, \quad p = \widetilde{p} + \overline{p}. \tag{9.5.25}$$

代入 (9.5.21) 便得到 $(\widetilde{P}, \widetilde{T}, \widetilde{p})$ 满足的方程 (为方便去掉 $\sim$),

$$\frac{\partial P_1}{\partial t} + (P \cdot \nabla)P_1 = \nu \Delta P_1 - v_0 \frac{\partial P_1}{\partial x_1} - \frac{1}{\rho_0}\frac{\partial p}{\partial x_1},$$
$$\frac{\partial P_2}{\partial t} + (P \cdot \nabla)P_2 = \nu \Delta P_2 - v_0 \frac{\partial P_2}{\partial x_1} + \alpha g T - \frac{1}{\rho_0}\frac{\partial p}{\partial x_2},$$
$$\frac{\partial T}{\partial t} + (P \cdot \nabla)T = \kappa \Delta T - v_0 \frac{\partial T}{\partial x_1} + \beta P_2, \tag{9.5.26}$$
$$\mathrm{div} P = 0.$$

关于方程作如下无量纲化

$$x = r_0 x', \quad t = r_0^2 t'/\kappa, \quad P = \kappa P'/r_0,$$
$$T = \beta r_0 T'/\sqrt{\mathrm{Ra}}, \quad p = \rho_0 \kappa^2 r_0^2 p', \tag{9.5.27}$$

同时, 我们定义 Rayleigh 数 Ra 和 Prandtl 数 Pr 为

$$\mathrm{Ra} = \frac{g\alpha\beta}{\kappa\nu} r_0^4 \left(\beta = \frac{T_0 - T_1}{R} \right), \qquad \mathrm{Pr} = \frac{\nu}{\kappa}. \tag{9.5.28}$$

然后方程 (9.5.26) 变为 (去掉上撇)

$$\frac{1}{\mathrm{Pr}}\left[\frac{\partial P}{\partial t} + (P \cdot \nabla)P \right] = \Delta P - \frac{1}{\mathrm{Pr}}\nabla p - a\frac{\partial P}{\partial x_1} + \sqrt{\mathrm{Ra}}\vec{k}T,$$
$$\frac{\partial T}{\partial t} + (P \cdot \nabla)T = \Delta T - a\mathrm{Pr}\frac{\partial T}{\partial x_1} + \sqrt{\mathrm{Ra}}P_2, \tag{9.5.29}$$
$$\mathrm{div} P = 0,$$

式中 $a = r_0 v_0/\nu$ 是一个无量纲参数, 称为 Rubin 数, $\vec{k} = (0, 1)$.

区域 (9.5.20) 在 (9.5.27) 的无量纲化下变成

$$(x_1, x_2) \in \Omega = [0, 2\pi] \times (0, l), \tag{9.5.30}$$

其中 $l = (r_1 - r_0)/r_0$ 代表星系盘宽度与星系晕半径比. 方程 (9.5.29) 配以如下边界条件

$$
\begin{cases}
(P, T, p) \text{ 在 } x_1 \text{ 方向是周期的,} \\
T = 0, \quad P_n = 0, \quad \dfrac{\partial P_\tau}{\partial n} = 0 \text{ 在 } x_2 = 0, l.
\end{cases}
\tag{9.5.31}
$$

上面的 (9.5.29)—(9.5.31) 便是星系动力学模型标准形式.

9.5.4 数学跃迁定理

建立了星系动力学模型后, 星系螺旋结构问题就变成了方程 (9.5.29)—(9.5.31) 的动力学相变与拓扑相变问题. 为此, 我们需要介绍该方程的数学跃迁理论.

1. 模型的抽象形式

方程 (9.5.29)—(9.5.31) 可写成下面的抽象形式

$$
\frac{\mathrm{d}u}{\mathrm{d}t} = L_\lambda u + G(u, \lambda),
\tag{9.5.32}
$$

其中 $u = (P, T) \in H$, 空间 H 定义为

$$
H = \{(P, T) \in L^2(\Omega, \mathbb{R}^2) \times L^2(\Omega) \mid \mathrm{div} P = 0, \ (P, T) \text{ 满足 } (9.5.31)\}.
$$

$L_\lambda u$ 和 $G(u, \lambda)$ 分别代表 (9.5.29) 中的线性部分和非线性部分,

$$
\lambda = (\mathrm{Pr}, a, \mathrm{Ra}) \text{ 为控制参数}, \qquad a = \frac{r_0 v_0}{\nu},
\tag{9.5.33}
$$

$(\mathrm{Pr}, \mathrm{Ra})$ 如 (9.5.28).

2. L_λ 的特征值定理

方程 (9.5.32) 的动力学相变问题被归结到如下特征值问题

$$
L_\lambda u = \beta(\lambda)u, \qquad u \in H.
\tag{9.5.34}
$$

该方程就是 (9.5.29) 的特征值方程, 具体表达为如下形式

$$
\begin{aligned}
&\Delta P - \frac{1}{\mathrm{Pr}}\nabla p - a\frac{\partial P}{\partial x_1} + \sqrt{\mathrm{Ra}}\vec{k}T = \beta(\lambda)P, \\
&\Delta T - \mathrm{Pr}a\frac{\partial T}{\partial x_1} + \sqrt{\mathrm{Ra}}P_2 = \beta(\lambda)T, \\
&\mathrm{div} P = 0, \\
&(P, T) \text{ 满足 } (9.5.31) \text{ 的边界条件.}
\end{aligned}
\tag{9.5.35}
$$

在数学上关于 (9.5.34) (或 (9.5.35)) 的特征值问题有如下定理.

定理 9.24　对任给定 Pr, l, $a > 0$, 存在临界 Rayleigh 数 $R_c > 0$ 使得 (9.5.34) 的特征值满足

$$\mathrm{Re}\beta_i(\mathrm{Ra}) \begin{cases} < 0, & \mathrm{Ra} < R_c, \\ = 0, & \mathrm{Ra} = R_c, \\ > 0, & \mathrm{Ra} > R_c, \end{cases} \quad 1 \leqslant i \leqslant k, \tag{9.5.36}$$

$$\mathrm{Re}\beta_j|_{\mathrm{Ra}=R_c} < 0, \quad \forall\, j > k, \tag{9.5.37}$$

该定理的证明要用到特征值 $\beta_1(\mathrm{Ra})$ 关于 λ 的连续依赖性, 见 (Ma and Wang, 2013). 首先, 当 $a = 0$ 时, (9.5.34) 是对称的特征值方程. 它的第一特征值 $\beta_1(\mathrm{Ra})$ 满足

$$\beta_1(\mathrm{Ra}) \begin{cases} < 0, & \mathrm{Ra} < R_c, \\ = 0, & \mathrm{Ra} = R_c, \\ > 0, & \mathrm{Ra} > R_c, \end{cases} \tag{9.5.38}$$

对某个 $R_c > 0$, 并且具有性质

$$\beta_1(\mathrm{Ra}) \to +\infty, \quad \text{当 } \mathrm{Ra} \to +\infty. \tag{9.5.39}$$

从 (9.5.38) 和 (9.5.39) 再由 $\beta_1(\lambda)$ 对 λ 的连续依赖性便可得到定理 9.24.

3. 数学跃迁定理

根据 (Ma and Wang, 2013) 中的定理 2.1.3, 由定理 9.24 立刻可以得到下面的跃迁定理, 它对星系螺旋结构理论具有基本的重要性.

定理 9.25　对任何给定的 (Pr, a), 存在临界 Rayleigh 数 $R_c(\mathrm{Pr}, a) > 0$, 使得方程 (9.5.32) 在 $\mathrm{Ra} = R_c$ 处发生跃迁, 从基本态 $(P, T) = 0$ 跃迁到一个新的物理状态 $(\widetilde{P}, \widetilde{T})$ 上, 并且

1) 若 (9.5.39) 中 $\beta_1(R_c)$ 是实数, 则 $(\widetilde{P}, \widetilde{T})$ 为稳态解;

2) 若 $\beta_i(R_c)$ 是虚数, 则 $(\widetilde{P}, \widetilde{T})$ 为时间周期解.

9.5.5　星系螺旋结构理论

根据定理 9.24 和定理 9.25, 我们可以很好地建立星系螺旋结构理论. 为此我们分以下几个方面进行.

1. 星系结构分类

在天文学中, 星系结构分为三种类型: 椭圆型、旋臂型和不规则型, 其中旋臂型又分为螺旋与棒旋两种. 椭圆型在整个星系中占 12%, 旋臂型约占 84%, 不规则型占 3.1%, 类型不确定的占 0.9%. 图 9.20 提供了椭圆、螺旋与棒旋的结构示意图.

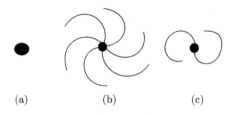

图 9.20 (a) 为椭圆型, (b) 为螺旋型, (c) 为棒旋型

2. 临界相图

影响星系结构的参数有四个: Ra, Pr, a 和 l. 其中 Prandt 数 Pr 影响很小, 主要是 Rayleigh 数 Ra (见 (9.5.28)), Rubin 数 a (见 (9.5.33)) 和星系尺度比 $l = (r_1 - r_0)/r_0$.

根据定理 9.25, (Ra, a) 临界相变的示意图如图 9.21 所示. 图中 R_c 的临界曲线将区域分为 A 和 B 两部分, 其物理意义为: 当参数 $(\mathrm{Ra}, a) \in A$ 时星系处在 (9.5.24) 的基本态, 即

$$(\mathrm{Ra}, a) \in A \ \text{区} \Rightarrow \text{星系处在匀速自转的} \ \overline{P} \ \text{状态}.$$

此时的星系属于椭圆型. 而当 (Ra, Q) 是在图 9.21 的 B 区时, 星系是处在 (9.5.25) 的旋转状态, 即

$$(\mathrm{Ra}, a) \in B \ \text{区} \Rightarrow \text{星系处在} \ \overline{P} + \widetilde{P} \ \text{运动状态}.$$

此时星系属于旋臂型 (下面说明这一点).

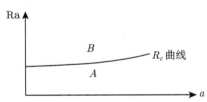

图 9.21 星系的 (Ra, a) 临界相图. A 区为椭圆型星系的参数区域, B 区为旋臂型星系的参数区域

3. 星系旋臂结构

根据数值计算结果, 对任何 $a > 0$ 方程 (9.5.34) 在 R_c 处的第一特征值 β_1 都是虚数, 并在 $\mathrm{Ra} > R_c$ 处分歧出一个时间周期解 $\widetilde{P}$, 它的流场数值计算如图 9.22 所示. $\widetilde{P}$ 的特性为

$\widetilde{P}$ 的拓扑结构 $= m$ 个右手旋涡 $+ m$ 个左手旋涡 $(m \geqslant 1)$,

$\widetilde{P}$ 的运动状态 $= 2m$ 个旋涡在环形区域内, 同时又作转动运动.

$\widetilde{P}$ 的上述性质决定了星系的旋转运动 $\overline{P} + \widetilde{P}$ 具有如下性质:

$$\overline{P} + \widetilde{P} \text{的状态} = \text{具有} m \text{ 个旋臂, 并且是转动的.} \tag{9.5.40}$$

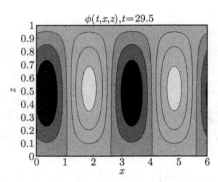

图 9.22　$a=0.1$, $b=6$ 时的数值结果

下面我们解释 (9.5.40) 的结论. 考察图 9.23 (a) 中所示 $\overline{P} = (v, 0)$ 的常值速度 v_0 与 $\widetilde{P}$ 的一对旋涡的叠加, 在那里每个旋涡有 D 区和 E 区, 其中 D 区的旋涡速度在 x_1 轴的分量与 v_0 是反向的, 而在 E 区是与 v_0 同向的. 由速度叠加原理, 我们有

$$\text{在 } D \text{ 区内, } v_0 + \text{旋涡流速度} = \text{在 } x_1 \text{ 方向减速,}$$

$$\text{在 } E \text{ 区内, } v_0 + \text{旋涡流速度} = \text{在 } x_1 \text{ 方向加速.}$$

从而产生如图 9.23 (b) 所示的一个比 v_0 速度要慢的速度带 (阴影所示的区域), 在这里星系物质都要减速. 这个慢速带会造成星系物质积累, 从而形成我们所见的旋臂. 这个旋臂也随旋涡中心在 v_0 方向进行转动.

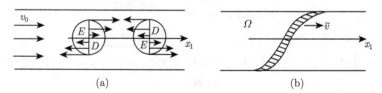

图 9.23　(a) 两个旋涡的流与 v_0 叠加产生 (b) 中的慢速区域 (阴影所示)

以上的分析说明, 当一个星系的参数 (Ra, a) 属于图 9.21 的 B 区域时, 星系的能量流场 $P = \overline{P} + \widetilde{P}$, $\widetilde{P}$ 中的每一对旋涡产生一个慢速区的旋臂, 从而形成一个旋臂星系. 这就是在 (Ra, a) 临界相图 9.21 中将 B 区定义为旋臂型参数区域的原因.

4. 旋臂数 m 与尺度比 l 之间的关系

数学上, $l = (r_1 - r_0)/r_0$ 越小, $\widetilde{P}$ 的旋涡数 $2m$ 就越大. m 与 l 之间是反比关

系, 即当 $l^{-1} = r_0/(r_1 - r_0)$ 很大时, 有

$$\text{星系旋臂数 } m \sim \frac{r_0}{r_1 - r_0}.$$

9.6 综述与评注

9.6.1 刚性边界旋涡分离方程的推导

控制边界层分离的流体动力学方程是 Navier-Stokes 方程

$$\begin{cases} \dfrac{\partial u}{\partial t} + (u \cdot \nabla)u = \nu \Delta u - \nabla p + f, & x \in \Omega \subset \mathbb{R}^2, \\ \operatorname{div} u = 0, \end{cases} \tag{9.6.1}$$

有两种边界条件

$$u|_{\partial \Omega} = 0 \qquad (\text{刚性边界条件}), \tag{9.6.2}$$

$$u \cdot n|_{\partial \Omega} = 0, \quad \frac{\partial u_\tau}{\partial n} = 0 \qquad (\text{自由边界条件}). \tag{9.6.3}$$

对于这两种边界条件, 边界旋涡分离方程有不同的表达式. 对于刚性边界条件 (9.6.2), 由 (9.6.1) 决定的旋涡分离方程表达式为

$$\begin{aligned} \frac{\partial u_\tau(x, t)}{\partial n} = \frac{\partial \varphi_\tau(x)}{\partial n} + \int_0^t &\left[\nu \frac{\partial(\Delta u \cdot \tau)}{\partial n} - \nu \frac{\partial(\Delta u \cdot n)}{\partial \tau} \right. \\ &\left. + k\nu \Delta u \cdot \tau + \frac{\partial f_\tau}{\partial n} - \frac{\partial f_n}{\partial \tau} + k f_\tau \right] \mathrm{d}t, \end{aligned} \tag{9.6.4}$$

对 $x \in \partial \Omega$, 其中 k 为 $\partial \Omega$ 在 x 点的曲率, $\varphi(x)$ 为初始速度场. 对于自由边界条件 (9.6.3), 由 (9.6.1) 决定的分离方程 (在平直边界上) 为

$$u_\tau(x, t) = \varphi_\tau(x) + \int_0^t \left[2\nu \frac{\partial^2 u_\tau}{\partial \tau^2} + \nu \frac{\partial^2 u_\tau}{\partial n^2} - u_\tau \frac{\partial u_\tau}{\partial \tau} + f_\tau \right] \mathrm{d}t. \tag{9.6.5}$$

在 9.2 节中我们已经看到上述两个边界旋涡分离方程 (9.6.4) 和 (9.6.5) 在研究边界层分离问题中起到关键作用. 在 9.2.3 小节中已对自由边界的分离方程 (9.6.5) 进行了推导. 接下来我们将对刚性边界的分离方程 (9.6.4) 进行推导.

将方程 (9.6.1) 限制在边界 $\partial \Omega$ 上, 等式两边关于切向量 τ 取内积, 然后再关于法向 n 求导, 得到 (注意 $\nabla p \cdot \tau = \partial p / \partial \tau$),

$$\frac{\mathrm{d}}{\mathrm{d}t} \frac{\partial u_\tau}{\partial n} = \nu \frac{\partial}{\partial n}(\Delta u \cdot \tau) - \frac{1}{\rho} \frac{\partial}{\partial n} \frac{\partial p}{\partial \tau} + \frac{\partial f_\tau}{\partial n} - \frac{\partial[(u \cdot \nabla)u \cdot \tau]}{\partial n}. \tag{9.6.6}$$

在 $\partial\Omega$ 上我们有

$$
\begin{aligned}
(u \cdot \nabla)u \cdot \tau &= \left(u_\tau \frac{\partial u}{\partial \tau} + u_n \frac{\partial u}{\partial n} \right) \cdot \tau \\
&= u_\tau \frac{\partial u_\tau}{\partial \tau} - u_\tau u \cdot \frac{\partial \tau}{\partial \tau} + u_n \frac{\partial u_n}{\partial n} - u_n u \cdot \frac{\partial \tau}{\partial n}, \\
&= \left(\text{由 } \frac{\partial \tau}{\partial \tau} = (0, -k), \ \frac{\partial \tau}{\partial n} = 0, \ k \text{ 为曲率} \right) \\
&= u_\tau \frac{\partial u_\tau}{\partial \tau} + k u_\tau u_n + u_n \frac{\partial u_n}{\partial n}.
\end{aligned}
\tag{9.6.7}
$$

再由 u 的不可压缩性及刚性边界条件 (9.6.2),

$$
u_\tau, \ u_n = 0, \ \text{ 及 } \ \frac{\partial u_n}{\partial n} = -\frac{\partial u_\tau}{\partial \tau} = 0 \ \text{ 在 } \partial\Omega \text{ 上}.
$$

于是从 (9.6.7) 可推出

$$
\frac{\partial}{\partial n}[(u \cdot \nabla)u \cdot \tau] = 0 \ \text{ 在 } \partial\Omega \text{ 上}.
\tag{9.6.8}
$$

现在对 $x_0 \in \partial\Omega$ 取坐标系 (x_1, x_2), 以 x_0 为原点, x_1 轴指向 τ 方向, x_2 轴指向 n 方向. 此时在 x_0 点 $\tau = (1, 0)$, $n = (0, 1)$. 因此有

$$
\begin{aligned}
\frac{\partial}{\partial n} \frac{\partial p}{\partial \tau} &= n_1 \frac{\partial}{\partial x_1} \left(\tau_1 \frac{\partial p}{\partial x_1} + \tau_2 \frac{\partial p}{\partial x_2} \right) + n_2 \frac{\partial}{\partial x_2} \left(\tau_1 \frac{\partial p}{\partial x_1} + \tau_2 \frac{\partial p}{\partial x_2} \right) \\
&= \frac{\partial^2 p}{\partial x_1 \partial x_2} + \frac{\partial \tau_1}{\partial x_2} \frac{\partial p}{\partial x_1} + \frac{\partial \tau_2}{\partial x_2} \frac{\partial p}{\partial x_2} \\
&= \frac{\partial^2 p}{\partial x_1 \partial x_2}.
\end{aligned}
$$

注意到 $\partial n / \partial \tau = (k, 0)$, k 为曲率, 因此有

$$
\begin{aligned}
\frac{\partial}{\partial \tau} \frac{\partial p}{\partial n} &= \frac{\partial^2 p}{\partial x_1 \partial x_2} + \frac{\partial n_1}{\partial x_1} \frac{\partial p}{\partial x_1} + \frac{\partial n_2}{\partial x_1} \frac{\partial p}{\partial x_2} \\
&= \frac{\partial^2 p}{\partial x_1 \partial x_2} + \frac{\partial n_1}{\partial \tau} \frac{\partial p}{\partial x_1} + \frac{\partial n_2}{\partial \tau} \frac{\partial p}{\partial x_2} \\
&= \frac{\partial}{\partial n} \frac{\partial p}{\partial \tau} + k \frac{\partial p}{\partial \tau}.
\end{aligned}
\tag{9.6.9}
$$

由 (9.6.8) 和 (9.6.9), 方程 (9.6.6) 可写成

$$
\frac{\mathrm{d}}{\mathrm{d}t} \frac{\partial u_\tau}{\partial n} = \nu \frac{\partial}{\partial n}(\Delta u \cdot \tau) - \frac{1}{\rho} \frac{\partial}{\partial \tau} \frac{\partial p}{\partial n} + \frac{k}{\rho} \frac{\partial p}{\partial \tau} + \frac{\partial f_\tau}{\partial n}.
\tag{9.6.10}
$$

此外, 方程 (9.6.1) 限制在 $\partial\Omega$, 再由 (9.6.2) 有

$$
\begin{aligned}
\frac{1}{\rho} \frac{\partial p}{\partial \tau} &= \nu \Delta u \cdot \tau + f_\tau, \\
\frac{1}{\rho} \frac{\partial p}{\partial n} &= \nu \Delta u \cdot n + f_n.
\end{aligned}
$$

代入 (9.6.10) 中便得到

$$\frac{\mathrm{d}}{\mathrm{d}t}\frac{\partial u_\tau}{\partial n} = \nu\left[\frac{\partial}{\partial n}(\Delta u \cdot \tau) - \frac{\partial}{\partial \tau}(\Delta u \cdot n) + k\Delta u \cdot \tau\right]$$
$$+ \frac{\partial f_\tau}{\partial n} - \frac{\partial f_n}{\partial \tau} + kf_\tau.$$

对上式两边关于 t 求积分便得到 (9.6.4).

9.6.2 算子半群的旋涡分离方程

由 (9.6.4) 和 (9.6.5) 给出的边界旋涡分离方程, 以及 (9.3.16) 和 (9.3.17) 给出的内部旋涡分离方程, 它们只适用于短时间的理论分析. 现在我们从算子半群理论出发, 可以给出对较长时间有效的分离方程.

1. 方程解的半群表示

考虑 (9.6.1) 的线性部分

$$\begin{cases} \dfrac{\partial u}{\partial t} = \nu\Delta u - \dfrac{1}{\rho}\nabla p, \\ \mathrm{div}\, u = 0, \\ u \text{ 在 } \partial\Omega \text{ 上满足 } (9.6.2) \text{ 或 } (9.6.3). \end{cases} \tag{9.6.11}$$

则根据算子半群理论, (9.6.11) 生成一个解析半群 $T(t)$. 算子半群理论告诉我们, 方程 (9.6.1) 及边界条件 (9.6.2) 和 (9.6.3) 的解 $u(x,t)$ 可以用半群 T 表达如下

$$u(x,t) = T(t)\varphi + \int_0^t T(t-\tau)[f - (u \cdot \nabla)u]\mathrm{d}\tau, \tag{9.6.12}$$

式中 φ 为初始速度, 即 $u(x,0) = \varphi$.

2. 半群 $T(t)$ 的表达式

考虑 Stokes 算子的特征值问题

$$\begin{cases} \nu\Delta u - \dfrac{1}{\rho}\nabla p = \lambda u, \\ \mathrm{div}\, u = 0, \\ u \text{ 满足 } (9.6.2) \text{ 或 } (9.6.3). \end{cases} \tag{9.6.13}$$

令 (9.6.13) 的特征值 λ_k (是实数) 为

$$0 \geqslant \lambda_1 \geqslant \lambda_2 \geqslant \cdots \geqslant \lambda_k \geqslant \cdots, \quad \lambda_k \to -\infty\ (k \to \infty),$$

$\{e_k\}$ 为对应的特征向量, 它们构成空间

$$H = \{u \in L^2(\Omega, \mathbb{R}^2) \mid \operatorname{div} u = 0, \quad u \text{ 满足 } (9.6.2) \text{ 或 } (9.6.3)\}$$

的正交基. 因此对任何函数 $f \in H$, f 可展开为

$$f = \sum_{k=1}^{\infty} f_k e_k, \qquad f_k = \int_{\Omega} f \cdot e_k \mathrm{d}x. \tag{9.6.14}$$

于是, 半群 T 作用在 f 上为

$$T(t)f = \sum_{k=1}^{\infty} f_k \mathrm{e}^{-\lambda_k t} e_k. \tag{9.6.15}$$

这就是 $T(t)$ 的表达式.

3. 方程解的 N 次迭代

方程 (9.6.12) 的 $n+1$ 次迭代为

$$\begin{aligned}
u_1 &= T(t)\varphi + \int_0^t T(t-\tau)[f(\tau) - (\varphi \cdot \nabla)\varphi]\mathrm{d}\tau, \\
u_2 &= T(t)\varphi + \int_0^t T(t-\tau)[f(\tau) - (u_1 \cdot \nabla)u_1(\tau)]\mathrm{d}\tau \\
&\vdots \\
u_{n+1} &= T(t)\varphi + \int_0^t T(t-\tau)[f(\tau) - (u_n \cdot \nabla)u_n(\tau)]\mathrm{d}\tau,
\end{aligned} \tag{9.6.16}$$

这个迭代是收敛的. 通常的物理问题取一次或二次迭代解就够了.

4. 求 (9.6.13) 的特征值与特征向量

当 Ω 取矩形区域时, 即 $\Omega = (0, L_1) \times (0, L_2)$, 则对自由边界条件的特征值问题 (9.6.13), 可求出特征值 $\{\lambda_k\}$ 和特征向量 $\{\varphi_k\}$. 事实上取流函数 ϕ, 速度场 u 可表达为

$$u_1 = \frac{\partial \phi}{\partial x_2}, \qquad u_2 = \frac{\partial \phi}{\partial x_1}.$$

于是 (9.6.13) 可化成如下形式

$$\nu \Delta^2 \phi = \lambda \Delta \phi, \tag{9.6.17}$$

自由边界条件 (9.6.3) 变为

$$\begin{cases}
\dfrac{\partial \phi}{\partial x_1} = 0, & \dfrac{\partial^2 \phi}{\partial x_2^2} = 0, \quad \text{在 } x_2 = 0, L_2, \\
\dfrac{\partial \phi}{\partial x_2} = 0, & \dfrac{\partial^2 \phi}{\partial x_1^2} = 0, \quad \text{在 } x_1 = 0, L_1.
\end{cases} \tag{9.6.18}$$

很容易看出 (9.6.17) 和 (9.6.18) 的特征值为

$$\lambda_k = -\nu\pi^2\left[\left(\frac{k_1}{L_1}\right)^2 + \left(\frac{k_2}{L_2}\right)^2\right], \quad k_1,\ k_2 \text{ 为整数}. \tag{9.6.19}$$

特征向量为

$$\phi_k = \sin\frac{k_1\pi x_1}{L_1}\sin\frac{k_2\pi x_2}{L_2}.$$

于是 (9.6.13) 的特征向量 e_k 为

$$
\begin{aligned}
e_k &= \left(\frac{\partial\phi_k}{\partial x_2}, -\frac{\partial\phi_k}{\partial x_1}\right)\\
&= \left(\frac{k_2\pi}{L_2}\sin\frac{k_1\pi x_1}{L_1}\cos\frac{k_2\pi x_2}{L_2}, -\frac{k_1\pi}{L_1}\cos\frac{k_1\pi x_1}{L_1}\sin\frac{k_2\pi x_2}{L_2}\right).
\end{aligned}\tag{9.6.20}
$$

于是在 (9.6.19) 和 (9.6.20) 的特征值和特征向量下，就可以由算子半群表达式 (9.6.14) 和 (9.6.15) 求出 $N \geqslant 1$ 次迭代 (9.6.16) 的表达，从而可以应用边界层分离定理和内部分离定理讨论较长时间的旋涡分离问题.

9.6.3 引力辐射

星系动力学理论有一个显著的特点是该理论建立在关于引力场辐射的假设 (9.5.14) 基础之上. 事实上，在 (Ma and Wang, 2015a) 中建立的广义相对论修正引力场方程 (1.2.83) 中就包含了引力辐射的定律 (即方程). 我们回忆该方程，它可写成

$$R_{\mu\nu} - \frac{1}{2}g_{\mu\nu}R = -\frac{8\pi G}{c^4}T_{\mu\nu} - \nabla_\mu\Phi_\nu, \tag{9.6.21}$$

其中方程左边是关于空间度量 $\{g_{\mu\nu}\}$ 的二阶微分算子. 下面我们分几步来介绍引力场方程包含的引力波、引力辐射与引力辐射波的定律.

1. 引力场状态函数的物理意义

引力场方程涉及三组状态函数，它们的物理意义分别为：

- $\{g_{\mu\nu}\}$ 是引力势，反映了空间弯曲的状态；
- $T_{\mu\nu}$ 是能量–动量场，它代表了我们通常可见的物质场； $\qquad(9.6.22)$
- $\{\Phi_\nu\}$ 是对偶引力势，代表了引力场的场能量.

在物理世界中，$\{\Phi_\nu\}$ 确实起到了通常所说的暗物质和暗能量的作用. 但它不是像人们想象的那样直接参与引力与斥力的作用的，而是通过场方程 (9.6.21) 与 $\{g_{\mu\nu}\}$ 和 $\{T_{\mu\nu}\}$ 结合起来一起产生如 (1.2.84) 的引力律而起作用，在这个引力定律中体现出暗物质和暗能量的现象.

此外, 另一方面 $\{\Phi_\nu\}$ 描述引力场粒子的状态时, 它的物理意义为:

- $\{\Phi_\nu\}$ 也代表了质量为零, 自旋为 1, 电荷为零的引力场粒子.　　　　(9.6.23)

此时 Φ_ν 称为引力子. 从这个意义上讲 Φ_ν 就是暗物质, 而它所携带的能量就是暗能量.

2. 引力波

引力波是由空间的度量 $\{g_{\mu\nu}\}$ 的振荡产生的空间拉伸与压缩传播出去的波. 这种类型的波与我们所见的传统意义上的物质波 (包括电磁波等) 是完全不同的. 从方程 (9.6.21) 可导出 $\{g_{\mu\nu}\}$ 的引力波方程.

当引力波传播时, 传播的场方程是 (9.6.26) 右边为零的方程, 即

$$R_{\mu\nu} - \frac{1}{2} g_{\mu\nu} R = 0. \tag{9.6.24}$$

由于引力波很弱, $\{g_{\mu\nu}\}$ 可写成

$$g_{\mu\nu} = \delta_{\mu\nu} + h_{\mu\nu}, \qquad \delta_{\mu\nu} \text{ 为 Kronecker 符号},$$

其中 $\{\delta_{\mu\nu}\}$ 为 Minkowski 度量, $|h_{\mu\nu}| \ll 1$. 将 $g_{\mu\nu}$ 代入 (9.6.24) 得到变量 $h_{\mu\nu}$ 满足的方程为 (作了近似处理),

$$\left(\frac{1}{c^2} \frac{\partial^2}{\partial t^2} - \nabla^2 \right) h_{\mu\nu} = 0, \tag{9.6.25}$$

其中 c 为光速, (9.6.25) 是典型的波方程. 因为 $\{h_{\mu\nu}\}$ 代表空间度量, 所以 (9.6.25) 反映了时间与空间形变的传播, 称为引力波.

3. 引力辐射

由 Bianchi 恒等式, 我们有

$$\nabla^\mu \left(R_{\mu\nu} - \frac{1}{2} g_{\mu\nu} R \right) = 0.$$

于是由 (9.6.21) 可以导出

$$\nabla^\mu \nabla_\mu \Phi_\nu = -\frac{8\pi G}{c^4} \nabla^\mu T_{\mu\nu}, \tag{9.6.26}$$

注意到在引力场很小可以忽略的地方, 微分算子

$$\nabla^\mu \nabla_\mu = \frac{1}{c^2} \frac{\partial^2}{\partial t^2} - \nabla^2. \tag{9.6.27}$$

方程 (9.6.26) 与电磁辐射方程具有相同形式. 注意到 (9.6.22) 和 (9.6.23) 关于 Φ_ν 的意义, 因此 (9.6.26) 代表了引力场的场能量辐射方程.

4. 引力辐射波

在真空中时, $T_{\mu\nu} = 0$. 于是方程 (9.6.26) 变为

$$\nabla^\mu \nabla_\mu \Phi_\nu = 0. \tag{9.6.28}$$

注意到 (9.6.27), 方程 (9.6.28) 就是场能量辐射的波方程.

以上讨论清楚地表明, 修正的引力场方程是支持 (9.5.14) 的引力辐射假设的. 现在反过来, 星系动力学方程对星系螺旋结构的成功描述也是对修正引力场方程的支持.

9.6.4 本章各节评注

本章关于边界层分离、内部分离及太阳磁暴的内容是典型的拓扑相变理论, 即系统的状态函数在临界点处图像结构发生了改变. 星系螺旋结构的内容是动力学相变与拓扑相变的双重理论结果. 太阳电磁爆和星系螺旋结构这两个理论最关键之处就是它们分别揭示出了两个物理上很重要的新现象:

电离化流体的热辐射增温效应和引力辐射现象.

这是应该引起我们重视的两个物理 (可能的) 现象. 在后面评注中我们还会讨论这两个问题.

9.1 节 这一节内容属于纯数学范畴, 全部是由 (Ma and Wang, 2005a) 建立. 它们在流体动力学中的应用是非常广泛的. 除了本章中关于流体的边界层与内部分离理论外, 二维不可压缩流的拓扑与几何理论在如下领域: Rayleigh-Bénard 对流、Taylor-Couette 流的稳定性、赤道大气环流与 ElNiño 振荡行为、海洋热盐环流现象等也有实质性的应用, 也见 (Ma and Wang, 2005b, 2013), (马天和汪守宏, 2007) 及 (马天, 2011).

这一节中的结论都是数学定理. 它们与物理定理的区别在于: 数学定理在逻辑上是严格正确的, 而物理定理在自然界中是正确的. 换句话说, 人们对一个物理定理可能找到一个反例, 但这个反例在物理世界中是绝不会发生的, 它是人造的产物. 物理定理是从自然定律 (方程) 中导出的, 它能正确反映物理世界的规律, 但是一种近似的描述, 因为数学模型与方程本身就是自然规律的近似表述.

9.2 节和 9.3 节 这两节中的定理 9.10 取自 (Luo, Wang and Ma, 2015), 定理 9.12 取自 (Wang, Luo and Ma, 2015). 关于水平的热驱动流体动力学方程 (9.3.7)—(9.3.10) 和定理 9.18 是来自 (Yang and Liu, 2016), 其余结果都来自于 (Ma and Wang, 2017).

边界层分离定理 (定理 (9.10, 9.12, 9.13)) 都是物理定理, 关于它们的使用应注意的是: 分离点 $x_0 \in \Gamma$ 是 Γ 的内点, 若 x_0 是 Γ 的边界点, 则定理就无效了. 这一

点在 9.2.4 小节的应用中是得到保证的.

飓风和台风都是较大尺度的大气运动现象, 这似乎与内部分离最初形成 (即是从一点开始的小尺度) 现象不相协调. 但实际上, 造成最初内部分离发生的外部条件并不是小范围的, 而是具有大尺度的特征.

9.4 节　这一节内容来自 (Ma and Wang, 2017). 太阳电磁爆炸理论的核心就是电离化流体的增温效应, 该效应本质上是两个理论的产物, 即热辐射的 Stefan-Boltzmann 定律以及 (Ma and Wang, 2017c) 中建立的热统计理论. 这个热理论有一个重要的结论就是:

$$\text{系统中热激发振荡的电荷粒子将会吸收周围的} \atop \text{高能光子 (即逆辐射过程), 振荡能级 (即温度)} \atop \text{越高吸收周围高能光子的强度就越大.} \tag{9.6.29}$$

于是由热理论关于温度的公式, 吸收光子导致粒子能级提高, 从而使温度增加. 注意, 这个增温过程 (9.6.29) 必须有两个条件:

- 具有充足的高能光子供激发电子吸收, 因此应有相当高的高温环境.
- 物质系统是由自由电荷粒子构成, 并且具有一定的粒子密度.

因此, 只有高温和较高密度的电离化流体才满足上述两个条件. 这样, 我们可以将增温效应总结成如下形式.

增温效应 9.26　在高温和较高温度的电离化流体中, 在热涨落情况下, 局部地方会出现增温现象, 其温度增长率与 T^4 成正比.

9.5 节　星系动力学模型的动量流体方程 (9.5.10) 和 (9.5.11) 是由 (Ma and Wang, 2014c, 2015a) 建立的. 用动量密度 P 取代经典流体的速度场 u, 它的优点就是使星系离散化的天体场变为连续的动量场, 从而可以建立流体的动力学方程. 动量流体方程与广义相对论场方程相耦合, 成功地解释了活动星系核的巨能喷射问题, 这是迄今为止物理学难以解答的自然之谜.

星系动力学理论第二个与传统不同的地方是该理论必须建立在 (9.5.14) 的引力辐射假设基础之上. 由此导出的辐射流方程 (即天体温度方程) 与动量流体方程耦合的动力学模型 (9.5.26) 可以很好地描述星系螺旋结构. 事实说明这个理论有它的合理性.

9.6 节　引力辐射理论在 9.5 节中是作为假设出现的, 而在修正的引力场方程中是作为推论出现的. 因此星系螺旋结构理论与修正的引力场方程这两者之间是互相支持的.

(Ma and Wang, 2015a) 修正引力场的背景是:

 暗物质和暗能量现象的发现使得 Einstein 广义相对论
 面临两种可能性: ① 该理论是错的, 因为它不能解释
 暗物质和暗能量现象, 支持广义相对论的实验事实只
 是一种巧合; ② 该理论的基础和框架是正确的, 但必
 须修正使得可以解释暗物质和暗能量的现象.

　　Einstein 广义相对论的理论方向是错的可能性几乎为零, 因为它要错了就意味着没有取代的引力理论了. 因此该理论的修正已是必须要做的事情. 而 (9.6.21) 给出的修正方式被证明是:

 在不破坏能量动量守恒和相互作用动力学原理条件
 下, 又能将暗物质暗能量现象纳入其理论框架内, 这
 种修正方式是唯一的.

　　事实证明, 建立在相互作用动力学原理和表示不变原理基础之上的统一场理论在大范围内与物理事实相符. 其中本书中建立的热统计理论、高温超导、太阳电磁爆发、星系螺旋结构等理论都与这个统一场理论相关, 还可参见 (Ma and Wang, 2017c-g). 该理论方向的正确性已毋庸置疑.

参 考 文 献

朗道, 栗弗席兹. 1959. 场论 [M]. 任朗, 袁炳南, 译. 北京: 人民教育出版社.

朗道, 栗弗席兹. 2011. 统计物理学 I [M]. 束仁贵, 束莼, 译. 北京: 高等教育出版社.

雷克. 1983. 统计物理现代教程 (上, 下册) [M]. 黄畇, 夏蒙棼, 仇韵清, 赵凯华, 译. 北京: 北京大学出版社.

栗弗席兹, 皮塔耶夫斯基. 2008. 统计物理学 II [M]. 王锡绂, 译. 北京: 高等教育出版社.

林宗涵. 2007. 热力学与统计物理学 [M]. 北京: 北京大学出版社.

马本堃, 高尚惠, 孙煜. 1980. 热力学与统计物理学 [M]. 北京: 高等教育出版社.

马天, 汪守宏. 2007. 非线性演化方程的稳定性与分歧 [M]. 北京: 科学出版社.

马天. 2010. 流形拓扑学－理论与概念的实质 [M]. 北京: 科学出版社.

马天. 2011. 偏微分方程理论与方法 [M]. 北京: 科学出版社.

马天. 2012. 从数学观点看物理世界 —— 几何分析、引力场与相对论 [M]. 北京: 科学出版社.

马天. 2014. 从数学观点看物理世界 —— 基本粒子与统一场理论 [M]. 北京: 科学出版社.

欧特尔. 2008. 普朗特流体力学基础 [M]. 朱自强, 钱翼稷, 李宗瑞, 译. 北京: 科学出版社.

索科洛夫, 罗斯库托夫, 捷尔诺夫. 1993. 量子力学原理 [M]. 王祖望, 译. 上海: 上海科学技术出版社.

特雷纳, 怀斯. 1987. 理论物理导论 [M]. 冯承天, 李顺祺, 张民生, 译. 北京: 北京大学出版社.

王正行. 1995. 近代物理学 [M]. 北京: 北京大学出版社.

章乃森. 1994. 粒子物理学 (上, 下册)[M] 北京: 科学出版社.

Cahn J W, Hilliard J. E. 1958. Free energy of a nonuniform system. i. interfacial free energy [J]. The Journal of Chemical Physics 44(2): 258–267.

Chandrasekhar S. 1981. Hydrodynamic and Hydromagnetic Stability [M]. New York: Dover Publication Inc.

Gorkov L. 1968. Generalization of the Ginzburg-Landau equations for non-stationary problems in the case of alloys with paramagnetic impurities [J]. Sov. Phys. JETP, 27: 328–334.

Gross E P. 1961. Structure of a quantized vortex in boson system [J]. Ilnuovo Cimento (Italian Physical Society), 20: 454–457.

Ho T L. 1988. Spinor Bose Condensates in Optical Traps[J]. Phys. Rev. Lett., 81: 742.

Kadanoff L P. 1966. Scaling laws for Lsing models near Tc. Physics, 2: 263–272.

Kosterlitz J M, Thouless D J. 1973. Ordering, metastability and phase transition in two-dimensional systems [J]. J. Phys. C, 6: 1181–1203.

Liu R, Ma T, Wang S, Yang J. 2017. Thermodynamical potential of classical and quantum systems [J]. Submitted. Preprint.https://hal.archives-ouvertes.fr/hal-01632278.

Liu R, Yang J. 2016a. Magneto-hydrodynamical model for plasma [J]. (accepted). To appear in Z. Angew. Math. Phys. https://arxiv.org/abs/1601.06339.

Liu R, Yang J. 2016b. Global strong solutions of a 2D coupled parabolic-hyperbolic magne-tohydrodynamic systems [J]. Submitted. Preprint, https://arxiv.org/abs/1701.08353.

Luo H, Wang Q, Ma, T. 2015. A predicable condition for boundary layer separation of 2-D incompressible fluid flows [J]. Nonlinear Anal. Real World Appl., 22: 336–341.

Ma T, Li D, Liu R, Yang J. 2016. Mathematical theory for quantum phase transitions [J]. Submitted. Preprint, https://arxiv.org/abs/1610.06988.

Ma T, Wang S. 2005a. Geometric theory of incompressible flows with applications to fluid dynamics [M]. Providence, RI: AMS, Math. Surv. Monog.

Ma T, Wang S. 2005b. Bifurcation Theory and Applications [M]. Singapore: World Scientific.

Ma T, Wang S. 2008a. Dynamic phase transitions for ferromagnetic systems [J]. J. Math. Phys, 49(5): 053506.

Ma T, Wang S. 2008b. Dynamic phase transition theory in PVT systems [J]. Indiana Univ. Math. J., 57(6): 2861–2889.

Ma T, Wang S. 2009a. Cahn-Hillild equations and phase transition dynamics for binary systems [J]. Dist. Cont. Dyn. Systs. B,11(3):741-784.

Ma T, Wang S. 2009b. Dynamic transition theory for thermohaline cirulation [J]. Physcia D, 239:167-189.

Ma T, Wang S. 2011. Third-order gas-liquid phase transition and the nature of andrews critical point [J]. AIP Adv, 1: 042101.

Ma T, Wang S. 2013. Phase Transition Dynamics [M]. New York: Springer.

Ma T, Wang S. 2014a. Gravitational field equations and theory of dark matter and dark energy [J]. Discrete Contin. Dyn. Syst. A., 34(2): 335–366.

Ma T, Wang S. 2014b. Unified field theory and principle of representation invariance [J]. Appl. Math. Optim., 69(3): 359–392.

Ma T, Wang S. 2014c. Astrophysical dynamics and cosmology [J]. J. Math. Study., 47(4): 305–378.

Ma T, Wang S. 2015a. Mathematical Principles of Theoretical Physics [M]. Beijing: Science Press.

Ma T, Wang S. 2015b. Unified field equations coupling four forces and principle of inter-action dynamics [J]. Discrete Contin. Dyn. Syst. A., 35(3): 1103–1138.

Ma T, Wang S. 2015c. Weakton model of elementary particles and decay mechanisms [J]. Elect. J. Theor. Phys., 12(32): 139–178.

Ma T, Wang S. 2016. Quantum rule of angular momentum [J]. AIMS Mathematics, 1(2): 137–142.

Ma T, Wang S. 2017a. Dynamical law of physical motion and potential-descending principle [J]. J. Math. Study, 50(3): 215–241.

Ma T, Wang S. 2017b. Dynamical theory of thermodynamical phase transition [J]. Submitted. Preprint. http://www.indiana.edu/ fluid/dynamical-theory-of-thermodynamical-phase-transitions/.

Ma T, Wang S. 2017c. Statistical theory of heat [J]. Submitted. Preprint. http://www.indiana.edu/ fluid/statistical-theory-of-heat/.

Ma T, Wang S. 2017d. Quantum mechanism of condensation and high TC superconductivity [J]. Submitted. Preprint. https://hal.archives-ouvertes.fr/hal-01613117v1

Ma T, Wang S. 2017e. Radiation and potentials of four fundametal interactions [J]. Submitted. Preprint. https://hal.archives-ouvertes.fr/hal-01616874

Ma T, Wang S. 2017f. Topological phase transition I-Quantum phase transitions [J]. Submitted.

Ma T, Wang S.2017g. Topological phase transition II-Spiral structure of galaxies [J]. Submitted.

Novick-Cohen A, Segel L A. 1984. Nonlinear aspects of the Cahn-Hilliard equation [J]. Phys. D., 10(3): 277–298.

Ohmi T, Machida K. 1998. Bose-Einstein condensation with internal degrees of freedom in alkai atom gases [J]. J. Phys.Soc.Jpn., 67:1822-1825

Pedlosky J. 1987. Geophysical Fluid Dynamics [M]. New York: Springer.

Pitaevskii L P. 1961. Vortex lines in an imperfect Bose gas [J]. Sovit Phys. JETP-USSR, 13: 451–454

Rubin V, Ford J W K. 1970. Rotation of the andromeda nebula from a spectroscopic survey of emission regions [J]. Astrophysical J., 159: 379–401.

Salby M L. 1996. Fundations of Atmospheric Physics [M]. New York: Acadmic Press.

Vojta M. 2003. Quantum phase transition [J]. Rep. Prog. Phys., 66: 2069–2110

Wang Q, Luo H, Ma T. 2015. Boundary layer separation of 2-D incompressible dirichlet flows [J]. Discrete Contin. Dyn. Syst. Ser. B., 20(2): 675–682.

Widom B. 1965. Equation of state in the neighborhood of the critical Point [J].Journal of Chemical Physics , 43 (11):3898–3905.

Wilson K G. 1971. Renormalization group and critical phenomena. I. renormalization group and the Kadanoff scaling picture [J]. Physical Review B,4 (9) :583–600.

Yang J, Liu R. 2016. A new fluid dynamical model coupling heat with application to interior separations [J]. Submitted. Preprint, https://arxiv.org/abs/1606.07152.

索　引